CCNA 자격증 연습문제 수록

CCNA(Cisco Certified Network Associate)
ROUTING and SWITCHING

CCNA 라우팅과 스위칭의 기초

| 조용석·임동균 지음 |

한티미디어

저자 소개

조용석 曺容碩

1979~1986	한양대학교 전자통신공학과 학사
1986~1988	한양대학교 전자통신공학과 석사
1988~1998	한양대학교 전자통신공학과 박사
1989~1996	한국전기통신공사(현 KT) 연구개발단 전임연구원
1996~현재	유원대학교 정보통신보안학과 교수
연구분야	유한체연산, 오류정정부호, 암호시스템
E-mail	yscho@u1.ac.kr

임동균 林東均

1981~1985	한양대학교 전자통신공학과 학사
1985~1987	한양대학교 전자통신공학과 석사
1992~2001	한양대학교 전자통신공학과 박사
1990~2003	충청대학 컴퓨터학부 부교수
2003~현재	한양사이버대학교 자동차 IT 융합공학과 교수
연구분야	컴퓨터공학, 자동제어
E-mail	eiger07@hycu.ac.kr

CCNA 라우팅과 스위칭의 기초

발행일 2023년 8월 25일 초판 1쇄
지은이 조용석 · 임동균
펴낸이 김준호
펴낸곳 한티미디어 | **주소** 서울시 마포구 동교로 23길 67 3층
등 록 제 15-571호 2006년 5월 15일
전 화 02)332-7993~4 | **팩스** 02)332-7995
ISBN 978-89-6421-466-4
정 가 29,000원

마케팅 노호근 박재인 최상욱 김원국 김택성 | **관리** 김지영 문지희
편 집 김은수 유채원 | **본문** 이경은 | **표지** 유채원
인 쇄 우일미디어

이 책에 대한 의견이나 잘못된 내용에 대한 수정정보는 한티미디어 홈페이지나 이메일로 알려주십시오.
독자님의 의견을 충분히 반영하도록 늘 노력하겠습니다.

홈페이지 www.hanteemedia.co.kr | **이메일** hantee@hanteemedia.co.kr

오늘날의 현대 사회는 컴퓨터, 정보통신, 네트워크 기술의 발달로 고도의 지능화 사회가 되어 가고 있다. 인터넷과 스마트폰 등의 이용자는 기하급수적으로 늘어나고 있으며, 이를 통한 정보의 교류는 상상을 초월할 정도로 급격히 성장하고 있다.

이와 같이 인터넷이 우리의 일상생활에 지대한 영향을 미치고 있는 상황에서, 정보통신 및 컴퓨터 네트워크 기술을 요구하는 전문 직종의 수가 급속하게 늘어나고 있으며, 관련 기술을 습득하려는 학생들도 많아지고 있다. 또한 기업체에서도 네트워크에 대한 의존도가 늘어남에 따라 네트워크에 대한 계획과 설계, 설치, 확장, 구성, 운용, 유지/관리, 장애 해결 등을 수행할 수 있는 숙련된 네트워크 기술자의 필요성은 점점 더 커지고 있다.

과거에는 컴퓨터와 네트워크 기술은 소수의 전문 기술자들의 몫이었으나 오늘날과 같은 정보화 및 지식기반 사회에서는 모든 사람들이 상식처럼 갖추고 있어야 할 필수적인 요소가 되었다. 따라서 네트워크 분야에 입문하려는 학생들과 이 분야에 관심이 있는 일반 독자들에게 네트워크에 대한 전체적인 내용을 쉽게 파악하고 정리할 수 있으며, 이 분야의 국제공인 자격증인 CCNA(Cisco Certified Network Associate)를 취득하는데 도움이 되면서도 현장 실무에 바로 적용할 수 있는 네트워크 기술을 습득할 수 있는 교재의 필요성을 절감하고, 지난 수년간 대학에서 강의한 내용을 정리하고 보충하여 한 권의 책으로 출간하게 되었다.

이 책은 정보통신과 컴퓨터 네트워크 기술의 기본 개념을 소개하고, 이러한 기술과 원리를 바탕으로 CCNA 자격증 취득에 필수적이면서도 현장에서 필요한 네트워킹 기술인 라우터와 스위치의 기초, 시스코의 IOS(Internetwork Operating System)의 구조, 라우터와 스위치의 설정, RIP, OSPF 등과 같은 라우팅 프로토콜, ACL(Access Control

List), NAT(Network Address Translation), IPv6 등에 대하여 자세히 설명하였다. 또한 매 장의 끝에 연습문제와 문제풀이를 수록하여 그 장에서 학습한 내용들을 복습할 수 있도록 하였다.

독자들이 쉽게 이해할 수 있도록 최대한 노력하였으나 미흡한 내용이 많으리라 생각된다. 독자들의 많은 충고와 조언을 토대로 이를 수정 · 보완하여 독자에게 유익한 책이 되도록 노력하고자 한다. 저자들의 전자우편 주소로 많은 의견을 보내주실 것을 부탁드린다.

2023년 7월

조용석 yscho@u1.ac.kr

임동균 eiger07@hycu.ac.kr

PREFACE   iii

CHAPTER 1 | 네트워킹의 개요   001

1.1 네트워크의 기본 개념   003
1.1.1 네트워크의 구성 요소   003
1.1.2 네트워크의 구조   005

1.2 OSI 참조 모델   008
1.2.1 OSI 참조 모델의 개요   008
1.2.2 OSI 7계층의 계층별 기능   010

1.3 TCP/IP   015
1.3.1 TCP/IP의 개요   015
1.3.2 TCP/IP의 인터넷 계층 프로토콜   019
1.3.3 TCP/IP의 전송 계층 프로토콜   028
1.3.4 TCP/IP의 응용 계층 프로토콜   036

SUMMARY   043
연습문제   044

CHAPTER 4 시스코 라우터와 IOS의 개요   147

CONTENTS

CONTENTS

1 CHAPTER

네트워킹의 개요

학습목표

- 컴퓨터네트워크의 기본 구조와 동작 원리 등을 설명할 수 있다.
- OSI 참조 모델의 구조와 OSI 7계층의 기능을 설명할 수 있다.
- TCP/IP의 구조와 각 계층의 프로토콜들에 대해 설명할 수 있다.

1.1 네트워크의 기본 개념

네트워크(network)란 여러 가지 매체(media)를 통하여 데이터를 교환하기 위한 네트워크 연결 장비와 시스템의 집합을 말한다. 시스템은 사용자들이 여러 가지 데이터를 쉽게 처리하고, 저장하고, 공유하기 위한 인터페이스를 제공하며, 네트워크 연결 장비들은 그 시스템들 간에 데이터 트래픽을 제어하고 통제하는 수단을 제공한다. 또한 매체는 데이터가 이동할 수 있는 통로를 제공한다.

1.1.1 네트워크의 구성 요소

네트워크의 구성 요소는 (그림 1-1)과 같이 단말장치(terminal), 네트워크 연결 장비(internetworking device), 정보(information), 매체(medium), 프로토콜(protocol)의 5가지를 들 수 있다.

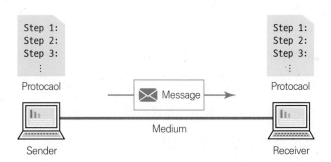

그림 1-1　네트워크의 구성 요소

단말장치는 데이터를 송수신하는 장치이며 단말장치의 예로는 워크스테이션, 서버, 프린터, 스토리지 등이 있다. 네트워크 연결 장비는 단말장치들을 연결하는 장비로 그 예로는 랜카드, 허브, 스위치, 라우터 등이 있다. 정보는 통신의 목적이 되는 메시지(message)로서 음성(voice), 영상(video), 문자(text), 화상(image) 등이 있다. 디지털 통신에서는 모든 정보를 0 또는 1의 비트로 변환하여 전송한다.

매체는 정보가 송신기로부터 수신기로 이동하는 물리적인 경로를 말한다. 전송

매체는 무선매체와 유선매체로 나눌 수 있다. 유선매체로는 구리로 된 전기선과 유리 또는 플라스틱으로 된 광섬유 케이블이 널리 사용된다. 무선매체로는 전파(RF: Radio Frequency)와 광파(light wave)가 주로 사용되고 있다.

프로토콜은 원래 외교상의 용어로서 국가와 국가 간의 교류를 원활하게 하기 위하여 외교에 관한 의례나 국가 간에 약속을 정한 의정서이다. 이것을 통신에 적용한 것이 통신 프로토콜(communication protocol)이다. 즉 통신 프로토콜은 어떤 시스템이 다른 시스템과 통신을 원활하게 수용하도록 해주는 통신 규약이라고 할 수 있다.

전화의 경우를 생각해 보자. 전화를 이용하여 통신을 하는 경우에도 프로토콜, 즉 통신 규약이 존재한다. 우리는 전화의 벨이 울리면 전화기를 들고 "여보세요"라고 하고 전화를 받는다. 즉 전화벨이 울리면 전화를 받는다라고 약속이 되어 있는 것이다. 전화를 걸기 위해서는 전화기를 들고 "뚜우~"하는 발신음을 들은 다음 다이얼 하여야 한다는 것을 알고 있다. 발신음이 들리지 않으면 무엇인가가 잘못되었고, 다이얼을 해봐야 의미가 없다는 것을 미리 약속으로 알고 있는 것이다. 또한 다이얼한 후 "뚜뚜뚜"하는 통화중 신호가 들리면 전화를 끊고 잠시 후에 다시 걸어야 한다는 것도 알고 있다. 이러한 약속들이 전화의 프로토콜이다.

그러나 전화 통화에서는 프로토콜이라는 용어를 사용하지 않는다. 왜냐하면 이 절차들을 사람이 실행하기 때문이다. 프로토콜이라는 용어는 컴퓨터, 즉 기계가 이러한 절차들을 수행할 때 사용하는 용어이다. 컴퓨터의 경우에는 인간의 경우처럼 융통성이 없으므로, 미리 규칙을 정해놓고 이 규칙을 따르지 않으면 통신이 불가능하다. 따라서 컴퓨터가 관여하는 통신에서는 규칙, 즉 프로토콜의 확립이 필수적이다.

컴퓨터 네트워크에서 통신은 서로 다른 시스템에 있는 개체(entity) 간에 일어난다. 정보를 송신하거나 수신할 수 있는 모든 것이 개체이다. 개체의 예로는 응용 프로그램, 파일 전송 패키지, 브라우저, 데이터베이스 관리 시스템, 전자우편 소프트웨어 등이 있다. 시스템은 1개 이상의 개체를 포함하고 있는 물리적인 객체(object)를 말한다. 시스템의 예로는 컴퓨터와 단말기를 들 수 있다.

그러나 두 개체가 무작정 비트 스트림을 보내고 나서 상대방이 알아듣기만을 기대할 수는 없다. 통신이 가능하기 위해서는 개체들이 프로토콜을 합의하여야 한다. 프로토콜은 통신을 통제하는 규칙들을 모아놓은 것으로, 무엇을 통신할 것인가, 어떻게 통신할 것인가, 그리고 언제 통신할 것인가 등을 정한다.

1.1.2 네트워크의 구조

네트워크의 가장 하부 구조는 LAN(Local Area Network)이며 WAN(Wide Area Network)을 이용하여 개별 LAN들을 서로 연결한 것이 인터넷이라고 할 수 있다. 〈그림 1-2〉는 네트워크의 전체 구조를 보인 것이다. WAN은 국가, 대륙 또는 전 세계를 포괄하는 넓은 영역에 데이터, 음성, 영상 등의 정보를 전송한다. LAN은 사설망(private network)으로 개인이나 기업이 구매, 설치, 운영하는 네트워크인데 비해 WAN은 공중망(public network)으로 통신사업자의 장비와 선로를 임대하여 사용하는 것이 일반적이다.

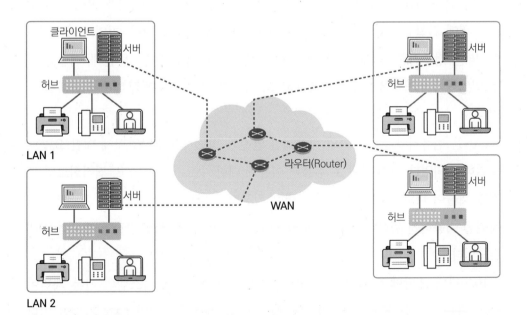

그림 1-2   네트워크의 구조

인터넷의 종단에는 호스트 컴퓨터가 접속되어 있다. 이들 대부분의 호스트 컴퓨터들은 실제로는 LAN에 연결된 형태를 취하고 있으며, 하나의 LAN은 또 다른 LAN들과 라우터(router)라는 장비를 통해서 연결된다. 말하자면 대부분의 인터넷 사용자는 LAN에 연결되어 있는 것이다. 네트워크의 가장 하부 구조인 LAN을 구성하려면 먼저 호스트에 랜카드를 설치하고 케이블을 이용하여 허브(hub)나 스위치(switch) 등과 같은 네트워크 연결 장비들에 접속하면 된다.

근거리통신망(LAN: Local Area Network)은 가까운 거리에 있는 각종 정보관련 기기, 사무자동화 기기 및 통신처리장치들을 고속 전송회선으로 연결하여 빠른 속도로 정보를 교환하게 하는 통신망을 말한다. 즉, LAN은 컴퓨터, 단말장치, 프린터, 디스크 저장장치 등과 같은 여러 가지 개별 장치를 연결하기 위한 데이터 통신망이다. LAN을 몇 가지로 구분하여 정의하면 수십 km 이내의 지역으로 한정하고, 기업, 연구소, 대학, 병원 등 단일기관의 소유이며, 10Mbps~100Gbps 정도의 전송 속도를 가진 네트워크라고 할 수 있다.

일반적으로 LAN이 구축되는 거리는 수 km 이내로 제한된다. 이에 비해 보다 넓은 지역에 걸친 통신망을 WAN(Wide Area Network)이라고 한다. 기업, 연구소, 대학, 병원, 정부기관 등 거의 모든 조직은 LAN을 통해 정보를 주고받는데, 이들과 서로 연결되어 인터넷을 형성하므로, LAN의 기능과 역할은 거의 무한하게 확대될 수 있다.

LAN은 컴퓨터와 통신기술의 비약적인 발전과 정보처리의 다양화에 대한 요구로 출현하게 되었다. 1970년대 초 컴퓨터 이용에 대한 수요가 급증하고, 집적회로의 발전과 더불어 다양한 기능을 가진 저렴한 컴퓨터가 널리 보급됨에 따라 효율적으로 자원을 이용하기 위하여 여러 곳에 산재해 있는 컴퓨터를 상호 연결할 필요성이 대두되었다.

1970년대 초반에 미국 하와이대학에서 연구된 ALOHA 시스템의 기본 개념이 LAN 기술의 뿌리가 되었고, 1973년 XEROX 사에서 대표적인 LAN 기술인 이더넷(Ethernet)을 개발하였다. 이더넷에서 사용한 MAC(Medium Access Control) 방식이 CSMA/CD(Carrier Sense Multiple Access with Collision Detection)이다.

이와 다른 MAC 방식으로 1980년대 초에 토큰 버스(Token bus) 방식과 토큰 링(Token ring) 방식이 개발되었으며, 1980년대 후반에는 이들의 성능을 향상시킨 FDDI(Fiber Distributed Data Interface), DQDB(Distributed-Queue Dual-Bus), SMDS(Switched Multi-megabit Data Service) 등과 같은 고속 LAN 기술들이 개발되었다. 그러나 곧이어 등장한 패스트 이더넷(Fast Ethernet)과 기가비트 이더넷(Gigabit Ethernet) 등과 같은 스위치를 사용한 LAN 기술들이 시장의 실질적인 표준으로 자리 잡게 되었다.

　LAN은 단거리 전송이기 때문에 광대역 전송로가 값싸게 실현될 수 있다. LAN은 광대역 전송로를 각 단말이 공유하는 형식을 취하고 통신제어는 각 단말에 분산되어 신뢰성이 높고 확장성이 풍부해지며 더 나아가 시스템이 간단하게 되는 이점을 가지고 있다. LAN에 사용되는 전송매체로는 TP(Twisted Pair) 케이블, 동축 케이블, 광섬유 케이블, 무선 등을 이용하고 있지만, 거리, 전송 속도에 따라 구분해 사용할 수 있으므로 주로 컴퓨터 간의 통신에 중점을 두고 선택하여 사용한다. 또한 전송매체, 네트워크의 구조, 사용하는 프로토콜의 종류에 따라 달라진다.

　LAN의 응용 분야는 매우 다양하여 개인용 컴퓨터의 효율적인 이용, 사무자동화, 공장자동화, 데이터처리용 통신망, 연구실 자동화 등 아주 많은 분야에 응용될 수 있다.

　WAN은 보통 10km 이상을 관할하는 네트워크로서 많은 호스트(host)들이 다양한 망에 연동되는 아주 복잡한 구조를 가지고 있다. 그리고 망의 소유자는 다수의 회사가 공동으로 사용하는 경우가 많다. WAN은 교환되는 데이터의 단위에 따라 패킷을 단위로 교환하는 X.25, 프레임을 단위로 교환하는 프레임 릴레이(Frame Relay), 셀(cell)을 단위로 교환하는 ATM(Asynchronous Transfer Mode)으로 발전되어 왔다.

1.2 OSI 참조 모델

1.2.1 OSI 참조 모델의 개요

네트워크는 기업이나 정부 기관들 간에 원거리에서 정보를 교환하기 위하여 개발되었다. 네트워크 출현 초기에 마이크로컴퓨터는 메인프레임 컴퓨터 터미널과는 달리 서로 연결되어 있지 않았기 때문에 여러 개의 마이크로컴퓨터 간에 데이터를 공유하기 위한 효율적인 방법이 존재하지 않았다.

초창기 회사에서는 컴퓨터를 프린터 등을 연결한 독립형 장치로 인식하여 투자하였다. 따라서 프린터를 가지고 있지 않은 직원이 문서를 인쇄할 때는 파일을 플로피 디스켓에 복사하여 프린터가 연결되어 있는 다른 사람의 컴퓨터로 가지고 가서 인쇄를 해야 했다. 이러한 방식을 스니커넷(sneakernet)이라고 한다.

플로피 디스켓을 사용하여 데이터를 공유하는 것은 업무를 수행함에 있어서 비효율적이고 비용 효율 또한 낮은 방법임이 명확하다. 파일의 내용이 변경될 때마다 그 내용이 필요한 모든 사람들과 또다시 파일을 공유하여야 한다. 더구나 만약 두 사람이 동시에 파일을 변경하고 이를 공유하고자 한다면 둘 중 한 사람의 변경 내용은 손실된다.

네트워크 기술이 업무 수행에 있어서 비용 절약과 동시에 생산성을 높일 수 있다는 사실을 깨달음에 따라, 새로운 네트워크 기술과 제품이 개발되는 즉시 네트워크 또한 이에 맞춰 새롭게 추가되고 확장되었다. 1980년대 초부터 네트워크 기술은 엄청나게 발전하였다.

1980년대 중반에 출현한 네트워크 기술은 다양한 하드웨어와 소프트웨어에 의해 만들어졌다. 네트워크 하드웨어와 소프트웨어를 생산하는 회사는 다른 회사와의 경쟁 우위를 차지하기 위하여 자기 회사에서 개발한 표준을 사용하였다. 결과적으로 새롭게 개발된 많은 네트워크 기술 간의 호환성이 없었고, 서로 다른 표준을 사용하는 네트워크 간의 통신은 점점 더 어려워졌다. 또한 새로운 기술을 수용하기 위해서는 이전에 사용하던 네트워크 장비를 제거하고 새로운 장비를 도입해야 했다.

일반적인 통신 환경에서, 서로 통신을 원하는 양 당사자는 신뢰성 있고, 원활한 통신을 수행하기 위해 서로의 합의에 의해 설정한 통신규약, 즉 프로토콜(Protocol)을 사용한다.

초기의 네트워크 역시 프로토콜에 따라 통신을 했다. 하지만 OSI 참조모델(Open System Interconnection Reference Model)이 등장하기 전까지의 네트워크 프로토콜은 IBM의 SNA(System Network Architecture)나 DEC의 DECNet처럼 특정 업체가 자사의 장비들을 연결하기 위해 만든 것들이었다. 따라서 서로 다른 네트워크 간에는 호환되지 않는다는 한계를 가지고 있었다.

어느 한 조직체 내에 두 개의 서로 다른 컴퓨터 시스템이 있는 경우, 이들이 서로 다른 프로토콜을 사용함에 따라 서로 통신이 이루어지지 않았고, 이를 위해서는 상호 간의 프로토콜을 변환하는 특별한 장비 혹은 프로그램, 즉 게이트웨이(gateway)가 필요하게 되었다. 그러나 현존하는 모든 프로토콜에 대하여 이러한 게이트웨이를 개발하는 것은 거의 불가능한 일이고, 기술적으로도 매우 어렵다.

이를 위한 유일한 해결 방안은 모든 컴퓨터 제작사 및 통신장비 업체들이 호환 가능한 통신 프로토콜을 사용하는 것이었고, 이의 결과로서 1984년에 ISO(International Organization for Standardization)에서 동종의 혹은 이기종의 컴퓨터 시스템이 다양한 네트워크에 상호 연결되어 있는 개방형 컴퓨터 통신 환경에 적용할 수 있는 표준 프로토콜인 OSI 참조모델을 발표하였다.

OSI 참조모델은 네트워크 통신의 전 과정을 7개의 계층으로 나누고, 각 계층마다 일정한 역할을 수행하도록 하여 하나의 네트워크 통신을 완성하도록 하고 있다. 네트워크는 목적에 따라 두세 단계의 프로토콜만으로도 원하는 통신을 할 수 있다. 따라서 억지로 7단계로 통신 절차를 나눌 필요는 없다. 실제로 우리가 사용하는 네트워크 프로토콜과 OSI 참조모델이 일대일로 대응되는 경우는 그리 많지 않으며, 많은 프로토콜이 OSI 참조모델의 여러 계층에 걸친 기능을 제공한다. "이 프로토콜은 3~4계층에서 동작한다."는 식의 설명을 흔히 듣는 것은 이 때문이다.

실제로 OSI 참조모델을 그대로 따르는 프로토콜은 없다. 단지 OSI 참조모델은 네트워크 프로토콜을 이해하기 쉽도록 만들어진 모델일 뿐이며, 네트워크 프로토콜의 역할과 구조, 나아가 네트워크의 동작 방식을 쉽게 이해할 수 있도록 해주는 것이다. 말 그대로 "이런 식으로 프로토콜을 만들면 서로 호환될 수 있으니, 프로토콜들은 이것을 참조하라"는 것이다.

1.2.2 OSI 7계층의 계층별 기능

OSI 참조모델은 하나의 일을 수행하기 위해 관련 기능들을 모아서 그룹화한 계층화(Layer)의 개념으로 구성되어 있다. OSI 참조모델은 (그림 1-3)과 같이 1계층인 물리(physical), 2계층인 데이터링크(data link), 3계층인 네트워크(network), 4계층인 전송(transport), 5계층인 세션(session), 6계층인 표현(presentation), 7계층인 응용(application)의 7개 계층으로 구성되어 있다.

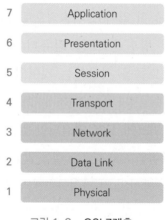

그림 1-3   OSI 7계층

하위 3개의 계층인 물리, 데이터링크, 네트워크 계층은 정보의 전송 기능을 담당하며, 실제로 데이터가 공간을 이동하는 데에 관련된 기능을 수행한다. 상위 3개의 계층인 세션, 표현, 응용 계층은 정보를 처리하는 기능을 담당하며, 중간의 전송계층은 상위 계층과 하위 계층을 연결하는 기능을 수행한다. 4계층부터 7계층까지의 작업은 컴퓨터 내부에서 수행된다.

이해를 쉽게 하기 위하여 〈표 1-1〉에 OSI 참조모델의 각 계층별 기능을 편지를 주고받는 우편 시스템과 비교하여 설명하였다.

편지를 우체통에 넣으면 우체부가 수거하여 자동차나 오토바이 등으로 우체국으로 가져간다. 이와 같이 편지는 자동차, 기차, 선박, 항공기 등을 이용하여 중간 우체국들을 거쳐서 목적지의 동네 우체국까지 운반된 다음, 각 가정으로 배달된다. 여기에서 운반에 해당되는 역할이 OSI 참조모델의 제1계층인 물리계층의 역할이다.

표 1-1 OSI 모델과 우편 시스템과의 비교

계층	주요 기능	우편 시스템과의 비교
물리 계층 (Physical Layer)	• 물리적인 전송로를 제공	• 기차, 항공기, 버스 등에 의해 해당 지역으로 운반
데이터링크 계층 (Data Link Layer)	• 인접 노드 사이의 데이터 전송 기능 수행 (Node-to-node frame delivery)	• 인접 우체국에서 우체국으로 편지의 묶음(행랑)을 전달
네트워크 계층 (Network Layer)	• 호스트 간의 데이터 전송 기능 수행 (Host-to-host packet delivery) • 데이터의 전송 경로를 설정	• 발신지에서 목적지 건물의 편지함까지 편지를 배달
전송 계층 (Transport Layer)	• 프로세스와 프로세스 간의 전달(Process-to-process segment delivery)	• 편지를 목적지 주소 내에 거주하는 받는 사람에게 전달(이름으로 구별)
세션 계층 (Session Layer)	• 응용 프로그램 간에 데이터 전송을 위한 동기화, 데이터의 오류검사 및 복구 기능 수행	• 편지의 전달 방법(긴급, 보통) 등을 지정
표현 계층 (Presentation Layer)	• 데이터의 표현을 공통된 형식으로 변환 • 압축, 암호화 기능	• 사용하는 언어가 다른 경우 공통의 언어로 번역 • 편지를 봉투 등에 넣어 보안을 유지
응용 계층 (Application Layer)	• 파일 전송이나 이메일과 같은 End-user 서비스 제공	• 여러 가지 목적의(공적인 또는 사적인) 편지를 작성

편지가 우체국에 모이면 우체국은 같은 방향으로 가는 편지들을 모아서 하나의 행랑으로 만든 다음 인접한 우체국으로 보낸다. 이렇게 인접한 우체국들 간에 편지의 묶음을 전달하는 기능이 제2계층인 데이터링크 계층의 역할이다. 데이터링크 계층에서 편지의 묶음, 즉 행랑에 해당하는 것을 프레임(frame)이라고 부른다.

우체국은 여러 개의 중간 우체국을 거쳐서 편지를 목적지 건물의 편지함까지 배달한다. 이와 같이 발신지에서 목적지까지 편지의 배달을 책임지는 계층이 제3계층인 네트워크 계층이다. 여기에서 편지에 해당하는 데이터를 패킷(packet) 또는 데이터그램(datagram)이라고 부른다. 우편 시스템에서도 우체국이 책임지는 업무는 발신지의 우편함에서 목적지의 우편함까지의 배달이다. 그 다음의 일은 그 집 내부에서 일어난다. 즉 네트워크에서도 공간을 직접 이동하는 것은 3계층까지의 기능이며 4계층 이상의 기능은 호스트 컴퓨터 내부에서 처리된다.

편지가 목적지의 우편함에 도착하면 수신인까지의 전달은 보통 내부 사람에 의하여 이루어진다. 즉 보낸 사람으로부터 받는 사람까지의 전달을 책임지는 것이 4계층인 전송 계층의 책임이다.

5계층 이상의 기능은 편지가 어떤 목적으로 보내졌느냐에 따라 있을 수도 있고 없을 수도 있는 기능들이다. 5계층인 세션 계층은 네트워크의 대화(dialog) 조정자이다. 세션층은 통신하는 시스템들 사이의 상호작용을 설정하고 유지하며 또한 동기화를 수행한다. 예를 들어 한 시스템이 1,000페이지의 파일을 전송하는 경우, 100페이지씩 전송한 다음 확인응답을 받아 동기점을 삽입하는 것이다. 이렇게 하면 예를 들어 312페이지를 보내다가 오류가 발생하였다면 처음부터 다시 보낼 필요가 없이 301페이지부터 다시 보내면 된다. 만약 동기화를 하지 않았다면 1페이지부터 다시 보내야 할 것이다.

표현 계층은 교환되는 데이터의 표현 방법이 다른 경우 공통의 형식으로 변환을 수행한다. 또한 압축 기능과 암호화 기능도 수행한다. 편지의 예를 들면 독자적인 언어를 사용하는 아프리카의 나라와 편지를 주고받을 때 공통으로 이해할 수 있는 영어 등으로 번역하는 것에 비유할 수 있다. 또한 부피를 작게 하기 위하여 잘 포장을 한다든지, 남이 쉽게 내용을 볼 수 없도록 봉인을 하는 등의 예를 들 수 있겠다.

응용 계층은 사용자(사람 또는 소프트웨어)가 네트워크에 접근할 수 있는 기능을 제공한다. 이 계층에서는 사용자 인터페이스를 제공하며, 전자우편, 원격 파일의 접근 및 전송, 공유 데이터베이스 관리 및 여러 종류의 분산정보 서비스를 제공한다. 편지의 예를 들면 여러 가지 공적인 또는 사적인 목적의 편지 유형들이 여기에 해당한다고 할 수 있다.

메시지가 호스트 A로부터 호스트 B로 전송될 때 관련된 계층들을 (그림 1-4)에 나타내었다. 전송 과정 중에서 많은 노드들을 거칠 수 있는데 중간 경유지의 노드들은 보통 OSI 모델의 하위 3개의 계층만 관련이 있다.

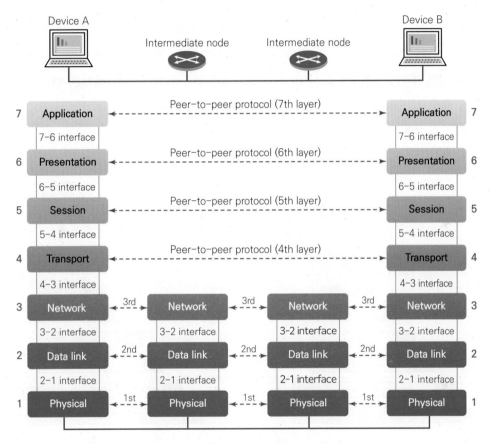

그림 1-4 OSI 모델의 계층 간 상호 작용

또한 각 계층은 반드시 자신의 영역에서 운영되는 하위 계층을 통해 서비스를 받고, 상위 계층으로 서비스를 제공하도록 규정되어 있다. 예를 들면 3계층의 네트워크 계층은 2계층인 데이터링크 계층을 통해 서비스를 받고, 상위 계층인 전송 계층에 작업한 내용을 서비스하는 식이다.

장치들 사이에서는 한 장치의 x번째 계층은 다른 장치의 x번째 계층과 통신한다. 이러한 통신은 프로토콜에 의해 제어된다. 해당 계층에서 통신하는 각 장치의 프로세스를 대등-대-대등 프로세스(peer-to-peer process)라고 한다. 그러므로 장치 간의 통신은 적절한 프로토콜을 사용하는 해당 계층의 대등-대-대등 프로세스이다.

　한편 각 계층은 (그림 1-5)와 같이 전송 데이터에 각 계층에서의 요구 조건과 처리 정보를 포함하는 헤더(header)라는 고유의 제어 정보를 전달 메시지에 추가하여 다음 계층으로 보낸다. 이러한 과정을 데이터의 캡슐화(encapsulation)라고 한다. 이 헤더는 수신 측의 동일 계층에 의해 해석되고 처리된다. 예를 들면 송신 측 컴퓨터의 5계층에서 추가된 헤더는 수신 측 컴퓨터의 5계층에서 해석되며, 해석된 헤더는 지정된 작업을 수행한 다음 제거된 상태로 다음 계층으로 넘어가, 최종적으로 수신 측 컴퓨터에는 데이터만 전송된다.

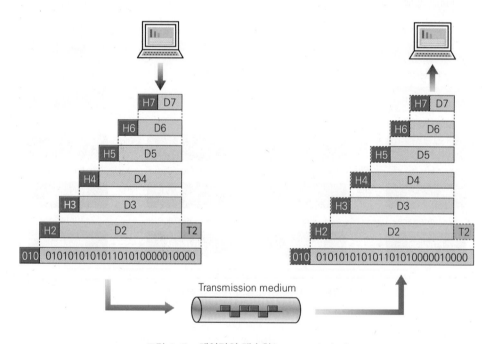

그림 1-5　데이터의 캡슐화(encapsulation)

　이때 각 계층 간에 전달되는 데이터의 단위는 계층에 따라 서로 다른 이름으로 불리며, 프로토콜이 데이터를 전송하기 위해 사용하는 기본 단위를 PDU(Protocol Data Unit)라고 한다. 즉, 물건을 운반할 때 상자 단위로 포장해 운반하는 것과 같이 프로토콜은 정보의 운반을 위해 PDU라는 상자를 이용하는 것이다.

　상자 단위로 물건을 포장해서 운반할 때 상자마다 물품의 내용이나 발송처, 수신처 등을 표기하는 것과 마찬가지로 PDU에도 사용자 정보뿐만 아니라 데이터의 발신처와 수신처에 대한 주소 정보와 전송 중에 오류가 발생했는지 확인하기 위한 패리티, 그밖에 흐름 제어 등을 위한 각종 정보가 함께 들어간다.

계층화된 프로토콜에서는 〈표 1-2〉와 같이 계층마다 PDU의 이름을 독특하게 붙여 사용한다. 2계층 PDU는 프레임(frame), 3계층 PDU는 패킷(packet) 또는 데이터그램(datagram), 4계층 PDU는 세그먼트(segment), 5계층 이상에서는 메시지(message) 또는 사용자 데이터(user data) 등으로 부르는 것이 일반적이다. 그리고 특별한 이름이 없는 경우에는 그냥 몇 계층의 PDU라고 부른다.

표 1-2   OSI 모델의 PDU

계층	PDU
7. 응용 계층(Application Layer)	메시지(Message) 또는 사용자 데이터(User data)
6. 표현 계층(Presentation Layer)	
5. 세션 계층(Session Layer)	
4. 전송 계층(Transport Layer)	세그먼트(Segment)
3. 네트워크 계층(Network Layer)	패킷(Packet) 또는 데이터그램(Datagram)
2. 데이터링크 계층(Data Link Layer)	프레임(Frame)
1. 물리 계층(Physical Layer)	비트(Bit)

1.3 TCP/IP

1.3.1 TCP/IP의 개요

네트워크는 수많은 컴퓨터와 장비로 이루어져 있고, 이들 구성요소 간에는 서로 데이터를 주고받을 수 있다. 각각의 구성요소가 성격도 다르고, 개발업체나 사용하는 운영체제도 다르지만, 네트워크를 통해 서로 통신을 할 수 있는 것은 바로 프로토콜 때문이다. 그러므로 프로토콜은 네트워크가 성립되기 위한 가장 기본적인 요소 중 하나이다.

프로토콜은 컴퓨터 시스템이 원격지에 떨어져 있는 다른 시스템과 통신하기 위한 일련의 절차나 규범을 말한다. 컴퓨터 사이의 통신은 많은 과정을 거치는데, 이런 과정에서 해야 할 일을 정해놓은 것을 프로토콜이라고 한다.

컴퓨터는 알게 모르게 다양한 프로토콜을 사용하고 있다. 만약 인터넷을 사용하고 있다면 기본적으로 2~3가지 프로토콜은 반드시 사용해야 한다. 일단 인터넷의 기본 프로토콜인 TCP(Transmission Control Protocol)와 IP(Internet Protocol)를 사용하며, 웹 페이지를 보기 위해서는 HTTP(Hyper Text Transfer Protocol)가 필요하다. 여기에 전자우편을 이용하고 있다면 SMTP(Simple Mail Transfer Protocol)나 POP3(Post Office Protocol) 등의 프로토콜도 사용해야 한다. 또 인터넷을 통해 파일을 주고받기 위해서는 FTP(File Transfer Protocol)도 필요하다.

TCP/IP(Transmission Control Protocol/Internet Protocol)는 현재 인터넷에서 사용되고 있는 표준 프로토콜의 집합(protocol suite)이다. TCP/IP는 매우 다양한 프로토콜로 구성되어 있는데 그중에서도 가장 핵심적인 역할을 하는 프로토콜이 TCP와 IP이기 때문에 전체 프로토콜의 집합을 나타내는 이름이 TCP/IP가 되었다.

인터넷과 TCP/IP의 역사는 너무나 밀접히 연관되어 있기 때문에 서로 떼어놓고 설명하기가 어렵다. 인터넷의 시초는 1969년 미국 국방성이 만든 ARPANET(Advanced Research Projects Agency Network)이다. 초기 ARPANET에서는 기존 기술에서 채용한 여러 프로토콜들을 사용하였다. 그러나 기존의 기술들은 이론적으로나 실제적으로 모두 결점이나 제한을 가지고 있었다. 따라서 개발자들은 1973년부터 새로운 프로토콜을 개발하기 시작하여 1980년 지금의 TCP/IP를 완성하고 1982년에 TCP/IP를 인터넷의 표준 프로토콜로 채택하게 되었다.

TCP/IP는 개방 프로토콜로 어느 특정 회사나 단체의 독점적인 표준이 아니고 누구나 표준화를 통해 제품을 개발할 수 있으며, 물리적인 네트워크와 컴퓨터 하드웨어 또는 소프트웨어로부터 독립적이므로 어느 환경에서도 사용이 가능하다.

1980년대에 사람들은 여러 회사가 내놓은 TCP/IP나 IBM의 SNA(System Network Architecture) 구조를 OSI가 상업적으로 능가할 것이라고 믿었다. 그러나 이러한 전망은 실현되지 않았다. 1990년대에 TCP/IP가 상업적으로 확고한 위치를 굳혔고, 지금도 TCP/IP 상에서 동작하는 많은 새로운 프로토콜이 개발되고 있다.

TCP/IP가 OSI를 능가하고 성공한 데는 다음과 같은 몇 가지 이유가 있다. 첫째로 TCP/IP는 OSI 이전에 이미 널리 사용되고 있었다. 따라서 1980년대에 당장 프로토콜이 필요한 회사들은 계획만 좋고, 완성될 것 같지도 않은 OSI 패키지를 기다릴 것인지, 설치만 하면 당장 사용할 수 있는 TCP/IP를 선택할 것인지를 결정해야만 했다. 대부분은 TCP/IP를 선택했고 이미 설치가 된 다음에는 기술적인 문제와 비용 상의 문제로 인하여 OSI로 바꿀 수가 없었다.

둘째로 TCP/IP는 처음에 미 국방성에서 개발하였으며 미 국방성은 TCP/IP를 이용하는 소프트웨어를 구매하였다. 당시 미 국방성은 소프트웨어 시장에서 가장 큰 소비자이었으므로 이러한 정책은 TCP/IP 기반 제품을 개발하는 회사를 더욱 장려하는 계기가 되었다.

셋째로 인터넷이 TCP/IP 기반 위에 만들어졌다. 인터넷 특히 WWW(World Wide Web)의 급속한 성장은 TCP/IP의 승리를 더욱 공고하게 만들었다.

1 TCP/IP의 구조

인터넷에 사용되는 TCP/IP 프로토콜은 OSI 모델보다 먼저 개발되었다. 그러므로 TCP/IP 프로토콜의 계층구조는 OSI 모델의 계층구조와 정확히 일치되지는 않는다. TCP/IP 프로토콜은 (그림 1-6)과 같이 네트워크 접속(Network Access) 계층, 인터넷(Internet) 계층, 전송(Transport) 계층, 응용(Application) 계층의 4개의 계층으로 구

그림 1-6   TCP/IP의 프로토콜 스택

성되어 있다.

 네트워크 접속 계층을 물리 계층과 데이터링크 계층으로 나누어 5개의 계층으로 설명하기도 한다. (그림 1-7)은 OSI 모델과 비교하여 TCP/IP 프로토콜의 계층 구조를 나타낸 것이다. (그림 1-7)과 같이 네트워크 접속 계층을 링크 계층(Link layer)이라고도 부른다.

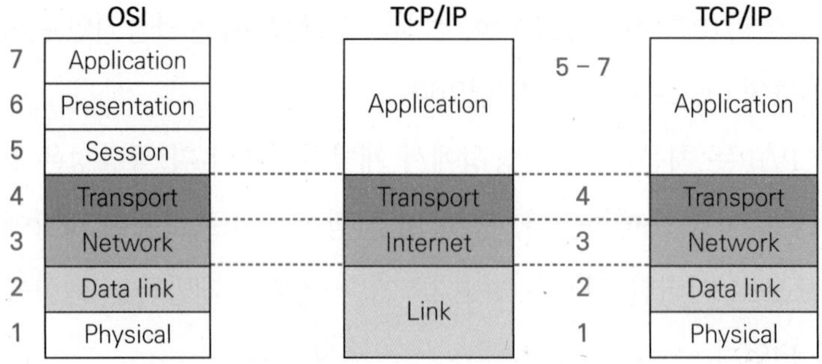

그림 1-7   TCP/IP 구조와 OSI 모델의 비교

 TCP/IP는 특정 기능을 제공하는 각 모듈이 서로 영향을 주며 동작하는 계층적인 (hierarchical) 프로토콜이다. 그러나 그 모듈들이 꼭 독립적일 필요는 없다. OSI 모델은 어떤 기능이 어느 계층에 속해 있는지를 규정하고 있는 반면에, TCP/IP 프로토콜 집합의 계층은 시스템의 요구에 따라 혼합되고 대응되는 상대적으로 독립적인 프로토콜들을 포함하고 있다. '계층적'이라는 용어는 각 상위 프로토콜이 하나 또는 그 이상의 하위 프로토콜에 의해 지원된다는 것을 의미한다. (그림 1-8)은 TCP/IP의 각 계층의 주요 프로토콜을 보인 것이다.

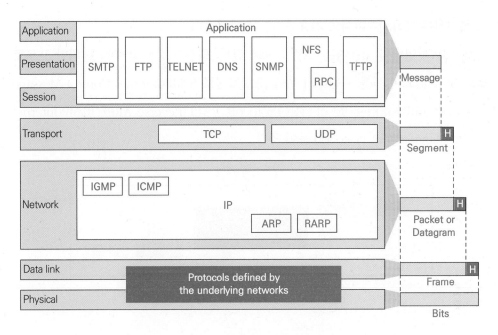

그림 1-8   TCP/IP의 주요 프로토콜

2 TCP/IP의 네트워크 접속 계층

TCP/IP는 네트워크 접속 계층에 대해서는 어떤 특정 프로토콜을 규정하지 않고 모든 표준과 기술의 프로토콜을 지원하고 있다. 이 계층은 단위 네트워크 내에서의 데이터 전송을 담당한다. OSI 모델에서의 물리 계층과 데이터링크 계층이 여기에 속한다. LAN에서는 LLC(Logical Link Control) 및 MAC(Medium Access Control) 계층의 기능을 제공한다. 따라서 이더넷, 토큰 링, FDDI와 같은 LAN 프로토콜과 X.25와 같은 WAN 프로토콜 등이 이 계층에 해당한다.

1.3.2 TCP/IP의 인터넷 계층 프로토콜

TCP/IP의 인터넷 계층은 OSI 모델의 네트워크 계층에 해당하는 라우팅 기능을 담당한다. 전송 계층에서 내려온 세그먼트를 패킷망에서 취급할 수 있는 크기의 패킷으로 분할하여 데이터그램 방식으로 전달하고, 이 패킷들에 오류 제어나 흐름 제어를 하지 않는다. 즉 인터넷 계층은 패킷이 여러 종류의 네트워크를 가로질러 가면서 목적지에 도착되기까지의 전송과정만을 담당한다.

TCP/IP의 인터넷 계층에는 (그림 1-9)와 같이, 핵심 기능인 라우팅을 위한 프로토콜로 IP가 있으며 이를 지원하기 위한 프로토콜로 ICMP(Internet Control Message Protocol), ARP(Address Resolution Protocol), RARP(Reverse ARP), IGMP(Internet Group Management Protocol) 등이 있다.

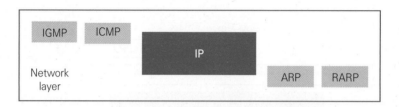

그림 1-9   TCP/IP의 인터넷 계층 프로토콜

1 IP

IP(Internet Protocol)는 TCP/IP에서 사용하는 전송 메커니즘으로, 최선노력의 전달 서비스(best-effort delivery service)이다. 여기에서 '최선노력'이라는 용어는 오류 검사나 추적을 제공하지 않는다는 것을 의미한다. 이러한 프로토콜을 신뢰성을 제공하지 않는 비연결형 프로토콜이라고 한다. 즉 IP는 목적지까지 전송이 이루어지도록 최선을 다하지만 완전하게 이루어진다는 보장은 하지 않는다. 이러한 특성은 편지를 보내는 우편 제도와 유사하다. 우리가 보내는 보통 우편은 목적지까지 가능한 한 배달은 하지만 여러 가지 이유로 분실될 수도 있으며 이를 우체국에서 보장해 주지는 않는다.

IP는 데이터그램(datagram)이라고 부르는 패킷으로 데이터를 전송한다. 각 데이터그램은 개별적으로 전송되며, 각기 서로 다른 경로로 보내질 수 있으므로 순서대로 도착하지 않거나 중복되어 도착할 수도 있다. IP는 경로를 기억하지 않으며, 데이터그램이 목적지에 도착한 다음 다시 순서를 정렬하는 기능도 없다.

그러나 이러한 IP의 제한된 기능을 약점으로만 볼 수는 없다. IP는 최소한의 전송 기능만을 제공하고, 주어진 응용을 위해 필요한 다른 기능은 사용자가 자유롭게 추가할 수 있도록 함으로써 최대한의 효율성을 제공하는 장점을 가지고 있다.

IP 계층의 패킷을 데이터그램이라고 한다. (그림 1-10)은 IP 데이터그램의 형식을 나타내고 있다. 데이터그램은 헤더와 데이터의 두 부분으로 구성된 가변 길이의 패킷이다. 헤더는 20바이트에서 60바이트까지 될 수가 있으며, 여기에는 경로 설정과 전달에 필요한 정보를 포함하고 있다. 편지에 비유하면 헤더는 편지 봉투에 해당하고 데이터는 봉투 안의 편지지에 해당한다.

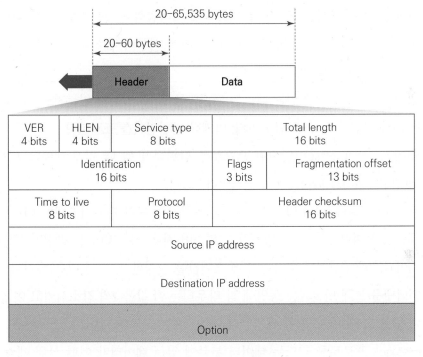

그림 1-10   IP 데이터그램의 형식

헤더를 구성하는 각 필드의 기능은 다음과 같다.

- VER(Version): 첫 번째 필드는 IP의 버전을 나타낸다. IPv4는 2진수 0100이다.
- HLEN(Header Length): 헤더 길이 필드는 헤더의 길이를 4바이트의 배수로 표시한다. 이 필드는 4비트이므로 최대 60(=4×15)바이트이다.

- Service type: 서비스 유형 필드는 데이터그램을 처리하는 방법을 나타낸다. 여기에는 데이터그램의 우선순위를 나타내는 비트가 포함되어 있다. 또한 단위 시간당 처리량, 신뢰성, 지연과 같은 송신자가 원하는 서비스 유형을 지정하는 비트를 포함할 수 있다.

- Total Length: 전체 길이 필드는 IP 데이터그램의 전체 길이를 나타낸다. 단위는 바이트이다. 이 필드는 2바이트로 최대 65,536바이트까지 나타낼 수 있다.

- Identification: 식별자 필드는 단편화(fragmentation)에 이용된다. 데이터그램이 다른 네트워크를 통과할 때 네트워크 프레임의 크기를 맞추기 위하여 단편(fragment)으로 나누어질 수 있다. 단편화가 이루어지면 각 단편은 이 필드의 순서번호로써 식별된다.

- Flags: 플래그 필드에 있는 비트는 단편화를 할 수 있는지 없는지와 데이터그램이 처음 단편인지, 중간 단편인지, 마지막 단편인지를 표시한다.

- Fragmentation offset: 단편화 오프셋은 단편화가 될 때 원래 데이터그램 내의 데이터의 위치를 나타내는 포인터이다.

- TTL(Time To Live): 수명 필드는 목적지를 찾지 못한 데이터그램이 네트워크를 무한정 돌아다니는 것을 방지하기 위하여 사용하는 것이다. 발신지 호스트는 데이터그램이 생성되면 이 필드에 초기값을 설정한다. 그런 다음 데이터그램이 인터넷을 통해 전달되는 동안에 각 라우터는 이 값을 1씩 감소시키고 이 값이 0이 되면 그 데이터그램을 폐기한다.

- Protocol: 프로토콜 필드는 데이터 부분에 있는 데이터가 어떤 상위 계층 프로토콜을 사용하는지를 나타낸다.

- Header checksum: 헤더 검사합 필드는 헤더의 무결성을 검사하기 위하여 사용되는 필드로, 헤더만을 검사하며 데이터 부분은 검사하지 않는다.

- Source address: 발신지 주소 필드는 4바이트의 인터넷 주소로 데이터그램의 발신지를 나타낸다.

- Destination address: 목적지 주소 필드는 4바이트의 인터넷 주소로 데이터그램의 최종 목적지를 나타낸다.

- Option: 선택사항 필드는 IP 데이터그램에 대한 여러 가지 기능을 제공한다. 이 것은 경로설정, 타이밍, 관리, 정렬 등을 제어하는 필드를 가지고 있다.

2 ARP

ARP(Address Resolution Protocol)는 IP 주소를 물리주소로 변환하는 프로토콜이다. LAN과 같은 네트워크에서 링크 상의 각 장치는 NIC(Network Interface Card)의 물리주소 또는 통신국 주소에 의해 구분된다. ARP는 IP 주소를 알고 있을 때 노드의 물리주소를 찾는 데 사용된다.

물리주소는 내부적으로 사용되는 주소로서 쉽게 변경할 수 있다. 예를 들면 특정 호스트의 NIC가 고장이 나면 NIC를 교체하게 되고 그러면 물리주소는 바뀌게 된다. 그러나 IP 주소는 전 세계적으로 공인된 주소이다. ARP는 IP 주소를 알고 있을 때 노드의 물리주소를 찾는 프로토콜이다.

3 RARP

RARP(Reverse ARP)는 호스트의 물리주소를 알고 있을 때 IP 주소를 알려주는 프로토콜이다. 이 프로토콜은 컴퓨터가 처음으로 네트워크에 접속될 때 또는 하드디스크 등과 같은 보조기억장치가 없어서 IP 주소를 저장하고 있지 않은 컴퓨터가 부팅되었을 때 IP 주소를 획득하기 위하여 사용된다.

RARP는 ARP와 같이 동작한다. IP 주소를 검색하려는 호스트는 물리주소를 포함한 RARP 요청 패킷을 네트워크 상의 모든 호스트에게 방송한다. 네트워크에 있는 해당 호스트는 RARP 응답 패킷으로 호스트의 IP 주소를 알려준다.

4 ICMP

ICMP(Internet Control Message Protocol)는 데이터그램에 문제가 발생한 경우, 그 데이터그램을 송신한 송신자에게 그 문제점을 알려주는 프로토콜이다. IP 프로토콜에서는 오류 보고와 오류 수정 기능, 호스트와 관리 질의를 위한 메커니즘이 없기 때문에 ICMP는 이를 보완하기 위하여 설계되었다.

링크를 사용할 수 없거나 장치에 화재가 발생하는 등의 비정상적인 상황이나 또는 네트워크의 혼잡 때문에 데이터그램의 경로를 지정하거나 전송할 수 없으면 ICMP는 원래의 발신지에게 이 상황을 알린다. ICMP는 목적지가 도달 가능하고 응답이 가능한지를 시험하기 위하여 Echo test/reply를 사용한다. 또한 ICMP는 제어와 오류 메시지도 처리하는데, 문제점을 보고하는 기능만 있고 오류를 복구하지는 않는다. 복구에 대한 책임은 송신자에게 있다

ICMP는 네트워크 계층 프로토콜이다. 그러나 이 프로토콜의 메시지는 직접 데이터링크 계층으로 전달되지는 않는다. 대신 메시지는 하위 계층으로 가기 전에 (그림 1-11)과 같이 IP 데이터그램 내에 캡슐화된다.

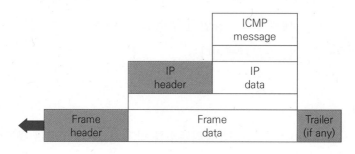

그림 1-11   ICMP 패킷의 캡슐화

ICMP 메시지는 크게 오류보고(error-reporting) 메시지와 질의(query) 메시지로 나눌 수 있다. 오류보고 메시지는 라우터나 목적지 호스트가 IP 패킷을 처리하는 도중에 발견하는 문제를 보고한다. 질의 메시지는 쌍으로 발생되는데 호스트나 네트워크 관리자가 다른 호스트로부터 특정 정보를 획득하기 위하여 사용된다.

ICMP 메시지는 (그림 1-12)와 같이 8바이트의 헤더와 가변 길이의 데이터 부분으로 구성된다. 헤더의 일반 형식은 각 메시지별로 다르지만 처음 4바이트는 모두 공통이다. 첫 번째 필드인 ICMP 유형(type)은 메시지의 유형을 나타낸다. 코드(code) 필드는 특정 메시지 유형의 이유를 나타낸다. 마지막 공통 필드는 검사합 필드이다. 헤더의 나머지 부분은 각 메시지별로 다르다.

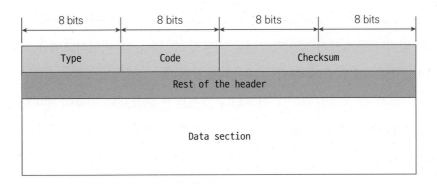

그림 1-12   ICMP 메시지의 형식

ICMP 메시지는 〈표 1-3〉과 같이, 오류보고(error-reporting) 메시지와 질의 (query) 메시지로 분류할 수 있다.

표 1-3   ICMP 메시지

분류	타입	메시지
Error-reporting Messages	3	Destination unreachable
	4	Source quench
	11	Time exceeded
	12	Parameter Problem
	5	Redirection
Query Messages	8, 0	Echo Request and Reply
	13, 14	Timestamp Request and Reply
	17, 18	Address-Mask Request and Reply
	10, 9	Router Solicitation and Advertisement

오류보고 메시지는 라우터나 목적지 호스트가 IP 패킷을 처리하는 도중에 발견하는 문제를 최초의 발신지로 보고한다. 수정은 상위 계층 프로토콜에서 수행한다.

- 목적지 도달 불가능(Destination unreachable): 라우터가 데이터그램을 라우팅할 수 없거나 호스트가 데이터그램을 전달할 수 없을 때 데이터그램을 폐기하고 발신지로 목적지 도달 불가능 메시지를 보낸다.
- 발신지 억제(Source quench): 라우터나 호스트가 혼잡으로 인하여 데이터그램을 폐기하면 발신지로 source quench 메시지를 보낸다.
- 시간 초과(Time exceeded): 라우터가 TTL 값이 0이 되는 데이터그램을 받으면 폐기하고 발신지로 시간 초과 메시지를 보낸다. 목적지 호스트는 첫 번째 단편이 도착한 다음, 타이머가 만료된 후에도 모든 단편이 도착하지 않으면 모두 폐기하고 발신지로 시간 초과 메시지를 보낸다.
- 매개변수 문제(Parameter Problem): 라우터나 목적지 호스트가 데이터그램의 필드에서 불명확하거나 빠진 값을 발견하게 되면 데이터그램을 폐기하고 발신지로 매개변수 문제 메시지를 보낸다.
- 재지정(Redirection): 호스트가 데이터그램을 틀린 라우터로 보낸 경우, 라우터는 이 데이터그램을 올바른 라우터로 보내고 호스트로 재지정 메시지를 보낸다.

질의 메시지는 쌍으로 발생되는데 호스트나 네트워크 관리자가 다른 호스트로부터 특정 정보를 획득하기 위하여 사용된다.

- 에코 요청 및 응답(Echo Request and Reply): 네트워크 관리자가 IP 프로토콜의 동작 상태를 점검하기 위하여 사용하는 것으로, 대표적인 응용이 Ping(Packet Internet Groper)이다.
- 시간 요청 및 응답(Timestamp Request and Reply): IP 데이터그램이 두 시스템(호스트나 라우터) 사이를 지나가는데 필요한 왕복 시간(round-trip time)을 결정하는 데 사용한다.
- 주소 마스크 요청 및 응답(Address-Mask Request and Reply): 호스트가 네트워크 마스크를 요청하기 위하여 사용한다.
- 라우터 간청 및 광고(Router Solicitation and Advertisement): 라우터 간청은 호스

트가 자신의 네트워크에 연결된 라우터의 주소를 요청하는 데 사용하며, 라우터 광고는 라우터가 자신의 주소를 주기적으로 방송하는 것이다.

5 IGMP

IGMP(Internet Group Management Protocol)는 일단의 그룹 수신자들에게 메시지를 동시에 전송하기 위하여 사용되는 프로토콜이다. IP는 유니캐스팅과 멀티캐스팅을 수행할 수 있다. 유니캐스팅은 하나의 수신자와 하나의 송신자 사이의 통신이다. 이것은 일대일 통신이다. 그러나 때때로 몇몇 과정은 같은 메시지를 동시에 여러 수신자에게 보내는 것이 필요하다. 이것을 멀티캐스팅이라고 부르며 일대다 통신이다. 여러 가지 응용에서 멀티캐스팅을 사용한다. 예를 들면 원격교육이나 VOD(Video On Demand) 등이 좋은 예이다.

인터넷에서 멀티캐스트를 하기 위해서는 멀티캐스트 패킷을 라우트할 수 있는 라우터들이 필요하다. 이 라우터들의 라우팅 테이블은 멀티캐스트 라우팅 프로토콜에 의해 갱신되어야 한다.

IGMP는 멀티캐스트 라우팅 프로토콜이 아니라 그룹 멤버십을 관리하는 프로토콜이다. 어떠한 네트워크에도 멀티캐스트 패킷을 호스트나 다른 라우터에게 분배하는 한 개 이상의 라우터가 있다. IGMP 프로토콜은 멀티캐스트 라우터에게 네트워크에 연결된 호스트나 라우터들의 멤버십 상태에 대한 정보를 제공한다.

멀티캐스트 라우터는 다른 그룹으로부터 매일 수천 개의 멀티캐스트 패킷을 수신할 수 있다. 만약 라우터가 호스트의 멤버십 상태에 대한 정보를 가지고 있지 않다면 이 라우터는 패킷들을 브로드캐스트 하여야 한다. 이렇게 되면 많은 트래픽이 발생하게 되고 대역폭이 낭비된다. IGMP는 멀티캐스트 라우터가 호스트의 멤버십 리스트를 생성하고 갱신하는 것을 돕는다.

1.3.3 TCP/IP의 전송 계층 프로토콜

전통적으로 TCP/IP에서 전송계층은 TCP와 UDP의 두 가지 프로토콜로 대표된다. TCP보다 UDP가 더 단순하다. 신뢰성이나 보안성보다 크기와 속도가 더 중요할 때에 UDP를 사용한다. 종단 대 종단 전달에서 신뢰성이 요구되면 TCP를 사용한다.

IP가 발신지 호스트에서 목적지 호스트까지 패킷을 전송하는 책임을 진다면, UDP와 TCP는 각 호스트 내에서 동작 중인 프로세스에서 프로세스까지 메시지를 전달하는 것을 책임지는 전송계층 프로토콜이다.

1 포트 번호

여러 곳 중에서 하나의 특정 목적지로 무엇인가를 전달하려면 주소가 필요하다. 데이터링크 계층에서 점대점 연결이 아닌 경우, 여러 개의 노드들 중에서 한 개의 노드를 선택하기 위해서는 MAC(Medium Access Control) 주소가 필요하다. 데이터링크 계층에서 프레임을 전달하기 위해서는 목적지 MAC 주소가 필요하고 노드의 응답을 위해서는 발신지 MAC 주소가 필요하다.

네트워크 계층에서는 전 세계의 수많은 호스트 중에서 하나를 선택하기 위한 IP 주소가 필요하다. 네트워크 계층에서 데이터그램을 전달하기 위해서는 목적지 IP 주소가 필요하고 응답을 위해서는 발신지 IP 주소가 필요하다.

전송 계층에서는 목적지 호스트에서 동작 중인 여러 개의 프로세스들 중에서 하나를 선택하기 위하여 포트 번호(port number)라고 하는 전송 계층 주소가 필요하다. 목적지 포트 번호는 전달을 위해서 필요하고 발신지 포트 번호는 응답을 위해서 필요하다.

TCP/IP에서 포트 번호는 16비트로 0부터 65,535 사이의 값을 가질 수 있다. 클라이언트 프로그램의 포트 번호는 클라이언트 호스트에서 동작 중인 전송 계층 소프트웨어에 의해 임의로 선택된다. 이것을 임시 포트 번호(ephemeral port number)라고 한다.

서버 프로세스도 포트 번호를 지정하여야 한다. 그러나 이 포트 번호는 임의로 선택할 수 없다. 서버 사이트에 있는 컴퓨터가 하나의 서버 프로세스를 운영 중이고 포트 번호를 임의로 할당한다면, 이 서버에 접속하여 서비스 사용을 원하는 클라이언트 사이트에 있는 프로세스는 그 포트 번호를 알 수가 없다. 이러한 문제점을 해결하기 위하여 인터넷에서는 서버를 위한 공통의 포트 번호를 미리 약속해 놓았다. 이러한 포트 번호를 지정 포트 번호, 즉 잘 알려진 포트 번호(well-known port number)라고 한다.

모든 클라이언트 프로세스는 해당하는 서버 프로세스의 지정 포트 번호를 알고 있어야 한다. 예를 들어 (그림 1-13)과 같이 Daytime 클라이언트 프로세스는 임시 포트 번호를 52,000번을 임의로 선택하여 사용하는 반면에, Daytime 서버 프로세스는 지정 포트 번호(영구적인 번호) 13번을 사용하여야 한다.

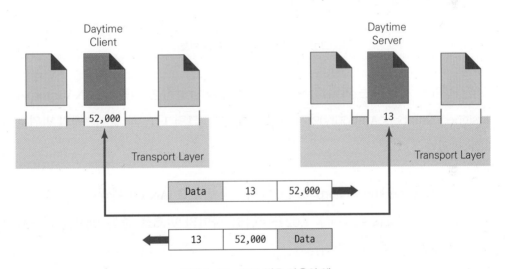

그림 1-13   포트 번호 사용의 예

IP 주소와 포트 번호가 데이터의 최종 목적지를 선택하는 데 있어서 서로 다른 역할을 한다. 목적지 IP 주소는 전 세계의 많은 호스트 중에서 특정한 하나의 호스트를 지정한다. 호스트가 선택된 후에는 포트 번호를 사용하여 이 선택된 호스트에 있는 여러 프로세스들 중 하나를 지정한다. (그림 1-14)는 이러한 개념을 보여주고 있다.

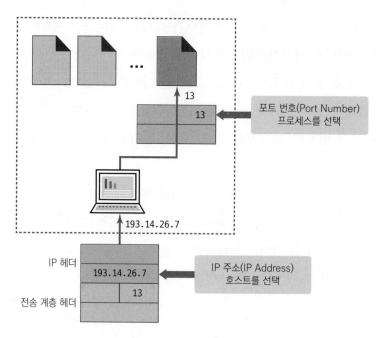

그림 1-14   IP 주소와 포트 번호

인터넷에서 사용하는 여러 가지 번호의 할당을 담당하는 기관인 IANA(Internet Assigned Numbers Authority)에서는 포트 번호를 (그림 1-15)과 같이 3개의 범위로 나누고 있다.

- 지정 포트(well-known port): 0~1,023 사이의 번호로 IANA가 관리한다.
- 등록 포트(registered port): 1,024~49,151 사이의 번호로 중복 방지를 위해서 IANA에 등록만 되어 있다.
- 동적 포트(dynamic port): 49,152~65,535 사이의 번호로 모든 프로세스가 임의로 선택하여 사용하는 임시 포트 번호이다.

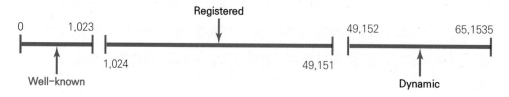

그림 1-15   포트 번호의 범위

프로세스 간 전달은 연결을 만들기 위해서 각 종단에서 IP 주소와 포트 번호 두 가지 식별자를 필요로 한다. (그림 1-16)과 같이 IP 주소와 포트 번호의 조합을 소켓 주소(socket address)라고 한다. 서버 소켓 주소가 유일하게 서버 프로세스를 지정하는 것처럼 클라이언트 소켓 주소는 유일하게 클라이언트 프로세스를 정의한다.

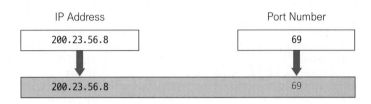

그림 1-16 소켓 주소의 예

2 TCP

TCP(Transmission Control Protocol)는 신뢰성(reliability) 있는 연결지향(connec-tion-oriented) 프로토콜이다. '연결지향' 또는 '연결형'이라는 용어는 송신기와 수신기가 데이터를 전송하기 전에 먼저 연결을 확립하고 데이터를 보낸다는 뜻이다. 전화가 그 좋은 예이다. 연결지향 프로토콜은 데이터가 손실될 위험은 적어지지만 연결을 확립하는데 시간과 비용이 소요되는 단점이 있다.

신뢰성이 있다는 의미는 확인응답(acknowledgement)을 사용하여 수신기가 데이터를 오류 없이 수신하였는가를 검사한다는 뜻이다. 이것 역시 데이터를 전송하는 도중에 발생한 오류를 제어할 수 있는 장점이 있는 반면에 시간과 비용이 소요되는 단점이 있다.

TCP는 송신 측에서 메시지를 세그먼트라는 작은 단위로 나누고 각각에 순서번호를 부여한다. 세그먼트는 IP 데이터그램에 넣어서 네트워크 링크를 통하여 전송된다. 수신 측에서는 데이터그램이 들어오는 대로 모아서 세그먼트의 순서번호에 따라 재정렬하여 메시지를 복원한다. TCP는 파일 전송이나 원격 접속, E-mail과 같이 오류에 민감한 응용에 적합한 전송 프로토콜이다. TCP 세그먼트의 형식은 (그림 1-17)과 같다.

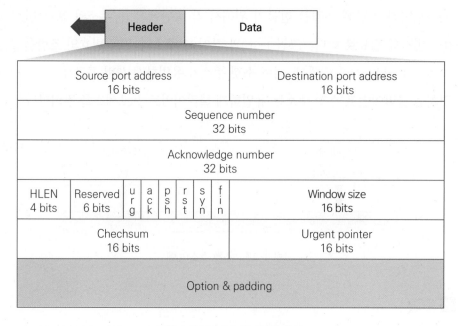

그림 1-17　TCP 세그먼트 형식

- Source port address: 발신지 포트 주소는 메시지를 생성한 응용 프로그램의 주소이다.

- Destination port address: 목적지 포트 주소는 메시지를 수신하는 응용 프로그램의 주소이다.

- Sequence number: 응용 프로그램의 데이터 스트림은 2개 이상의 TCP 세그먼트로 나누어질 수 있다. 이 순서번호 필드는 원래의 데이터 스트림에서 데이터의 위치를 나타낸다.

- Acknowledge number: 32비트 확인응답 번호는 다른 통신장치의 데이터 수신에 대한 확인응답에 사용된다. 이 번호는 제어필드의 ACK 비트가 설정되어야만 유효하다. 이 경우 확인응답 번호는 다음에 기대되는 바이트 순서번호를 나타낸다.

- HLEN(Header length): 4비트의 헤더길이 필드는 TCP 헤더의 길이를 4바이트 단위로 나타낸다. 4비트는 0에서 15까지의 수를 나타낼 수 있으므로, 헤더의 최대 길이는 4×15=60바이트가 된다. 헤더의 최소 길이는 20바이트이므로 40바이

트를 옵션으로 이용할 수 있다.

- Reserved: 6비트의 예약 필드는 나중에 사용하기 위하여 예약되어 있다.
- Control: 6비트 제어 필드의 각 비트는 개별적으로 독립적인 기능을 수행한다. 비트는 세그먼트의 사용을 나타내거나 다른 필드의 유효성을 확인하는 역할을 한다. URG(urgent) 비트가 설정되면 긴급 포인터(urgent pointer) 필드가 유효하게 된다. ACK 비트가 설정되면 확인응답번호 필드가 유효하게 된다. PSH(push) 비트는 송신자에게 높은 처리율이 요구된다는 것을 알리기 위해 사용된다. 데이터는 가능한 한 높은 처리율을 지닌 경로를 통해 전달되어야 한다. RST(reset) 비트는 순서번호에 혼동이 있을 때 연결을 재설정하기 위하여 사용된다. SYN 비트는 3가지 유형의 세그먼트(연결요청, 연결설정, 확인응답)에서 순서번호 동기화에 사용된다. FIN 비트는 종료요구, 종료확인, 확인응답의 세그먼트에서 연결 종료에 사용된다.
- Window size: 윈도우 크기 필드는 슬라이딩 윈도우 크기를 지정하는 16비트 필드이다.
- Checksum: 검사합은 오류검출에 사용되는 16비트 필드이다.
- Urgent pointer: 이것은 헤더에서 마지막으로 요구되는 필드이다. 제어 필드에서 URG 비트가 설정되면 이 값은 유효하다. 이 경우에 송신자는 수신자에게 세그먼트 데이터 부분에 긴급 데이터가 있다는 것을 알려준다. 이 포인터는 긴급 데이터의 끝과 일반 데이터의 시작을 나타낸다.
- Options & padding: 선택사항과 채우기 필드는 수신자에게 추가적인 정보를 전달하거나 정렬의 목적으로 사용된다.

TCP도 UDP와 같이 전송 계층의 주소로 포트 번호를 사용한다. 〈표 1-4〉는 TCP에 의해 사용되는 지정포트 번호이다. 응용에서 UDP와 TCP를 둘 다 사용할 수 있다면 동일한 포트 번호가 이 응용에 할당된다.

표 1-4   TCP가 사용하는 지정포트 번호

포트	프로토콜	설명
7	Echo	Echoes a received datagram back to the sender
9	Discard	Discards any datagram that is received
11	Users	Active users
13	Daytime	Returns the date and the time
17	Quote	Returns a quote of the day
19	Chargen	Returns a string of characters
20	FTP, Data	File Transfer Protocol(Data Connection)
21	FTP, Control	File Transfer Protocol(Control Connection)
22	SSH	Secure Shell
23	TELNET	Terminal Network
25	SMTP	Simple Mail Transfer Protocol
53	DNS	Domain Name System
67	BOOTP	Bootstrap Protocol
79	Finger	Finger
80	HTTP	Hypertext Transfer Protocol
110	POP3	Post Office Protocol v3
111	RPC	Remote Procedure Call

3 UDP

UDP(User Datagram Protocol)는 비신뢰성이고 비연결형 프로토콜이다. 즉 연결을 하지 않고 바로 데이터를 보내며 오류 검사도 수행하지 않는다. 편지를 보내는 우편 제도가 그 좋은 예이다. 만약 데이터가 전달되지 않거나 오류가 발생한 경우에는 다른 수단(상위 프로토콜)을 사용하여 해결한다.

UDP는 TCP에 비하여 속도나 비용 면에서 우수하다. 그러나 오류가 많이 발생되는 환경에는 적합하지 않다. UDP는 음성이나 영상 전송과 같이 속도가 중요하고 오류에는 덜 민감한 응용 등에 많이 사용되고 있다.

UDP에 의해 생성된 패킷은 사용자 데이터그램이라고 하며, (그림 1-18)과 같이 8바이트의 헤더와 가변 길이의 데이터로 구성된다.

- Source port address: 발신지 포트 주소는 메시지를 생성한 응용 프로그램의 주소이다.
- Destination port address: 목적지 포트 주소는 메시지를 수신하는 응용 프로그램의 주소이다.
- Total length: 전체 길이 필드는 사용자 데이터그램의 전체 길이를 바이트 단위로 나타낸다.
- Checksum: 검사합은 오류검출에 사용되는 16비트 필드이다.

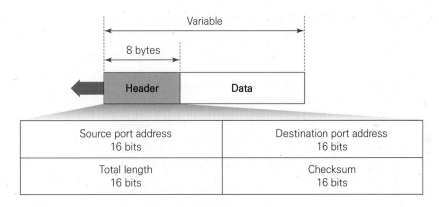

그림 1-18   UDP 데이터그램 형식

UDP는 종단 대 종단 전송에 필요한 기본적인 기능만 제공한다. 이것은 순서번호나 순서정렬 기능은 제공하지 않고, 오류를 보고할 때 손상된 패킷을 지정할 수 없다(이 작업을 위해서는 ICMP가 필요하다). UDP는 오류가 발생한 것을 발견할 수 있다. 그러면 ICMP가 송신자에게 사용자 데이터그램이 손상되었고 폐기되었다는 것을 알린다. 그렇지만 어느 패킷이 손실되었다는 것을 나타낼 수 있는 기능은 둘 다 없다. UDP는 검사합만 가지고 있으며, 특정 데이터 세그먼트에 대한 ID나 순서번호는 포함되어 있지 않다.

UDP는 전송 계층의 주소로 포트 번호를 사용한다. 〈표 1-5〉는 UDP에서 사용하는 지정포트 번호들을 정리한 것이다.

표 1-5   UDP가 사용하는 지정포트 번호

포트	프로토콜	설명
7	Echo	Echoes a received datagram back to the sender
9	Discard	Discards any datagram that is received
11	Users	Active users
13	Daytime	Returns the date and the time
17	Quote	Returns a quote of the day
19	Chargen	Returns a string of characters
53	DNS	Domain Name Service
67	Bootps	Server port to download bootstrap information
68	Bootpc	Client port to download bootstrap information
69	TFTP	Trivial File Transfer Protocol
111	RPC	Remote Procedure Call
123	NTP	Network Time Protocol
161	SNMP	Simple Network Management Protocol
162	SNMP	Simple Network Management Protocol(trap)

1.3.4 TCP/IP의 응용 계층 프로토콜

TCP/IP에서 응용 계층은 OSI 모델의 세션, 표현, 응용 계층을 모두 합한 것과 같다. 응용 계층의 특정 프로토콜을 설명하기 전에, 이 계층의 클라이언트-서버 개념을 이해할 필요가 있다. 네트워크의 장점 중 하나가 분산처리 능력을 들 수 있다. 한 프로그램이 다른 장소에서 실행 중인 프로그램의 서비스를 요청할 때, 이 시스템을 클라이언트-서버 시스템이라고 한다. 클라이언트 응용 프로그램은 서비스 요구를 서버 응용 프로그램으로 보내고, 서버 응용 프로그램은 요구된 서비스를 제공한다. TCP/IP 프로토콜의 모든 응용 프로그램은 (그림 1-19)와 같은 클라이언트-서버 모델을 사용한다.

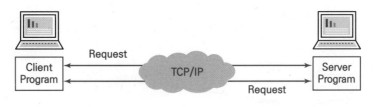

그림 1-19   클라이언트-서버 모델

1 DNS

TCP/IP 클라이언트-서버 응용의 좋은 예가 DNS(Domain Name System)이다. TCP/IP 프로토콜은 개체를 구분하기 위해서 인터넷에서 호스트 연결을 위하여 유일하게 식별되는 IP 주소를 사용한다. 그러나 사람들은 2진수로 된 IP 주소보다는 이름을 사용하는 것이 훨씬 용이하다. 그러므로 이름을 IP 주소로 바꾸어주는 시스템이 필요하다.

DNS는 2진수로 되어있는 IP 주소를 사람이 식별하기 쉽도록 문자로 된 도메인 이름으로 바꾸어 주는 프로토콜이다. DNS는 인터넷에서 각 호스트를 유일한 이름을 사용하여 구분한다. 도메인 이름이 주어지면, 프로그램은 클라이언트-서버 세션에서 이름 서버의 서비스를 이용하여 도메인 이름과 연관된 IP 주소를 얻을 수 있다. DNS는 TCP와 UDP 53번 포트를 사용한다.

2 Telnet

또 하나의 중요하고 많이 사용되는 TCP/IP 응용은 원격 로그인을 위한 TCP/IP의 클라이언트-서버 프로세스인 텔넷(Telnet)이다. 원격 로그인은 (그림 1-20)과 같이, 한 사이트에 있는 사용자에게 원격에 있는 컴퓨터에 대한 접근을 허용한다. Telnet은 사용자에게 ID와 패스워드 확인을 요구함으로써 불법적인 접근으로부터 서버를 보호한다. Telnet은 TCP 23번 포트를 사용한다.

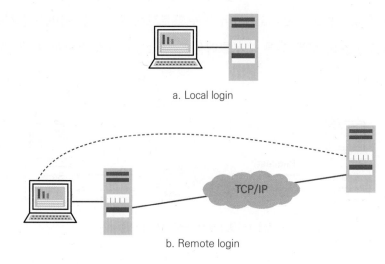

a. Local login

b. Remote login

그림 1-20 로컬 로그인과 원격 로그인

3 FTP와 TFTP

FTP(File Transfer Protocol)는 한 호스트에서 다른 호스트로 파일을 복사하기 위한 프로토콜이다. FTP는 전송 프로토콜로 TCP를 사용하여 신뢰성 있는 전송을 수행한다. FTP는 Telnet 프로토콜을 사용하여 파일을 전송하기 전에 사용자에게 ID와 패스워드 확인을 요구한다. FTP는 (그림 1-21)과 같이, 호스트 간에 두 개의 연결을 설정한다는 점에서 다른 클라이언트-서버 응용과 다르다. 두 연결 중 하나는 데이터 전송을 위한 것이고, 다른 하나는 제어 정보를 위한 것이다. FTP는 데이터 전송에는 TCP 20번 포트를 사용하고, 제어 정보 전송에는 TCP 21번 포트를 사용한다.

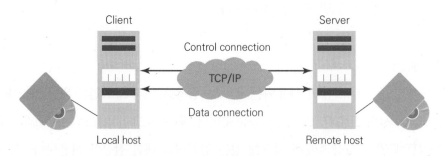

그림 1-21 FTP의 두 가지 연결

TFTP(Trivial FTP)는 FTP보다 더 간단하고, 전송 프로토콜로 UDP를 사용하기 때문에 클라이언트와 서버 간에 복잡한 대화가 필요 없는 응용이다. TFTP는 로컬 호스트가 원격 호스트로부터 파일을 받는 것을 허용하지만 보안과 신뢰성을 제공하지 않는다. TFTP는 단순성과 작은 크기 때문에 간단한 파일 전송 시에 유용하다. TFTP는 UDP 69번 포트를 사용한다.

4 SMTP

SMTP(Simple Mail Transfer Protocol)는 메일 서버와 메일 서버 간의 전자우편(electronic mail) 전달 프로토콜이다. 메일 서버와 호스트 간의 메일 전달에는 POP3(Post Office Protocol 3)와 같은 프로토콜을 사용한다. SMTP는 TCP 25번 포트를 사용하고, POP3는 TCP 110번 포트를 사용한다.

전자우편은 광범위하게 사용되는 네트워크 서비스이다. 이것은 호스트 간의 직접 교환보다는 우편함 주소를 기반으로 다른 컴퓨터에게 메시지나 파일을 전달하는 시스템으로, 컴퓨터 사용자 간에 서신 교환을 지원한다. 다른 클라이언트-서버 응용과는 달리, 전자우편은 수신 호스트의 현재 이용 가능성의 여부에 상관없이 짧은 메모 정보에서 크기가 큰 대용량 파일까지 보낼 수 있다.

전자우편은 기존의 우편 시스템을 구현한 것이다. 주소는 메시지의 송신자와 수신자를 확인한다. 지정된 시간 내에 전달되지 못한 메시지는 송신자에게 돌아온다. 네트워크 상의 모든 사용자는 개인 우편함을 가지고 있다. 수신된 우편은 수신자가 삭제하거나 버리기 전까지 우편함에 보관된다.

전자우편이 인터넷에서 제공되는 다른 메시지 전송 서비스와 다른 점은 스풀링(spooling) 메커니즘이라는 것이다. 이것은 현재 네트워크가 연결되지 않았거나 수신 시스템이 동작하지 않더라도 메시지를 보낼 수 있게 해준다. 메시지가 전송되면 그 복사본이 스풀이라는 디렉토리에 저장된다. 스풀과 큐(queue)는 비슷하면서도 약간의 차이점이 있다. 큐 안의 메시지는 먼저 도착하면 먼저 처리되는 데 반해, 스풀에 있는 메시지는 먼저 도착하면 먼저 검색되는 원칙에 따라 처리된다. 메시지는 일단 스풀되면 백그라운드로 동작하는 클라이언트 프로세스에 의해 매 30초마다 검색된다. 백그라운드 클라이언트는 새로운 메시지와 아직 전송되지 않은 메시지를 검색해서 전송을 시도한다. 만약 클라이언트 프로세스가 메시지를 전송할 수 없다면, 메시지에 시도된 전송시간을 표시해서 스풀에 남겨 놓고는 다음에 다시 시도한다. 며칠 후에도 메시지를 전송할 수 없다면 송신자의 우편함으로 되돌려진다. 메시지는 수신자가 그것을 읽고 처리했다고 클라이언트와 서버가 서로 합의할 때에만 그것이 전송된 것으로 간주한다. 그때까지 복사본은 송신자의 스풀과 수신자의 우편함에 보관된다.

5 SNMP

SNMP(Simple Network Management Protocol)는 인터넷을 감시하고 유지 보수하기 위한 기본적인 기능 집합을 제공하는 프로토콜이다. SNMP는 관리자와 관리대상 장비의 개념을 사용한다. 모든 호스트와 라우터는 관리대상 장치가 될 수 있고, 특정 호스트가 관리자가 된다. 원활한 감시를 위해 모든 관리대상 장치에는 하드웨어와 소프트웨어가 결합된 형태의 대행자(agent)가 들어 있는데, 대행자는 관리자에 의해 접속될 수 있고 호스트를 위한 모든 사항을 기록하는 시스템의 역할을 한다.

각 대행자에는 관리 기반 정보인 MIB(Management Information Base)가 들어 있다. MIB는 프로토콜을 지원하고 관련 정보를 기록하는 변수들의 목록이다. 변수는 예를 들면 주어진 시간 동안에 호스트로 들어오고 나간 바이트의 수와 같은 대행자의 수행기록이다. 관리자는 숫자에 이상이 없는지 확인하기 위해 변수를 확인할 수 있다. 관리자는 어떤 사항을 변경하거나 감시하기 위하여 변수의 값을 설정할 수 있다.

SNMP는 UDP로 만든 간단한 요구/응답 프로토콜이다. 따라서 신뢰성이나 보안을 제공하지 않는다. 대부분의 감시와 유지 보수가 하나의 데이터그램을 사용하여 이루어지기 때문에 UDP를 통한 신뢰성 수준은 충분하다. 그러나 기밀 시스템의 관리에서 보안상의 문제가 생길 수도 있다. 그래서 1993년에 SNMPv2가 제안되었다. 이 새로운 프로토콜은 보안을 제공하고 SNMP가 가지고 있는 몇 가지 약점을 보완한 것이다. SNMP는 UDP 161번과 162번 포트를 사용한다.

6 HTTP

HTTP(Hyper Text Transfer Protocol)는 WWW(World Wide Web)에서 하이퍼텍스트(hypertext)라고 부르는 연결된 문서나 하이퍼미디어(hypermedia)라고 부르는 그림, 그래픽, 사운드를 포함한 문서에 접근할 수 있는 프로토콜이다. HTTP는 TCP 80번 포트를 사용한다.

HTTP의 기능은 FTP와 SMTP의 조합과 비슷하다. 이는 파일을 전송하고 TCP의 서비스를 사용한다는 점에서 FTP와 유사하다. 그러나 이 프로토콜은 단지 하나의 TCP 연결만을(well-known 포트 80) 사용하기 때문에 FTP보다 훨씬 간단하다. 별도의 제어 연결 없이, 단지 데이터만 클라이언트와 서버 사이에 전송된다.

HTTP는 SMTP와도 유사한데 그 이유는 클라이언트와 서버 사이에 전송되는 데이터가 SMTP와 비슷하게 보이기 때문이다. 하지만 HTTP는 메시지가 클라이언트와 서버 사이에 양 방향으로 전송된다는 점에서 SMTP와 다르다. 또 다른 차이점은 SMTP 메시지는 결국 사람이 읽게 되지만, HTTP 메시지는 HTTP 서버와 HTTP 클라이언트(브라우저)가 읽고 해석한다는 점이다. SMTP 메시지는 저장된 후 전달되지만, HTTP 메시지는 즉시 전달된다는 것도 또 하나의 차이이다.

HTTP의 아이디어는 매우 간단하다. 클라이언트는 전자우편과 비슷하게 보이는 요청을 서버에게 보낸다. 서버는 전자우편 응답과 비슷하게 보이는 응답을 클라이언트에게 보낸다. 클라이언트로부터 서버로의 명령은 편지 형태의 요청 메시지에 포함된다. 요청되어진 파일의 내용이나 다른 정보도 또한 편지 형태의 응답 메시지에 포함된다.

7 BOOTP와 DHCP

TCP/IP 인터넷에 연결된 각 컴퓨터는 자신의 IP 주소, 서브넷 마스크, 디폴트 게이트웨이 주소, DNS 서버 주소를 알고 있어야 한다. 이 정보는 일반적으로 구성 파일에 저장되고 부트스트랩 과정 동안 컴퓨터에 의해 액세스된다. 그러나 디스크가 없는 컴퓨터라면 어떻게 할까? 또는 처음으로 부팅된 디스크를 가진 컴퓨터라면 어떻게 할까?

디스크가 없는 컴퓨터의 경우, 운영체제와 네트워크 소프트웨어는 ROM에 저장될 수 있다. 그러나 위의 정보는 제조업자가 알려줄 수 없으므로 ROM에 기록할 수 없다. 정보는 개별 시스템의 환경설정에 의존하고, 시스템과 연결된 네트워크와 관련이 있다.

BOOTP(Bootstrap protocol)는 디스크가 없는 컴퓨터나 처음으로 부팅된 컴퓨터를 위해, 앞에서 언급된 4가지 정보를 제공하기 위하여 설계된 클라이언트-서버 프로토콜이다. RARP는 앞에서 살펴보았듯이 디스크가 없는 컴퓨터를 위해 IP 주소를 제공한다. RARP는 단지 IP 주소만 제공하고 다른 정보는 제공하지 않는다. 만약 BOOTP를 사용하면 RARP는 필요가 없다.

BOOTP는 동적 구성 프로토콜이 아니다. 클라이언트가 자신의 IP 주소를 요구할 때, BOOTP 서버는 자신의 IP 주소를 이용하여 클라이언트의 물리주소와 일치하는 표를 검색한다. 이것은 클라이언트의 물리주소와 IP 주소의 결합이 이미 있음을 암시한다. 이 결합은 미리 결정된다.

그러나 만약에 호스트가 하나의 물리 네트워크에서 다른 물리 네트워크로 이동하면 어떻게 될까? 호스트가 임시 IP 주소를 원한다면 어떻게 될까? BOOTP는 이들 문제를 다룰 수 없다. 왜냐하면 물리주소와 IP 주소 사이의 결합은 정적이고 관리자에 의해 변경될 때까지 고정되어 있기 때문이다. 즉 BOOTP는 정적 구성 프로토콜이다.

반면 DHCP(Dynamic Host Configuration Protocol)는 동적 구성을 제공하기 위해 개발되었다. DHCP는 BOOTP의 확장이다. 이것은 BOOTP를 향상시킨 것으로 BOOTP와 함께 호환될 수 있다. 이것은 BOOTP 클라이언트를 운영하는 호스트가 DHCP 서버로부터 정적 구성을 요청할 수 있음을 의미한다.

DHCP는 호스트가 네트워크에서 다른 네트워크로 이동할 때 네트워크에 연결하고 연결을 해제할 때에도 필요하다. DHCP는 제한된 시간 동안 임시 IP 주소를 제공한다. DHCP는 UDP 67번과 68번 포트를 사용한다.

- 네트워크는 컴퓨터와 연결 장비의 모음이며, 네트워크를 이용하여 집, 소규모 사무실, 기업 환경에서 데이터를 주고받는다.

- 컴퓨터 네트워크를 구성하는 요소로는 단말장치, 네트워크 연결장비, 정보, 매체, 프로토콜 이 있다.

- OSI 모델은 ISO가 1984년에 개발한 표준으로, 서로 다른 네트워크 기술 간 호환성과 상호 운용성을 보장하기 위한 참조 모델이다.

- TCP/IP는 현재 가장 널리 사용되는 프로토콜이다. TCP/IP가 어드레싱 체계가 유연하고, 대 부분의 OS나 플랫폼에서 사용할 수 있고, 툴이나 유틸리티가 많으며, 인터넷 연결에 적합하 기 때문이다.

- TCP/IP 스택은 네트워크 접속 계층, 인터넷 계층, 전송 계층, 응용 계층으로 이루어져 있다.

- OSI 참조 모델과 TCP/IP 스택은 구조와 기능이 비슷하다. OSI 모델의 물리 계층, 데이터링 크 계층, 네트워크 계층, 전송 계층과 비슷한 구조와 기능을 TCP/IP에서도 제공한다. OSI 참조 모델은 TCP/IP 스택의 응용 계층을 3개의 독립된 계층으로 나눈 것이다.

- ARP는 IP 주소를 알고 있을 때 MAC 주소를 찾는 프로토콜이다.

- ICMP는 오류 보고와 질의 메시지를 제공하여 IP를 보완하기 위한 프로토콜이다.

- IGMP는 수신자 그룹에게 메시지를 동시에 전달하기 위한 프로토콜이다.

- TCP/IP의 전송 계층 프로토콜로는 TCP와 UDP가 있다. TCP는 연결형의 신뢰성 전송 프로 토콜이고, UDP는 비연결형의 비신뢰성 프로토콜이다.

- TCP/IP의 응용 계층 프로토콜로는 DNS, TELNET, FTP, TFTP, SMTP, SNMP, HTTP, BOOTP, DHCP 등이 있다.

연습문제

1.1 네트워크의 기본 개념

[1-1] Which of the following defines a host?

    A) Any device with a connection to a network

    B) Any device on wireless

    C) Any device processing data

    D) Any device with an address on a network

[1-2] Match each of the following terms with their definitions:

1. LAN	2. WAN
3. Protocol	4. Physical topology

    A) the layout or physical shape of the network

    B) a network that is confined to a limited geographic area

    C) a network that spans wide geographic areas by using serial links to connect computers in different cities, countries, or even different continents

    D) a set of rules by which computers communicate

1.2 OSI 참조 모델

[1-3] What is the function of a network protocol?

    A) Uses sets of rules that tell the services of a network what to do

    B) Ensures reliable delivery of data

    C) Routes data to its destination in the most efficient manner

    D) Is a set of functions that determine how data is defined

[1-4] What layer of the OSI model is responsible for breaking the data into smaller segments?

A) Data link

B) Physical

C) Network

D) Transport

[1-5] Which layer of the OSI model handles physical addressing, network topology, network access, error notification, ordered delivery of frames, and flow control?

A) the physical layer

B) the data-link layer

C) the transport layer

D) the network layer

[1-6] The OSI Reference Model layers, in order from top to bottom, are:

A) Application, Physical, Session, Transport, Network, Data Link, Presentation

B) Application, Presentation, Network, Session, Transport, Data Link, Physical

C) Physical, Data Link, Network, Transport, Session, Presentation, Application

D) Application, Presentation, Session, Transport, Network, Data Link, Physical

[1-7] What is the PDU at layer 4 called?

A) Data

B) Segment

C) Packet

D) Frame

E) Bit

연습문제

[1-8] What layer of the OSI model is responsible for routing and logical addressing?

    A) Network   B) Physical

    C) Data link   D) Transport

[1-9] Which OSI layer is concerned with reliable end-to-end delivery of data?

    A) Application   B) Transport

    C) Network   D) Data Link

[1-10] At what layer of the OSI model would you find framing?

    A) Transport   B) Network

    C) Data Link   D) Physical

[1-11] What is the correct order of data encapsulation starting from the application layer to the physical layer?

    A) Bits, Frames, Packets, Segments, User Data

    B) User data, Frames, Packets, Segments, Bits

    C) User data, Packets, Segments, Frames, Bits

    D) User data, Segments, Packets, Frames, Bits

1.3 TCP/IP

[1-12] The DoD model(also called the TCP/IP stack) has four layers. Which layer of the DoD model is equivalent to the Network layer of the OSI model?

    A) Application   B) Host-to-Host

    C) Internet   D) Network Access

[1-13] Which of the following are true when comparing TCP/IP to the OSI Reference Model? (Choose two.)

A) The TCP/IP model has seven layers while the OSI model has only four layers.

B) The TCP/IP model has four layers while the OSI model has seven layers.

C) The TCP/IP Application layer maps to the Application, Session, and Presentation layers of the OSI Reference Model.

D) The TCP/IP Application layer is virtually identical to the OSI Application layer.

[1-14] Which of the following are layers in the TCP/IP model? (Choose three.)

A) Application   B) Session

C) Transport   D) Internet

E) Data Link   F) Physical

[1-15] In which layer of the TCP/IP stack is routing and logical addressing found?

A) Network   B) Data Link

C) Internet   D) Network Access

[1-16] Which protocol provides error notification services for IP?

A) ping   B) SNMP

C) DNS   D) ICMP

[1-17] What protocol is used to find the hardware address of a local device?

A) RARP   B) ARP

C) IP   D) ICMP

E) BOOTP

연습문제

[1-18] Which statements are true regarding ICMP packets? (Choose two.)

    A) They acknowledge receipt of a TCP segment.

    B) They guarantee datagram delivery.

    C) They can provide hosts with information about network problems.

    D) They are encapsulated within IP datagrams.

    E) They are encapsulated within UDP datagrams.

[1-19] ARP determines the _____ address by using the known _____ address.

    A) Hardware, IP   B) MAC, HEX

    C) IP, MAC   D) Ethernet, RARP

[1-20] Which of the following are found in a TCP header but not in a UDP header? (Choose three.)

    A) Sequence number   B) Acknowledgment number

    C) Source port   D) Destination port

    E) Window size   F) Checksum

[1-21] When files are transferred between a host and an FTP server, the data is divided into smaller pieces for transmission. As these pieces arrive at the destination host, they must be reassembled to reconstruct the original file. What provides for the reassembly of these pieces into the correct order?

    A) The TTL in the IP header

    B) The frame check sequence in the Ethernet frame trailer

    C) The sequence number in the TCP header

    D) The Start Frame Delimiter in the 802.3 preamble

    E) The acknowledgement number in the segment header

[1-22] TCP sockets consist of the _____ and _____.

    A) MAC address, ICMP packets   B) frames, segments

    C) IP address, MAC address   D) IP address, port number

[1-23] Which statements correctly identify a characteristic of a port? (Choose two.)

    A) Port numbers identify the upper-layer protocol.

    B) Registered ports are assigned numbers below 1024.

    C) Well-known ports are assigned numbers below 1024.

    D) Well-known ports are assigned numbers above 1024.

    E) Port numbers below 1024 are dynamically assigned.

[1-24] Which of the following services use UDP? (Choose two.)

    A) SMTP   B) SNMP

    C) FTP   D) HTTP

    E) TFTP

[1-25] What is the well-known port number for SMTP?

    A) 21   B) 22

    C) 23   D) 25

    E) 110

[1-26] A client connects to a server and attempts to pull a web page. What port would appear in the destination field of the requesting machine's TCP header?

    A) 23   B) 25

    C) 80   D) 88

    E) 110

연습문제

[1-27] If you use either Telnet or FTP, which is the highest layer you are using to transmit data?

    A) Application   B) Presentation

    C) Session   D) Transport

[1-28] Which TCP/IP Application layer protocol provides IP address resolution for domain names?

    A) DHCP   B) DNS

    C) SMTP   D) SNMP

[1-29] Data on your host is being encapsulated. What are the correct layers and protocols used when sending email messages? (Choose four.)

    A) Application layer/SMTP

    B) Application layer/SNMP

    C) Transport layer/UDP

    D) Transport layer/TCP

    E) Internet layer/IP

    F) Internet layer/ARP

    G) Network Access/Ethernet

    H) Network Access/ARP

[1-30] You want to implement a mechanism that automates the IP configuration, including IP address, subnet mask, default gateway, and DNS information. Which protocol will you use to accomplish this?

    A) SMTP   B) SNMP

    C) DHCP   D) ARP

[1-1] 다음 중 호스트의 정의는?

A) 네트워크에 연결된 모든 장치

B) 무선으로 연결된 모든 장치

C) 데이터를 처리하는 모든 장치

D) 네트워크에서 주소를 가진 모든 장치

해설
• 네트워크에서 호스트(host)는 주소를 갖는 모든 장치들을 총칭하는 용어이다. 일반적으로 호스트는 컴퓨터, 프린터, 스위치, 라우터 등을 말한다.

[1-2] 다음의 용어를 그 용어의 정의와 연결하시오.

1. LAN	2. WAN
3. 프로토콜(Protocol)	4. 토폴로지(Topology)

A) 네트워크의 물리적 형태나 레이아웃

B) 지리적 영역의 범위가 제한된 네트워크

C) 여러 도시나 국가 또는 서로 다른 대륙에 있는 컴퓨터들을 직렬 링크를 사용하여 연결하여 넓은 지리적 영역에 걸쳐있는 네트워크

D) 컴퓨터들이 통신하는데 사용하는 규칙들의 집합

해설
• LAN은 지리적으로 가까운 거리의 장비들 사이에서 데이터를 교환하는 네트워크이다.
• WAN은 국가, 대륙 또는 전 세계를 포괄하는 넓은 영역에 데이터, 음성, 영상 등의 정보를 전송하는 네트워크이다.
• 프로토콜은 어떤 시스템이 다른 시스템과 통신을 원활하게 수용하도록 해주는 통신 규약이다.
• 토폴로지는 물리적 또는 논리적인 네트워크의 배치방식을 말한다.

[1-3] 네트워크 프로토콜의 기능은 무엇인가?

A) 네트워크 서비스가 무엇을 하는 것인지를 규정하는 규칙의 집합을 사용하는 것이다.

B) 데이터 전달의 신뢰성을 보장한다.

C) 가장 효율적인 방법을 사용하여 데이터를 목적지로 라우팅한다.

D) 데이터의 정의 방법을 결정하는 기능의 집합이다.

해설
• 네트워크 프로토콜은 서로 통신을 원하는 양 당사자 간에 신뢰성 있고 원활한 통신을 수행하기 위하여 서로의 합의에 의해 설정한 통신 규약이다.

[1-4] OSI 모델의 어느 계층이 데이터를 더 작은 세그먼트로 분할하는 기능을 수행하는가?

A) 데이터링크   B) 물리

C) 네트워크   D) 전송

해설
• 메시지를 세그먼트로 분할하여 전송하는 계층은 4계층인 전송 계층이다.

[1-5] OSI 모델의 어느 계층이 물리주소 지정, 네트워크 토폴로지, 네트워크 접속, 오류 통보, 올바른 순서로 프레임의 전달, 흐름 제어 등의 기능을 수행하는가?

A) 물리 계층   B) 데이터링크 계층

C) 전송 계층   D) 네트워크 계층

해설
• 물리주소 지정, 노드 간의 오류 제어, 흐름 제어, 프레임 전달 기능은 2계층인 데이터링크 계층의 역할이다.

[1-6] OSI 참조 모델의 계층을 상위부터 하위로 순서대로 나열한 것은?

A) Application, Physical, Session, Transport, Network, Data Link, Presentation

B) Application, Presentation, Network, Session, Transport, Data Link, Physical

C) Physical, Data Link, Network, Transport, Session, Presentation, Application

D) Application, Presentation, Session, Transport, Network, Data Link, Physical

해설
• OSI 7계층을 상위에서 하위로 열거하면 7계층 응용(application), 6계층 표현(presentation), 5계층 세션(session), 4계층 전송(transport), 3계층 네트워크(network), 2계층 데이터링크(data link), 1계층 물리(physical) 계층이 된다.

ANSWER   [1-1] D)   [1-2] 1 = B), 2 = C), 3 = D), 4 = A)   [1-3] A)   [1-4] D)   [1-5] B)   [1-6] D)

연습문제

정답 및 해설

[1-7] 4계층에서의 PDU를 무엇이라고 하는가?

A) Data
B) Segment
C) Packet
D) Frame
E) Bit

해설
• 각 계층에서 사용하는 데이터의 묶음을 PDU(Protocol Data Unit)이라고 하며, 2계층에서는 프레임(frame), 3계층에서는 패킷(packet) 또는 데이터그램(datagram), 4계층에서는 세그먼트(segment), 5계층 이상에서는 메시지(message) 또는 사용자 데이터(user data)라고 한다.

[1-8] OSI의 어느 계층이 라우팅과 논리 주소 지정 기능을 수행하는가?

A) 네트워크
B) 물리
C) 데이터링크
D) 전송

해설
• 3계층인 네트워크 계층의 주요 임무가 라우팅과 논리 주소 지정이다.

[1-9] OSI의 어느 계층이 종점과 종점 간의 신뢰성 있는 데이터 전송을 책임지는가?

A) Application
B) Transport
C) Network
D) Data Link

해설
• OSI의 4계층인 전송 계층은 데이터의 종단에서 종단까지, 즉 프로세스에서 프로세스까지의 신뢰성 있는 데이터 전송을 책임진다.

[1-10] OSI의 어느 계층이 프레이밍(framing) 기능을 수행하는가?

A) Transport
B) Network
C) Data Link
D) Physical

해설
• OSI의 2계층인 데이터링크 계층에서는 운반하는 데이터의 묶음, 즉 PDU를 프레임이라고 하며, 이 프레임을 만드는 과정을 프레이밍이라고 한다.

[1-11] 응용 계층부터 시작해서 물리 계층까지의 캡슐화(encapsulation) 차례가 바르게 나열된 것은?

A) Bits, Frames, Packets, Segments, User Data
B) User data, Frames, Packets, Segments, Bits
C) User data, Packets, Segments, Frames, Bits
D) User data, Segments, Packets, Frames, Bits

해설
• 각 계층에서의 PDU는 2계층에서는 프레임(frame), 3계층에서는 패킷(packet) 또는 데이터그램(datagram), 4계층에서는 세그먼트(segment), 5계층 이상에서는 메시지(message) 또는 사용자 데이터(user data)라고 한다.

[1-12] TCP/IP 스택(DoD 모델이라고도 부름)에는 4개의 계층이 있다. 어느 계층이 OSI 모델의 네트워크 계층과 같은 기능을 하는가?

A) Application
B) Host-to-Host
C) Internet
D) Network Access

해설
• TCP/IP 프로토콜 스택은 네트워크 접속(Network Access) 계층, 인터넷(Internet) 계층, 전송(Transport) 계층, 응용(Application) 계층의 4개의 계층으로 구성되어 있다. 또 네트워크 접속 계층을 물리 계층과 데이터링크 계층으로 나누어 5개의 계층으로 설명하기도 한다.
• TCP/IP의 인터넷 계층은 OSI 모델의 3계층인 네트워크 계층에 해당한다.

[1-13] TCP/IP와 OSI 참조 모델을 비교할 때 다음 중 옳은 것은? (2가지 선택)

A) TCP/IP 모델은 7개의 계층으로 이루어져 있지만 OSI 모델은 단지 4개의 계층으로 이루어져 있다.
B) TCP/IP 모델은 4개의 계층으로 이루어져 있지만 OSI 모델은 7개의 계층으로 이루어져 있다.
C) TCP/IP의 응용 계층은 OSI 모델의 응용, 세션, 표현 계층에 해당한다.
D) TCP/IP의 응용 계층과 OSI의 응용 계층은 실제적으로 동일하다.

해설
• OSI 7계층에서 세션, 표현, 응용 계층을 하나로 모은 것이 TCP/IP의 응용 계층이다.

[1-14] 다음 중 TCP/IP 모델을 구성하는 계층은? (3가지 선택)

A) Application   B) Session
C) Transport   D) Internet

해설
- TCP/IP 프로토콜 스택은 네트워크 접속(Network Access) 계층, 인터넷(Internet) 계층, 전송(Transport) 계층, 응용(Application) 계층의 4개의 계층으로 구성되어 있다.

[1-15] TCP/IP 스택에서 라우팅과 논리 주소 지정을 담당하는 계층은?

A) Network   B) Data Link
C) Internet   D) Network Access

해설
- OSI 모델의 네트워크 계층에 해당하는 TCP/IP의 인터넷 계층은 라우팅과 논리 주소 지정의 기능을 담당한다.

[1-16] 오류 통보 서비스를 수행하여 IP를 보완하는 프로토콜은?

A) ping   B) SNMP
C) DNS   D) ICMP

해설
- ICMP(Internet Control Message Protocol)는 오류 보고와 질의 기능을 수행하여 IP를 보완하기 위하여 설계되었다.

[1-17] 로컬 장비의 하드웨어 주소를 찾는 데 사용하는 프로토콜은?

A) RARP   B) ARP
C) IP   D) ICMP
E) BOOTP

해설
- ARP(Address Resolution Protocol)는 IP 주소를 물리 주소 즉 하드웨어 주소로 변환하는 프로토콜이다.

[1-18] ICMP 패킷에 관한 설명 중 옳은 것은? (2가지 선택)

A) ICMP 패킷은 TCP 세그먼트의 수신에 대하여 확인응답을 수행한다.
B) ICMP 패킷은 데이터그램 전달을 보장한다.
C) ICMP 패킷은 호스트에게 네트워크 장애에 관한 정보를 제공한다.
D) ICMP 패킷은 IP 데이터그램으로 캡슐화된다.
E) ICMP 패킷은 UDP 데이터그램으로 캡슐화된다.

해설
- ICMP는 TCP 세그먼트에 대하여 확인응답을 수행하는 프로토콜이 아니다.
- ICMP는 데이터를 전달하는데 사용하는 프로토콜이 아니다. 오류 보고와 질의 기능을 수행한다.
- ICMP는 네트워크 장애가 발생하여 패킷을 전달하지 못하면 발신지 호스트에게 이를 알린다.
- ICMP는 IP 패킷으로 캡슐화한다.

[1-19] ARP는 알고 있는 _____ 주소를 사용하여 __ 주소를 알아낸다.

A) IP, 하드웨어   B) MAC, HEX
C) MAC, IP   D) 이더넷, RARP

해설
- ARP는 IP 주소를 알고 있을 때 하드웨어 주소, 즉 MAC 주소를 찾는 프로토콜이다.

[1-20] 다음 중 TCP 헤더에는 있지만 UDP 헤더에는 없는 것은? (3가지 선택)

A) Sequence number
B) Acknowledgment number
C) Source port
D) Destination port
E) Window size
F) Checksum

해설
- 순서 번호, 확인응답 번호, 윈도우 크기 필드는 TCP에만 있는 필드이며, 발신지 포트, 목적지 포트, 검사합 필드는 TCP와 UDP에 모두 있는 필드이다.

연습문제
정답 및 해설

[1-21] FTP 서버와 호스트 사이에 파일 전송을 할 때, 데이터를 더 작은 조각으로 나누어 전송한다. 이 데이터 조각들이 목적지 호스트에 도착하면, 원래의 파일로 재구성 및 재조립되어야 한다. 올바른 순서로 이 조각들을 재조립하기 위하여 필요한 것이 무엇인가?

A) IP 헤더에 있는 TTL

B) 이더넷 프레임의 트레일러에 있는 FCS

C) TCP 헤더에 있는 순서 번호(sequence number)

D) 802.3 프리앰블에 있는 SFD(Start Frame Delimiter)

E) 세그먼트 헤더에 있는 확인응답 번호(acknowledgement number)

> **해설**
> • TCP는 순서 번호를 사용하여 세그먼트를 순서대로 전송하며 재조립할 수 있다.

[1-22] TCP 소켓은 _____과(와) _____으로 이루어져 있다.

A) MAC 주소, ICMP 패킷 B) 프레임, 세그먼트

C) IP 주소, MAC 주소   D) IP 주소, port 번호

> **해설**
> • TCP의 소켓 주소(socket address)는 IP 주소와 포트 번호의 결합이다.

[1-23] 다음 중 포트 번호에 대한 설명으로 옳은 것은? (2가지 선택)

A) 포트 번호는 상위 계층의 프로토콜을 구분한다.

B) 등록 포트(registered port)는 1,023 이하의 번호가 할당되어 있다.

C) 지정 포트(well-known port)는 1,023 이하의 번호가 할당되어 있다.

D) 지정 포트는(well-known port)는 1,024 이상의 번호가 할당되어 있다.

E) 1023 이하의 포트 번호는 동적으로 할당된다.

> **해설**
> • 포트 번호는 전송 계층에서 그 상위 계층, 즉 응용 계층 프로토콜을 구분할 수 있다.

• 동적 포트(dynamic port)는 49,152~65,535 사이의 번호가 할당되어 있다.

• 지정 포트(well-known port)는 0~1,023 사이의 번호가 할당되어 있다.

[1-24] 다음 중 UDP를 사용하는 서비스는? (2가지 선택)

A) SMTP   B) SNMP

C) FTP   D) HTTP

E) TFTP

> **해설**
> • SNMP, TFTP는 UDP를 사용한다.
> • SMTP, FTP, HTTP는 TCP를 사용한다.

[1-25] SMTP의 지정 포트 번호(well-known port number)는?

A) 21   B) 22

C) 23   D) 25

E) 110

> **해설**
> • SMTP(Simple Mail Transfer Protocol)은 지정 포트로 TCP 25번을 사용한다.
> • TCP의 지정 포트 21번은 FTP-control이 사용한다.
> • TCP의 지정 포트 22번은 SSH(Secure Shell)이 사용한다.
> • TCP의 지정 포트 23번은 Telnet이 사용한다.
> • TCP의 지정 포트 110번은 POP3가 사용한다.

[1-26] 클라이언트가 서버에 접속해서 웹 페이지를 내려받고 있다. 요청하는 기기의 TCP 헤더에 있는 목적지 포트 번호는 얼마인가?

A) 23   B) 25

C) 80   D) 88

E) 110

> **해설**
> • 웹 페이지 접속에 사용되는 HTTP(Hyper Text Transfer Protocol)은 TCP 지정 포트 80번을 사용한다.
> • TCP의 지정 포트 88번은 Kerberos라는 인증 시스템이 사용한다.

ANSWER   [1-21] C)   [1-22] D)   [1-23] A), C)   [1-24] B), E)   [1-25] D)   [1-26] C)

[1-27] Telnet이나 FTP를 사용할 때, 데이터를 전송하기 위하여 사용되는 최상위 계층은 어느 계층인가?

A) Application   B) Presentation

C) Session   D) Transport

해설
- TCP/IP의 최상위 계층은 응용 계층이다.

[1-28] 도메인 이름을 IP 주소로 변환하는 TCP/IP 응용 계층 프로토콜은?

A) DHCP   B) DNS

C) SMTP   D) SNMP

해설
- Domain Name System은 IP 주소를 문자로 된 도메인 이름으로 변환하는 TCP/IP의 응용 계층 프로토콜이다.

[1-29] 전자우편 메시지를 보낼 때 계층별로 사용되는 프로토콜이 바르게 연결된 것은? (4가지 선택)

A) Application layer/SMTP

B) Application layer/SNMP

C) Transport layer/UDP

D) Transport layer/TCP

E) Internet layer/IP

F) Internet layer/ARP

G) Network Access/Ethernet

H) Network Access/ARP

해설
- 전자우편을 보내는 응용 계층 프로토콜은 SMTP이며, 이 SMTP는 전송 계층 프로토콜로 TCP를 사용한다.
- 일반적인 인터넷 접속은 1, 2계층은 이더넷을 사용하고 3계층은 IP를 사용한다.

[1-30] IP 주소, 서브넷 마스크, 디폴트 게이트웨이, DNS 정보 등과 같은 IP 설정을 자동화하려고 할 때 사용되는 프로토콜은?

A) SMTP   B) SNMP

C) DHCP   D) ARP

해설
- DHCP(Dynamic Host Configuration Protocol)는 호스트가 인터넷에 접속할 때 설정해야 하는 IP 주소, 서브넷 마스크, 게이트웨이 주소, DNS 서버 주소 등의 정보를 자동으로 설정하는 응용 계층 프로토콜이다.

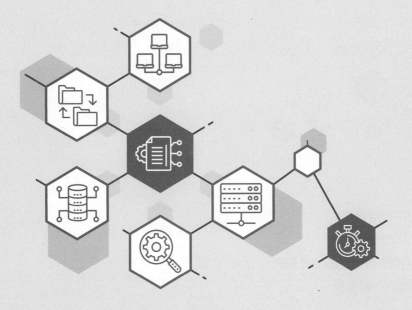

CHAPTER

2

이더넷 LAN

학습목표

- 이더넷의 역사와 발전과정, 이더넷의 명명법, IEEE 802 표준, Fast Ethernet, Gigabit Ethernet 등을 설명할 수 있다.
- CSMA/CD 매체접속 방식, 전이중 동작 등을 설명할 수 있다.
- 이더넷 MAC 주소 체계와 이더넷의 프레임 구조를 설명할 수 있다.
- Straight-through와 Crossover 케이블 구조를 설명할 수 있다.

2.1 이더넷의 개요

　LAN은 수 킬로미터 이내의 비교적 좁은 영역을 커버하는, 고속의 낮은 오류율을 가지는 네트워크이다. LAN은 워크스테이션, 주변기기, 네트워크 단말과 같은 여러 장비들을 빌딩이나 캠퍼스 안과 같이 지역적으로 좁은 영역 안에서 연결시킨다. 이더넷(Ethernet)은 LAN 기술 중에서 전 세계적으로 가장 널리 사용되고 있는 표준이다. 인터넷 트래픽의 대부분이 이더넷에서 시작하여 이더넷으로 들어간다.

　네트워크의 간결성, 관리의 편리성, 새로운 기술과의 쉬운 접목, 신뢰성, 낮은 설치비용과 낮은 업그레이드 비용은 이더넷의 성공을 이끌었다. 또한 기가비트 이더넷의 출현으로 도시 규모의 네트워크 범위를 서비스하거나 국가 간의 영역을 다룰 수 있는 MAN이나 WAN 기술의 표준으로까지 자리 잡아가고 있다.

2.1.1 이더넷의 발전사

　이더넷은 초기에 둘 이상의 사용자가 어떻게 하면 서로의 신호 간섭 없이 같은 전송 매체를 사용할 수 있을까 하는 문제에서 연구가 시작되었다. 이러한 공유 매체에 대한 다중 사용자 접속(multiple access) 문제는 1970년대 초 하와이 대학에서 연구가 시작되었다. 즉 하와이의 여러 섬에 흩어져 있는 여러 통신 스테이션들이 같은 라디오 주파수 대역을 공동으로 사용하는 방법인 알로하넷(Alohanet)이라는 시스템을 개발하였다. 이 기술은 후에 CSMA/CD(Carrier Sense Multiple Access with Collision Detection)라고 알려진 이더넷 MAC(Medium Access Control) 방식의 기초가 되었다.

　이더넷은 1973년 미국 제록스(Xerox) 사가 개발한 최초의 LAN이다. 이더넷은 초창기에는 동축케이블(coaxial cable)을 매체로 사용한 버스형 LAN이었다. 이 최초의 이더넷은 1980년에 DEC(Digital Equipment Corporation), Intel, Xerox가 연합하여 DIX 표준을 마련하였고 1983년 IEEE(Institute of Electrical and Electronic Engineers)가 802.3으로 표준화하였다.

오늘날 IEEE LAN 표준은 가장 잘 알려져 있고 가장 널리 구현된 LAN 표준이다. IEEE의 LAN 표준은 802라는 숫자로 시작한다. 이더넷의 표준은 IEEE 802.3이다. IEEE는 이 표준들이 ISO의 OSI 참조 모델과 잘 호환되도록 설계하고자 하였다. 그래서 IEEE는 OSI 데이터링크 계층을 MAC 계층과 LLC(Logical Link Control) 계층의 두 부분으로 나누었다. 그 결과 DIX의 이더넷과 IEEE 802.3과는 약간 다른 점이 생겼다. 그러나 두 표준의 차이점은 가벼운 것으로 기본적으로 이더넷과 IEEE 802.3은 같은 표준이다. IEEE 802.3이 현재 공식적인 이더넷 표준이다.

1980년대 중반, 이더넷의 10Mbps라는 전송 속도는 PC에서 사용하기에 충분하고도 남았다. 그러나 1990년대 초에 PC의 성능이 더욱 고속화되자 사용자들은 기존의 느린 이더넷 LAN으로 인한 병목현상에 불만을 느끼기 시작하였다. 이에 따라 IEEE는 1995년에는 802.3u라는 100Mbps 이더넷 표준을 발표하였으며, 1998년에는 다시 802.3z라는 기가비트 이더넷이 그 뒤를 잇게 되었다. 그리고 2002년에 802.3ae라는 10기가비트 이더넷의 표준을 승인하였다. 〈표 2-1〉에 IEEE 802.3 계열의 표준 규격을 정리하였다.

표 2-1   IEEE 802.3 계열 표준안

표준	제정 시기	설명
802.3	1983	10BASE5
802.3a	1985	10BASE2
802.3b	1985	10BROAD36
802.3i	1990	10BASE-T
802.3u	1995	100BASE-TX, 100BASE-T4, 10BASE-FX
802.3z	1998	1000BASE-X, 광섬유
802.3ab	1999	1000BASE-T, UTP
802.3ae	2002	10Gbps 이더넷, 광섬유
802.3ak	2004	10GBASE-CX4, twin-axial cable
802.3an	2006	10GBASE-T, UTP
802.3ba	2010	40Gps and 100Gbps Ethernet, 광섬유

모든 새로운 이더넷 표준은 기본적으로 초기의 802.3 이더넷 표준과 호환된다. 프레임(frame)이라고 부르는 이더넷 패킷은 PC에 장착된 10Mbps의 랜카드를 통하여 출발하여 10Gbps의 이더넷 내의 라우터에 의하여 전송된 후 최종적으로 100Mbps의 이더넷 카드에 도착할 수 있다. 패킷은 단지 이더넷이라는 네트워크 안에 있다면 어떠한 변경도 가해지지 않는다. 이렇게 확장성이 매우 뛰어난 특징으로 인하여 이더넷은 현재와 같이 큰 성공을 거두고 있다. 즉 이는 데이터 전송의 기반인 이더넷 기술은 전혀 바꾸지 않고 네트워크의 전송 속도를 다양하게 증가시킬 수 있음을 의미한다.

2.1.2 IEEE 802 표준

1983년에 IEEE는 서로 다른 회사의 LAN 기기들 간에 통신이 가능하도록 하기 위하여 LAN의 표준을 개발하기 시작하였다. 이 표준을 IEEE 802 표준이라고 한다. 이것은 OSI 모델의 어떤 특정 부분의 대안을 개발하려는 것은 아니었다. 대신에 물리 계층과 데이터링크 계층의 기능에 대해 기술하는 한 가지 방법과 LAN 프로토콜에 대한 상호 연결성을 제공하기 위하여 네트워크 계층을 일부 확장한 것이었다. 즉 IEEE 802 표준은 OSI 모델의 처음 두 계층과 세 번째 계층의 일부를 다룬 것이다.

OSI 모델과 IEEE 802 표준의 관계를 〈그림 2-1〉에 나타내었다. IEEE 802 표준은

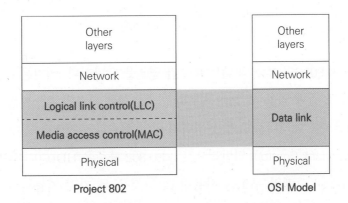

그림 2-1 OSI와 IEEE 802 표준과의 관계

데이터링크 계층을 두 개의 부계층(sublayer)인 LLC(Logical Link Control)와 MAC (Medium Access Control)으로 세분화하였다. IEEE 802 표준은 2개의 부계층과 더불어 네트워크 간 연결을 관리하는 부분을 포함하고 있다. 이 부분은 서로 다른 LAN 프로토콜 간의 호환성을 보장하고, 호환성이 없는 네트워크 간에 데이터 교환을 가능하게 한다.

IEEE 802 표준의 장점은 모듈 방식에 있다. LAN 관리에 필요한 기능을 세분화함으로써 일반적인 부분은 표준화하고, 특별한 부분은 분리할 수 있게 되어 있다. 각 부분은 (그림 2-2)와 같이 802.1(internetworking), 802.2(LLC), 802.3(Ethernet), 802.4 (Token Bus), 802.5(Token Ring), 802.6(DQDB) 등과 같이 번호로 구분되어 있다.

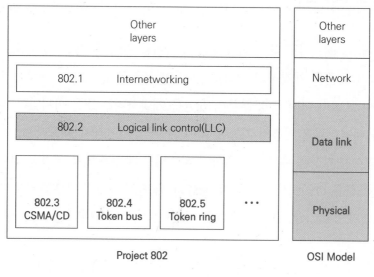

그림 2-2   IEEE 802 표준

- IEEE 802.1: 802.1은 LAN의 네트워크 간 연결을 담당한다. 이것은 서로 다른 네트워크 구조 간에 있을 수 있는 비호환성의 문제를 기존의 주소지정, 접속 메커니즘, 오류회복 메커니즘 등을 변경하지 않고 해결하는 것이다.

- LLC(Logical Link Control): 일반적으로 IEEE 802 표준은 HDLC(High-level Data Link Control) 프레임 구조를 사용하고, 그것을 두 가지 기능의 집합으로 나눈다. 첫 번째 집합에는 프레임의 최종 사용자에 해당하는 논리주소(logical address), 제어정보(control information), 데이터가 들어 있다. 이 기능들은 IEEE 802.2 LLC 프로토콜에 의해 처리된다. LLC는 IEEE 802 데이터링크 계층의 상위 부계층으로 모든 LAN 프로토콜에 대해 공통이다.

- MAC(Medium Access Control): 두 번째 집합인 MAC 부계층의 역할은 공유매체에 대한 충돌을 해결하는 것이다. MAC은 정보를 한 지점에서 다른 지점으로 옮기는데 필요한 동기화, 플래그, 흐름제어, 오류제어 규격을 포함하고 있으며, 또한 패킷을 받아서 경로를 지정하기 위하여 다음 통신국의 물리주소를 포함하고 있다. MAC 프로토콜은 그것을 사용하는 LAN(이더넷, 토큰 링, 토큰 버스)에 따라 달라진다.

LAN은 하나의 통신회선에 많은 노드가 연결되어 공용으로 사용하는 구조이다. 따라서 여러 개의 단말이 동시에 데이터를 전송하고자 한다면 문제가 발생할 수 있으므로 이를 제어할 수 있는 방법이 필요하다. LAN에서는 이러한 매체 접속 방식에 따라 CSMA/CD, 토큰 버스(token bus), 토큰 링(token ring) 방식 등으로 나눌 수 있다. 여기서 토큰은 특정의 비트 패턴으로 된 제어 패킷이다. 토큰 버스 방식과 토큰 링 방식은 공유하는 통신회선에 대한 제어신호를 각 노드 간에 순차적으로 이동시키는 토큰 패싱(token passing) 방식으로서, 이를 버스형에 적용하면 토큰 버스 방식이고, 링형에 적용하면 토큰 링 방식이 된다.

2.1.3 초기 이더넷

IEEE 802.3 표준은 신호가 가지는 고유의 주파수 대역을 사용하는 기저대역 전송(baseband transmission)과 높은 주파수 대역의 반송파를 사용하는 광대역 전송(broadband transmission)으로 나눌 수 있다. 기저대역 전송의 경우 디지털 신호가 직접 전송매체에 실리며, 하나의 전송매체에서는 하나의 채널만 가능하다. 이에 비하여 광대역 전송은 반송파의 주파수 간격에 따라 하나의 전송매체가 여러 개의 채널로 나누어진다. LAN에서는 이러한 전송 방식에 따라 기저대역 LAN과 광대역

LAN으로 분류한다.

IEEE는 기저대역 LAN을 10BASE5, 10BASE2, 10BASE-T 등으로 표기하였다. 표기 방식은 (그림 2-3)과 같이, 첫 번째 숫자(1, 10, 100)는 단위를 Mbps로 하는 데이터 전송률을 나타내고, 중간의 BASE는 기저대역 LAN을 BROAD는 광대역 LAN을 나타낸다. 마지막의 숫자 또는 문자(2, 5, T)는 최대 케이블 길이나 케이블 유형을 나타낸다. 광대역 LAN은 10BROAD36 하나만을 표준으로 지정하였다.

IEEE 802 표준의 범위가 OSI 모델의 데이터링크 계층에 집중되어 있지만 802 표준은 MAC 계층에서 정의된 각 프로토콜에 대한 물리적인 규격도 규정하였다. 모든 이더넷 LAN은 물리적으로 버스형 또는 스타형 토폴로지로 구현될 수 있지만 논리적으로는 버스로 구성된다. 각 프레임은 링크 상의 모든 통신국에 전송되지만 해당 목적지 주소를 가진 통신국만 수신하게 된다.

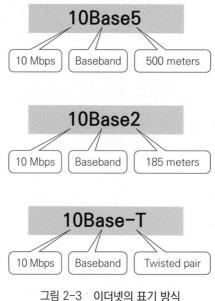

그림 2-3 · 이더넷의 표기 방식

1 최초의 이더넷 표준: 10BASE2와 10BASE5

이더넷에서 규정한 첫 번째 물리적인 표준안은 10BASE5 또는 'Thick Ethernet', 'Thick-net'이라고 한다. 'Thick Ethernet', 'Thick-net'이라는 이름은 사용하는 동

축 케이블의 굵기에서 나온 것이다. 10BASE5는 기저대역 신호를 사용하여 10Mbps의 데이터 전송률을 제공하고, 최대 500m의 세그먼트 길이를 갖는 버스형 LAN이다.

IEEE 802 계열로 규정된 두 번째 이더넷 구현을 10BASE2 또는 'Thin Ethernet', 'Thin-Net'이라고 한다. 10BASE2는 10BASE5와 동일한 데이터 전송률을 제공하지만 사용하는 케이블이 10BASE5보다 얇은 동축 케이블을 사용하여 가격이 훨씬 저렴하다. 10BASE2는 10BASE5와 같이 버스형 LAN이다. Thin Ethernet의 장점은 설치의 용이성과 낮은 비용이다. 단점은 세그먼트의 최대 길이가 185m로 짧고, 단말기의 수용 능력이 작다는 것이다.

이 두 이더넷 표준은 초기 이더넷 네트워크의 물리계층과 데이터링크 계층의 세부 사항을 정의하였다. 이 두 표준은 미디어로 동축 케이블을 사용한다. 이 케이블들은 버스(bus) 형태의 전기 회로를 만들며, 해당 이더넷에 있는 모든 장비는 이 버스를 공유한다. 해당 버스에 있는 한 대의 컴퓨터에서 다른 컴퓨터로 비트를 전송하려고 할 때 비트를 전송하려는 컴퓨터는 전기 신호를 보내고 이 전기 신호는 이더넷의 모든 장비로 전파된다.

(그림 2-4)는 10BASE2 이더넷의 예이다. 여기에서 실선은 물리적인 네트워크 케이블링을 나타낸다. 화살표가 있는 점선은 호스트 A가 전송한 프레임의 경로를 나타낸다. 호스트 A는 자신의 이더넷 NIC를 통해 케이블로 전기 신호를 보내고 호스트 B와 C는 이 신호를 수신한다. 이 케이블링은 물리적인 전기 버스를 생성하며, 이는 LAN의 모든 스테이션이 전송된 신호를 받는다는 것을 의미한다.

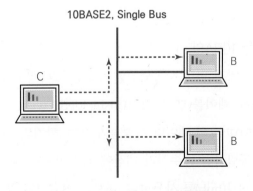

그림 2-4   10BASE2 이더넷의 예

네트워크는 단일 버스를 사용하기 때문에 두 개나 그 이상의 신호가 동시에 전송될 경우 신호 중복 및 충돌 현상이 발생하여 두 신호에 문제가 발생한다. 그래서 이더넷은 한 번에 한 대의 장비만이 트래픽을 전송할 수 있게 하는 규격을 정의하였다. 이렇게 하지 않으면 이더넷을 사용할 수가 없었다. 이와 같은 알고리즘을 CSMA/CD라고 하며, 이 알고리즘은 버스의 접근 방식을 정의한다.

CSMA/CD 알고리즘의 기본적인 동작 방식을 요약하면 다음과 같다. 프레임을 전송하려는 장비는 LAN이 조용해질 때까지, 즉 전송되는 프레임이 없을 때까지 기다렸다가 전기 신호를 전송한다. 충돌이 발생하면 충돌을 야기한 장비들은 임의의 시간 동안 기다렸다가 전송을 다시 시도한다.

10BASE5와 10BASE2 이더넷 LAN에서 충돌이 일어나는 이유는 송신된 전기 신호가 전체 버스를 지나가기 때문이다. 두 스테이션이 동시에 전송할 때 전기 신호가 겹쳐져서 충돌이 발생한다. 따라서 10BASE5와 10BASE2 이더넷의 모든 장비는 충돌을 피하고, 의도하지 않은 충돌 발생 시 이를 복구하기 위하여 CSMA/CD를 사용하여야 한다.

모든 종류의 LAN과 같이, 10BASE5와 10BASE2가 지원하는 케이블 총 길이에도 제한이 있다. 10BASE5는 500m이고, 10BASE2는 185m이다. 이 길이가 충분하지 않을 수도 있다. 따라서 리피터(repeater)가 개발되었다. 케이블의 최대 길이가 제한되어 있는 이유는 감쇠(attenuation) 현상 때문이다. 즉 전기 신호가 전선을 통하여 멀리 갈수록 신호의 강도가 점점 약해지는 것이다. 리피터는 약해진 전기 신호를 수신하여 비트를 1과 0으로 해석한 다음 다시 깨끗하고 강한 신호로 재생한다.

2 허브를 사용하는 10BASE-T

IEEE 802.3 계열 중 가장 많이 사용되었던 표준은 스타형 LAN인 10BASE-T이다. 이 스타형 LAN은 동축 케이블 대신 UTP(Unshielded Twisted Pair) 케이블을 사용한다. 10BASE-T는 10Mbps의 데이터 전송률과 100m까지의 세그먼트 길이를 지원한다. 10BASE-T는 독립적인 송수신기 대신에 각각의 통신국들을 연결할 수 있는 포트를 가진 지능형 허브(hub)를 사용한다. 허브는 연결되어 있는 각 통신국에서 보내는 모든 프레임을 전송한다.

1990년에 제정된 10BASE-T는 초창기에 나온 10BASE5와 10BASE2 이더넷 규격의 여러 문제점을 해결하였다. 10BASE-T는 기존의 비싸고 설치가 어려운 동축 케이블 대신에 저렴하고 설치가 쉬운 UTP 케이블을 사용할 수 있는 장점이 있었다. 10BASE-T의 도입으로 인해 얻은 또 다른 주요 개선사항은 각 장비를 중앙에 있는 허브로 연결하는 개념이다. 이 방식은 지금도 사용하는 핵심 설계 사안이다. (그림 2-5)는 허브를 사용한 10BASE-T 이더넷의 예이다.

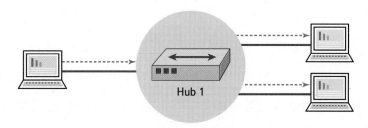

그림 2-5   허브를 사용한 10BASE-T 이더넷

오늘날 LAN을 구축할 때 모든 컴퓨터를 연결하기 위하여 허브나 스위치를 중앙에 설치한다. 최근에는 허브 대신 스위치를 주로 사용한다. 허브는 본질적으로 여러 개의 물리적 포트가 있는 리피터이다. 이 말은 허브가 하나의 포트로 들어온 전기 신호를 재생하고 같은 신호를 다른 모든 포트로 단순히 전송하는 장비임을 의미한다. 이와 같이 허브를 사용하는 모든 LAN은 10BASE5나 10BASE2처럼 단일 버스와 같이 동작한다. 따라서 충돌이 여전히 일어날 수 있으므로 CSMA/CD MAC 방식을 그대로 사용한다.

허브를 사용하는 10BASE-T 이더넷은 10BASE5나 10BASE2에 있던 몇 가지 큰 문제를 해결하였다. 첫째, 단일 케이블을 사용하는 10BASE5와 10BASE2에 비해서 LAN의 가용성이 매우 높아졌다. 10BASE-T에서는 허브와 각 장비를 하나의 케이블로 연결하기 때문에 단일 케이블의 문제가 하나의 장비에만 영향을 미친다. 성형 토폴로지에서 UTP 케이블을 사용하면 케이블의 구매 및 설치 비용이 낮아진다.

최근에는 허브 대신 주로 스위치를 사용한다. 스위치의 성능은 허브보다 더 뛰어나며, 허브에 비해서 더 많은 기능을 지원한다. 그리고 가격도 허브와 거의 차이가 없어졌다.

2.1.4 개선된 이더넷

1990년대 들어 멀티미디어 서비스의 확산과 함께 대역폭에 대한 수요가 급격하게 증가하면서 초기 이더넷은 고속 이더넷으로 발전하게 된다. 고속 이더넷은 100Mbps급의 패스트 이더넷(Fast Ethernet)과 Gbps급의 기가비트 이더넷(Gigabit Ethernet)으로 구분된다.

패스트 이더넷과 기가비트 이더넷은 IEEE 802.3 이더넷 프레임과 CSMA/CD MAC을 사용하는 초기 이더넷과 완벽하게 호환된다. 단말들은 동축 케이블 대신 UTP나 광섬유를 이용하여 반이중 통신의 허브나 전이중 통신을 지원하는 스위치에 연결된다.

리피터나 허브에서 채택하고 있는 CSMA/CD 방식에서 중요한 점은 공유매체에 전송하는 도중에 충돌 사실을 감지해야 패킷 전송에 문제가 발생했다는 사실을 알게 되어 재전송할 수 있다는 것이다. 따라서 고속 이더넷에서와 같이 패킷 전송 소요시간이 짧아지면 자신의 패킷 충돌을 확인하기가 어려워진다. 패스트 이더넷에서는 이더넷의 최소 패킷 길이인 64바이트를 그대로 유지하는 대신, UTP의 배선 길이를 100m 이내로 제한하여 이를 해결하였다.

기가비트 이더넷의 경우는 패스트 이더넷보다 10배 빠르게 전송하기 때문에 배선 길이가 1/10로 짧아져야 한다. 그런데 10m 이내로의 제한은 기존에 설치된 케이블을 사용할 수 없는 비현실적인 방안이어서, 배선 길이를 100m로 유지하는 대신 64바이트의 최소 패킷 길이를 512바이트로 연장하였다. 즉 512바이트보다 짧은 패킷은 CRC 필드 다음에 캐리어 연장 필드(carrier extension field)를 추가하여 512바이트가 되게 하였다. 광섬유로 배선하는 경우에도 같은 이유로 패스트 이더넷은 400m 이내로, 기가비트 이더넷은 550m로 배선 길이를 제한한다.

리피터나 허브 없이 스위치만으로 구성된 고속 이더넷에서는 단말 상호 간에 송신과 수신을 위한 별도의 채널이 설정되어 전이중 방식으로 통신한다. 각 단말이 스위치에 접속되어 일대일로 연결된 상태이므로 MAC이 필요 없고 패킷의 충돌도 발생되지 않는다. 따라서 64바이트의 최소 패킷 길이를 그대로 사용하여도 문제가 발생하지 않는 것은 물론 배선 길이에 대한 제약도 크게 완화된다. 예를 들어 기가비트 이더넷 NIC가 설치된 서버와 패스트 이더넷 NIC가 설치된 단말이 전이중 방식으로 통신하는 경우, 두 NIC 사이에 있는 스위치들에 의해 이 두 NIC들을 연결하는 독점적인 송수신 채널이 설정되고, 가능한 최고 속도인 100Mbps에 맞춰 통신한다.

1 패스트 이더넷

초기 이더넷과의 호환을 위해 패스트 이더넷은 초기 이더넷의 MAC 프로토콜과 프레임 형식을 그대로 사용한다. 패스트 이더넷의 전송매체로는 TP와 광섬유 케이블이 사용된다. 100Base-T는 TP 전송매체를 사용하는 패스트 이더넷을 총칭하는 것으로 다시 100Base-TX와 100Base-T4로 세분화된다. 그리고 100Base-FX는 광섬유 케이블을 전송매체로 사용하는 패스트 이더넷 규격이다.

100Base-TX는 패스트 이더넷 규격 중 가장 널리 사용되는 것으로 두 쌍의 Category 5 UTP 또는 STP(Shielded Twisted Pair)를 이용하며 세그먼트의 최대 길이는 100m 정도이다. 100Base-T4는 패스트 이더넷의 초기 규격으로 4쌍의 Category 3 UTP가 사용된다. 2쌍의 멀티 모드 광섬유 케이블을 사용하는 100Base-FX의 세그먼트 길이는 반이중 링크인 경우는 약 400m 그리고 전이중 링크인 경우는 약 2,000m가 된다. 값이 보다 비싼 단일 모드 광섬유 케이블을 사용하면 세그먼트의 길이는 확장될 수 있다.

2 기가비트 이더넷

대역폭 요구가 증가함에 따라 3Com을 비롯한 네트워크 업체들은 기가비트 이더넷 연맹(Gigabit Ethernet alliance)을 결성하였고, IEEE도 이더넷 표준을 기가비트 속도로 확장하였다. 새로운 표준은 1Gbps의 대용량 대역폭을 제공하며 기존의 10/100Mbps 이더넷과 호환된다. 기가비트 이더넷은 패스트 이더넷에 비해 설치비용은 더 들지만 성능이 크게 향상되었고, 수없이 많은 기존의 이더넷 노드와 호환성을 유지하는 큰 장점을 가지고 있다.

기가비트 이더넷은 크게 1000Base-X 계열과 1000Base-T로 구분되며, 전자는 다시 1000Base-CX, SX, LX의 3가지로 나뉜다. 구리선을 이용한 기가비트 전송에는 1000Base-T와 1000Base-CX가 사용되고, 광케이블을 사용하는 방식 중 1000Base-SX는 단거리용, 1000Base-LX는 장거리용이다.

3 10기가비트 이더넷

10기가비트 이더넷은 이더넷 기술을 이용하여 기가비트 이더넷 10배의 전송 속도를 구현한 기술로 2002년 최초 규격이 제정되었다. 10기가비트 이더넷의 프레임 형식은 기존 이더넷의 형식과 동일하다. 그러나 기가비트 이더넷까지 지원되었던 CSMA/CD 프로토콜을 이용한 반이중 통신은 더 이상 지원하지 않게 되었다.

10기가비트 이더넷의 전송매체로는 광케이블과 일반 케이블(비광케이블)이 사용되는데 광케이블을 사용하는 물리 계층 규격으로는 10GBase-SR(short range), 10GBase-LR(long range), 10GBase-LRM(long reach multimode), 10GBase-ER(extra range), 그리고 10GBase-LX4가 있다. 일반 케이블을 사용하는 물리 계층 규격으로는 10GBase-CX4와 10GBase-T가 있다. 동축 케이블과 유사한 Twinaxial 케이블을 이용한 10GBase-CX4는 약 15m의 전송거리를 갖는데 비해, UTP 또는 STP를 이용하는 10GBase-T의 전송거리는 100m 정도가 된다.

2.2 이더넷의 동작

2.2.1 CSMA/CD 매체 접속 방식

CSMA/CD 방식은 주로 버스 형태의 망 구조에 사용하며, 각 노드는 데이터를 전송하기 전에 통신회선이 다른 노드에서 사용하고 있는가 아닌가를 검사하여 사용하고 있으면 송신을 잠시 기다리고, 비어있으면 데이터를 전송하는 방식이다. 그러나 이 방식은 하나의 공통회선을 사용하므로 회선에 두 개 이상의 데이터가 존재할 경우 충돌(collision)이 발생된다.

충돌은 송신 측에서 전송된 데이터가 수신 측에 도착하기 전에 다른 노드가 데이터를 전송하면 발생하거나, 하나의 노드에서 데이터 전송이 완료된 후 모든 노드에서 동시에 데이터를 전송하려고 할 때 발생한다. 충돌이 일어난 경우에는 회선을 사용할 수 없기 때문에, 전송 중에 충돌이 발생하면 즉시 검출하여 데이터 송신을 중단하고 일정 시간만큼 기다린 후 다시 전송을 시작하는 방식이 CSMA/CD 방식이다. 즉, 전송하고자 하는 노드에서 전송회선의 상태를 감시하다가 전송회선이 비어 있는 경우 데이터를 전송하는 CSMA 방식에 전송 후에도 계속 전송회선에서 충돌의 발생을 감시하는 기능을 추가한 방식이 CSMA/CD 방식이다.

CSMA/CD의 동작은 한 대의 차만 통과할 수 있는 좁은 골목길을 차로 통과하는 과정으로 비유할 수 있다. 골목길을 통과하려는 차는 반대쪽에서 차가 오는지 안오는지를 살핀 다음 차가 없으면 골목길에 진입을 하고, 차가 오고 있으면 기다려야 한다. 그런데 양 쪽에서 동시에 두 대의 차가 골목길을 통과하려고 할 때 충돌이 일어난다. 두 대의 차 모두 골목길을 살펴보면 아무 차도 없으므로 골목길에 진입하게 되고 중간에서 부딪히게 되는 것이다.

통신회선이 사용 중이 아닐 때, 두 통신국이 거의 동시에 데이터 프레임의 전송을 시작한 경우 충돌은 피할 수 없는 일이며, 충돌이 감지되면 가장 먼저 충돌을 감지한 통신국이 모든 통신국으로 충돌 신호(jam signal)를 보내고, 데이터를 전송 중이던 통신국은 즉시 데이터 전송을 중단한다.

충돌이 발생한 후에는, 모든 스테이션은 무작위(random) 시간 동안 기다리는 철회 알고리즘(backoff algorithm)을 실행한다. 이것은 충돌을 일으킨 스테이션들이 동일한 시간을 기다렸다가 다시 동시에 송신하게 되면 또 다시 충돌이 발생하므로 이를 방지하기 위하여 각 스테이션마다 무작위의 대기 지연 시간을 부여하는 알고리즘이다. 대기 지연 시간이 종료되면 모든 스테이션은 동등한 데이터 전송 권한을 갖는다. 이와 같은 CSMA/CD의 동작과정을 (그림 2-6)에 나타내었다.

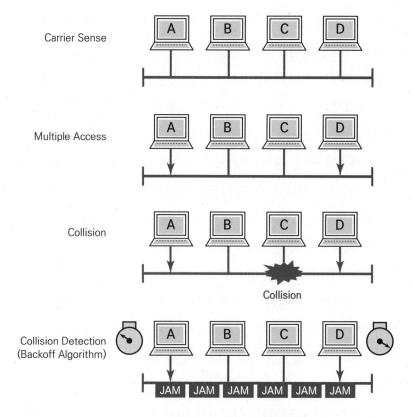

그림 2-6   CSMA/CD 방식의 동작 과정

CSMA/CD에서 통신국이 회선이 사용 중인지 아닌지를 검사하였을 때 회선이 사용 중인 경우, 회선이 빌 때까지 기다려야 한다. 이와 같은 경우 통신국이 기다리는 방식을 지속 방식(persistent method)이라고 한다. 지속 방식에는 비지속(non-persistent) 방식, 1-지속(1-persistent) 방식, p-지속(p-persistent) 방식이 있다.

비지속 방식은 전송할 프레임이 있는 통신국이 회선을 감지하다가 회선이 사용 중이면 회선 감지를 중지하고 다른 일을 수행한다. 그리고 임의의 시간 후에 다시 회선을 감지하는 방법이다. 비지속 방식은 두 개 이상의 통신국이 같은 시간을 대기하다가 동시에 전송할 확률이 낮기 때문에 충돌의 위험을 낮춘다. 그러나 이 방식은 전송할 프레임이 있는 통신국이 있음에도 불구하고 회선이 휴지 상태에 있을 수 있기 때문에 회선의 효율이 낮아진다.

1-지속 방식은 통신국이 회선을 감지하다가 회선이 사용 중이면 회선이 빌 때까

지 계속해서 회선을 감지하는 방식이다. 계속해서 회선을 감지하고 있다가 회선이 비게 되면 즉시 전송한다. 이 방식은 회선이 휴지 상태일 때마다 1의 확률을 가지고 프레임을 전송하기 때문에 1-지속 방식이라고 한다. 대부분의 CSMA/CD 방식에서 1-지속 방식을 사용한다.

p-지속 방식은 회선이 사용 중이면 역시 계속 감지하다가 회선이 휴지 상태가 되면 p의 확률로 전송한다. p-지속 방식은 위의 두 가지 방식의 장점을 합한 것으로 충돌의 위험을 줄이면서 회선의 효율을 높인다.

2.2.2 반이중 이더넷과 전이중 이더넷

반이중 이더넷(half-duplex Ethernet)은 충돌을 방지하고 충돌이 발생했을 때 이를 해결하기 위하여 CSMA/CD 프로토콜을 사용한다. 허브로 연결된 네트워크에서는 단말들이 충돌을 검출할 수 있어야 하기 때문에 반이중 모드로 동작해야 한다. (그림 2-7)은 4개의 호스트가 하나의 허브에 연결된 네트워크의 예이다. 여기에서는 반이중 모드로 동작할 수밖에 없기 때문에 두 개의 호스트가 동시에 데이터를 송신하면 충돌이 발생하게 된다. 그러므로 반이중 이더넷은 최고로 30에서 40 퍼센트의 효율만 사용할 수 있다. 즉 100Base-T 네트워크에서 일반적으로 30에서 40 Mbps만 사용할 수 있다.

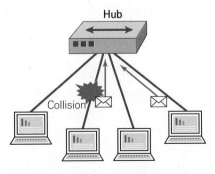

그림 2-7   반이중 이더넷의 예

반이중 이더넷은 한 쌍의 전선만을 사용하는 반면에, 전이중 이더넷(full-duplex Ehternet)은 두 쌍의 전선을 동시에 사용한다. 그래서 전이중 이더넷은 송신 장치의 송신기와 수신 장치의 수신기 사이에 점대점(point-to-point) 연결을 구성한다. 따라서 전이중 이더넷은 반이중 이더넷보다 더 빨리 데이터를 전송할 수 있다. 또한 송신 데이터가 수신 데이터와는 다른 쌍의 전선으로 전송되므로 충돌이 발생하지 않는다.

(그림 2-8)은 전이중 이더넷의 예이다. 여기에서 스위치에 연결된 모든 호스트는 전이중 모드로 동작할 수 있기 때문에 동시에 통신할 수 있다. 그러나 허브와 연결된 스위치 포트와 호스트들은 반이중 모드로 동작하여야 한다. 도로로 비유하면 허브는 교차로를 공유하는 반면에 스위치는 고가도로나 지하도를 설치하여 아예 다른 길을 사용하게 하므로 충돌이 발생하지 않은 것과 같다.

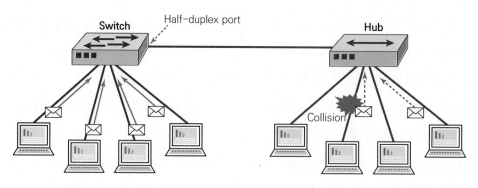

그림 2-8   전이중 이더넷의 예

전이중 이더넷은 양방향으로 100 퍼센트의 효율을 가진다. 예를 들어 10 Mbps의 이더넷이 전이중으로 동작하면 20 Mbps의 속도를 가질 수 있다. 또 100 Mbps의 패스트 이더넷이 전이중으로 동작하면 200 Mbps의 속도를 낼 수 있다. 결론적으로 스위치를 사용한 전이중 이더넷은 충돌이 발생하지 않으므로 CSMA/CD 프로토콜을 사용하지 않는다.

2.3 이더넷 데이터링크 프로토콜

이더넷 프로토콜의 가장 큰 장점 중의 하나는 이더넷 프로토콜이 동일한 데이터링크 표준을 사용한다는 점이다. 가령 이더넷 주소는 모든 이더넷, 심지어 10BASE5는 물론이고 10Gbps 이더넷에서도 동일하게 적용된다. 또한 UTP 외에 다른 종류의 케이블을 사용하는 이더넷 표준에서도 동일한 이더넷 주소를 사용한다. 또한 CSMA/CD 알고리즘은 기술적으로 데이터링크 계층의 일부로서, 비활성화되지 않으면 대부분의 이더넷에 적용할 수 있다.

2.3.1 이더넷 MAC 주소 체계

이더넷에서 프레임을 전송하기 위하여 컴퓨터와 인터페이스에 대한 주소 체계가 필요하다. 모든 컴퓨터는 유일하게 자신을 식별할 수 있는 방법을 가져야 한다. 2개의 같은 주소가 같은 네트워크 내에 있어서는 안 된다. MAC 주소라고 알려진 물리 주소가 NIC 안에 들어있다. MAC 주소는 다른 용어로 하드웨어 주소, NIC 주소, 제2계층 주소, 이더넷 주소 등으로 불린다. MAC 주소는 ROM에 새겨져 나오기 때문에 BIA(Burn In Address)라고 부르기도 하며, 이 값은 NIC가 초기화될 때 메모리에 로드하여 사용된다.

이더넷은 개개의 장치를 유일하게 구분하기 위해서 MAC 주소를 사용한다. 컴퓨터, 라우터, 스위치 등의 모든 이더넷 인터페이스를 갖춘 장비들은 MAC 주소를 가져야 하며 그렇지 않으면 통신이 불가능하다. MAC 주소는 (그림 2-9)와 같이 48비트로 이루어져 있고 12개의 16진수로 표현한다. 앞의 6개의 16진수는 IEEE에 의해서 관리되며, 이것은 제조업체나 공급업체를 구분하기 위한 것으로 OUI(Organizationally Unique Identifier)라고 한다. 남은 6개의 16진수는 인터페이스 카드의 일련번호를 나타내거나 업체 내에서 특별한 값으로 사용한다.

이더넷은 브로드캐스트 네트워크이다. 네트워크에 연결된 모든 장치가 프레임을 받을 수 있다. 각 장치는 모든 프레임을 검사하여 프레임이 자신에게 오는 것인지를

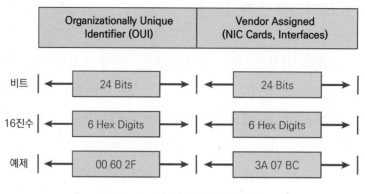

그림 2-9   이더넷 MAC 주소 형식

검사한다.

이더넷 네트워크에서는 한 장치가 다른 장치로 정보를 보내기 위해서 MAC 주소를 사용하여 통신 링크를 설정한다. 송신 장치가 네트워크로 데이터를 보낼 때 데이터는 해당 장치의 MAC 주소를 가지고 전달된다. 네트워크 매체로 이러한 데이터가 전송됨에 따라 네트워크의 각 장치 내의 NIC는 프레임에 의하여 운반되는 MAC 주소가 자신의 물리주소인지를 검사한다. 만약 주소가 일치하지 않으면 NIC는 이 데이터를 버린다.

2.3.2 이더넷의 프레임 구조

프레임 구조는 2진 숫자열의 해석 방법을 정의한다. 다시 말해, 프레임 구조는 네트워크에서 전송되는 비트가 어떤 의미가 있는지를 정의한다. 물리 계층은 한 장비에서 다른 장비로 비트열을 전송한다. 수신 장비는 수신된 비트를 어떻게 해석하는가? 프레임 구조는 수신된 데이터에 있는 필드들을 정의하는 것이다. 즉 프레임 구조는 네트워크에서 송수신된 비트에 어떤 의미가 있는지를 정의한다.

이더넷에 사용된 프레임 구조는 시간이 지나면서 여러 번 바뀌었다. 제록스는 첫 번째 버전의 프레임 구조를 정의하였고, 그 다음에 IEEE가 1980년대 초에 이더넷 표준을 제정하면서 프레임 구조를 변경하였다. IEEE는 1997년 프레임 구조에 대한 표준을 최종적으로 발표했는데, 이 표준에는 제록스에서 처음으로 발표한 이더넷 프레임 구조와 IEEE에서 정의한 프레임 구조의 특징이 포함되어 있다.

이더넷의 프레임 구조는 (그림 2-10)과 같이, 프리앰블(Preamble), SFD(Start Frame Delimiter), DA(Destination Address), SA(Source Address), Length/Type, Data, FCS(Frame Check Sequence)의 7개의 필드로 구성된다.

DIX

Preamble 8	Destination 6	Source 6	Type 2	Data and Pad 46 – 1500	FCS 4

IEEE 802.3 (Original)

Preamble 7	SFD 1	Destination 6	Source 6	Length 2	Data and Pad 46 – 1500	FCS 4

IEEE 802.3 (Revised 1997)

Bytes

Preamble 7	SFD 1	Destination 6	Source 6	Length/ Type 2	Data and Pad 46 – 1500	FCS 4

그림 2-10   이더넷 프레임 구조

- Preamble: 802.3 프레임의 첫 번째 필드는 7바이트(56비트)로 프레임이 도착한 것을 수신 측에 알리고, 입력 타이밍을 동기화할 수 있도록 0과 1의 반복으로 구성된다. HDLC는 경고, 타이밍, 시작 동기화의 3가지 기능을 플래그라는 하나의 필드에 포함시켰는데, IEEE 802.3은 이를 Preamble과 SFD로 나누었다.
- SFD(Start Frame Delimiter): 두 번째 필드는 1바이트의 10101011로 프레임의 시작을 알리는 것이다. SFD는 수신기에게 바로 다음에 주소와 데이터가 이어진다는 것을 알린다.
- DA(Destination Address): 목적지 주소 필드는 6바이트로 되어 있으며, 다음 목적지의 물리주소를 가리킨다.
- SA(Source Address): 발신지 주소 필드도 6바이트로 프레임을 전송하는 장치의 물리주소를 가리킨다.

- Length/Type: 발신지 주소 다음의 2바이트는 길이 또는 종류 필드이다. 원래의 이더넷은 이 필드를 상위 층 프로토콜의 종류를 정의하기 위한 필드로 사용하였다. IEEE 표준에서는 뒤에 오는 데이터 필드의 길이를 나타내는 데 사용한다. 이 값이 1,536(16진수로 0600)보다 작으면 길이를 나타내고 이보다 크거나 같으면 종류를 나타낸다.
- Data: 이 필드는 상위 층의 프로토콜로부터 캡슐화된 데이터를 운반한다. 데이터 필드는 최소 46바이트에서 최대 1,500바이트의 크기를 갖는다. 따라서 전체 이더넷 프레임은 여기에 18바이트(DA 6바이트, SA 6바이트, Length/ Type 2바이트, FCS 4바이트)를 더한 최소 64바이트에서 최대 1518바이트의 크기를 갖는다.
- FCS(Frame Check Sequence): 마지막 필드로 오류검출 정보가 들어 있다. 이더넷은 CRC-32(Cyclic Redundancy Check)를 사용한다.

2.4 이더넷 케이블링

네트워크 장비를 서로 연결하기 위해서는 케이블을 사용하여야 한다. 주로 사용되는 케이블에는 TP 케이블(twisted-pair cable), 동축 케이블(coaxial cable), 광섬유 케이블(fiber-optic cable)이 있다. TP 케이블과 동축 케이블은 전류의 형태로 신호를 받고 전달하는 금속(구리) 도선을 사용하고, 광섬유는 빛의 형태로 신호를 받고 전달하는 유리나 플라스틱 케이블을 사용한다.

동축 케이블은 TP보다 성능은 좋지만 가격이 높고 사용이 불편해 10BAESE5와 10BASE2와 같은 초기 LAN에서는 사용되었지만 지금은 LAN에서는 거의 사용되지 않고 TV의 안테나선으로 주로 사용되고 있다. 동축 케이블(coaxial cable)은 (그림 2-11)과 같이 내부 도체와 외부 도체로 구성되어 있으며, 중앙의 구리선에 흐르는 전기 신호를 외부의 절연 피복이 보호하고 있다.

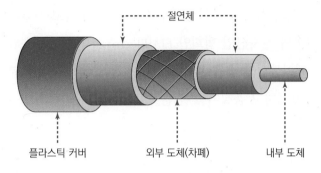

그림 2-11   동축 케이블의 구조

2.4.1 TP 케이블

TP, 즉 꼬임쌍선은 구리로 만든 선으로, 두 선을 서로 꼬아서 전자기 잡음을 상쇄
시키는 UTP(Unshielded TP)와 전자기 잡음의 침투를 막기 위하여 금속 박막이나
망사형 피복으로 도선을 감싸는 차폐형인 STP(Shielded TP)가 있다. 성능은 STP가
좋지만 가격과 설치 상의 문제 등으로 UTP가 더 많이 사용되고 있다. UTP 케이블
은 현재 사용되고 있는 가장 일반적인 형태의 유선매체이다.

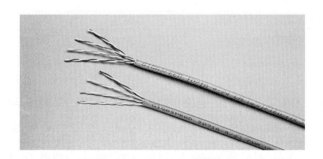

그림 2-12   UTP 케이블의 모양

UTP는 구별하기 쉽도록 (그림 2-12)와 같이 각기 다른 색을 칠한 플라스틱 절연
체로 도체를 감싸고 있다. 색깔은 케이블 내의 특정 도선을 식별하는 동시에 어떤
선이 짝을 이루고 있고, 다발에 묶여 있는 다른 선과 어떻게 관련이 있는지를 보여
주는 데 유용하다.

UTP의 장점은 가격과 사용의 용이성이다. UTP는 값이 싸고 사용하기 편하며 설치하기도 쉽다. 미국의 전자산업 협회인 EIA(Electronics Industry Alliance)는 〈표 2-2〉와 같이 UTP 케이블의 등급을 매긴 표준을 제정하였다. 품질에 따라 가장 낮은 것을 카테고리 1로 표시하고 품질이 좋은 순으로 숫자를 증가하여 표시한다.

표 2-2 UTP의 분류

명칭	대역폭	응용
Category 1	0.4 MHz	전화 시스템, 모뎀과 같은 저속 데이터
Category 2	4 MHz	음성 및 4Mbps까지의 디지털 데이터
Category 3	16 MHz	10Mbps까지의 디지털 데이터 전송
Category 4	20 MHz	16 Mbps의 토큰 링
Category 5	100 MHz	패스트 이더넷 (100Base-TX)
Category 5e	100 MHz	기가비트 이더넷 (1000Base-T)
Category 6	250 MHz	10기가비트 이더넷 (10GBase-T)
Category 6a	500 MHz	10기가비트 이더넷 (10GBase-T)
Category 7	600 MHz	10기가비트 이더넷 (10GBase-T)
Category 7a	1000 MHz	10기가비트 이더넷 (10GBase-T)
Category 8	2000 MHz	40기가비트 이더넷 (40GBase-T)

UTP는 (그림 2-13)과 같은 RJ-45(Registered Jack)를 사용하여 네트워크 장치에 연결된다. RJ-45 잭 종단의 투명한 커넥터를 살펴보면 색깔이 서로 다른 8개의 전선을 볼 수 있다. 이들 전선은 4쌍으로 서로 꼬여 있다. 4개의 전선은 양(positive)의 전압을 전송하며 '팁(tip)'(T1~T4)이라 한다. 나머지 4개의 전선은 접지되어 음(negative)의 전압을 전송하며 '링(ring)'(R1~R4)이라 한다. 팁과 링은 원래 전화를 사용하기 시작한 초창기에 만들어진 용어이다. 이 용어는 오늘날 각 전선 쌍 내의 양과 음의 전선을 말한다. 케이블이나 커넥터의 첫 번째 쌍에 속해 있는 전선은 T1과 R1으로, 두 번째 쌍은 T2와 R2로, 그 다음도 같은 방법으로 표시한다.

RJ-45 플러그는 암수 중 수(male) 컴포넌트로 케이블 종단에 부착된다. (그림
2-13)과 같이 커넥터의 클립이 밑으로 가게 하여 뒤쪽에서 바라보면 핀의 위치는 왼
쪽 끝의 1번 핀에서 시작하여 오른쪽 끝이 8번 핀이 된다. (그림 2-13)의 잭은 네트워
크 장비나 벽, 네트워크 연결용 콘센트 또는 패치 패널에서 볼 수 있는 암(female) 컴
포넌트이다. 이 암 커넥터의 핀 위치는 왼쪽 끝의 1번 핀에서 시작하여 오른쪽 끝이
8번 핀이 된다.

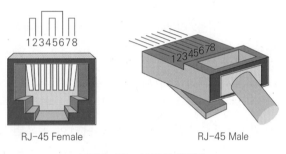

RJ-45 Female   RJ-45 Male

그림 2-13   UTP의 커넥터

커넥터와 잭 사이에 전기가 통하기 위해서 전선 배열은 정해진 규칙을 따
라야 한다. 주로 사용하는 케이블링 규칙으로는 EIA와 미국 통신산업 협회인
TIA(Telecommunication Industry Association)에서 제정한 TIA/EIA-568A(T568A)
와 TIA/EIA-568B(T568B)가 있다. (그림 2-14)에 두 가지 표준 케이블링의 핀아웃을
보였다.

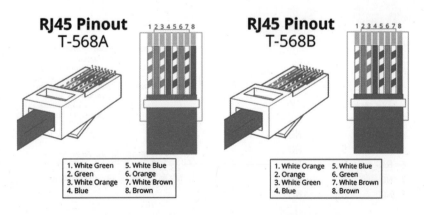

그림 2-14   EIA/TIA 표준 케이블링 핀아웃

연결 장비에 사용할 케이블에 대한 TIA/EIA 카테고리(이는 네트워크 장비 내의 잭이 어떤 표준을 사용하고 있는가에 따라 결정)를 정확히 확인하는 것 외에도, 다음의 케이블 중 어떤 케이블을 사용해야 하는지도 알고 있어야 한다.

- 표준(straight-through) 케이블: 케이블 내의 핀 연결을 그대로 유지하는 케이블, 즉 1번 핀에 연결된 전선은 케이블 반대편에서도 1번 핀에 연결된다. 양쪽 끝이 모두 T568A이든지, 또는 모두 T568B이다.
- 크로스오버(crossover) 케이블: 라인 연결을 갖는 장치 내에서 신호를 정확히 정렬/전송/수신하기 위하여 주요 전선 쌍을 교차시켜 놓은 케이블이다. 한 쪽 끝이 T568A이면 다른 쪽 끝은 T568B이다.

케이블 종단의 2개의 RJ-45를 동일한 방향으로 나란히 놓으면 몇 가지 색을 가진 전선(벗겨진 선 혹은 핀)을 각 커넥터 종단에서 볼 수 있다. (그림 2-15)와 같이 양쪽 종단에서 동일한 배열을 가지고 있는 케이블이 표준 케이블이다.

10BASE-T와 100BASE-T 이더넷에서는 단지 1, 2, 3, 6번 전선만을 사용하여 신호를 송신하고 수신한다. 나머지 4개의 선은 사용하지 않는다. (그림 2-15)의 왼쪽에 보인 것처럼, 표준 케이블에서는 한쪽 단의 1, 2, 3, 6번 핀이 반대쪽 단의 1, 2, 3, 6번 핀에 연결된다. 기가비트 이더넷은 8개의 선을 모두 사용한다.

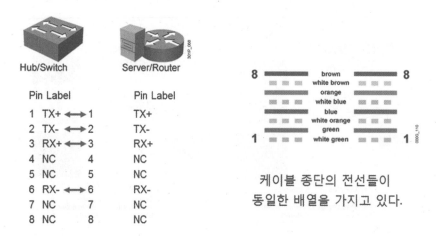

그림 2-15 표준 케이블

크로스오버 테이블의 양단에 있는 RJ-45 커넥터를 살펴보면 한쪽 단의 일부 전선 쌍이 반대 단의 전선 쌍과 교차되어 있음을 알 수 있다. 이더넷 크로스오버 케이블 은 (그림 2-16)과 같이 한쪽 단의 1번 핀이 반대 단의 3번 핀에, 그리고 2번 핀은 반 대 단의 6번 핀에 연결되어야 한다.

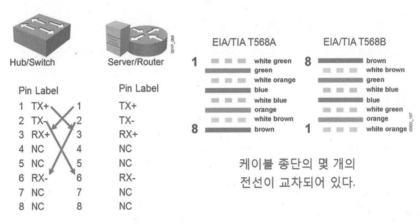

그림 2-16   크로스오버 케이블

표준 케이블과 크로스오버 케이블을 사용하는 이유는 네트워크 장비가 송신과 수 신에 각각 다른 핀을 사용하기 때문이다. 이더넷 NIC는 송신에 1번과 2번 핀을 사용 하고 수신에 3번과 6번 핀을 사용한다. 이와 반대로 허브나 스위치는 송신에 3번과 6번을 사용하고 수신에 1번과 2번을 사용한다. 따라서 NIC가 장착된 PC와 스위치 를 연결하기 위해서는 표준 케이블을 사용하여야 한다. 그러나 스위치와 스위치를 연결할 때에는 송신과 수신을 서로 맞물려 주어야 하기 때문에 크로스오버 케이블 을 사용하여야 한다.

송신과 수신에 사용하는 핀에 따라 네트워크 장비를 분류하면 〈표 2-3〉과 같다. 따라서 서로 다른 유형의 장비를 연결하는 경우에는 표준케이블을 사용하고, 같은 유형의 장비를 연결할 때에는 크로스오버 케이블을 사용하여야 한다.

표 2-3   송수신 핀에 따른 장비의 분류

송신에 1, 2번, 수신에 3, 6번 핀을 사용하는 장비	송신에 3, 6번, 수신에 1, 2번 핀을 사용하는 장비
PC 또는 서버	허브
라우터	스위치

표준 케이블은 PC나 라우터와 같은 장비를 허브나 스위치와 같은 장비에 연결하기 위하여 사용한다. 표준 케이블을 사용하여 연결하는 장비는 다음과 같다.

- 스위치와 라우터
- 스위치와 PC
- 스위치와 서버
- 허브와 PC
- 허브와 서버

크로스오버 케이블은 스위치와 스위치 또는 스위치와 허브를 연결하는 것처럼 유사한 장비를 연결하기 위하여 사용한다. 크로스오버 케이블을 사용하여 연결하는 장비는 다음과 같다.

- 스위치와 스위치
- 스위치와 허브
- 허브와 허브
- 라우터와 라우터
- PC와 PC
- 라우터와 PC

최근에 생산되는 스위치에는 Auto-MDIX(Automatic Medium-Dependent Interface Crossover)라는 기능이 들어가 있다. 이 기능은 잘못된 케이블이 연결되었을 경우 자동으로 검출하여 송신과 수신 핀을 서로 바꾸어 주는 기능이다. 따라서 이 기능이 들어있는 장비는 연결하는 케이블의 형태에 상관없이 정상적으로 동작한다.

2.4.2 광섬유 케이블

광섬유 케이블(Fiber-Optic Cable)은 유리나 플라스틱으로 만들어져 있으며 빛의 형태로 신호를 전송한다. 광섬유 케이블의 장점은 전송거리가 길고 속도가 빠르다는 것이다. 광섬유 케이블은 수십 Gbps로 수십 km까지 전송할 수 있다. 광섬유 케이블은 광대역이고 저손실이며 잡음에 강하므로 해저를 통한 대륙 간 통신 매체로 널리 이용되고 있다. 또한 데이터 및 동영상 통신 등에도 광범위하게 사용되고 있다.

(그림 2-17)은 전형적인 광섬유 케이블의 구성을 보여주고 있다. 중심부(core)는 피복(cladding)에 싸여 있으며 습기 등으로부터 보호하기 위해 버퍼로 감싸고 마지막으로 외부 피복으로 보호된다.

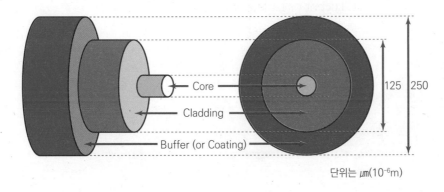

단위는 μm(10⁻⁶m)

그림 2-17 광섬유 케이블의 구조

광섬유 케이블은 크게 싱글모드(single mode)와 멀티모드(multimode) 두 가지로 구분된다. 멀티모드는 하나의 광 코어에서 여러 개의 광선을 동시에 전송할 수 있게 되어 있고, 짧은 거리에서 사용된다. 싱글모드는 하나의 광케이블에 하나의 광선만을 전송하여 장거리 전송에 사용된다. (그림 2-18)에 이 두 종류의 광섬유 케이블의 특징을 비교하였다. 둘 사이의 물리적인 차이점은 코어의 두께이다.

광섬유 케이블을 위한 커넥터는 케이블 자체만큼 정밀해야 한다. 금속성 매체를 사용하는 경우에는 양쪽 도선이 물리적으로 접촉되어 있기만 하면 되고 완벽하게까지 연결될 필요는 없다. 그러나 광섬유에서는 다른 한쪽의 중심부가 다른 쪽 중심부나 광전 다이오드와 조금이라도 어긋나면 통신이 어려워진다.

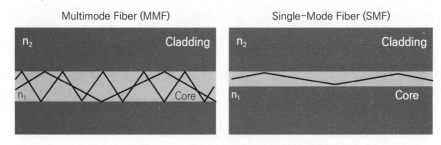

그림 2-18   싱글모드와 멀티모드 광섬유의 특징

광섬유 케이블의 커넥터는 70종이 넘는 많은 종류가 사용되고 있으며, 주로 많이 사용되는 것으로는 (그림 2-19)와 같이 SC(Subscriber Connector) 타입과 ST(Straight Tip) 타입, LC(Lucent or Little Connector) 타입 등이 있다.

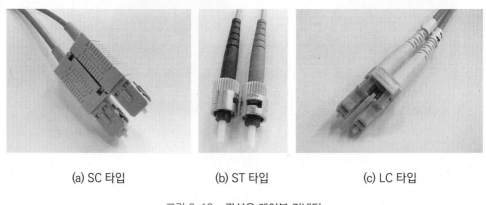

(a) SC 타입   (b) ST 타입   (c) LC 타입

그림 2-19   광섬유 케이블 커넥터

- LAN은 한정된 구역을 서비스하는 네트워크로서, 컴퓨터와 네트워크의 구성 요소들이 비교적 가까운 거리에 위치한다.

- 이더넷은 1970년대에 DEC, 인텔, 제록스에 의해 개발되었고, DIX 이더넷이라고도 한다. 1980년대에 IEEE 802 위원회에서는 전 세계적으로 사용될 이더넷 표준을 제정하였는데, 이것이 802.3이다.

- 이더넷 LAN 표준은 OSI 모델의 물리 계층과 데이터링크 계층에서의 케이블링과 시그널링을 명시한다.

- CSMA/CD LAN의 스테이션은 데이터 전송 전에 네트워크의 현재 사용여부를 판단하기 위해 네트워크를 청취한 뒤, 네트워크가 사용 중이면 대기하고, 사용 중이 아니면 데이터를 전송한다. 충돌이 일어나면 즉시 중지하고 처음부터 다시 시작한다.

- 제조업체는 MAC 주소를 각 NIC에 집적하는데, 장비가 네트워크에 연결되려면 MAC 주소가 있어야 한다.

- UTP 케이블은 4쌍의 전선, 즉 8가닥의 구리선으로 구성된다. 구리선은 각기 절연 물질로 감싸져 있고, 한 쌍을 이루고 있는 두 가닥 선은 서로 꼬여 있다.

- 크로스오버 케이블은 유사한 장비를 연결한다. 즉, 라우터를 라우터에, PC를 PC에, 스위치를 스위치에 연결할 때 사용된다.

- 표준 케이블은 성격이 다른 장비들을 연결한다. 즉 스위치를 라우터에, PC를 스위치에 연결할 때 사용된다.

연습문제

2.1 이더넷의 개요

[2-1] What organization is responsible for Ethernet standards?

A) ISO   B) IEEE

C) EIA   D) IEC

[2-2] What is the maximum segment length on 10baseT?

A) 100 meters   B) 185 meters

C) 500 meters   D) 10 meters

[2-3] Which IEEE standard equates to Fast Ethernet?

A) 802.3   B) 802.3u

C) 802.3z   D) 802.4

[2-4] What is the maximum bandwidth of Fast Ethernet?

A) 10000 Mbps   B) 10 Mbps

C) 1000 Mbps   D) 100 Mbps

[2-5] Which layer of the OSI model contains the MAC and LLC sublayers?

A) Physical layer   B) Network layer

C) Transport layer   D) Data link layer

[2-6] The _____ sublayer is responsible for the operation of the CSMA/CD access method and framing.

A) LLC   B) MII

C) MAC   D) None of the choices are correct

[2-7]   Which of the following describes Ethernet?

A) A standard UTP implementation that specifies characteristics of UTP cabling operation at the physical and data link layers

B) A standard WAN implementation that specifies characteristics of WAN operation at the physical and data link layers

C) A standard fiber-optic implementation that specifies characteristics of fiber-optic cabling operation at the physical and data link layers

D) A standard LAN implementation that specifies characteristics of LAN operation at the physical and data link layers

2.2 이더넷의 동작

[2-8]   What does the CSMA/CD back-off algorithm control?

A) The jam signal emitted by a sending host when a frame collision occurs

B) How much time computer hosts wait before they start sending again when a frame collision occurs

C) The timeout for sending data-link frames when a frame collision occurs

D) The boot time of the network interface card (NIC)

[2-9]   How does a host on an Ethernet LAN know when to transmit after a collision has occurred? (Choose two.)

A) In a CSMA/CD collision domain, multiple stations can successfully transmit data simultaneously.

B) In a CSMA/CD collision domain, stations must wait until the media is not in use before transmitting.

C) You can improve the CSMA/CD network by adding more hubs.

D) After a collision, the station that detected the collision has first priority to resend the lost data.

E) After a collision, all stations run a random backoff algorithm. When the backoff delay period has expired, all stations have equal priority to transmit data.

F) After a collision, all stations involved run an identical backoff algorithm and then synchronize with each other prior to transmitting data.

[2-10] Which three statements are true about the operation of a full-duplex Ethernet network?

A) There are no collisions in full-duplex mode.

B) A dedicated switch port is required for each full-duplex node.

C) Ethernet hub ports are preconfigured for full-duplex mode.

D) In a full-duplex environment, the host network card must check for the availability of the network media before transmitting.

E) The host network card and the switch port must be capable of operating in full-duplex mode.

[2-11] Which of the following are unique characteristics of half-duplex Ethernet when compared to full-duplex Ethernet? (Choose two.)

A) Half-duplex Ethernet operates in a shared collision domain.

B) Half-duplex Ethernet operates in a private collision domain.

C) Half-duplex Ethernet has higher effective throughput.

D) Half-duplex Ethernet has lower effective throughput.

E) Half-duplex Ethernet operates in a private broadcast domain.

[2-12] What is the main purpose of the CSMA/ CD protocol?

A) To monitor a shared carrier medium used by several computer hosts to transmit data and to detect frame collisions when they occur

B) To monitor a shared network interface card (NIC) used by several computer hosts to transmit data and to detect frame collisions when they occur

C) To monitor MAC addresses of incoming traffic on a network interface card (NIC) on a computer host and to detect frame collisions when they occur

D) To monitor MAC addresses of full-duplex traffic on a network interface card (NIC) on a computer host and to detect frame collisions when they occur

[2-13] How does CSMA/CD react to collisions?

A) All systems jam the network, and then all begin transmitting again.

B) Hosts involved in a collision send an RTS signal indicating a time frame in which to retransmit.

C) Hosts involved in the collision send a jam signal, and then run an algorithm before retransmitting.

D) Collisions do not occur on CSMA/CD.

연습문제

2.3 이더넷 데이터링크 프로토콜

[2-14] Which statement about an Ethernet address is accurate?

A) The address used in an Ethernet LAN directs data to the proper receiving location.

B) The source address is the 4-byte hexadecimal address of the NIC on the computer that is generating the data packet.

C) The destination address is the 8-byte hexadecimal address of the NIC on the LAN to which a data packet is being sent.

D) Both the destination and source addresses consist of a 6-byte hexadecimal number.

[2-15] Which of the following is a valid MAC address?

A) 192.168.101.1   B) 0100111011100100

C) 00-0f-1f-9c-2d-ad   D) 255.255.255.0

[2-16] Which statement about MAC addresses is accurate?

A) A MAC address is a number in hexadecimal format that is physically located on the NIC.

B) A MAC address is represented by binary digits that are organized in pairs.

C) It is not necessary for a device to have a unique MAC address to participate in the network.

D) The MAC address can never be changed.

[2-17] Which frame field is responsible for error checking?

    A) Preamble   B) SFD

    C) FCS   D) Length/Type

[2-18] Which frame type uses a Length/Type field?

    A) DIX   B) 802.3 revised

    C) Token ring   D) None of the above

[2-19] The MAC address of your NIC is 0A–12–3C–4B–67–DE. Which of the following represents the Organizationally Unique Identifier?

    A) 0A–12–3C   B) 4B–67-DE

    C) 12-3C-4B   D) 3C-4B-67

[2-20] While examining an 802.3 Ethernet frame from a packet capture, you notice the entry in the Length/Type field is 0800 (in hex). Which of the following are true? (Choose two.)

    A) The entry indicates the length of the frame.

    B) The entry indicated the layer-3 protocol being transported.

    C) The frame is 0800 bits in length.

    D) The frame is transporting an IP packet.

[2-21] Given the Ethernet address 01011010 00010001 01010101 00011000 10101010 00001111 in binary, what is the address in hexadecimal notation?

    A) 5A-88-AA-18-55-F0   B) 5A-81-BA-81-AA-0F

    C) 5A-18-5A-18-55-0F   D) 5A-11-55-18-AA-0F

[2-22] Which of the following is true about the Ethernet FCS field?

A) Ethernet uses FCS for error recovery.

B) It is 2 bytes long.

C) It resides in the Ethernet trailer, not the Ethernet header.

D) It is used for encryption.

[2-23] Which of the following are true about the format of Ethernet addresses? (Choose three answers.)

A) Each manufacturer puts a unique OUI code into the first 2 bytes of the address.

B) Each manufacturer puts a unique OUI code into the first 3 bytes of the address.

C) Each manufacturer puts a unique OUI code into the first half of the address.

D) The part of the address that holds this manufacturer's code is called the MAC.

E) The part of the address that holds this manufacturer's code is called the OUI.

F) The part of the address that holds this manufacturer's code has no specific name.

2.4 이더넷 케이블링

[2-24] Which minimum category of UTP is required for Ethernet 1000BASE-T?

A) Category 3   B) Category 4

C) Category 5   D) Category 5e

[2-25] Which two characteristics pertain to UTP? (Choose two.)

    A) UTP cable is an eight-pair wire.

    B) An insulating material covers each of the individual copper wires in UTP cable.

    C) The wires in each pair are wrapped around each other.

    D) There are five categories of UTP cable.

[2-26] What cable type would you use to connect an RJ-45 port on a router to a workstation?

    A) Fiber   B) Crossover

    C) Straight-through   D) Thinnet

[2-27] You wish to connect a workstation to an RJ-45 port on a switch. What type of cable will you use?

    A) Fiber   B) Crossover

    C) Straight-through   D) Thinnet

[2-28] What type of RJ-45 UTP cable is used between switches?

    A) Straight-through

    B) Crossover cable

    C) Crossover with a CSU/DSU

    D) Crossover with a router in between the two switches

[2-29] You wish to connect a computer to a computer. Which type of cable would you use?

    A) Fiber   B) Crossover

    C) Straight-through   D) Thinnet

[2-30] Which of the following is true about Ethernet crossover cables for Fast Ethernet?

A) Pins 1 and 2 are reversed on the other end of the cable.

B) Pins 1 and 2 on one end of the cable connect to pins 3 and 6 on the other end of the cable.

C) Pins 1 and 2 on one end of the cable connect to pins 3 and 4 on the other end of the cable.

D) The cable can be up to 1000 meters long to cross over between buildings.

F) None of the other answers is correct.

[2-1] 다음 중 이더넷 표준을 책임지고 있는 조직은?

A) ISO   B) IEEE

C) EIA   D) IEC

해설

- 이더넷 표준은 IEEE(Institute of Electrical and Electronic Engineers)에서 표준화를 담당하고 있으며 표준 번호는 IEEE 802.3이다.

[2-2] 10BaseT에서 최대 세그먼트의 길이는?

A) 100 meters   B) 185 meters

C) 500 meters   D) 10 meters

해설

- 10BASE-T 이더넷은 10Mbps의 데이터 전송률을 가지고 있으며 최대 세그먼트의 길이는 100m이다.

[2-3] 패스트 이더넷의 IEEE 표준은?

A) 802.3   B) 802.3u

C) 802.3z   D) 802.4

해설

- IEEE 802 위원회는 1995년 100Mbps의 패스트 이더넷을 표준화하였으며, 이것의 공식 명칭이 802.3u이다.
- 1998년 표준화한 기가비트 이더넷은 802.3z이다.

[2-4] 패스트 이더넷의 최대 대역폭은?

A) 10000Mbps   B) 10Mbps

C) 1000Mbps   D) 100Mbps

해설

- 1995년 표준화된 패스트 이더넷, 즉 802.3u는 100Mbps의 데이터 전송 속도를 가진다.

[2-5] MAC 서브 계층과 LLC 서브 계층은 OSI 모델의 어느 계층에 속하는가?

A) 물리 계층   B) 네트워크 계층

C) 전송 계층   D) 데이터링크 계층

해설

- IEEE 802 표준은 데이터링크 계층을 두 개의 부계층(sublayer)인 LLC(Logical Link Control)와 MAC(Medium Access Control)으로 세분화하였다.

[2-6] CSMA/CD 접속 방법과 프레이밍을 책임지는 것은 _____ 서브 레이어이다.

A) LLC   B) MII

C) MAC   D) 모두 아님

해설

- MAC 부계층의 역할은 공유매체에 대한 충돌을 해결하는 것이다. MAC은 정보를 한 지점에서 다른 지점으로 옮기는데 필요한 동기화, 플래그, 흐름제어, 오류제어 규격을 포함하고 있다.

[2-7] 다음 중에서 이더넷을 바르게 설명한 것은?

A) 물리 계층과 데이터링크 계층에서 UTP 케이블링 동작의 특성을 규정한 표준 UTP 구현

B) 물리 계층과 데이터링크 계층에서 WAN 동작의 특성을 규정한 표준 WAN 구현

C) 물리 계층과 데이터링크 계층에서 광섬유 케이블링 동작의 특성을 규정한 표준 광섬유 구현

D) 물리 계층과 데이터링크 계층에서 LAN 동작의 특성을 규정한 표준 LAN 구현

해설

- 이더넷은 UTP로 구현할 수도 있고, 광섬유 케이블로도 구현할 수 있다. 이더넷은 LAN의 표준이다.

[2-8] CSMA/CD의 철회 알고리즘(back-off algorithm)은 무엇을 제어하는가?

A) 프레임 충돌이 발생하였을 때 송신 호스트에 의해 발신되는 잼 신호

B) 프레임 충돌이 발생하였을 때 호스트 컴퓨터가 다시 송신을 시작하기까지 기다려야 하는 시간

C) 프레임 충돌이 발생하였을 때 송신 데이터링크 프레임에 대한 타임아웃

D) NIC(Network Interface Card)의 부트 시간

ANSWER   [2-1] B)   [2-2] A)   [2-3] B)   [2-4] D)   [2-5] D)   [2-6] C)   [2-7] D)   [2-8] B)

연습문제
정답 및 해설

해설
- 철회 알고리즘(backoff algorithm)은 충돌을 일으킨 스테이션들이 동일한 시간을 기다렸다가 다시 동시에 송신하게 되면 또 다시 충돌이 발생하므로 이를 방지하기 위하여 각 스테이션마다 무작위의 대기 지연 시간을 부여하는 알고리즘이다.

[2-9] 이더넷 LAN에서 충돌이 발생한 후 호스트는 언제 다시 데이터를 전송하여야 하는가? (2가지 선택)

A) CSMA/CD 충돌 도메인에서, 다수의 스테이션들이 데이터를 동시에 성공적으로 전송할 수 있다.

B) CSMA/CD 충돌 도메인에서, 스테이션들은 전송하기 전에 매체가 사용 중이 아닐 때까지 기다려야 한다.

C) 더 많은 허브를 추가하면 CSMA/CD 네트워크의 성능을 향상시킬 수 있다.

D) 충돌이 발생한 후에는, 충돌을 검출한 스테이션이 손실된 데이터를 다시 보낼 수 있는 우선권을 갖는다.

E) 충돌이 발생한 후에는, 모든 스테이션은 무작위의 철회(backoff) 알고리즘을 실행한다. 대기 지연 시간이 종료되면 모든 스테이션은 동등한 데이터 전송 권한을 갖는다.

F) 충돌이 발생한 후에는, 모든 스테이션은 동일한 철회(backoff) 알고리즘을 실행하고 데이터를 전송하기 전에 서로 동기화를 실행한다.

해설
- CSMA/CD는 데이터를 전송하기 전에 전송 매체의 사용 여부를 검사하여 사용 중이면 매체가 빌 때까지 기다린다.
- 충돌이 발생하면 철회 알고리즘을 실행하고, 대기 지연 시간이 종료되면 모든 스테이션은 동등한 데이터 전송 권한을 갖는다.

[2-10] 전이중 이더넷 네트워크의 동작에 대한 설명 중 옳은 것은? (3가지 선택)

A) 전이중 모드에서는 충돌이 발생하지 않는다.

B) 각각의 전이중 노드에 대하여 각각의 전용 스위치 포트가 필요하다.

C) 이더넷 허브의 포트들은 전이중 모드로 미리 설정되어 있다.

D) 전이중 모드에서, 호스트의 네트워크 카드는 데이터를 전송하기 전에 네트워크 매체가 사용 가능한지를 검사하여야 한다.

E) 호스트의 네트워크 카드와 스위치 포트는 전이중 모드로 동작이 가능하여야 한다.

해설
- 허브는 반이중 모드로 동작한다. 호스트의 네트워크 카드가 데이터를 전송하기 전에 네트워크 매체가 사용 가능한지를 검사하여야 하는 것은 반이중 모드이다.

[2-11] 전이중 이더넷과 비교해서 반이중 이더넷만의 독특한 특징은? (2가지 선택)

A) 반이중 이더넷은 공유 충돌 도메인에서 동작한다.

B) 반이중 이더넷은 사설 충돌 도메인에서 동작한다.

C) 반이중 이더넷은 더 높은 실효 처리율(effective throughput)을 가지고 있다.

D) 반이중 이더넷은 더 낮은 실효 처리율을 가지고 있다.

E) 반이중 이더넷은 사설 방송 도메인에서 동작한다.

해설
- 반이중 이더넷은 매체를 공유하는 충돌 도메인에서 충돌을 피하기 위하여 사용하는 모드이며, 전이중 모드에 비해서 효율이 떨어진다.

[2-12] CSMA/CD 프로토콜의 중요한 목적은 무엇인가?

A) 데이터를 전송하려는 여러 호스트 컴퓨터들이 공동으로 사용하는 공유 전송 매체를 감시하고, 충돌이 발생하면 충돌을 검출하기 위한 것

B) 데이터를 전송하려는 여러 호스트 컴퓨터들이 공동으로 사용하는 공유 NIC(Network Interface Card)를 감시하고, 충돌이 발생하면 충돌을 검출하기 위한 것

C) 호스트 컴퓨터의 NIC로 수신되는 트래픽의 MAC 주소를 감시하고, 충돌이 발생하면 충돌을 검출하기 위한 것

D) 호스트 컴퓨터의 NIC가 전송하는 전이중 트래픽의 MAC 주소를 감시하고, 충돌이 발생하면 충돌을 검출하기 위한 것

해설

- CSMA/CD는 LAN과 같은 브로드캐스트 네트워크에서 전송 매체를 공유하기 때문에 발생하는 충돌을 방지하려고 하는 것이며, 충돌이 발생하면 즉시 데이터 전송을 중지하고 다시 시작한다. NIC나 MAC 주소를 검사하는 것이 아니라 전송 매체를 검사하는 것이다.

[2-13] CSMA/CD는 충돌에 어떻게 반응하는가?

A) 모든 시스템이 네트워크에 잼 신호를 보내고, 그 다음에 모든 시스템이 다시 전송을 시작한다.

B) 충돌에 관련된 호스트들이 재전송 시간 프레임을 지시하는 RTS 신호를 보낸다.

C) 충돌에 관련된 호스트들이 잼 신호를 보내고, 재전송을 하기 전에 알고리즘을 실행한다.

D) CSMA/CD에서는 충돌이 발생하지 않는다.

해설

- CSMA/CD에서 충돌이 발생하면 철회 알고리즘(backoff algorithm)을 실행한다.

[2-14] 다음 중 이더넷 주소에 대하여 정확하게 설명한 것은?

A) 이더넷 LAN에서 사용하는 주소는 데이터를 해당하는 수신 장비로 직접 전달하기 위하여 사용된다.

B) 출발지 주소는 데이터 패킷을 생성한 컴퓨터에 있는 NIC의 주소로 4바이트 16진수 주소이다.

C) 목적지 주소는 데이터 패킷이 전송된 LAN에 있는 NIC의 주소로 8바이트 16진수 주소이다.

D) 목적지 주소와 출발지 주소는 둘 다 6바이트 16진수로 이루어져 있다.

해설

- 이더넷은 프레임에 주소를 붙여서 브로드캐스트 한다. 따라서 네트워크에 연결된 모든 장치가 프레임을 받을 수 있다. 각 장치는 모든 프레임의 주소를 검사하여 자신에게 오는 프레임만을 처리한다.

- 이더넷의 MAC 주소는 48비트(6바이트)로 구성되어 있으며 16진수로 표기한다.

[2-15] 다음 중 MAC 주소로 유효한 것은?

A) 192.168.101.1

B) 0100111011100100

C) 00-0f-1f-9c-2d-ad

D) 255.255.255.0

해설

- 이더넷에서 MAC 주소는 48비트이며 12개의 16진수로 나타낸다.

[2-16] 다음 중 MAC 주소를 정확하게 설명한 것은?

A) MAC 주소는 16진수 형식의 숫자이며 물리적으로 NIC에 위치한다.

B) MAC 주소는 쌍으로 구성된 2진수로 표현된다.

C) 장비가 네트워크에 연결되기 위해서 고유한 MAC 주소를 가질 필요는 없다.

D) MAC 주소는 결코 변경될 수 없다.

연습문제

정답 및 해설

해설

• 이더넷에서 MAC 주소는 48비트이며 12개의 16진수로 표기하고 NIC(Network Interface Card), 즉 랜카드의 ROM에 새겨져 나오기 때문에 BIA(Burn In Address)라고도 부른다.

[2-17] 오류 검사를 책임지는 프레임 필드는?

A) Preamble   B) SFD

C) FCS   D) Length/Type

해설

• 이더넷의 프레임 포맷에서 FCS(Frame Check Sequence)는 프레임의 오류 검사를 수행하는 필드이다.

[2-18] 다음 중 Length/Type 필드를 사용하는 프레임 형식은?

A) DIX   B) 802.3 revised

C) 토큰 링   D) 정답 없음

해설

• 이더넷의 프레임 포맷에서 발신지 주소 다음의 2바이트는 길이 또는 종류 필드이다. DIX 표준에서는 종류(type) 필드로 사용하였고, 원래의 802.3에서는 데이터 길이 필드로 사용하였다.

• 1997년에 개정된 802.3 표준에서는 이 두 가지를 합하여 값이 1,536(16진수로 0600)보다 작으면 길이를 나타내고 이보다 크거나 같으면 타입을 나타낸다.

[2-19] NIC의 MAC 주소가 0A-12-3C-4B-67-DE일 때, OUI(Organizationally Unique Identifier)을 나타내는 것은?

A) 0A-12-3C   B) 4B-67-DE

C) 12-3C-4B   D) 3C-4B-67

해설

• 이더넷의 MAC 주소는 48비트로 구성되어 있으며 앞의 24비트는 IEEE에서 각 제조사들에게 부여하는 고유의 번호인 OUI이고, 뒤의 24비트는 제조사가 부여하는 일련 번호이다.

[2-20] 802.3 이더넷 프레임을 캡처하여 검사해 본 결과, Length/Type 필드 값이 16진수로 0800이었다. 다음 중 올바른 설명은? (2가지 선택)

A) 이 항목은 프레임의 데이터 필드 길이를 나타낸다.

B) 이 항목은 전송되는 3계층 프로토콜을 나타낸다.

C) 이 프레임의 데이터 필드 길이가 800비트라는 것을 나타낸다.

D) 이 프레임은 IP 패킷을 운반 중이라는 것을 나타낸다.

해설

• 이더넷의 프레임 포맷에서 발신지 주소 다음의 2바이트는 길이 또는 종류 필드이다. 이 값이 1,536(16진수로 0600)보다 작으면 길이를 나타내고 이보다 크거나 같으면 타입을 나타낸다. 따라서 16진수로 0800이면 데이터 필드에 있는 데이터의 프로토콜을 나타내며 이것이 IP라는 것을 나타내는 것이다.

[2-21] 2진수로 표기된 이더넷 주소 01011010 00010001 01010101 00011000 10101010 00001111은 16진수 표기로는 무엇이 되는가?

A) 5A-88-AA-18-55-F0

B) 5A-81-BA-81-AA-0F

C) 5A-18-5A-18-55-0F

D) 5A-11-55-18-AA-0F

해설

• 01011010 00010001 01010101 00011000 0101010 00001111를 16진수로 바꾸면 5A-11-55-18-AA-0F가 된다.

[2-22] 다음 중 이더넷의 FCS 필드에 대한 설명으로 옳은 것은?

A) 이더넷은 오류 복구를 위하여 FCS를 사용한다.

B) FCS의 길이는 2바이트이다.

C) FCS는 이더넷의 헤더가 아니라 트레일러에 위치한다.

D) FCS는 암호화를 위하여 사용된다.

해설

- 이더넷의 FCS(Frame Check Sequence)는 4바이트의 CRC(Cyclic Redundancy Check)를 사용하여 오류를 검출한다. 즉 오류를 복구하지는 않는다. FCS는 데이터 필드 다음인 트레일러에 위치한다.

[2-23] 다음 중 이더넷 주소의 포맷에 대한 설명으로 옳은 것은? (3가지 선택)

A) 각 제조업체는 주소의 처음 2바이트에 유일한 OUI 코드를 넣는다.

B) 각 제조업체는 주소의 처음 3바이트에 유일한 OUI 코드를 넣는다.

C) 각 제조업체는 주소의 앞부분 절반에 유일한 OUI 코드를 넣는다.

D) 이더넷 주소에서 제조업체의 코드를 포함하고 있는 부분을 MAC이라고 한다.

E) 이더넷 주소에서 제조업체의 코드를 포함하고 있는 부분을 OUI라고 한다.

F) 이더넷 주소에서 제조업체의 코드를 포함하고 있는 부분에 대한 특별한 이름은 없다.

해설

- MAC 주소는 48비트로 이루어져 있고 12개의 16진수로 표현한다. 앞의 3바이트는 IEEE에 의해서 관리되며, 이것은 제조업체나 공급업체를 구분하기 위한 것으로 OUI(Organizationally Unique Identifier)라고 한다. 남은 3바이트는 인터페이스 카드의 일련번호를 나타내거나 업체 내에서 특별한 값으로 사용한다.

[2-24] 1000BASE-T 이더넷에서 요구되는 최소한의 UTP 카테고리는?

A) Category 3   B) Category 4

C) Category 5   D) Category 5e

해설

- 기가비트 이더넷에서 사용하는 UTP 케이블은 카테고리 5e 이상의 케이블이다.

[2-25] UTP의 특징은 무엇인가? (2가지 선택)

A) UTP 케이블은 8쌍의 선이다.

B) UTP 케이블의 각각의 구리선은 절연 물질로 덮여있다.

C) 각 쌍의 선은 서로 꼬아져 있다.

D) UTP 케이블은 5개의 카테고리가 있다.

해설

- UTP 케이블은 구리로 만든 선이며, 두 선을 서로 꼬아서 전자기 잡음을 서로 상쇄시킨다.

- UTP 케이블은 8개의 전선이 4개의 쌍으로 꼬여 있으며, 여러 개의 카테고리가 규정되어 있다.

[2-26] 라우터의 RJ-45 포트와 워크스테이션을 연결할 때 사용되는 케이블의 형태는?

A) Fiber   B) Crossover

C) Straight-through   D) Thinnet

해설

- 라우터와 워크스테이션 같이 성격이 비슷한 장비를 연결할 때에는 크로스오버 케이블을 사용한다.

[2-27] 스위치의 RJ-45 포트에 워크스테이션을 연결할 때 사용되는 케이블의 형태는?

A) Fiber   B) Crossover

C) Straight-through   D) Thinnet

해설

- 스위치와 워크스테이션 같이 성격이 다른 장비를 연결할 때에는 표준 케이블을 사용한다.

[2-28] 스위치와 스위치의 연결에 사용되는 RJ-45 UTP 케이블의 형태는?

A) 표준(Straight-through)

B) 크로스오버(Crossover cable)

C) CSU/DSU가 연결된 크로스오버

D) 두 스위치 사이의 라우터와 연결된 크로스오버

해설

- 스위치와 스위치 같이 성격이 유사한 장비를 연결할 때에는 크로스오버 케이블을 사용한다.

ANSWER   [2-23] B), C), E)   [2-24] D)   [2-25] B), C)   [2-26] B)   [2-27] C)   [2-28] B)

연습문제

정답 및 해설

[2-29] 컴퓨터와 컴퓨터를 연결할 때 사용되는 케이블의 형태는?

A) Fiber   B) Crossover

C) Straight-through   D) Thinnet

해설
- 컴퓨터와 컴퓨터 같이 성격이 유사한 장비를 연결할 때에는 크로스오버 케이블을 사용한다.

[2-30] 다음 중 패스트 이더넷의 크로스오버 케이블에 대한 설명으로 옳은 것은?

A) 핀 1과 핀 2가 케이블의 다른 쪽 끝에서 반대로 연결된다.

B) 케이블 한 쪽 끝의 핀 1과 핀 2는 다른 쪽 끝의 핀 3과 핀 6에 연결된다.

C) 케이블 한 쪽 끝의 핀 1과 핀 2는 다른 쪽 끝의 핀 3과 핀 4에 연결된다.

D) 케이블은 빌딩 사이를 최대 1000 미터까지 연결할 수 있다.

E) 위 사항 모두 정답이 아니다.

해설
- 크로스 오버 케이블은 한 쪽 끝의 1번 핀이 다른 쪽의 3번 핀에, 그리고 2번 핀이 다른 쪽의 6번 핀에 연결되어 있다.

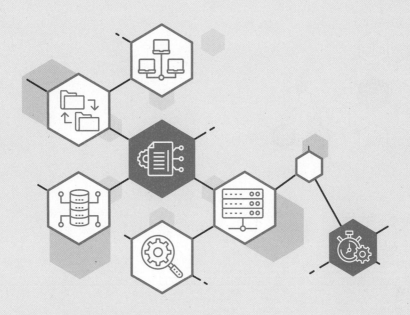

3 CHAPTER

IP 주소와 서브네팅

학습목표

- IP 데이터그램의 형식, IP 주소의 표기 방법, IP 주소의 구조에 대하여 설명할 수 있다.

- IP 주소의 클래스 분류 방법과 특수 용도의 IP 주소에 대하여 설명할 수 있다.

- 하나의 네트워크를 서브네트워크로 나누는 방법과 서브넷 마스크의 사용 방법을 설명할 수 있다.

- 서브네트워크 내에서 사용 가능한 서브넷 수와 호스트 수를 계산하는 방법과 서브넷 주소의 범위
를 계산하는 방법을 설명할 수 있다.

3.1 IP 주소의 구조

3.1.1 IP 주소 체계

인터넷에 접속하여 다른 컴퓨터와 통신을 하기 위해서는 인터넷에 접속해 있는 수많은 컴퓨터 중에서 원하는 컴퓨터를 정확히 확인하여 접속하여야 한다. 따라서 특정 컴퓨터를 확인하는 방법이 필요하고, 이를 위하여 인터넷에 접속하는 모든 컴퓨터는 우편시스템의 주소와 같이, 자신만을 지정하는 유일한 주소를 가져야 한다. 이와 같이 인터넷 상에서 정의되는 각 호스트의 주소를 IP(Internet Protocol) 주소라고 한다.

현재 사용되고 있는 IP 주소 체계는 IPv4와 IPv6가 있다. IPv4 주소는 32비트로 구성되어 있으며, IPv6는 128비트로 되어 있다. IPv4는 1980년대 초에 제정되었으며 그 당시에는 2^{32}개(약 43억개)의 주소가 충분할 것으로 예상하였지만, 인터넷의 급격한 팽창으로 부여할 수 있는 주소가 부족하게 되었다. 따라서 32비트 주소 체계인 IPv4를 128비트 주소 체계인 IPv6로 확장하게 되었다. IPv6은 2^{128}개(약 340간 개, 1간은 10^{36})의 주소를 가질 수 있다.

2011년 2월 IPv4의 모든 주소가 소진 되었으며 이후로의 주소 배정은 IPv6로 하여야만 한다. 대부분의 책에서 그냥 IP 주소라고 표기되어 있는 경우는 IPv4를 가리키고 있으며, IPv6를 가리킬 때에는 IPv6로 표기하고 있다. 본서에서도 이러한 표기 관행을 그대로 따른다.

1 IP 주소의 표기 방법

IPv4 주소는 32비트의 2진수로 표시된다. 2진수로 표현되는 IP 주소는 사람이 사용하는 데 불편하므로 (그림 3-1)과 같이 8비트씩 나누어 10진수로 바꾼 다음 점을 찍어 구분하는 점-10진(dotted-decimal) 표기법을 사용한다. (그림 3-1)의 예와 같이 128.11.3.31은 점-10진 표기의 IP 주소이지만 실제 IP 주소는 10000000 00001011 00000011 00011111과 같은 32비트의 2진수이다. 점-10진 표기법에서 각 필드는 옥텟(octet)이라고 부르는 8비트의 2진수로 구성되어 있다. 128.11.3.31이라는 IP 주소의 첫 번째 옥텟은 128이고, 두 번째 옥텟은 11, 세 번째는 3, 네 번째는 31이다. 각 옥텟은 10진수 0~255 범위의 숫자로 표시된다.

그림 3-1   IP 주소의 점-10진 표기

또한 10진수 숫자도 사람이 기억하기 쉽지 않기 때문에 IP 주소를 아예 문자로 바꾸어 사용하는데 이것을 도메인 이름(domain name)이라고 한다. 점-10진 표기나 도메인 이름은 2진수로 주어지는 IP 주소 대신에, 사용자의 편의를 위하여 만들어진 것일 뿐이므로, 실제 인터넷 상에서 원하는 컴퓨터를 찾아가기 위해서는 2진수로 주어지는 IP 주소가 필요하다. 따라서 연결을 원하는 도메인 이름이 주어지는 경우에, 이에 해당하는 실제 IP 주소를 확인해야 하는데, 이 같은 기능을 제공하는 응용 계층 프로토콜이 DNS(Domain Name System)이다.

IP 주소는 네트워크 인터페이스마다 하나씩 사용된다. 만약 PC에 두 개의 이더넷 카드가 있고, 이 둘 모두가 IP 패킷을 송수신하고 있다면 두 이더넷 카드는 IP 주소를 각각 하나씩 가져야 한다. 또한 노트북에 이더넷 NIC와 무선 NIC가 같이 들어가 있고 동시에 사용하고자 한다면 각 NIC에 각각 다른 IP 주소를 부여하여야 한다. 이와 마찬가지로 여러 개의 네트워크 인터페이스를 가지고 있는 라우터도 각 인터페이스마다 각각 다른 IP 주소를 가지고 있다.

2 IP 주소의 구조

인터넷 주소는 (그림 3-2)와 같이 네트워크 주소(Network ID)와 호스트 주소(Host ID)의 두 부분으로 구성된다. 이 주소는 클래스에 따라 각 필드의 길이가 달라진다.

IP 주소에서 어디까지가 네트워크 주소이고 어디서부터 호스트 주소인가를 알려주는 것이 서브넷 마스크(subnet mask)이다. IPv4에서 서브넷 마스크는 IP 주소와

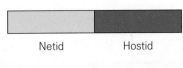

그림 3-2　IP 주소의 구조

같이 32비트로 구성되어 있으며 연속된 1과 연속된 0으로 구성된다. 앞쪽의 연속된 1이 네트워크 주소를 가리키고 뒤쪽의 연속된 0이 호스트 주소를 가리킨다.

　인터넷에서 라우터가 패킷의 경로를 지정할 때, 중간의 라우터들은 패킷의 목적지 IP 주소 중에서 네트워크 ID만을 보고 경로를 지정한다. 목적지 IP 주소의 호스트 ID는 마지막 라우터에서만 참조된다. 따라서 각 라우터들은 목적지 IP 주소 중에서 네트워크 부분과 호스트 부분을 분리하여야 하는데, 이때에 필요한 것이 서브넷 마스크이다. 즉 IP 주소와 서브넷 마스크를 AND 연산하면 네트워크 부분을 추출할 수 있으며, 이 과정을 마스킹(masking)이라고 한다.

　IP 주소의 앞부분 숫자가 동일한 주소들은 하나의 네트워크를 구성한다. 예를 들어 (그림 3-3)과 같은 예에서 왼쪽의 8로 시작하는 모든 IP 주소를 갖는 호스트는 하나의 동일한 네트워크가 된다. 중앙의 네트워크는 199.1.1로 시작하는 모든 IP 주소를 포함한다. 또한 130.4로 시작하는 모든 IP 주소는 오른쪽의 네트워크에 속하게 된다.

　IP 주소지정과 IP 주소 그룹화 규칙을 통해서 라우팅을 쉽게 할 수 있다. 예를 들어 8로 시작하는 모든 IP 주소는 왼쪽의 이더넷에 있는 모든 호스트를 포함하는 IP 네트워크에 있다. 130.4로 시작하는 모든 IP 주소는 오른쪽에 있는 이더넷의 모든 호스트를 구성하는 또 다른 IP 네트워크에 있다. 마찬가지로 199.1.1로 시작하는 모든 IP 주소는 두 라우터를 연결하는 시리얼 링크에 할당되어 있다. 이러한 규칙에 따라서 라우터는 각 프리픽스(prefix), 즉 네트워크 ID만을 참조하여 패킷을 전달하게 된다. 예를 들어, 왼쪽에 있는 라우터에서 130.4로 시작하는 주소로 가는 모든 패킷은 오른쪽의 라우터로 전달하면 된다.

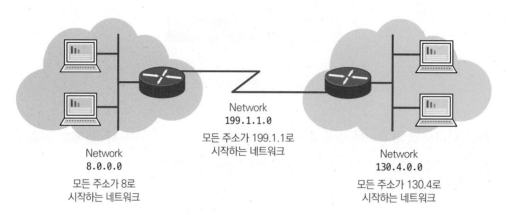

그림 3-3   3개의 독립된 네트워크의 예

이상과 같은 예제는 IP 주소의 조직화 방법에 관련된 핵심사항을 간접적으로 보여주고 있다. 어떤 IP 주소들을 동일한 그룹으로 두어야 하는가 하는 문제는 다음에 제시된 두 가지 규칙에서 그 방법을 알 수 있다.

- 동일한 그룹의 IP 주소는 라우터에 의해서 분리되면 안 된다.
- 라우터에 의해서 분리된 IP 주소는 다른 그룹에 속해야 한다.

IP 주소는 우편 주소와 비슷하게 동작한다. 한 마을에 사는 모든 사람의 우편 주소의 앞부분은 모두 동일하다. 이처럼 IP 라우팅은 동일한 그룹에 있는 모든 IP 주소가 동일한 장소에 있는 것으로 간주한다. 한 네트워크나 서브넷에 있는 일부 IP 주소가 다른 장소에 있는 네트워크에 있다면 라우터는 패킷을 다른 네트워크로 잘못 전송할 수 있다. 즉 예를 들어 서울시에 위치해 있는 집에 '부산시'로 시작하는 주소를 부여한다면 그 집으로는 우편물이 배달될 수 없는 이치와 같다.

3.1.2 IP 주소의 클래스

전세계의 컴퓨터를 연결하려면 막대한 수의 주소가 필요한데, 이를 수용하기 위하여 IP 주소를 클래스 유형으로 구분하였다. (그림 3-4)와 같이 5개의 클래스가 있으며 각 클래스는 유형에 따른 기관을 구분하도록 설계되었다.

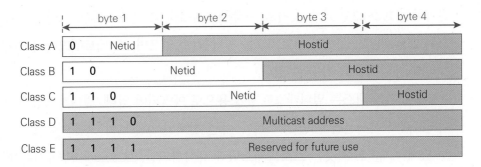

그림 3-4 IP 주소의 클래스

- **A 클래스**: A 클래스는 netid가 1바이트이고 hostid가 3바이트이다. 이러한 분할은 A 클래스 네트워크가 다른 클래스의 네트워크보다 더 많은 호스트를 수용할 수 있다는 것을 의미한다. A 클래스 주소는 $2^7(=128)$개의 네트워크를 할당할 수 있으며, 각 네트워크마다 최대 $2^{24}(=16,777,216)$개의 주소를 가질 수 있다. A 클래스 주소의 첫 비트는 항상 0이다. 따라서 첫 번째 옥텟은 00000000부터 01111111까지의 값을 가질 수 있다. 즉 10진수로는 0~127이다. 그러나 0과 127은 특수한 용도로 사용되기 때문에 실제 A 클래스 주소는 1~126 사이의 숫자로 시작하는 주소가 된다. 0으로 시작하는 주소는 현재 네트워크에 있는 호스트를 의미하며, 127로 시작하는 주소는 루프백(loopback) 테스트 용 주소이다.

- **B 클래스**: B 클래스는 netid가 2바이트이고 hostid가 2바이트이다. B 클래스는 중대규모의 네트워크를 지원하기 위하여 설계되었다. B 클래스 주소의 처음 두 비트는 항상 10이다. 즉 2진수로 10000000부터 10111111까지의 값을 가질 수 있다. 즉 10진수로 128~191까지의 숫자로 시작하는 주소는 B 클래스이다. B 클래스 주소는 $2^{14}(=16,384)$개의 네트워크를 할당할 수 있으며, 각 네트워크마다 최대 $2^{16}(=65,536)$개의 주소를 가질 수 있다.

- **C 클래스**: C 클래스는 netid가 3바이트이고 hostid가 1바이트이다. C 클래스 주소는 소규모 네트워크를 지원하기 위하여 설계되었으며, 실제로 가장 일반적으로 사용되는 클래스이다. C 클래스 주소의 처음 세 비트는 항상 110으로 시작한다. 즉 2진수로 11000000부터 11011111까지의 값을 가질 수 있다. 10진수로

변환하면 192~223까지의 숫자로 시작하는 주소는 C 클래스이다. C 클래스 주소는 2^{21}(=2,097,152)개의 네트워크를 할당할 수 있으며, 각 네트워크마다 최대 2^8(=256)개의 주소를 가질 수 있다.

- D 클래스: D 클래스는 멀티캐스트 주소용으로 예약되어 있다. 멀티캐스팅은 데이터그램의 복사본을 개별 호스트가 아닌 선택된 호스트의 그룹으로 전송할 수 있게 해 준다. 이것은 브로드캐스팅과 유사하지만, 브로드캐스팅에서는 패킷을 모든 목적지로 전송하는 반면에 멀티캐스팅에서는 선택된 호스트들에게만 전송이 이루어진다. D 클래스 주소는 첫 바이트가 1110으로 시작한다. 즉 2진수로 11100000부터 11101111까지의 값을 가질 수 있다. 10진수로 변환하면 첫 바이트가 224~239로 시작하는 주소는 D 클래스 주소이다.

- E 클래스: E 클래스 주소는 향후의 연구목적의 사용을 위하여 예비되어 있다. 따라서 어떤 E 클래스 주소도 인터넷에서 사용되고 있지 않다. E 클래스 주소는 첫 바이트가 1111로 시작한다. 즉 2진수로 11110000부터 11111111까지의 값을 가질 수 있다. 10진수로 변환하면 첫 바이트가 240~255로 시작하는 주소는 E 클래스 주소이다.

(그림 3-5)에 인터넷 주소의 클래스 범위를 점-10진 표기법으로 정리하였다.

	byte 1	byte 2	byte 3	byte 4
Class A	0 ~ 127			
Class B	128 ~ 191			
Class C	192 ~ 223			
Class D	224 ~ 239			
Class E	240 ~ 255			

그림 3-5 점-10진 표기 IP 주소의 클래스 범위

(그림 3-6)은 IP 주소의 전체 주소 공간에서 각 클래스의 주소 할당을 보인 것이다.

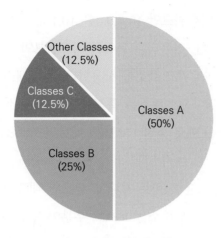

그림 3-6   IP 주소의 할당

3.1.3 특별 용도의 IP 주소

1 네트워크 주소와 브로드캐스트 주소

하나의 네트워크 주소에는 특정 호스트에 할당할 수 없는 2가지 특수한 주소가 있다. (그림 3-7)과 같이 hostid가 모두 0인 주소는 네트워크 전체를 대표하는 네트워크 주소이고, hostid가 모두 1인 주소는 그 네트워크 내의 모든 호스트를 가리키는 브로드캐스트(broadcast) 주소이다.

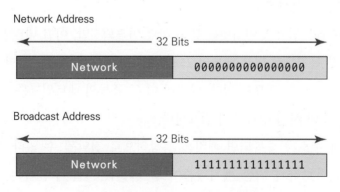

그림 3-7   네트워크 주소와 브로드캐스트 주소

예를 들어 A 클래스 네트워크인 10.0.0.0은 10.1.2.3 호스트 등을 포함하는 해당 네트워크의 주소가 된다. 라우터는 목적지 네트워크의 위치를 찾기 위해서 라우팅 테이블을 검색할 때 네트워크 주소를 사용한다. B 클래스 네트워크 주소의 예로는 172.16.0.0을 들 수 있다. 이 주소는 특정한 장비의 주소로는 사용되지 않는다. 172.16.16.1이라는 주소를 예로 들면 172.16이 네트워크 주소이고 16.1은 호스트 주소가 된다.

데이터를 네트워크의 모든 장비로 보내고 싶으면 네트워크 브로드캐스트 주소를 사용한다. 브로드캐스트 IP 주소는 호스트 부분이 모두 1인 주소이다. 예를 들어 172.16.0.0 네트워크에 속한 모든 호스트에게 데이터를 보내려면 172.16.255.255를 목적지 주소로 사용하면 된다.

어떤 네트워크의 IP 주소가 k비트의 hostid를 가지고 있으면 주소의 총 개수는 2^k개가 되지만, 할당할 수 있는 호스트의 수는 네트워크 주소와 브로드캐스트 주소를 제외한, 즉 총 주소 수에서 2를 뺀 2^k-2개가 된다. 즉 C 클래스 주소 하나를 배정받으면 $2^8=256$개의 주소가 있지만 연결할 수 있는 호스트의 수는 2^8-2개, 즉 254개가 된다. 하나의 B 클래스 주소에 연결할 수 있는 최대 호스트 수는 $2^{16}-2=65,534$개가 되며, 하나의 A 클래스 주소에는 최대 $2^{24}-2=16,777,214$개의 호스트를 연결할 수 있다.

2 공인 주소와 사설 주소

일반적으로 네트워크는 인터넷을 통해 서로 연결되지만, 어떤 네트워크는 실험실 등에서 실험을 목적으로 외부 네트워크와 연결하지 않고 자체적으로만 연결되는 사설 네트워크로 구축할 필요도 있다. 따라서 이 두 종류의 네트워크를 지원하기 위해서 공인 IP 주소와 사설 IP 주소가 필요하다.

인터넷에서 주소가 중복되면 패킷은 정상적으로 전달될 수 없다. 따라서 주소의 유일성을 확보하기 위한 메커니즘이 필요하다. 이를 주관하는 조직은 원래 InterNIC(Internet Network Information Center)이었지만 지금은 IANA(Internet Assigned Numbers Authority)가 이 업무를 이어받았다. IANA는 공개적으로 사용되는 주소가 중복되지 않도록 IP 주소를 관리한다.

인터넷 호스트의 IP 주소는 전 세계적으로 고유해야 하지만 인터넷에 연결되지 않은 사설 호스트도 해당 사설 네트워크에서 유효한 주소를 사용할 수 있다. 물론 해당 사설 네트워크 안에서는 고유한 주소를 사용하여야 한다. 많은 사설 네트워크가 공개 네트워크와 함께 사용되고 있기 때문에 사설 IP 주소도 일정한 규칙에 따라 관리할 필요가 있다. 이에 따라 IETF(Internet Engineering Task Force)는 사설 및 내부 사용을 위해 〈표 3-1〉과 같이 세 블록의 IP 주소를 정의하였다. 이 세 범위에 속한 주소는 인터넷 백본으로 라우팅되지 않는다. 인터넷 라우터는 이 사설 주소를 버리도록 설정된다.

비공개 인트라넷 주소를 지정해야 할 경우에 전 세계적으로 고유한 주소 대신에 사설 주소를 사용할 수 있다. 사설 주소를 사용해서 인터넷에 네트워크를 연결하고 싶다면 사설 주소를 공인 주소로 변환하여야 한다. 이러한 변환 과정을 NAT(Network Address Translation)라고 한다. 라우터도 NAT를 수행하는 네트워크 장비 중의 하나이다.

표 3-1 사설 IP 주소

클래스	사설 주소의 범위
A	10.x.x.x
B	172.16.x.x ~ 172.31.x.x
C	192.168.x.x

3 현재 네트워크에 있는 호스트 주소와 루프백 주소

IP 주소가 모두 0이면, 현재 네트워크에 있는 이 호스트를 의미한다(this host on this network). 이것은 자신의 IP 주소를 모르는 호스트가 부팅할 때 사용한다. 이 호스트는 자신의 주소를 찾기 위하여 발신지 주소로 0.0.0.0 주소를 사용하고 목적지 주소로 모두 1인 255.255.255.255 주소를 사용하여 부트스트랩 서버에게 IP 패킷을 전송한다. 이 주소는 발신지 주소로만 사용할 수 있다. 이 주소는 A 클래스 주소

이다.

네트워크 ID가 모두 0인 IP 주소는 현재 네트워크에 있는 특정 호스트를 의미한다(specific host on this network). 이것은 동일한 네트워크에 있는 다른 호스트에게 메시지를 보낼 때 사용한다. 이 주소를 가진 패킷은 라우터에 의해 차단되기 때문에 패킷을 로컬 네트워크로 제한하고자 할 때 사용한다. 이 주소 또한 A 클래스 주소이다.

첫 번째 바이트가 127인 IP 주소는 루프백(loopback) 주소로 사용된다. 이 주소는 컴퓨터에 설치된 소프트웨어를 시험하기 위하여 사용한다. 이 주소를 사용하면, 패킷은 시스템 밖으로 나가지 않고 단순히 프로토콜 소프트웨어로 반환된다. 따라서 IP 소프트웨어를 시험하기 위하여 사용한다. 예를 들어 Ping과 같은 응용 프로토콜은 IP 소프트웨어가 패킷을 받아서 처리하는지를 알아보기 위해서 목적지 주소로 루프백 주소를 갖는 패킷을 보낸다. 이 주소는 목적지 주소로만 사용될 수 있다. 이 주소도 A 클래스 주소이다.

3.2 IP 서브네팅

서브네트워크는 큰 규모의 네트워크를 더 작은 네트워크로 분할한 것이다. 서브넷 주소를 생성하기 위해서는 IP 주소의 호스트 부분에서 비트를 빌려서 서브넷 ID로 할당한다. IP 주소 중에서 어디까지가 네트워크 ID이고 어디서부터가 호스트 ID인가를 구별하기 위하여 서브넷 마스크(subnet mask)를 사용한다.

3.2.1 서브네트워크

네트워크 관리자는 어드레싱의 유연성을 확보하기 위해서 규모가 큰 네트워크를 서브네트워크 또는 서브넷으로 나눠야 할 때가 있다. 서브넷은 네트워크 내에 있는 호스트를 몇 개의 그룹으로 나눈다. 서브넷이 사용되지 않는다면, 네트워크는 계층이 없는 토폴로지를 갖게 된다. 계층이 없는 토폴로지는 라우팅 테이블이 작고 2계층 MAC 주소에 의존하여 패킷들을 전달하는 것이 보편적이다. MAC 주소는 계층 구조를 갖지 않는다. 이와 같은 경우, 네트워크가 확장되면 네트워크 대역폭은 비능률적이고 비효율적으로 사용될 것이다.

계층이 없는 네트워크는 다음과 같은 단점을 가지고 있다. 첫째, 모든 장비가 동일한 대역폭을 공유한다. 둘째, 모든 장비가 동일한 2계층 브로드캐스트 도메인을 공유한다. 셋째, 보안 정책을 적용하기가 어려운데 그 이유는 장비 사이의 경계가 존재하지 않기 때문이다.

허브로 연결된 이더넷 네트워크에서 동일한 네트워크에 연결되어 있는 모든 호스트는 네트워크상에서 전달되는 모든 패킷을 수신한다. 스위치로 연결된 네트워크에서는, 브로드캐스트 패킷만을 모든 호스트가 수신할 수 있다. 대규모의 트래픽이 발생된 상황이라면 허브로 연결되어 세그먼트가 공유된 네트워크에서는 동시에 두 대 이상의 장비가 전송한 패킷들로 인해 많은 충돌이 발생한다. 장비가 충돌을 감지하면, 전송을 중지하고 임의의 시간을 기다렸다가 전송을 다시 시작한다. 이때 사용자

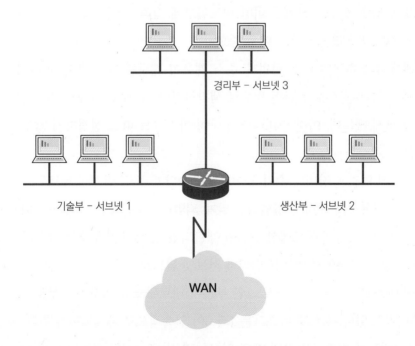

그림 3-8　서브넷의 예

는 네트워크 속도가 느려졌다고 느낀다. 이러한 상황에서 라우터는 네트워크를 다수의 서브넷으로 나누는 데 사용될 수 있다. (그림 3-8)은 네트워크를 3개의 서브넷으로 나눈 예를 보이고 있다.

네트워크를 서브넷으로 나누면 다음과 같은 장점을 얻게 된다. 첫째, 작게 나뉜 네트워크는 관리 및 위치 또는 기능에 따라 묶기가 쉬워진다. 둘째, 전반적인 네트워크 트래픽 양이 줄어들며 성능도 향상된다. 셋째, 전체 네트워크를 통틀어 적용하기보다 서브넷 사이의 연결 지점에 네트워크 보안을 쉽게 적용할 수 있다.

3.2.2 서브넷 마스크

IP 주소들은 IP 서브넷의 네트워크 주소와 호스트 주소를 식별할 수 있는 정보를 제공한다. 라우터는 IP 주소 중에서 어디까지가 네트워크 주소로 사용할 것인지를 결정하여야 한다. IP 네트워크에서 각 장비에는 IP 주소와 서브넷 마스크가 설정된다. 서브넷 마스크는 IP 주소 중 네트워크 부분을 식별한다. 다시 말해서 IP 주소 중 네트워크 부분은 호스트 장비가 어떤 네트워크에 속하는지를 식별하는 것이다. 이것은 효율적인 라우팅을 위해서 매우 중요하다.

IPv4에서 주소를 식별하는 방법과 주소 계층이 개발될 때, 2단계 주소(네트워크 부분과 호스트 부분)로도 충분할 것으로 생각하였다. A, B, C 클래스 주소들은 기본 마스크를 갖게 됐는데, 이것은 미리 지정하여 마스크를 따로 설정하지 않도록 하기 위해서였다.

네트워크에 연결된 장비의 수가 늘어나면서, 2단계 주소 방식이 네트워크 주소를 효율적으로 활용하지 못하는 방법임을 알게 되었다. 이 문제를 극복하기 위해서 서브넷을 추가하는 3단계 어드레싱 방법이 개발되었다. 서브넷 주소를 생성하기 위하여, 기존 호스트 부분에서 비트를 빌려와 서브넷 필드로 활용한다.

서브넷 마스크는 32비트 값으로, 1인 부분이 네트워크 ID이고 0인 부분이 호스트 ID를 가리키고 있다. 서브넷 마스크는 1과 0이 연속적으로 배열되어야 한다. 호스트 부분에서 1비트를 빌려서 서브넷 ID로 사용하면 2^1, 즉 2개의 서브넷이 생성된다. 다시 말하면 원래의 네트워크를 2개의 서브넷으로 나누게 된다. 2비트를 빌려오면 2^2, 즉 4개의 서브넷이 생성되며, 3비트를 빌려오면 2^3, 즉 8개의 서브넷이 생성된다. s개의 비트를 빌려오면 2^s개의 서브넷이 생성된다.

(그림 3-9)의 예는 C 클래스의 주소에서 3비트를 서브넷 필드로 사용한 경우이다. 이와 같은 서브넷 마스크를 점-10진 표기법으로 나타내면 255.255.255.224가 된다. 이와 같은 서브넷 마스크를 사용하면 하나의 C 클래스 주소를 2^3=8개의 서브넷으로 분할할 수 있다. 8개의 호스트 비트 중에서 3비트를 서브넷 ID로 빌려주었으므로 호스트 비트는 5비트가 남게 되므로 각 서브넷에는 2^5-2=30개의 호스트를 연결할 수 있다.

IP 주소가 192.168.34.139이고 서브넷 마스크가 255.255.255.224라고 하면 (그림 3-9)에서와 같이 IP 주소와 서브넷 마스크를 AND 연산을 하여 서브넷 주소를 알아 낼 수 있다. 즉 서브넷 주소는 192.168.34.128이 된다.

IP 주소 (10진수)	192	168	34	139	
IP 주소 (2진수)	11000000	10101000	00100010	10001011	
Logical AND					
서브넷마스크	11111111	11111111	11111111	11100000	
서브넷 (2진수)	11000000	10101000	00100010	10000000	
서브넷 (10진수)	192	168	34	128	

그림 3-9   서브넷 마스크의 예

서브넷 마스크는 IP 주소와 동일한 유형의 형식을 이용하지만 IP 주소는 아니다. 모든 서브넷 마스크는 IP 주소와 마찬가지로 32비트로 이루어져 있고 4개의 옥텟으로 구성되며 점-10진 방법으로도 표현된다. 서브넷 마스크는 네트워크 부분과 서브넷 부분은 1이고 호스트 부분은 0이 된다.

서브넷 마스크는 왼쪽부터 1의 연속과 0의 연속으로 구성된다. 1과 0이 번갈아 나올 수는 없다. 예를 들어 다음과 같은 2진수는 서브넷 마스크의 규칙에 위배된다. 첫 번째는 0과 1이 번갈아 나오므로 규칙에 위배되며, 두 번째는 왼쪽에 0이 위치하고 오른쪽에 1이 위치하므로 규칙에 위배된다.

- 10101010 01010101 11110000 00001111
- 00000000 00000000 00000000 11111111

다음과 같은 두 이진수는 조건을 충족시킨다. 즉, 모든 1은 왼쪽에 위치하고 모든 0은 오른쪽에 위치하며, 1과 0이 번갈아 배치되지도 않았다.

- 11111111 00000000 00000000 00000000
- 11111111 11111111 11111111 00000000

서브넷 마스크는 (그림 3-10)과 같이 옥텟당 8개의 유효한 값이 있다. 서브넷 필드는 항상 네트워크 ID 바로 뒤에 이어진다. 서브넷 마스크는 라우터가 어떤 비트가 네트워크 ID이고 어떤 비트가 호스트 ID인지를 결정하는 데 사용되는 도구이다. 옥

128	64	32	16	8	4	2	1		
1	0	0	0	0	0	0	0	=	128
1	1	0	0	0	0	0	0	=	192
1	1	1	0	0	0	0	0	=	224
1	1	1	1	0	0	0	0	=	240
1	1	1	1	1	0	0	0	=	248
1	1	1	1	1	1	0	0	=	252
1	1	1	1	1	1	1	0	=	254
1	1	1	1	1	1	1	1	=	255

그림 3-10 서브넷 마스크 옥텟 값

텟의 8비트 모두가 2진수 1의 값을 가지면, 해당 옥텟은 10진수로 255가 된다.

　(그림 3-11)은 A 클래스, B 클래스, C 클래스 주소를 위한 기본 마스크 값을 나타낸 것이다. 이 서브넷 마스크는 마스크 부분을 위해 일련의 1의 값을, 그리고 이를 제외한 나머지 부분들은 모두 0의 값을 갖는다.

```
A 클래스 주소의 예(10진수) :        10.0.0.0
A 클래스 주소의 예 (2진수) :        00001010.00000000.00000000.00000000
A 클래스의 기본 마스크(2진수) :     11111111.00000000.00000000.00000000
A 클래스의 기본 마스크 (10진수) :   255.0.0.0
기본 클래스풀 프리픽스 길이 :       /8
```

```
B 클래스 주소의 예(10진수) :        172.16.0.0
B 클래스 주소의 예 (2진수) :        10010001.10101000.00000000.00000000
B 클래스의 기본 마스크(2진수) :     11111111.11111111.00000000.00000000
B 클래스의 기본 마스크 (10진수) :   255.255.0.0
기본 클래스풀 프리픽스 길이 :       /16
```

```
C 클래스 주소의 예(10진수) :        192.168.42.0
C 클래스 주소의 예(2진수) :         11000000.10101000.00101010.00000000
C 클래스의 기본 마스크(2진수) :     11111111.11111111.11111111.00000000
C 클래스의 기본 마스크(10진수) :    255.255.255.0
기본 클래스풀 프리픽스 길이 :       /24
```

그림 3-11　A, B, C 클래스의 기본 서브넷 마스크 값

　예를 들어 A 클래스에서 기본 서브넷 마스크 값은 점-10진 표현으로 255.0.0.0이고 2진수로는 11111111000000000000000000000000이며, 이를 간단하게 /8로 표현할 수도 있다. 이 세 가지 표기 모두 같은 의미를 가진다.

　슬래시(/) 다음에 이진수 1들의 개수를 표기하는 방법을 프리픽스(prefix) 표기법이라고 한다. 프리픽스 표기법은 CIDR(Classless Inter Domain Routing) 표기법 또는 슬래시 마스크라고도 부른다. 만약 A 클래스의 두 번째 옥텟에서 3비트를 서브넷 ID로 빌리면 서브넷 마스크는 11111111111000000000000000000000가 되며, 점-10진 표기법으로는 255.224.0.0이 되고, 프리픽스 표기법으로는 /11이 된다.

　프리픽스 표기법과 점-10진 표기법 간의 최상의 변환 방법은 먼저 2진수로 변환

하는 것이다. 예를 들어, 점-10진 표기법에서 프리픽스 표기법으로 변환하고자 한다면 먼저 10진수를 2진수로 바꾸고, 그 다음에 1의 개수를 세어서 프리픽스 표기법으로 변환한다.

표 3-2   서브넷 마스크의 3가지 표기법

점-10진 표기법	프리픽스 표기법	2진 표기법
255.0.0.0	/8	11111111 00000000 00000000 00000000
255.128.0.0	/9	11111111 10000000 00000000 00000000
255.192.0.0	/10	11111111 11000000 00000000 00000000
255.224.0.0	/11	11111111 11100000 00000000 00000000
255.240.0.0	/12	11111111 11110000 00000000 00000000
255.248.0.0	/13	11111111 11111000 00000000 00000000
255.252.0.0	/14	11111111 11111100 00000000 00000000
255.254.0.0	/15	11111111 11111110 00000000 00000000
255.255.0.0	/16	11111111 11111111 00000000 00000000
255.255.128.0	/17	11111111 11111111 10000000 00000000
255.255.192.0	/18	11111111 11111111 11000000 00000000
255.255.224.0	/19	11111111 11111111 11100000 00000000
255.255.240.0	/20	11111111 11111111 11110000 00000000
255.255.248.0	/21	11111111 11111111 11111000 00000000
255.255.252.0	/22	11111111 11111111 11111100 00000000
255.255.254.0	/23	11111111 11111111 11111110 00000000
255.255.255.0	/24	11111111 11111111 11111111 00000000
255.255.255.128	/25	11111111 11111111 11111111 10000000
255.255.255.192	/26	11111111 11111111 11111111 11000000
255.255.255.224	/27	11111111 11111111 11111111 11100000
255.255.255.240	/28	11111111 11111111 11111111 11110000
255.255.255.248	/29	11111111 11111111 11111111 11111000
255.255.255.252	/30	11111111 11111111 11111111 11111100

예를 들어 서브넷 마스크가 255.255.192.0일 때, 이것을 프리픽스 표기법으로 변환하려면 먼저 11111111 11111111 11000000 00000000과 같이 2진수로 바꾼다. 여기에서 1의 개수를 세면 18개이므로 프리픽스 표기법으로는 /18이 된다. 〈표 3-2〉에 자주 사용되는 서브넷 마스크를 3가지 표기법으로 정리하였다.

3.2.3 사용 가능한 서브넷 및 호스트 수 계산

서브넷을 생성할 때 반드시 결정해야 하는 것이 최적의 서브넷 개수 및 호스트의 수이다. 서브넷을 생성하기 위하여 호스트 부분에서 비트를 빌려오면 호스트의 수는 2의 제곱만큼 감소한다.

C 클래스 주소를 예로 들면, C 클래스는 마지막 8비트가 호스트 ID이므로 주소 수는 2^8개, 즉 256개가 된다. 실제로 호스트에 할당이 가능한 주소는 맨 처음 주소인 네트워크 주소와 맨 마지막 주소인 브로드캐스트 주소를 제외한 254개가 된다.

C 클래스 네트워크를 여러 개의 서브넷으로 분할한다고 생각해 보자. 만약 8비트의 호스트 부분에서 1비트를 빌려서 서브넷 ID로 사용한다면 호스트 비트는 7비트가 남는다. 이 경우, 전체 네트워크는 2개의 서브넷으로 분할된 것이며 각각의 서브넷에는 2^7-2개, 즉 126개의 호스트를 할당할 수 있다. 또한 2비트를 빌려서 서브넷 ID로 사용한다면 호스트 비트는 6비트가 남게 되고, 2^2개, 즉 4개의 서브넷이 생성되며 각각의 서브넷에는 2^6-2개, 즉 62개의 호스트를 사용할 수 있다.

(그림 3-12)에 C 클래스 네트워크를 여러 개의 서브넷으로 분할할 때 생성되는 서브넷의 수와 각각의 서브넷에 접속할 수 있는 호스트의 수를 보였다. 그림에서 보면 C 클래스 네트워크에서 서브넷 ID로 설정할 수 있는 최대 비트 수는 6이다. 7비트를 빌려서 서브넷 ID로 사용한다면 호스트 비트는 1비트가 남게 되고, 2^7개, 즉 128개의 서브넷을 생성할 수는 있지만 각각의 서브넷에는 2^1-2개, 즉 0개의 호스트, 즉 하나의 호스트도 연결할 수 없게 된다. 이러한 서브넷은 쓸모가 없다.

빌려온 비트 수 (s)	생성된 서브넷 수 (2^s)	남은 호스트 비트 수 (8-s=h)	서브넷 당 호스트 수 (2^h-2)
1	2	7	126
2	4	6	62
3	8	5	30
4	16	4	14
5	32	3	6
6	64	2	2
7	128	1	0

그림 3-12   C 클래스 네트워크를 서브넷으로 나누기

B 클래스 네트워크 주소에서는 네트워크 ID와 호스트 ID가 각각 16비트씩 사용되고 있다. 따라서 하나의 B 클래스 네트워크에는 2^{16}-2개, 즉 65,524개의 호스트를 접속할 수 있다.

B 클래스 네트워크를 여러 개의 서브넷으로 나누는 경우를 생각해 보자. 2개로 나누는 경우, 호스트 ID에서 1비트를 서브넷 ID로 빌리면 되고, 2비트를 빌리면 4개로,

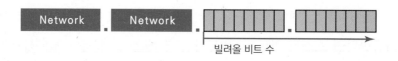

빌려온 비트 수 (s)	생성된 서브넷 수 (2^s)	남은 호스트 비트 수 (16-s=h)	서브넷 당 호스트 수 (2^h-2)
1	2	15	32,766
2	4	14	16,382
3	8	13	8,190
4	16	12	4,094
5	32	11	2,046
6	64	10	1,022
7	128	9	510
…	…	…	…

그림 3-13   B 클래스 네트워크를 서브넷으로 나누기

3비트를 빌리면 2^3개, 즉 8개로 나누어진다. (그림 3-13)에 B 클래스 네트워크를 여러 개의 서브넷으로 분할할 때 생성되는 서브넷의 수와 각각의 서브넷에 접속할 수 있는 호스트의 수를 보였다.

　　마찬가지로 A 클래스 네트워크를 여러 개의 서브넷으로 나누는 경우를 생각해 보자. 2개로 나누는 경우, 호스트 ID에서 1비트를 서브넷 ID로 빌리면 되고, 2비트를 빌리면 4개로, 3비트를 빌리면 2^3개, 즉 8개로 나누어진다. (그림 3-14)에 A 클래스 네트워크를 여러 개의 서브넷으로 분할할 때 생성되는 서브넷의 수와 각각의 서브넷에 접속할 수 있는 호스트의 수를 보였다.

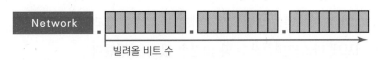

빌려온 비트 수 (s)	생성된 서비넷 수 (2^s)	남은 호스트 비트 수 (24-s=h)	서브넷 당 호스트 수 (2^h-2)
1	2	23	8,388,606
2	4	22	4,194,302
3	8	21	2,097,150
4	16	20	1,048,574
5	32	19	524,286
6	64	18	262,142
7	128	17	131,070
...	...	...	...

그림 3-14　　B 클래스 네트워크를 서브넷으로 나누기

3.2.4 서브넷 주소의 결정

　　네트워크 관리자들은 현재 IP 주소에서 서브넷 주소와 사용 가능한 호스트 주소의 범위를 계산할 수 있어야 한다. 서브넷 마스크를 적용하는 과정이 이러한 정보를 제공한다. 다음은 특정 네트워크에서 필요한 서브넷 개수를 결정하고 마스크 값을 적용하여 서브넷을 구축하는 과정을 보인 것이다.

- 1단계: 인증기관에서 할당받은 네트워크의 IP 주소를 결정한다.

  [예제] 여기에서는 예제로 B 클래스 주소인 172.16.0.0을 할당받았다고 가정하자.

- 2단계: 기관에서 조직 및 관리적인 구조를 고려하여 필요한 서브넷의 개수를 결정한다. 향후 확장에 대해서도 대비하여야 한다.

  [예제] 예를 들어 20개국에 걸쳐 연결되어 있는 네트워크를 관리한다고 가정하고, 각 나라마다 평균 5개의 지사가 있다고 가정하자. 그러면 총 100개의 서브넷이 필요하게 된다.

- 3단계: 선택한 주소의 클래스와 서브넷 개수에 따라 호스트 ID에서 몇 비트를 서브넷 ID로 빌려올 것인가를 결정한다.

  [예제] 100개의 서브넷을 만들려면 7비트(2^7=128)를 빌려와야 한다.

- 4단계: 서브넷 마스크의 2진수 및 10진수 값을 결정한다.

  [예제] B 클래스 주소의 경우 네트워크 ID가 16비트이므로, 7비트를 빌려오면 서브넷 마스크는 /23이 되며 2진수로는 11111111 11111111 11111110 00000000가 되고 10진수로는 255.255.254.0이 된다.

- 5단계: 서브넷 주소와 호스트 주소를 결정하기 위하여 네트워크 IP 주소에 서브넷 마스크를 적용한다.

  [예제] 네트워크 IP 주소와 서브넷 마스크를 AND 연산하면 네트워크 주소를 구할 수 있으며, 호스트 ID 부분을 모두 1로 바꾸면 브로드캐스트 주소를 구할 수 있다.

- 6단계: 서브넷 주소를 해당하는 네트워크에 할당한다.

1 C 클래스 주소의 서브넷 주소 결정

이해를 돕기 위하여 C 클래스 주소에 서브넷 마스크를 적용하여 서브넷 주소와 브로드캐스트 주소를 계산해보기로 하자. 예를 들어 IP 주소가 192.168.5.139이고 서브넷 마스크가 /27인 네트워크의 주소 영역을 계산하여 보자.

먼저 (그림 3-15)와 같이 IP 주소와 서브넷 마스크를 2진수로 변환한다. 다음에 IP 주소와 서브넷 마스크를 AND 연산하면 (그림 3-15)의 네 번째 행과 같이 서브넷 주소를 계산할 수 있다. AND 연산은 입력 두 비트가 모두 1일 때에만 1을 출력하며 둘 중 하나만 0이어도 0을 출력하는 연산이다.

IP 주소 : 192.168.5.139   서브넷 마스크 255.255.255.224

IP 주소 (10진수)	192	168	5	139	
IP 주소 (2진수)	11000000	10101000	00000101	100 01011	
서브넷마스크	11111111	11111111	11111111	111 00000	/27
서브넷 (2진수)	11000000	10101000	00000101	10000000	
서브넷 (10진수)	192	168	5	128	
첫 번째 호스트	192	168	5	10000001 = 129	
마지막 호스트	192	168	5	10011110 = 158	
브로드캐스트 주소	192	168	5	10011111 = 159	
다음 서브넷	192	168	5	10100000 = 160	

그림 3-15   C 클래스 주소의 서브넷 주소 결정 예

(그림 3-15)에서 보듯이 예제와 같은 경우에는 처음 3개의 옥텟은 2진수로 변환할 필요가 없다. 서브넷 마스크가 모두 1인 옥텟, 즉 255인 옥텟과 AND 연산을 하면 자기 자신이 나오기 때문이다. 즉 예제에서는 4번째 옥텟에서 IP 주소 139와 서브넷 마스크 224를 2진수로 변환한 다음 AND 연산을 하면 128이 나온다. 따라서 IP 주소 192.168.5.139/27의 서브넷 주소는 192.168.5.128이 된다. 여기에서 호스트 ID 부분을 모두 1로 설정하면 192.168.5.159가 되고 이 주소가 브로드캐스트 주소가 된다. 따라서 이 네트워크에서 호스트에 할당할 수 있는 IP 주소의 범위는 192.168.5.129~192.168.5.158이 된다.

(그림 3-15)와 같은 예제는 IP 주소가 192.168.5.0/24인 C 클래스 주소에서 3비트를 서브넷 ID로 할당하여, 네트워크를 2^3=8개의 서브넷으로 분할하는 것이다. 8개 모두의 서브넷 주소를 찾는 방법을 알아보자. 먼저 호스트 비트 수를 파악한다. 여기에서는 C 클래스이므로 원래 호스트 비트가 8비트이었는데 3비트를 서브넷 ID로 빌려주었으므로 5비트가 남게 된다. 그러면 하나의 서브넷에는 2^5=32개의 주소가 생성된다. 즉 총 256개의 주소를 32개씩 8개로 분할하는 것이다.

따라서 네트워크 주소는 〈표 3-3〉과 같이 4번째 옥텟이 32의 배수로 증가하게 된다. 브로드캐스트 주소는 바로 다음 서브넷의 직전 주소가 된다. (그림 3-15)의 예제에서는 IP 주소가 192.168.5.139/27이므로 〈표 3-3〉에서 찾아보면 5번째 서브넷에 속한 주소라는 것을 알 수 있다.

표 3-3   C 클래스 주소의 서브네팅 예

서브넷	서브넷 주소					브로드캐스트 주소				
1	192.	168.	5.	0	/27	192.	168.	5.	31	/27
2	192.	168.	5.	32	/27	192.	168.	5.	63	/27
3	192.	168.	5.	64	/27	192.	168.	5.	95	/27
4	192.	168.	5.	96	/27	192.	168.	5.	127	/27
5	192.	168.	5.	128	/27	192.	168.	5.	159	/27
6	192.	168.	5.	160	/27	192.	168.	5.	191	/27
7	192.	168.	5.	192	/27	192.	168.	5.	223	/27
8	192.	168.	5.	224	/27	192.	168.	5.	255	/27

2 B 클래스 주소의 서브넷 주소 결정

같은 방법으로 B 클래스 주소에 서브넷 마스크를 적용하여 서브넷 주소와 브로드캐스트 주소를 계산해보자. 예를 들어 IP 주소가 172.16.139.46이고 서브넷 마스크가 /20인 네트워크의 주소 영역을 계산하여 보자. 먼저 (그림 3-16)과 같이 IP 주소와 서브넷 마스크를 2진수로 변환한다. 다음에 IP 주소와 서브넷 마스크를 AND 연산하면 (그림 3-16)의 네 번째 행과 같이 서브넷 주소를 계산할 수 있다.

(그림 3-16)에서 알 수 있듯이 이와 같은 경우에는 첫 번째 옥텟과 두 번째 옥텟 그리고 마지막 네 번째 옥텟은 2진수로 변환할 필요가 없다. 첫 번째 옥텟과 두 번째 옥텟은 서브넷 마스크가 모두 1이므로 AND 연산을 하면 자기 자신이 나오며, 네 번째 옥텟은 서브넷 마스크가 모두 0이므로 AND 연산을 하면 0이 나온다. 따라서 3번

째 옥텟만 2진수로 변환하면 된다.

즉 예제에서는 3번째 옥텟에서 IP 주소 139와 서브넷 마스크 240을 2진수로 변환한 다음 AND 연산을 하면 128이 나온다. 따라서 IP 주소 172.16.139.46/20은 (그림 3-16)과 같이 서브넷 주소가 172.16.128.0이 된다. 여기에서 호스트 ID 부분을 모두 1로 설정한 172.16.143.255가 브로드캐스트 주소가 된다. 따라서 이 네트워크에서 호스트에 할당할 수 있는 IP 주소의 범위는 172.16.128.1~172.16.143.254가 된다.

IP 주소 : 172.16.139.46   서브넷 마스크 /20

IP 주소 (10진수)	172	16	139	46	
IP 주소 (2진수)	10101100	00010000	1000 | 1011	00101110	
서브넷마스크	11111111	11111111	1111 | 0000	00000000	/20
서브넷 (2진수)	10101100	00010000	10000000	00000000	
서브넷 (10진수)	172	16	128	0	
첫 번째 호스트	172	16	10000000	00000001 = 128.1	
마지막 호스트	172	16	10001111	11111110 = 143.254	
브로드캐스트 주소	172	16	10001111	11111111 = 143.255	
다음 서브넷	172	16	10010000	00000000 = 144.0	

그림 3-16   B 클래스 주소의 서브넷 주소 결정 예

(그림 3-16)과 같은 예제는 IP 주소가 172.16.0.0/16인 B 클래스 주소에서 4비트를 서브넷 ID로 할당하여, 네트워크를 2^4=16개의 서브넷으로 분할하는 것이다. 각 서브넷에는 2^{12}=4,096개의 주소가 있다.

16개 모두의 서브넷 주소를 찾는 방법을 알아보자. 여기에서는 우리의 관심 영역인 3번째 옥텟에서의 호스트 비트 수를 파악한다. 즉 3번째 옥텟에서 4비트를 서브넷 ID로 빌려주었으므로 호스트 비트는 4비트가 남게 된다. 그러면 네트워크 주소는 〈표 3-4〉와 같이 3번째 옥텟이 2^4=16의 배수로 증가하게 된다. 브로드캐스트 주소는 바로 다음 서브넷의 직전 주소가 된다. (그림 3-16)의 예제에서는 IP 주소가 172.16.139.46/20이므로 〈표 3-4〉에서 찾아보면 9번째 서브넷에 속한 주소라는 것을 알 수 있다.

표 3-4   B 클래스 주소의 서브네팅 예

서브넷	서브넷 주소				브로드캐스트 주소			
1	172.	16.	0	.0	/20	172.	16.	15	.255	/20
2	172.	16.	16	.0	/20	172.	16.	31	.255	/20
3	172.	16.	32	.0	/20	172.	16.	47	.255	/20
4	172.	16.	48	.0	/20	172.	16.	63	.255	/20
5	172.	16.	64	.0	/20	172.	16.	79	.255	/20
6	172.	16.	80	.0	/20	172.	16.	95	.255	/20
7	172.	16.	96	.0	/20	172.	16.	111	.255	/20
8	172.	16.	112	.0	/20	172.	16.	127	.255	/20
9	172.	16.	128	.0	/20	172.	16.	143	.255	/20
10	172.	16.	144	.0	/20	172.	16.	159	.255	/20
11	172.	16.	160	.0	/20	172.	16.	175	.255	/20
12	172.	16.	176	.0	/20	172.	16.	191	.255	/20
13	172.	16.	192	.0	/20	172.	16.	207	.255	/20
14	172.	16.	208	.0	/20	172.	16.	223	.255	/20
15	172.	16.	224	.0	/20	172.	16.	239	.255	/20
16	172.	16.	240	.0	/20	172.	16.	255	.255	/20

3 A 클래스 주소의 서브넷 주소 결정

같은 방법으로 A 클래스 주소에 서브넷 마스크를 적용하여 서브넷 주소와 브로드캐스트 주소를 계산해보자. 예를 들어 IP 주소가 10.2.83.16이고 서브넷 마스크가 /18인 네트워크의 주소 영역을 계산하여 보자. 먼저 (그림 3-17)과 같이 IP 주소와 서브넷 마스크를 2진수로 변환한다. 다음에 IP 주소와 서브넷 마스크를 AND 연산하면 (그림 3-17)의 네 번째 행과 같이 서브넷 주소를 계산할 수 있다.

IP 주소 10.2.83.16/18은 (그림 3-17)과 같이 서브넷 주소가 10.2.64.0이며, 호스트 ID 부분을 모두 1로 설정한 10.2.127.255가 브로드캐스트 주소가 된다. 따라서 이 네트워크에 접속하는 호스트에 할당할 수 있는 IP 주소의 범위는 10.2.64.1~ 10.2.127.254가 된다. 즉 이와 같은 예는 A 클래스 주소에서 10비트를 서브넷 ID로 할당하였으므로 네트워크를 2^{10}, 즉 1,024개의 서브넷으로 분할한 것이며, 각 서브넷에는 $2^{14}-2$, 즉 16,382개의 호스트를 접속할 수 있게 된다.

IP 주소 : 10.2.83.16   서브넷 마스크 /18

IP 주소 (10진수)	10	2	83	16	
IP 주소 (2진수)	00001010	00000010	01 010011	00010000	
서브넷마스크	11111111	11111111	11 000000	00000000	/18
서브넷 (2진수)	00001010	00000010	01 000000	00000000	
서브넷 (10진수)	10	2	64	0	
첫 번째 호스트	10	2	01000000	00000001 = 64.1	
마지막 호스트	10	2	01111111	11111110 = 127.254	
브로드캐스트 주소	10	2	01111111	11111111 = 127.255	
다음 서브넷	10	2	10000000	00000000 = 128.0	

그림 3-17   A 클래스 주소의 서브넷 주소 결정 예

(그림 3-17)과 같은 예제는 IP 주소가 10.0.0.0/8인 A 클래스 주소에서 10비트를 서브넷 ID로 할당하여, 네트워크를 2^{10}=1,024개의 서브넷으로 분할하는 것이다. 각 서브넷에는 2^{14}=16,384개의 주소가 있다.

1,024개 모두의 서브넷 주소를 찾는 방법을 알아보자. 여기에서는 우리의 관심 영역이 2번째와 3번째 옥텟이 된다. 2번째 옥텟은 8비트 모두가 서브넷 비트이므로 0부터 255까지 증가한다. 3번째 옥텟에서는 2비트를 서브넷 ID로 빌려주었으므로 호스트 비트는 6비트가 남게 된다. 그러면 네트워크 주소는 〈표 3-5〉와 같이 3번째 옥텟이 2^6=64의 배수로 증가하게 된다. 브로드캐스트 주소는 바로 다음 서브넷의 직전 주소가 된다. (그림 3-17)의 예제에서는 IP 주소가 10.2.83.16/18이므로 〈표 3-5〉에서 찾아보면 10번째 서브넷에 속한 주소라는 것을 알 수 있다.

표 3-5 A 클래스 주소의 서브네팅 예

서브넷	서브넷 주소					브로드캐스트 주소				
1	10.	0.	0	.0	/18	10.	0.	63	.255	/18
2	10.	0.	64	.0	/18	10.	0.	127	.255	/18
3	10.	0.	128	.0	/18	10.	0.	191	.255	/18
4	10.	0.	192	.0	/18	10.	0.	255	.255	/18
5	10.	1.	0	.0	/18	10.	1.	63	.255	/18
6	10.	1.	64	.0	/18	10.	1.	127	.255	/18
7	10.	1.	128	.0	/18	10.	1.	191	.255	/18
8	10.	1.	192	.0	/18	10.	1.	255	.255	/18
9	10.	2.	0	.0	/18	10.	2.	63	.255	/18
10	10.	2.	64	.0	/18	10.	2.	127	.255	/18
11	10.	2.	128	.0	/18	10.	2.	191	.255	/18
12	10.	2.	192	.0	/18	10.	2.	255	.255	/18
⋮		⋮					⋮			
1021	10.	255.	0	.0	/18	10.	255.	63	.255	/18
1022	10.	255.	64	.0	/18	10.	255.	127	.255	/18
1023	10.	255.	128	.0	/18	10.	255.	191	.255	/18
1024	10.	255.	192	.0	/18	10.	255.	255	.255	/18

- IP 주소는 네트워크 ID와 호스트 ID의 두 부분으로 구성되어 있다.

- IPv4 주소는 32비트로, 4개의 옥텟으로 나뉘며, 점이 있는 10진수 형식으로 표시된다.

- IPv4 주소는 A, B, C 클래스로 나뉘어 사용자 장비에 할당되고, D 클래스는 멀티캐스트용이며, E 클래스는 연구용으로 예비되어 있다.

- IP 주소의 처음 몇 비트를 보면 해당 주소가 무슨 클래스인지를 알 수 있다.

- 네트워크 주소나 브로드캐스트 주소와 같은 일부 IP 주소는 예약되어 있으며, 네트워크 장비에 할당할 수 없다.

- 인터넷 호스트는 고유한 공인 IP 주소를 필요로 하지만, 사설 호스트에는 사설 네트워크 안에서만 고유한 사설주소가 할당될 수 있다.

- 대규모의 네트워크는 작은 크기의 서브넷으로 나눌 수 있다.

- 서브넷 주소는 네트워크 ID를 확장시키며, 호스트 ID에서 비트를 빌려서 서브넷 필드로 사용한다.

- 서브넷과 호스트의 적절한 개수를 결정하기 전에 네트워크 유형과 필요한 호스트 주소 개수를 고려해야 한다.

- 서브넷 개수를 계산하는 수식은 2^s이며, s는 서브넷 비트 수이다.

- 서브넷 마스크는 IP 주소 중에서 어디까지가 네트워크 ID이고 어디서부터가 호스트 ID인지를 라우터가 결정하는 데 사용된다.

- 수신된 패킷의 목적지 IP 주소와 서브넷 마스크를 AND 연산하면 네트워크 주소를 찾을 수 있다.

- 서브네팅을 사용하면 하나의 큰 브로드캐스트 도메인을 여러 개의 브로드캐스트 도메인으로 나눌 수 있기 때문에 주소를 효율적으로 할당할 수 있다.

연습문제

3.1 IP의 개요

[3-1] Which of the following are routable Class A IP host addresses? (Choose two.)

A) 10.0.0.54   B) 126.0.0.1

C) 82.82.82.82   D) 127.22.34.100

E) 0.54.9.7

[3-2] Which command can be used to verify internal TCP/IP stack functionality?

A) ping 192.168.1.1   B) ping 127.0.0.1

C) ping 10.0.0.1   D) ping 172.168.0.1

[3-3] Which of the following are reserved IP addresses and cannot be issued to public hosts? (Choose two.)

A) 127.0.0.100   B) 172.31.1.1

C) 126.4.16.36   D) 111.62.54.4

E) 191.6.7.8

[3-4] Which of the following are true about IP address 172.16.99.45's IP network? (Choose two answers.)

A) The network ID is 172.0.0.0.

B) The network is a Class B network.

C) The default mask for the network is 255.255.255.0.

D) The number of host bits in the unsubnetted network is 16.

[3-5]   What type of IP address is 204.201.210.4?

    A) Host IP   B) Broadcast IP

    C) Network IP   D) Multicast IP

[3-6]   Which of the following is a valid Class C IP address that can be assigned to a host?

    A) 1.1.1.1   B) 200.1.1.1

    C) 128.128.128.128   D) 224.1.1.1

    E) 223.223.223.255

[3-7]   Which of the following are considered class B addresses? (Select all that apply.)

    A) 129.45.10.15   B) 10.35.87.5

    C) 131.15.10.12   D) 192.156.8.34

    E) 121.59.87.32   F) 210.45.10.112

[3-8]   Which of the following addresses are considered invalid addresses to assign to a host on the network? (Select all that apply.)

    A) 216.83.11.255   B) 12.34.0.0

    C) 110.34.15.22   D) 131.107.0.0

    E) 127.15.34.10   F) 189.56.78.10

[3-9]   Which class address always has the value of the first bits in the IP address set to 110?

    A) Class A   B) Class B

    C) Class C   D) Class D

연습문제

[3-10] PC1 and PC2 are on two different Ethernet LANs that are separated by an IP router. PC1's IP address is 10.1.1.1, and no subnetting is used. Which of the following addresses could be used for PC2? (Choose two answers.)

A) 10.1.1.2   B) 10.2.2.2

C) 10.200.200.1   D) 9.1.1.1

E) 225.1.1.1   F) 1.1.1.1

3.2 IP 서브네팅

[3-11] Your network design calls for 17 subnets supporting at least 35 hosts each. Your company provides the 135.72.0.0 address space. Which subnet mask would you create to satisfy the requirement?

A) 255.255.192.0   B) 255.255.224.0

C) 255.255.240.0   D) 255.255.248.0

[3-12] Which of the following are valid subnet masks for a Class B address space?

A) 255.254.0.0   B) 255.255.0.0

C) 255.255.245.0   D) 255.255.254.0

E) 255.255.192.224

[3-13] A customer asks you to create a subnet mask for their network, making sure address space is conserved as much as possible. Each subnet must support at least 12 hosts, and the address space given is 199.16.7.0. Which of the following answers best fits the customer's needs?

A) 255.255.255.248, creating 14 subnets and providing 14 hosts per subnet

B) 255.255.255.240, creating 14 subnets and providing 14 hosts per subnet

C) 255.255.255.240, creating 16 subnets and providing 14 hosts per subnet

D) 255.255.255.224, creating eight subnets and providing 30 hosts per subnet

[3-14] Using a Class C address space of 199.88.77.0, you are asked to create a subnet mask for the new network design. Each subnet must be capable of supporting at least 20 hosts. Which subnet mask best complies with the request, and how many subnets can be created?

A) 255.255.255.192, creating four subnets

B) 255.255.255.224, creating eight subnets

C) 255.255.255.240, creating 16 subnets

D) 255.255.255.248, creating 32 subnets

[3-15] You have subnetted a Class B address space of 137.99.0.0 using a subnet mask of 255.255.252.0. What is the broadcast address of the third subnet in your design?

A) 137.99.12.255　　　　　　　B) 137.99.15.255

C) 137.99.8.255　　　　　　　　D) 137.99.11.255

연습문제

[3-16] You have subnetted a Class C address space of 220.55.66.0 using a subnet mask of 255.255.255.192. What is the useable address range for the first subnet?

A) 220.55.66.0 through 220.55.66.63

B) 220.55.66.0 through 220.55.66.62

C) 220.55.66.1 through 220.55.66.63

D) 220.55.66.1 through 220.55.66.62

[3-17] You have subnetted a Class A address space of 17.0.0.0 using a subnet mask of 255.248.0.0. Which of the following addresses are useable host addresses for the second subnet?

A) 17.8.255.255   B) 17.14.255.255

C) 17.11.255.255   D) 17.15.255.255

E) 17.19.255.255

[3-18] A host on a subnet has an IP address of 125.35.88.7 and a subnet mask of 255.255.240.0. What is the broadcast address for the subnet the host belongs to?

A) 125.35.88.255   B) 125.35.94.255

C) 125.35.95.255   D) 125.35.255.255

[3-19] How many hosts are available on the 200.100.15.0/24 network?

A) 126   B) 62

C) 254   D) 32

[3-20] Your Class C network requires 10 subnets with 10 hosts per subnet. Which subnet mask is correct?

    A) 255.255.255.0   B) 255.255.255.240

    C) 255.255.240.0   D) 255.255.255.248

[3-21] You are designing the IP address scheme for your network and you need to subnet the 142.65.0.0 network into 22 different networks. What is your new subnet mask?

    A) 255.255.240.0   B) 255.255.192.0

    C) 255.255.224.0   D) 255.255.248.0

[3-22] How many hosts can exist on a network with the address of 180.45.10.20/20?

    A) 1,024   B) 4,096

    C) 4,094   D) 1,022

[3-23] You want to assign your serial interface the third valid IP address in the second subnet of 192.168.2.0/26. Which IP address would you use?

    A) 192.168.2.3   B) 192.168.2.35

    C) 192.168.2.64   D) 192.168.2.67

[3-24] The 24.60.32.20/11 address is located in which of the following subnets?

    A) 24.32.0.0   B) 24.64.0.0

    C) 24.96.0.0   D) 24.16.0.0

[3-25] Which of the following addresses exists on the same network, knowing that all systems have a subnet mask of 255.255.255.240? (Select two.)

A) 195.34.56.14   B) 195.34.56.30

C) 195.34.56.38   D) 195.34.56.55

E) 195.34.56.17   F) 195.34.56.69

[3-26] Which subnet mask would be appropriate for a network address range to be subnetted for up to eight LANs, with each LAN containing 5 to 26 hosts?

A) 0.0.0.240   B) 255.255.255.252

C) 255.255.255.0   D) 255.255.255.224

E) 255.255.255.240

[3-27] The network administrator is asked to configure 113 point-to-point links. Which IP addressing scheme defines the address range and subnet mask that meet the requirement and waste the fewest subnet and host addresses?

A) 10.10.0.0/16 subnetted with mask 255.255.255.252

B) 10.10.0.0/18 subnetted with mask 255.255.255.252

C) 10.10.1.0/24 subnetted with mask 255.255.255.252

D) 10.10.0.0/23 subnetted with mask 255.255.255.252

E) 10.10.1.0/25 subnetted with mask 255.255.255.252

[3-28] Given an IP address 172.16.28.252 with a subnet mask of 255.255.240.0, what is the correct network address?

A) 172.16.16.0   B) 172.16.0.0

C) 172.16.24.0   D) 172.16.28.0

[3-29] Refer to the exhibit. Which subnet mask will place all hosts on Network B in the same subnet with the least amount of wasted addresses?

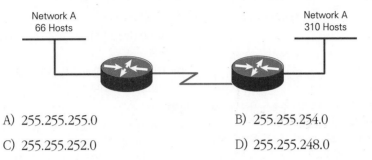

Network A
66 Hosts

Network A
310 Hosts

A) 255.255.255.0

B) 255.255.254.0

C) 255.255.252.0

D) 255.255.248.0

[3-30] Refer to the exhibit. Host A cannot ping Host B. Assuming routing is properly configured, what is the cause of this problem?

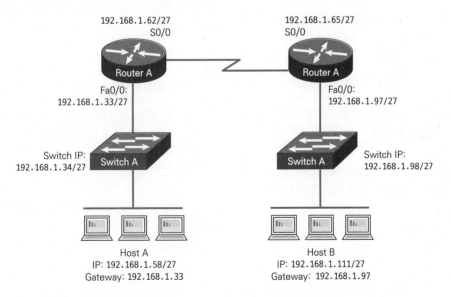

192.168.1.62/27
S0/0

Router A

Fa0/0:
192.168.1.33/27

Switch IP:
192.168.1.34/27   Switch A

Host A
IP: 192.168.1.58/27
Gateway: 192.168.1.33

192.168.1.65/27
S0/0

Router A

Fa0/0:
192.168.1.97/27

Switch A   Switch IP:
192.168.1.98/27

Host B
IP: 192.168.1.111/27
Gateway: 192.168.1.97

A) Host A is not on the same subnet as its default gateway.

B) The address of Switch A is a subnet address.

C) The Fa0/0 interface on Router A is on a subnet that can't be used.

D) The serial interfaces of the routers are not on the same subnet.

E) The Fa0/0 interface on Router B is using a broadcast address.

연습문제

정답 및 해설

[3-1] 다음 중 라우팅이 가능한 A 클래스의 IP 호스트 주소는? (2가지 선택)

A) 10.0.0.54   B) 126.0.0.1

C) 82.82.82.82   D) 127.22.34.100

E) 0.54.9.7

해설

- A 클래스의 IP 주소는 첫 번째 옥텟이 0부터 127 사이에 있는 주소이다.
- IP 주소 중에서 10.으로 시작하는 주소는 사설 주소로 지정되어 있어서 라우팅이 불가능하다.
- 127.으로 시작하는 주소는 루프백 테스트 용으로 지정되어 있는 특수 용도의 주소이므로 호스트에 할당하여 라우팅할 수 없다.
- 0.으로 시작하는 주소는 현재 네트워크에 있는 특정 호스트를 의미한다.

[3-2] TCP/IP 스택의 내부 기능을 검증하는 데 사용되는 명령어는?

A) ping 192.168.1.1   B) ping 127.0.0.1

C) ping 10.0.0.1   D) ping 172.168.0.1

해설

- ping 127.0.0.1은 자기의 컴퓨터에 설치된 TCP/IP 소프트웨어를 테스트하기 위한 루프백 테스트 명령어이다.

[3-3] 다음 중 특수 용도로 예약되어 있는 IP 주소로 공중 호스트에 할당할 수 없는 것은? (2가지 선택)

A) 127.0.0.100   B) 172.31.1.1

C) 126.4.16.36   D) 111.62.54.4

E) 191.6.7.8

해설

- 127.으로 시작하는 주소는 루프백 테스트 용으로 지정되어 있는 특수 용도 주소이다.
- 172.16.x.x부터 172.31.x.x까지의 주소는 사설 주소로 지정되어 있다.

[3-4] 다음 중 IP 주소 172.16.99.45의 IP 네트워크에 대한 설명으로 옳은 것은? (2가지 선택)

A) 네트워크 ID는 172.0.0.0이다.

B) 이 네트워크는 클래스 B 네트워크이다.

C) 이 네트워크의 디폴트 마스크는 255.255.255.0이다.

D) 서브넷으로 분할되지 않은 네트워크의 호스트 비트 수는 16이다.

해설

- 172로 시작하는 IP 주소는 클래스 B 주소 (128~191)이다. 따라서 네트워크 ID는 172.16.0.0이다.
- 클래스 B 주소의 디폴트 마스크는 255.255.0.0이고, 서브넷으로 분할되지 않은 네트워크의 호스트 비트 수는 16이다.

[3-5] IP 주소 204.201.210.4는 어떤 주소인가?

A) Host IP   B) Broadcast IP

C) Network IP   D) Multicast IP

해설

- IP 주소 204.201.210.4는 C 클래스의 호스트 IP 주소이다.
- 브로드 캐스트 주소는 호스트 ID가 모두 1인 주소이다.
- 네트워크 주소는 호스트 ID가 모두 1인 주소이다.
- 멀티캐스트 주소는 D 클래스 주소로 IP 주소의 첫 번째 옥텟이 224~239인 주소이다.

[3-6] 다음 중 호스트에 할당할 수 있는 유효한 C 클래스 주소는?

A) 1.1.1.1   B) 200.1.1.1

C) 128.128.128.128   D) 224.1.1.1

E) 223.223.223.255

해설

- IP 주소의 A 클래스는 1~127로 시작하고, B 클래스는 128~191, C 클래스는 192~223, D 클래스는 224~239, E 클래스는 240~255로 시작한다.
- 따라서 보기 중에서는 200.1.1.1과 223.223.223.255가 C 클래스 주소이지만 223.223.223.255는 호스트 ID가 모두 1인 브로드캐스트 주소이므로 호스트에 할당할 수 없다.

ANSWER   [3-1] B), C)   [3-2] B)   [3-3] A), B)   [3-4] B), D)   [3-5] A)   [3-6] B)

연습문제

정답 및 해설

[3-7] 다음 중 클래스 B 주소는? (모두 선택)

A) 129.45.10.15   B) 10.35.87.5

C) 131.15.10.12   D) 192.156.8.34

E) 121.59.87.32   F) 210.45.10.112

해설

- IP 주소의 A 클래스는 1~127로 시작하고, B 클래스는 128~191, C 클래스는 192~223, D 클래스는 224~239, E 클래스는 240~255로 시작한다.
- 따라서 보기 중에서는 129.45.10.15와 131.15.10.12가 B 클래스 주소이다.

[3-8] 다음 중 네트워크에 연결된 호스트에 할당할 수 없는 IP 주소는? (모두 선택)

A) 216.83.11.255   B) 12.34.0.0

C) 110.34.15.22   D) 131.107.0.0

E) 127.15.34.10   F) 189.56.78.10

해설

- 216.83.11.255는 C 클래스 주소로 마지막 옥텟이 호스트 ID인데, 이것이 모두 1인 브로드캐스트 주소이다. 따라서 호스트에 할당할 수 없다.
- 131.107.0.0는 B 클래스 주소로 마지막 두 옥텟이 호스트 ID인데, 이것이 모두 0인 네트워크 주소이다. 따라서 호스트에 할당할 수 없다.
- 127.15.34.10는 소프트웨어 시험용으로 사용되는 루프백 주소이다. 127로 시작되는 루프백 주소는 호스트에 할당할 수 없다.

[3-9] 다음 중 110으로 시작하는 IP 주소의 클래스는?

A) A 클래스   B) B 클래스

C) C 클래스   D) D 클래스

해설

- A 클래스 주소는 첫 비트가 0으로 시작하고, B 클래스는 처음 두 비트가 10으로 시작하며, C 클래스는 처음 세 비트가 110으로 시작하고, D 클래스는 처음 네 비트가 1110으로 시작하며, E 클래스는 처음 네 비트가 1111로 시작한다.

[3-10] PC1과 PC2는 IP 라우터에 의해 분리된 서로 다른 이더넷 랜에 위치해 있다. PC1의 IP 주소는 10.1.1.1이고 서브네팅은 사용하지 않는다. 다음 주소 중 PC2에 사용할 수 있는 주소는? (2가지 선택)

A) 10.1.1.2   B) 10.2.2.2

C) 10.200.200.1 D) 9.1.1.1

E) 225.1.1.1   F) 1.1.1.1

해설

- 서브네팅을 하지 않은 경우 10.1.1.1은 A 클래스 주소로, 10.으로 시작하는 모든 주소는 같은 네트워크에 속한다. 즉 동일한 LAN에 위치하여야 한다. 따라서 10.으로 시작하는 주소는 PC2에 할당할 수 없다.
- E)의 225.1.1.1는 D 클래스 주소로 멀티캐스트 용이므로 호스트에 할당할 수 없다.

[3-11] 최소한 35개의 호스트를 가진 17개의 서브넷을 설계하려고 한다. 배정된 IP 주소는 135.72.0.0이다. 이 조건을 만족하기 위한 서브넷 마스크는?

A) 255.255.192.0   B) 255.255.224.0

C) 255.255.240.0   D) 255.255.248.0

해설

- 배정된 IP 주소인 135.72.0.0는 B 클래스 주소이며 17개의 서브넷이 필요하므로 서브넷 ID는 최소 5비트가 필요하다. 따라서 3번째 옥텟에서 최소 5비트를 서브넷 ID로 할당하여야 한다. A)는 2비트, B)는 3비트, C)는 4비트, D)는 5비트를 서브넷 ID로 빌려준 것이므로 D)가 적합한 서브넷 마스크가 된다.
- 255.255.248.0를 서브넷 마스크로 사용하면 배당된 B 클래스 주소를 2^5=32개의 서브넷으로 분할하는 것이며, 각 서브넷에는 $2^{11}-2$=2,046개의 호스트를 접속할 수 있다.

[3-12] 다음 중 B 클래스 주소 공간에서 유효한 서브넷 마스크는?

A) 255.254.0.0   B) 255.255.0.0

C) 255.255.245.0   D) 255.255.254.0

E) 255.255.192.224

연습문제

정답 및 해설

- A)의 255.254.0.0 서브넷 마스크는 A 클래스 주소에서 7비트를 서브넷 ID로 할당한 서브넷 마스크이다.
- B 클래스 주소의 기본 서브넷 마스크는 /16, 즉 255.255.0.0이다.
- 서브넷 마스크는 연속적인 1과 연속적인 0으로 구성된다. C)에서 245는 2진수로 11110101이며 이것은 서브넷 마스크가 될 수 없다.
- D)의 255.255.254.0 서브넷 마스크는 B 클래스 주소에서 7비트를 서브넷 ID로 할당한 서브넷 마스크이다.
- E)의 255.255.192.224도 연속적인 1과 연속적인 0으로 되어있지 않으므로 서브넷 마스크가 될 수 없다.

[3-13] 199.16.7.0 네트워크를 최소한 12개의 호스트를 갖는 서브넷으로 분할하려고 한다. 서브넷 마스크는 얼마인가? 또한 몇 개의 서브넷이 생성되며 각 서브넷 당 호스트 수는 얼마인가?

A) 255.255.255.248, 14개의 서브넷, 각 서브넷 당 14개의 호스트

B) 255.255.255.240, 14개의 서브넷, 각 서브넷 당 14개의 호스트

C) 255.255.255.240, 16개의 서브넷, 각 서브넷 당 14개의 호스트

D) 255.255.255.224, 8개의 서브넷, 각 서브넷 당 30개의 호스트

- 배정된 C 클래스 주소 199.16.7.0을 최소한 12개의 호스트를 갖는 서브넷으로 분할하려면 호스트 비트가 최소 4비트가 필요하다. 따라서 원래 8비트의 호스트 비트에서 4비트를 서브넷 ID로 빌려주면 2^4=16개의 서브넷으로 분할하는 것이며 각 서브넷에는 2^4-2=14개의 호스트를 접속할 수 있다.
- 11110000을 10진수로 바꾸면 240이 되므로 서브넷 마스크는 255.255.255.240이 된다.

[3-14] C 클래스 주소인 199.88.77.0 네트워크를 최소한 20개의 호스트를 갖는 서브넷으로 분할하려고 한다. 서브넷 마스크는 얼마인가? 또한 몇 개의 서브넷이 생성되는가?

A) 255.255.255.192, 4개의 서브넷

B) 255.255.255.224, 8개의 서브넷

C) 255.255.255.240, 16개의 서브넷

D) 255.255.255.248, 32개의 서브넷

- 배정된 C 클래스 주소 199.88.77.0을 최소한 20개의 호스트를 갖는 서브넷으로 분할하려면 호스트 비트가 최소 5비트가 필요하다. 따라서 원래 8비트의 호스트 비트에서 3비트를 서브넷 ID로 빌려주면 2^3=8개의 서브넷으로 분할하는 것이며 각 서브넷에는 2^5-2=30개의 호스트를 접속할 수 있다.
- 11100000을 10진수로 바꾸면 224가 되므로 서브넷 마스크는 255.255.255.224가 된다.

[3-15] B 클래스 주소인 137.99.0.0를 서브넷 마스크 255.255.252.0으로 서브네팅을 할 때, 3번째 서브넷의 브로드캐스트 주소는 얼마인가?

A) 137.99.12.255 　　　 B) 137.99.15.255

C) 137.99.8.255 　　　 D) 137.99.11.255

- 배정된 B 클래스 주소인 137.99.0.0을 서브넷 마스크 255.255.252.0으로 서브네팅 하는 것은 서브넷 ID로 6비트를 빌려오는 것이므로 2^6=64개의 서브넷으로 분할하는 것이 된다.
- 3번째 옥텟이 관심 영역이고, 여기에서 남은 호스트 비트는 2비트이므로 3번째 옥텟이 2^2=4의 배수로 증가하여 총 64개의 서브넷을 생성하게 된다. 처음부터 4번째까지의 네트워크 주소를 계산하면 다음 표와 같이 된다. 따라서 3번째 서브넷의 브로드캐스트 주소는 137.99.11.255가 된다.

서브넷	서브넷 주소				브로드캐스트 주소			
1	137. 99.	0	.0	/22	137. 99.	3	.255	/22
2	137. 99.	4	.0	/22	137. 99.	7	.255	/22
3	137. 99.	8	.0	/22	137. 99.	11	.255	/22
4	137. 99.	12	.0	/22	137. 99.	15	.255	/22
⋮		⋮				⋮		

[3-16] C 클래스 주소인 220.55.66.0을 서브넷 마스크 255.255.255.192로 서브네팅 할 때, 첫 번째 서브넷의 사용 가능한 주소 범위는?

A) 220.55.66.0 ~ 220.55.66.63

B) 220.55.66.0 ~ 220.55.66.62

C) 220.55.66.1 ~ 220.55.66.63

D) 220.55.66.1 ~ 220.55.66.62

해설

• 배정된 C 클래스 주소인 220.55.66.0을 서브넷 마스크 255.255.255.192으로 서브네팅 하는 것은 서브넷 ID로 2비트를 빌려오는 것이므로 2^2=4개의 서브넷으로 분할하는 것이 된다.

• 4번째 옥텟이 관심 영역이고, 여기에서 남은 호스트 비트는 6비트이므로 4번째 옥텟이 2^6=64의 배수로 증가하여 총 4개의 서브넷을 생성하게 된다. 4개 모두의 서브넷 주소를 계산하면 다음 표와 같이 된다. 따라서 첫 번째 서브넷의 사용 가능한 주소 범위는 220.55.66.1~220.55.66.62가 된다.

서브넷	서브넷 주소				브로드캐스트 주소			
1	220.	55.	66.	0 /26	220.	55.	66.	63 /26
2	220.	55.	66.	64 /26	220.	55.	66.	127 /26
3	220.	55.	66.	128 /26	220.	55.	66.	191 /26
4	220.	55.	66.	192 /26	220.	55.	66.	255 /26

[3-17] A 클래스 주소인 17.0.0.0을 서브넷 마스크 255.248.0.0으로 서브네팅 할 때, 두 번째 서브넷에서 사용 가능한 호스트 주소는? (3가지 선택)

A) 17.8.255.255   B) 17.14.255.255

C) 17.11.255.255   D) 17.15.255.255

E) 17.19.255.255

해설

• 배정된 A 클래스 주소인 17.0.0.0을 서브넷 마스크 255.248.0.0으로 서브네팅 할 때 관심 영역은 2번째 옥텟이다. 2번째 옥텟의 서브넷 마스크인 248을 2진수로 바꾸면 11111000이 되므로 이것은 서브넷 ID로 5비트를 빌려오는 것이고, 2^5=32개의 서브넷으로 분할하는 것이 된다.

• 2번째 옥텟이 관심 영역이고, 여기에서 남은 호스트 비트는 3비트이므로 3번째 옥텟이 2^3=8의 배수로 증가하여 총 32개의 서브넷을 생성하게 된다. 처음부터 4번째까지의 네트워크 주소를 계산하면 다음 표와 같이 된다. 따라서 2번째 서브넷의 호스트 주소 범위는 17.8.0.1~17.15.255.254가 된다.

서브넷	서브넷 주소				브로드캐스트 주소			
1	17.	0.	0.	0 /13	17.	7.	255	.255 /13
2	17.	8.	0.	0 /13	17.	15.	255	.255 /13
3	17.	16.	0.	0 /13	17.	16.	255.	.255 /13
4	17.	24.	0.	0 /13	17.	24.	255.	.255 /13
⋮		⋮				⋮		

• D)는 브로드캐스트 주소이므로 호스트에 할당할 수 없다.

[3-18] IP 주소가 125.35.88.7이고 서브넷 마스크가 255.255.240.0일 때, 이 호스트가 속한 서브넷의 브로드캐스트 주소는 무엇인가?

A) 125.35.88.255   B) 125.35.94.255

C) 125.35.95.255   D) 125.35.255.255

해설

• 배정된 A 클래스 주소인 125.35.88.7을 서브넷 마스크 255.255.240.0으로 서브네팅 할 때 관심 영역은 3번째 옥텟이다. 3번째 옥텟의 서브넷 마스크인 240을 2진수로 바꾸면 11110000이 되므로 이것은 서브넷 ID로 12비트를 빌려오는 것이고, 2^{12}=4,096개의 서브넷으로 분할하는 것이 된다.

• IP 주소의 3번째 옥텟인 88을 2진수로 바꾸면 01011000이므로 11110000과 AND 연산을 하면 01010000이므로 서브넷 주소는 125.35.80.0이고, 여기에서 남은 호스트 비트는 4비트이므로 3번째 옥텟이 2^4=16의 배수로 증가하므로 다음 서브넷 주소는 125.35.96.0이 된다. 따라서 이 서브넷의 브로드캐스트 주소는 125.35.95.255가 된다.

연습문제

정답 및 해설

[3-19] 200.100.15.0/24 네트워크에서 사용 가능한 호스트의 수는 몇 개인가?

A) 126   B) 62

C) 254   D) 32

해설

- 200.100.15.0/24 네트워크는 네트워크 ID가 24비트라는 의미이므로 호스트 ID는 32-24=8이므로 사용 가능한 호스트 수는 $2^8-2=254$개가 된다.

[3-20] C 클래스 네트워크에서 10개의 호스트를 갖는 10개의 서브넷이 필요할 때 서브넷 마스크는 어떤 것을 사용하여야 하는가?

A) 255.255.255.0   B) 255.255.255.240

C) 255.255.240.0   D) 255.255.255.248

해설

- C 클래스 주소에서 10개의 호스트를 갖는 서브넷으로 분할하려면 호스트 비트가 최소 4비트가 필요하다. 원래 호스트 비트가 8비트이므로 나머지 4비트를 서브넷 ID로 빌려줄 수 있다. 그러면 $2^4=16$개의 서브넷으로 분할하는 것이며, 각 서브넷에서 사용 가능한 호스트 수는 $2^4-2=14$개가 된다.
- 11110000을 10진수로 바꾸면 240이 되므로 서브넷 마스크는 255.255.255.240이 된다.

[3-21] IP 주소 142.65.0.0를 22개의 서브넷으로 분리하려고 할 때 사용할 수 있는 서브넷 마스크는?

A) 255.255.240.0   B) 255.255.192.0

C) 255.255.224.0   D) 255.255.248.0

해설

- 142.65.0.0은 B 클래스 주소이므로 22개의 서브넷으로 분리하려면 호스트 비트에서 서브넷 ID로 최소 5비트를 빌려야 한다. 따라서 3번째 옥텟에서 5비트를 빌리면 11111000이 되고 이것을 10진수로 바꾸면 248이 된다. 그러므로 서브넷 마스크는 255.255.248.0이 된다.

[3-22] 180.45.10.20/20 네트워크에는 몇 개의 호스트가 연결될 수 있는가?

A) 1,024   B) 4,096

C) 4,094   D) 1,022

해설

- 180.45.10.20/20 네트워크는 네트워크 ID가 20비트라는 의미이므로 호스트 ID는 32-20=12이므로 사용 가능한 호스트 수는 $2^{12}-2=4,096-2=4,094$개가 된다.

[3-23] 192.168.2.0/26 네트워크에서 두 번째 서브넷의 세 번째 IP 주소를 라우터의 직렬 인터페이스에 할당하려고 한다. 다음 중 어느 주소를 사용하여야 하는가?

A) 192.168.2.3   B) 192.168.2.35

C) 192.168.2.64   D) 192.168.2.67

해설

- 배정된 C 클래스 주소인 192.168.2.0을 서브넷 마스크 /26으로 서브네팅 하는 것은 서브넷 ID로 2비트를 빌려오는 것이므로 $2^2=4$개의 서브넷으로 분할하는 것이 된다.
- 4번째 옥텟이 관심 영역이고, 여기에서 남은 호스트 비트는 6비트이므로 4번째 옥텟이 $2^6=64$의 배수로 증가하여 총 4개의 서브넷을 생성하게 된다. 4개 모두의 서브넷 주소를 계산하면 다음 표와 같이 된다. 따라서 두 번째 서브넷의 세 번째 IP 주소는 192.168.2.67이 된다.

서브넷	서브넷 주소	브로드캐스트 주소
1	192. 168. 2. 0 /26	192. 168. 2. 63 /26
2	192. 168. 2. 64 /26	192. 168. 2. 127 /26
3	192. 168. 2. 128 /26	192. 168. 2. 191 /26
4	192. 168. 2. 192 /26	192. 168. 2. 255 /26

[3-24] 24.60.32.20/11 주소는 다음 중 어느 서브넷에 속하는가?

A) 24.32.0.0   B) 24.64.0.0

C) 24.96.0.0   D) 24.16.0.0

해설

- 24.60.32.20/11은 A 클래스 주소에서 서브넷 ID로 3비트를 빌려준 것이므로 8개의 서브넷으로 분할한 것이다. 2번째 옥텟에서 3비트를 빌려주었으므로 호스트 ID는 5비트가 남아 있다. 그러므로 2번째 옥텟이 $2^5=32$의 배수로 증가하게 된다.
- 첫 번째 서브넷은 24.0.0.0이고, 두 번째 서브넷은 24.32.0.0이며, 세 번째 서브넷은 24.64.0.0이 된다. 따라서 24.60.32.20/11은 두 번째 서브넷인 24.32.0.0 네트워크에 속한 주소이다.

[3-25] 서브넷 마스크가 255.255.255.240일 때 다음 중 동일한 네트워크에 속하는 주소는? (2가지 선택)

A) 195.34.56.14　　　　B) 195.34.56.30

C) 195.34.56.38　　　　D) 195.34.56.55

E) 195.34.56.17　　　　F) 195.34.56.69

해설

- 배정된 C 클래스 주소인 195.34.56.0을 서브넷 마스크 255.255.255.240으로 서브네팅 하는 것은 서브넷 ID로 4비트를 빌려오는 것이므로 $2^4=16$개의 서브넷으로 분할하는 것이 된다.
- 4번째 옥텟이 관심 영역이고, 여기에서 남은 호스트 비트는 4비트이므로 4번째 옥텟이 $2^4=16$의 배수로 증가하여 총 16개의 서브넷을 생성하게 된다. 처음부터 5번째까지의 네트워크 주소를 계산하면 다음 표와 같이 된다.
- 그러므로 보기의 주소는 각각 다음과 같은 서브넷에 속하게 된다.
  A) 195.34.56.14 → 서브넷 1
  B) 195.34.56.30 → 서브넷 2
  C) 195.34.56.38 → 서브넷 3
  D) 195.34.56.55 → 서브넷 4
  E) 195.34.56.17 → 서브넷 2
  F) 195.34.56.69 → 서브넷 5

서브넷	서브넷 주소	브로드캐스트 주소
1	195. 34. 56. 0 /28	195. 34. 56. .15 /28
2	195. 34. 56. 16 /28	195. 34. 56. .31 /28
3	195. 34. 56. 32 /28	195. 34. 56. .47 /28
4	195. 34. 56. 48 /28	195. 34. 56. .63 /28
5	195. 34. 56. 64 /28	195. 34. 56. .79 /28
⋮	⋮	⋮

[3-26] 다음 중 8개의 LAN으로 서브넷팅 되어 있고 각 LAN에는 5개부터 26개의 호스트가 연결되어 있는 네트워크의 서브넷 마스크로 적절한 것은?

A) 0.0.0.240　　　　B) 255.255.255.252

C) 255.255.255.0　　　D) 255.255.255.224

E) 255.255.255.240

해설

- 8개의 LAN으로 서브네팅을 하려면 서브넷 비트는 3비트가 필요하고, 각 LAN에 5개에서 26개까지의 호스트가 연결되려면 호스트 비트는 5비트가 필요하다.
- 서브넷 마스크가 255.255.255.224이면 네트워크를 8개로 나눌 수 있으며, 각 서브넷에는 $2^5-2=32-2=30$개의 호스트를 연결할 수 있다.

[3-27] 네트워크 관리자가 113개의 점대점 링크를 설정하도록 요청을 받았다. 이 조건에 맞고 IP 주소의 낭비를 최소화하려면 어떻게 서브네팅을 해야 하는가?

A) 10.10.0.0/16을 서브넷 마스크 255.255.255.252로 서브네팅

B) 10.10.0.0/18을 서브넷 마스크 255.255.255.252로 서브네팅

C) 10.10.1.0/24를 서브넷 마스크 255.255.255.252로 서브네팅

D) 10.10.0.0/23을 서브넷 마스크 255.255.255.252로 서브네팅

E) 10.10.1.0/25를 서브넷 마스크 255.255.255.252로 서브네팅

해설

- 점대점 링크에는 2개의 IP 주소가 필요하므로 서브넷 마스크는 255.255.255. 252를 사용한다.
- 113개의 점대점 링크를 설정하려면 113개의 서브넷이 필요하므로 서브넷 비트로 7비트를 사용하여야 한다. 따라서 원래 주소의 서브넷 비트는 30-7=23이 된다.

연습문제

정답 및 해설

[3-28] IP 주소가 172.16.28.252이고 서브넷 마스크가 255.255.240.0일 때, 이 서브넷의 네트워크 주소는 무엇인가?

A) 172.16.16.0   B) 172.16.0.0

C) 172.16.24.0   D) 172.16.28.0

해설

• 서브넷의 네트워크 주소는 IP 주소와 서브넷 마스크를 AND 연산을 하면 찾을 수 있다.

• IP 주소가 172.16.28.252이고 서브넷 마스크가 255.255.240.0이므로 관심 영역은 3번째 옥텟이다. 먼저 28을 2진수로 바꾸면 00011100 이고 240을 2진수로 바꾸면 11110000이므로 AND 연산을 하면 00010000, 즉 10진수로 16이 된다. 따라서 이 서브넷의 네트워크 주소는 172.16.16.0이 된다.

[3-29] 다음과 같은 그림에서, Network B에 위치하는 호스트들이 IP 주소의 낭비를 최소화하면서 사용할 수 있는 서브넷 마스크는 무엇인가?

A) 255.255.255.0   B) 255.255.254.0

C) 255.255.252.0   D) 255.255.248.0

해설

• Network B에는 310개의 호스트가 연결되어야 하므로 호스트 비트가 9비트가 되어야 한다. 따라서 IP 주소의 낭비를 최소화하는 서브넷 마스크는 255.255.254.0 이 된다.

[3-30] 다음과 같은 그림에서, Host A가 Host B로 ping을 할 수 없다. 라우팅 설정은 올바르게 되었다고 가정하면 무엇이 문제인가?

A) Host A가 디폴트 게이트웨이와 동일한 서브넷에 위치해 있지 않다.

B) Switch A의 주소가 다른 서브넷의 주소이다.

C) Router A의 Fa0/0 인터페이스 주소가 사용할 수 없는 서브넷의 주소이다.

D) 두 라우터의 직렬 인터페이스가 동일한 서브넷에 위치해 있지 않다.

E) Router B의 Fa0/0 인터페이스의 주소가 브로드캐스트 주소이다.

해설

• Router A의 직렬 인터페이스 S0/0의 IP 주소인 192.168.1.62/27이 속한 서브넷의 네트워크 주소를 구해보자. 먼저 62를 2진수로 바꾸면 00111110이고 /27에서 마지막 옥텟은 11100000이므로 이 둘을 AND 연산하면 00100000, 즉 10진수로 32가 된다. 따라서 이 서브넷은 192.168.1.32 ~ 192.168.1.63이다.

• Router B의 직렬 인터페이스 S0/0의 IP 주소인 192.168.1.65/27이 속한 서브넷의 네트워크 주소를 구해보자. 먼저 65를 2진수로 바꾸면 01000001이고 /27에서 마지막 옥텟은 11100000이므로 이 둘을 AND 연산하면 01000000, 즉 10진수로 64가 된다. 따라서 이 서브넷은 192.168.1.64 ~ 192.168.1.95이다.

• 이와 같이 두 라우터의 직렬 인터페이스의 IP 주소가 서로 다른 서브넷에 위치해 있다. 따라서 두 라우터는 통신할 수 없다.

CHAPTER

4

시스코 라우터와
IOS의 개요

학습목표

• 라우터의 구성 요소, 라우터의 연결 방법, 시스코 IOS의 기초 등에 대하여 설명할 수 있다.

• 시스코 라우터의 초기 시동 과정과 셋업 모드에 대하여 설명할 수 있다.

• 시스코 IOS CLI의 키보드 도움말 기능, 고급 편집 명령어에 대하여 설명할 수 있다.

4.1 라우터의 개요

라우터는 목적지로 가는 최적의 경로로 패킷을 전송하는(routing) 기능을 수행하는 3계층 장비이다. 라우터는 패킷을 수신하면, 자신이 가지고 있는 라우팅 테이블에서 수신한 패킷의 목적지 IP 주소와 같은 항목을 찾아서 그곳에 명시된 포트로 패킷을 전송하는 기능을 수행한다. 또한 라우팅 프로토콜을 사용하여 라우팅 테이블을 작성하고 유지하며 네트워크에 변동이 발생하면 라우팅 테이블을 갱신하는 기능을 수행한다.

4.1.1 라우터의 구성 요소

라우터는 다중 네트워크를 상호 연결하도록 설계되었다. 이러한 상호 연결은 서로 다른 네트워크의 사용자들끼리 통신할 수 있도록 해준다. 상호 연결된 네트워크는 지리적으로 가까울 수도 있고 멀리 떨어져 있을 수도 있다. 지리적으로 먼 거리에 있는 네트워크는 일반적으로 WAN을 통하여 연결한다. WAN은 라우터, 전송장비, 라인 드라이버를 포함하는 다양한 기술들로 구성된다. WAN에서 네트워크를 연결하는 라우터의 기능은 없어서는 안 되는 것이다.

라우터는 OSI 참조 모델의 하위 3계층에서 작동하는 네트워크 장비이다. 하위 2계층 사이의 통신은 서로 다른 LAN을 연결할 수 있게 해준다. 라우터는 3계층 주소를 이용하여 경로를 설정하는 보다 중요한 작업을 한다. 라우터는 네트워크 계층의 주소를 이용하여 다중 네트워크를 서로 통신할 수 있도록 해준다.

라우터와 라우팅을 이해하려면 서로 다른 2개의 측면, 즉 물리적인 측면과 논리적인 측면에서 라우터를 살펴볼 필요가 있다. 물리적인 측면에서, 라우터는 제각각 특정 기능을 담당하는 수많은 부분들로 이루어져 있다. 논리적인 측면에서, 라우터는 네트워크 내에서 다른 라우터를 찾고, 도달 가능한 목적지 네트워크와 호스트를 학습하고, 경로를 찾아 추적하고, 특정 목적지로 데이터그램을 전송하는 것과 같은 많은 기능을 수행한다.

라우터는 특수목적의 컴퓨터(special purpose computer)이다. 따라서 라우터는 (그림 4-1)과 같이 컴퓨터와 거의 동일한 기본적인 구성 요소를 가지고 있다.

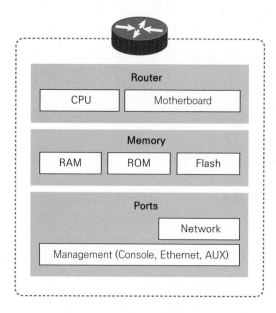

그림 4-1   라우터의 구성 요소

- CPU(Central Processing Unit): 컴퓨터와 마찬가지로 라우터의 핵심 기능을 수행하는 부분이다. 라우팅 테이블의 작성, 갱신, 유지, 패킷의 포워딩, 시스템 관리 등의 기능을 수행한다.
- RAM(Random Access Memory): 라우터가 동작 중일 때의 설정 파일(running-configuration)을 저장하는 곳이다. 예를 들어 라우터를 켜서 라우터의 이름을 변경한 경우 이 새로운 이름은 RAM에 저장된다. 만약에 그대로 전원을 끄면 이 정보는 저장되지 않고 없어진다. 변경한 설정을 계속 유지하려면 전원이 꺼져도 기억이 유지되는 메모리, 즉 비휘발성(nonvolatile) 메모리에 복사하여야 한다. 설정 파일 외에 RAM에는 라우팅 테이블 등과 같은 여러 가지 정보를 저장한다.
- NVRAM(Non Volatile RAM): 라우터의 전원이 꺼지더라도 기억된 정보를 유지하는 메모리이다. 라우터를 시작할 때마다 적용되는 저장된 설정 파일(startup-

configuration) 등을 저장한다.

- 플래시 메모리(Flash memory): 지우거나 프로그램 할 수 있는 메모리이다. 운영
  체제 이미지와 마이크로 코드 등을 저장한다. 전원이 꺼지거나 재시동되어도
  내용은 남는다. 시스코 IOS 소프트웨어의 여러 가지 버전들이 플래시 메모리에
  저장된다.

- ROM(Read Only Memory): 라우터의 부팅을 위한 명령들을 저장한다. 부트스트
  랩 프로그램과 기본 운영체제 소프트웨어를 저장한다.

- 인터페이스(Interface): 데이터가 들어오고 나가는 포트(port)이다. 라우터에서는
  포트라는 용어보다도 인터페이스라는 용어를 주로 사용한다. 인터페이스에는
  이더넷과 같은 LAN 인터페이스, 시리얼 포트라고 부르는 WAN 인터페이스, 그
  리고 관리 포트가 있다. LAN이나 WAN 포트는 패킷을 전송하는 기능을 담당하
  지만 관리 포트는 라우터의 설정과 장애처리를 담당한다. 관리 포트에는 콘솔
  포트(console port)와 보조 포트(auxiliary port)가 있다.

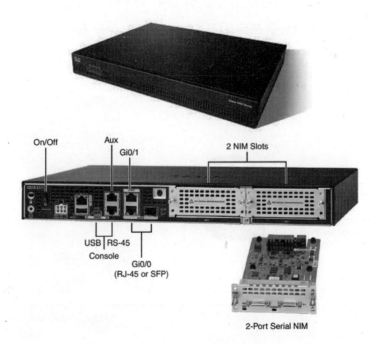

그림 4-2   라우터의 외형

(그림 4-2)에 실제 라우터의 외형을 보였다. 그림은 Cisco 4321 ISR(Integrated Services Router)의 앞뒷면 모습이다. 이 모델은 두 개의 기가비트 이더넷 인터페이스와 NIM(Network Interface Module)이라고 부르는 작은 카드들을 장착할 수 있는 두 개의 모듈형 슬롯을 제공한다. 또한 Aux 포트와 RJ-45와 USB 콘솔 포트를 가지고 있다.

4.1.2 시스코 라우터의 연결

라우터는 일반 범용 컴퓨터와는 달리 키보드, 모니터 또는 마우스 등과 같이 직접 사용자와 접속하는 장비는 없다. 라우터는 컴퓨터를 로컬이나 원격으로 연결하여 관리한다. 컴퓨터에서 터미널 에뮬레이션 프로그램을 실행하여 라우터에 접속한다.

라우터를 설정하고 관리할 수 있는 관리 포트에는 콘솔 포트와 보조 포트가 있다. 라우터의 초기 설정은 콘솔 포트를 사용하여 설정한다. 라우터의 보조 포트에 모뎀을 연결하면 원격에서 라우터에 접속할 수 있다. 라우터가 적절하게 설정된 다음에는 네트워크상에서 텔넷(vty 포트 사용), TFTP, Web 등을 통해 연결할 수도 있다.

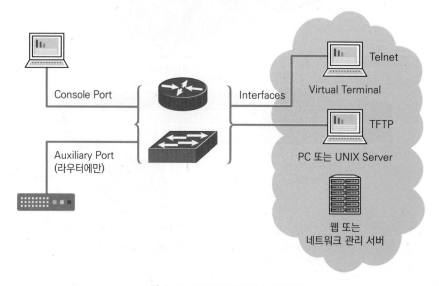

그림 4-3 라우터의 외부 접속 방법

일반적으로 초기 설정을 할 때는 콘솔 포트를 사용한다. (그림 4-3)은 라우터의 외부
연결 방법을 정리한 것이다.

콘솔 포트를 통한 터미널의 연결은 로컬 연결이다. 즉 라우터가 있는 장소에 가서
연결해야 한다. 노트북이나 PC를 라우터의 콘솔 포트에 연결하는 방법은 포트의 종
류에 따라 (그림 4-4)와 같이 3가지로 나눌 수 있다. 라우터의 콘솔 포트는 구형 모
델의 경우 RJ-45 포트를 가지고 있으며 최근 모델은 USB(Universal Serial Bus) 포트
를 가지고 있다. PC나 노트북의 시리얼 포트는 예전에는 DB-25(또는 DB-9) 커넥터
를 가지고 있었지만 최근에는 모두 USB로 교체되었다.

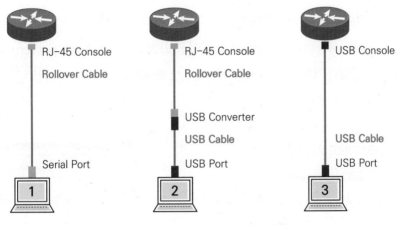

그림 4-4   콘솔 터미널 연결 방법

라우터가 RJ-45 포트를 가지고 있고 PC가 DB-25 포트를 가지고 있는 경우, 롤오
버 케이블(rollover cable)을 사용하여 연결한다. 롤오버 케이블은 (그림 4-5)와 같이
1번과 8번, 2번과 7번, 3번과 6번과 같이 완전히 뒤집어서 연결된 케이블이다. 이 연
결 방법이 가장 오래된 방법이다. 또 한 가지 방법은 라우터는 RJ-45 형태이고 PC
는 USB인 경우로 RJ-45-to-DB-25 롤오버 케이블과 DB-25-to-USB 컨버터를 사용
하여 연결하는 것이다. 최근에는 라우터와 PC가 모두 USB 포트를 가지고 있으므로
USB 케이블로 연결한다.

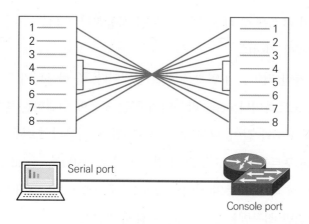

그림 4-5   롤오버 케이블

라우터와 물리적으로 연결한 다음에는 PC에 터미널 에뮬레이션 프로그램을 설치하여야 한다. 주로 사용하는 터미널 에뮬레이션 프로그램으로는 HyperTerminal과 Terra Term 등이 있다. 터미널 에뮬레이션 프로그램에서 라우터와 시리얼 연결의 설정 값은 다음과 같이 설정한다.

- 속도(Baud rate): 9,600 bps
- 데이터 비트(Data bits): 8
- 패리티(Parity): 없음
- 정지 비트(Stop bits): 1
- 흐름 제어(Flow control): 없음

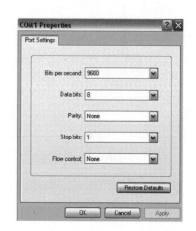

(그림 4-6)은 콘솔 터미널의 기본 설정을 보인 화면이다.

라우터를 원격에서 연결하여 설정하는 방법으로는 보조 포트에 모뎀을 연결하여 접속하는 방

그림 4-6   콘솔 터미널의 기본 설정

법과 인터넷으로 연결하는 방법이 있다. 인터넷으로 원격에서 접속하려면 라우터가 일단 IP 주소와 같은 초기 설정이 되어 있어야 한다. 인터넷으로 접속하여 설정하는 방법은 텔넷으로 연결하여 설정할 수도 있고, TFTP를 이용하여 서버로부터 설정 파

일을 다운로드할 수도 있으며, 웹 연결을 통하여 설정할 수도 있다.

4.1.3 시스코 IOS 소프트웨어의 개요

라우터나 스위치도 일반 컴퓨터와 같이 운영체제 없이는 동작할 수 없다. 시스코는 IOS(Internetwork Operating System)라고 하는 운영체제를 사용한다. 시스코 IOS는 대부분의 시스코 장비에 내장되어 있다.

시스코 IOS는 다음과 같은 네트워크 서비스를 제공한다.

- 필요한 네트워크 프로토콜과 기능
- 장비 사이의 고속 트래픽 전송을 위한 연결
- 접속을 통제할 수 있는 보안 기능과 인가되지 않은 네트워크 사용의 금지
- 네트워크의 확장에 따라 인터페이스와 용량을 추가할 수 있는 확장성
- 네트워크 자원에 대한 확실한 접속을 보장하는 신뢰성

시스코 IOS는 CLI(Command Line Interface)를 사용한다. 시스코 IOS의 CLI는 라우터나 스위치에 명령어를 입력하기 위하여 사용하는 사용자 인터페이스이다. CLI는 장비에 따라 기능이 약간씩 다르게 동작된다. CLI에서 명령을 입력하기 위해서는 콘솔의 명령 모드에서 명령어를 직접 입력하거나 복사하여 붙여넣기를 실행하면 된다. 명령어를 입력한 후에 Enter 키를 누르면 명령어가 해석되고 실행된다.

시스코 IOS 소프트웨어는 보안을 위하여 실행 모드(execution mode)를 2단계로

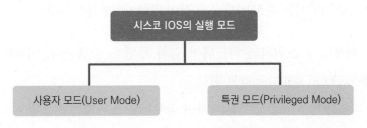

그림 4-7   시스코 IOS의 실행 모드

분리한다. 시스코 IOS의 두 가지 실행 모드는 (그림 4-7)과 같이 사용자 실행 모드(user execution mode)와 특권 실행 모드(privileged execution mode)가 있다. 각각의 실행 모드는 프롬프트(prompt)로 구별이 가능하다.

시스코 IOS의 실행 모드는 이 모드에서 사용자가 명령어를 입력하면 라우터나 스위치가 그 명령어를 실행한 다음에 명령어의 결과를 보여준다는 것을 의미한다. 시스코 IOS의 2가지 실행 모드의 특징은 다음과 같다.

- 사용자 실행 모드(user EXEC mode): 이 모드에서 사용자는 라우터나 스위치의 상태를 볼 수만 있고, 무엇인가를 중단시키거나 변경하지는 못한다.
- 특권 실행 모드(privileged EXEC mode): 이 모드에서 사용자는 라우터나 스위치의 설정이나 관리에 사용되는 명령어를 포함한 모든 명령어에 접근할 수 있다. 그리고 인가받은 사용자만 이 모드에 접근할 수 있도록 패스워드로 보호할 수 있다. 특권 실행 모드는 이 모드로 들어가기 위하여 **enable** 명령어를 사용하므로 인에이블 모드라고도 부른다.

4.1.4 시스코 라우터의 초기 시동

라우터는 특수 목적의 컴퓨터(special purpose computer)이다. 따라서 라우터의 구조 및 시동도 일반 PC와 유사하다. 라우터는 초기 시작을 위해 부트스트랩(bootstrap), 운영체제, 설정 파일(configuration file) 등을 차례로 불러온다. 라우터의 경우, 설정 파일을 찾지 못했을 경우에는 곧바로 셋업 모드(setup mode)로 들어간다.

라우터나 스위치의 시동 순서는 다음과 같이 일반 PC와 유사하다.

- 1 단계: 라우터나 스위치의 하드웨어 검사 루틴을 수행한다. 이러한 과정을 POST(Power On Self Test)라고 한다.
- 2 단계: 하드웨어가 이상 없이 동작하면 라우터나 스위치는 시스템 시동 루틴을 수행한다. 이것은 라우터나 스위치의 운영체제를 찾아서 로드한다.

- 3 단계: 운영체제가 로드되면 라우터나 스위치는 설정 파일(configuration file)을 찾아서 로드한다.

스위치는 아무런 초기 설정이 없어도 전원만 연결하면 바로 동작된다. 그러나 라우터는 초기 설정이 필요하다. 라우터는 시동 순서의 3단계에서 설정 파일을 찾지 못하면 셋업 모드(setup mode)라고 하는 모드로 들어가서 시동에 필요한 최소한의 설정을 입력하도록 한다.

라우터를 시동하는 과정은 다음과 같이 일반 PC와 유사하게 진행된다. 먼저 라우터를 시작하기 전에 전원, 선 연결, 콘솔 연결 등이 정상적으로 이루어져 있는지를 검사한다. 다음에 라우터의 전원 스위치를 온 시킨다. 그리고 콘솔 화면에 나타나는 부팅 메시지를 확인한다.

전원이 들어오면 시스코 라우터는 POST(Power On Self Test)를 수행한다. 이 과정이 진행되는 동안, 라우터는 ROM부터 시작하여 모든 하드웨어 모듈에 대한 진단을 수행한다. 이러한 진단 과정은 CPU, 메모리 그리고 네트워크 인터페이스의 기본적인 동작 상태를 점검한다.

하드웨어 기능을 점검하고 나면, 라우터는 운영체제인 시스코 IOS 소프트웨어를 찾아서 로드한다. 운영체제가 정상적으로 로드되면 설정 파일을 찾아서 적용한다. 설정 파일은 NVRAM에 저장되어 있으며, 설정 파일에는 라우터의 이름, 인터페이스의 주소 등이 기록되어 있다. 만약 공장에서 처음 출하되어 설정 파일이 없거나, 설정 파일이 삭제되어 찾을 수 없는 경우에는 셋업 모드로 들어간다. 셋업 모드는 라우터의 시동에 필요한 최소한의 설정을 대화식으로 설정하는 모드이다.

이상과 같은 시스코 라우터의 시동 절차를 다시 한 번 정리하면 다음과 같다.

- 1단계: 라우터의 하드웨어를 점검하고 기능을 확인하는 POST(Power On Self Test) 과정을 수행한다.
- 2단계: 운영체제로 사용하는 시스코 IOS 소프트웨어를 찾아서 로드한다.
- 3단계: NVRAM에서 설정 파일을 찾아서 적용한다. 설정 파일이 없으면 셋업 모드로 들어간다.

4.1.5 셋업 모드

공장에서 막 출하된 라우터에는 설정 파일이 없다. 또한 여러 가지 사정으로 NVRAM에 유효한 설정 파일이 존재하지 않는 경우, 운영체제는 대화식의 초기 설정 과정을 수행하는데 이것을 시스템 설정 대화 모드 또는 셋업 모드(setup mode)라고 한다. 셋업 모드는 라우터에 복잡한 프로토콜 기능들을 설정하기 위한 것이 아니다. 셋업 모드의 주된 목적은 설정 파일을 찾을 수 없는 라우터에 대하여 최소한의 설정을 쉽게 제공하기 위한 것이다.

라우터는 시동 과정을 진행할 때 설정 파일을 찾는다. 설정 파일이 존재하지 않으면 라우터는 셋업 모드라고 불리는 대화식 설정 과정을 거친다. 셋업 모드는 질문과 답으로 구성된 프로그램으로 최소한의 설정이 이루어질 수 있도록 해준다. 라우터에서 POST가 성공적으로 수행되고 시스코 IOS 이미지가 로딩되고 나면 NVRAM에 저장되어 있는 설정 파일을 찾는다. 라우터의 NVRAM은 일종의 메모리로, 전원이 공급되지 않더라도 기록된 내용을 저장한다. 만약 라우터가 시동 과정에서 NVRAM에 있는 설정 파일을 찾아서 적용하면, 콘솔 패스워드를 물어보고 맞으면 바로 사용자 모드 창이 나타나게 된다.

셋업 모드는 라우터에 복잡한 프로토콜 기능을 설정하기 위한 것이 아니고, 필요한 최소한의 설정이 가능하도록 마련된 것이다. 일반적으로 네트워크 관리자들은 셋업 모드를 이용하기보다는 다른 일반 설정 모드를 이용하여 더 정교하게 라우터를 설정한다.

셋업 모드의 주요 목적은 설정 파일이 없는 라우터에서 최소한의 기능을 빠르게 설정할 수 있도록 하는 것이다. 셋업 모드는 라우터가 부팅된 후에도 특권 실행 모드에서 setup 명령어를 이용하여 들어갈 수 있다. (그림 4-8)은 특권 실행 모드에서 셋업 모드로 이동하는 방법을 보인 것이다.

setup 명령어를 입력하고 나면 질문과 답이 이어지는데, [ ] 안에 선택할 수 있는 답이 있다. 그냥 Enter를 누르면 기본 값을 사용하겠다는 것을 의미한다. "Would you like to enter basic management setup?" 질문이 화면에 나타날 때, no를 입력

```
Router# setup
--- System Configuration Dialog ---
Continue with configuration dialog? [yes/no] : yes
At any point you may enter a question mark '?' for help.
Use ctrl-c to abort configuration dialog at any prompt.
Default settings are in square brackets '[]'.

Basic management setup configures only enough connectivity
for management of the system, extended setup will ask you
to configure each interface on the system

Would you like to enter basic management setup? [yes/no]: no
```

그림 4-8   셋업 모드로 이동하기

하면 질문과 답이 더 이상 진행하지 않는다. 만약 셋업 모드를 계속 진행하고 싶으면 yes를 입력한다.

설정 파일이 없어서 셋업 모드로 들어간 경우, 일반적으로 no를 입력하여 셋업 모드를 종료시킨다. 왜냐하면 셋업 모드에서는 최소한의 설정만이 가능하며 좀더 상세한 시스템 매개변수들은 일반 설정 모드에서 해야 하기 때문이다. Ctrl-C를 누르면 언제든지 셋업 모드를 빠져나올 수 있다.

4.1.6 라우터에 로그인하기

시스코 라우터를 설정하려면, 일단 콘솔 포트로 터미널을 연결하여야 한다. 필요한 설정이 마무리된 후에는 원격으로도 접속할 수 있다. 라우터나 스위치의 콘솔 포트, 보조 포트 또는 vty 포트로 IOS의 CLI에 접속하여 사용자 ID와 패스워드를 입력하면 로그인이 된다. 시스코 IOS 장비에 로그인이 되면 사용자 실행 모드로 들어간다.

라우터는 보안을 위하여 다음과 같은 두 단계의 실행 모드를 제공한다.

● 사용자 모드(user mode): 라우터의 상태를 확인하기 위한 일반 모드, 이 모드에서는 라우터의 설정을 변경할 수 없다.

• 특권 모드(privileged mode): 라우터의 설정을 변경할 수 있는 모드

라우터에 처음 로그인할 때는 사용자 모드 창이 나타난다. 사용자 모드에서 실행이 가능한 명령어는 특권 모드에서도 모두 사용이 가능하다. 사용자 모드에서 사용이 가능한 명령어들은 라우터의 설정 값을 변경할 수는 없고 단순히 정보만을 보여준다.

사용자 실행 모드의 프롬프트는 호스트의 이름 다음에 ">"가 표시된다. 즉 예를 들어 라우터의 이름이 RouterX라면 사용자 실행 모드의 프롬프트는 "RouterX>_"가 된다. 사용자 실행 모드에서는 라우터나 스위치의 동작을 제어할 수 있는 명령어는 사용할 수 없다. 예를 들어 사용자 실행 모드에서는 라우터나 스위치를 다시 로딩하거나 설정할 수 없다.

설정이나 관리를 위한 명령어와 같은 중요한 명령어를 실행하려면 특권 실행 모드로 들어가야 한다. 특권 실행 모드로 들어가기 위해서는, (그림 4-9)와 같이 사용자 실행모드에서 **enable** 명령어를 입력하면 된다. 보안을 위하여 특권 실행 모드에 패스워드를 설정하는 것이 일반적이다. 패스워드가 설정되어 있는 경우 패스워드를 물어보고 설정되어 있지 않으면 바로 특권 실행 모드로 들어간다.

특권 모드로 들어가면 (그림 4-9)와 같이, 프롬프트가 #으로 바뀐다. 특권 실행 모

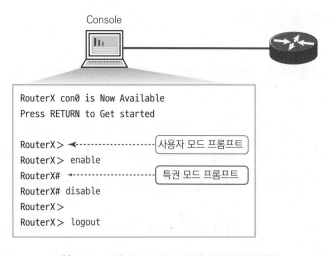

그림 4-9 사용자 모드에서 특권 모드로 이동하기

드의 프롬프트는 호스트의 이름 다음에 "#"이 표시된다. 즉 예를 들면 라우터의 이름이 RouterX라면 특권 실행 모드의 프롬프트는 "RouterX#_"가 된다.

(그림 4-9)와 같이, 특권 모드에서 disable 명령어를 입력하면 사용자 모드로 다시 돌아간다. 사용자 모드에서 exit 또는 logout 명령어를 입력하면 현재의 세션에서 완전히 벗어날 수 있다.

4.2 시스코 IOS의 기능

4.2.1 시스코 IOS의 명령어 목록

시스코 IOS의 사용자 모드나 특권 모드에서 물음표(?)를 입력하면 현재의 모드에서 사용이 가능한 명령어들의 목록을 볼 수 있다. (그림 4-10)과 (그림 4-11)은 사용자 모드와 특권 모드에서 물음표를 입력한 결과를 보인 것이다.

```
RouterX> ?
Exec commands:
access-enable      Create a temporary Access-List entry
access-profile     Apply user-profile to interface
clear              Reset functions
connect            Open a terminal connection
disable            Turn off privileged commands
disconnect         Disconnect an existing network connection
enable             Turn on privileged commands
exit               Exit from the ExEC
help               Description of the interactive help system
lat                Open a lat connection
lock               Lock the terminal
login              Log in as a particular user
logout             Exit from the ExEC
-- More --
```

그림 4-10 사용자 모드의 명령어 목록

```
RouterX# ?
Exec commands:
access-enable      Create a temporary Access-List entry
access-profile     Apply user-profile to interface
access-template    Create a temporary Access-List entry
bfe                For manual emergency modes setting
cd                 Change current directory
clear              Reset functions
clock              Manage the system clock
configure          Enter configuration mode
connect            Open a terminal connection
copy               Copy from one file to another
debug              Debugging functions (see also 'undebug')
delete             Delete a file
dir                List files on a filesystem
disable            Turn off privileged commands
disconnect         Disconnect an existing network connection
enable             Turn on privileged commands
erase              Erase a filesystem
exit               Exit from the EXEC
help               Description of the interactive help system
-- More --
```

그림 4-11   특권 모드의 명령어 목록

(그림 4-10)과 (그림 4-11)의 결과 화면에서 맨 마지막 행의 -- More -- 표시는 결과 값이 한 화면을 초과하는 경우, 다음 화면에 결과 값이 더 존재한다는 표시이다. 나머지 결과 값을 보기 위해서는 다음과 같은 작업을 수행할 수 있다.

- 스페이스 바(Spacebar): 다음 한 화면이 표시된다.
- 리턴 키(Return Key): 다음 한 줄을 보여준다.
- 그 외의 키(any other key): 그 모드의 프롬프트로 되돌아간다.

모든 명령어는 구분이 가능할 때까지의 문자만 입력하면 나머지 문자는 생략할 수 있다. 즉 (그림 4-10)에서 disable 명령어는 disa까지만 입력해도 문제가 없다. 그러나 dis까지만 입력하면 disconnect 명령어와 구분이 안 되기 때문에 오류가 발생한다. 명령어를 입력할 때 구분이 가능할 때까지의 문자만 입력하고 Tab 키를 누르면 완전한 명령어가 표시된다. 즉 사용자 모드에서 disa까지 입력하고 Tab 키를 누르면 disable 명령어가 표시된다.

4.2.2 시스코 IOS CLI의 도움말 기능

시스코 장비가 사용하는 시스코 IOS 소프트웨어는 명령어 라인 입력 도움말 기능이 있다. 시스코 장비의 시스코 IOS CLI는 다음과 같은 문맥 감지형 도움말 (context-sensitive help) 기능을 제공한다.

- 단어 도움말(word help): 명령어 전체가 아니라 앞의 몇 글자를 입력하고 바로 뒤에 물음표를 입력한다. 물음표 앞에 공백이 있으면 안 된다. 이렇게 하면 입력된 문자로 시작하는 명령어의 목록이 표시된다. 예를 들어 sh로 시작하는 명령어의 목록을 보려면 sh?를 입력한다.
- 명령어 구문 도움말(command syntax help): 명령어를 완성하기 위한 방법을 알기 위해 명령어 구문 도움말을 얻으려면 명령어 다음의 키워드나 인수 자리에 물음표를 입력한다. 물음표 앞에 공백을 둔다. 그러면 그 명령어에서 사용 가능한 옵션 목록이 표시된다. 예를 들어 show 명령어에서 지원하는 여러 옵션 목록을 보려면 show ?를 입력한다.

또한 명령어를 잘못 입력하면 오류 메시지를 출력하여 올바른 명령어를 입력할 수 있도록 도와주는 콘솔 오류 메시지(console error message) 기능도 제공한다. CLI를 사용하는 도중에 자주 접하는 오류 메시지를 〈표 4-1〉에 정리하였다.

표 4-1 CLI 오류 메시지

오류 메시지	의미	도움말을 얻는 방법
% Ambiguous command: "show con"	명령어를 구분할 수 있을 정도로 충분한 글자를 입력하지 않았다.	명령어 다음에 물음표를 입력한다. 이때 명령어와 물음표 사이에 공백 문자를 넣지 않는다.
% Incomplete command	명령어가 필요로 하는 키워드나 값을 모두 입력하지 않았다.	명령어 다음에 물음표를 입력한다. 명령어와 물음표 사이에 공백 문자를 넣는다.
% Invalid input detected at '^' marker	명령어를 부정확하게 입력하였다. ^ (caret) 표시가 붙은 지점에서 오류가 발생하였다.	물음표를 입력한다. 그러면 모든 사용 가능한 명령어나 매개변수를 표시한다.

시스코 CLI는 입력된 명령어의 히스토리나 기록을 저장해 뒀다가 다시 보여준다. 명령어 히스토리 버퍼(command history buffer)라고 하는 이 기능은 특히 긴 명령어나 복잡한 명령어의 경우에 유용하게 사용된다.

명령어 히스토리 기능을 이용하면, 명령어 버퍼의 내용을 볼 수 있으며, 명령어 히스토리 버퍼의 크기를 지정할 수 있고, 이전에 입력되어 히스토리 버퍼에 저장되어 있는 명령어를 다시 불러서 사용할 수 있다.

명령어 히스토리 기능은 기본적으로 활성화되어 있으며, 히스토리 버퍼에 10개의 명령어 라인을 저장한다. 현재 터미널 세션 중에 시스템이 기록하고 다시 불러올 명령어 라인의 개수를 변경하려면 terminal history size 명령어 다음에 숫자를 입력하면 된다. 최대 256라인까지 저장할 수 있다.

히스토리 버퍼에 있는 명령어 중에서 가장 최근에 입력한 명령어를 다시 불러오려면 Ctrl-P나 위쪽 화살표 키를 누른다. 그 전에 입력된 명령어를 계속 보려면 이 키를 반복해서 누르면 된다. 다시 그 전에 입력한 명령어를 불러오려면 Ctrl-N이나 아래쪽 화살표 키를 누른다. 〈표 4-2〉에 명령어 히스토리 기능을 정리하였다.

표 4-2   히스토리 명령어

명령어	설명
Ctrl-P 또는 위쪽 화살표	이 전에 입력했던 명령어를 다시 불러온다.
Ctrl-N 또는 아래쪽 화살표	최근 명령어를 다시 불러온다.
show history	명령어 버퍼의 내용을 보여준다.
terminal history size 숫자	명령어 버퍼 크기를 설정한다.

예를 들어 라우터의 시간을 설정하고자 할 때 도움말 기능을 사용하는 과정을 예제로 살펴보기로 하자. 〈그림 4-12〉에서와 같이 clok라고 명령어를 입력하면 시스코 IOS 소프트웨어는 명령어의 틀린 철자를 파악한다. 입력된 문자열과 일치하는 CLI 명령어가 없는 경우에 오류 메시지가 표시된다. 철자가 틀린 글자로 시작하는 시스코 IOS 명령어가 없으면 라우터는 입력된 문자열을 호스트 이름으로 인지하고 해당

호스트로 텔넷 접속을 시도한다.

　cl?과 같이 명령어의 첫 부분만 입력하더라도 문맥 감지형 도움말은 (그림 4-12)와 같이 전체 명령어를 보여준다. clear와 clock 중에서 입력하려고 했던 clock 명령어를 입력했지만 해당 명령어가 완전하지 않다는 오류 메시지가 표시된다. 그러면 나머지 명령어를 완성하는 데 필요한 인수를 결정하기 위하여 clock 명령어 다음에 물음표를 입력한다. 이때 물음표 앞에 공백 문자를 둔다. 그러면 도움말은 clock 명령어 다음에 set 키워드가 필요하다는 것을 보여준다.

　clock set 명령어를 입력한 다음에 Enter 키를 눌렀지만 명령어가 아직 완전하지 않다는 또 다른 오류 메시지가 뜨면 Ctrl-P 또는 위쪽 화살표 키를 눌러서 최근 명령어를 다시 불러온다. 그런 다음에 공백 문자를 추가하고 물음표를 입력하면 추가 인수를 확인할 수 있다. 인수로는 시, 분, 초로 이루어진 현재 시간이 필요함을 알 수 있다.

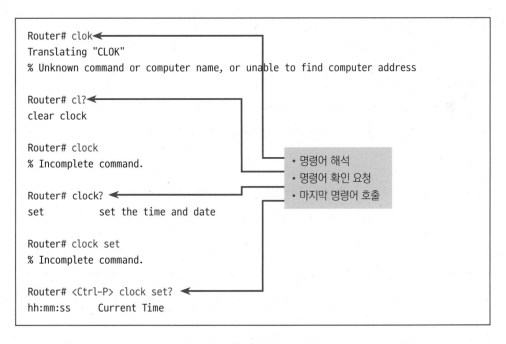

그림 4-12　라우터 시간 설정의 예

(그림 4-13)과 같이 현재 시간을 입력한 후에도 입력된 명령어가 완전하지 않다는 오류 메시지가 계속 뜨면 명령어를 다시 불러오고, 공백 문자를 추가한 다음, 물음표를 입력해서 사용할 수 있는 명령어 인수 목록을 표시한다. 예제에서 구문에 맞게 년, 월, 일을 입력한 다음에 Enter 키를 눌러서 명령어를 실행한다.

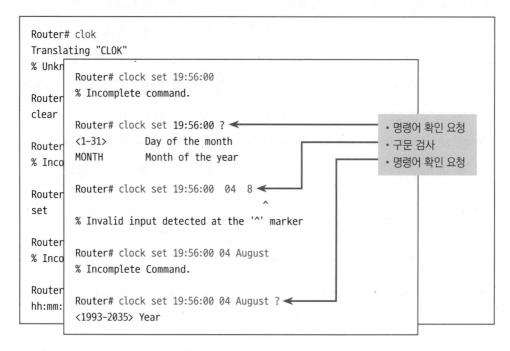

```
Router# clok
Translating "CLOK"
% Unkr
       Router# clock set 19:56:00
Router % Incomplete command.
clear
       Router# clock set 19:56:00 ?  ◄────────────  • 명령어 확인 요청
Router <1-31>      Day of the month                 • 구문 검사
% Inco MONTH       Month of the year                • 명령어 확인 요청

Router Router# clock set 19:56:00  04  8  ◄────
set                                    ^
       % Invalid input detected at the '^' marker
Router
% Inco Router# clock set 19:56:00 04 August
       % Incomplete Command.
Router
hh:mm: Router# clock set 19:56:00 04 August ?  ◄────
       <1993-2035> Year
```

그림 4-13   도움말 기능의 사용 예

구문 검사에서 오류가 발생한 지점을 표시하기 위하여 ^ 기호(caret symbol)가 사용된다. 부정확한 명령어, 키워드, 인수가 입력된 곳에 ^ 기호가 표시된다. 오류가 발생한 지점을 알고 도움말 시스템을 사용하면 구문 오류를 쉽게 파악해서 이를 고칠 수 있다. (그림 4-13)에서 발생한 오류는 월을 숫자로 입력한 것이다. 월을 문자로 다시 입력하면 이번에는 년도를 숫자로 입력하라는 도움말이 표시된다.

4.2.3 고급 편집 명령어

시스코 IOS CLI에는 고급 편집 모드가 있으며, 이 모드에서 일련의 편집 키 기능을 이용할 수 있다. 고급 편집 모드는 자동으로 활성화되어 있으며, 필요한 경우 이를 비활성화할 수도 있다. 고급 라인 편집 기능을 활성화하려면 `terminal editing` 명령어를 사용하고, 비활성화하려면 `terminal no editing` 명령어를 사용한다.

대부분의 명령어는 그 앞에 **no**라는 단어를 붙여서 다시 실행시키면 비활성화된다. 이 규칙이 예외인 경우가 몇 가지 있는데, `terminal` 명령어가 여기에 속한다. 즉 터미널 편집을 비활성화하기 위해서는 `no terminal editing` 명령어가 아니라 `terminal no editing` 명령어를 사용하여야 한다.

고급 라인 편집 기능 중 하나로 화면에서 한 줄이 넘어가는 경우에 수평 스크롤을 제공하는 기능이 있다. 커서가 오른쪽 끝에 도달하면 명령어 라인이 왼쪽으로 10 스페이스 이동한다. 처음 10글자는 보이지 않게 된다. 물론 명령어의 시작 부분 쪽으로 다시 스크롤해서 갈 수 있다.

예를 들어 〈그림 4-14〉와 같이 명령어 입력이 한 줄을 넘어가면 명령어 문자열의 끝 부분만 볼 수 있다. 달러 기호($)는 줄이 왼쪽으로 스크롤 되었다는 것을 표시한다. 뒤로 스크롤해서 명령어의 시작 부분으로 가려면 **Ctrl-B**나 왼쪽 화살표 키를 계속 누른다. 줄의 시작 부분으로 바로 가려면 **Ctrl-A**를 누른다.

```
Router>$ value for customers, employees, and partners.
```

그림 4-14   한 줄이 넘는 명령어 표시 예

CLI에서는 단축키나 핫 키를 제공한다. 키 조합을 사용하여 커서를 명령어의 여러 곳으로 옮겨서 명령어를 수정하거나 변경할 수 있다. 〈표 4-3〉에 단축키들을 정리하였다.

표 4-3   고급 편집 명령어

명령어	설 명
Ctrl-A	커서를 명령어 라인 처음으로 옮긴다.
Ctrl-E	커서를 명령어 라인 끝으로 옮긴다.
Esc-B	커서를 한 단어 뒤로 옮긴다.
Esc-F	커서를 한 단어 앞으로 옮긴다.
Ctrl-B	커서를 한 글자 뒤로 옮긴다.
Ctrl-F	커서를 한 글자 앞으로 옮긴다.
Ctrl-D	커서 왼쪽에 있는 한 글자를 지운다.
Backspace	커서 왼쪽에 있는 한 글자를 지운다.
Ctrl-R	현재 명령어 라인을 다시 보여준다.
Ctrl-U	한 라인을 삭제한다.
Ctrl-W	커서 왼쪽에 있는 한 단어를 지운다.
Ctrl-Z	설정 모드를 끝내고 실행 모드로 돌아간다.
Tab	구분이 가능할 정도로 충분한 글자가 입력된 경우 명령어를 완성한다.

4.2.4 라우터의 초기 시동 상태 보기

시스코 라우터에 로그인한 후에 라우터의 하드웨어 및 소프트웨어 상태는 show version 명령어, show running-config 명령어, show startup-config 명령어를 이용하여 확인할 수 있다.

show version 명령어는 시스템 하드웨어 설정, 소프트웨어 버전, 메모리 크기, 레지스터 설정 값 등을 보여준다. (그림 4-15)는 show version 명령어의 실행 결과 화면이다.

```
wg_ro_a# show version
Cisco Internetwork Operating System Software
IOS (tm) 2500 Software (C2500-JS-L), Version 12.0(3), RELEASE SOFTWARE (fc1)
Copyright (c) 1986-1999 by cisco Systems, Inc.
Compiled Mon 08-Feb-99 18: 18$ by phanguye
Image text-base: 0x03050c84, data-base: 0x00001000

ROM: System Bootstrap, Version 11.0(10c), SOFTWARE
BOOTFLASH: 3000 Bootstrap Software (IGS-BOOT-R), Version 11.0(10c),
RELEASE SOFTWARE(fc1)

wg_ro_a uptime is 20 minutes
System restarted by reload
System image file is "flash:c2500-js-1_120-3.bin"
(output omitted)
--More--

Configuration register is 0x2102
```

그림 4-15   show version 명령어의 실행 결과

show startup-config 명령어는 NVRAM에 저장되어 있는 시작 설정 파일의 내용을 보여준다. show running-config 명령어는 RAM에 있으면서 현재 실행 중인 설정 파일의 내용을 보여준다. (그림 4-16)은 실행 중인 설정 파일과 시작 설정 파일의 위치와 셋업 유틸리티가 설정 파일을 복사하는 위치를 보여준다.

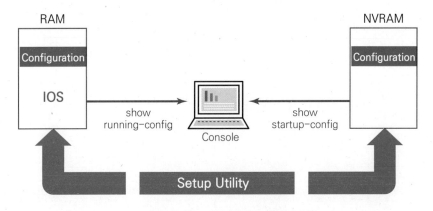

그림 4-16   설정 파일의 저장 위치

라우터에서 show running-config 명령어를 실행하면 (그림 4-17)과 같이 "Building configuration......"이라는 메시지가 나타난다. 이 메시지는 실행 설정이 현재 RAM에 저장되어 있고 실행 중인 설정 파일의 설정 값으로 만들어졌다는 것을 나타낸다. RAM으로부터 실행 설정이 만들어진 다음에는 "Current configuration:" 메시지가 표시되며, 이 메시지는 이것이 현재 RAM에서 실행 중인 현재 실행 설정이라는 것을 나타낸다.

show startup-config 명령어 실행 결과의 첫 번째 라인은 설정 저장에 사용되는 NVRAM의 용량을 나타낸다. 예를 들어 "Using 1359 out of 32762 bytes"는 NVRAM의 총 용량이 32,762바이트이고, NVRAM에 저장된 설정 파일의 용량이 1,359바이트라는 것을 의미한다.

In RAM	In NVRAM

wg_ro_c#show running-config
Building configuration...
 	
Current configuration:
!
version 12.0
!
    -- More --
	wg_ro_c#show startup-config
	Using 1359 out of 32762 bytes
	!
	version 12.0
	!
	    -- More --

그림 4-17   설정 파일의 예

- 라우터는 목적지로 가는 최적의 경로로 패킷을 전송하는(Routing) 기능을 하는 3계층 장비이고, 특수목적용 컴퓨터로 컴퓨터와 유사한 구성 요소를 가진다.

- 라우터 내부의 주요 구성 요소로 CPU, RAM, ROM, 플래시 메모리, NVRAM, 설정 레지스터가 있다.

- 시스코 IOS 소프트웨어는 모든 시스코 스위치와 라우터에서 사용하는 운영체제이며, 사용자 인터페이스로 CLI를 사용한다.

- CLI는 사용자 실행 모드와 특권 실행 모드와 같은 두 개의 실행 모드를 지원한다. 사용자 모드는 장비의 상태를 모니터링만 할 수 있는 모드이며, 특권 모드는 장비의 설정을 변경할 수 있는 모드이다.

- 라우터의 초기 시동 순서는 먼저 POST를 수행하고 시스코 IOS 이미지를 찾아 로드한 다음, 라우터 운영을 위한 설정 파일을 찾아서 로드한다.

- 라우터는 시동 과정에서 NVRAM에서 설정 파일을 찾지 못하면 셋업 모드로 들어가는데, 셋업 모드는 최소한의 설정을 하기 위한 대화식 모드이다.

- enable 명령어를 이용하여 사용자 실행 모드에서 특권 실행 모드로 이동할 수 있다.

- 시스코 라우터에 로그인한 후, show version 명령어, show running-config 명령어, show startup-config 명령어를 이용하여 라우터의 초기 설정 상태를 확인할 수 있다.

연습문제

4.1 시스코 라우터의 개요

[4-1] What type of RJ-45 UTP cable do you use to connect a PC's COM port to a router or switch console port?

    A) Straight-through   B) Crossover cable

    C) Crossover with a CSU/DSU   D) Rolled

[4-2] What are the two primary Cisco IOS EXEC modes?

    A) user and root   B) user and enable

    C) user and privileged   D) normal and privileged

[4-3] Upon initial installation of a Cisco router or switch, the network administrator typically configures the networking devices from a _____.

    A) CD-ROM   B) TFTP server

    C) console terminal   D) modem connection

[4-4] What happens when you start a Cisco router that has no configuration in memory?

    A) The router will use its default configuration.

    B) The router will prompt you to enter a minimum configuration.

    C) The router will obtain the configuration from its flash memory.

    D) The router will use a dialog called enable to prompt for the configuration.

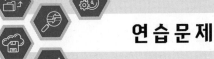

[4-5]   What happens when you start a Catalyst switch for the first time?

   A) The switch will use its default initial configuration.

   C) The switch will get its configuration from flash memory.

   B) The switch will prompt you to enter a minimum configuration.

   D) The switch will use a dialog called enable to prompt for the configuration.

[4-6]   If a network administrator is supporting a remote device, what is the preferred type of connection or configuration to permit the administrator to configure the device remotely?

   A) modem connection via the console port

   B) console connection via the console port

   C) modem connection via the auxiliary port

   D) CD-ROM configuration with Cisco Fast Step

[4-7]   Which connection methods can you use to access the Cisco IOS command-line interfaces? (Choose three.)

   A) TFTP session   B) Telnet session

   C) modem connection   D) console connection

   E) web-enabled session

[4-8]   How do you enter commands into the Cisco IOS CLI?

   A) Use a web interface to select commands from a list.

   B) Type or paste entries within a console command mode.

   C) Use the management feature to indicate the next command to enter.

   D) Select commands from a menu provided by Cisco IOS software.

연습문제

[4-9] How do you know which command mode you are using on a Cisco device?

A) The command mode is indicated with a distinctive prompt.

B) The context-sensitive help feature indicates the command mode.

C) The command mode is displayed after you enter each command.

D) You will see an error message if you are operating in the wrong command mode.

[4-10] Which EXEC mode allows you to configure and debug a Cisco router?

A) user   B) enable

C) normal   D) privileged

[4-11] Which Cisco IOS command takes you from the Router> prompt to the Router# prompt on a Cisco router?

A) user   B) config

C) enable   D) privilege

[4-12] When a Cisco device starts up, which of the following does it run to check its hardware?

A) Flash   B) RAM

C) POST   D) TFTP

[4-13] Which CLI prompt indicates that you are working in privileged EXEC mode?

A) hostname#   B) hostname>

C) hostname-exec>   D) hostname-config

[4-14] When the router starts up, which actions do the startup routines perform? (Choose three.)

A) Run POST.

B) Execute setup mode.

C) Make sure that the router can reach other routers on the same network.

D) Enter privileged EXEC mode so the network administrator can configure it.

E) Find and load the Cisco IOS software that the router uses for its operating system

F) Find and apply the configuration statements about router-specific attributes, protocol functions, and interface addresses.

[4-15] Why would you use the setup dialog on a Cisco router?

A) to bring up privileged EXEC mode

B) to complete the initial configuration

C) to enter complex protocol feature in the router

D) to create a test configuration file without saving it to NVRAM

[4-16] What should you do if you make an error during the system configuration dialog on a Cisco router?

A) Type Ctrl-C to abort the process and start over.

B) Use the Page UP key to go back and correct the error

C) Type Ctrl-Q to abort the process and return to the beginning.

D) Use Ctrl-P or the Up Arrow to repeat the last command and make any corrections

[4-17] Refer to the exhibit. What can be determined about the router from the console output?

```
1 Fastethernet/IEEE 802.3 interface(s)
125K bytes of non-volatile configuration memory.

65536K bytes of ATA PCMCIA card at slot $\theta$ (Sector size 512
bytes).
8192K bytes of Flash internal SIMM (Sector size 256K).

--- System Configuration Dialog --.

Would you like to enter the initial configuration dialog? [yes/no]:
```

A) No configuration file was found in NVRAM.

B) No configuration file was found in flash.

C) No configuration file was found in the PCMCIA card.

D) Configuration file is normal and will load in 15 seconds.

[4-18] What is the purpose of the POST operation on a router?

A) determine whether additional hardware has been added

B) locate an IOS image for booting

C) enable a TFTP server

D) set the configuration register

[4-19] If a network administrator is supporting a remote device, the preferred method is to use a modem connection to the _____ of the device for remote configuration.

A) LAN port   B) Uplink port

C) Console port   D) Auxiliary port

4.2 시스코 IOS의 기능

[4-20] What should you do if you receive a "% Ambiguous command" message on your Cisco router?

A) Enter help and follow the instructions that appear on your screen.

B) Enter a question mark (?) to display all of the commands or parameters that are available in this mode.

C) Reenter the command followed by a question mark (?) with no space between the command and the question mark.

D) Reenter the command followed by a question mark (?) with a space between the command and the question mark.

[4-21] When the information displayed on a Cisco router is more than one page in length, what should you do to display the next page?

A) Type more.　　　　　　　　　　B) Press any key.

C) Press the Space Bar.　　　　　　D) Press the Down Arrow key.

[4-22] What does the Cisco IOS CLI do when you enter a command that is more than one line long?

A) The router truncates the command because commands longer than one line are not allowed.

B) The router automatically scrolls the line to the left and uses a dollar sign ($) to indicate that the beginning of the line is elsewhere.

C) The router automatically moves the cursor to the next line and uses a caret (^) symbol to indicate that the beginning of the line is elsewhere.

D) The router automatically shortens the command to the smallest number of characters that will still make the character string unique yet allow it to fit on one line.

[4-23] What does the "% Incomplete command" message mean on a Cisco router?

A) You entered an invalid command parameter.

B) You did not enter all of the keywords or values required by the command.

C) You are running the Cisco IOS software from flash memory, not from RAM.

D) You did not enter enough characters for the router to recognize the command.

[4-24] What happens when you press the Tab key when working in the CLI?

A) The current line will be redisplayed.

B) The cursor will move forward one word.

C) The cursor will move to the end of the command line.

D) The parser will complete a partially entered command if you entered enough characters to make the command unambiguous.

[4-25] Which commands recall commands in the history buffer beginning with the most recent command? (Choose two.)

A) Ctrl-N   B) Ctrl-P

C) Up Arrow   D) show history

E) Down Arrow

[4-26] What information does the show startup-config command display?

A) saved configuration in RAM

B) running configuration in RAM

C) saved configuration in NVRAM

D) running configuration in NVRAM

[4-27] The output of the show running-config command comes from _____.

A) NVRAM   B) Flash

C) RAM   D) Firmware

[4-28] You type the following command into the router and receive the following output:

```
Router# show fastethernet 0/1
                  ^
% Invalid input detected at '^' marker.
```

Why was this error message displayed?

A) You need to be in privileged mode.

B) You cannot have a space between fastethernet and 0/1.

C) The router does not have a FastEthernet 0/1 interface.

D) Part of the command is missing.

[4-29] You type Switch#sh r and receive a % ambiguous command error. Why did you receive this message?

A) The command requires additional options or parameters.

B) There is more than one show command that starts with the letter r.

C) There is no show command that starts with r.

D) The command is being executed from the wrong mode.

[4-30] You wish to get help on which parameters exist on the ping command. How would you get a list of parameters?

A) help ping   B) ping ?

C) ? ping   D) ?? ping

연습문제

정답 및 해설

[4-1] 라우터나 스위치의 콘솔 포트와 PC의 COM 포트를 연결할 때 어떤 형태의 RJ-45 UTP 케이블을 사용하는가?

A) 표준(straight-through) 케이블

B) 크로스오버(crossover) 케이블

C) CSU/DSU가 부착된 크로스오버 케이블

D) 롤오버(rollover) 케이블

해설

- 라우터나 스위치의 콘솔 포트에 PC를 연결할 때에는 롤오버 케이블(rollover cable)을 사용한다. 롤오버 케이블은 1번과 8번, 2번과 7번, 3번과 6번과 같이 완전히 뒤집어서 연결된 케이블이다.

[4-2] 시스코 IOS의 두 가지 실행 모드는?

A) 사용자 모드와 루트 모드

B) 사용자 모드와 전역 모드

C) 사용자 모드와 특권 모드

D) 정상 모드와 특권 모드

해설

- 시스코 IOS 소프트웨어는 보안을 위하여 실행 모드(execution mode)를 2단계로 분리한다. 시스코 IOS의 두 가지 실행 모드는 사용자 실행 모드(user execution mode)와 특권 실행 모드(privileged execution mode)가 있다.

[4-3] 시스코 라우터나 스위치를 처음 설정할 때, 네트워크 관리자가 주로 사용하는 연결 방법은?

A) TFTP 연결   B) 텔넷 연결

C) 모뎀 연결   D) 콘솔 연결

해설

- 라우터나 스위치를 설정하고 관리할 수 있는 관리 포트에는 콘솔 포트와 보조 포트가 있다. 라우터나 스위치의 초기 설정은 콘솔 포트를 사용하여 설정한다.

[4-4] 메모리에 설정 파일이 없는 시스코 라우터를 시작하면 무슨 일이 일어나는가?

A) 라우터는 디폴트 설정 파일을 사용한다.

B) 라우터는 최소한의 설정 사항을 입력하라고 요구한다.

C) 라우터는 플래시 메모리로부터 설정 파일을 가지고 온다.

D) 라우터는 설정 사항의 입력을 요구하는 인에이블이라고 부르는 대화 모드로 들어간다.

해설

- 라우터는 시동 과정에서 설정 파일을 찾지 못하면 셋업 모드(setup mode)라고 하는 모드로 들어가서 시동에 필요한 최소한의 설정을 입력하도록 요구한다.

[4-5] Catalyst 스위치를 처음으로 시작하면 무슨 일이 일어나는가?

A) 스위치는 디폴트 초기 설정을 사용한다.

C) 스위치는 플래시 메모리로부터 설정 파일을 가지고 온다.

B) 스위치는 최소한의 설정 사항을 입력하라고 요구한다.

D) 스위치는 설정 사항의 입력을 요구하는 인에이블이라고 부르는 대화 모드로 들어간다.

해설

- 스위치는 아무런 초기 설정이 없어도 전원만 연결하면 바로 동작된다.

[4-6] 네트워크 관리자가 원격 장비의 사용을 지원할 때, 장비를 원격으로 설정하기 위하여 주로 사용하는 연결 또는 설정 방법은?

A) 콘솔 포트를 통한 모뎀 연결

B) 콘솔 포트를 통한 콘솔 연결

C) 보조 포트를 통한 모뎀 연결

D) Cisco Fast Step을 가진 CD-ROM을 이용한 설정

해설

- 콘솔 포트를 통한 터미널의 연결은 로컬 연결이다. 즉 라우터가 있는 장소에 가서 연결해야 한다. 라우터의 보조 포트에 모뎀을 연결하면 원격에서 라우터에 접속할 수 있다.

ANSWER   [4-1] D)   [4-2] C)   [4-3] D)   [4-4] B)   [4-5] A)   [4-6] C)

연습문제

정답 및 해설

[4-7] 다음 중 시스코 IOS의 CLI(Command-Line Interface)에 접속하는데 사용할 수 있는 연결 방법은? (3가지 선택)

A) TFTP 연결 B) 텔넷 연결

C) 모뎀 연결 D) 콘솔 연결

E) 웹 연결

> **해설**
> • 시스코 라우터를 설정하려면, 일단 콘솔 포트로 터미널을 연결하여야 한다. 필요한 설정이 마무리된 후에는 원격으로도 접속할 수 있다. 라우터나 스위치의 콘솔 포트, 보조 포트 또는 vty 포트로 IOS의 CLI에 접속하여 사용자 ID와 패스워드를 입력하면 로그인이 된다.

[4-8] 시스코 IOS의 CLI에서 명령어를 입력하는 방법은?

A) 목록으로부터 명령어를 선택하기 위하여 웹 인터페이스를 사용한다.

B) 콘솔의 명령어 모드에서 명령어를 타이핑하거나 복사하여 붙여 넣는다.

C) 입력할 다음 명령어를 지시하기 위하여 관리 항목을 사용한다.

D) 시스코 IOS 소프트웨어가 제공하는 메뉴에서 명령어를 선택한다.

> **해설**
> • CLI에서 명령을 입력하기 위해서는 콘솔의 명령 모드에서 명령어를 직접 입력하거나 복사하여 붙여넣기를 실행하면 된다.

[4-9] 시스코 장비에서 지금 어떤 명령어 모드를 사용하고 있는지 어떻게 알 수 있는가?

A) 명령어 모드마다 프롬프트가 각기 다르다.

B) 문맥 감지 도움말 기능이 명령어 모드를 알려준다.

C) 각각의 명령어를 입력하면 명령어 모드가 화면에 출력된다.

D) 잘못된 명령어 모드로 들어가면 오류 메시지가 나온다.

> **해설**
> • 사용자 실행 모드의 프롬프트는 호스트의 이름 다음에 ")"가 표시된다.
> • 특권 실행 모드의 프롬프트는 호스트의 이름 다음에 "#"이 표시된다.

[4-10] 시스코 라우터를 설정하고 디버깅 할 수 있는 실행 모드는?

A) 사용자 모드 B) 수퍼 모드

C) 정규 모드 D) 특권 모드

> **해설**
> • CLI는 사용자 실행 모드와 특권 실행 모드와 같은 두 개의 실행 모드를 지원한다. 사용자 모드는 장비의 상태를 모니터링만 할 수 있는 모드이며, 특권 모드는 장비의 설정을 변경할 수 있는 모드이다.

[4-11] 다음의 시스코 IOS 명령어 중에서 Router> 프롬프트에서 Router# 프롬프트로 바꾸는 명령어는?

A) user B) config

C) enable D) privilege

> **해설**
> • 특권 실행 모드로 들어가기 위해서는 사용자 실행모드에서 **enable** 명령어를 입력하면 된다.

[4-12] 다음 중 시스코 장비가 처음 시작할 때 하드웨어를 검사하기 위하여 동작하는 것은?

A) Flash B) RAM

C) POST D) TFTP

> **해설**
> • 전원이 들어오면 시스코 라우터는 POST(Power On Self Test)를 수행한다. POST는 ROM부터 시작하여 모든 하드웨어 모듈에 대한 진단을 수행한다.

연습문제

정답 및 해설

[4-13] 다음 중 특권 실행 모드가 실행될 때 표시되는 프롬프트는?

A) hostname#   B) hostname>

C) hostname-exec>   D) hostname-config

해설

- 특권 실행 모드의 프롬프트는 호스트의 이름 다음에 "#"이 표시된다. 라우터의 이름이 RouterX라면 특권 실행 모드의 프롬프트는 "RouterX#_"가 된다.

[4-14] 라우터의 시동 시에 시동 루틴은 어떠한 동작을 수행하는가? (3가지 선택)

A) POST를 실행한다.

B) 셋업 모드를 실행한다.

C) 라우터가 같은 네트워크의 다른 라우터에 접속할 수 있는가를 확인한다.

D) 네트워크 관리자가 라우터를 설정할 수 있도록 특권 설정 모드로 들어간다.

E) 라우터의 운영체제로 사용할 수 있도록 시스코 IOS 소프트웨어를 찾아서 로드한다.

F) 라우터의 속성, 프로토콜 기능, 인터페이스 주소 등과 같은 설정을 찾아서 적용한다.

해설

라우터의 시동 절차 3단계

- 1단계: 라우터의 하드웨어를 점검하고 기능을 확인하는 POST(Power On Self Test) 과정을 수행한다.
- 2단계: 운영체제로 사용하는 시스코 IOS 소프트웨어를 찾아서 로드한다.
- 3단계: NVRAM에서 설정 파일을 찾아서 적용한다. 없으면 셋업 모드로 들어간다.

[4-15] 시스코 라우터에서 셋업 대화 모드를 사용하는 이유는?

A) 특권 실행 모드로 들어가기 위하여

B) 초기 설정을 완성하기 위하여

C) 라우터에서 복잡한 프로토콜 특성을 입력하기 위하여

D) 테스트를 위한 설정 파일을 만들고 NVRAM에는 저장하지 않기 위하여

해설

- 셋업 모드는 라우터의 시동에 필요한 최소한의 설정을 대화식으로 설정하는 모드이다.

[4-16] 시스코 라우터의 시스템 설정 대화 모드에서 입력 오류가 발생한 경우 어떻게 해야 하나?

A) 프로세스를 중지하고 다시 시작하기 위하여 Ctrl-C를 입력한다.

B) 되돌아가서 오류를 정정하기 위하여 Page UP 키를 사용한다.

C) 프로세스를 중지하고 처음으로 돌아가기 위하여 Ctrl-Q를 입력한다.

D) 마지막 명령어를 반복하여 오류를 정정하기 위해 Ctrl-P 또는 위쪽 화살표 키를 사용한다.

해설

- Ctrl-C를 누르면 언제든지 셋업 모드를 빠져나올 수 있다.

[4-17] 콘솔의 출력이 다음 그림과 같이 표시되었을 때, 라우터의 상태로 옳은 것은?

A) NVRAM에 설정 파일이 없다.

B) Flash에 설정 파일이 없다.

C) PCMCIA 카드에 설정 파일이 없다.

D) 설정 파일이 정상이며 15초 내에 로드된다.

해설

- 그림은 셋업 모드를 표시한 것이다. 라우터가 공장에서 막 출하되었거나, 또 다른 사정으로 인하여 NVRAM에 유효한 설정 파일이 존재하지 않는 경우에 그림과 같은 셋업 모드로 들어간다.

[4-18] 라우터에서 POST를 수행하는 목적은 무엇인가?

A) 추가적인 하드웨어가 장착되었는지를 검사하기 위해서

B) 부팅을 위하여 IOS 이미지를 찾기 위하여

C) TFTP 서버를 동작시키기 위하여

D) 설정 레지스터를 설정하기 위하여

ANSWER   [4-13] A)   [4-14] A), E), F)   [4-15] B)   [4-16] A)   [4-17] A)   [4-18] A)

해설

- POST(Power On Self Test)의 목적은 라우터에 부착된 하드웨어를 검사하고 그것의 기본적인 동작 상태를 점검하는 것이다.

[4-19] 네트워크 관리자가 모뎀 연결을 통하여 원격 접속을 할 때에는 주로 장비의 _____을 통하여 접속한다.

A) LAN port   B) Uplink port
C) Console port   D) Auxiliary port

해설

- 모뎀을 사용하여 라우터에 원격 접속을 할 때에는 보조 포트(Auxiliary port)로 연결한다.

[4-20] 시스코 라우터에서 "% Ambiguous command"라는 메시지가 출력되면 어떻게 해야 하나?

A) help를 입력하고 화면에서 지시하는 대로 따른다.
B) 현재의 모드에서 사용가능한 모든 명령어나 매개변수들을 표시하기 위하여 물음표 (?)를 입력한다.
C) 그 명령어를 다시 입력하고 바로 뒤에 공백 없이 물음표 (?)를 입력한다.
D) 그 명령어를 다시 입력하고 바로 뒤에 공백을 넣고 물음표 (?)를 입력한다.

해설

- "% Ambiguous command"라는 메시지는 명령어를 구분할 수 있을 정도로 충분한 글자를 입력하지 않았다는 의미이다. 도움말을 얻는 방법은 명령어 다음에 물음표를 입력한다. 이때 명령어와 물음표 사이에 공백 문자를 넣지 않는다.

[4-21] 시스코 라우터에서 출력 화면이 한 페이지를 초과할 때, 다음 페이지를 보려면 어떻게 해야 하나?

A) more를 입력한다.
B) 아무 키나 누른다.
C) 스페이스 바를 누른다.
D) 아래쪽 화살표 키를 누른다.

해설

출력 화면이 한 화면을 초과하는 경우, 다음 화면에 결과 값이 더 존재한다는 표시이다. 나머지 결과 값을 보기 위한 방법은 다음과 같다.
- 스페이스 바(Spacebar): 다음 한 화면이 표시된다.
- 리턴 키(Return Key): 다음 한 줄을 보여준다.
- 그 외의 키(any other key): 그 모드의 프롬프트로 되돌아간다.

[4-22] 시스코 IOS의 CLI에서 한 줄을 넘는 명령어를 입력하면 어떻게 되는가?

A) 한 줄을 넘는 명령어는 허용되지 않으므로 라우터는 명령어를 잘라 낸다.
B) 라우터는 자동으로 왼쪽으로 라인을 스크롤하고, 라인의 시작이 왼쪽으로 스크롤 되었다는 것을 표시하기 위하여 달러 기호 ($)를 삽입한다.
C) 라우터는 자동으로 커서를 다음 라인으로 옮기고, 라인의 시작이 다른 곳에 있다는 것을 표시하기 위하여 캐럿 기호 (^)를 사용한다.
D) 라우터는 자동으로 명령어를 최소한의 문자수로 줄이는데, 한 줄에 다 들어가고 문자열이 다른 명령어와 구별이 가능할 때까지 문자수를 줄인다.

해설

- CLI에서 명령어 입력이 한 줄을 넘어가면 명령어 라인이 왼쪽으로 10 스페이스 이동한다. 처음 10글자는 보이지 않게 된다. 라인이 왼쪽으로 스크롤 되었다는 것을 표시하기 위하여 달러 기호($)를 맨 앞에 삽입한다.

[4-23] 시스코 라우터에서 "% Incomplete command" 메시지가 의미하는 것은?

A) 잘못된 명령어 매개변수를 입력하였다.
B) 명령어에서 요구하는 모든 키워드나 값을 아직 다 입력하지 않았다.
C) 시스코 IOS 소프트웨어를 RAM에서 가져온 것이 아니라 플래시 메모리에서 가져와서 동작시키고 있다.
D) 라우터가 명령어를 인식할 수 있을 정도로 충분한 문자를 입력하지 않았다.

연습문제
정답 및 해설

해설
- "% Incomplete command" 메시지는 명령어가 필요로 하는 키워드나 값을 모두 입력하지 않았다는 의미이다. 도움말을 얻기 위해서는 명령어 다음에 물음표를 입력한다. 명령어와 물음표 사이에 공백 문자를 넣는다.

[4-24] CLI에서 Tab 키를 누르면 무슨 일이 일어나는가?

A) 현재의 라인이 다시 표시된다.

B) 커서가 한 단어 앞으로 이동한다.

C) 커서가 명령어 라인의 맨 뒤로 이동한다.

D) 다른 명령어와 구별할 수 있을 정도로 충분한 글자만 입력하였으면 명령어 해석기(parser)가 그 명령어의 나머지 부분을 완성한다.

해설
- 명령어를 입력할 때 구분이 가능할 때까지의 문자만 입력하고 Tab 키를 누르면 완전한 명령어가 표시된다.

[4-25] 다음 명령어 중 히스토리 버퍼에서 가장 최근의 명령어부터 차례로 다시 불러오는 명령어는? (2가지 선택)

A) Ctrl-N

B) Ctrl-P

C) Up Arrow

D) show history

E) Down Arrow

해설
- 히스토리 버퍼에 있는 명령어 중에서 가장 최근에 입력한 명령어를 다시 불러오려면 Ctrl-P나 위쪽 화살표 키를 누른다. 그 전에 입력된 명령어를 계속 보려면 이 키를 반복해서 누르면 된다. 다시 그 전에 입력한 명령어를 불러오려면 Ctrl-N이나 아래쪽 화살표 키를 누른다.

[4-26] show startup-config 명령어는 어떠한 정보를 표시하는가?

A) RAM에 저장된 설정

B) RAM에서 동작 중인 설정

C) NVRAM에 저장된 설정

D) NVRAM에서 동작 중인 설정

해설
- show startup-config 명령어는 NVRAM에 저장되어 있는 시작 설정 파일의 내용을 보여준다.

[4-27] show running-config 명령어의 출력은 __ (으)로부터 나온다.

A) NVRAM

B) Flash

C) RAM

D) Firmware

해설
- show running-config 명령어는 RAM에 있는, 현재 실행 중인 설정 파일의 내용을 보여준다.

[4-28] 다음은 라우터에 입력된 명령어와 표시된 출력이다.

```
Router# show fastethernet 0/1
                 ^
% Invalid input detected at '^' marker.
```

이와 같은 오류 메시지가 출력된 이유는 무엇인가?

A) 특권 설정 모드로 들어가야 한다.

B) fastethernet과 0/1 사이에 공백을 두면 안 된다.

C) 이 라우터에는 FastEthernet 0/1 인터페이스가 없다.

D) 명령어의 일부분이 빠졌다.

해설
- 명령어가 부정확하게 입력된 경우, IOS는 해당하는 부분에 ^ 표시를 한다. 올바른 명령어는 show interface fastethernet 0/0 이다.

[4-29] "Router# show r"이라는 명령어를 입력하였더니, "% ambiguous command"라는 오류 메시지가 출력되었다. 이유는 무엇인가?

A) 이 명령어는 추가적인 옵션 또는 파라메터가 필요하다.

B) show 다음에 문자 r로 시작하는 명령어가 하나 이상 있다.

C) show 다음에 r로 시작하는 명령어는 없다.

D) 이 명령어가 잘못된 모드에서 실행되었다.

ANSWER   [4-24] D)   [4-25] B), C)   [4-26] C)   [4-27] C)   [4-28] D)   [4-29] B)

해설
- % ambiguous command 오류 메시지는 명령어를 구분할 수 있을 정도로 충분한 글자가 입력되지 않은 경우에 표시된다. 즉 show 명령어 다음에 r로 시작하는 여러 개의 명령어가 있어서 구분이 안 된다는 오류 메시지이다. 이 같은 경우 r 문자 다음에 공백 없이 ?를 입력하여 정확한 명령어를 확인한다.

[4-30] ping 명령어 다음에 어떤 파라메터들을 입력할 수 있는지를 알고 싶을 때 무슨 명령어를 사용해야 하는가?

A) help ping   B) ping ?

C) ? ping   D) ?? ping

해설
- 시스코 IOS에서 도움말 기능을 사용하기 위하여 ?를 사용할 수 있다. ?를 자체로 사용하면 해당 모드에서 사용 가능한 명령어들의 목록을 보여준다. 문자를 몇 글자 입력하고 공백 없이 ?를 입력하면 그 문자로 시작하는 명령어 목록을 보여준다. 명령어 다음에 공백을 두고 ?를 입력하면 그 명령어 다음에 사용할 수 있는 파라메터들의 목록을 보여준다.

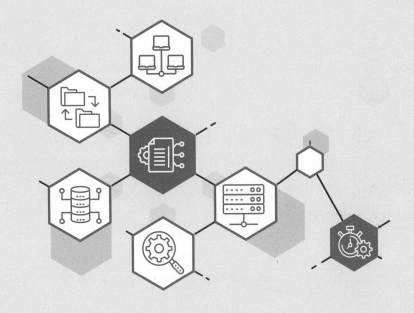

5 **CHAPTER**

시스코 라우터의
설정과 관리

학습목표

- 시스코 라우터의 여러 가지 설정 모드와 그 설정 모드들 간을 이동하는 방법에 대하여 설명할 수 있다.
- 라우터의 이름 설정, 패스워드 설정, IP 주소 설정 방법과 인터페이스 설정 후 검증 방법에 대하여 설명할 수 있다.
- 라우터의 부팅 순서, IOS 이미지 파일과 설정 파일 찾기, 설정 레지스터 등에 대하여 설명할 수 있다.
- 시스코 IOS 이미지 관리와 설정 레지스터의 변경에 대하여 설명할 수 있다.
- 장비 설정 파일의 관리, show 명령어와 debug 명령어의 사용과 그 차이 등에 대하여 설명할 수 있다.

5.1 시스코 라우터의 기본 설정

시스코 라우터에 접속하려면 로그인이 필요하다. 로그인한 후에 실행 모드를 선택할 수 있다. 실행 모드는 입력된 명령어를 해석하고 동작을 실행한다. 실행 모드에는 사용자 모드와 특권 모드의 2가지 모드가 있다.

라우터는 처음으로 로그인하면 자동으로 사용자 실행 모드로 로그인된다. 사용자 모드는 단지 제한된 수의 기본적인 모니터링 명령어만을 허용한다. 따라서 종종 이 모드를 읽기 전용 모드라고도 부른다. 사용자 모드는 라우터의 설정을 변경할 수 있는 어떠한 명령어도 허용하지 않는다. 사용자 모드는 *라우터이름*〉 프롬프트를 갖는다.

사용자 모드에서 enable 명령어를 입력하면 특권 모드로 들어갈 수 있다. 만약 패스워드가 설정되어 있으면 라우터는 이 시점에서 패스워드를 물어본다. 정확한 패스워드가 입력되면 라우터 프롬프트는 *라우터이름#*으로 바뀐다. 이것은 사용자가 지금 특권 모드에 있다는 것을 가리키고 있는 것이다. 특권 실행 모드에서는 모든 라우터 명령어를 사용할 수 있다. 그리고 전역 설정 모드(global configuration mode)와 특정 설정 모드(specific configuration mode)와 같은 설정 및 관리 모드는 특권 실행 모드에서만 접근이 가능하다.

5.1.1 라우터의 설정 모드

설정 모드(configuration mode)는 시스코 CLI의 또 다른 모드로서 사용자 모드나 특권 모드와 유사하다. 사용자 모드에서 실행된 명령어는 사용자에게 정보를 보여줄 뿐이지 변경하지는 않는다. 특권 모드는 사용자 모드와 비교할 때 특권이 부여된 명령어를 지원하며, 일부 명령어는 라우터에 영향을 미칠 수도 있다.

그러나 사용자 모드나 특권 모드의 어떤 명령어도 라우터의 설정을 변경하지는 못한다. 라우터가 해야 할 작업의 세부 사항과 그 작업의 처리 방법을 라우터에게 알리는 명령어를 설정 명령어(configuration command)라고 하는데, 이 명령어를 실행하려면 설정 모드로 들어가야 한다. (그림 5-1)은 설정 모드, 사용자 실행 모드, 특

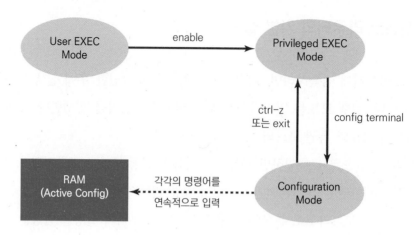

그림 5-1   설정 모드와 실행 모드의 관계

권 실행 모드의 관계를 보인 것이다.

설정 모드에서 입력된 명령어는 실제 사용 중인 설정 파일을 업데이트한다. 즉 명령어의 끝에서 Enter 키를 누를 때마다 설정 내용이 즉각 변경된다. 따라서 설정 명령어를 입력할 때에는 주의를 기울여야 한다.

라우터의 설정 모드는 시스템 전체에 영향을 줄 수 있는 설정 명령어를 입력하는 전역 설정 모드(global configuration mode)와 특정 인터페이스나 터미널 라인, 각각의 라우팅 프로토콜 등과 같이 해당 부분에만 영향을 미치는 설정 명령어를 입력하는 특정 설정 모드(specific configuration mode)로 구분되어 있다.

전역 설정 모드는 특권 실행 모드에서 들어갈 수 있으며, 특정 설정 모드로의 접근을 제공한다. (그림 5-2)는 여러 가지 설정 모드를 보이고 있으며 이 모드들 간의 이동 방법을 설명하고 있다. (그림 5-2)에서와 같이 특권 실행 모드에서 configure terminal 명령어를 입력하면 전역 설정 모드로 이동할 수 있다.

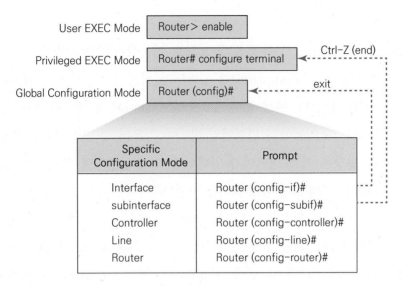

그림 5-2　설정 모드 간의 이동

전역 설정 모드에서 메이저(major) 명령어를 입력하면 여러 가지 특정 설정 모드로 이동할 수 있다. 특정 설정 모드에는 다음과 같은 여러 가지 모드가 있다.

- Interface(인터페이스): 인터페이스 단위로 필요한 동작을 설정하는 명령어를 지원한다.
- Subinterface(서브인터페이스): 하나의 물리적 인터페이스에서 다수의 가상 인터페이스를 설정하는 명령어를 지원한다.
- Controller(컨트롤러): 컨트롤러를 설정하는 명령어를 지원한다(예: E1과 T1 컨트롤러)
- Line(라인): 콘솔이나 vty 포트와 같은 터미널 라인을 설정하는 명령어를 지원한다.
- Router(라우터): IP 라우팅 프로토콜을 설정하는 명령어를 지원한다.

exit 명령어를 입력하면 라우터는 바로 전 수준의 모드로 되돌아가며, 계속 반복하면 결국 로그아웃할 수 있다. 특정 설정 모드에서 **exit** 명령어를 입력하면 전역 설정 모드로 돌아간다. **Ctrl-Z**를 누르면 특정 설정 모드에서 바로 특권 실행 모드로 돌아갈 수 있다.

메이저 명령어는 CLI에서 특정 설정 모드로 이동시키는 명령어이다. 메이저 명령어는 서브 명령어(subcommand)가 입력되어 설정이 적용되기 전까지는 아무런 영향을 미치지 않는다. 예를 들면, **interface serial 0** 메이저 명령어는 인터페이스 설정 모드로 이동하는 명령어일 뿐이며 라우터 설정에 아무런 영향을 미치지 않는다. 설정은 서브 명령어가 입력되면 즉시 실행되며 실행 설정(running configuration)에 저장되고 곧바로 효력을 발휘한다.

(그림 5-3)은 메이저 명령어와 서브 명령어의 예이다. 그림의 예에서와 같이 특정 설정 모드 간의 이동은 해당 설정 모드에서 메이저 명령어를 입력하면 곧바로 원하는 특정 설정 모드로 이동할 수 있다. 이것은 다른 설정 모드로 이동하기 위해서 다시 전역 설정 모드로 되돌아가는 수고를 덜어준다.

```
Router(config)# interface serial 0        -- major command
Router(config-if)# shutdown               -- subcommand
Router(config-if)# line console 0         -- major command
Router(config-line)# password cisco       -- subcommand
Router(config-line)# router rip           -- major command
Router(config-router)# network 10.0.0.0   -- subcommand
```

그림 5-3 메이저 명령어와 서브 명령어의 사용 예

여러 가지 설정 명령어를 입력하여 라우터를 설정한 후에는 반드시 **copy running-config startup-config** 명령어를 입력하여 실행 설정 파일을 NVRAM에 저장해야 한다. 만약 NVRAM에 저장하지 않으면 변경된 설정은 없어져 버리고 라우터가 재부팅될 때는 NVRAM에 저장됐던 마지막 설정 파일이 적용된다. (그림 5-4)는 실행 설정 파일을 NVRAM으로 저장하는 예이다.

```
RouterX#
RouterX# copy running-config startup-config
Destination filename [startup-config]?
Building configuration...

RouterX#
```

그림 5-4   실행 설정 파일의 저장

5.1.2 라우터의 이름과 로그인 배너 설정

1 라우터의 이름 설정

라우터를 설정할 때, 가장 기본적인 설정 작업은 라우터의 이름을 정하는 것이다. 라우터에 이름을 설정하는 것은 그 네트워크에 있는 각각의 라우터를 구별하여 좀 더 편리하게 네트워크를 관리하고자 하는 것이다. 설정된 라우터의 이름은 시스템 프롬프트에 표시되며, 호스트 이름으로 간주된다. 라우터 이름이 설정되지 않으면 Router가 기본 라우터 이름이 된다.

라우터의 이름은 전역 설정 모드에서 hostname *name* 명령어를 사용하여 설정한다. (그림 5-5)는 라우터 이름을 RouterX로 설정하는 과정을 보이고 있다.

```
Router(config)# hostname RouterX
RouterX(config)#
```

그림 5-5   실행 설정 파일의 저장

2 라우터의 로그인 배너 설정

로그인 배너는 로그인할 때 표시되는 메시지이다. 로그인 배너는 예를 들면 시스템 정지 시간 공지 등과 같은, 네트워크 사용자 모두에게 알려야 할 공지 사항을 전달하는 데 유용하다. 또한 권한이 없는 사람이 로그인을 시도했을 때, 로그인 배너로 경고를 할 수 있다. 예를 들어 "이것은 보안 시스템입니다. 권한이 있는 사용자만 접속할 수 있습니다!"라는 메시지는 침입이나 불법적인 시도를 하는 방문자에게 경고를 하게 된다. 로그인 배너는 전역 설정 모드에서 banner login *message* 명령어를 사용하여 설정할 수 있다.

MOTD(Message of the Day) 배너도 설정할 수 있다. MOTD 배너는 banner motd *message* 명령어를 사용하여 설정할 수 있다. 명령어와 메시지를 구분하기 위하여 한 개 이상의 공백과 구분 문자를 넣는다. (그림 5-6)의 예에서 구분 문자는 "#"이다. 배너 텍스트를 입력한 후에 앞에서와 동일한 구분 문자를 메시지의 마지막에 넣는다.

```
RouterX(config)# banner motd # You have entered a secured system.
                    Authorized access only! #
```

그림 5-6   MOTD 배너의 설정

5.1.3 라우터의 패스워드 설정

라우터는 패스워드를 사용해서 접근을 제한함으로써 보안을 강화할 수 있다. 패스워드는 가상 터미널 라인과 콘솔 라인에 설정할 수 있다. 또한 특권 실행 모드에 패스워드를 설정할 수 있다.

특권 모드로의 접근을 제어하기 위해서는 (그림 5-7)과 같이, enable password *password* 명령어를 전역 설정 모드에서 사용한다. 이 패스워드는 암호화되지 않고 라우터 설정 파일에 평문으로 저장된다.

특권 모드에서 암호화된 패스워드를 입력하려면 enable secret *password* 명령어를 사용한다. 이렇게 되면 설정 파일에서 실제 패스워드는 볼 수 없고 단지 암호화된 패스워드만 볼 수 있다. 암호화된 enable secret 패스워드가 설정되면 평문인 enable 패스워드는 효력을 잃으며 enable secret 패스워드가 우선된다.

화면에 보이는 패스워드를 보호하기 위해서는 전역 설정 모드에서 service password-encryption 명령어를 사용한다. 이 명령어가 설정되면 현재 설정된 모든 패스워드가 곧바로 암호화되며 향후에 입력되는 패스워드도 암호화된다. no

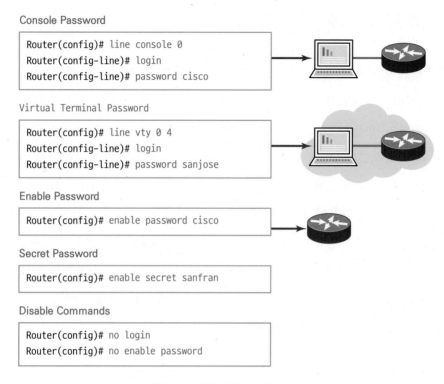

그림 5-7   라우터의 패스워드 설정

service password-encryption 명령어가 나중에 사용되면 패스워드는 변경될 때까지 암호화 상태를 유지하며, 변경되는 시점에서 평문으로 보인다.

콘솔 터미널에도 로그인 패스워드를 설정할 수 있다. 이 패스워드는 여러 사용자들이 한 라우터에 접속하여 사용하는 네트워크에 유용하다. 권한을 갖지 않은 사용자는 라우터에 접속할 수 없도록 한다.

텔넷은 패스워드 확인을 필요로 한다. 하드웨어 플랫폼에 따라 vty 라인의 수가 다르다. 0부터 4까지의 범위는 다섯 개의 vty 라인을 지정하는 데 사용된다. 이 5개의 텔넷 세션이 동시에 작동할 수 있다. (그림 5-7)과 같이 line vty 0 4 명령어를 사용하여 들어오는 텔넷 세션의 로그인 패스워드를 설정할 수 있다.

5.1.4 라우터의 인터페이스 설정

라우터의 인터페이스는 패킷을 송수신하는 통로이다. 주요 인터페이스로는 이더넷 인터페이스와 시리얼 인터페이스가 있다. 이더넷 인터페이스는 패스트 이더넷, 기가비트 이더넷 등의 LAN 인터페이스이며, 시리얼 인터페이스는 WAN 인터페이스이다. 라우터의 인터페이스 설정에는 인터페이스의 IP 주소 설정, 데이터링크 캡슐화 유형 설정, 미디어 유형 설정, 대역폭 설정, 클록 속도의 설정 등이 있다.

인터페이스마다 다양한 기능을 활성화할 수 있다. 인터페이스 설정은 전역 설정 모드에서 interface 명령어를 입력한 후에 반드시 인터페이스 유형과 번호를 지정하여야 한다. 즉 interface *type number* 전역 설정 명령어를 사용한다. 이 명령어를 실행하면 라우터는 인터페이스 설정 모드로 들어간다. (그림 5-8)은 인터페이스 설정 모드로 들어가는 명령어의 예이다.

```
RouterX(config)# interface serial 0
RouterX(config-if)#
```

```
RouterX(config)# interface fa0/0
RouterX(config-if)#
```

그림 5-8   인터페이스 설정 모드로 들어가기

인터페이스의 설정에 설명 문구를 입력하려면, 인터페이스 설정 모드에서 **description** 명령어를 사용한다. 설명 문구는 최대 238자까지 입력할 수 있다. 설정된 설명 문구를 제거하려면 no description 명령어를 사용하면 된다. (그림 5-9)는 인터페이스에 설명을 붙인 예이다.

```
RouterX(config)# interface fa0/0
RouterX(config-if)# description inforLAB Bldg.1
```

그림 5-9   인터페이스에 설명 붙이기

네트워크의 특정 세그먼트나 인터페이스에 있는 하드웨어의 유지보수를 위해서 특정 인터페이스를 비활성화시켜야 할 경우가 있다. 또한 네트워크 내의 특정 세그먼트에 문제가 발생하여 해당 인터페이스를 비활성화시켜서 다른 네트워크와 분리해야 할 필요가 있는 경우도 있다. 특정 인터페이스를 비활성화시키려면 인터페이스 설정 모드에서 **shutdown** 명령어를 입력하면 된다. (그림 5-10)은 특정 인터페이스를 비활성화시키는 예이다.

```
RouterX# configure terminal
RouterX(config)# interface serial 0
RouterX(config-if)# shutdown
%LINK-5-CHANGED: Inter faceserial0, changed state to administratively down
%LINEPROTO-5-UPDOWN: Line protocol on Interface Serial0, changed
```

그림 5-10   인터페이스의 비활성화

다시 활성화시키려면 **no shutdown** 명령어를 입력한다. 라우터의 모든 인터페이스는 기본적으로 비활성화되어 있다. 따라서 인터페이스를 사용하려면 **no shutdown** 명령어를 입력하여 인터페이스를 활성화시켜야 한다. (그림 5-11)은 특정 인터페이스를 활성화시키는 예이다.

```
RouterX# configure terminal
RouterX(config)# interface serial 0
RouterX(config-if)# no shutdown
%LINK-3-UPDOWN: Interface Serial0, changed state to up
%LINEPROTO-5-UPDOWN: Line Protocol on Interface Serial0, changed state to up
```

그림 5-11   인터페이스의 활성화

라우터는 인터페이스마다 네트워크에서 식별될 수 있는 고유한 IP 주소를 가져야 한다. 특정 인터페이스에 IP 주소를 설정하려면 인터페이스 설정 모드에서 **ip address** *address mask* 명령어를 입력한다. (그림 5-12)는 특정 인터페이스에 IP 주소를 설정하는 예이다. 예에서와 같이 인터페이스를 처음 사용하고자 할 때에는 **no shutdown** 명령어를 입력하여 인터페이스를 활성화시켜야 한다.

```
Router# configure terminal
Router(config)# interface fa0/0
Router(config-if)# ip address 192.168.1.1 255.255.255.0
Router(config-if)# no shutdown
Router(config-if)# exit
```

그림 5-12   인터페이스에 IP 주소 설정하기

라우터에서 인터페이스의 설정이 완료되면 show interfaces 명령어를 사용하여 설정을 확인할 수 있다. show interfaces 명령어는 라우터의 모든 인터페이스의 상태와 통계 정보를 보여준다. (그림 5-13)은 show interfaces 명령어의 실행 결과이다.

```
RouterX# show interfaces
Ethernet0 is up, line protocol is up
    Hardware is Lance, address is 00e0.le5d.ae2f(bia 00e0.1e5d.ae2f)
    Internet address is 10.1.1.11/24
    MTU 1500 bytes, BW 10000 Kbit, DLY 1000 usec, rely 255/255, load 1/255
    Encapsulation ARPA, loopback not set, keepalive set(10 sec)
    ARP type: ARPA, ARP Timeout 04:00:00
    Last input, 00:00:07, output 00:00:08, output hang never
    Lastd clearing of "show interface" counters never
    Queueing strategy : fifo
    Output queue 0/40, 0 drops; input queue 0/75, 0 drops
    5 minute input rate 0 bits/sec, 0 packets/sec
    5 minute output rate 0 bits/sec, 0 packets/sec
        81833 packets input, 27556491 bytes, 0 no buffer
        Received 42308 broadcasts, 0 runts, 0 giants, 0 throttles
        1 input errors, 0 CRC, 0 frame, 0 overrun, 1 ignored, 0 abort
        0 input packets with dribble condition detected
        55794 packets output, 3929696 bytes, 0 underruns
        0 output errors, 0 collisions, 1 interface resets
        0 babbles, 0 late collision, 4 deferred
        0 lost carrier, 0 no carrier
        0 output buffer failures, 0 output buffers swapped out
```

그림 5-13   show interfaces 명령어의 실행 결과

선택적으로 특정 인터페이스만의 상태를 확인하려면 (그림 5-14)와 같이 **show interfaces** 명령어 뒤에 인터페이스의 형태와 번호를 지정하면 된다.

```
RouterX# show interface s0/0
Serial0/0 is up, line protocol is up
    Hardware is PowerQUICC Serial
    Internet addressis is 10.140.4.2/24
    MTU 1500 byte, BW 64 kbit, DLY 20000 usec, rely, 255/255 load 1/255
    Encapsulation HDLC, loopback not set, keepalive set(10 sec)
    Last input 00:00:09, output 00:00:04, output hang never
    Last clearing of "show interface" counter never
    Input queue: 0/75/0(size/max/drops) ; Total output drops: 0
    queueing Strategy : weighted fair
    Output queue: 0/1000/64/0(size/max total/threshold/drops)
        Conversations 0/1/256(active/max active/max total)
        Reserved Conversations 0/0(allocated/max allocated)
    5 minute input rate 0 bits/sec, 0 packets/sec
    5 minute output rate 0 bits/sec, 0packets/sec
(outputomitted)
```

그림 5-14   특정 인터페이스의 설정 보기

show interfaces 명령어의 실행 결과에서 가장 중요한 부분은 데이터링크 프로토콜의 상태를 나타내는 줄이다. (그림 5-15)는 이 부분만을 선택하여 나타낸 예이다.

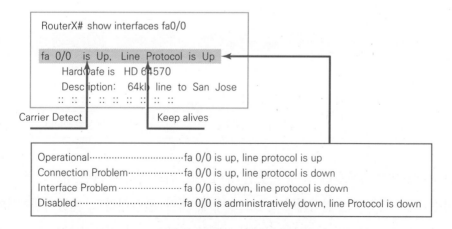

그림 5-15   인터페이스의 상태

첫 번째 매개변수 값은 하드웨어 계층의 상태를 나타내며, 기본적으로 인터페이스에 연결된 장비로부터 신호를 수신하고 있는지를 반영하고 있다. 두 번째 매개변수는 데이터링크 계층의 상태를 나타내며, 데이터링크 계층의 프로토콜이 활성화되어 있는 상태에서 계속 수신 중인지를 나타내고 있다. 인터페이스의 상태는 다음과 같이 정리할 수 있다.

- 인터페이스와 라인 프로토콜이 모두 업: 정상적으로 동작하고 있는 상태이다.
- 인터페이스는 업, 라인 프로토콜은 다운: 소프트웨어적인 연결 상의 문제 (connection problem)이다.
- 인터페이스와 라인 프로토콜이 모두 다운: 케이블링과 같은 하드웨어 문제이다.
- 관리적으로 다운: 관리자에 의해 비활성화된 경우이다.

5.1.5 show 명령어와 debug 명령어

시스코 장비에서 장애처리를 위해서 show 명령어와 debug 명령어를 사용할 수 있다. show 명령어는 주로 정적 정보를 보여주며, debug 명령어는 동적인 데이터와 이벤트를 보여준다. 〈표 5-1〉에 두 명령어의 주요 차이점을 정리하였다.

표 5-1   show 명령어와 debug 명령어의 비교

구 분	show 명령어	debug 명령어
처리 특성	정적	동적
처리로 인한 부하	낮음	높음
주된 용도	일반적인 사실 수집	진행 상황 모니터

show 명령어는 네트워크 장비, 이웃한 장비, 네트워크 성능에 관한 정적인 정보를 보여준다. 이 명령어는 인터페이스, 노드, 매체, 서버, 클라이언트, 애플리케이션에 관련된 문제를 포함해서 인터네크워크의 문제를 파악하는 데 필요한 사항을 수집할

때 사용한다.

debug 명령어는 인터페이스에서 보이는 (또는 보이지 않는) 트래픽에 관한 정보 흐름, 네트워크의 노드에서 만들어진 오류 메시지, 프로토콜에 특정된 진단 패킷, 기타 유용한 장애 처리 데이터를 제공한다. 이 명령어는 이벤트나 패킷이 제대로 작동하는지 여부를 파악하기 위해서 라우터나 네트워크의 운용 상태를 봐야 할 경우에 사용한다.

debug 명령어는 네트워크의 일상적인 운영 상태를 모니터링하기 위해서가 아니라 문제를 분리해서 찾아내기 위한 명령어이다. debug 명령어는 많은 자원을 소모하므로 특정 유형의 트래픽 또는 문제를 찾을 때와, 이들 문제가 몇 가지 원인으로 좁혀질 때에만 사용하는 것이 좋다.

〈표 5-2〉에 debug 명령어와 함께 사용하면 유용한 명령어들을 정리하였다.

표 5-2   debug 명령어와 함께 사용할 수 있는 유용한 명령어

명령어	설 명
service timestamp	• debug 명령어나 로그 메시지에 타임스탬프를 추가할 때 사용한다. • 디버그 요소가 일어나는 시점이나 이벤트 사이의 지속 시간에 관한 정보를 제공한다.
show processes	• 각 프로세스에 대한 CPU 활용 정보를 보여준다. • debug 명령어를 추가해서 사용하기에 시스템 자원이 너무 많이 사용되고 있다는 판단이 서면 debug 명령어 사용을 자제하여야 한다.
no debug all	• 모든 debug 명령어를 비활성화한다. • 디버그를 모두 사용한 경우에 이 명령어를 실행하면 사용되던 시스템 자원이 유휴 자원이 된다.
terminal monitor	• debug 명령어의 실행 결과와 시스템 오류 메시지를 현재의 터미널과 세션에 표시한다.

5.2 시스코 라우터의 관리

5.2.1 라우터의 구성 요소와 부팅 순서

시스코 라우터의 내부 구성 요소를 조금 더 자세히 살펴보면 (그림 5-16)과 같다.

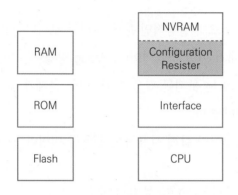

그림 5-16   라우터의 내부 구성 요소

- CPU(Central Processing Unit): 시스코 IOS를 실행하고 경로 지정 프로세싱과 같
  은 작업을 처리하는 프로세서이다.
- RAM(Random Access Memory): 읽고 쓸 수 있는 메모리로서 라우터의 기능을
  수행하는 소프트웨어와 데이터가 들어간다. RAM에서 실행되는 주요 소프트웨
  어로는 시스코 IOS 소프트웨어 이미지와 실행 설정 파일이 있다. 또한 RAM에
  는 라우팅 테이블과 패킷 버퍼가 들어간다. RAM은 휘발성 메모리로 전원이 꺼
  지면 메모리에 들어 있던 내용이 사라진다.
- ROM(Read Only Memory): 부트스트랩이나 POST와 같은 라우터의 기본적인 시
  작과 유지에 필요한 마이크로코드가 들어 있는 메모리이다. ROM에는 패스워
  드 복구와 같은 라우터 장애 복구 기능에 사용되는 ROMMON(ROM Monitor)
  이 들어있다. 또한 ROM에는 플래시 메모리의 시스코 IOS 이미지 파일이 삭제될
  때를 대비해서 시스코 IOS 이미지 파일 복구에 사용되는 시스코 IOS 서브셋도
  들어있다. ROM은 비휘발성 메모리로 전원이 꺼져도 메모리의 내용을 유지한다.

- 플래시 메모리(Flash memory): 플래시 메모리는 읽고 쓸 수 있는 메모리로 주로 시스코 IOS 소프트웨어 이미지 저장에 사용된다. 일부 라우터는 시스코 IOS 소프트웨어 이미지를 RAM으로 전송하지 않고 플래시 메모리로부터 직접 실행하기도 한다. 일부 라우터는 시스코 IOS 소프트웨어 서브셋을 ROM이 아닌 플래시 메모리에 저장한다. 플래시 메모리는 비휘발성 메모리로 전원이 꺼져도 메모리의 내용이 그대로 남는다.

- NVRAM(Non Volatile RAM): NVRAM은 읽고 쓸 수 있는 메모리로 startup-config 파일이라고 하는 초기 설정 파일을 저장하는 데 주로 사용된다. NVRAM은 내장 전지를 사용해서 라우터에 전원이 들어오지 않을 때에도 저장된 데이터를 유지한다.

- 설정 레지스터(Configuration Register): 설정 레지스터는 라우터의 부팅 방법을 제어한다. 설정 레지스터는 NVRAM의 일부이다.

- 인터페이스(Interface): 인터페이스는 라우터와 외부를 물리적으로 연결한다. 인터페이스의 종류로는 이더넷, 패스트 이더넷, 기가비트 이더넷, 비동기 및 동기 시리얼, 토큰 링, FDDI, ATM, 콘솔 포트, 보조 포트 등이 있다.

라우터의 ROM에는 (그림 5-17)과 같이 3가지의 마이크로코드가 들어있다.

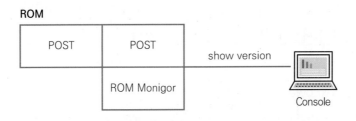

그림 5-17   ROM의 기능

- 부트스트랩 코드(Bootstrap Code): 부트스트랩 코드는 초기에 라우터를 가동시킨다. 이것은 설정 레지스터(configuration register)를 읽어서 부팅 방법을 결정한 다음, 부팅해도 좋다는 명령을 받으면 시스코 IOS 소프트웨어를 로딩한다. 설

정 레지스터는 NVRAM의 일부로 라우터의 부팅 방법을 제어한다.

- POST(Power On Self Test): POST는 라우터 하드웨어의 기본 기능을 테스트하고 어떤 구성 요소가 있는지를 파악하는 마이크로코드이다.
- ROMMON(ROM Monitor): 제조, 테스트, 장애 처리, 패스워드 복구 등에 사용되는 하위 레벨의 운영체제이다. ROMMON 모드에서는 라우팅이나 IP 기능은 수행하지 못한다.

RxBoot 또는 Boot Helper Image라고도 부르는 mini IOS는 시스코 IOS 소프트웨어의 부분 집합이다. 이것은 플래시 메모리에 저장되어 있는 시스코 IOS 소프트웨어 이미지가 손상되었을 경우 외부 서버로부터 IOS 이미지 파일을 가져올 수 있도록 하는 최소한의 IOS이다. 즉 RxBoot 모드에서는 라우팅 기능은 할 수 없고 IP 호스트로서만 동작하여 TFTP 서버에서 IOS 이미지 파일을 복사해 오는 기능을 수행한다. 이 RxBoot 기능은 일부 구형 라우터에만 있었으며 최근의 신형 라우터에서는 사용하지 않는 기능이다.

시스코 라우터는 부팅될 때 정해진 순서대로 일련의 과정이 단계별로 진행된다. 시스코 라우터의 장애처리나 설정 내용의 조정을 수행하려면 부팅 순서를 알아야 한다. 라우터의 부팅 과정은 먼저 하드웨어 테스트와 부트스트랩 코드의 실행이 이루어지고, 다음에 시스코 IOS 소프트웨어를 찾아서 로딩하는 과정이 진행되며, 마지막으로 설정 파일(configuration file)을 찾아서 로딩하는 순서로 진행된다.

라우터의 부팅 순서를 다시 정리하면 다음과 같다.

■ 1 단계: POST(Power On Self Test)가 수행된다.

POST는 시스코 라우터의 모든 구성 요소가 제대로 기능을 하고 있는지를 검증하는 일련의 하드웨어 테스트이다. 이 테스트가 진행되는 동안에 라우터는 하드웨어 구성 요소가 모두 있는지를 파악한다. POST는 시스템의 ROM에 있는 마이크로코드에서 실행된다.

■ 2 단계: 부트스트랩(bootstrap) 코드가 로딩되고 실행된다.

부트스트랩 코드는 시스코 IOS 소프트웨어의 위치 지정, 로딩, 실행과 같은 연속되는 이벤트를 수행한다. 시스코 IOS 소프트웨어가 한 번 로딩되어서 실행되고 나면 라우터가 다시 시작하거나 전원이 꺼졌다가 다시 켜지기 전까지는 부트스트랩 코드가 사용되지 않는다.

■ 3 단계: 시스코 IOS 소프트웨어를 찾는다.

부트스트랩 코드는 실행될 시스코 IOS 소프트웨어의 위치가 어디인지를 파악한다. 일반적으로 시스코 IOS 소프트웨어 이미지는 플래시 메모리에 있다. 설정 레지스터(configuration register)와 설정 파일을 참조하여 시스코 IOS 소프트웨어 이미지가 어디에 있으며 어떤 이미지 파일을 사용할 것인가를 결정한다. 설정 레지스터는 NVRAM(Non Volatile RAM)의 일부이다. 설정 레지스터는 라우터의 부팅 방법을 제어한다.

■ 4 단계: 시스코 IOS 소프트웨어를 로딩하고 실행한다.

적절한 소프트웨어 이미지를 찾은 다음 부트스트랩 코드는 이미지를 RAM으로 로딩하고 실행한다. 일부 라우터는 시스코 IOS 소프트웨어 이미지를 RAM으로 로딩하지 않고 직접 플래시 메모리에서 실행하기도 한다.

■ 5 단계: 설정 파일을 찾는다.

저장되어 있는 유효한 설정 파일, 즉 startup-config 파일을 NVRAM에서 찾는다.

■ 6 단계: 설정 파일이 로딩되고 실행된다.

라우터에 알맞은 설정이 로딩되고 실행된다. NVRAM에 유효한 설정 파일이 없으면 셋업 모드로 들어간다.

5.2.2 시스코 IOS 소프트웨어 이미지 찾기

시스코 라우터는 부팅될 때 특정한 순서에 따라 시스코 IOS 이미지를 찾는다. 시스코 IOS 소프트웨어 이미지를 찾는 과정은 다음과 같다.

■ 1 단계: 설정 레지스터를 검사한다.

설정 레지스터의 하위 4비트인 부트 필드(boot field)는 라우터의 부팅 방법을 규정한다. 라우터는 로드할 IOS를 선택할 때 부트 필드의 값을 가장 먼저 참조한다. 부트 필드가 16진수로 0이면, 즉 0x0이면 ROMMON을 사용하여 부팅한다. 부트 필드가 0x1이면 RxBoot, 즉 IOS 서브셋을 사용하여 부팅한다. RxBoot가 없는 신형 라우터는 플래시 메모리에 있는 IOS 이미지를 사용하여 부팅한다. 부트 필드가 0x2부터 0xF이면 NVRAM에 있는 startup-config 파일 안에 **boot system** 명령어가 있는지를 검사한다. **boot system** 명령어가 있으면 그 명령어가 지시한 대로 수행한다. **boot system** 명령어는 전역 설정 명령어로 시스코 IOS 소프트웨어 이미지를 어디에서 찾아서 로딩할 것인지를 규정한다. 명령어의 구문은 다음과 같다.

- **boot system flash** [*filename*]
- **boot system tftp** [*filename*][*server-address*]
- **boot system rom**

■ 2 단계: **boot system** 명령어가 없으면 플래시 메모리에 있는 IOS를 로딩한다.

NVRAM에 있는 startup-config 파일 안에 **boot system** 명령어가 없으면 라우터는 플래시 메모리에 있는 첫 번째 유효한 시스코 IOS 이미지를 로딩하고 이를 실행한다.

■ 3 단계: 플래시 메모리에 IOS가 없으면 TFTP 서버로부터 IOS를 로딩한다.

유효한 시스코 IOS 이미지가 플래시 메모리에 없으면 라우터는 네트워크 TFTP 서버로부터 부팅을 시도한다.

■ 4 단계: TFTP 서버로부터 IOS의 로딩에 실패한 경우

기본적으로 네트워크 TFTP 서버에서의 부팅이 5번 실패하면 라우터는 ROM
으로부터 부트 헬퍼 이미지(시스코 IOS 서브셋)를 부팅한다. 그러나 설정 레지스터
의 13번 비트가 0으로 설정되어 있으면 TFTP 서버에서의 부팅이 5번 실패하더라도
ROM에서 시스코 IOS 서브셋으로 부팅하지 않고 계속해서 TFTP 서버에서 부팅을
시도한다.

■ 5 단계: 부트 헬퍼 이미지가 없거나 손상되었을 경우 ROMMON으로 부팅한다.

(그림 5-18)은 이상과 같은 시스코 IOS 소프트웨어 이미지를 찾는 5단계의 과정을
흐름도(flow chart)로 나타낸 것이다.

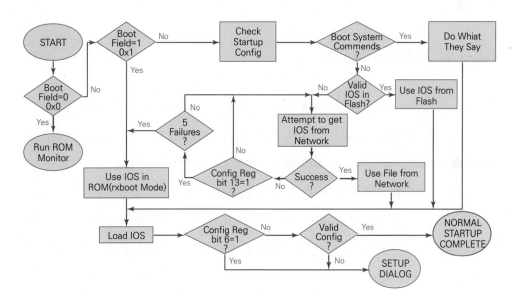

그림 5-18   시스코 IOS 이미지 찾기

정상적인 경우 유효한 시스코 IOS 이미지 파일은 플래시 메모리에 있으며, 이와
같이 일반적인 경우에 시스코 IOS 이미지는 (그림 5-19)와 같이 플래시 메모리로부
터 RAM으로 로딩된다.

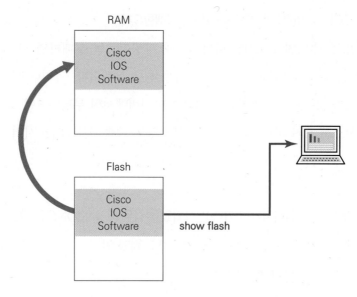

그림 5-19   시스코 IOS 이미지 파일 로딩

5.2.3 설정 레지스터의 변경

설정 레지스터에는 시스코 IOS 소프트웨어 이미지가 어디에 있는지를 알려주는 정보가 들어 있다. show 명령어로 설정 레지스터를 살펴볼 수 있으며, config-register 전역 설정 명령어로 설정 레지스터의 값을 변경할 수 있다.

설정 레지스터를 변경하기 전에 라우터가 현재 IOS 소프트웨어 이미지를 어떻게 로딩하고 있는지를 파악해야 한다. show version 명령어를 사용하면 현재의 설정 레지스터 값을 알 수 있다. 이 명령어의 출력의 마지막 줄에 설정 레지스터 값이 표시된다. (그림 5-20)은 설정 레지스터의 값을 확인하는 예제이다.

```
RouterX# show version
Cisco IOS Software, 2800 Software (C2800NM-IPBASE-M), Version12.4(5a), RELEASE
SOFTWARE (fc3)
Technical Support: http://www.cisco.com/techsupport
Copyright (c) 1986-2006 by Cisco Systems, Inc.
Compiled Sat 14-Jan-06 03:19 by alnguyen

ROM: System Bootstrap, Version 12.4(1r) [hqluong 1r], RELEASE SOFTWARE (fc1)

RouterX uptime is 1 week, 5 days, 21 hours, 30 minutes
System returned to ROM by reload at 23:04:40 UTC Tue Mar 13 2007
System image file is "flash:c2800nm-ipbase-mz.124-5a.bin"

Cisco 2811 (revision 53.51) with 251904K/1024K bytes of memory.
Processor board ID FTX1013A1DJ
2 Fastethernetinterfaces
2 Serial(sync/async) interfaces
DRAM configuration is 64 bits wide with parity enabled.
239K bytes of non-volatile configuration memory.
62720 bytes of ATA CompactFlash (Read/Write)

Configuration register is 0x2102
```

그림 5-20   설정 레지스터의 값 확인

설정 레지스터의 값을 변경하려면 (그림 5-21)과 같이 **config-register** 전역 설정 명령어를 사용한다.

```
Router# configure terminal
Router(config)# config-register 0x2104
  [Ctrl-z]
Router#
```

그림 5-21   설정 레지스터 값 변경

설정 레지스터는 (그림 5-22)와 같은 16비트 레지스터이다. 설정 레지스터의 기본 값(default value)은 16진수로 2102, 즉 0x2102이다. 설정 레지스터의 최하위 4비트가 부트 필드이다.

Configuration Register	2				1				0				2			
Bit Number	15	14	13	12	11	10	9	8	7	6	5	4	3	2	1	0
Binary	0	0	1	0	0	0	0	1	0	0	0	0	0	0	1	0

그림 5-22   설정 레지스터의 예

부트 필드는 그 값에 따라 〈표 5-3〉과 같이 장비의 부팅 방법을 결정한다.

■ 부트 필드 값: 0x0인 경우

부트 필드가 0000(16진수로 0)으로 설정되어 있으면 ROMMON 모드로 자동으로 들어간다. ROMMON 모드에서 라우터 프롬프트는 라우터 프로세서의 종류에 따라 '〉' 또는 'rommon〉'로 표시된다. ROMMON 모드에서 **boot** 명령어를 사용하여 라우터를 수동으로 부팅시킬 수 있다.

■ 부트 필드 값: 0x1인 경우

부트 필드가 0001(16진수로 1)로 설정되어 있으면 시스템은 ROM에서 시스코 IOS 서브셋을 자동으로 부팅시킨다. 이 모드에서 라우터의 프롬프트는 'Router(boot)〉'로 표시된다.

■ 부트 필드 값: 0x2~0xF인 경우

부트 필드가 0010~1111(16진수로 0x2~0xF) 사이의 값으로 설정되어 있으면 시스템은 NVRAM의 startup-config 파일에 **boot system** 명령어가 있는지를 검사한다. 부트 필드의 기본 값은 0x2이다.

표 5-3 부트 필드의 값

설정 레지스터 부트 필드 값	의미
0x0	ROMMON모드사용 (boot 명령어를 사용해서 수동으로 부팅)
0x1	ROM으로부터 자동으로 부팅 (시스코 IOS 소프트웨어 서브셋 제공)
0x2~0xF	boot system 명령어가 있는지 NVRAM을 검사

show flash 명령어는 플래시 메모리의 내용을 보여준다. 또한 이미지 파일의 이름과 크기도 보여준다. (그림 5-23)은 show flash 명령어의 실행 결과이다. 예제의 마지막 줄에 플래시 메모리의 사용 가능 양이 표시된다.

```
RouterX# sh flash
-#-    --length--         -----dete/time-----      path
1      14951648    Feb 22    2007      21:38:56    c2800nm-ipbase-mz.124-5a.bin
2          1823    Dec 14    2006      08:24:54    sdmconfig-2811.cfg
3       4734464    Dec 14    2006      08:25:24    sdm.tar
4        833024    Dec 14    2006      08:25:38    es.tar
5       1052160    Dec 14    2006      08:25:54    common.tar
6          1038    Dec 14    2006      08:25:08    home.shtml
7        102400    Dec 14    2006      08:25:22    home.tar
8        491213    Dec 14    2006      08:25:40    128MB.sdf

41836544  bytes available (   22179840  bytes used)
```

그림 5-23 show flash 명령어의 실행 결과

5.2.4 시스코 IOS 소프트웨어 이미지 관리

네트워크가 확장되면, 시스코 IOS 이미지의 여러 가지 버전 관리와 많은 설정 파일들을 관리하는 것이 점점 더 어려워진다. 이와 같은 경우 시스코 IOS 이미지 파일과 설정 파일을 중앙의 TFTP 서버에 저장해 놓으면 효율적인 관리가 가능하다.

라우터에서 시스코 IOS 소프트웨어 이미지가 손상되거나 사고로 인하여 삭제되는 것에 대비하여 시스코 IOS 소프트웨어 이미지의 백업 복사본을 별도로 저장하는 것이 좋다. 일반적으로 네트워크는 계속 확장되어서 라우터의 수가 점점 더 많아지며 점점 더 넓은 지역으로 분포되어 간다. 이와 같은 경우 TFTP 서버를 이용하면 네트워크에서 IOS 이미지와 설정 파일을 쉽게 업로드하고 다운로드할 수 있다. 네트워크에서 워크스테이션이나 호스트, 또는 다른 라우터가 TFTP 서버의 기능을 담당할 수 있다. (그림 5-24)는 라우터와 네트워크 서버 간에 파일을 복사하는 과정을 보인 것이다.

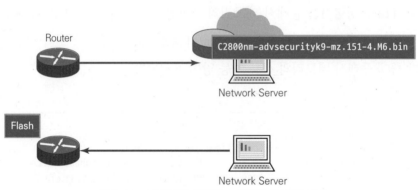

그림 5-24   라우터와 네트워크 서버 간의 파일 복사

시스코 IOS 이미지를 라우터의 플래시 메모리로부터 네트워크 TFTP 서버로 복사하는 과정은 다음과 같다.

- 1 단계: 네트워크 TFTP 서버로 접속한다. TFTP 서버로 ping을 보내서 연결 여부를 시험할 수 있다.
- 2 단계: 네트워크 TFTP 서버에 시스코 IOS 소프트웨어 이미지가 들어갈 충분한 공간이 있는지 파악한다. 라우터에서 show flash 명령어를 사용하면 시스코 IOS 이미지 파일의 크기를 확인할 수 있다.
- 3 단계: TFTP 서버의 파일 이름 요구사항을 점검한다. 이것은 서버가 어떤 운영체제(윈도우, 유닉스 등)를 사용하고 있는지에 따라 달라질 수 있다.
- 4 단계: 필요할 경우에 업로드를 수신할 목적지 파일을 생성한다. 이 단계는 네트워크 서버의 운영체제에 따라 달라진다.

라우터의 메모리와 이미지 파일에 대한 정보를 확인하려면 show flash 명령어를 사용한다. show flash 명령어를 실행하면 라우터의 플래시 메모리의 전체 크기, 사용 가능한 크기, 플래시 메모리에 저장되어 있는 모든 파일의 이름 등을 알 수 있다.

라우터로부터 네트워크 TFTP 서버로 IOS 이미지 파일을 복사하면 IOS 백업 이미지 파일을 만들 수 있다. 라우터에서 현재 사용하고 있는 시스템 이미지 파일을 네트워크 TFTP 서버로 복사하려면 특권 실행 모드에서 copy flash tftp 명령어를 사용한다. 이 명령어를 실행하면 원격 호스트의 IP 주소와 발신지 및 목적지 시스템의 이미지 파일 이름을 입력하라는 프롬프트가 뜬다. 적절한 백업 이미지 파일 이름을 입력하면 된다.

(그림 5-25)는 이 명령어의 실행 결과이다. 그림에서 느낌표(!)는 라우터의 플래시 메모리로부터 TFTP 서버로 복사가 진행되고 있다는 것을 나타낸다. 느낌표 한 개는 UDP 세그먼트 하나가 성공적으로 전송되었음을 나타낸다.

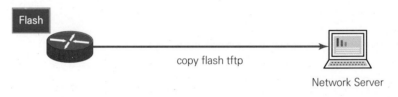

```
RouterX# copy flash tftp
Source filename []?c2800nm-advsecurityk9-mz.151-4.M6.bin
Address or name of remote host []?1.1.1.2
Destination filename [c2800nm-advsecurityk9-mz.151-4.M6.bin]?[enter]
!!!!!!!!!!!!!!!!!!!!!!!!!!!!!!!!!!!!!!!!!!!!!!!!!!!!!!!!!!!!!!
45395968 bytes copied in 123.724 secs (357532 bytes/sec)
RouterX#
```

그림 5-25   copy flash tftp 명령어의 실행 결과

시스템을 새로운 IOS 소프트웨어 버전으로 업그레이드하려면 라우터에 다른 시스템 이미지 파일을 로딩하여야 한다. 네트워크 TFTP 서버로부터 새로운 IOS 이미지를 다운로드하려면 특권 실행 모드에서 copy tftp flash 명령어를 사용한다. 이

명령어를 실행하면 원격 호스트의 IP 주소와 발신지 및 목적지 시스템의 이미지 파일 이름을 입력하라는 프롬프트가 뜬다. 적절한 업데이트 이미지 파일 이름을 입력하면 된다. (그림 5-26)은 이 명령어의 실행 결과이다.

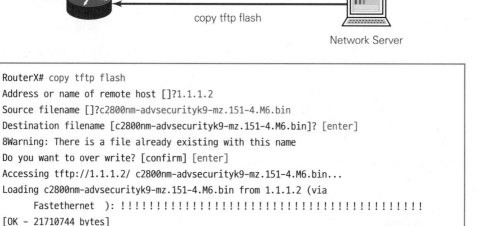

```
RouterX# copy tftp flash
Address or name of remote host []?1.1.1.2
Source filename []?c2800nm-advsecurityk9-mz.151-4.M6.bin
Destination filename [c2800nm-advsecurityk9-mz.151-4.M6.bin]? [enter]
8Warning: There is a file already existing with this name
Do you want to over write? [confirm] [enter]
Accessing tftp://1.1.1.2/ c2800nm-advsecurityk9-mz.151-4.M6.bin...
Loading c2800nm-advsecurityk9-mz.151-4.M6.bin from 1.1.1.2 (via
    Fastethernet ): !!!!!!!!!!!!!!!!!!!!!!!!!!!!!!!!!!!!!!!!!!!!
[OK - 21710744 bytes]

45395968 bytes copied in 82.880 secs (261954 bytes/sec)
RouterX#
```

그림 5-26   copy tftp flash 명령어의 실행 결과

5.2.5 시스코 IOS의 설정 파일 관리

시스코 장비의 설정 파일에는 사용자가 정의한 시스코 IOS 소프트웨어 명령어가 들어 있다. 사용자는 이 설정 명령어를 이용하여 라우터, 서버, 스위치 등과 같은 시스코 장비들의 기능을 다양하게 조정할 수 있다. 실행 설정 파일(running configuration file)은 RAM에 저장되며, 시작 설정 파일(startup configuration file)은 NVRAM에 저장된다.

설정 파일은 FTP, RCP, TFTP 등을 사용하여 라우터로부터 파일 서버로 복사할 수 있다. 예를 들어 현재의 설정 파일의 내용을 변경하기 전에 기존의 파일을 백업하

기 위하여 설정 파일을 서버로 복사할 수 있다. 이렇게 하면 어떤 문제가 발생했을 때 원래의 설정 파일을 복구할 수가 있다. (그림 5-27)은 설정 파일이 저장될 수 있는 다양한 위치를 보여준다.

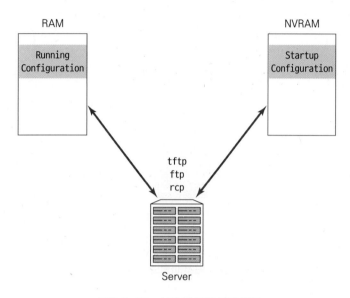

그림 5-27   설정 파일의 저장 위치

TFTP, RCP, FTP 서버에 있는 설정 파일을 RAM으로 복사하거나 NVRAM으로 복사할 수 있다. 이렇게 하면 백업해 놓은 설정 파일을 가져다가 사용할 수 있다. 또한 네트워크에 추가되는 라우터를 설정할 때와 같이 다른 라우터를 원래의 라우터와 유사하게 설정하고자 할 때에도 이러한 명령어를 유용하게 사용할 수 있다.

설정 파일을 여러 위치로 복사하기 위해서는 특권 설정 모드에서 copy 명령어를 사용한다. copy 명령어의 구문 형식은 copy *source destination*이다. (그림 5-28)은 RAM, NVRAM, TFTP 서버 사이에 설정 파일을 복사하는 예이다.

(그림 5-28)에서와 같이, NVRAM에 저장되어 있는 시작 설정 파일을 삭제하려면 **erase startup-config** 명령어를 사용한다. 설정 파일이 다른 위치에서 RAM으로 복사될 때에는 기존 파일을 덮어쓰기 하는 것이 아니라 병합(merge)된다. 병합은 기존 파일에 없는 새로운 설정 매개변수는 추가되며, 기존의 매개변수에 대한 변경 사항은 예전의 매개변수를 덮어쓰는 것이다.

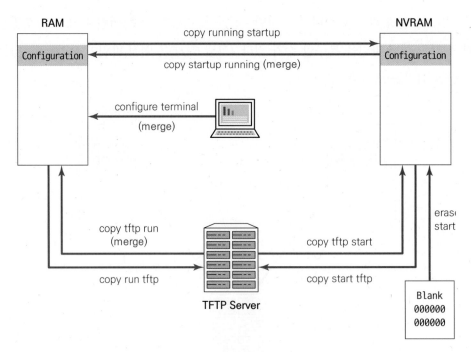

그림 5-28   설정 파일의 복사 명령어

(그림 5-29)는 설정 파일을 병합하는 예이다. 예제는 TFTP 서버에 저장되어 있는
설정 파일을 RAM으로 복사하는 것이다. 이와 같이 RAM으로 복사하면 덮어쓰는 것
이 아니라 병합된다. 기존의 파일에 있는 인터페이스 s0/0/0에 관한 설정은 그대로
남고, 인터페이스 fa0/0와 fa0/1에 관한 설정은 TFTP 서버에 있는 설정으로 덮어쓰
게 된다.

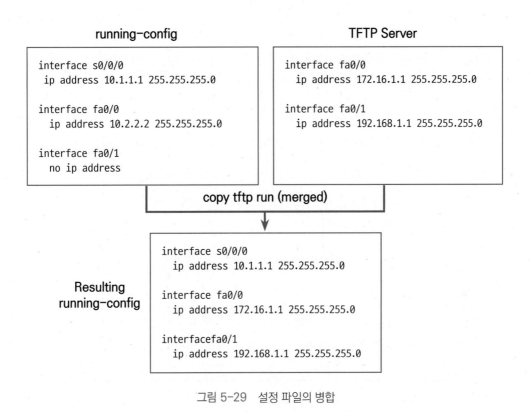

running-config

```
interface s0/0/0
 ip address 10.1.1.1 255.255.255.0

interface fa0/0
  ip address 10.2.2.2 255.255.255.0

interface fa0/1
  no ip address
```

TFTP Server

```
interface fa0/0
  ip address 172.16.1.1 255.255.255.0

interface fa0/1
  ip address 192.168.1.1 255.255.255.0
```

copy tftp run (merged)

Resulting
running-config

```
interface s0/0/0
  ip address 10.1.1.1 255.255.255.0

interface fa0/0
  ip address 172.16.1.1 255.255.255.0

interfacefa0/1
  ip address 192.168.1.1 255.255.255.0
```

그림 5-29   설정 파일의 병합

(그림 5-30)은 RAM에 있는 실행 설정 파일을 TFTP 서버로 복사하는 예와 TFTP
서버에 저장해 놓는 설정 파일을 RAM으로 복사하는 예이다.

```
RouterX# copy running-config tftp
Address or name of remote host []? 10.1.1.1
Destination filename [running-config]? wgroa.cfg
.!!
1684 byte scopied in 13.300 secs (129 bytes/sec)

RouterX# copy tftp running-config
Address or name of remote host[]? 10.1.1.1
Source filename []? wgroa.cfg
Destination filename [running-config]?
Accessing tftp://10.1.1.1/wgroa.cfg...
Loading wgroa.cfg from 10.1.1.1 (viaEthernet0): !
[oK- 1684/3072 bytes]

1684 bytes copied in 17.692 secs (99 bytes/sec)
```

그림 5-30   설정 파일의 복사 예

- 전역 설정 모드는 특권 실행 모드에서 들어갈 수 있으며, 라우터 전체에 영향을 미치는 설정 명령어를 입력하는 모드이다.

- 특정 설정 모드는 전역 설정 모드에서 들어갈 수 있으며, 특정 인터페이스나 터미널 라인, 각각의 라우팅 프로토콜 등과 같이 해당 부분에만 영향을 미치는 설정 명령어를 입력하는 모드이다.

- 메이저 명령어는 CLI에서 특정 설정 모드로 이동시키는 명령어이며, 서브 명령어는 특정 설정 모드에서 사용하는 명령어이다.

- 라우터의 인터페이스 설정이 완료되면 show interfaces 명령어를 이용하여 설정을 확인할 수 있다.

- 시스코 show 명령어와 debug 명령어는 장애 처리용으로 라우터에 내장되어 있는 명령어이다. show 명령어는 정적 정보 표시, debug 명령어는 동적 데이터 표시에 사용된다.

- 라우터가 부팅될 때 라우터는 POST를 수행하고, IOS 소프트웨어를 찾아서 로딩하며, 설정을 찾아서 로딩한다.

- 라우터가 부팅될 때 라우터는 설정 레지스터, 플래시 메모리, TFTP 서버, ROM에서 시스코 IOS 소프트웨어 이미지를 찾는다.

- 설정 레지스터에는 부트 정보가 들어 있으며, 이 정보에는 시스코 IOS 소프트웨어 이미지가 어디에 있는지가 명시되어 있다. 설정 레지스터를 확인하려면 show version 명령어를 실행하면 되고, config-register 전역 설정 명령어로 설정 레지스터 값을 변경할 수 있다.

- 네트워크가 확장될 때 시스코 IOS 소프트웨어와 설정 파일을 중앙 서버에 두면 관리 대상에 해당하는 소프트웨어 이미지와 설정 파일의 수와 개정 수준을 통제할 수 있다.

- TFTP 서버에 현재 장비의 설정을 적절하게 백업하면 장비의 다운 시간을 줄이는 데 도움이 될 수 있다.

- 시스코 IOS 소프트웨어의 copy 명령어를 사용하여 한 장비에 있는 설정을 RAM, NVRAM, 파일 서버 등의 구성 요소로 옮길 수 있다.

연습문제

5.1 시스코 라우터의 기본 설정

[5-1] Which Cisco IOS command saves the current configuration to be the starting configuration of the router?

A) configure memory

B) configure terminal

C) copy startup-config running-config

D) copy running-config startup-config

[5-2] Which Cisco IOS command enters the router global configuration mode?

A) configure memory

B) configure terminal

C) copy startup-config running-config

D) copy running-config stsrtup-config

[5-3] Which Cisco IOS command assigns the router name?

A) hostname *hostname*

B) banner motd *message*

C) hostname interface description

D) description interface description

[5-4] What must you configure to ensure that anyone accessing your router from the console port will be prompted for a password?

A) the password command

B) the enable password command

C) the login command and the password command

D) the login required command and the password command

연습문제

[5-5] Which Cisco IOS command configures Ethernet port 1 on a fixed port router?

A) `Ethernet interface 1`   B) `interface Ethernet 1`

C) `Ethernet interface 0/1`   D) `interface Ethernet 0/1`

[5-6] After you configure the IP address on an interface, how do you change the state from administratively down to up?

A) Enter `exit`.   B) Enter `shutdown`.

C) Enter `no shutdown`.   D) Enter `configure terminal`.

[5-7] Which Cisco IOS commands correctly configure the IP address and subnet mask for serial interface 0?

A) `interface serial 0`

   `ip address 192.168.1.1/24`

B) `interface serial 0`

   `ip address 192.168.1.1 255.255.255.0`

C) `interface serial 0`

   `ip address 255.255.255.0 192.168.1.1`

D) `interface serial 0`

   `ip address 192.168.1.1 mask 255.255.255.0`

[5-8] Which Cisco IOS command displays the interface bandwidth configured on a Cisco router?

A) `show interfaces`   B) `show bandwidth`

C) `show interfaces bandwidth`   D) `show bandwidth interfaces`

[5-9] Match each data-link protocol status to the message that appears with the show interfaces command.

_____ 1. operational

_____ 2. manually disabled

_____ 3. interface problem

_____ 4. connection problem

A) Serial is up, line protocol is up

B) Serial is up, line protocol is down

C) Serial is down, line protocol is down

D) Serial is administratively down, line protocol is down

[5-10] Which type of Cisco IOS command should you use to view a process operating on a router or the network for troubleshooting purposes?

A) trace commands

B) show commands

C) config commands

D) debug commands

[5-11] Which type of Cisco IOS command should you use to create a snapshot of network conditions to troubleshoot problems with interfaces, media, or network performance?

A) debug commands

B) trace commands

C) show commands

D) config commands

[5-12] Which Cisco IOS command will enable a Telnet session to receive console messages?

A) terminal monitor

B) terminal debug monitor

C) terminal debug messages

D) terminal console messages

연습문제

[5-13] What is the effect of using the `service password-encryption` command?

A) Only the enable password will be encrypted.

B) Only the enable secret password will be encrypted.

C) Only passwords configured after the command has been entered will be encrypted.

D) It will encrypt the secret password and remove the enable secret password from the configuration.

E) It will encrypt all current and future passwords.

5.2 시스코 라우터의 관리

[5-14] The router IOS is usually found in _____, and the saved configuration file (startup-config) is usually found in _____.

A) flash memory; RAM   B) RAM; flash memory

C) flash memory; ROM   D) flash memory; NVRAM

E) NVRAM; flash memory

[5-15] Which stage of router bootup occurs first?

A) load IOS   B) load bootstrap

C) find configuration   D) load configuration

[5-16] Which router component is used primarily to contain the Cisco IOS software image?

A) RAM   B) NVRAM

C) flash memory   D) configuration register

[5-17] During the boot process, what does the router do if the boot field value is 0x2?

A) runs ROM monitor

B) loads IOS from ROM

C) loads IOS from flash memory

D) parses the NVRAM configuration

[5-18] Which Cisco IOS command displays the current value of the configuration register?

A) show config

B) show version

C) show startup-config

D) show config-register

[5-19] If the configuration register value is 0x2100, what will the router do the next time it boots?

A) load IOS from ROM

B) load IOS from flash memory

C) run ROM monitor automatically

D) check startup config for the boot system commands

[5-20] Which component is used to test the basic functionality of the router hardware and determine which component are present?

A) POST   B) bootstrap

C) mini-IOS   D) ROM monitor

[5-21] When a Cisco router starts up, where does it look to find the Cisco IOS software, by default, if the saved configuration file in NVRAM does not contain boot system command?

A) ROM

B) RAM

C) NVRAM

D) flash memory

[5-22] You type the following into the router and reload. What will the router do?

```
Router(config)# boot system flash c2800nm-advsecurityk9-mz.151-4.M6.bin
Router(config)# config-register 0x2101
Router(config)# do sh ver
[outputcut]
Configuration registeris 0x2102(will be 0x2101 at next reload)
```

A) The router will expand and run the c2800nm-advsecurityk9-mz.151-4.M6.bin IOS from flash memory.

B) The router will go into setup mode.

C) The router will load the mini-IOS from ROM.

D) The router will enter ROM monitor mode.

[5-23] Which Cisco IOS command creates a backup copy of the IOS image file on a TFTP server?

A) copy IOS tftp

B) copy tftp flash

C) copy flash tftp

D) backup flash tftp

[5-24] For which reasons would you copy configuration files from a TFTP, RCP, or FTP server to the running configuration or startup configuration of a router? (Choose three.)

A) to restore a backed-up configuration file

B) to use the configuration file for another router

C) to identify the device to other devices on the network

D) to institute a common security policy across the network

E) to load the same configuration commands onto all the routers in your network

[5-25] Which Cisco IOS command merges a configuration file from a TFTP server into the current configuration?

A) `copy startup running`   B) `copy tftp startup-config`

C) `copy running-config tftp`   D) `copy tftp running-config`

[5-26] What does the `copy running startup` command do?

A) copies the configuration in RAM to NVRAM

B) copies the configuration in NVRAM to RAM

C) merges the configuration in RAM with the configuration in NVRAM

D) downloads a configuration file from a TFTP server to running memory

[5-27] Which command displays the size of the IOS image file in flash memory?

A) `show flash`   B) `show flash size`

C) `show file size flash`   D) `show flash memory`

연습문제

[5-28] A Cisco router is booting and has just completed the POST process. It is now ready to find and load an IOS image. What function does the router perform next?

A) It checks the configuration register.

B) It attempts to boot from a TFTP server.

C) It loads the first image file in flash memory.

D) It inspects the configuration file in NVRAM for boot instructions.

[5-29] Which two locations can be configured as a source for the IOS image in the boot system command? (Choose two.)

A) RAM   B) NVRAM

C) Flash memory   D) HTTP server

E) TFTP server   F) Telnet server

[5-30] Which of the following is a low-level operating system normally used for manufacturing, testing, and troubleshooting?

A) POST   B) Bootstrap

C) Mini Cisco IOS   D) ROMmon

[5-1] 시스코 IOS 명령어 중에서 현재의 설정이 라우터의 시작 설정이 되도록 저장하는 명령어는?

A) configure memory

B) configure terminal

C) copy startup-config running-config

D) copy running-config startup-config

해설

- 여러 가지 설정 명령어를 입력하여 라우터를 설정한 후에는 반드시 copy running-config startup-config 명령어를 입력하여 실행 설정 파일을 NVRAM에 저장해야 한다. 만약 NVRAM에 저장하지 않으면 변경된 설정은 없어져 버린다.

[5-2] 라우터의 전역 설정 모드(global configuration mode)로 들어가는 시스코 IOS 명령어는?

A) configure memory

B) configure terminal

C) copy startup-config running-config

D) copy running-config startup-config

해설

- 특권 실행 모드에서 configure terminal 명령어를 입력하면 전역 설정 모드로 이동할 수 있다.

[5-3] 다음 중 라우터의 이름을 정하는 시스코 IOS 명령어는?

A) hostname *hostname*

B) banner motd *message*

C) hostname interface description

D) description interface description

해설

- 라우터의 이름은 전역 설정 모드에서 hostname *name* 명령어를 사용하여 설정한다.

[5-4] 라우터의 콘솔 포트로 접속하면 비밀번호(password)를 입력하도록 설정하려면 어떤 명령어를 사용하여야 하는가?

A) password 명령어

B) enable password 명령어

C) login 명령어와 password 명령어

D) login required 명령어와 password 명령어

해설

- 콘솔 포트에 비밀번호를 설정하려면 라인 설정 모드에서 login 명령어와 password *password* 명령어를 사용한다.

[5-5] 하나의 고정 포트를 가진 라우터에서 이더넷 포트 1을 설정하는 시스코 IOS 명령어는?

A) Ethernet interface 1

B) interface Ethernet 1

C) Ethernet interface 0/1

D) interface Ethernet 0/1

해설

- 인터페이스 설정은 전역 설정 모드에서 interface 명령어를 입력한 후에 반드시 인터페이스 유형과 번호를 지정하여야 한다. 즉 interface *type number* 전역 설정 명령어를 사용한다. 이 명령어를 실행하면 라우터는 인터페이스 설정 모드로 들어간다.
- Ethernet 0/1과 같은 표기는 여러 개의 모듈을 가진 장비에서 모듈 0의 1번 포트를 나타내는 방법이다.

[5-6] 한 인터페이스에 IP 주소를 설정한 후에, 관리적으로 비활성화되어 있는 인터페이스의 상태를 활성화 상태로 바꾸려면 어떻게 해야 하는가?

A) exit를 입력한다.

B) shutdown을 입력한다.

C) no shutdown을 입력한다.

D) configure terminal을 입력한다.

해설

- 시스코 라우터에서는 보안을 위하여 모든 인터페이스를 관리적으로 비활성화시켜 놓는다. 인터페이스를 사용하려면 해당 인터페이스 설정 모드에서 no shutdown 명령어를 입력한다.

연습문제

정답 및 해설

[5-7] 직렬 인터페이스 0의 IP 주소와 서브넷 마스크를 바르게 설정하는 시스코 IOS 명령어는?

A) interface serial 0

   ip address 192.168.1.1/24

B) interface serial 0

   ip address 192.168.1.1 255.255.255.0

C) interface serial 0

   ip address 255.255.255.0 192.168.1.1

D) interface serial 0

   ip address 192.168.1.1 mask 255.255.255.0

해설

• 특정 인터페이스에 IP 주소를 설정하려면 해당 인터페이스 설정 모드로 들어가서 **ip** **address** *address* *mask* 명령어를 입력한다.

[5-8] 시스코 라우터에서 설정된 인터페이스의 대역폭을 보여주는 IOS 명령어는?

A) show interfaces

B) show bandwidth

C) show interfaces bandwidth

D) show bandwidth interfaces

해설

• 라우터에서 인터페이스의 설정이 완료되면 show interfaces 명령어를 사용하여 설정을 확인할 수 있다. show interfaces 명령어는 라우터의 모든 인터페이스의 상태와 IP 주소, 대역폭 등, 여러 가지 통계 정보를 보여준다.

• B), C), D)와 같은 명령어는 없다.

[5-9] 각각의 데이터링크 프로토콜의 상태를 show interfaces 명령어가 보여주는 메시지와 연결시켜라.

_____ 1. operational

_____ 2. manually disabled

_____ 3. interface problem

_____ 4. connection problem

A) Serial is up, line protocol is up

B) Serial is up, line protocol is down

C) Serial is down, line protocol is down

D) Serial is administratively down, line protocol is down

해설

인터페이스 상태

• 인터페이스와 라인 프로토콜이 모두 업: 정상 동작 상태

• 인터페이스는 업, 라인 프로토콜은 다운: 소프트웨어 적인 연결 상의 문제(connection problem)

• 인터페이스와 라인 프로토콜이 모두 다운: 케이블링과 같은 하드웨어 문제

• 관리적으로 다운: 관리자에 의해 비활성화

[5-10] 다음 중 문제 해결을 위하여 라우터나 네트워크의 동작 과정을 살펴보는 데 사용하는 시스코 IOS 명령어는?

A) trace 명령어   B) show 명령어

C) config 명령어   D) debug 명령어

해설

• **debug** 명령어는 이벤트나 패킷이 제대로 작동하는지 여부를 파악하기 위해서 라우터나 네트워크의 운용 상태를 봐야 할 경우에 사용한다.

[5-11] 다음 중 인터페이스나 미디어 또는 네트워크 성능에 관한 문제를 해결하기 위하여 네트워크의 현재 상태를 살펴보기 위한 시스코 IOS 명령어는?

A) debug 명령어   B) trace 명령어

C) show 명령어   D) config 명령어

해설
- show 명령어는 네트워크 장비, 이웃한 장비, 네트워크 성능에 관한 정적인 정보를 보여준다. 이 명령어는 인터페이스, 노드, 매체, 서버, 클라이언트, 애플리케이션에 관련된 문제를 포함해서 인터네크워크의 문제를 파악하는데 필요한 사항을 수집할 때 사용한다.

[5-12] 기본적으로 라우터는 디버그 결과와 시스템 메시지를 콘솔로 전송한다. 원격 터미널에서 텔넷 세션으로 디버그 결과와 시스템 메시지를 보기 위해서는 어떤 명령어를 사용하여야 하는가?

A) terminal monitor

B) terminal message

C) terminal debug monitor

D) terminal debug message

해설
- terminal monitor 명령어는 debug 명령어의 실행 결과와 시스템 오류 메시지를 현재 터미널과 세션에 디스플레이 한다.

[5-13] service password-encryption 명령어를 사용하면 어떠한 효과가 나타나는가?

A) enable 패스워드만 암호화된다.

B) enable secret 패스워드만 암호화된다.

C) 이 명령어가 입력된 이후에 설정되는 패스워드만 암호화된다.

D) secret 패스워드를 암호화하고, 설정에서 enable secret password를 제거한다.

E) 현재의 패스워드와 앞으로 입력되는 패스워드를 모두 암호화한다.

해설
- service password-encryption 명령어가 설정되면 콘솔, vty, username 명령어의 모든 패스워드가 곧바로 암호화되며, 향후 입력되는 패스워드도 암호화된다.

[5-14] 라우터의 IOS는 일반적으로 ____에 있으며, 설정 파일(startup-config)은 일반적으로 ____에 저장되어 있다.

A) flash memory; RAM

B) RAM; flash memory

C) flash memory; ROM

D) flash memory; NVRAM

E) NVRAM; flash memory

해설
- 일반적으로 시스코 IOS 소프트웨어 이미지는 플래시 메모리에 있으며, 시작 설정 파일은 NVRAM에 저장되어 있다.

[5-15] 라우터가 부팅될 때 가장 먼저 실행하는 것은?

A) IOS를 로드한다.

B) 부트스트랩을 로드한다.

C) 설정 파일을 찾는다.

D) 설정 파일을 로드한다.

해설
- 라우터의 부팅 과정은 먼저 하드웨어 테스트와 부트스트랩 코드의 실행이 이루어지고, 다음에 시스코 IOS 소프트웨어를 찾아서 로딩하는 과정이 진행되며, 마지막으로 설정 파일(configuration file)을 찾아서 로딩하는 순서로 진행된다.

[5-16] 다음 중 시스코 IOS 이미지를 저장하는 데 주로 사용되는 라우터의 구성 요소는?

A) RAM

B) NVRAM

C) flash memory

D) configuration register

해설
- 플래시 메모리는 읽고 쓸 수 있는 메모리로 주로 시스코 IOS 소프트웨어 이미지 저장에 사용된다.

연습문제
정답 및 해설

[5-17] 부트 필드의 값이 0x2이면 라우터는 부팅 과정에서 무슨 일을 하는가?

A) ROM monitor를 실행한다.

B) ROM으로부터 IOS를 로드한다.

C) 플래시 메모리로부터 IOS를 로드한다.

D) NVARM에 있는 설정 파일을 해석한다.

해설

• 부트 필드가 16진수로 0이면, 즉 0x0이면 ROMMON을 사용하여 부팅한다. 부트 필드가 0x1이면 RxBoot, 즉 IOS 서브셋을 사용하여 부팅한다. 부트 필드가 0x2부터 0xF이면 NVRAM에 있는 startup-config 파일 안에 boot system 명령어가 있는지를 검사한다.

[5-18] 다음 중 현재 설정 레지스터의 값을 표시하는 시스코 IOS 명령어는?

A) show config

B) show version

C) show startup-config

D) show config-register

해설

• show version 명령어를 사용하면 현재의 설정 레지스터 값을 알 수 있다.

[5-19] 설정 레지스터의 값이 0x2100이면, 라우터는 부팅한 다음에 무슨 일을 하는가?

A) ROM으로부터 IOS를 로드한다.

B) 플래시 메모리로부터 IOS를 로드한다.

C) 자동으로 ROM monitor를 실행한다.

D) 시작 실행 파일에 boot system 명령어가 있는지 검사한다.

해설

• 설정 레지스터의 하위 4비트가 부트 필드이므로 설정 레지스터 값이 0x2100이면 부트 필드는 0x0이다. 따라서 부트 필드가 0000(16진수로 0)으로 설정되어 있으면 ROMMON 모드로 자동으로 들어간다.

[5-20] 다음 중 라우터 하드웨어의 기본적인 기능을 검사하고 어떤 구성 요소가 있는지를 검사하는 것은?

A) POST   B) bootstrap

C) mini-IOS   D) ROM monitor

해설

• POST는 시스코 라우터의 모든 구성 요소가 제대로 기능을 하고 있는지를 검증하는 일련의 하드웨어 테스트이다. 이 테스트가 진행되는 동안에 라우터는 하드웨어 구성 요소가 모두 있는지를 파악한다.

[5-21] 시스코 라우터의 시동 시에, NVRAM에 저장된 설정 파일에 boot system 명령어가 없으면 시스코 라우터는 기본적으로 IOS 소프트웨어를 어디에서 찾는가?

A) ROM   B) RAM

C) NVRAM   D) flash memory

해설

• NVRAM에 있는 startup-config 파일 안에 boot system 명령어가 없으면 라우터는 플래시 메모리에 있는 첫 번째 유효한 시스코 IOS 이미지를 로딩하고 이를 실행한다.

[5-22] 라우터에 다음과 같이 입력하고 리로드하였다. 라우터는 어떻게 동작하는가?

A) 라우터는 플래시 메모리로부터 c2800nm-advsecurityk9-mz.151-4.M6.bin IOS 이미지 파일을 로드한다.

B) 라우터는 셋업 모드로 들어간다.

C) 라우터는 ROM으로부터 mini-IOS를 로드한다.

D) 라우터는 ROM monitor 모드로 들어간다.

해설

• 설정 레지스터의 하위 4비트인 부트 필드가 0001(16진수로 1)로 설정되어 있으면 시스템은 ROM에서 시스코 IOS 서브셋인 mini-IOS를 자동으로 부팅시킨다.

• 이 기능은 일부 구형 라우터에만 있었으며 최근의 신형 라우터에서는 사용하지 않는 기능이다. mini-IOS가 없으면 ROMMON으로 부팅한다.

[5-23] 다음 중 IOS 이미지 파일의 백업 복사본을 TFTP 서버에 저장하는 시스코 IOS 명령어는?

A) copy IOS tftp

B) copy tftp flash

C) copy flash tftp

D) backup flash tftp

해설
- 시스코 IOS에서 파일을 여러 위치로 복사하려면 특권 설정 모드에서 copy 명령어를 사용한다. copy 명령어의 구문 형식은 copy *source destination*이다.
- 일반적으로 시스코 IOS 이미지 파일은 플래시 메모리에 있으므로 TFTP 서버에 백업 복사본을 만들려면 copy flash tftp 명령어를 사용한다.

[5-24] 라우터의 실행 설정 파일이나 시작 설정 파일을 TFTP 서버나 RCP 서버, 또는 FTP 서버로부터 복사해오는 이유는 무엇인가? (3가지 선택)

A) 백업해 놓은 설정 파일을 복원하기 위하여

B) 설정 파일을 다른 라우터에서 사용하기 위하여

C) 네트워크에서 한 장비를 다른 장비와 구별하기 위하여

D) 네트워크 전체에서 공통된 보안 정책을 수립하기 위하여

E) 네트워크 내의 모든 라우터에 동일한 설정 명령어를 로드하기 위하여

해설
- 설정 파일을 네트워크 서버로부터 RAM이나 NVRAM 으로 복사하는 것은 백업해 놓은 설정 파일을 가져다가 사용하기 위함이다. 또한 네트워크에 추가되는 라우터를 설정할 때와 같이 다른 라우터를 원래의 라우터와 유사하게 설정하고자 할 때에도 이러한 명령어를 유용하게 사용할 수 있다.

[5-25] 다음 중 TFTP 서버로부터 설정 파일을 복사하여 실행 설정 파일과 병합하는(merge) 시스코 IOS 명령어는?

A) copy startup running

B) copy tftp startup-config

C) copy running-config tftp

D) copy tftp running-config

해설
- 실행 설정 파일이 다른 위치에서 RAM으로 복사될 때에는 기존 파일을 덮어쓰기 하는 것이 아니라 병합 (merge)된다.

[5-26] copy running startup 명령어는 무슨 일을 하는가?

A) RAM에 있는 설정 파일을 NVRAM으로 복사한다.

B) NVRAM에 있는 설정 파일을 RAM으로 복사한다.

C) NVRAM에 있는 설정 파일과 RAM에 있는 설정 파일을 병합한다.

D) 실행 파일을 TFTP 서버로부터 실행 메모리로 다운로드한다.

해설
- RAM에 있는 설정 파일을 NVRAM으로 복사하기 위해서는 특권 실행 모드에서 copy running startup 명령어를 사용한다.

[5-27] 다음 중 플래시 메모리에 있는 IOS 이미지의 파일 크기를 표시하는 명령어는?

A) show flash

B) show flash size

C) show file size flash

D) show flash memory

해설
- 라우터의 메모리와 이미지 파일에 대한 정보를 확인하려면 show flash 명령어를 사용한다. show flash 명령어를 실행하면 라우터의 플래시 메모리의 전체 크기, 사용 가능한 크기, 플래시 메모리에 저장되어 있는 모든 파일의 이름 등을 알 수 있다.

[5-28] 시스코 라우터가 부팅되어 POST 과정을 완료하고 이제 IOS 이미지를 찾아서 로드하려고 한다. 다음 단계에서 라우터는 어떠한 기능을 수행해야 하는가?

A) 설정 레지스터를 검사한다.

B) TFTP 서버로부터 부팅을 시도한다.

C) 플래시 메모리에 있는 첫 번째 이미지 파일을 로드한다.

D) NVRAM에 있는 설정 파일에 부트 명령어가 있는지 검사한다.

해설

• 부트스트랩 코드는 실행될 시스코 IOS 소프트웨어의 위치가 어디인지를 파악한다. 설정 레지스터(configuration register)와 설정 파일을 참조하여 시스코 IOS 소프트웨어 이미지가 어디에 있으며 어떤 이미지 파일을 사용할 것인가를 결정한다. 설정 레지스터는 라우터의 부팅 방법을 제어한다.

[5-29] boot system 명령어에서 IOS 이미지가 있는 곳으로 설정할 수 있는 2가지 장소는? (2가지 선택)

A) RAM   B) NVRAM

C) Flash memory   D) HTTP server

E) TFTP server   F) Telnet server

해설

• boot system 명령어는 전역 설정 명령어로 시스코 IOS 소프트웨어 이미지를 어디에서 찾아서 로딩할 것인지를 규정한다.

• 명령어의 구문은 다음과 같이 3가지이다.
  - boot system flash [*filename*]
  - boot system tftp [*filename*] [*server-address*]
  - boot system rom

[5-30] 다음 중에서 일반적으로 제작, 시험, 장애처리 용으로 사용되는 하위 단계(low-level)의 운영 체제는?

A) POST   B) Bootstrap

C) Mini Cisco IOS   D) ROMMON

해설

• ROMMON(ROM Monitor)은 제조, 테스트, 장애 처리, 패스워드 복구 등에 사용되는 하위 레벨의 운영체제이다. ROMMON 모드에서는 라우팅이나 IP 기능은 수행하지 못한다.

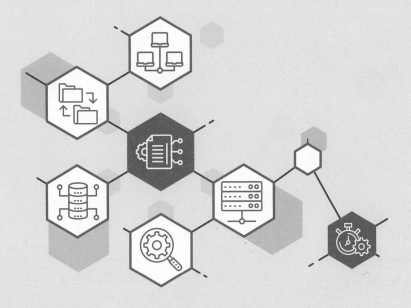

CHAPTER

6

네트워크 환경 관리

학습목표

- 시스코 장비에서 발생하는 로그 메시지를 수신하는 방법, 로그 메시지의 형식과 중요도 등급 그리고 Syslog 서버에 저장하는 방법 등에 대하여 설명할 수 있다.
- 네트워킹 장비들 간의 시간 정보를 일치시키는 프로토콜인 NTP에 대하여 설명할 수 있다.
- CDP와 LLDP의 구현 방법, 모니터링 방법, 유지 방법 등에 대하여 설명할 수 있다.
- Telnet과 SSH 연결 설정, Telnet 세션의 대기와 재연결 방법, Telnet 세션을 끝내는 방법과 연결 상태를 확인하는 다른 방법에 대하여 설명할 수 있다.

6.1 Syslog

대부분의 컴퓨터 장치들은 중요한 이슈들을 관리자에게 통보하는 기능을 가지고 있다. 이러한 유형의 메시지를 로그(log) 메시지라고 한다. 시스코 장비들도 로그 메시지를 발생시킨다. 주요 사건이 발생하면 시스코 장비는 자세한 시스템 메시지를 관리자에게 통보한다. 이러한 메시지들은 매우 평범한 것부터 아주 중요한 것까지 다양하다. 관리자들은 이러한 메시지들을 저장할 수 있는 여러 가지 방법을 가지고 있으며, 네트워크 인프라에 큰 영향을 줄 수 있는 사건들을 통보받을 수 있다.

시스코 IOS는 의미가 있다고 여기는 사건이 발생하면 현재 장비에 로그인한 사용자에게 실시간으로 메시지를 보낼 수도 있고, 사용자가 메시지를 나중에 볼 수 있도록 메시지를 저장할 수도 있다.

6.1.1 실시간으로 로그 메시지 보내기

시스코 IOS는 동작하고 있는 장비에서 이벤트가 발생하면, 최소한 현재의 사용자는 로그 메시지를 볼 수 있도록 하고 있다. 사용자가 모든 라우터나 스위치에 접속하지 않아도 로그인만 하면, 네트워크 엔지니어는 특정 이슈들을 알 수 있다.

기본적으로 IOS는 모든 수준의 로그 메시지를 콘솔 사용자에게 보여준다. 이러한 기본 기능은 `logging console`이라는 전역 설정 명령어가 입력되어 있기 때문이다. 콘솔 포트로 장비에 접속하면 인터페이스의 업 또는 다운과 같은 다양한 시스로그 메시지들을 볼 수 있다.

콘솔 사용자와는 달리 Telnet이나 SSH 사용자는 시스로그 메시지를 보려면 2단계의 과정을 거쳐야 한다. 첫째, IOS가 로그인한 모든 사용자들에게 로그 메시지를 보내도록 하기 위해서는 `logging monitor`라는 전역 설정 명령어를 입력하여야 한다. 그러나 이 기본 설정만으로는 사용자가 로그 메시지를 보기에 충분하지 않다. 둘째로 로그인 세션 동안 이 터미널 세션이 로그 메시지의 수신을 원한다는 것을 IOS에게 알리기 위한 명령인 `terminal monitor`라는 특권 실행 명령어를 입력해야 한다.

(그림 6-1)은 시스코 라우터나 시스코 스위치가 현재 연결된 사용자들에게 로그 메시지를 보여주는 과정을 보인 것이다. 그림에서 사용자 A는 콘솔에 연결되어 있기 때문에 항상 로그 메시지를 수신한다. 사용자 B는 로그인 후에 `terminal monitor` 특권 실행 명령어를 입력하였기 때문에 로그 메시지를 볼 수 있지만, 이 명령어를 입력하지 않은 사용자 C는 로그 메시지를 수신할 수 없다. 이와 같은 방식으로 각각의 사용자가 로그 메시지를 수신할지 아니면 수신하지 않을지를 결정할 수 있다.

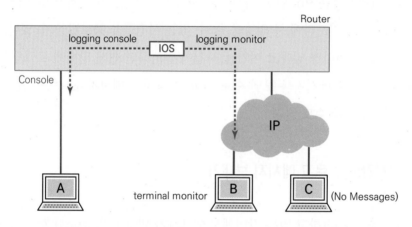

그림 6-1   IOS가 현재 사용자에게 로그 메시지를 보여주는 과정

6.1.2 로그 메시지의 저장

이벤트가 발생했을 때 콘솔과 터미널로 로그 메시지를 전달하게 하면, IOS가 이 로그 메시지를 콘솔과 터미널 세션으로 보낸 다음에 폐기해버릴 수 있다. 그러나 나중에 확인하기 위하여 로그 메시지를 저장해 두는 것이 좋다. 이를 위하여 IOS는 두 가지 방법을 제공한다.

IOS에서 `logging buffered`라는 전역 설정 명령어를 입력하면 로그 메시지의 복사본을 RAM에 저장할 수 있다. 저장된 로그 메시지는 나중에 사용자가 `show logging` 특권 실행 명령어를 입력하여 확인할 수 있다.

또 다른 방법으로는, 로그 메시지를 대량으로 생산하는 네트워크에서 주로 사용하는 방법으로 모든 장비에서 발생하는 로그 메시지를 중앙의 시스로그 서버에 저장하는 것이다. 라우터나 스위치가 UDP를 사용하여 시스로그 서버로 로그 메시지를 전송하여 저장하는 시스로그 프로토콜은 RFC(Request For Comments) 5425에서 규정하고 있다. 모든 장비들은 자신이 생성한 로그 메시지를 서버에게 보낼 수 있다. 나중에 사용자는 서버에 접속하여 여러 장비들에서 도착한 로그 메시지들을 검색할 수 있다. 라우터나 스위치에서 로그 메시지를 시스로그 서버에게 보내도록 설정하기 위해서는 logging [host] *address¦hostname* 전역 설정 명령어를 사용하면 된다. 여기에서 *address*와 *hostname*은 시스로그 서버의 IP 주소와 호스트 이름이다.

(그림 6-2)는 시스코 라우터나 시스코 스위치가 로그 메시지를 메모리와 시스로그 서버에 저장하고 검색하는 과정을 보인 것이다.

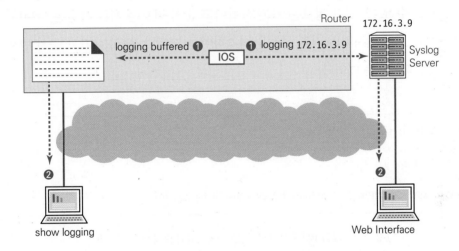

그림 6-2   로그 메시지의 저장과 검색 과정

6.1.3 로그 메시지의 형식

IOS는 로그 메시지의 형식을 정의한다. (그림 6-3)은 로그 메시지의 예이다.

```
*Dec 18 17:10:15.079: %LINEPROTO-5-UPDOWN : Line protocol on Interface
  FastBthernet0/0, changed state to down
```

그림 6-3   로그 메시지의 예

이 예에서 다음과 같은 항목들을 볼 수 있다.

- 시간 정보(timestamp): *Dec 18 17:10:15.079
- 메시지를 생성한 라우터의 요소(facility): %LINEPROTO
- 중요도 등급(severity level): 5
- 메시지의 기호(mnemonic): UPDOWN
- 메시지에 대한 설명(description): FastEthernet0/0 인터페이스의 라인 프로토콜이 다운 상태로 바뀜.

IOS는 메시지 내용을 대부분 알려주지만 시간 정보와 순서 번호의 표시는 사용자가 선택할 수 있다. 시간 정보는 기본 사항이고 순서 번호는 기본 사항은 아니다. (그림 6-4)는 로그 메시지의 기본 설정을 변경하여 시간 정보 표시는 끄고 순서 번호 표시는 활성화시키는 예이다.

```
R1(config)# no service timestamps
R1(config)# service sequence-numbers
R1(config)# end
R1#
000011: %SYS-5-CONPIG_I: Configured from console by console
```

그림 6-4   로그 메시지의 시간 정보 비활성화와 순서 번호 활성화

6.1.4 로그 메시지의 중요도 등급

로그 메시지는 일상적인 이벤트를 알려주기도 하지만 매우 심각한 상황을 알려주기도 한다. IOS는 메시지의 중요도를 알리기 위하여 각 메시지에 중요도 등급(severity level)을 부여한다. (그림 6-5)는 중요도 등급을 보이고 있다. 숫자가 낮을수록 메시지를 일으킨 이벤트의 심각성은 더 높다. (왼쪽의 키워드와 중앙의 숫자가 IOS 명령에서 사용된다.)

(그림 6-5)에서 8개의 중요도 등급을 의미를 구분하기 위하여 4개의 섹션으로 나

눈다. 그림에서 맨 위에 있는 2개의 메시지는 가장 심각한 것이다. 이 등급의 메시지는 즉각적인 조치가 필요하다는 것을 의미한다. 다음 3개의 등급(Critical, Error, Warning)은 장비에 영향을 줄 수 있는 이벤트라는 것을 표시하지만 즉각적인 조치를 필요로 하는 정도는 아니다. 예를 들어 인터페이스가 물리적으로 다운 상태가 되면, 일반적인 로그 메시지는 중요도 등급 3에 해당한다. 다음의 등급 5와 6은 오류라기보다는 사용자에게 경고를 보내기 위한 메시지이다. 마지막 등급 7은 **debug** 명령에 의해 발생하는 메시지들을 위해 사용된다.

Keyword	Numeral	Description	
Emergency	0	System unusable	Severe
Alert	1	Immediate action required	
Critical	2	Critical Event (Highest of 3)	Impactful
Error	3	Error Event (Middle of 3)	
Warning	4	Warning Event (Lowest of 3)	
Notification	5	Normal, More Important	Normal
Informational	6	Normal, Less Important	
Debug	7	Requested by User Debug	Debug

그림 6-5　키워드와 숫자로 표시된 시스로그 메시지의 중요도 등급

〈표 6-1〉은 로깅을 활성화하는 명령어와 중요도 등급을 설정하는 명령어를 요약한 것이다. 중요도 등급이 설정되면, IOS는 그 등급 이상의 서비스 메시지들을 출력한다. 예를 들어 `logging console 4` 전역 설정 명령어는 IOS에게 중요도 등급 0~4의 메시지들을 콘솔로 출력하도록 하는 것이다. 시스코 장비에서 콘솔 로깅 서비스의 디폴트 등급은 레벨 7이다. 각 명령 앞에 **no**를 추가하면 각 서비스는 비활성화된다(`no logging console`, `no logging monitor` 등).

표 6-1   로그 서비스에 대한 로깅 메시지 등급 설정하기

서비스	로깅 활성화	메시지 등급 설정
Console	`logging console`	`logging console` *level-name¦level-number*
Monitor	`logging monitor`	`logging monitor` *level-name¦level-number*
Buffered	`logging buffered`	`logging buffered` *level-name¦level-number*
Syslog	`logging host` *address¦host*	`logging trap` *level-name¦level-number*

6.1.5 시스템 로깅의 설정과 검증

시스코 라우터나 스위치에서 시스로그 설정의 예를 살펴보기 위하여 (그림 6-6)과 같은 예제 네트워크에서 시스로그를 설정해보자. 이 그림에서는 시스로그 서버가 IP 주소 172.16.3.9로 설정되어 있다.

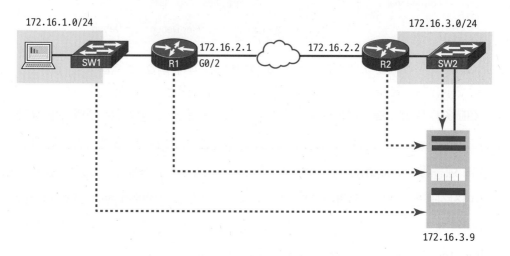

그림 6-6   시스로그 설정을 위한 예제 네트워크

라우터 R1에서의 시스로그 설정을 (그림 6-7)에 보였다. 예제 네트워크의 나머지 라우터와 스위치에서도 동일한 설정을 사용한다. 이 예에서는 콘솔과 터미널 모니터에 대해 동일한 등급(레벨 7 또는 Debug)의 메시지를 보내도록 설정하고 있으며,

내부 버퍼와 시스로그 서버에게 레벨 4 또는 Warning의 메시지를 보내도록 설정하고 있다. 메시지 등급은 예제에서와 같이 중요도를 구분하는 숫자나 또는 이름으로 설정할 수 있다.

```
logging console 7
logging monitor debug
logging buffered 4
logging host 172.16.3.9
logging trap warning
```

그림 6-7   라우터 R1에서의 시스로그 설정

이와 같은 시스로그 설정을 검증하고 내부 라우터에 저장된 로그 메시지의 수를 확인하려면 (그림 6-8)과 같이 show logging 특권 실행 명령을 사용하면 된다. 이 명령의 결과를 이해하려면 8개의 로그 메시지 등급을 모두 알아야 편리하다. 대부분의 show 명령어는 숫자가 아니라 이름에 의해 로그 메시지의 등급을 구분한다. 로그 메시지의 등급을 숫자로 설정했어도 그림의 음영으로 표시된 부분에서 보듯이 2개의 등급은 Debug이고 2개의 등급은 Warning으로 표시된다. 또한 이 예에서는 라우터 R1의 내부 버퍼에 로그 메시지가 저장되어 있지 않아서(Buffer logging의 메시지 수가 0이어서) 그 내용을 확인할 수 없지만, 만약 로그 메시지가 저장되었다면 화면 끝에 실제 로그 메시지들이 표시된다. 이전에 저장된 메시지들을 모두 삭제하고 싶을 때에는 clear logging 특권 실행 명령어를 사용하면 된다.

```
R1# show logging
Syslog logging: enabled (0 messages dropped, 3 messages rate-1imited, 0 flushes, 0
  overruns, xml disabled, filtering disabled)

No Active Message Discriminator.

No Inactive Message Discriminator.

  Console logging: level debugging, 45 messages logged, xml disabled,
                   filtering disabled
  Monitor logging: level debugging, 0 messages~logged, xm1 disabled,
                   filering disabled
  Buffer logging: level warnings, 0 messages logged, xm1 disabled,
                   filtering~disabled

Exception Logging: size (8192 bytes)
Count and timestamp logging messages: disabled
Persistent logging: disabled

No active illter modules.

  Trap logging: level warnings, 0 message lines logged
     Loggingto172.16.3.9 (udp port 514, audit disabled, linkup),
             0 message lines logged,
             0 message lines rate-1imited,
             0 message lines dropped-by-MD,
             xml disabled, sequence number disabled
             filteringdisabled
     Logging Source-Interface:    VRF Name:

Log Buffer ( 8192 bytes):
```

그림 6-8   로그 설정 검증의 예

(그림 6-9)는 사용자가 라우터 R1에서 G0/1 인터페이스를 shutdown 명령으로 비활성화했다가 no shutdown 명령으로 다시 활성화했을 때의 예를 보여준다. 그림에서 음영으로 표시된 부분을 자세히 살펴보면, 중요도 등급 5의 메시지 여러 개와 중요도 등급 3의 메시지 하나를 볼 수 있다. (그림 6-7)에서 logging buffered 4 전역 설정 명령을 실행하였으므로, 라우터 R1은 중요도 등급 5의 로그 메시지는 저장하지 않지만 중요도 등급 3의 메시지는 저장하게 된다. (그림 6-9)에서 show logging

명령의 결과의 마지막 부분에서 이 메시지의 내용을 보여준다.

```
R1# conflgure terminal
Enter configuration commands, one per line. Bnd with CNTL/z.
R1(config)# interface g0/1
R1(config-if)# shutdown
R1(config-1f)#
*Oct 21 20:07:07.244: %LINK-5-CHANGBD: Interface GigabitEthernet0/1, changed state to
  administratively down
*Oct 2120:07:08.244: %LINBPROTO-5-UPDOWN: Line protocol on Interface
  GigabitEthernet 0/1, changed state to down
R1 (config-if) # no shutdown
R1(config-1f)#
*Oct 2120:07:24.312 : %LINK-3-UPDONN: Interface GigabitBthernet0/1, changed state to up
*Oct 21 20:07:25.312: %LINBPROTO-5-UPDOWN : Line protocol on Interface
  GigabitBthernet 0/1, changed state to up
R1(config- 1f)# ^Z
R1#
*Oct 2120:07:36.546: %SYS-5-CONFIG_I: Configured from console by console
R1# show logging
! Skipping about 20 lines, the same lines in Bxample 33-3, until the last few lines

Log Buffer (8192 bytes):

*Oct 21 20:07:24.312: %LINK-3-UPDOWN: Interface GigabitBthernet0/1, changed state to up
```

그림 6-9   로그 설정 검증의 예

6.2 NTP

네트워크 장비 각각은 날짜와 시간을 알고 있어야 한다. 예를 들어, 앞 절에서 설명했던 로그 메시지들은 날짜와 시간으로 구성된 시간 정보를 가지고 있다. 여러 라우터와 스위치에서 전송된 로그 메시지들이 시스로그 서버에 저장되어 있는 경우를 생각해 보자. 모든 메시지들이 날짜와 시간 정보를 가지고 있지만 이 시간 정보들이 모두 일관성을 가지고 있다고 어떻게 확신할 수 있는가? 어떻게 모든 장비들의 시간을 일관성 있게 맞춰서 시스로그 서버에 있는 모든 로그 메시지들의 발생 순서를 알 수 있을까? 하나의 이벤트가 세 개의 서로 다른 시간대에 위치해 있는 장비들에게 영향을 끼쳤다면 이 때 발생하는 메시지들의 전후 관계를 어떻게 밝힐 것인가?

예를 들어, (그림 6-10)과 같이 두 라우터 R1과 R2에서 발생한 메시지를 살펴보자. R1과 R2는 서로 시간을 맞추지 않았다. 두 라우터 사이의 직렬 링크에서 문제가 계속 발생한다. 그러나 네트워크 관리자가 시스로그 서버에 저장된 로그 메시지를 살펴보면, 라우터 R1에서는 이 메시지들의 발생 시간이 13:38:39(대략 오후 1:40)이고, 라우터 R2에서는 발생 시간이 대략 오전 9:45이다.

```
*Oct 1913:38:37.568 : %OSPF-5-ADJCHG: Process 1, Nbr 2.2 .2 .2 on Serialo/0/0 from
  FULL to Down, Neighbor Down: Interface down or detached
*Oct 1913:38:40.568 : %LINEPROTO-5-UPDOWN: Line protocol on Interface Serialo/0/0,
  changed state to down
```

```
! These messages happened on router R2
Oct 19 09:44:09.027 : %LINK-3-UPDOWN: Interface Serialo/0/1, changed state to down
Oct 19 09:44:09.027 : %OSPF-5-ADJCHG: Process 1, Nbr 1.1.1.1 on Serialo/0/1 from FULL
  to DOWN, Neighbor Down: Interface down or detached
```

그림 6-10   두 라우터의 로그 메시지 비교

실제로는 (그림 6-10)의 두 메시지들은 둘 중 하나의 라우터에서 shutdown 명령을 입력했을 때 발생한 것이기 때문에 서로 0.5초 정도의 차이가 날 뿐이다. 그러나 두 라우터의 시간 정보를 일치시키지 않았기 때문에 두 라우터들이 발생시키는 메시지들이 서로 연관성이 없는 것처럼 보인다. 두 라우터의 시간 정보를 일치시키면 거의 같은 시간 정보를 로그 메시지에 표시하므로 메시지들이 발생했을 때 메시지들을 읽기도 쉽고 관련성을 발견하기도 쉽다.

라우터나 스위치, 기타 네트워킹 장비들 또는 IT 관련 장비들은 시간을 표시하는 시계를 가지고 있다. 여러 가지 이유로 인해 이러한 시계들은 서로 일치시키는 것이 좋다. 그래서 서로 다른 시간대에 위치하더라도 동일한 시간 정보를 갖도록 한다. 이것이 NTP(Network Time Protocol)의 목적이다.

NTP는 장비들의 시간을 일치시키는 방법을 제공한다. NTP는 프로토콜 메시지를 이용하여 다른 장비의 시간 정보를 학습한다. 장비들은 NTP 메시지를 이용하여 시간 정보를 서로 주고받아서 시간을 일치시킴으로써 결국 모든 장비의 시간 정보를 일치시킨다. 이렇게 되면 로그 메시지의 시간 정보는 일관성을 갖게 된다.

6.2.1 표준 시간대와 시간과 날짜의 설정

NTP는 시간을 일치시키는 작업을 하지만, NTP가 가장 잘 작동하도록 하려면 NTP 클라이언트 기능을 활성화하기 전에, 장비의 시간을 비슷하게 일치시키는 것이 좋다. 예를 들어 현재 손목시계가 오후 8:52를 가리킨다고 하면, 새로운 라우터나 스위치의 시간을 다른 장비들과 일치시키기 위해서 NTP를 시작하기 전에 시간을 오후 8:52로 맞추고, 정확한 날짜, 표준 시간대(timezone), 심지어 섬머 타임(daylight savings time)도 조정한 다음, NTP를 활성화시키는 것이 좋다. NTP를 시작할 때 먼저 정확한 시간을 설정하는 것이 좋다.

(그림 6-11)은 미국의 경우 날짜, 시간, 표준 시간대, 섬머 타임 등을 맞추는 예이다. 표준 시간대와 섬머 타임의 설정에는 각각의 전역 설정 명령어를 사용하고 날짜와 시간의 설정에는 하나의 특권 실행 명령어를 사용한다.

표준 시간대와 섬머 타임이 설정하는 시간에 영향을 주기 때문에, 날짜와 시간을 설정하기 전에 표준 시간대와 섬머 타임을 설정하는 두 가지 전역 설정 명령어를 먼저 실행해야 한다. 먼저 표준 시간대를 설정하려면 `clock timezone` 전역 설정 명령어를 사용한다. 여기에서 사용한 매개변수(parameter)인 EST(Eastern Standard Time)는 미국 동부 표준 시간을 의미하는 것으로, 사용자가 임의로 선택할 수 있는 값이다. 그 다음의 매개변수 −5는 이 장비가 협정 세계시인 UTC(Universal Time Coordinated)보다 5시간 늦다는 의미이다. 우리나라의 경우에는 `clock timezone KST 9` 전역 설정 명령어를 사용한다. 여기에서 KST(Korean Standard Time)는 한국 표준 시간이고, 9는 UTC 보다 9시간 빠르다는 의미이다.

다음으로 섬머 타임을 설정하기 위해서는 `clock summer-time` 전역 설정 명령어를 사용한다. 여기에서 사용한 매개변수 EDT(Eastern Daylight savings Time)는 미국 동부에서 사용하는 섬머 타임 시간제를 의미한다. 다음의 `recurring` 키워드는 봄에는 한 시간을 빠르게 하고 가을에는 다시 되돌리게 하는 것이다.

　라우터의 날짜와 시간을 설정하기 위해서는 `clock set` 특권 실행 명령어를 사용한다. 그러면 IOS는 표준 시간대와 섬머 타임 명령어에 입력된 시간으로 조정한다. 이 명령어는 20:52:49와 같이 12시간 형식이 아닌 24시간 형식을 사용한다. `show clock` 명령어를 입력하면, 여기에서 설정한 시간과 이전 두 가지 설정 명령어를 조합하여 시간을 보여준다.

```
R1# configure terminal
Enter configuration commands, one per line. End with CNTL/Z.
R1(config)# clock timezone EST -5
R1(config)# clock summer-time EDT recurring
R1(config)# ^Z
R1#
R1# clock set 20:52:4921 October 2015
*Oct 2120:52:49.000: sSYS-6-CLOckUPDATB: System clock has been updated from 00:36:38
  UTC Thu Oct 222015 to 20:52:49 UTC Wed Oct 212015 , configured from console by
  console.
R1# show clock
20:52:55.051 EDT Wed Oct 21 2015
```

그림 6-11　라우터에서 시간과 날짜, 표준 시간대, 섬머 타임 설정하기

6.2.2 NTP 모드의 설정

　NTP 서버는 클라이언트에게 날짜와 시간에 대한 정보를 보내고, 클라이언트는 이 정보에 자신의 시간을 일치시킨다. 이 과정은 시간이 지남에 따라 동기화를 유지하기 위해서 작은 조정을 반복하여야 한다. 설정 자체는 간단하지만 보안과 이중화를 위해서는 추가 설정이 필요하다.

　예를 들어, (그림 6-12)와 같은 예에서 기본적인 명령어 구문과 `show` 명령어를 살펴보자. 그림에는 NTP를 사용하는 3개의 라우터가 있다. 라우터 R1은 NTP 클라이

언트로 동작하고, 라우터 R3는 서버로 동작하며, 라우터 R2는 클라이언트/서버 모
드로 동작한다.

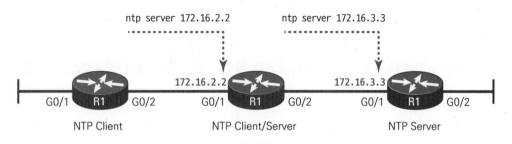

그림 6-12   NTP 모드 예제 네트워크

실제 네트워크에서는, 이와 같이 몇 개의 장비밖에 없는 경우에는 하나의 장비를
NTP 서버로 설정하고 나머지는 NTP 클라이언트로 설정할 것이다. 예제에서는 클라
이언트/서버 모드가 어떻게 동작하는지를 설명하기 위하여 R2를 이 모드로 설정한
것이다.

- NTP 클라이언트는 NTP 서버로부터 받은 정보를 기초로 자신의 시간을 조정한다.
- NTP 서버는 클라이언트에게 시간 정보를 제공하지만, 클라이언트의 시간을 조
  정하지는 않는다.
- NTP 클라이언트/서버는 두 가지 역할을 모두 한다. 클라이언트로서는 NTP 서
  버에 연결하여 받은 시간으로 동기화하고, 서버로서는 다른 장비들에게 시간
  정보를 제공한다.

(그림 6-13)은 예제 네트워크의 3개의 장비가 각자의 역할을 할 수 있도록 하는 기
본적인 설정을 보이고 있다. NTP 클라이언트로 동작시키려면 **ntp server** *address*¦
bostname 전역 설정 명령어를 입력하여야 한다. 이 명령어는 다음과 같은 두 가지
연관된 기능을 수행한다.

- 이 명령은 NTP 서버의 IP 주소 또는 호스트 이름을 설정하여 라우터가 NTP 클라이언트로 동작하도록 한다.
- 또한 이 명령은 라우터가 신뢰할 수 있는 소스를 참조하여 시간을 동기화한 후, NTP 서버로서 동작하도록 한다.

(그림 6-13)에서는 R1은 R2(172.16.2.2)를 서버로 참조하고, R2는 R3(172.16.3.3)를 서버로 참조하고 있다.

```
!      Configuration on R1 :

ntp server 172.16.2.2

!      Configuration on R2 :

ntp server 172.16.3.3

!      Configuration on R3 :

ntp master 2
```

그림 6-13   NTP 모드 설정

정확하게 동작하기 위해, 적어도 하나의 NTP 서버는 신뢰할 만한 시간 제공자 (clock source)가 되어야 한다. 라우터나 스위치를 NTP 서버로 사용하지 않고, 특별히 만들어진 전용의 NTP 서버를 사용한다면 이러한 서버들은 좋은 시간 제공자가 된다. 이와 같은 경우 모든 라우터나 스위치는 이 NTP 서버를 참조하기 위해 ntp server 명령어를 사용한다. 그러나 실습실에서는 NTP를 사용하는 라우터나 스위치 밖에 없으므로, NTP가 동작하도록 만들기 위해서는 적어도 하나의 라우터나 스위치를 ntp master 전역 설정 명령어를 사용하여 시간 제공자로 설정하여야 한다. ntp master 명령어는 라우터가 NTP 서버로 동작하도록 하고, 내부 시계가 좋은 시간 제공자로 동작하도록 한다.

(그림 6-13)과 같이 라우터는 백업을 위해 다수의 ntp server 명령어를 설정할 수 있다. 이렇게 하는 목적은 적어도 하나의 사용가능한 시간 제공자를 갖기 위한 것이

다. 그러면 라우터는 계층 순위(stratum level)에 기초하여 최상의 NTP 시간 제공자를 선택한다. 계층 순위는 시간 제공자의 품질을 정의한다. 숫자가 낮을수록 더 좋은 시간 제공자이다. R3의 **ntp master 2** 명령어는 R3의 시계를 계층 순위 2로 설정하는 것이다. 예를 들어 R2에 **ntp master 5** 명령어를 추가한다면 R2는 정상적인 환경에서 더 나은 계층인 R3로부터 학습한 시간을 사용하지만 만약 R3와의 연결이 실패하면 자기 자신의 시계를 사용한다.

(그림 6-14)는 NTP 모드 설정에 대한 검증 방법을 보인 것이다. 먼저 R1에서 **show ntp associations** 명령어의 출력을 살펴보자. 이 명령어는 R1에서 **ntp server 172.16.2.2** 명령어로 설정한 R2의 IP 주소를 보여준다. 별표(*)의 의미는 R1이 NTP를 통해 172.16.2.2를 찾았고 연관되어 있다는 것이다. 그림의 아래 부분의 R2에서 동일한 명령어를 입력하면, R2의 **ntp server 172.16.3.3** 명령어 때문에 NTP 서버인 R3의 주소 172.16.3.3을 보여준다.

```
R1# show ntp associations

  address        ref clock   st  when  poll  reach   delay   offset    disp
*~172.16.2.2     10.1.3.3     3    50    64    377    1.223    0.090    4.469
 * sys.peer, # selected, + candidate, - outlyer, x falseticker, ~ configured

R1# show ntp status
Clock is synchronized, stratum 4, reference is 172.16.2.2
nominal freq is 250.0000 Hz, actual freq is 250.0000 Hz, precision is 2**21
ntp uptime is 1553800 (1/100 of seconds), resolution is 4000
reference time is DA5E7147.56CADEA7 (19:54:31.339 EST Thu Feb 4 2016)
clock offset is 0.0986msec, root delay is 2.46msec
root dispersion is 22.19msec, peer dispersion is 5.33msec
loopfilter state is 'CTRL' (Normal Controlled Loop), drift is 0.000000009 s/s
system poll interval is 64, last update was 530 sec ago.
─────────────────────────────────────────────────────────────────────────
R2# show ntp associations
! This output is taken from router R2, acting in client/server mode
  address        ref clock    st  when  poll  reach   delay   offset    disp
*~172.16.2.2     127.127.1.1   2    49    64    377    1.220   -7.758    3.695
 * sys.peer, # selected, + candidate, - outlyer, x falseticker, configured
```

그림 6-14   R1과 R2에서 NTP 클라이언트 상태 확인

중간에 있는 R1에서의 `show ntp staus` 명령어는 여러 가지 NTP 관련 상세 항목들을 보여준다. 특히 주목할 것은 첫 번째 줄과 같이, 다른 어떤 NTP 서버와 동기화가 되어 있는지의 여부이다. 여기에서 보면 R1은 다른 NTP 서버와 동기화가 되어 있다. NTP 클라이언트로 동작하는 라우터는 적어도 하나의 서버와 NTP 동기화 과정을 완료하지 못하면 이 첫 번째 줄에는 "비동기화(unsynchronized)"가 표시된다. R3와 같이 NTP 서버로만 동작하는 라우터는 자신의 시간을 동기화하려고 시도하지 않으므로 항상 이 첫 번째 줄은 "비동기화(unsynchronized)"가 표시될 것이다.

6.3 CDP와 LLDP

CDP(Cisco Discovery Protocol)는 네트워크 관리자들이 자신의 장비와 직접 연결된 시스코 장비들에 대한 정보를 얻기 위하여 사용하는 정보 수집 도구이다. CDP는 시스코의 전용 툴이므로 시스코 장비에서만 동작한다. CDP와 유사한 기능을 수행하는 국제 표준 프로토콜이 LLDP(Link Layer Discovery Protocol)이다. LLDP는 제조사가 다른 이웃한 장비의 정보를 제공하는 프로토콜로 IEEE 802.1AB로 표준화되어 있다.

6.3.1 CDP의 구현과 검증

CDP는 직접 연결된 라우터나 스위치와 같은 시스코 장비들의 요약 정보를 제공한다. 제공되는 정보로는 연결된 장비의 종류, 연결된 라우터의 인터페이스, 장비의 모델 번호 등이 있다. CDP는 하위의 물리적인 매체와 상위의 네트워크 계층 프로토콜을 연결하는 2계층 프로토콜이다. CDP는 매체와 프로토콜에 독립적이며, 모든 시스코 장비에서 동작한다. 시스코 장비가 부팅되면, CDP는 자동으로 시작되고, 그 장비는 CDP를 실행하고 있는 이웃 장비를 감지한다. CDP는 데이터링크 계층에서 동작하므로, 네트워크 계층의 프로토콜이 서로 다르더라도 두 시스템이 서로에 대하여 인지할 수 있도록 해준다.

　CDP의 사용 목적은 로컬 장비에 직접 연결된 모든 시스코 장비들을 찾아내는 것이다. (그림 6-15)는 CDP가 직접 연결된 네이버와 어떻게 정보를 교환하는지를 보여주는 예이다. 교환된 정보는 로컬 장비에 연결된 콘솔로 보여준다. (그림 6-15)에서 맨 위에 있는 라우터는 관리자의 콘솔에 직접 연결되어 있지 않다. 관리자의 콘솔에서 맨 위의 라우터에 관한 CDP 정보를 얻기 위해서는 텔넷을 이용하여 그 장비에 직접 연결되어 있는 장비로 연결하여야 한다.

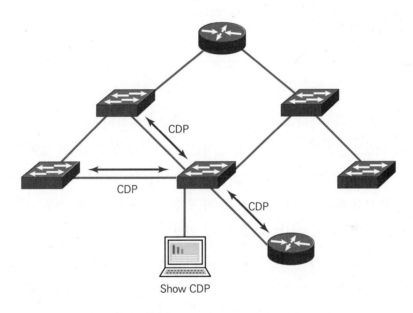

그림 6-15　CDP의 동작 예

CDP는 이웃한 각 장비에 관하여 다음과 같은 정보를 제공한다.

- 장비 식별자(Device Identifier): 라우터나 스위치에 설정된 호스트 이름
- 주소 목록(Address List): 네트워크 계층 주소(IP 주소)와 데이터링크 계층 주소
- 포트 식별자(Port Identifier): 로컬 포트와 원격 포트의 이름
- 성능 목록(Capability List): 장비의 유형에 관한 정보(라우터인지 스위치인지)
- 플랫폼(Platform): 장비의 하드웨어 모델과 장비에서 실행하고 있는 OS 종류

CDP 정보를 보기 위해서는 **show cdp** 명령어를 사용한다. CDP의 여러 가지 키워드를 사용하면 여러 종류의 상세 정보를 다양한 수준으로 볼 수 있다. CDP는 매우 간단하면서 오버헤드가 낮은 프로토콜로 설계되고 구현되었다. CDP 패킷의 크기는 80 옥텟 정도이며, 주로 정보를 나타내는 ASCII 문자로 구성되어 있다. (그림 6-16) 은 **show cdp** 명령어의 여러 가지 옵션을 보여주고 있다.

```
RouterA# show cdp ?
entry        Information for specific neighbor entry
interface    CDP interface status and configuration
neighbors    CDP neighbors entries
traffic      CDP statistics
```

그림 6-16   show cdp 명령어의 옵션

CDP는 시스코 라우터나 스위치에서 기본적으로 활성화되어 있다. 그러나 CDP가 활성화되어 있으면 보안 노출이 쉽게 일어난다. CDP가 활성화되어 있어서 공격자가 라우터나 스위치의 상세 정보를 쉽게 얻을 수 있는 가능성을 피하기 위하여 CDP를 비활성화시킬 수 있다. 시스코는 CDP가 특별히 필요하지 않을 경우 모든 인터페이스에서 CDP를 비활성화하도록 권장하고 있다.

CDP의 기능은 모든 인터페이스에서 기본적으로 활성화되어 있지만, 각 포트별로 비활성화시킬 수 있으며, 장비 전체적으로도 비활성화시킬 수 있다. CDP를 장비 전체적으로 비활성화시키기 위해서는 **no cdp run** 전역 설정 명령어를 사용하면 된다. 각각의 인터페이스에서 CDP를 비활성화시키기 위해서는 해당 인터페이스 설정 모드에서 **no cdp enable** 명령어를 사용한다. 물론 CDP가 비활성화되어 있는 인터페이스에서 CDP를 활성화시키려면 **cdp enable** 명령어를 사용하면 된다. (그림 6-17) 은 CDP를 전역적으로 그리고 특정 인터페이스에서 비활성화시키는 방법을 보이고 있다.

```
RouterA(config)# no cdp run
! Disable CDP Globally
RouterA(config)# interface serial0/0/0
RouterA(config-if)# no cdp enable
! Disable CDP on just this interface
```

그림 6-17   CDP의 비활성화

1 show cdp neighbors 명령어

show cdp neighbors 명령어는 CDP 네이버에 관한 정보를 보여준다. (그림 6-18)
은 show cdp neighbors 명령어의 실행 결과를 보여주는 예이다. 예에서와 같이 네
이버 당 하나의 행을 보여준다. show cdp neighbors 명령어는 각 CDP 네이버에 대
해 다음과 같은 정보를 보여준다.

- 장비 식별자(Device ID)
- 로컬 인터페이스(Local Interface)
- 홀드 시간(Holdtime Value)
- 장비 성능 코드(Device Capability Code)
- 하드웨어 플랫폼(Hardware Platform)
- 원격 포트 ID(Remote Port ID)

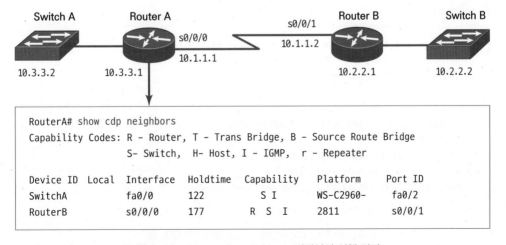

그림 6-18   show cdp neighbors 명령어의 실행 결과

show cdp neighbors 명령어에 detail 인수를 추가하면, 이웃한 장비의 네트워크 계층 주소와 같은 추가 정보가 표시된다. show cdp neighbors detail 명령어의 실행 결과는 show cdp entry * 명령어의 실행 결과와 동일하다.

2 show cdp entry 명령어

show cdp entry *name* 명령어는 네이버 장비의 세부 정보를 보여준다. (그림 6-19)는 show cdp entry *name* 명령어의 실행 결과를 보여주는 예이다. 특정 네이버의 정보를 보려면 예제와 같이 명령어에 네이버의 IP 주소나 장비 ID를 넣으면 된다. 모든 네이버를 포함시키려면 *를 사용한다.

show cdp entry *name* 명령어로 확인할 수 있는 정보는 다음과 같다.

- 네이버의 장비 ID(Neighbor Device ID)
- 3계층 프로토콜 정보(Layer 3 Protocol Information) - 예: IP 주소

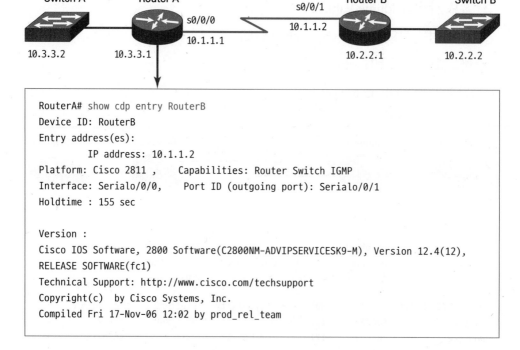

그림 6-19   show cdp entry 명령어의 실행 결과

- 장비의 플랫폼(Device Platform)
- 장비의 성능(Device Capabilities)
- 로컬 인터페이스 종류와 출력 원격 포트 ID(Local Interface Type and Outgoing Remote Port ID)
- 홀드 시간(Holdtime Value)
- 시스코 IOS 소프트웨어 종류와 릴리즈(Cisco IOS Software Type and Release)

3 show cdp traffic 명령어

show cdp traffic 명령어는 인터페이스 트래픽 관련 정보를 보여준다. 이 명령어는 송수신된 CDP 패킷의 수도 보여준다. (그림 6-20)은 show cdp traffic 명령어의 실행 결과를 보여주는 예이다.

show cdp traffic 명령어는 다음과 같은 오류 상황에서의 오류의 수도 보여준다.

- 구문 오류(Syntax Error)
- 검사합 오류(Checksum Error)
- 캡슐화 실패(Failed Encapsulations)
- 메모리 부족(Out of Memory)
- 잘못된 패킷(Invalid Packets)
- 단편화된 패킷(Fragmented Packets)
- 전송된 CDP 버전 1의 패킷 수(Number of CDP Version 1 Packets Sent)
- 전송된 CDP 버전 2의 패킷 수(Number of CDP Version 2 Packets Sent)

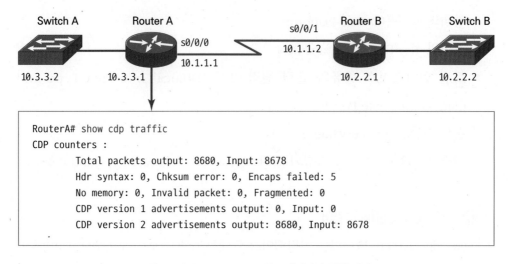

```
RouterA# show cdp traffic
CDP counters :
        Total packets output: 8680, Input: 8678
        Hdr syntax: 0, Chksum error: 0, Encaps failed: 5
        No memory: 0, Invalid packet: 0, Fragmented: 0
        CDP version 1 advertisements output: 0, Input: 0
        CDP version 2 advertisements output: 8680, Input: 8678
```

그림 6-20   show cdp traffic 명령어의 실행 결과

4 show cdp interface 명령어

show cdp interface 명령어는 로컬 장비에 관한 인터페이스 상태 및 설정 정보
를 보여준다. (그림 6-21)은 show cdp interface 명령어의 실행 결과를 보여주는
예이다.

show cdp interface 명령어는 다음과 같은 정보를 보여준다.

- 인터페이스의 라인 상태와 데이터링크 상태(Line and Data-link Status of the
  Interface)
- 인터페이스의 캡슐화 종류(Encapsulation Type for the Interface)
- CDP 패킷이 전송되는 빈도(Frequency at which CDP Packets are Sent): 기본
  60초
- 초 단위의 홀드 시간 값(Holdtime Value in Seconds): 기본 180초

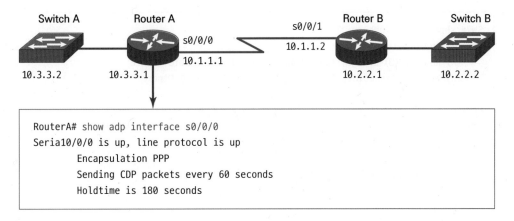

```
RouterA# show adp interface s0/0/0
Seria10/0/0 is up, line protocol is up
        Encapsulation PPP
        Sending CDP packets every 60 seconds
        Holdtime is 180 seconds
```

그림 6-21   show cdp interface 명령어의 실행 결과

6.3.2 LLDP의 구현

시스코는 CDP와 유사한 표준이 존재하지 않을 때 자사 고유의 프로토콜로 CDP를 개발하였다. CDP는 이더넷의 상위에 위치하는 2계층 프로토콜로써 3계층 프로토콜에 의존하지 않는다. 이것은 여러 가지 면에서 유용한 장비 관련 정보를 제공한다.

IEEE 802.1AB 표준으로 정의된 LLDP(Link Layer Discovery Protocol)는 CDP와 동일한 기능을 제공하는 표준 프로토콜이다. LLDP는 CDP와 비교할 때 유사한 설정과 실질적으로 동일한 show 명령어를 가지고 있다. (그림 6-22)는 LLDP 명령의 결과를 보이고 있다.

LLDP는 CDP 설정과 유사한 구조를 가지고 있지만 일반적으로 설정을 필요로 한다. LLDP를 모든 인터페이스에 활성화하기 위해서는 lldp run 전역 설정 명령어를 사용한다. 그리고 원하는 인터페이스에만 적용시키기 위해서는 lldp transmit와 lldp receive 인터페이스 하위 명령어를 사용한다. lldp transmit 명령어는 메시지를 송신만 하는 것이고, lldp receive 명령어는 메시지를 수신만 하는 것이다.

```
SW2# show lldp neighbors
Capability codes:
    (R) Router, (B) Bridge, (T) Telephone, (C) DOCSIS Cable Device
    (W) WLAN Access Point, (P) Repeater, (S) Station, (O) Other

Device ID          Local Intf    Hold-time    Capability    Port ID
SW1                Gio/2         105          B             Gio/1
R2                 Fa0/13        91           R             Gio/1

Total entries displayed: 2

SW2# show lldp entry R2

Capability codes:
    (R) Router, (B) Bridge, (T) Telephone, (C) DocsIs Cable Device
    (W) WLAN Access Point, (P) Repeater, (S) Station, (O) Other
------------------------------------------------
Chassis id: 0200.2222.2222
Port id: Gio/1
Port Description: GigabitEthernet 0/1
System Name: R2

System Description:
Cisco IOS Software, C2900 Software (C2900-UNIVERSALK9-M), Version 15.4(3)M3,
    RELEASE SOFTWARE (fc2)
Technical Support: http://www.cisco.com/techsupport
Copyright (c) 1986-2015 by Cisco Systems, Inc.
Compiled Fri 05-Jun-15 13:24 by prod_rel_team

Time remaining: 100 seconds
System Capabilities: B,R
Enabled Capabilities: R
Management Addresses:
  IP: 10.1.1.9
Auto Negotiation - not supported
Physical media capabilities - not advertised
Media Attachment Unit type - not advertised
Vlan ID: - not advertised

Total entries displayed: 1
```

그림 6-22   LLDP 명령의 결과

6.4 원격 장비 접속

6.4.1 Telnt과 SSH 연결 설정

시스코 장비의 유지 보수를 위하여 원격에서 접속하는 방법이 사용되는 경우가 많다. Telnet이나 SSH 응용은 원격 장비로 접속하는 데 매우 유용하다. 원격 장비에 대한 정보를 획득하는 방법은 Telnet이나 SSH 응용을 이용하여 원격 장비에 접속하는 것이다. Telnet과 SSH는 가상 터미널 프로토콜로 TCP/IP의 응용 계층 프로토콜이다. 이 프로토콜들은 네트워크에서 다른 네트워크에 위치한 장비로의 연결 및 원격 콘솔 세션을 생성한다.

Telnet은 가장 일반적인 원격 로그인 방법이다. Telnet은 키보드로 입력되고 화면에 표시되는 모든 명령어와 출력 내용을 평문(plaintext)으로 처리한다. 따라서 보안에 취약하다. 원격 장비로 Telnet을 연결하기 위해서는 특권 실행 모드에서 **telnet** *address¦hostname* 명령어를 사용한다. 즉 **telnet** 다음에 호스트 이름 또는 IP 주소를 입력하면 해당 장비로 접속한다. (그림 6-23)은 다른 장비로 Telnet 연결을 하는 예이다.

SSH(Secure Shell)는 Telnet과 동일한 기능을 수행하지만 클라이언트와 서버 사이

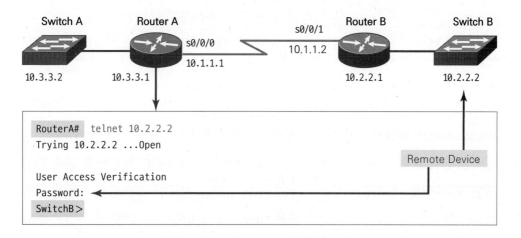

그림 6-23   Telnet 연결의 예

의 통신을 암호문(ciphertext)으로 처리한다. 따라서 보안을 유지할 수 있는 장점이
있다. 명령어는 Telnet과 유사하게 특권 실행 모드에서 ssh *address|hostname*을
사용한다.

Telnet의 연결 상태를 확인하려면 연결을 시도한 장비에서 show sessions 명령어
를 사용한다. show sessions 명령어는 자기가 연결한 세션의 목록을 나열한다. 이
명령어는 연결된 세션에 할당된 호스트의 이름, IP 주소, 바이트 수, 휴지(idle) 상태
에서의 경과 시간, 연결 이름 등을 나타낸다. 다수의 세션이 동시에 연결된 경우 별
표(*)로 표시된 연결이 가장 최근의 연결이며, Enter 키를 누르면 이 연결로 복귀한
다. (그림 6-24)는 show sessions 명령어의 실행 결과이다.

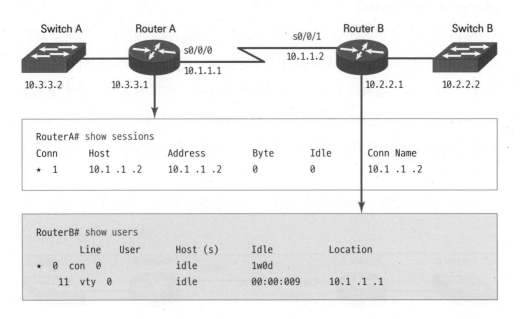

그림 6-24   Telnet 연결 상태 확인

show users 명령어는 자기에게 연결된 세션의 목록을 나열한다. show users 명
령어를 통해 콘솔 포트로의 연결이 아직도 활성화 상태인지를 확인하고 현재 활성
화된 모든 텔넷 세션의 IP 주소 혹은 Telnet 연결을 시도한 호스트의 이름을 나열
할 수 있다. (그림 6-24)의 아래 부분은 show users 명령어의 실행 결과이다. show
users 명령어의 결과 값에서 'con' 라인은 로컬 콘솔을, 'vty' 라인은 원격 접속을 의

미한다. 예제에서 vty 옆의 '11'은 vty 라인 번호를 나타내는 것으로, 이것은 포트 번호가 아니다. 다수의 사용자가 있다면 별표(*)가 가장 최근의 터미널 세션 사용자를 가리키는 것이다.

SSH 서버 연결의 상태를 확인하려면 특권 실행 모드에서 show ssh 명령어를 사용한다. (그림 6-25)는 show ssh 명령어의 실행 결과이다.

```
RouterB# show ssh

Connection      Version      Encryption      State              Username
0               1.5          3DES            Session started    guest
```

그림 6-25   show ssh 명령어의 실행 결과

6.4.2 Telnet 세션의 대기와 재연결

원격 장비에 연결하고 난 후에 Telnet 연결을 종료하지 않고 로컬 장비로 다시 돌아와야 할 경우도 있다. Telnet은 원격 장비로의 세션을 잠시 동안 대기시키고 재연결을 시도할 수 있다.

(그림 6-26)은 라우터 A에서 라우터 B로 Telnet 접속을 하였다가 연결을 종료하지 않고 다시 라우터 A로 되돌아오는 것을 보이고 있다. 여기에서 중요한 것은 세션을 대기 상태로 전환하는 것이다. Telnet 세션을 대기 상태로 전환시키고 원격 장비에서 로컬 장비로 되돌아오려면 Ctrl-Shift-6를 누른 후 x를 이어서 누르면 된다.

대기 상태로 전환된 Telnet 세션을 재연결하는 방법으로는 다음과 같은 방법들이 있다.

* Enter 키를 누른다. 그러면 가장 최근의 세션으로 돌아간다.
* resume 명령어를 입력한다. 역시 가장 최근의 세션으로 돌아간다.
* resume *session-number* 명령어를 입력한다. 해당 세션으로 돌아간다.

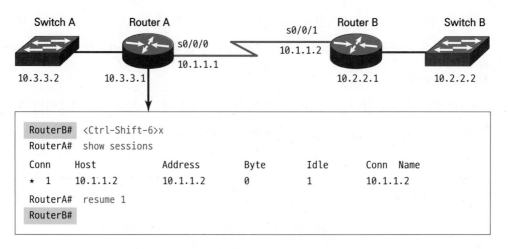

그림 6-26   Telnet 세션의 대기 상태 전환

6.4.3 Telnet 세션 끝내기

시스코 장비에서 Telnet 세션을 종료시키려면 exit 명령어, logout 명령어, disconnect 명령어, clear 명령어를 사용할 수 있다.

- exit, logout 명령어: 원격 장비의 콘솔에서 로그아웃하고 로컬 장비로 돌아온다.
- disconnect 명령어: 로컬 장비에서 자신이 연결한 세션을 종료시킨다.
- clear 명령어: 로컬 장비에서 원격 장비가 자신에게 접속한 세션을 종료시킨다.

(그림 6-27)은 Telnet 연결을 종료시키는 예이다. 원격 사용자로부터의 Telnet 세션이 대역폭을 상당 부분 점유하거나 기타 다른 문제를 일으킬 경우에 해당 세션을 종료하는 것이 좋다. 네트워크 관리자가 자신의 콘솔에서 해당 세션을 강제로 종료시킬 수 있다.

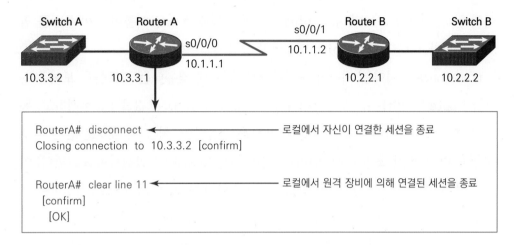

그림 6-27   Telnet 연결 종료

6.4.4 연결 상태를 확인하는 다른 방법

시스코 장비에서 로컬 및 원격 네트워크로의 연결 상태를 확인하기 위하여 ping 명령어와 traceroute 명령어를 사용할 수 있다. ping 명령어와 traceroute 명령어는 원격 장비로의 연결 및 연결 경로 등에 대한 정보를 제공한다.

ping 명령어는 Packet Internet Groper의 약어로 네트워크의 연결 상태를 확인하는 TCP/IP의 응용 계층 프로토콜이다. ping 명령어는 실행 결과로 성공률과 특정 시스템을 찾고 되돌아오는 데 걸리는 최단 시간, 평균 시간, 최장 시간을 보여준다. 이를 확인하면 특정 시스템으로의 경로에 대한 신뢰성을 판단할 수 있다. ping 명령

```
RouterX# ping 10.1.1.10

Type escape sequence to abort.
Sending 5, 100-byte ICMP Echos to 10.1.1.10, timeout is 2 seconds:
!!!!!
Success rate is 100 percent (5/5), round-trip min/avg/max = 4/4/4 ms
```

그림 6-28   ping 명령어의 실행 결과

어의 형식은 (그림 6-28)과 같이 **ping** 명령어 다음에 호스트 이름이나 IP 주소를 입력하면 된다. (그림 6-28)은 **ping** 명령어의 실행 결과이다.

traceroute 명령어는 패킷이 목적지까지 가는 데 경유하는 경로들을 보여준다. **traceroute** 명령어는 IP 패킷의 헤더에서 TTL(Time To Live) 값을 1로 설정하고, 목적지 호스트의 유효하지 않은 포트로 패킷을 전송한다. 처음 이 패킷을 받은 라우터는 ICMP의 시간 초과 메시지(Time Exceeded Message)를 발신지로 보고한다. 이 보고 메시지에 라우터의 IP 주소가 포함되어 있다. 다음에는 TTL을 2로 설정하여 보내고, 또 3으로 설정하여 보내고를 반복하면 중간에 경유하는 라우터들의 주소를 모두 알 수 있게 된다. 마지막 목적지 호스트에서는 ICMP의 포트 도달 불가(Port Unreachable) 메시지가 전송된다. (그림 6-29)는 **traceroute** 명령어의 실행 결과이다.

```
RouterX# traceroute 192.168 .101 .101

Type escape sequence to abort.
Tracing the route to 192.168 .101 .101

    1  p1r1 (192.168.1.49) 20 msec 16 msec 16 msec
    2  p1r2 (192.168.1.18) 48 msec * 44 msec
```

그림 6-29   traceroute 명령어의 실행 결과

- 콘솔 사용자 외에 Telnet이나 SSH 사용자가 시스로그 메시지를 보려면 terminal moni-tor 실행 명령어를 입력하여야 한다.

- 라우터나 스위치에게 로그 메시지를 시스로그 서버에게 보내도록 설정하기 위해서는 log-ging *address*⫶*hostname* 전역 설정 명령어를 사용하면 된다.

- show logging 명령을 사용하면 시스로그 설정을 검증하고 내부 라우터에 저장된 로그 메시지의 수를 확인할 수 있다.

- NTP 서버로부터 받은 정보를 기초로 자신의 시간을 조정하는 NTP 클라이언트로 동작시키려면 ntp server *address*⫶*hostname* 전역 설정 명령어를 입력한다.

- ntp master 전역 설정 명령어는 라우터가 NTP 서버로 동작하도록 하고, 내부 시계가 좋은 시간 제공자로 동작하도록 한다.

- CDP는 직접 연결된 장비에 관한 정보를 얻기 위해 네트워크 관리자가 사용하는 정보 수집 툴이다.

- CDP는 직접 연결된 네이버와 하드웨어 및 소프트웨어 장비 정보를 교환한다. 라우터에서 CDP는 전체 또는 포트별로 활성화하거나 비활성화할 수 있다.

- show cdp neighbors 명령어는 라우터의 CDP 네이버에 관한 정보를 보여준다. show cdp entry 명령어, show cdp interface 명령어는 시스코 장비의 세부 CDP 정보를 보여준다.

- 원격 장비에 연결이 되고 나면, 네트워크 관리자는 텔넷 세션을 종료시키지 않고 로컬 장비에 접속해야 할 수도 있다. 텔넷은 원격 세션을 일시적으로 대기 상태로 전환시킬 수 있고 재연결이 가능하다.

- 시스코 장비에서 텔넷 세션을 종료시키려면 exit 명령어, logout 명령어, disconnect 명령어, clear 명령어를 이용한다.

- ping과 traceroute 명령어는 원격 장비로의 연결 상태 및 경로 정보를 제공한다.

연습문제

6.1 Syslog

[6-1] What level of logging to the console is the default for a Cisco device?

    A) Informational   B) Errors

    C) Warnings   D) Debugging

[6-2] What command limits the messages sent to a syslog server to levels 4 through 0?

    A) `logging trap 0-4`   B) `logging trap 0,1,2,3,4`

    C) `logging trap 4`   D) `logging trap through 4`

[6-3] Which of the following commands enables syslog on a Cisco device with debugging as the level?

    A) `syslog 172.16.10.1`

    B) `logging 172.16.10.1`

    C) `remote console 172.16.10.1 syslog debugging`

    D) `transmit console messages level 7 172.16.10.1`

[6-4] Which three statements about syslog utilization are true? (Choose three.)

    A) Utilizing syslog improves network performance.

    B) The syslog server automatically notifies the network administrator of network problems.

    C) A syslog server provides the storage space necessary to store log files without using router disk space.

    D) There are more syslog messages available within Cisco IOS than there are comparable SNMP trap messages.

    E) Enabling syslog on a router automatically enables NTP for accurate time stamping.

    F) A syslog server helps in aggregation of logs and alerts.

[6-5] A network administrator enters the following command on a router: logging trap 3. What are three message types that will be sent to the syslog server? (Choose three.)

    A) Informational   B) Emergency

    C) Warning   D) Critical

    E) Debug   F) Error

[6-6] Which two Cisco IOS commands, used in troubleshooting, can enable debug output to a remote location? (Choose two.)

    A) no logging console

    B) logging host *ip-address*

    C) terminal monitor

    D) show logging|redirect *flashioutput.txt*

    E) snmp-server enable traps syslog

[6-7] What elements make up a basic syslog message? (Select two.)

    A) Time   B) Link speed

    C) Severity   D) IOS Version

[6-8] What command will display the settings of logging on your switch or router?

    A) display logging   B) show logging

    C) show log options   D) show log settings

연습문제

6.2 NTP

[6-9] Which of the following is accurate about the NTP client function on a Cisco router?

A) The client synchronizes its time-of-day clock based on the NTP server.

B) It counts CPU cycles of the local router CPU to more accurately keep time.

C) The client synchronizes its serial line clock rate based on the NTP server.

D) The client must be connected to the same subnet as an NTP server.

[6-10] Router R2 uses NTP in client/server mode. Which of the following correctly describes the use of the NTP configuration commands on Router R2? (Choose two answers.)

A) The `ntp server` command enables R2's NTP server function.

B) The `ntp server` command makes R2 an NTP client and references a server.

C) The `ntp master` command enables R2's NTP server function.

D) The `ntp master` command enables R2's client function and references the server.

[6-11] You need to configure all your routers and switches so they synchronize their clocks from one time source. What command will you type for each device?

A) `clock synchronization` *ip_address*

B) `ntp master` *ip_address*

C) `sync ntp` *ip_address*

D) `ntp server` *ip_address*

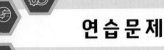

[6-12] What command is used to configure a router as authoritative NTP server?

    A) Router(config)# ntp master 3

    B) Router(config)# ntp peer 193.168.2.2

    C) Router(config)# ntp server 193.168.2.2

    D) Router(config)# ntp source 193.168.2.2

[6-13] Which NTP concept indicates the distance between a device and the reliable time source?

    A) clock offset   B) stratum

    C) reference   D) dispersion

[6-14] Which two command can you enter to display the current time sources statistics on devices? (Choose two.)

    A) show ntp associations   B) show clock details

    C) show clock   D) show time

    E) show ntp status

[6-15] Which command will configure Eastern Daylight savings Time?

    A) Switch(config)# clock timezone EST -5 daylight

    B) Switch(config)# clock daylight-savings

    C) Switch(config)# clock summer-time EDT recurring

    D) Switch(config)# clock tz EDT -5

연습문제

6.3 CDP와 LLDP

[6-16] Which statements accurately describe CDP (Choose two.)

A) CDP runs over the data-link layer.

B) CDP runs over the application layer.

C) CDP automatically discovers all neighboring devices.

D) CDP automatically discovers neighboring CDP devices.

E) CDP automatically discovers information about remote devices.

[6-17] Which pieces of information does a CDP packet include? (Choose two.)

A) link speed   B) port identifier

C) capabilities list   D) MAC address list

E) destination address

[6-18] Which command disables CDP on a specific interface?

A) `no cdp run`   B) `no cdp enable`

C) `no cdp interface` *if-id*   D) `interface` *if-id* `no cdp`

[6-19] What does the command `no cdp run` do?

A) disables CDP for the entire device

B) disables CDP for a specific interface

C) disables CDP for a specific time period

D) disables CDP for all interfaces of a specific type

[6-20] Which Cisco IOS command produces the same result as show cdp entry *?

   A) show cdp traffic   B) show cdp neighbors

   C) show cdp interface all   D) show cdp neighbors detail

[6-21] A switch is cabled to a router whose host name is R1. Which of the following LLDP commands could identify R1's model of hardware? (Choose two answers.)

   A) show neighbors   B) show neighbors R1

   C) show lldp   D) show lldp interface

   E) show lldp neighbors   F) show lldp entry R1

[6-22] Which of the following is a standards-based protocol that provides dynamic network discovery?

   A) DHCP   B) LLDP

   C) DDNS   D) SSTP

   E) CDP

6.4 원격 장비 접속

[6-23] Which command shows your active Telnet connections?

   A) show cdp neighbors   B) show sessions

   C) show users   D) show vty logins

[6-24] Which Cisco IOS command will open a Telnet connection from a Cisco router to a device with the IP address 10.1.1.1?

   A) open 10.1.1.1   B) telnet 10.1.1.1

   C) 10.1.1.1 telnet   D) 10.1.1.1 connect

연습문제

[6-25] You use the show users command to display all active Telnet sessions and to determine if _____.

    A) Telnet is enabled

    B) the console is active

    C) the remote port is active

    D) Telnet is enabled on a remote device

[6-26] Which key sequence suspends a Telnet session?

    A) <Ctrl-Alt-6> x   B) <Ctrl-Shift-6> 6

    C) <Ctrl-Shift-6> x   D) <Ctrl-Shift-9> x

[6-27] Which actions will continue a suspended Telent session? (Choose two.)

    A) pressing the Esc Key

    B) pressing the Enter Key

    C) pressing the <Ctrl-Shift-6> x

    D) entering the resume command

    E) entering the reconnect command

[6-28] Which commands end a Telnet session when entered on the remote device? (Choose two.)

    A) exit   B) logout

    C) clear   D) disconnect

[6-29] Which pieces of information are displayed as the result of the ping command? (Choose three.)

    A) failure rate   B) success rate

    C) median round-trip time   D) average round-trip time

    E) minimum round-trip time

[6-30] Which command ends an incomming Telnet session from a remote device?

A) exit

B) logout

C) clear

D) disconnect

연습문제

정답 및 해설

[6-1] 시스코 장비에서 콘솔에 대한 기본적인 로깅 레벨은?

A) Informational   B) Errors

C) Warnings   D) Debugging

해설

- 시스코 장비에서는 기본적으로 모든 등급의 로그 메시지를 콘솔로 전송한다. 즉 등급 7인 debugging 등급이 디폴트 등급이다.

[6-2] 시스로그 서버에 레벨 4에서 레벨 0까지의 메시지만을 전달하도록 제한하는 명령어는?

A) `logging trap 0-4`

B) `logging trap 0,1,2,3,4`

C) `logging trap 4`

D) `logging trap through 4`

해설

- 시스로그 서버에 로그 메시지를 보내기 위해서는 `logging [host]` *address* 전역 설정 명령어를 사용하여 로깅을 활성화한 다음, `logging trap` *number* 명령어로 메시지 레벨을 설정한다.
- `logging trap 4` 명령어는 레벨 4부터 레벨 0까지의 메시지만을 시스로그 서버로 보내라는 명령어이다.

[6-3] 다음 중 시스코 장비에서 debugging을 메시지 레벨로 설정하여 시스로그 서버에 로그 메시지를 보내도록 설정하는 명령어는?

A) `syslog 172.16.10.1`

B) `logging 172.16.10.1`

C) `remote console 172.16.10.1 syslog debugging`

D) `transmit console messages level 7 172.16.10.1`

해설

- 시스로그 서버에 로그 메시지를 보내기 위해서는 `logging [host]` *address* 전역 설정 명령어를 사용한다.
- 등급 7인 debugging 등급은 디폴트 등급이므로 별도로 메시지 등급을 설정하지 않아도 된다.

[6-4] 다음 중 시스로그 기능에 대한 설명으로 옳은 것은? (3가지 선택)

A) 시스로그 기능을 사용하면 네트워크의 성능이 향상된다.

B) 시스로그 서버는 네트워크 관리자에게 네트워크의 문제점을 자동으로 알려준다.

C) 시스로그 서버는 라우터의 디스크 공간을 사용하지 않고, 로그 파일을 저장하는 데 필요한 저장 공간을 제공한다.

D) 시스코 IOS에는, SNMP 트랩 메시지보다 사용할 수 있는 시스로그 메시지가 더 많이 있다.

E) 라우터에서 시스로그를 활성화하면, 정확한 시간을 표시하는 NTP가 자동으로 활성화된다.

F) 시스로그 서버는 로그와 경고의 수집에 도움을 준다.

해설

- 시스로그 서버는 라우터의 디스크 공간을 사용하지 않고 별도의 저장 공간에 로그 메시지를 저장한다. 또한 시스로그는 SNMP 트랩 메시지보다 더 많은 메시지를 갖는다. 시스로그 서버는 로그와 경고의 수집에 도움을 준다.
- 시스로그를 사용하는 것이 네트워크의 성능을 향상시키지는 않는다. 시스로그 서버가 네트워크 관리자에게 자동으로 문제점을 알리지는 않는다. 또한 시스로그를 설정하였다고 해서 NTP가 자동으로 활성화되지는 않는다.

[6-5] 네트워크 관리자가 라우터에 `logging trap 3` 명령어를 입력하였다. 다음 중에서 시스로그 서버로 전송되는 메시지는 무엇인가? (3가지 선택)

A) Informational   B) Emergency

C) Warning   D) Critical

E) Debug   F) Error

해설

- `logging trap 3` 명령어는 레벨 3 이상의 로그 메시지를 시스로그 서버로 보내라는 명령어이다.
- 메시지 등급은 레벨 0 Emergency, 레벨 1 Alert, 레벨 2 Critical, 레벨 3 Error, 레벨 4 Warning, 레벨 5 Notification, 레벨 6 Informational, 레벨 7 Debug이다.

ANSWER   [6-1] D)   [6-2] C)   [6-3] B)   [6-4] C), D), F)   [6-5] B), D), F)

[6-6] 다음 중에서 장애 처리를 위하여 디버그 출력을 원격 장비로 전송하도록 하는 시스코 IOS 명령어는? (2가지 선택)

A) no logging console

B) logging host *ip-address*

C) terminal monitor

D) show logging¦redirect *flashioutput.txt*

E) snmp-server enable traps syslog

해설

- logging host *ip-address* 전역 설정 명령어는 로그 메시지를 시스로그 서버에게 보내도록 하는 것이다.
- terminal monitor 실행 명령어는 콘솔 사용자 외에 Telnet이나 SSH 사용자가 시스로그 메시지를 보기 위한 것이다.

[6-7] 다음 중에서 기본적으로 시스로그 메시지에 포함되어 있는 항목은? (2가지 선택)

A) Time　　　　　　　B) Link speed

C) Severity　　　　　D) IOS Version

해설

- 로그 메시지에 포함되어 있는 항목은 시간 정보(timestamp), 메시지를 생성한 라우터의 요소(facility), 중요도 등급(severity level), 메시지의 기호(mnemonic), 메시지에 대한 설명(description) 등이다.

[6-8] 스위치나 라우터에서 로깅의 설정 내용을 화면에 표시해주는 명령어는 무엇인가?

A) display logging　　B) show logging

C) show log options　D) show log settings

해설

- 로깅 설정 내용을 확인하려면 show logging 특권 실행 명령어를 사용한다.

[6-9] 다음 중 시스코 라우터의 NTP 클라이언트 기능에 대한 설명으로 옳은 것은?

A) NTP 클라이언트는 NTP 서버를 기준으로 자신의 날짜와 시간을 동기화한다.

B) NTP 클라이언트는 더 정확한 시간을 유지하기 위하여 로컬 라우터 CPU의 CPU 사이클을 측정한다.

C) NTP 클라이언트는 NTP 서버를 기준으로 자신의 직렬 인터페이스 클럭 속도를 동기화한다.

D) NTP 클라이언트는 NTP 서버와 동일한 서브넷에 연결되어 있어야 한다.

해설

- NTP는 서버와 날짜와 시간을 서로 맞추기 위하여, 서버와 클라이언트 사이의 프로토콜 메시지를 이용한다. NTP는 직렬 인터페이스의 클럭킹이나 CPU 사이클과는 아무 상관이 없으며, NTP 서버와 NTP 클라이언트는 동일한 서브넷에 있을 필요는 없다.

[6-10] 라우터 R2는 클라이언트/서버 모드를 사용하고 있다. 다음 중 라우터 R2에서 사용할 수 있는 NTP 설정 명령어에 대한 설명으로 옳은 것은? (2가지 선택)

A) ntp server 명령어는 R2의 NTP 서버 기능을 활성화시킨다.

B) ntp server 명령어는 R2를 NTP 클라이언트로 설정하고 NTP 서버를 참조하도록 한다.

C) ntp master 명령어는 R2의 NTP 서버 기능을 활성화시킨다.

D) ntp master 명령어는 R2의 NTP 클라이언트 기능을 활성화시키고 NTP 서버를 참조하도록 한다.

해설

- NTP 클라이언트/서버 모드는 두 가지 역할을 모두 한다. 클라이언트로서는 NTP 서버에 연결하여 받은 시간으로 동기화하고, 서버로서는 다른 장비들에게 시간 정보를 제공한다.
- ntp server 명령어는 다른 서버를 지정하여 NTP 클라이언트 기능을 활성화시키는 명령어이다. 반면에 ntp master 명령어는 그 라우터의 NTP 서버 기능을 활성화시킨다.

연습문제

정답 및 해설

[6-11] 네트워크 내의 모든 라우터와 스위치를 하나의 시간 제공자의 시간과 동기화를 시키려고 한다. 각 장비에서 어떤 명령어를 입력하여야 하는가?

A) clock synchronization *ip_address*

B) ntp master *ip_address*

C) sync ntp *ip_address*

D) ntp server *ip_address*

해설

• 라우터나 스위치를 NTP 클라이언트로 설정하려면 ntp server *ip_address|bostname* 전역 설정 명령어를 입력한다.

[6-12] 라우터를 공신력 있는 NTP 서버로 설정하려면 어떤 명령어를 사용하여야 하는가?

A) Router(config)# ntp master 3

B) Router(config)# ntp peer 193.168.2.2

C) Router(config)# ntp server 193.168.2.2

D) Router(config)# ntp source 193.168.2.2

해설

• 라우터를 NTP 서버로 설정하려면 ntp master *stratum_level* 전역 설정 명령어를 입력한다.

[6-13] 신뢰성 있는 시간 제공자와 해당 장비와의 거리(distance)를 나타내는 NTP의 개념은?

A) clock offset   B) stratum

C) reference   D) dispersion

해설

• 라우터는 계층 순위(stratum level)에 기초하여 최상의 NTP 시간 제공자를 선택한다. 계층 순위는 시간 제공자의 품질을 정의한다. 숫자가 낮을수록 더 좋은 시간 제공자이다.

[6-14] 다음 중 네트워크 장비의 현재 시간 정보의 통계를 표시하기 위하여 사용할 수 있는 두 가지 명령어는? (2가지 선택.)

A) show ntp associations

B) show clock details

C) show clock

D) show time

E) show ntp status

해설

• show ntp associations 명령어는 네트워크 장비가 어떤 NTP 서버와 연관되어 있는지를 보여준다. show ntp staus 명령어는 여러 가지 NTP 관련 상세 항목들을 보여준다. 또한 다른 어떤 NTP 서버와 동기화가 되어 있는지의 여부를 보여준다.

[6-15] 다음 중 스위치의 시간을 EDT (Eastern Daylight savings Time)로 설정하는 명령어는?

A) Switch(config)# clock timezone EST -5 daylight

B) Switch(config)# clock daylight-savings

C) Switch(config)# clock summer-time EDT recurring

D) Switch(config)# clock tz EDT-5

해설

• EDT(Eastern Daylight savings Time)는 미국 동부에서 사용하는 섬머 타임 시간제를 의미한다. 섬머 타임을 설정하기 위해서는 clock summer-time 전역 설정 명령어를 사용한다. 여기에서 recurring 키워드는 봄에는 한 시간을 빠르게 하고 가을에는 다시 되돌리게 하는 것이다.

[6-16] 다음 중 CDP를 정확하게 설명한 것은? (2개 선택)

A) CDP는 데이터링크 계층에서 동작한다.

B) CDP는 응용 계층에서 동작한다.

C) CDP는 모든 이웃 장비들을 자동으로 찾는다.

D) CDP는 이웃하는 CDP 장비들을 자동으로 찾는다.

E) CDP는 원격 장비들에 관한 정보를 자동으로 찾는다.

연습문제
정답 및 해설

해설
- 시스코 장비가 부팅되면, CDP는 자동으로 시작되고, 그 장비는 CDP를 실행하고 있는 이웃 장비를 감지한다.
- CDP는 데이터링크 계층에서 동작한다.

[6-17] 다음 중 CDP 패킷에 포함되어 있는 정보는? (2개 선택)

A) link speed   B) port identifier
C) capabilities list   D) MAC address list
E) destination address

해설
- CDP는 이웃한 각 장비에 관하여 장비 식별자(Device Identifier), 주소 목록(Address List), 포트 식별자(Port Identifier), 성능 목록(Capability List), 플랫폼(Platform) 등의 정보를 제공한다.

[6-18] 특정 인터페이스에서 CDP를 비활성화시키는 명령어는?

A) `no cdp run`
B) `no cdp enable`
C) `no cdp interface if-id`
D) `interface if-id no cdp`

해설
- 각각의 인터페이스에서 CDP를 비활성화시키기 위해서는 해당 인터페이스 설정 모드에서 `no cdp enable` 명령어를 사용한다.

[6-19] `no cdp run` 명령어는 무슨 일을 수행하는가?

A) 장비 전체에서 CDP를 비활성화시킨다.
B) 특정한 인터페이스에서 CDP를 비활성화시킨다.
C) 특정한 시간 동안 CDP를 비활성화시킨다.
D) 특정 형태의 모든 인터페이스에서 CDP를 비활성화시킨다.

해설
- CDP를 장비 전체적으로 비활성화시키기 위해서는 `no cdp run` 전역 설정 명령어를 사용하면 된다.

[6-20] `show cdp entry *` 명령어와 동일한 결과를 출력하는 시스코 IOS 명령어는?

A) `show cdp traffic`
B) `show cdp neighbors`
C) `show cdp interface all`
D) `show cdp neighbors detail`

해설
- `show cdp neighbors` 명령어에 detail 인수를 추가하면, 이웃한 장비의 네트워크 계층 주소와 같은 추가 정보가 표시된다. `show cdp neighbors detail` 명령어의 실행 결과는 `show cdp entry *` 명령어의 실행 결과와 동일하다.

[6-21] 하나의 스위치가 호스트 이름이 R1인 라우터에 케이블로 연결되어 있다. 다음 중 R1의 하드웨어 모델을 알 수 있는 LLDP 명령어는 어떤 것인가? (2가지 선택)

A) `show neighbors`   B) `show neighbors R1`
C) `show lldp`   D) `show lldp interface`
E) `show lldp neighbors`   F) `show lldp entry R1`

해설
- `show cdp¦lldp neighbors` 명령어는 각 이웃 장비 당 한 줄의 요약 정보를 보여준다. 이 명령어는 이웃 장비의 하드웨어 모델 번호인 플랫폼 정보를 보여준다.
- `show cdp¦lldp entry name` 명령어는, 하드웨어 모델이나 IOS 버전 등을 포함하는 이웃 장비에 대한 자세한 정보를 보여준다.

[6-22] 다음 중 네트워크의 이웃 장비를 자동으로 찾아주는 표준 프로토콜은?

A) DHCP   B) LLDP
C) DDNS   D) SSTP
E) CDP

해설
- CDP는 시스코의 전용 툴이므로 시스코 장비에서만 동작한다. CDP와 유사한 기능을 수행하는 국제 표준 프로토콜이 LLDP(Link Layer Discovery Protocol) 이다. LLDP는 제조사가 다른 이웃한 장비의 정보를 제공하는 프로토콜로 IEEE 802.1AB로 표준화되어 있다.

ANSWER   [6-17] B), C)   [6-18] B)   [6-19] A)   [6-20] D)   [6-21] E), F)   [6-22] B)

연습문제

정답 및 해설

[6-23] 다음 중 자신의 장비에서 연결한 텔넷 연결을 보여주는 명령어는?

A) show cdp neigbors   B) show sessions

C) show users   D) show vty logins

해설

- show sessions 명령어는 자기가 연결한 세션의 목록을 나열한다. 이 명령어는 연결된 세션에 할당된 호스트의 이름, IP 주소, 바이트 수, 휴지(idle) 상태에서의 경과 시간, 연결 이름 등을 나타낸다.
- show users 명령어는 자기에게 연결된 세션의 목록을 나열한다.

[6-24] 시스코 라우터로부터 IP 주소가 10.1.1.1인 장비로 텔넷 연결을 시도하는 시스코 IOS 명령어는?

A) open 10.1.1.1   B) telnet 10.1.1.1

C) 10.1.1.1 telnet   D) 10.1.1.1 connect

해설

- 원격 장비로 Telnet을 연결하기 위해서는 특권 실행 모드에서 telnet {*hostname*|*IP address*} 명령어를 사용한다. 즉 telnet 다음에 호스트 이름 또는 IP 주소를 입력하면 해당 장비로 접속한다.

[6-25] show users 명령어는 자신에게 연결된 모든 텔넷 세션을 보여주고 또한 _____의 여부를 알려준다.

A) 텔넷이 활성화되었는지

B) 콘솔이 활성화되었는지

C) 원격 포트가 활성화되었는지

D) 원격 장비에 텔넷이 활성화되었는지

해설

- show users 명령어는 자기에게 연결된 세션의 목록을 나열한다. show users 명령어를 통해 콘솔 포트로의 연결이 아직도 활성화 상태인지를 확인하고 현재 활성화된 모든 텔넷 세션의 IP 주소 혹은 Telnet 연결을 시도한 호스트의 이름을 나열할 수 있다.

[6-26] 다음 중 텔넷 세션을 대기 상태로 전환하는 명령어는?

A) <Ctrl-Alt-6> x   B) <Ctrl-Shift-6> 6

C) <Ctrl-Shift-6> x   D) <Ctrl-Shift-9> x

해설

- Telnet 세션을 대기 상태로 전환시키고 원격 장비에서 로컬 장비로 되돌아오려면 Ctrl-Shift-6를 누른 후 x를 이어서 누르면 된다.

[6-27] 대기 상태로 전환된 텔넷 세션을 다시 계속하려면 어떻게 해야 하는가? (2가지 선택)

A) Esc 키를 누른다.

B) Enter 키를 누른다.

C) <Ctrl-Shift-6> x를 입력한다.

D) resume 명령어를 입력한다.

E) reconnect 명령어를 입력한다.

해설

- 대기 상태로 전환된 Telnet 세션을 재연결하는 방법은 다음과 같다.
- Enter 키를 누른다. 그러면 가장 최근의 세션으로 돌아간다.
- resume 명령어를 입력한다. 역시 가장 최근의 세션으로 돌아간다.
- resume *session-number* 명령어를 입력한다. 해당 세션으로 돌아간다.

[6-28] 원격 장비에서 입력하고 있을 때, 텔넷 세션을 종료시키려면 어떤 명령어를 사용하여야 하는가? (2가지 선택)

A) exit   B) logout

C) clear   D) disconnect

해설

- 텔넷으로 원격 장비에 접속하고 있을 때 그 텔넷 세션을 종료하고 로컬 장비로 돌아오려면 exit 또는 logout 명령어를 사용한다.

ANSWER   [6-23] B)   [6-24] B)   [6-25] B)   [6-26] C)   [6-27] B), D)   [6-28] A), B)

[6-29] 다음 중 ping 명령어의 결과로 출력되는 정보는? (3가지 선택)

A) 실패율 (failure rate)

B) 성공률 (success rate)

C) 중간 왕복 시간 (median round-trip time)

D) 평균 왕복 시간 (average round-trip time)

E) 최소 왕복 시간 (minimum round-trip time)

해설

- ping 명령어는 실행 결과로 성공률과 특정 시스템을 찾고 되돌아오는 데 걸리는 최단 시간, 평균 시간, 최장 시간을 보여준다.

[6-30] 다음 중 원격 장비로부터 들어온 텔넷 세션을 종료시키는 명령어는?

A) exit   B) logout

C) clear   D) disconnect

해설

- 로컬 장비에서 원격 장비가 자신에게 접속한 세션을 종료시키려면 clear 명령어를 사용한다.

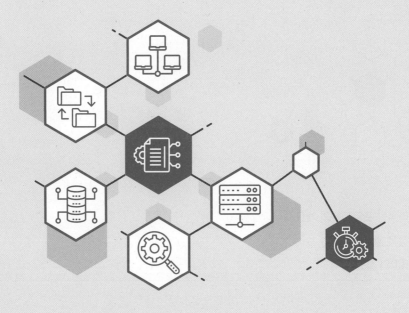

7 CHAPTER

라우팅 프로토콜의
설정

학습목표

- 라우팅 테이블, 라우팅 메트릭, 자율시스템의 개념, 거리 벡터 알고리즘 및 링크 상태 알고리즘과 같은 라우팅 알고리즘에 대하여 설명할 수 있다.
- RIP, EIGRP, OSPF, IS-IS, BGP 등과 같은 라우팅 프로토콜의 기본 개념을 설명할 수 있다.
- 정적 경로와 동적 경로, 정적 경로 설정 방법과 기본 경로 설정 방법 등에 대하여 설명할 수 있다.
- 라우터에서 동적 라우팅 프로토콜을 설정할 수 있다.
- RIP의 특성, 설정 방법, 검증 방법, 장애 처리 방법에 대하여 설명할 수 있다.

7.1 라우팅 프로토콜의 개요

7.1.1 라우팅의 개요

한 네트워크에서 다른 네트워크로 정보를 이동시키기 위하여 경로를 결정하고 트래픽을 전송하는 과정을 라우팅(routing)이라고 한다. 라우팅은 제3계층인 네트워크 계층에서 이루어진다. 라우팅을 수행하는 장비가 라우터(router)이다. 라우터는 경로 결정(path determination) 기능을 사용하여 목적지로 갈 수 있는 여러 경로들 중에서 좀 더 나은 경로를 찾는다. 라우팅 서비스는 네트워크 경로를 평가할 때 네트워크 토폴로지 정보를 사용한다. 이 정보는 네트워크 관리자에 의해 설정될 수도 있고, 네트워크에서 일어나는 동적인 과정을 통하여 수집될 수도 있다.

한 네트워크에서 다른 네트워크로 가는 많은 경로가 존재할 수 있다. 이러한 경로들은 속도, 지연, 매체 종류 등이 각기 다를 수 있다. 이러한 경로 중 어떤 경로를 따라 데이터 패킷을 목적지로 보낼 것인가를 결정하는 것이 경로 결정(path determination)이다.

경로 결정을 위해서 라우터는 이웃한 라우터들과 정보를 교환하여 최상의 경로를 선택한다. 이러한 정보들은 라우터의 소프트웨어 안에 있는 라우팅 테이블에 모두 기록되며, 목적지 주소를 비교해 패킷을 어디로 전송할 것인지를 결정하는 데 이용된다. 이와 같이 라우팅 테이블을 작성하고, 갱신 및 유지하는 데 사용되는 프로토콜을 라우팅 프로토콜이라고 한다.

경로 결정 방법, 즉 라우팅 테이블을 만드는 방법은 크게 수동으로 하는 방법과 자동으로 하는 방법의 2가지로 나눌 수 있다. 네트워크 관리자가 수동으로 경로를 결정하는 방법을 정적 라우팅(static routing)이라고 하며, 라우팅 프로토콜을 통해 학습한 라우팅 정보를 이용하여 자동으로 경로를 결정하는 방법을 동적 라우팅(dynamic routing)이라고 한다.

라우팅 테이블에는 하나의 목적지 네트워크로 가는 경로가 하나만 존재한다. 라우터는 특정 목적지 네트워크로 가는 여러 가지 경로 중에 가장 좋은 하나를 선택하여 라우팅 테이블에 저장한다. 하나의 라우팅 프로토콜 안에서는, 예를 들어 목적지까지 가는 시간 또는 비용 등과 같은 기준, 즉 메트릭에 의해 가장 좋은 경로를 선택한다.

그러나 여러 가지 라우팅 프로토콜이 동작하고 있는 경우에는 상황이 달라진다. 왜냐하면 각 라우팅 프로토콜마다 최상의 경로를 선택하는 기준이 다르기 때문이다. 각기 다른 라우팅 프로토콜이 제시하는 경로 중에서 가장 좋은 경로 하나를 임의로 선택하는 것은 불가능하다. 그래서 시스코 라우팅에서는 관리 거리(AD: Administrative Distance)라고 하는 값을 라우팅 프로토콜마다 미리 할당해 놓았다. 가장 좋고 신뢰할 수 있는 경로에 가장 작은 값이 주어진다. 따라서 어떤 목적지 네트워크로 가는 경로를, 여러 가지 라우팅 프로토콜이 각각 경로를 제시하는 경우 가장 작은 관리 거리를 갖는 경로가 선택되어 라우팅 테이블에 저장된다.

라우팅은 라우터가 패킷을 목적지 네트워크로 보내기 위하여 사용하는 프로세스이다. 라우터는 패킷의 목적지 IP 주소를 보고 경로를 결정한다. 경로 상에 있는 모든 장비들은 패킷을 올바른 방향으로 보내기 위하여 목적지 IP 주소를 사용한다. 정확한 결정을 내리기 위해서 라우터들은 원격 네트워크로 가는 방향을 알아야 한다.

라우터가 라우팅 기능을 수행하기 위하여 처리하여야 할 작업들을 정리하면 다음과 같다.

- 목적지 주소 확인: 라우팅될 패킷의 목적지 주소를 파악한다.
- 라우팅 정보의 소스 파악: 목적지로 가는 경로를 라우터가 어디로부터 학습할 수 있는지를 파악하여야 한다.
- 경로 탐색: 지정된 목적지로 가는 가능한 경로를 찾는다.
- 경로 선택: 탐색된 여러 개의 경로 중에서 최상의 경로를 선택한다.
- 라우팅 정보의 유지 및 검증: 목적지로 가는 알려진 경로들이 현재 사용이 가능한지를 검사하고 유지한다.
- 패킷 전송: 라우터는 라우팅 테이블을 참조하여 해당 인터페이스로 패킷을 전송(forwarding)한다.

- 경로 학습: 라우터는 직접 연결되지 않은 목적지에 대해서는 경로를 학습하여야
  한다. 관리자가 직접 입력하거나 라우팅 프로토콜로부터 동적으로 학습한다.

라우터는 다른 라우터로부터 획득한 라우팅 정보를 라우팅 테이블에 저장한다. 라우팅 테이블에는 (그림 7-1)과 같이 목적지 네트워크마다 출력 인터페이스가 지정되어 있다. 라우터는 이 라우팅 테이블에서 해당 목적지를 찾은 다음, 지정되어 있는 포트로 패킷을 내보내면 된다.

(그림 7-1)은 왼쪽에 있는 10.120.2.0 네트워크에서 오른쪽의 172.16.1.0 네트워크의 호스트로 패킷을 보내려고 하는 경우의 예이다. 10.120.2.0 네트워크가 직접 연결된 라우터의 라우팅 테이블을 보면 목적지 네트워크가 172.16.1.0인 항목의 출력 인터페이스는 s0/0/0라고 명시되어 있다. 따라서 라우터는 목적지로 가는 여러 경로 중에서 s0/0/0 인터페이스 쪽으로 패킷을 전송한다.

라우팅 테이블을 생성하고 유지 보수하는 프로토콜을 라우팅 프로토콜이라고 하며 라우팅 프로토콜이 전송하는 패킷이 사용하는 프로토콜을 라우티드(routed) 프로토콜이라고 한다. 일반적으로 사용되는 라우티드 프로토콜은 IP(Internet Protocol)이다.

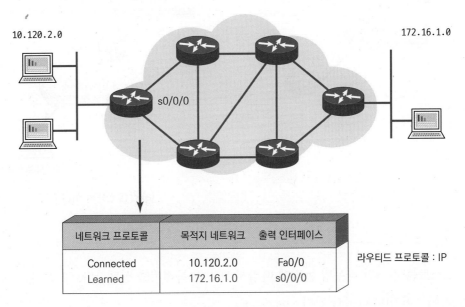

네트워크 프로토콜	목적지 네트워크	출력 인터페이스
Connected	10.120.2.0	Fa0/0
Learned	172.16.1.0	s0/0/0

라우티드 프로토콜 : IP

그림 7-1   라우팅의 예

7.1.2 직접 전달과 간접 전달

　패킷을 최종 목적지까지 전달하는 것은 (그림 7-2)와 같이 직접 전달과 간접 전달이라는 서로 다른 두 가지 전달 방법을 이용하여 이루어진다. 직접 전달(direct delivery)에서, 패킷의 최종 목적지는 전달자와 동일한 물리 네트워크에 연결된 호스트이다. 직접 전달은 패킷의 출발지와 목적지가 동일한 물리 네트워크에 연결되어 있거나 마지막 라우터와 목적지 호스트 사이에 전달이 이루어질 때 발생한다. 송신자의 네트워크 주소와 수신자의 네트워크 주소가 일치하면 직접 전달이다.

　만약 목적지 호스트가 전달자와 동일한 네트워크에 있지 않다면, 패킷은 간접 전달(indirect delivery)된다. 간접 전달에서, 패킷은 최종 목적지와 동일한 물리 네트워크에 연결된 라우터에 도달할 때까지 라우터들을 지나간다. 항상 마지막 전달은 직접 전달이다.

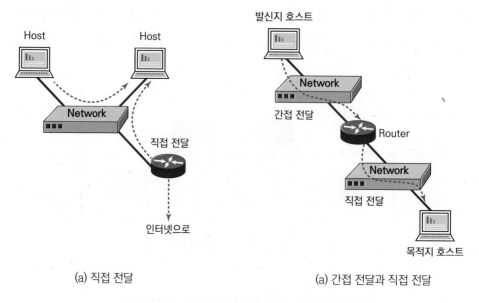

(a) 직접 전달   (a) 간접 전달과 직접 전달

그림 7-2   패킷의 직접 전달과 간접 전달

　호스트는 간단한 라우팅 논리에 따라서 패킷의 목적지를 선택한다. 그 논리는 2단계로 이루어지며, 다음과 같다.

- 1단계: 목적지 IP 주소가 패킷을 보내는 호스트와 동일한 서브넷에 있는 경우, 패킷을 목적지 호스트로 바로 보낸다.
- 2단계: 목적지 IP 주소가 패킷을 보내는 호스트와 다른 서브넷에 있는 경우, 패킷을 기본 게이트웨이(default gateway), 즉 동일한 서브넷에 있는 라우터로 보낸다.

즉, 우리가 자기 회사 내의 부서로 서류나 편지를 보낼 때에는 직접 전달하지만, 다른 회사로 보낼 때에는 가까운 우체국으로 보내는 것과 유사하다.

(그림 7-3)은 라우팅이 어떻게 동작하는지를 보인 간단한 예이다. 그림에서 데이터를 전달하는 원리는 비교적 간단하다. (그림 7-3)과 같이 호스트 A가 호스트 B로

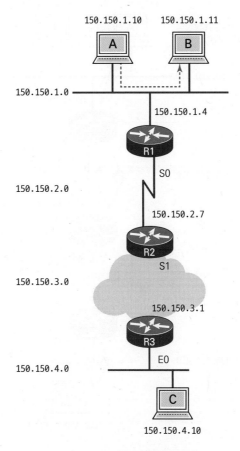

그림 7-3 직접 전달의 예

패킷을 보낼 때에는 라우터를 거치지 않고 직접 전송한다. (그림 7-3)에서 위쪽의 이
더넷 LAN에는 호스트 A와 호스트 B, 그리고 R1 라우터가 연결되어 있다. 호스트 A
가 호스트 B로 패킷을 보내면 목적지 IP 주소는 150.150.1.11로 호스트 A의 IP 주소
와 동일한 서브넷 주소를 갖는다. 따라서 호스트 A는 이더넷을 통해서 패킷을 호스
트 B로 보내며, 이때는 라우터를 거칠 필요가 없다.

그러나 경로에 따라 각 장비의 데이터 전달 방법은 조금씩 달라진다. 호스트 A가
데이터를 호스트 C로 보내려고 한다면, 목적지 IP 주소가 호스트 A와 다른 서브넷
에 있기 때문에 이 데이터는 반드시 R1 라우터를 통해서 전송되어야 한다. 그리고
이 데이터는 R2 라우터와 R3 라우터를 거쳐 호스트 C에 도달한다.

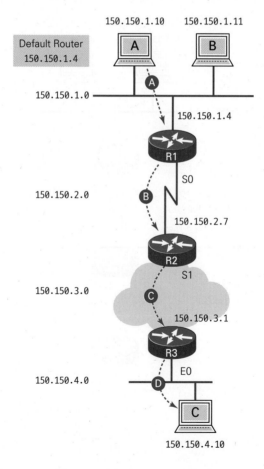

그림 7-4   다른 서브넷으로 라우팅의 예

(그림 7-4)에 이 과정을 그림으로 보였다. 여기에서 주목할 점은, 데이터를 생성하여 전송하는 호스트는 해당 네트워크에 대해 자세히 알지 못하며, 단지 인접한 라우터로 데이터를 전송하는 방법만 알 뿐이라는 것이다. 이것은 우리가 편지를 보낼 때, 근처의 우체국으로 편지를 보내는 방법만 알고 그 이상은 알지 못하는 것과 같다. 마찬가지로 호스트 A는 R1 라우터로 패킷을 전달하는 방법만 알면 되고, 호스트 C로 패킷을 전송하는 데 사용되는 나머지 경로는 몰라도 된다.

R1 라우터와 R2 라우터는 패킷의 전달 경로를 결정하기 위하여 같은 과정을 거친다. 각 라우터는 IP 주소를 그룹화한 라우팅 테이블(routing table)이라는 목록을 가지고 있다. 라우팅 테이블에는 각 목적지 주소별로 한 개의 항목을 가지고 있지 않고 그룹별로 하나의 항목을 가지고 있다. 라우터는 패킷에 있는 목적지 IP 주소와 라우팅 테이블에 있는 항목을 비교하여 일치하는 것을 찾는다. 라우터는 라우팅 테이블에서 찾은 항목에서 지시한 대로 패킷을 전송한다.

IP 주소의 그룹화 개념은 우체국에서 사용하는 우편번호와 유사하다. 같은 지역에 사는 모든 사람의 우편번호는 모두 동일하며, 중간 우체국에서는 우편번호만 보고 나머지 주소는 무시한다. 마찬가지로 (그림 7-4)에서 150.150.4.으로 시작하는 모든 장비는 호스트 C와 동일한 이더넷에 존재한다. 그래서 라우터는 라우팅 테이블에 150.150.4.으로 시작하는 모든 주소는 하나의 항목으로 취급할 수 있다.

중간에 있는 라우터들도 이와 동일한 과정을 반복한다. 즉 라우터는 패킷의 목적지 IP 주소를 라우팅 테이블에 있는 항목과 비교한다. 라우팅 테이블에 일치하는 항목이 있으면 그 항목에 표시된 포트로 패킷을 전송하면 된다.

7.1.3 라우팅 테이블

라우팅 프로토콜은 경로를 결정하기 위하여, 경로 정보를 포함하고 있는 라우팅 테이블을 작성하고 관리한다. 경로 정보는 사용하는 라우팅 프로토콜에 따라 다양하다. 라우팅 테이블에는 여러 가지 다양한 정보가 포함되어 있다. (그림 7-5)는 라우팅 테이블의 예이다.

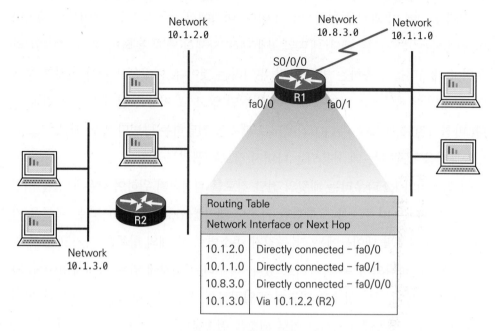

그림 7-5   라우팅 테이블의 예

라우터가 라우팅 테이블 내에 가지고 있는 중요한 정보는 다음과 같다.

- 라우팅 프로토콜 유형: 라우팅 테이블 내의 항목들을 생성한 라우팅 프로토콜의
  종류이다.
- 목적지/다음 홉 정보: 특정 목적지에 대하여, 이것이 라우터에 직접 연결되어 있는
  지 또는 최종 목적지까지 가는 경로의 다음 홉(next-hop)이라고 부르는 또 다
  른 라우터를 통하여 연결되어 있는지를 알려준다. 라우터는 패킷을 수신하면
  패킷의 목적지 주소를 검사하고 이를 라우팅 테이블 내의 항목과 일치하는지를
  비교한다.
- 라우팅 메트릭: 라우팅 프로토콜별로 사용하는 라우팅 메트릭(routing metric)이
  다르다. 라우팅 메트릭은 최적의 경로가 어떤 것인지를 결정하기 위하여 사용
  되는 기준값이다.
- 출력 인터페이스: 데이터를 최종 목적지로 전송하기 위하여 사용하는 라우터의
  출력 포트이다.

라우터는 라우팅 테이블을 최신의 정보로 유지하기 위하여 라우팅 업데이트 메시지를 이웃 라우터들과 교환한다. 라우팅 업데이트 메시지는 사용하는 라우팅 프로토콜에 따라 주기적으로 전송하기도 하고, 네트워크 토폴로지에 변화가 있을 경우에만 전송하기도 한다. 또한 라우팅 업데이트 시에 변경된 경로에 대한 정보만을 전송하는 프로토콜도 있고 라우팅 테이블 전체를 전송하는 프로토콜도 있다. 라우터는 이웃 라우터로부터의 라우팅 업데이트 정보를 해석하여 자신의 라우팅 테이블을 생성하고 관리한다.

라우팅 테이블에는 직접 연결된 경로, 정적 경로, 동적 경로, 기본 경로 등이 있다. 이와 같은 경로들의 특징은 다음과 같다.

- 직접 연결된 경로(Directly connected routes): 라우터는 인터페이스에 직접 연결된 네트워크 세그먼트 정보를 직접 생성한다. 따라서 이 항목은 라우팅 테이블에 기록되어 있는 가장 확실한 정보이다. 만약 인터페이스에 문제가 발생하거나 관리적으로 폐쇄될 경우에는 이 항목은 라우팅 테이블에서 삭제된다. 이 네트워크로 가는 경로는 다른 모든 경로보다 이 직접 연결된 경로가 우선적으로 선택된다. 즉 가장 신뢰되는 경로라는 의미이다.

- 정적 경로(Static routes): 정적 경로는 시스템 관리자가 수동으로 라우터에 직접 입력한 경로이다. 직접 연결된 경로가 없으면 정적 경로가 다는 경로보다 우선적으로 라우팅 테이블에 저장된다. 정적 경로 설정은 네트워크가 소규모이거나 간단할 때 효율적인 방식이다.

- 동적 경로(Dynamic routes): 동적 경로는 라우팅 프로토콜에 의해 학습된 경로이다. 라우팅 프로토콜은 다른 라우터들과 경로에 대한 정보를 서로 주고받아서 목적지 네트워크로 가는 최상의 경로를 선택하여 라우팅 테이블에 저장해 놓는다. 또한 네트워크에 변화가 생기면 경로를 다시 계산하여 지속적으로 라우팅 테이블을 업데이트한다. 라우팅 프로토콜이 네트워크의 변경 사항을 확인하고 경로를 다시 계산하는 데까지 걸리는 시간을 수렴 시간이라고 한다. 이 수렴 시간은 짧을수록 더 좋으며, 라우팅 프로토콜마다 수렴 시간이 다르다. 네트워크

의 규모가 크고 변화가 자주 생기는 경우(일반적인 네트워크가 대부분 여기에 속함) 네트워크 관리자가 수동으로 지정하는 정적 경로를 사용하는 것은 비효율적이며, 동적 경로를 사용하는 것이 일반적이다.

- 기본 경로(Default routes): 기본 경로는 라우팅 테이블을 효율적으로 유지하기 위한 방법으로 사용된다. 라우팅 테이블에 모든 네트워크의 경로를 전부 가지고 있을 수는 없으므로 자신의 라우팅 테이블에 없는 목적지 네트워크에 대한 경로는 기본 라우터에게 경로를 질의하기 위한 방법이 기본 경로를 지정하는 것이다. 기본 경로는 수동으로 입력하는 정적 경로일 수도 있고, 라우팅 프로토콜에 의해 학습되는 동적 경로일 수도 있다.

라우터가 패킷의 목적지 주소를 라우팅 테이블에서 검색할 때 사용하는 방법이 최대 길이 일치 법칙(longest match rule)이다. 즉, 목적지로 가는 경로를 검색할 때 목적지 IP 주소와 가장 길게 일치하는 경로로 패킷을 보내는 것이다. (그림 7-6)은 이와 같은 과정을 설명하기 위한 간단한 예제 네트워크이다. 그림에서 Lab_A 라

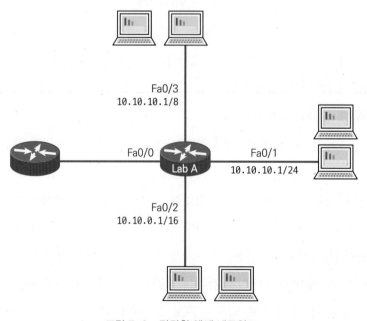

그림 7-6   간단한 예제 네트워크

우터는 4개의 인터페이스를 가지고 있다. 예를 들어 이 라우터가 목적지 IP 주소가 10.10.10.30인 패킷을 수신하였다면 어디로 내보내게 되는가?

Lab_A 라우터의 패킷 전송 과정을 알기 위해서는 Lab_A 라우터의 라우팅 테이블을 살펴보아야 한다. 시스코 IOS에서 라우터의 라우팅 테이블의 내용을 보고 싶을 때 사용하는 명령어가 **show ip route** 특권 실행 명령어이다. (그림 7-7)에 예제 네트워크의 Lab_A 라우터에서 **show ip route** 명령어를 실행한 결과를 나타내었다.

```
Lab_A# sh ip route
Codes: L - local, C - connected, S - static,
[output cut]

        10.0.0.0/8 is variably subnetted, 6 subnets, 4 masks
C       10.0.0.0/8 is directly connected, FastEthernet0/3
L       10.0.0.1/32 is directly connected, FastEthernet0/3
C       10.10.0.0/16 is directly connected, FastEthernet0/2
L       10.10.0.1/32 is directly connected, FastEthernet0/2
C       10.10.10.0/24 is directly connected, FastEthernet0/1
L       10.10.10.1/32 is directly connected, FastEthernet0/1
S*      0.0.0.0/0 is directly connected, FastEthernet0/0
```

그림 7-7   show ip route 명령어의 실행 결과

(그림 7-7)에서 범례 부호(legend code) 'C'는 직접 연결된 경로(directly connected route)이고, 'S'는 정적 경로(static route)를 나타내는 것이다. 'L'은 로컬 경로(local route)를 표시하는 것으로 시스코 IOS 버전 15부터 새로 정의된 것이다. 이 로컬 경로는 라우터가 자동으로 생성하는 경로이다. 로컬 경로는 라우터의 인터페이스 주소를 나타내는 것으로 /32 프리픽스를 갖는다.

그럼 바로 전의 질문으로 돌아가서 (그림 7-7)과 같은 라우팅 테이블에서 목적지 주소가 10.10.10.30인 패킷은 어디로 전송되는가? 이 물음의 답은 FastEthernet 0/1이다. 즉, 최대 길이 일치 법칙에 따라 라우팅 테이블에서 10.10.10.30을 찾고, 없으면 그 다음으로 10.10.10.0을, 또 없으면 10.10.0.0을 찾아가는 방식이다.

또 하나의 예로 (그림 7-8)과 같은 라우팅 테이블에서 목적지 주소가 10.10.10.14

인 패킷은 어디로 전송될 것인가를 생각해 보자. 그림에서 보면 각 인터페이스가 서로 다른 서브넷 마스크로 서브네팅이 되어 있다. 10.10.10.16/28 서브넷은 네트워크 주소가 10.10.10.16이고 브로드캐스트 주소는 10.10.10.31이다. 10.10.10.8/29 서브넷은 네트워크 주소가 10.10.10.8이고 브로드캐스트 주소가 10.10.10.15이다. 따라서 10.10.10.14로 가는 패킷은 FastEthernet 0/1으로 전송된다.

```
Lab_A# sh ip route
[output cut]
Gateway of last resort is not set

C    10.10.10.16/28 is directly connected, FastEthernet0/0
L    10.10.10.17/32 is directly connected, FastEthernet0/0
C    10.10.10.8/29 is directly connected, FastEthernet0/1
L    10.10.10.9/32 is directly connected, FastEthernet0/1
C    10.10.10.4/30 is directly connected, FastEthernet0/2
L    10.10.10.5/32 is directly connected, FastEthernet0/2
C    10.10.10.0/30 is directly connected, Serial0/0
L    10.10.10.1/32 is directly connected, Serial0/0
```

그림 7-8   show ip route 명령어의 실행 결과

7.1.4 라우팅 메트릭

라우팅 알고리즘이 라우팅 테이블을 업데이트하는 주요 목적은 라우팅 테이블이 최상의 정보를 가지고 있도록 하는 것이다. 라우팅 알고리즘은 최적의 경로를 결정할 때 알고리즘별로 서로 다른 기준을 사용한다. 즉 여러 가지 라우팅 알고리즘들이 각자의 기준에 따라 가장 좋은 경로를 선택한다. 라우팅 알고리즘은 네트워크 내의 경로별로 메트릭(metric)이라고 하는 값을 생성한다. 메트릭은 최상의 경로를 선택하는 기준으로, 비용으로 간주되므로 가장 작은 값이 가장 좋은 것이다. 일부 정교한 라우팅 알고리즘에서는 경로를 선택할 때 여러 개의 메트릭을 적절하게 혼합한 복합 메트릭 값을 바탕으로 최적의 경로를 선택하기도 한다.

(그림 7-9)는 라우팅 메트릭의 사용 예이다. 호스트 A에서 호스트 B로 데이터를

전송할 때 홉수를 메트릭으로 사용하면 R1 라우터와 R3 라우터를 거치는 경로를 선택한다. 그러나 대역폭을 메트릭으로 사용하면 T1 라인이 1.544Mbps이므로 R1, R2, R3를 거치는 경로가 더 좋은 경로가 된다.

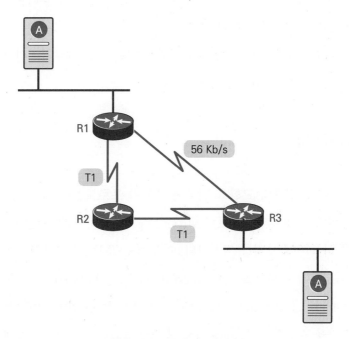

그림 7-9   라우팅 메트릭의 예

메트릭은 경로가 가지는 하나의 단일 특성을 기초로 계산할 수도 있고 또는 복수 개의 특성을 기초로 복합적으로 계산할 수도 있다. 라우팅 프로토콜에서 사용되는 가장 일반적인 메트릭은 다음과 같다.

- 대역폭(bandwidth): 링크(두 네트워크 장비 사이의 연결)의 데이터 전송 속도이다.
- 지연(delay): 하나의 패킷이 링크를 따라 발신지에서 목적지까지 이동하는 데 소요되는 시간. 지연은 중간에 있는 링크의 대역폭, 각 라우터의 포트에 쌓인 큐, 네트워크 혼잡 정도, 물리적인 거리에 따라 결정된다.
- 부하(load): 라우터나 링크와 같은 네트워크 자원의 사용량을 말한다.
- 신뢰성(reliability): 일반적으로 네트워크 링크의 오류율을 말한다.

- 홉 카운트(hop count): 패킷이 목적지에 도달하기까지 거쳐야 하는 라우터의 수
  이다. 데이터가 라우터에 들어갈 때에는 항상 한 홉이 증가한다. 따라서 홉 카
  운트가 4인 경로는 데이터가 목적지까지 도착하려면 4개의 라우터를 지나야 한
  다. 목적지까지 갈 수 있는 경로가 여러 개 있는 경우, 라우터는 가장 작은 홉
  카운트를 갖는 경로를 선택한다.
- 비용(cost): 네트워크 관리자나 운영체제에 의해 할당되는 값이다. 대역폭, 관리
  자 선호 정도 등을 바탕으로 설정한다.

7.1.5 자율 시스템

라우터는 라우팅 정보의 교환을 위하여 라우팅 프로토콜을 사용한다. 다시 말해,
라우팅 프로토콜은 라우티드 프로토콜(routed protocol)이 데이터 전송을 위하여 어
떠한 경로를 사용해야 할지를 결정한다. 라우팅 프로토콜은 (그림 7-10)과 같이 크
게 내부 게이트웨이 프로토콜(IGP: Interior Gateway Protocol)과 외부 게이트웨이
프로토콜(EGP: Exterior Gateway Protocol)로 분류할 수 있다. 이러한 분류는 이들
프로토콜이 자율 시스템(AS: Autonomous System)과 관련하여 어떻게 동작하는지
를 기초로 나눈 것이다.

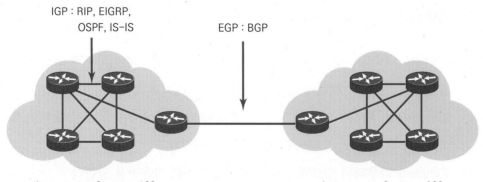

그림 7-10   자율 시스템: IGP와 EGP

자율 시스템은 하나의 단일 기관의 관리 및 제어 아래 있는 네트워크 또는 네트워크의 일부분을 의미한다. 자율 시스템은 자신의 외부 네트워크에 대해서는 일관된 라우팅 정보를 유지하는 라우터들로 구성된다. IANA(Internet Assigned Numbers Authority)에서 지역 AS 등록 기관에 자율 시스템 번호를 할당한다. 지율 시스템 번호는 16비트 길이를 가진다. BGP(Border Gateway Protocol)와 같은 라우팅 프로토콜은 프로토콜 구성 시 AS 등록 기관에서 할당받은 유일한 자율 시스템 번호를 사용하여야 한다.

자율 시스템 내에서만 데이터를 라우팅하는 IGP로는 다음과 같은 프로토콜이 대표적이다.

- RIP(Routing Information Protocol)
- EIGRP(Enhanced Interior Gateway Routing Protocol)
- OSPF(Open Shortest Path First)
- IS-IS(Intermediate System-to-Intermediate System)

자율 시스템과 자율 시스템 사이에서 데이터를 라우팅하는 EGP로는 BGP가 대표적인 예이다.

- BGP(Border Gateway Protocol)

7.1.6 관리 거리

네트워크 토폴로지에 따라 여러 개의 라우팅 프로토콜이 동일한 서브넷에 대한 경로를 학습할 수가 있다. 하나의 라우팅 프로토콜이 동일한 서브넷으로 가는 여러 개의 경로를 학습한 경우에는 메트릭을 기준으로 최상의 경로를 선택할 수 있다. 그러나 서로 다른 라우팅 프로토콜이 동일한 서브넷으로 가는 서로 다른 경로를 학습한 경우, 어떤 경로를 선택하여야 할 것인가? 이와 같은 경우 각 라우팅 프로토콜은 메트릭이 서로 다르기 때문에 메트릭을 기준으로 최상의 경로를 선택할 수 없다.

서로 다른 라우팅 프로토콜에 의해 학습된 경로 중에서 어떤 것을 선택해야 할 때 시스코 IOS는 관리 거리(administrative distance)라는 개념을 사용한다. 관리 거리는 경로의 신뢰도를 나타내는 선택적인 매개변수이다. 숫자가 작은 값이 더 신뢰성 있음을 나타낸다. 즉 이것은 관리 거리 값이 작은 경로가 큰 관리 거리 값을 갖는 경로보다 먼저 사용된다는 것을 의미한다.

⟨표 7-1⟩은 각 라우팅 프로토콜에 해당하는 시스코의 관리 거리 값을 정리한 것이다. 예를 들어 RIP의 관리 거리는 120이고, EIGRP는 90이므로 RIP보다 EIGRP가 신뢰성이 더 높다. 따라서 두 라우팅 프로토콜이 동일한 서브넷으로 가는 경로를 학습하면 라우터는 EIGRP 경로만 라우팅 테이블에 추가한다. ⟨표 7-1⟩의 값들은 관리 거리의 기본 값이며, 네트워크 관리자는 시스코 IOS 소프트웨어로 관리 거리 값을 변경할 수 있다. 관리 거리 값은 라우터별로, 프로토콜별로, 경로별로 지정할 수 있다.

표 7-1   기본 관리 거리

경로 종류	기본 관리 거리 값
직접 연결된 인터페이스	0
정적 경로	1
BGP	20
EIGRP	90
OSPF	110
IS-IS	115
RIP	120
사용 불가	255

7.1.7 라우팅 알고리즘

라우팅 프로토콜이 목적지 네트워크로 가는 최상의 경로를 결정하는 방법으로 주로 메트릭을 이용하지만, 그 외에도 다양한 방법을 사용하여 경로를 선택한다. 라우팅 방식은 크게 거리 벡터(distance-vector) 알고리즘과 링크 상태(link state) 알고리즘, 그리고 이 두 알고리즘의 장점을 합친 하이브리드(balanced hybrid) 알고리즘으로 나눌 수 있다.

1 거리 벡터 알고리즘

거리 벡터 라우팅 알고리즘은 네트워크 내의 임의의 링크에 대한 방향(벡터)과 거리를 결정한다. 거리 벡터 알고리즘은 주기적으로(예를 들면 30초 또는 90초마다) 이웃한 라우터에게 자신의 라우팅 테이블 정보 전체를 전송한다. 거리 벡터 라우팅 프로토콜을 수행하는 라우터는 네트워크 내에 아무런 변화가 없어도 주기적으로 업데이트 정보를 전송한다. 임의의 라우터가 이웃 라우터로부터 라우팅 테이블을 수신하면 이미 가지고 있던 라우팅 정보를 확인함과 동시에 수신한 라우팅 테이블 정보를 기초로 자신의 라우팅 테이블 정보를 갱신한다.

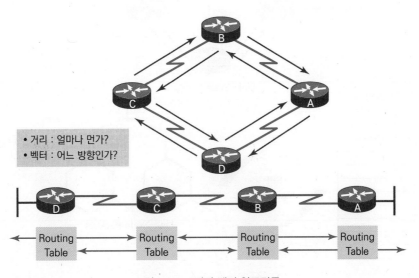

그림 7-11   거리 벡터 알고리즘

이러한 프로세스는, 라우터가 네트워크에 대하여 알고 있는 정보가 이웃 라우터가 보내준 네트워크 토폴로지 정보에 의한 것이기 때문에 '소문에 의한 라우팅(routing by rumor)'이라 한다. 거리 벡터 프로토콜은 최적 경로 계산을 위하여 벨만-포드(Bellman-Ford) 알고리즘을 사용한다. (그림 7-11)은 거리 벡터 라우팅 프로토콜이 경로를 결정하는 과정을 보여준다. 거리 벡터 라우팅 프로토콜의 예로는 RIP(Routing Information Protocol)가 있다.

2 링크 상태 알고리즘

링크 상태 라우팅 프로토콜은 거리 벡터 라우팅 프로토콜이 가지고 있는 한계를 극복하기 위하여 설계되었다. 링크 상태 라우팅 프로토콜은 네트워크 변화에 대하여 빠르게 반응하고, 네트워크에 변화가 있을 경우에만 트리거 업데이트(trigger update)를 보내며, 주기적인 업데이트('link-state refresh'라고 부름)는 '매 30분' 등과 같이 매우 긴 시간 주기로 보낸다.

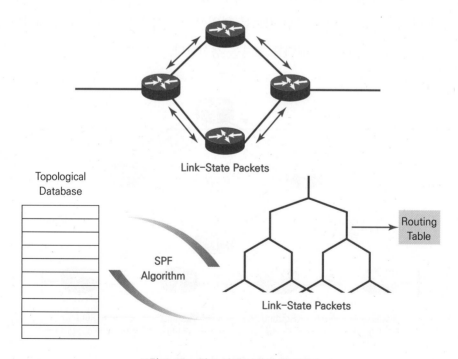

그림 7-12 링크 상태 라우팅 알고리즘

링크의 상태가 변할 경우, 이 변화를 알게 된 장치는 해당 링크와 관련된 LSA (Link State Advertisement)를 생성하고, 이 LSA는 영역 내의 모든 장치로 전달된다. 각각의 라우터는 수신한 LSA를 복사하고, 자신의 토폴로지 데이터베이스를 갱신한 후 다시 LSA를 모든 이웃 장치로 전달한다. 이와 같은 LSA 플러딩(flooding)은 (그림 7-12)에 보인 것처럼, 모든 라우터가 새로운 토폴로지 변화를 반영한 갱신된 라우팅 테이블을 생성하기 전에 자신의 데이터베이스를 갱신하도록 하기 위해서 필요한 절차이다.

토폴로지 데이터베이스는 네트워크 내의 최적의 경로를 계산하기 위하여 사용된다. 링크 상태 라우터는 SPF(Shortest Path First) 트리 생성을 위하여 토폴로지 데이터베이스에 다익스트라(Dijkstra) 알고리즘을 적용하여 목적지로 가는 최적의 경로를 찾아낸다. 이렇게 생성된 SPF 트리로부터 최적의 경로를 선택하고 이를 라우팅 테이블에 기록한다. 대표적인 링크 상태 라우팅 프로토콜로는 OSPF(Open Shortest Path First)가 있다.

7.1.8 라우팅 프로토콜의 종류

라우팅 프로토콜의 분류 방법은 여러 가지가 있다. 앞에서 설명한 IGP와 EGP 이외에 라우팅 프로토콜을 분류하는 또 다른 방법은 거리 벡터(distance-vector) 라우팅 프로토콜과 링크 상태(link state) 라우팅 프로토콜이다. IGP와 EGP가 라우터간의 물리적인 관계를 기술한다면, 거리 벡터 및 링크 상태 라우팅 프로토콜은 라우팅 정보 업데이트 시 라우터들이 어떻게 상호 작용하는지를 기술한다.

라우팅 프로토콜에 따라 사용하는 메트릭이 다르다. RIP의 경우 홉 수(hop count)를 메트릭으로 사용한다. 홉 수는 목적지까지 도착하는 데 거치는 라우터의 수를 말한다. RIP는 목적지까지 도착하는 데 거치는 라우터 수가 가장 적은 경로를 최적의 경로로 선택한다. OSPF는 대역폭의 역수를 메트릭으로 사용한다. 즉 대역폭이 넓으면 메트릭 값이 작아진다. BGP는 관리자에 의해 설정되는 정책(policy)을 메트릭으로 사용한다.

1 RIP

RIP(Routing Information Protocol)는 AS 내부에서 사용되는 내부 라우팅 프로토콜이다. 이것은 거리 벡터 라우팅(distance vector routing) 알고리즘에 기반하는 간단한 프로토콜로서 라우팅 테이블을 구성하기 위하여 벨만-포드(Bellman-Ford) 알고리즘을 사용한다.

거리 벡터 라우팅은 각 라우터가 주기적으로 이웃 라우터들과 전체 인터넷에 대한 정보를 공유한다. 각 라우터는 전체 AS에 대한 정보를 이웃 라우터들과 공유한다. 초기에는 라우터의 정보가 매우 빈약할 것이다. 그러나 라우터가 얼마나 많이 알고 있는가는 중요하지 않으며, 라우터는 자신이 가지고 있는 모든 것을 송신한다. 또한 각 라우터는 자신의 정보를 이웃 라우터에게만 전송하며, 일정한 시간마다 계속 전송한다.

거리 벡터 라우팅에서 각 라우터는 목적지별로 자신이 가지고 있는 라우팅 테이블에 있는 거리와 이웃 라우터로부터 받은 거리를 비교하여, 그 목적지에 도달하는 더 짧은 거리를 다시 구하여 자신의 라우팅 테이블을 갱신한다. 이렇게 계산된 결과 값을 인접 라우터들과 교환하여 다시 계산하는 갱신 과정이 반복되면 점차적으로 모든 라우터들의 라우팅 테이블에 있는 목적지까지의 거리가 최단 거리로 수렴하게 된다.

RIP는 메트릭으로 홉 수를 사용하며 최대 홉 수를 15로 제한하고 있다(16이 무한대). 이것은 15홉을 넘는 경로는 지원하지 못함을 의미한다. 또한 30초마다 라우팅 정보를 교환한다. 따라서 토폴로지 변화에 대하여 빠른 수렴이 어려운 단점이 있다.

RIP-1은 클래스 기반의 라우팅만을 수행한다. 이는 네트워크 내의 모든 장치가 동일한 서브넷 마스크를 사용해야 함을 의미한다. 왜냐하면 RIP-1은 라우팅 업데이트 시 서브넷 정보를 전달하지 않기 때문이다. RIP-2는 소위 프리픽스 라우팅(prefix routing) 기능을 제공하고 라우팅 업데이트 시 서브넷 정보를 함께 전달한다. 따라서 비클래스 기반(classless)의 라우팅 기능도 지원한다. 비클래스 기반 라우팅을 사용하면 동일한 네트워크 내의 서브넷들은 각각 서로 다른 서브넷 마스크를 가질 수 있다. 동일한 네트워크 내에서 서로 다른 서브넷 마스크를 사용하는 것을

VLSM(Variable Length Subnet Mask)이라고 한다.

2 EIGRP

EIGRP(Enhanced Interior Gateway Routing Protocol)는 대규모 이종 네트워크의 라우팅 문제를 해결하기 위해서 시스코가 개발한 독점 프로토콜이다. EIGRP는 지연과 대역폭, 부하, 신뢰성 등의 메트릭을 조합한 32비트의 메트릭을 사용한다. EIGRP는 특히 수렴 속도와 대역폭 오버헤드 측면에서 훨씬 좋은 성능을 제공하는 고급 거리 벡터 프로토콜이며, 링크 상태 프로토콜의 일부 기능도 사용하고 있다. 따라서 하이브리드 프로토콜이라고도 한다.

3 OSPF

OSPF(Open Shortest Path First)는 링크 상태(link state) 알고리즘을 적용한 대표적인 라우팅 프로토콜로, 각 목적지별 최단 경로를 Dijkstra 알고리즘을 통해서 구한다. 1980년대 중반에 RIP가 이질적이고 규모가 큰 네트워크에서의 라우팅을 수행하는 데 한계점이 노출되면서, IETF가 주도하여 링크 상태 알고리즘에 기반한 라우팅 프로토콜에 대한 표준화를 시작하였고 그 결과로 OSPF가 탄생되었다.

라우팅 테이블 전체를 주기적으로 교환하는 RIP에 비해서, OSPF는 상대적으로 짧고 간단한 링크 상태 정보를 변화가 발생했을 때에만 교환한다. 따라서 OSPF의 정보 교환량이 상대적으로 훨씬 적다. 또한 각 라우터는 파악된 네트워크 토폴로지 위에 효율적인 Dijkstra 알고리즘을 직접 적용하기 때문에 빠른 속도로 모든 목적지별 최적 경로를 계산한다. 특히 지역적인 장애 발생이나 복구, 서브 네트워크의 추가 및 삭제, 링크 또는 라우터의 과부하 등 네트워크의 구성과 상태에 대한 변화는 모든 라우터의 라우팅 테이블에 즉각적으로 반영되기 때문에 네트워크가 안정적으로 유지될 수 있다.

또한 OSPF에서 사용하는 메트릭은 전송지연, 전송속도 등의 여러 가지 척도 중에서 관리자가 환경에 맞게 선택할 수 있는 융통성을 가지고 있다. 이와 같이 OSPF는 RIP의 여러 가지 문제점을 해결하고 있는 반면에 RIP에 비해 상대적으로 복잡하다.

하지만 현재 대부분의 대규모 IP 망에서는 OSPF를 채택하고 있고, RIP를 사용하는 망도 OSPF로 빠르게 교체되고 있다.

OSPF에서는 각 라우터가 주변 상황을 알리기 위해 라우터 간에 교환하는 정보를 LSA(Link State Advertisement)라 하고, 이들을 플러딩 방식으로 네트워크 전체에 전달하여 네트워크의 전체 지도인 LSDB(Link State Database)를 만든다. LSDB는 보통 토폴로지 데이터베이스라고도 한다.

4 IS-IS

IS-IS(Intermediate System-to-Intermediate System)는 OSI 프로토콜 스택을 위한 동적 링크 상태 라우팅 프로토콜이다. 따라서 IS-IS는 ISO 비연결형 네트워크 서비스(CLNS: Connection Less Network Service) 환경에서 비연결형 네트워크 프로토콜(CLNP: Connection Less Network Protocol) 데이터를 라우팅하기 위한 라우팅 정보를 분배한다.

통합 IS-IS(Integrated IS-IS)는 다중 네트워크 프로토콜을 라우팅하기 위한 IS-IS 프로토콜의 구현 방안이다. 통합 IS-IS에서는 IP 네트워크와 서브넷에 대한 정보를 가지고 CLNP 경로에 태그를 붙인다. 또한 IP 네트워크 환경의 OSPF 대체 기능을 제공함으로써, ISO CLNS와 IP 리우팅을 하나의 프로토콜로 통합한다. 따라서 IP 라우팅 또는 ISO 라우팅만을 위해서 사용될 수도 있고, 또는 이 둘을 혼합한 환경에서도 사용할 수 있다.

5 BGP

BGP(Border Gateway Protocol)는 AS 간에 라우팅 정보를 교환하는 외부 라우팅 프로토콜이다. 내부 라우팅은 최적의 경로를 선택하는 것이 목적이기 때문에 거리 벡터나 링크 상태 등의 네트워크 정보를 다른 라우터로 전송한다. 하지만 외부 라우팅에서는 복잡도로 인해 경로의 최적성 여부를 가리지 않고 목적지 네트워크에 도달하는 경로를 구하는 데에만 초점을 맞추고 있다.

BGP는 내부 라우팅에서의 거리 벡터와 링크 상태에 의한 두 방식과는 기본적으로 다른 경로 벡터 라우팅(path vector routing)에 기반한다. 거리 벡터 라우팅의 구조적인 문제인 저속 수렴과 불안정은 네트워크가 커질수록 더 심각하다. 또한 엄청나게 많은 수의 AS와 라우터로 구성된 인터넷에서 홉수를 제한하는 것 자체로 패킷이 목적지에 도착하지 못할 수도 있다. 또한 링크 상태 라우팅을 외부 라우팅에 적용하기에는 인터넷의 규모가 너무 크다. 각 라우터의 LSDB가 매우 큰데다가 Dijkstra 알고리즘을 사용하여 최단 경로를 계산하는 데 오랜 시간이 걸리기 때문이다.

경로 벡터 라우팅은 라우터 간에 특정 목적지로 가기 위한 경로 정보를 교환한다. 여기에 거리 벡터나 링크 상태 등의 정보가 포함되지 않는다. 라우터에서 동일한 목적지를 가지는 경로 벡터를 여러 개 수신하였으면 정책적인 결정에 의해 이 중에서 하나의 경로를 선택한다.

7.2 정적 경로의 설정

7.2.1 정적 경로와 동적 경로의 비교

라우팅은 한 네트워크로부터 다른 네트워크로 가는 경로를 설정한다. 경로에 관한 정보는 네트워크 관리자가 직접 지정해 줄 수도 있고, 다른 라우터들을 통해 동적으로 학습할 수도 있다.

관리자가 직접 설정한 경로를 정적 경로라고 한다. 정적 경로는 수동으로 설정되므로 네트워크 토폴로지에 변화가 생기면, 네트워크 관리자는 직접 그 변화에 대해서 정적 경로를 추가하거나 삭제해야 한다. 규모가 큰 네트워크인 경우 라우팅 테이블을 수동으로 유지하는 것은 여러 가지로 어려움이 있다. 그러나 정적 라우팅은 동적 라우팅과 함께 사용하여 특정한 목적을 수행할 수 있다. 정적 경로는 관리자에 의해 설정된 경로로써, 출발지를 떠난 패킷은 정의된 이 경로를 따라 목적지까지 이동한다. 관리자가 경로를 직접 정의한다는 것은 네트워크의 라우팅을 매우 정교하게 통제할 수 있음을 의미한다.

동적 경로는 처음에 네트워크 관리자가 동적 라우팅을 수행하기 위한 설정 명령어를 입력하면 그 다음부터는 새로운 경로 정보가 네트워크에서 도착할 때마다 라우팅 프로세스에 의해 자동으로 업데이트된다. 라우터는 네트워크의 다른 라우터들과 라우팅 업데이트 정보를 교환함으로써 원격 목적지에 대한 경로를 학습한다.

정적 라우팅은 몇 가지 유용한 응용을 가지고 있다. 동적 라우팅은 네트워크에 관한 정보들을 노출시키기 쉽다. 그러나 보안적인 이유로 네트워크의 어떤 부분을 숨기고자 한다면 정적 라우팅은 제한된 네트워크들에게만 정보를 알려주도록 설정할 수 있다.

접근할 수 있는 경로가 하나 밖에 없는 네트워크로 가는 경로는 정적 경로로 설정하는 것이 좋다. 이런 유형의 네트워크를 스텁 네트워크(stub network)라고 한다. 스텁 네트워크를 정적 라우팅으로 설정하면, 동적 라우팅으로 인한 오버헤드를 줄일 수 있다.

7.2.2 정적 경로의 설정

정적 경로는 관리자에 의해 정의된 경로이다. 정적 경로는 한 네트워크에서 스텁 네트워크(stub network)로 가는 경로를 설정할 때 주로 사용된다. 스텁 네트워크는 (그림 7-13)과 같이 접근할 수 있는 경로가 하나밖에 없는 네트워크를 말한다.

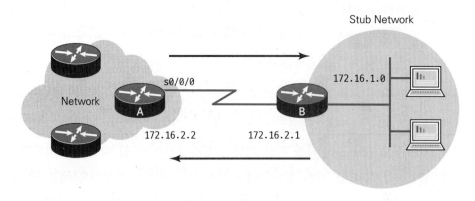

그림 7-13   스텁 네트워크의 예

스텁 네트워크는 들어가고 나오는 경로가 하나밖에 없기 때문에 보통 정적 경로를 사용한다. 또한 정적 경로는 목적지가 라우팅 테이블에 명시되어 있지 않는 패킷들을 모두 보내는 기본 게이트웨이(default gateway 또는 gateway of last resort)를 지정할 때도 유용하게 사용된다.

정적 경로를 설정하려면 라우터의 전역 설정 모드에서 ip route 명령어를 입력한다. 정적 경로를 설정하는 명령어의 형식은 (그림 7-14)와 같다. 매개 변수에서 network은 목적지 네트워크의 주소이고, mask는 목적지 주소의 서브넷 마스크이다. address는 다음 홉 라우터의 IP 주소이고 interface는 로컬 라우터의 출력 인터페이스이다. distance는 선택 사항으로 관리 거리(administrative distance)를 나타내는 것이며, 여기에 값을 지정하면 해당 정적 경로의 관리 거리 값을 변경할 수 있다. permanent는 인터페이스가 비활성화(shutdown)되더라도 라우팅 테이블에서 해당 정적 경로를 제거하지 말고 유지하라는 옵션이다.

```
RouterX(config)# ip route network [mask] {address¦interface}
                                   [distance] [permanent]
```

그림 7-14 정적 경로 설정 명령어 형식

정적 경로를 사용하면 라우팅 테이블을 직접 설정할 수 있으며, 경로가 활성화되어 있는 한 라우팅 테이블 항목이 없어지지 않는다. 정적 경로 설정은 일방향이므로 반대 방향으로도 설정하여야 한다.

(그림 7-15)는 정적 경로를 설정하는 하나의 예이다. 예에서와 같이 라우터 A에서 172.16.1.0 네트워크로 가는 정적 경로를 설정하려면 라우터의 전역 설정 모드에서 ip route와 목적지 주소, 서브넷 마스크를 입력하고 그 다음에 다음 홉 라우터의 주소 (172.16.2.1)를 입력하거나 또는 현재 라우터의 출력 인터페이스 이름 (S0/0/0)을 입력하면 된다.

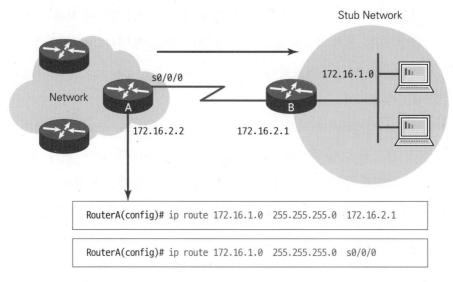

```
RouterA(config)# ip route 172.16.1.0  255.255.255.0  172.16.2.1
```

```
RouterA(config)# ip route 172.16.1.0  255.255.255.0  s0/0/0
```

그림 7-15   정적 경로 설정의 예

7.2.3 기본 경로의 설정

라우터는 라우팅 과정 중에서 각 패킷의 목적지 IP 주소를 라우터의 라우팅 테이블에서 찾는다. 일치하는 경로가 없으면 라우터는 패킷을 폐기한다. 따라서 라우터가 모든 경로를 가지고 있지 않으면 폐기되는 패킷이 생기게 된다. 이와 같은 경우를 방지하기 위하여 사용하는 것이 기본 경로(default route)이다. 기본 경로는 모든 IP 주소와 일치하는 경로이다. 패킷의 목적지 IP 주소가 라우팅 테이블의 어떤 경로와도 일치하지 않으면 라우터는 기본 경로를 사용하여 기본 게이트웨이(default gateway)로 패킷을 전달한다. 즉 잘 알지 못하는 목적지를 가진 패킷을 버리지 않고 더 잘 처리할 수 있는 다른 라우터로 보내는 것이다. 기본 경로를 사용하면 라우팅 테이블의 크기를 줄일 수 있다.

기본 경로의 설정도 정적 경로 설정과 같이 `ip route` 명령어를 사용한다. (그림 7-16)은 기본 경로 설정의 예이다. 이 예에서는 라우터 B에서, 목적지 네트워크 주소가 라우팅 테이블에 없는 모든 패킷을 라우터 A로 전달하도록 설정하고 있다. 즉 목적지 네트워크의 주소와 서브넷 마스크를 모두 0으로 설정하여 모든 IP 주소와 일치하도록 하고, 다음 홉 라우터의 주소인 172.16.2.2를 입력한다. 이렇게 하면 라우터 B의 기본 게이트웨이가 라우터 A가 된다.

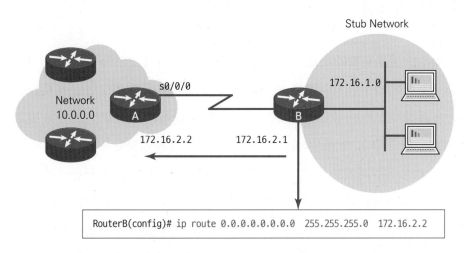

그림 7-16   기본 경로 설정의 예

7.2.4 정적 경로 설정의 검증

정적 경로를 설정한 다음 제대로 설정되었는지를 검증하려면 (그림 7-17)과 같이 show ip route static 특권 명령어를 사용한다. 이 명령어는 정적 경로만을 보여준다. 그리고 모든 IPv4 경로에 대한 몇몇 통계치도 보여준다. 이 예에서는 2개의 정적 경로에 대한 정보를 보여주지만, 이 라우터가 10개의 서브넷들에 대한 경로를 가진다는 통계치도 보여준다. 앞에 "S"가 붙은 경로가 정적 경로이다.

```
R1# show ip route static
Codes: L - local, C - connected, S - static, R - RIP, M - mobile, B - BGP
! lines omitted for brevity
Gateway of last resort is not set

     172.16.0.0/16" is variably subnetted, 10 subnets, 2 masks
S       172.16.2.0/24 [1/0] via 172.16.4.2
S       172.16.3.0/24 is directly connected, Serialo/0/1
```

그림 7-17   정적 경로 설정 검증의 예

7.3 RIP의 설정

7.3.1 RIP의 특성

IP 라우팅 프로토콜의 목표는 목적지로 가는 여러 가지 경로들 중에서 최상의 경로를 선택하여 라우팅 테이블에 기록하는 것이다. 라우터는 라우팅 프로토콜을 사용하여 목적지로 가는 경로들을 학습한다. 이를 위해서 각 라우터는 자신이 알고 있는 경로를 광고한다. 각 라우터는 처음에는 직접 연결된 경로만을 알 수 있다. 그 다음에 각 라우터는 자기가 알고 있는 경로들을 라우팅 프로토콜을 사용하여 다른 라우터에게 광고한다. 다른 라우터로부터 라우팅 광고, 즉 업데이트 메시지를 수신한 라우터는 서브넷을 학습하게 되고 학습한 경로를 라우팅 테이블에 추가한다. 모든 라우터가 이와 같은 과정에 참여하면 모든 라우터는 네트워크 내의 모든 서브넷을 학습할 수 있다.

RIP(Routing Information Protocol)는 대표적인 거리 벡터 라우팅 프로토콜이며, 라우팅 메트릭으로 홉 카운트(hop count)를 사용한다. RIP는 최대 홉 카운트를 15로 정의하고 있다. 홉 카운트 16은 도달 불가능을 의미한다. 또한 RIP는 무조건 매 30초마다 라우팅 업데이트를 브로드캐스트하며, 목적지로 가는 경로의 비용이 동일한 경우(equal-cost) 최대 16개까지, 기본적으로는 4개까지 부하 균등(load

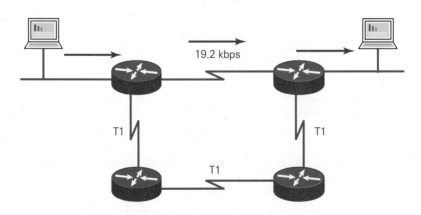

그림 7-18   RIP의 경로 설정 예

balancing)을 수행한다.

(그림 7-18)은 RIP 경로 설정의 예이다. 예에서 보면 왼쪽 호스트에서 오른쪽 호스트로 가는 경로는 위쪽과 아래쪽의 2가지 경로가 있다. 위쪽 경로는 대역폭이 19.2Kbps이고 아래쪽은 모두 T1으로 1.544Mbps이다. 따라서 목적지에 도달하는 시간으로 보면 아래쪽 경로가 더 좋지만, RIP는 홉 카운트를 메트릭으로 사용하므로 위쪽 경로는 홉 카운트가 2이고 아래쪽 경로는 홉 카운트가 4가 되어 RIP는 위쪽 경로를 선택한다. 이것은 우리가 일상생활에서 지하철을 타고 목적지로 갈 때와 유사하다. 우리는 출발지에서 목적지까지의 실제 거리와는 상관없이 거치는 정거장 수로 경로를 결정한다. 즉 출발지에서 목적지까지 거치는 정거장 수가 가장 적은 경로를 선택하는 것이다.

7.3.2 RIPv1과 RIPv2의 비교

RIPv1은 RFC(Request for Comments) 1058로 규정된 클래스풀(classful) 라우팅 프로토콜이며, RIPv2는 RFC 1721, 1722, 2453으로 규정된 클래스리스(classless) 라우팅 프로토콜이다. 클래스풀 라우팅은 IP 주소를 클래스별로 분류하여, 네트워크 마스크를 미리 약속한 다음 라우팅 정보 교환 시에 따로 네트워크 마스크를 보내지 않는 방법이다. 클래스리스 라우팅은 IP 주소의 낭비를 막기 위하여 IP 주소를 클래스별로 분류하지 않는다. 따라서 클래스리스 라우팅은 라우팅 정보를 교환할 때 항상 네트워크 마스크를 함께 보내야 한다.

클래스리스 라우팅 프로토콜을 사용하면 하나의 네트워크 주소에서 여러 개의 서브넷 마스크를 사용할 수 있는 VLSM(Variable Length Subnet Mask)을 사용할 수 있으며 라우팅 테이블의 크기를 줄일 수 있는 경로 요약화(route summarization) 기능도 사용할 수 있다. RIPv2, EIGRP, OSPF, IS-IS 등과 같은 대부분의 라우팅 프로토콜은 클래스리스 라우팅을 지원한다.

7.3.3 동적 라우팅 프로토콜의 설정

동적 라우팅 프로토콜을 설정하는 과정은, 사용할 라우팅 프로토콜을 선택하는
단계와 선택한 라우팅 프로토콜을 수행할 인터페이스를 지정하는 2단계로 나눌 수
있다.

- 1단계: 라우팅 프로토콜(RIP, EIGRP, OSPF 등)을 선택한다.
- 2단계: 선택한 라우팅 프로토콜을 수행할 인터페이스를 지정한다.

(그림 7-19)는 동적 라우팅 프로토콜을 설정하는 예이다. 예에서와 같이 한 라우
터에 여러 가지 라우팅 프로토콜이 동작하고 있을 수 있다. 동적 라우팅 프로토콜
의 설정은 사용할 라우팅 프로토콜을 선택한 다음, 라우터의 각 인터페이스에 어떤
라우팅 프로토콜을 실행할 것인가를 지정한다. 예에서는 라우팅 프로토콜로 RIP와
EIGRP를 선택한 다음, 위쪽과 아래쪽 인터페이스에는 RIP를 실행하였고, 오른쪽 인
터페이스에는 EIGRP를 실행하고 있다.

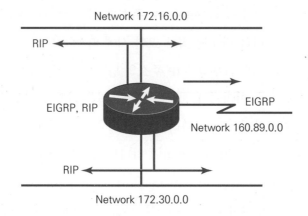

그림 7-19   동적 라우팅 프로토콜 설정의 예

7.3.4 RIP의 설정

RIP의 설정은 다음과 같이 동적 라우팅 프로토콜 설정의 2단계 과정을 따른다.

- 1단계: 라우팅 프로토콜로 RIP를 선택한다.

  (그림 7-20)과 같이 라우터의 전역 설정 모드에서 router rip 명령어를 사용한다. 이 명령어를 입력하면 라우터 설정 모드(router configuration mode)로 들어가며 따라서 프롬프트가 RouterX(config-router)로 바뀐다. 여기에서 RIPv2를 활성화하려면 version 2 명령어를 입력한다.

```
RouterX(config)# router rip
```

```
RouterX(config-router)# version 2
```

그림 7-20 RIP 설정의 예

- 2단계: RIP를 실행할 인터페이스를 지정한다.

  (그림 7-21)과 같이 라우터 설정 모드에서 network 명령어를 사용하여 라우팅 프로토콜을 실행할 인터페이스를 지정한다. 여기에서 network-number에는 주 클래스 네트워크 번호(major classful network number)를 입력한다. 예를 들어 A 클래스인 10.1.1.1 네트워크를 지정하려면 network 10.0.0.0을 입력하고, B 클래스인 172.16.1.1 네트워크를 지정하려면 network 172.16.0.0을 입력한다.

```
RouterX(config-router)# network network-number
```

그림 7-21 인터페이스 지정 명령어의 형식

(그림 7-22)는 3대의 라우터에서 RIP를 설정한 예이다. 이 예에서 라우터 A는 fa0/0와 s0/0/0 인터페이스에 RIP를 실행하기 위하여 각각 network 172.16.0.0과 network 10.0.0.0 명령어를 입력하였다. 라우터 B에서는 s0/0/2와 s0/0/3 인터페이스의 주소가 모두 10.으로 시작하는 A 클래스 주소이므로 network 10.0.0.0 명령어 하나만 입력하면 된다. 라우터 C에서는 s0/0/3를 지정하기 위하여 network 10.0.0.0 명령어를 입력하고 fa0/0는 C 클래스 주소이므로 network 192.168.1.0를 입력하였다.

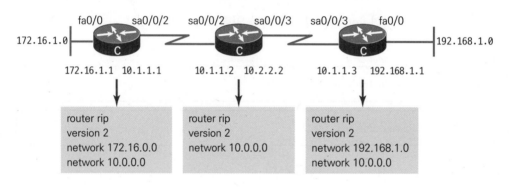

그림 7-22   RIP 설정의 예

7.3.5 RIP 설정의 검증

라우터에 라우팅 프로토콜을 설정한 다음에 제대로 설정이 되었는지를 검증하기 위해서는 주로 show ip protocols와 show ip route 특권 명령어를 사용한다. show ip protocols 명령어는 (그림 7-23)과 같이 라우터에 설정된 모든 IP 라우팅 프로토콜에 대한 정보를 보여준다. 여기에서 RIP가 잘 설정되었는지, 지정한 인터페이스로 RIP 업데이트를 주고받는지, 라우터가 적절한 네트워크들을 광고하고 있는지 등을 확인할 수 있다.

show ip route 명령어는 (그림 7-24)와 같이 RIP를 통하여 받은 경로가 라우팅 테이블에 기록되어 있는지를 확인하는 데 사용할 수 있다. 명령어 출력에서 'R'로 표시된 경로가 RIP로 학습한 경로이다.

```
RouterA# show ip protocols
Routing Protocol is "rip"
  Sending updates every 30 seconds, next due in 6 seconds
  Invalid after 180 seconds, hold down 180, flushed after 240
  Outgoing update filter list for all interfaces is not set
  Incoming update filter list for all interfaces is not set
  Redistributing: rip
  Default version control: send version 2, receive version 2
    Interface          Send  RecV  Triggered RIP  Key-chain
    FastEthernet0/0      2     2
    Serial0/0/2          2     2
  Automatic network summarization is in effect
  Maximum path: 4
  Routing for Networks:
    10.0.0.0
    172.16.0.0
  Routing Information Sources:
    Gateway          Distance        Last Update
    10.1.1.2           120           00:00:25
  Distance: (default is 120)
RouterA#
```

그림 7-23   show ip protocols 명령어의 출력 예

```
RouterA# show ip route
Codes: C - connected, S - static, I - IGRP, R - RIP, M - mobile, B - BGP
       D - EIGRP, EX - EIGRP external, O - OSPF, IA - OSPF inter area
       N1 - OSPF NSSA external type 1, N2 - OSPF NSSA external type 2
       E1 - OSPF external type 1, E2 - OSPF external type 2, E - EGP
       i - IS-IS, L1 - IS-IS level-1, I2 - IS-IS level-2, * candidate default
       U - per-user static route, O - ODR
       T - traffic engineered route

Gateway of last resort is not set

     172.16.0.0/24 is subnetted, 1 subnets
C       172.16 .1 .0 is directly connected, fastetherneto/0
     10.0.0.0/24 is subnetted, 2 subnets
R       10.2 .2 .0 [120/1] via 10.1.1.2,00:00:07, Serialo/0/2
C       10.1 .1 .0 is directly connected, Serialo/0/2
R       192.168.1.0/24 [120/2] via 10.1.1.2,00:00:07, Serialo/0/2
```

그림 7-24   show ip route 명령어의 출력 예

7.3.6 RIP 설정의 장애 처리

RIP 설정의 장애 처리를 위하여 사용할 수 있는 명령어가 debug ip rip 특권 명령어이다. 이 명령어는 송수신되는 RIP 라우팅 업데이트 정보를 그대로 보여준다. (그림 7-25)는 예로써 라우터 A에서 debug ip rip 명령어를 실행한 결과이다. 이러한 메시지를 보려면 라우터에 콘솔로 연결되어 있어야 한다. 콘솔이 아닌 텔넷이나 SSH로 연결되어 있다면 terminal monitor 특권 명령어를 실행하여야 한다. 또한 타임스탬프를 생성하려면 service timestamps 전역 설정 명령어를 사용하면 된다.

debug 명령어를 실행하면 라우터에 상당한 무리를 주기 때문에 사용할 때 주의를 하여야 한다. debug 명령어를 사용하기 전에는 show process 명령어로 CPU의 사용량을 확인하는 것이 좋다. 라우터의 CPU 사용량이 30~40% 이상으로 많으면 debug 명령어 실행을 신중하게 검토하여야 한다. 최악의 경우 패킷이 제대로 전달되지 못할 정도로 영향을 받을 수 있다. 따라서 debug 명령어를 실행한 다음에는 no debug ip rip 명령어로 빨리 디버깅을 오프시켜야 한다.

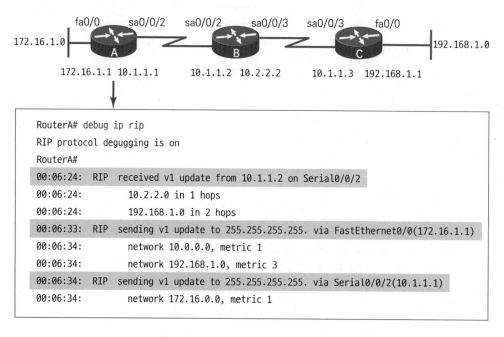

그림 7-25   debug ip rip 명령어의 실행 예

- 라우팅은 패킷을 한 곳에서 다른 곳으로 보내는 과정이다. 네트워킹에서 라우터는 트래픽의 경로를 지정하는 장비이다.

- 라우터는 IP 패킷 전달 과정에서 두 가지 주요 기능을 담당하는데, 라우팅 테이블을 관리하는 것과 패킷을 전달하는 데 사용할 최상의 경로를 결정하는 것이다.

- 라우팅 테이블에는 학습한 네트워크에 대한 최상의 경로가 나열되며, 목적지 네트워크, 다음 홉, 라우팅 메트릭 등의 정보가 포함되어 있다.

- 라우팅 메트릭은 목적지로 가는 경로가 여러 개가 있는 경우, 최상의 경로를 선택하는 기준으로, 비용으로 간주하므로 가장 작은 값이 최상이다. 라우팅 메트릭으로는 홉수, 대역폭, 지연, 신뢰성, 부하 등이 사용된다.

- 라우팅 알고리즘은 크게 거리 벡터 알고리즘과 링크 상태 알고리즘으로 나눌 수 있다. 거리 벡터 알고리즘은 거리와 방향만으로 경로를 결정하며, 링크 상태 알고리즘은 전체 토폴로지 정보를 가지고 경로를 결정한다.

- 정적 라우팅은 네트워크 관리자가 라우터에 수동으로 입력한 경로를 사용하고, 동적 라우팅은 라우팅 프로토콜이 자동으로 설정한 경로를 사용한다.

- 정적 경로는 스텁 네트워크와 기본 경로(default route)를 설정할 때 사용한다.

- 정적 경로를 설정하기 위해서는 `ip route` 명령어를 사용한다. 정적 라우팅이 적절하게 설정되었는지를 검증하기 위해서 `show ip route` 명령어를 사용할 수 있다.

- RIP는 거리 벡터 라우팅 프로토콜로서 경로 선택을 위한 메트릭으로 홉 카운트를 사용하며, 업데이트 정보를 30초마다 브로드캐스팅한다.

- 동적 라우팅 프로토콜을 활성화하기 위해서는, 먼저 `router` 명령어로 라우팅 프로토콜을 선택하고, 그 다음에 `network` 명령어를 사용해서 라우팅 업데이트 정보의 송신 및 수신에 참여하는 인터페이스를 결정한다.

연 습 문 제

7. 라우팅 프로토콜의 개요

[7-1] Which of the following statements about the path determination process is not correct?

A) Routers evaluate the available paths to a destination.

B) Dynamic routing occurs when information is learned using routing information that is obtained from routing protocols.

C) Dynamic routing occurs when information is configured onto each router by the network administrator.

D) Routing services use metric and administrative distances when evaluating network paths

[7-2] Which of the following contains routing information that helps a router in determining the routing path?

A) IP address   B) MAC address

C) routing table   D) routing protocol

[7-3] Which of the following is not a routing metric?

A) delay   B) bandwidth

C) length   D) load

[7-4] Which two of the following are true regarding the distance-vector and link-state routing protocols? (Choose two.)

A) Link state sends its complete routing table out of all active interfaces at periodic time intervals.

B) Distance vector sends its complete routing table out of all active interfaces at periodic time intervals.

C) Link state sends updates containing the state of its own links to all routers in the internetwork.

D) Distance vector sends updates containing the state of its own links to all routers in the internetwork.

[7-5] Which of the following is the criterion used by a router to select the best path and varies from routing protocol to routing protocol?

A) IP address   B) The metric

C) Routing table   D) Routing protocol

[7-6] Which of the following best describes a distance-vector protocols?

A) It determines the direction and distance to any network in the internetwork.

B) Each router maintains a complex database of internetwork topology information.

C) It is computationally rather complex.

D) It is a method of routing that prevents loops and minimizes counting to infinity.

[7-7] Which of the following best describes link-state algorithm?

A) They determine distance and direction to any link on the internetwork.

B) They require minimal computation.

C) They recreate the exact topology of the entire internetwork.

D) They use little network overhead and reduce overall traffic.

[7-8] Which of the following statements best describe the functions of a router in a network? (Choose two.)

A) Routers maintain their routing tables and ensure that other routers know of changes in the network.

B) Routers use the routing table to determine where to forward packets.

C) Routers strengthen the signal over large distances in a network.

D) Routers create larger collision domains.

E) Routers use ICMP to communicate network information from their own routing table with other routers.

[7-9] Which of the following statements describe the function of routing tables? (Choose three.)

A) Routing tables provide an ordered list of known network addresses.

B) Routing tables are maintained through the transmission of MAC addresses.

C) Routing tables contain metrics that are used to determine the desirability of the route.

D) Routing table associations tell a router that a particular destination is either directly connected to the router or that it can be reached through another router (the next-hop router) on the way to the final destination.

E) When a router receives an incoming packet, it uses the source address and searches the routing table to find the best path for the data from that source.

F) Although routing protocols vary, routing metrics do not.

[7-10] Which of the following is an example of an EGP?

A) OSPF   B) RIP

C) BGP   D) EIGRP

[7-11] What are IGPs used for?

A) to set up a compatibility infrastructure between networks

B) to communicate between autonomous systems

C) to transmit between nodes on a network

D) to deliver routing information within a single autonomous system

[7-12] In which situation is an administrative distance required?

A) When static routes are defined

B) When dynamic routing is enabled

C) When the same route is learned via multiple routing protocols

D) When multiple paths are available to the same destination and they are all learned via the same routing protocol

[7-13] A network administrator views the output from the show ip route command. A network that is advertised by both RIP and EIGRP appears in the routing table flagged as an EIGRP route. Why is the RIP route to this network not used in the routing table?

A) EIGRP has a faster update timer.

B) EIGRP has a lower administrative distance.

C) RIP has a higher metric value for that route.

D) The EIGRP route has fewer hops.

E) The RIP path has a routing loop.

[7-14] The Corporate router receives an IP packet with a source IP address of 192.168. 214.20 and a destination address of 192.168. 22.3. Looking at the output from the Corp router, what will the router do with this packet?

```
Corp# sh ip route
[output cut]
R 192.168.215.0 [120/2] via 192.168.20.2,
                        00:00:23, serial0/0
R 192.168.115.0 [120/1] via 192.168.20.2,
                        00:00:23, serial0/0
R 192.168.30.0 [120/1] via 192.168.20.2,
                        00:00:23, serial0/0
C 192.168.20.0 is directly connected, serial0/0
C 192.168.214.0 is directly connected,
                        FastEthernet0/0
```

A) The packet will be discarded.

B) The packet will be routed out of the S0/0 interface.

C) The router will broadcast looking for the destination.

D) The packet will be routed out of the Fa0/0 interface.

[7-15] Refer to the exhibit. According to the routing table, where will the router send a packet destined for 10.1.5.65?

Network	Interface	Next-hop
10.1.1.0/24	e0	directly connected
10.1.2.0/24	e1	directly connected
10.1.3.0/25	s0	directly connected
10.1.4.0/24	s1	directly connected
10.1.5.0/24	e0	10.1.1.2
10.1.5.64/28	e1	10.1.2.2
10.1.5.64/29	s0	10.1.3.3
10.1.5.64/27	s1	10.1.4.4

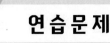

A) 10.1.1.2

B) 10.1.2.2

C) 10.1.3.3

D) 10.1.4.4

[7-16] You are viewing the routing table and you see an entry 10.1.1.1/32. What legend code would you expect to see next to this route?

A) C

B) L

C) S

D) D

7.2 정적 경로의 설정

[7-17] What is the purpose of a routing table?

A) to compare different paths to a destination

B) to tell router which addresses arrive on which ports

C) to tell router which complete path to use to reach a destination

D) to tell router which ports to use when forwarding addressed packets

[7-18] You type the following command into the router. Which of the following statements is true as a result of the command?

```
ip route 200.45.7.0 255.255.255.224 22.202.33.10 10
```

A) Packets destined for 200.45.7.98 will be forwarded to 22.202.33.10.

B) The command configures a default gateway of 22.202.33.10.

C) Packets destined for 200.45.7.45 will be forwarded to 22.202.33.10.

D) The administrative distance to the destination network is 10.

연습문제

[7-19] What does the command `ip route 172.16.5.0 255.255.255.0 10.1.1.1` specify?

    A) Both 172.16.5.0 and 10.1.1.1 use a mask of 255.255.255.0.

    B) The router should use network 172.16.5.0 to get to address 10.1.1.1.

    C) You want the router to trace a route to network 172.16.5.0 via 10.1.1.1.

    D) The router should use address 10.1.1.1 to get to devices on subnet 172.16.5.0.

[7-20] Which command correctly configures a default route that points to 192.168.12.5 as the next hop router?

    A) `ip route 0.0.0.0 192.168.12.5`

    B) `ip route 192.168.12.5 0.0.0.0 0.0.0.0`

    C) `ip route 0.0.0.0 0.0.0.0 192.168.12.5`

    D) `ip route 0.0.0.0 192.168.12.5 0.0.0.0`

[7-21] Which command displays information about static route configuration on a Cisco router?

    A) `show ip route static`

    B) `show ip static`

    C) `show static ip route`

    D) `show ip static ip route`

[7-22] What is the administrative distance of a static route?

    A) 0   B) 1

    C) 100   D) 120

[7-23] In which two ways do static routes differ from dynamic routes? (Choose two.)

   A) Static routes are manually configured; dynamic routes are learned via a routing protocol.

   B) Dynamic routes are manually configured; static routes are learned via a routing protocol.

   C) Both static routes and dynamic routes are automatically updated when there is a topology change.

   D) Static routes allow precise control over the path that data takes; dynamic routes provide less control over the path taken.

   E) Static routes are automatically updated when there is a topology change; dynamic routes require a change.

[7-24] Which command can you enter to set the default route for all traffic to an interface?

   A) `Router(config)# ip route 0.0.0.0 0.0.0.0 GigabitEthernet0/1`

   B) `Router(config)# ip route 0.0.0.0 255.255.255. 255 GigabitEthernet0/1`

   C) `Router(config-router)# default-information originate`

   D) `Router(config-router)# default-information originate always`

7.3 RIP의 설정

[7-25] What are two characteristics offered by RIPv1? (Choose two.)

   A) It is a link-state protocol.

   B) It uses hop count as a metric.

   C) It has a maximum hop count of 16.

   D) It can load balance over six equal cost paths.

   E) It broadcasts updates every 90 seconds by default.

[7-26] In the IP RIP routing protocol, how often are periodic routing updates sent?

   A) every 30 seconds

   B) every 60 seconds

   C) every 90 seconds

   D) only when the administrator directs the router to do so

[7-27] Which command correctly specifies RIP as the routing protocol?

   A) Router(config)# rip

   B) Router(config)# router rip

   C) Router(config-router)# rip {AS no.}

   D) Router(config-router)# router rip {AS no.}

[7-28] Which two things must be true about the network number assigned with the **network** command? (Choose two.)

   A) specifies the major network number

   B) identifies the major network and subnetwork

   C) includes the major network and the subnet mask

   D) identifies a network the router can reach through other routers

   E) identifies a network to which the router is physically connected

[7-29] Router C has three interfaces as follows;

> E0: 10.1.1.5
> E1: 10.1.2.6
> S0: 10.2.4.6

Which configuration is required to specify that RIP is to run on all of router C interfaces?

A) `network 10.0.0.0`

B) `network 10.1.0.0, network 10.2.0.0`

C) `network 10.1.1.0, network 10.1.2.0, network 10.2.4.0`

D) `network 10.1.1.5, network 10.1.2.6, network 10.2.4.6`

[7-30] On a Cisco router, what two things does the `show ip protocols` command display? (Choose two.)

A) interface information

B) values of routing timers

C) the contents of the routing table

D) routing protocol information about the router as a whole

연습문제

정답 및 해설

[7-1] 경로 결정(path determination) 과정에 대한 다음 설명 중 옳지 않은 것은?

A) 라우터는 목적지로 가는 가능한 경로를 찾는다.

B) 동적 라우팅은 라우팅 프로토콜로부터 습득한 라우팅 정보를 학습한다.

C) 동적 라우팅은 네트워크 관리자에 의해 각각의 라우터마다 설정된다.

D) 라우팅은 메트릭(metric)과 관리 거리(admini-strative distance)를 사용하여 경로를 결정한다.

해설

- 경로 결정 방법, 즉 라우팅 테이블을 만드는 방법은 크게 수동으로 하는 방법과 자동으로 하는 방법의 2가지로 나눌 수 있다. 네트워크 관리자가 수동으로 경로를 결정하는 방법을 정적 라우팅(static routing)이라고 하며, 라우팅 프로토콜을 통해 학습한 라우팅 정보를 이용하여 자동으로 경로를 결정하는 방법을 동적 라우팅(dynamic routing)이라고 한다.

[7-2] 다음 중 라우터가 라우팅 경로를 결정할 때 참조하는 라우팅 정보를 가지고 있는 것은?

A) IP 주소　　　　　　B) MAC 주소

C) 라우팅 테이블　　　D) 라우팅 프로토콜

해설

- 라우터는 각각의 목적지로 가는 최적의 경로를 표로 만들어서 가지고 있다. 이 표를 라우팅 테이블(routing table)이라고 한다. 라우터는 패킷의 목적지 주소를 라우팅 테이블에서 찾아서 지시되어 있는 포트로 전송한다.

[7-3] 다음 중 라우팅 메트릭이 아닌 것은?

A) 지연(delay)　　　　B) 대역폭(bandwidth)

C) 길이(length)　　　　D) 부하(load)

해설

- 라우팅 프로토콜에서 주로 사용하는 메트릭으로는 대역폭(bandwidth), 지연(delay), 부하(load), 신뢰성(reliability), 홉 카운트(hop count), 비용(cost) 등이 있다.

[7-4] 다음 중 거리 벡터 라우팅 프로토콜과 링크 상태 라우팅 프로토콜에 관한 설명으로 옳은 것은? (2가지 선택)

A) 링크 상태 프로토콜은 정해진 시간 간격마다 자신의 라우팅 테이블 전체를 활성화된 모든 인터페이스로 전송한다.

B) 거리 벡터 프로토콜은 정해진 시간 간격마다 자신의 라우팅 테이블 전체를 활성화된 모든 인터페이스로 전송한다.

C) 링크 상태 프로토콜은 자신의 링크 상태를 포함하는 업데이트를 네트워크의 모든 라우터에게 전송한다.

D) 거리 벡터 프로토콜은 자신의 링크 상태를 포함하는 업데이트를 네트워크의 모든 라우터에게 전송한다.

해설

- 정해진 시간 간격마다 자신의 라우팅 테이블 전체를 활성화된 모든 인터페이스로 전송하는 것은 거리 벡터 프로토콜이다.

- 자신의 링크 상태를 포함하는 업데이트를 네트워크의 모든 라우터에게 전송하는 것은 링크 상태 프로토콜이다.

[7-5] 다음 중 라우터가 최상의 경로를 선택하기 위하여 사용하는 기준으로, 라우팅 프로토콜마다 서로 다른 값을 사용하는 것은?

A) IP 주소　　　　　　B) 메트릭

C) 라우팅 테이블　　　D) 라우팅 프로토콜

해설

- 라우팅 알고리즘은 최적의 경로를 결정할 때 알고리즘별로 서로 다른 기준에 따라 가장 좋은 경로를 선택한다. 이 기준을 메트릭(metric)이라고 한다.

[7-6] 다음 중 거리 벡터 프로토콜을 가장 잘 설명한 것은?

A) 거리 벡터 프로토콜은 인터네트워크 내에서 특정 네트워크로의 방향과 거리로 경로를 결정한다.

B) 각각의 라우터는 인터네트워크의 토폴로지 정보에 대한 복잡한 데이터베이스를 가지고 있다.

C) 거리 벡터 프로토콜은 계산이 복잡한 프로토콜이다.

D) 거리 벡터 프로토콜은 루프 방지 및 무한 카운트(count to infinity)를 최소화하는 라우팅 방법이다.

해설

- 거리 벡터 프로토콜은 목적지로 가는 거리와 방향만으로 경로를 결정하는 것이다.
- 거리 벡터 프로토콜은 이웃 라우터로부터 받은 정보만을 가지고 경로를 결정한다. 토폴로지 정보에 대한 데이터베이스를 작성하는 것은 링크 상태 프로토콜이다.
- 거리 벡터 프로토콜은 링크 상태 프로토콜에 비해 계산이 간단하다.
- 거리 벡터 프로토콜의 최대의 단점이 목적지를 찾지 못하고 루프를 돌거나 잘못된 정보로 인하여 무한 카운트를 한다는 점이다.

[7-7] 다음 중 링크 상태 알고리즘을 가장 잘 설명한 것은?

A) 링크 상태 알고리즘은 인터네트워크 내에서 특정 링크로의 방향과 거리로 경로를 결정한다.

B) 링크 상태 알고리즘은 최소한의 계산을 필요로 한다.

C) 링크 상태 알고리즘은 전체 인터네트워크의 정확한 토폴로지를 재생성 한다.

D) 링크 상태 알고리즘은 네트워크 오버헤드를 거의 사용하지 않으므로 전체 트래픽을 감소시킨다.

해설

- 링크 상태 프로토콜은 네트워크 전체에 대한 정확한 토폴로지 데이터베이스를 작성한 다음 목적지로 가는 최단 경로를 계산한다.
- 링크 상태 프로토콜은 거리 벡터 프로토콜에 비하여 계산이 복잡하다.

[7-8] 다음 중 네트워크에서 라우터의 기능을 가장 잘 설명한 것은? (2가지 선택)

A) 라우터는 라우팅 테이블을 관리하고 다른 라우터에게 네트워크의 변동 사항을 알린다.

B) 라우터는 패킷을 어디로 보낼지를 결정하기 위하여 라우팅 테이블을 사용한다.

C) 라우터는 네트워크에서 신호를 멀리 보내기 위하여 신호 강도를 증가시킨다.

D) 라우터는 더 큰 충돌 영역을 만든다.

E) 라우터는 자신의 라우팅 테이블에 있는 네트워크 정보를 다른 라우터와 통신하기 위하여 ICMP를 사용한다.

해설

- 네트워크에서 신호를 멀리 보내기 위하여 신호 강도를 증가시키는 장비는 리피터이다.
- 라우터는 방송 영역을 분리하는 장비이고, 더 큰 충돌 영역을 만드는 것은 허브이다.
- 라우터는 자신의 라우팅 테이블에 있는 네트워크 정보를 다른 라우터와 통신하기 위하여 IP 패킷으로 캡슐화한다.

[7-9] 다음 중 라우팅 테이블의 기능에 대하여 설명하고 있는 것은? (3가지 선택)

A) 라우팅 테이블은 알려진 네트워크 주소의 목록을 차례대로 제공한다.

B) 라우팅 테이블은 MAC 주소의 전송을 통하여 유지된다.

C) 라우팅 테이블은 경로의 우선도를 결정하는 데 사용되는 메트릭을 포함하고 있다.

D) 라우팅 테이블은 라우터에게 특정한 경로가 그 라우터에 직접 연결되어 있는지 또는 다른 라우터 (다음 홉 라우터)를 통하여 도달할 수 있는지를 알려준다.

E) 라우터는 패킷을 수신하면 최상의 경로를 찾기 위하여 발신지 주소를 라우팅 테이블에서 찾는다.

F) 라우팅 메트릭은 라우팅 프로토콜이 바뀌어도 변하지 않는다.

연습문제

정답 및 해설

해설
- 라우팅 테이블에는 목적지 IP 주소 별로 출력 인터페이스가 지정되어 있다.
- 라우터는 패킷을 수신하면 목적지 IP 주소를 라우팅 테이블에서 찾아서 해당하는 출력 인터페이스로 패킷을 전송한다.
- 라우팅 메트릭은 라우팅 프로토콜마다 다르다.

[7-10] 다음 중 EGP에 속하는 라우팅 프로토콜은?

A) OSPF   B) RIP

C) BGP   D) EIGRP

해설
- 자율 시스템 내에서만 데이터를 라우팅하는 IGP로는 RIP(Routing Information Protocol), EIGRP(Enhanced Interior Gateway Routing Protocol) OSPF(Open Shortest Path First), IS-IS(Intermediate System-to-Intermediate System) 등이 있으며, 자율 시스템과 자율 시스템 사이에서 데이터를 라우팅하는 EGP로는 BGP(Border Gateway Protocol)가 대표적인 것이다.

[7-11] IGP는 무엇을 위한 것인가?

A) 네트워크 하부구조 간의 호환성을 설정하기 위한 것이다.

B) 자율 시스템 사이의 통신을 위한 것이다.

C) 한 네트워크 내에서 노드 간의 전송을 위한 것이다.

D) 단일의 자율 시스템 내에서 라우팅 정보를 전달하기 위한 것이다.

해설
- IGP(Interior Gateway Protocol)는 AS 내에서 라우팅을 하는 것이고, EGP(Exterior Gateway Protocol)는 AS와 AS 간의 라우팅을 위한 것이다.

[7-12] 관리 거리가 요구되는 상황은 다음 중 어느 때인가?

A) 정적 경로가 정의될 때

B) 동적 라우팅이 활성화될 때

C) 여러 라우팅 프로토콜을 통해서 동일한 경로가 학습될 때

D) 동일한 목적지에 대해서 여러 개의 경로가 사용 가능하고 모든 경로가 동일한 라우팅 프로토콜을 통해서 학습될 때

해설
- 관리 거리(administrative distance) 서로 다른 라우팅 프로토콜에 의해 학습된 경로 중에서 어떤 것을 선택해야 할 때 사용하는 것이다. 관리 거리는 경로의 신뢰도를 나타내는 선택적인 매개변수이다. 숫자가 작은 값이 더 신뢰성 있음을 나타낸다.

[7-13] 네트워크 관리자가 show ip route 명령어를 입력하여 그 출력을 살펴보았더니, 어떤 네트워크로 가는 경로가 RIP와 EIGRP에 의하여 광고되고 있는데, 라우팅 테이블에는 EIGRP 경로로 표시되었다. 왜 RIP 경로는 사용되지 않는가?

A) EIGRP가 업데이트 시간이 더 빠르다.

B) EIGRP의 관리 거리가 더 작다.

C) RIP가 그 경로에 대한 메트릭이 더 크다.

D) EIGRP 경로가 더 적은 홉 수를 가지고 있다.

E) RIP 경로가 라우팅 루프를 가지고 있다.

해설
- RIP의 관리 거리는 120이고 EIGRP의 관리 거리는 90이다. 즉, RIP보다 EIGRP가 신뢰성이 더 높다. 따라서 두 라우팅 프로토콜이 동일한 서브넷으로 가는 경로를 학습하면 라우터는 EIGRP 경로만 라우팅 테이블에 추가한다.

[7-14] Corp 라우터가, 발신지 IP 주소가 192.168. 214.200이고 목적지 IP 주소가 192.168.22.3인 IP 패킷을 수신하였다. 다음 그림을 참조할 때, 이 라우터는 이 패킷을 어떻게 처리하는가?

A) 이 패킷을 폐기한다.

B) 이 패킷을 S0/0 인터페이스로 출력한다.

C) 이 패킷을 모든 인터페이스로 방송한다.

D) 이 패킷을 Fa0/0 인터페이스로 출력한다.

해설

- 그림을 살펴보면, 라우팅 테이블에 192.168.22.0으로 가는 경로가 존재하지 않는다. 따라서 라우터는 이 패킷을 폐기하고 ICMP 목적지 도달 불가 메시지(destination unreachable message)를 패킷의 발신지와 동일한 LAN인 FastEthernet 0/0 인터페이스로 전송한다.

[7-15] 다음 그림과 같은 라우팅 테이블을 가진 라우터에서, 10.1.5.65로 향하는 패킷은 어디로 전송되는가?

A) 10.1.1.2   B) 10.1.2.2

C) 10.1.3.3   D) 10.1.4.4

해설

- IP 주소 10.1.5.65는 서브넷 10.1.5.64/28, 10.1.5.64/29, 10.1.5.64/27에 속한다. 그러나 라우터는 최대 길이 일치(longest match)의 법칙에 따라 서브넷 마스크가 /29인 경로를 선택한다. 그러므로 다음 홉은 10.1.3.3이 된다.

[7-16] 라우팅 테이블에서 10.1.1.1/32와 같은 항목의 범례 부호(legend code)는 무엇인가?

A) C   B) L

C) S   D) D

해설

- 시스코는 IOS 버전 15부터 로컬 경로(local route)를 정의하고 있다. 로컬 경로는 라우터가 자동으로 생성하는 경로이다. 로컬 경로는 라우터의 인터페이스를 나타내는 주소로 /32 프리픽스를 갖는다.

[7-17] 라우팅 테이블의 목적은 무엇인가?

A) 목적지로 가는 여러 경로들을 비교하기 위하여

B) 어떤 포트에 어떤 주소가 지정되어 있는지 라우터에게 알리기 위하여

C) 목적지에 도달하기 위한 완전한 경로가 어떤 것인지 라우터에게 알리기 위하여

D) 패킷의 주소를 보고 어떤 포트로 전송할 것인지를 라우터에게 알리기 위하여

해설

- 라우팅 테이블에는 목적지 네트워크마다 출력 인터페이스가 지정되어 있다. 라우터는 이 라우팅 테이블에서 해당 목적지를 찾은 다음, 지정되어 있는 포트로 패킷을 내보낸다.

[7-18] 라우터에 다음과 같은 명령어를 입력하였을 때 그 결과로 옳은 것은?

```
ip route 200.45.7.0 255.255.255.224 22.202.33.10 10
```

A) 목적지 200.45.7.98로 가는 패킷은 22.202.33.10으로 전송된다.

B) 이 명령어는 22.203.33.10을 기본 게이트웨이로 설정한다.

C) 목적지 200.45.7.45로 가는 패킷은 22.202.33.10으로 전송된다.

D) 목적지 네트워크로 가는 관리 거리는 10이다.

해설

- `ip route 200.45.7.0 255.255.255.224 22.202.33.10 10` 명령어는 정적 경로를 설정하는 명령어로 목적지 네트워크 200.45.7.0 255.255.255.224로 패킷을 전송하려면 22.202.33.10으로 보내라는 명령어이다.
- 목적지 네트워크의 IP 주소 범위는 200.45.7.0 ~200.45.7.31가 된다. 따라서 200.45.7.98과 200.45.7.45는 이 범위에 해당하지 않는다.
- 마지막에 나오는 10이라는 숫자는 이 정적 경로의 관리 거리를 10으로 설정하라는 의미이다.

연습문제
정답 및 해설

[7-19] ip route 172.16.5.0 255.255.255.0 10.1.1.1 명령어는 무엇을 규정하는 것인가?

A) 172.16.5.0과 10.1.1.1 둘 다 마스크로 255.255.255.0을 사용하여야 한다는 것이다.

B) 라우터에게 10.1.1.1의 주소로 가기 위해서는 172.16.5.0 네트워크를 사용하여야 한다는 것이다.

C) 라우터에게 10.1.1.1을 거쳐서 172.16.5.0 네트워크로 가는 경로를 추적하라는 것이다.

D) 라우터에게 172.16.5.0 서브넷에 있는 장비로 데이터를 보내려면 10.1.1.1로 전송하여야 한다는 것이다.

해설

- 정적 경로를 설정하려면 라우터의 전역 설정 모드에서 ip route와 목적지 주소, 서브넷 마스크를 입력하고 그 다음에 다음 홉 라우터의 주소를 입력하거나 또는 현재 라우터의 출력 인터페이스 이름을 입력한다.
- 따라서 ip route 172.16.5.0 255.255.255.0 10.1.1.1 명령어는 목적지 주소가 172.16.5.0이면 10.1.1.1로 전송하라는 정적 경로 설정이다.

[7-20] 다음 중 다음 홉 라우터의 주소가 192.168.12.5라는 기본 경로(default route)를 설정하는 명령어는?

A) ip route 0.0.0.0 192.168.12.5

B) ip route 192.168.12.5 0.0.0.0 0.0.0.0

C) ip route 0.0.0.0 0.0.0.0 192.168.12.5

D) ip route 0.0.0.0 192.168.12.5 0.0.0.0

해설

- 기본 경로의 설정도 정적 경로 설정과 같이 ip route 명령어 다음에, 목적지 네트워크의 주소와 서브넷 마스크를 모두 0으로 설정하여 모든 IP 주소와 일치하도록 하고, 다음 홉 라우터의 주소를 입력한다.

[7-21] 다음 중 시스코 라우터에서 정적 경로 설정에 관한 정보를 화면으로 출력하는 명령어는?

A) show ip route static

B) show ip static

C) show static ip route

D) show ip static ip route

해설

- 정적 경로를 설정한 다음 제대로 설정되었는지를 검증하려면 show ip route static 특권 명령어를 사용한다. 이 명령어는 정적 경로만을 보여준다.

[7-22] 정적 경로의 관리 거리는 얼마인가?

A) 0   B) 1

C) 100   D) 120

해설

- 관리 거리는 직접 연결된 인터페이스인 경우 0이고, 관리자가 직접 설정한 경로인 정적 경로가 1이며, OSPF가 110이고, RIP가 120이다.

[7-23] 다음 중 정적 경로와 동적 경로의 다른 점을 바르게 설명한 것은? (2가지 선택)

A) 정적 경로는 수동으로 설정되며, 동적 경로는 라우팅 프로토콜에 의해 학습된다.

B) 동적 경로는 수동으로 설정되며, 정적 경로는 라우팅 프로토콜에 의해 학습된다.

C) 정적 경로와 동적 경로는 둘 다 토폴로지의 변화가 생기면 자동으로 업데이트된다.

D) 정적 경로는 데이터가 지나는 경로에 대하여 동적 경로보다 더 미세한 제어가 가능하다.

E) 정적 경로는 토폴로지의 변화가 생기면 자동으로 업데이트되지만, 동적 경로는 수동으로 변경을 해주어야 한다.

해설

- 정적 경로는 네트워크 관리자가 수동으로 설정하는 경로이고, 동적 경로는 라우팅 프로토콜들이 자동으로 결정하는 경로이다.
- 정적 경로는 관리자에 의해 설정된 경로로써, 출발지를 떠난 패킷은 정의된 이 경로를 따라 목적지까지 이동한다. 관리자가 경로를 직접 정의한다는 것은 네트워크의 라우팅을 매우 정교하게 통제할 수 있음을 의미한다.

[7-24] 모든 트래픽을 하나의 인터페이스로 보내는 기본 경로(default route)를 설정하는 명령어는?

A) Router(config)#ip route 0.0.0.0 0.0.0.0
   GigabitEthernet0/1

B) Router(config)# ip route 0.0.0.0
   255.255.255.255 GigabitEthernet0/1

C) Router(config-router)# default-information
   originate

D) Router(config-router)# default-information
   originate always

해설

• 기본 경로의 설정도 정적 경로 설정과 같이 `ip route` 명령어를 사용한다. 기본 경로는 라우터에서 목적지 네트워크 주소가 라우팅 테이블에 없는 모든 패킷을 하나의 주소 또는 인터페이스로 전달하도록 설정하는 것이다. 즉 목적지 네트워크의 주소와 서브넷 마스크를 모두 0으로 설정하여 모든 IP 주소와 일치하도록 하고 다음에 다음 홉 주소나 출력 인터페이스를 지정한다.

[7-25] 다음 중 RIPv1의 특성은? (2가지 선택)

A) RIPv1은 링크 상태 프로토콜이다.

B) RIPv1은 메트릭으로 홉 수를 사용한다.

C) RIPv1은 최대 홉 수가 16이다.

D) RIPv1은 6개의 동일 비용 경로에 대하여 부하 균등을 할 수 있다.

E) RIPv1은 기본적으로 매 90초마다 업데이트를 방송한다.

해설

• RIP는 대표적인 거리 벡터 라우팅 프로토콜이며, 라우팅 메트릭으로 홉 카운트(hop count)를 사용한다. RIP는 최대 홉 카운트를 15로 정의하고 있다. 홉 카운트 16은 도달 불가능을 의미한다.

• RIP는 무조건 매 30초마다 라우팅 업데이트를 브로드 캐스트하며, 목적지로 가는 경로의 비용이 동일한 경우(equal-cost) 최대 16개까지, 기본적으로는 4개까지 부하 균등(load-balancing)을 수행한다.

[7-26] RIP 라우팅 프로토콜에서, 주기적인 라우팅 업데이트는 얼마 만에 전송되는가?

A) 매 30초마다

B) 매 60초마다

C) 매 90초마다

D) 관리자가 라우터에게 지시할 때에만

해설

• RIP는 토폴로지에 변화가 없어도 매 30초마다 자신의 라우팅 테이블 전체를 이웃 라우터에게 전송한다.

[7-27] 다음 중 라우팅 프로토콜로 RIP를 설정하는 명령어는?

A) Router(config)# rip

B) Router(config)# router rip

C) Router(config-router)# rip {AS no.}

D) Router(config-router)# router rip {AS no.}

해설

• 라우팅 프로토콜로 RIP를 설정하려면 라우터의 전역 설정 모드에서 router rip 명령어를 사용한다.

[7-28] RIP에서 network 명령어가 지정하는 네트워크 번호에 대하여 바르게 설명한 것은? (2가지 선택)

A) 메이저 네트워크 번호를 지정한다.

B) 메이저 네트워크와 서브네트워크를 지정한다.

C) 메이저 네트워크와 서스넷 마스크를 지정한다.

D) 라우터가 다른 라우터를 통하여 도달할 수 있는 네트워크를 지정한다.

E) 라우터가 물리적으로 연결되어 있는 네트워크를 지정한다.

해설

• network 명령어는 라우터의 각 인터페이스에 어떤 라우팅 프로토콜을 실행할 것인가를 지정하는 명령어이다.

• network 명령어 다음에 오는 network-number는 주 클래스 네트워크 번호(major classful network number)를 입력한다. 예를 들어 A 클래스인 10.1.1.1 네트워크를 지정하려면 network 10.0.0.0을 입력하고, B 클래스인 172.16.1.1 네트워크를 지정하려면 network 172.16.0.0을 입력한다.

[7-29] 라우터 C는 다음과 같은 3개의 인터페이스를 가지고 있다;

```
E0:10.1.1.5
E1:10.1.2.6
S0:10.2.4.6
```

라우터 C의 모든 인터페이스에서 RIP가 동작하도록 하려면 어떻게 설정하여야 하는가?

A) network 10.0.0.0

B) network 10.1.0.0, network 10.2.0.0

C) network 10.1.1.0, network 10.1.2.0, network 10.2.4.0

D) network 10.1.1.5, network 10.1.2.6, network 10.2.4.6

해설

- 3개의 인터페이스 모두 A 클래스 주소이므로 network 10.0.0.0만 입력하면 된다.

[7-30] 시스코 라우터에서 show ip protocols 명령어가 화면에 출력하는 것은? (2가지 선택)

A) 인터페이스 정보

B) 라우팅 타이머의 값

C) 라우팅 테이블의 내용

D) 라우터 전체에 관한 라우팅 프로토콜 정보

해설

- show ip protocols 명령어는 라우터에 설정된 모든 IP 라우팅 프로토콜에 대한 정보를 보여준다. 또한 라우팅 타이머의 값들도 보여준다.
- 인터페이스에 관한 정보를 보려면 show ip interfaces 명령어를 사용한다.
- 라우팅 테이블의 내용을 보려면 show ip route 명령어를 사용한다.

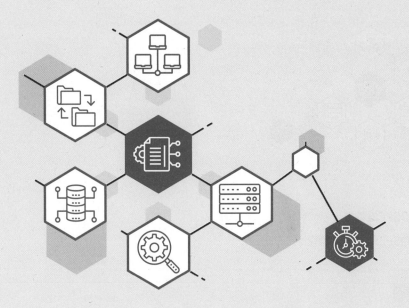

8

OSPF

학습목표

- OSPF의 특징을 설명할 수 있다.

- OSPF 네이버 인접관계의 수립 방법을 설명할 수 있다.

- OSPF가 사용하는 SPF 알고리즘을 설명할 수 있다.

- OSPF의 설정 방법과 검증 방법에 대하여 설명할 수 있다.

8.1 OSPF의 개요

OSPF(Open Shortest Path First)는 가장 널리 사용되고 있는 IP 링크 상태 라우팅 프로토콜이다. OSPF는 개방형(open) 표준이고, 클래스리스 라우팅 프로토콜이다. 링크 상태 라우팅 프로토콜은 거리 벡터 프로토콜과 다르다. 링크 상태 프로토콜은 링크 상태 정보를 플러딩하여 모든 라우터가 네트워크 토폴로지에 대하여 완전한 정보를 갖는다.

거리 벡터 프로토콜에서는 라우터가 전체 토폴로지에 대하여 알 수 없다. 또한 대표적인 거리 벡터 프로토콜인 RIP의 경우 15홉 이상은 확장할 수 없고 수렴 시간이 길며 대역폭과 같은 경로 선택에 중요한 요소가 반영되지 않기 때문에 속도가 느린 경로가 선택될 수도 있다. OSPF는 이러한 제한 요소들을 극복하였으며, 최근의 네트워크에 적합한 강력한 확장 능력을 가지고 있다. 또한 OSPF는 소규모 네트워크의 단일 영역(single area)뿐만 아니라 대규모 네트워크의 다중 영역(multi area)에서도 사용이 가능하다.

링크 상태 라우팅 프로토콜은 1990년대 초반부터 본격적으로 개발되었다. 프로토콜 개발자들은 시간이 지나면서 링크의 속도, 라우터의 CPU와 메모리 등의 성능이 계속해서 향상될 것으로 예측했다. 따라서 이러한 성능 향상을 기반으로 좀 더 강력한 기능을 제공하는 라우팅 프로토콜을 설계하였다. 링크와 라우터의 성능이 좋아짐에 따라 간단한 거리 벡터 프로토콜보다 약간 복잡하지만 성능이 더 좋은 링크 상태 프로토콜이 더 많이 사용되고 있다.

8.1.1 OSPF의 동작 과정

OSPF와 같은 링크 상태 라우팅 프로토콜에서 링크는 라우터의 인터페이스로 생각할 수 있다. 링크의 상태는 특정 인터페이스에 대한 설명이며, 이웃한 라우터와 그 인터페이스와의 관계에 대한 설명이라고 보면 된다. 예를 들어 인터페이스의 설명에는 인터페이스의 IP 주소, 서브넷 마스크, 연결되어 있는 네트워크의 종류, 연결되어 있는 라우터 등이 포함된다. 이러한 모든 링크 상태를 모은 것이 링크 상태 데이터 베이스가 된다.

링크 상태 라우팅 프로토콜을 사용하는 라우터는 네트워크에 관한 모든 세부 사항을 다른 모든 라우터로 광고한다. 과정이 완료되었을 때 네트워크 내의 모든 라우터는 해당 네트워크에 관한 동일한 정보를 갖게 된다. 이 정보를 LSDB(Link State Database)라고 하며, 라우터는 이 LSDB 정보를 사용하여 각 서브넷에 대한 최상의 경로를 계산한다. 최상의 경로를 계산하는 알고리즘을 SPF(Shortest Path First) 알고리즘이라고 한다. 최상의 경로가 결정되면 그것을 라우팅 테이블에 기록한다.

OSPF 라우터는 자신의 링크 상태를 광고하는 LSA(Link State Advertisement) 패킷을 생성한 다음, 이 LSA를 다른 모든 라우터로 플러딩(flooding)한다. 각 라우터는 자체적으로 LSA를 만든 다음에 이 LSA를 라우팅 업데이트 메시지에 넣어서 다른 라우터로 플러딩한다. LSA를 받은 라우터는 그 다음 네이버에게 해당 LSA를 계속 전달해 나간다. 이것은 모든 라우터가 해당 LSA를 학습할 때까지 계속 진행된다. 이 과정이 끝나면 모든 라우터가 모든 LSA를 가지고 있게 된다.

링크 상태 라우팅 프로토콜은 네트워크에 변화가 발생할 때만 업데이트 정보를 보낸다. 그리고 보통 30분 정도의 긴 시간마다 정기적으로 LSA를 플러딩하여 링크 상태 리프레시(link-state refresh)를 수행한다. 또한 헬로 메커니즘을 이용하여 이웃 라우터에 도달할 수 있는지 여부를 판단한다. 이웃 라우터에 도달할 수 없는 경우와 같은 네트워크 장애가 발생하면, 링크 상태 프로토콜은 특별한 멀티캐스트 주소를 사용하여 전 영역에 LSA를 플러딩한다. 각 라우터는 수신한 LSA를 사용하여 토폴로지 데이터베이스를 업데이트하고 그 LSA를 모든 이웃 라우터에게 보낸다. 라우터는 새로운 LSA를 받으면 경로를 다시 계산한다.

이상과 같은 OSPF의 동작 과정을 정리하면 다음과 같이 3단계로 나눌 수 있다. 첫 번째가 네이버 인접 관계 형성 과정이고, 두 번째가 데이터베이스 교환 과정, 그리고 세 번째가 경로 계산 과정이다.

- 1단계: 네이버 인접 관계를 형성한다.

  OSPF 라우터는 네이버 인접 관계를 가장 먼저 형성하며, 이 인접 관계는 모든 OSPF 통신을 유지하기 위한 기본 조건이다. OSPF 라우터는 헬로(hello) 패킷을 교환하여 네이버 인접 관계를 형성한다.

- 2단계: 데이터베이스를 교환한다.

  라우터들이 네이버가 되면 LSA(Link-state Advertisement) 패킷을 전송하여, 각자의 LSDB(Link-state Database)의 내용을 서로 교환한다.

- 3단계: 최상의 경로를 계산하여 라우팅 테이블에 기록한다.

  다익스트라(Dijkstra) 알고리즘이라고 부르는 SPF(Shortest Path First) 알고리즘을 사용하여 각 목적지에 대한 최상의 경로를 계산한 다음 그 경로를 라우팅 테이블에 기록한다.

OSPF는 AS 내에 있는 라우터의 수가 적을 경우에는 AS 내의 모든 라우터가 전체 AS에 대한 모든 정보를 관리한다. 따라서 AS 내의 모든 라우터는 완전히 동일한 LSDB를 갖는다. AS에서 어떤 변화가 생기면 즉시 LSA를 플러딩하여 LSDB를 동기화시키고 최신 정보를 유지한다. AS가 작을 때에는 교환하는 정보량이 크게 많지 않지만 라우터 수가 증가하면 LSDB를 갱신하기 위한 메시지의 양도 많아진다. 또한 라우터 수가 많은 네트워크에서 모든 라우터가 동일한 LSDB를 갖는다면, 모든 라우터가 AS 내의 모든 라우터와 네트워크에 관한 거대한 LSDB를 관리해야 하기 때문에 성능 저하가 심각해진다.

OSPF는 규모가 큰 네트워크를 효율적으로 관리하기 위하여 좀 더 진보된 계층구조(hierarchy)를 지원한다. 즉 AS를 영역(area)이라고 부르는 여러 개의 작은 단위로 분할한다. 각 영역에는 번호가 부여되고 한 영역 내의 라우터는 다른 영역들과 독립적으로 관리된다. 하나의 영역 내에 있는 라우터는 그 영역에 관한 정보를 가진 LSDB를 관리한다. 하나 이상의 영역에 포함된 라우터는 자신이 포함된 영역에 대한 개별 LSDB를 관리하고, 또한 자신이 연결된 영역들이 서로 라우팅 정보를 공유할 수 있도록 영역들을 연결하는 역할도 수행한다. 이와 같이 AS를 작은 영역으로 분리하면 라우팅 테이블의 크기를 줄일 수 있으며, 영역 내의 토폴로지 변화를 그 영역 내부로만 한정하여 처리할 수는 장점이 있다.

(그림 8-1)은 OSPF 계층 구조의 예이다. 예에서와 같이 각 AS에는 AS 내의 모든 영역을 연결하는 백본 영역(backbone area)이 있다. 백본 영역은 영역 0으로 지정되며, 모든 영역은 이 백본 영역을 통하여 통신한다. 라우터는 자신의 위치와 연결된 방식에 따라 맡는 역할이 달라진다. (그림 8-1)과 같은 2단계 계층 구조에서 기능별로 라우터를 분류하면 다음과 같다.

- 백본 라우터(Backbone Router): 라우터 B
  모든 인터페이스가 백본 영역에 연결된 라우터이다.
- ABR(Area Border Router): 라우터 C, D, E
  ABR은 하나 이상의 영역에 있는 라우터나 네트워크에 연결된 라우터이다. 자신이 속한 영역에 대한 LSDB를 관리하며, 다른 영역과 주고받는 트래픽을 라우팅한다.
- 내부 라우터(Internal or Nonbackbone Router): 라우터 F, G, H
  내부 라우터는 한 영역 내에 있는 라우터나 네트워크에만 연결된다. 내부 라우터

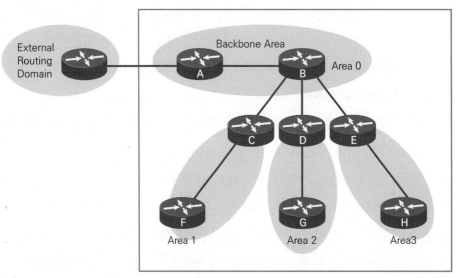

그림 8-1 OSPF 계층 구조의 예

는 한 영역에 대한 LSDB만을 가지고 있으며 외부 영역에 대해서는 알지 못한다.

- ASBR(Autonomous System Boundary Router): 라우터 A

  외부 라우팅 도메인, 즉 외부 AS로 연결하는 라우터이다.

OSPF는 네이버 테이블, 토폴로지 데이터베이스(LSDB), 라우팅 테이블과 같은 3가지 테이블을 관리한다. 각각의 테이블의 내용을 보여주는 명령어가 `show ip ospf neighbor`, `show ip ospf database`, `show ip route`이다.

8.1.2 OSPF 네이버 관계 수립

OSPF에서 인접한 라우터들은 헬로(hello) 프로토콜을 사용하여 서로 네이버 관계를 수립하고 유지한다. 인접한 라우터들은 라우팅 정보를 교환하기 전에 헬로 패킷을 교환하여 기본적인 OSPF 설정 값이 일치하는지를 점검한다.

OSPF 네이버는 한 라우터의 관점에서 볼 때, 동일한 링크에 연결되어 있는 또 다른 라우터로 OSPF를 이용하여 라우팅 정보를 교환하는 라우터로 정의할 수 있다. 동일한 서브넷에 연결되어 있는 라우터로부터 헬로 패킷을 수신한다고 해서 항상 네이버 관계가 형성되는 것은 아니다. 이것은 실제 생활에서 이웃을 사귀는 것과 유사하다. 이웃에 산다고 해서 모두 친한 이웃은 아니다. 서로 마음이 맞고 호감을 가져야 여러 가지 이야기도 나누게 되고 자주 만나서 정보도 교환하게 된다.

마찬가지로 OSPF에서도 동일한 서브넷에 있는 라우터들은 헬로 패킷으로 교환하는 여러 매개변수들이 일치해야만 라우팅 정보를 서로 교환한다. OSPF를 실행하고 있는 다른 라우터를 발견하기 위해 라우터는 OSPF 헬로 패킷을 주기적으로 전송한다. 헬로 패킷은 멀티캐스트 주소인 224.0.0.5를 통해 전송된다.

OSPF에서는 다음과 같은 여러 가지 이유로 인해 각 라우터를 고유하게 식별하여야 한다. 먼저 라우터는 어떤 라우터가 특정 OSPF 메시지를 전송했는지를 알아야 한다. 또한 OSPF LSDB는 일련의 LSA(Link State Advertisement)를 나열한 것으로, 이 중 일부는 그 네트워크 내의 각 라우터를 설명하는 것이므로 LSDB는 각 라우터를 위한 고유한 식별자를 필요로 한다. 이를 위해 OSPF는 OSPF RID(Router ID)라는 개념을 이용한다. OSPF RID는 32비트로 점-10진 표기법으로 표기한다. 일반적으로 활성화된 인터페이스의 IP 주소 중에서 가장 높은 IP 주소를 기본 RID로 사용한다.

라우터에서 OSPF RID가 선택되고 몇 개의 인터페이스가 활성화되면 라우터는 OSPF 네이버를 연결할 준비를 한다. OSPF 라우터는 동일한 서브넷에 연결되어 있으면 일단 네이버가 될 수 있다. 라우터는 다른 OSPF 라우터를 발견하기 위해 OSPF 헬로 패킷을 멀티캐스트로 전송하고, 해당 인터페이스에 연결된 다른 라우터로부터 OSPF 헬로 패킷을 기다린다.

헬로 패킷은 IP 패킷으로 캡슐화되며, IP 패킷의 프로토콜 유형 필드 값을 89로 설정한다. 헬로 패킷은 멀티캐스트 IP 주소 224.0.0.5를 통해 전송된다. 이 멀티캐스트 IP 주소는 OSPF를 실행하는 모든 라우터를 가리키는 주소이다. OSPF 라우터는

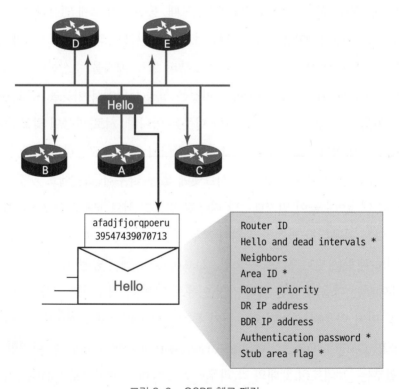

그림 8-2   OSPF 헬로 패킷

224.0.0.5의 멀티캐스트 IP 주소로 전송되는 헬로 패킷을 수신하여 이를 통해 새로운 네이버의 정보를 습득한다.

OSPF 헬로 패킷에는 (그림 8-2)와 같이 여러 가지 정보가 들어있다. 헬로패킷에는 이 패킷을 전송한 라우터의 RID, 영역 ID, 헬로 주기, 데드 주기, 라우터의 우선 순위, DR(Designated Router)의 RID, BDR(Backup DR)의 RID, 동일한 서브넷에 연결되어 있는 네이버의 목록 등이 포함되어 있다.

각각의 항목들을 좀 더 자세히 설명하면 다음과 같다.

- RID(Router ID): 라우터 ID는 라우터를 구별하기 위한 고유의 식별자로 32비트로 구성되어 있다. 라우터에 루프백 인터페이스나 라우터 ID가 설정되어 있지 않은 경우, 기본적으로 활성화되어 있는 가장 높은 IP 주소가 라우터 ID가 된다.

- 헬로 간격과 데드 간격(Hello and dead intervals): 헬로 간격은 라우터가 헬로 패킷을 전송하는 간격을 초로 나타낸다. 기본적으로 헬로 간격은 10초이다. 데드 간격은 이웃한 라우터와 연결이 끊어졌음을 선언하기 전에 기다리는 시간이다. 기본적으로 데드 간격은 헬로 간격의 4배이다. 이웃한 라우터에서 이 간격들은 동일하여야 한다.

- 네이버(Neighbor): 네이버 필드에는 양방향 상태가 된 라우터의 RID가 들어간다. 수신된 헬로 패킷의 이 필드에 자신의 RID가 있으면 라우터는 그 네이버와 양방향 상태가 형성된 것으로 판단한다.

- 영역 ID(Area ID): 두 라우터가 통신하려면 두 라우터는 공통의 세그먼트를 공유해야 하며, 인터페이스들도 해당 세그먼트의 동일한 OSPF 영역에 속해야 한다. 또한 네이버는 동일한 서브넷과 마스크를 공유해야 한다.

- 라우터 우선순위(Router priority): DR(Designated Router)과 BDR(Backup DR)을 선출하기 위하여 사용하는 라우터의 우선순위로 8비트이다.

- 인증 암호(Authentication password): 라우터의 인증이 활성화되어 있으면 두 라우터는 동일한 암호를 교환하여야 한다. OSPF는 세 종류의 인증이 있는데, 무인증, 평문 암호 인증, MD5 인증이 있다. 인증이 필수는 아니지만 활성화되어

있으면 두 라우터의 암호가 일치되어야 한다.

- 스텁 영역 플래그(Stub area flag): 스텁 영역(stub area)은 특수한 영역이다. 스텁 영역을 지정하는 것은 기본 경로(default route)를 사용하여 라우팅 업데이트를 줄이기 위한 것이다. 두 라우터는 헬로 패킷의 스텁 영역 플래그에 동의하여야 한다.

헬로 프로세스에서 네이버 목록은 특히 중요하다. 예를 들어 라우터 A가 라우터 B로부터 헬로 패킷을 수신하면 라우터 A는 라우터 B에게 헬로 패킷을 수신하였다는 것을 알려줄 필요가 있다. 이를 위해 라우터 A는 멀티캐스트로 전송하는 다음 헬로 패킷의 네이버 목록에 라우터 B의 RID를 추가한다. 마찬가지로 라우터 B도 라우터 A의 헬로 패킷을 수신하면 다음 헬로 패킷의 네이버 목록에 라우터 A의 RID를 포함시킨다.

라우터는 수신한 헬로 패킷 안에 자신의 RID가 포함되어 있으면 그 헬로 패킷을 전송한 네이버와 양방향 상태(two-way state)가 성립된 것으로 간주한다. OSPF 라우터는 네이버와 양방향 상태가 성립된 후에야 LSA와 같은 라우팅 정보를 서로 교환한다. (그림 8-2)에서 * 표시가 된 항목이 일치해야만 이웃한 라우터와 양방향 상태가 된다.

동일한 서브넷에 있는 다른 라우터로부터 헬로 패킷을 수신한다고 해서 항상 양방향 상태가 되는 것은 아니다. 동일한 서브넷에 있는 라우터라도 헬로 패킷 내의 여러 가지 항목이 서로 일치되어야만 양방향 상태가 된다. 두 라우터 사이에 네이버 관계가 성립되려면 다음의 값들이 서로 일치되어야 한다.

- 서브넷 주소와 서브넷 마스크
- 헬로 주기(Hello interval)
- 데드 주기(Dead interval)
- 영역 ID(Area ID)
- 인증 암호(Authentication password)
- 스텁 영역 플래그(Stub area flag)

OSPF에서 라우터는 먼저 헬로 패킷에 있는 이웃한 라우터의 IP 주소와 서브넷 마스크를 자신의 IP 주소와 서브넷 마스크와 비교하여 동일한 서브넷에 있는지를 점검한다. 다음으로 헬로 주기와 데드 주기 값이 일치하는지를 확인한다. OSPF 라우터는 헬로 주기마다 헬로 패킷을 전송한다. 라우터가 정해진 데드 주기 내에 헬로 패킷을 네이버로부터 수신하지 못하면, 해당 라우터는 네이버와 연결할 수 없다고 판단하고 라우팅 정보를 다시 수렴한다. 예를 들어, 이더넷 인터페이스에서 시스코 라우터는 기본적으로 10초의 헬로 주기와 이 값의 4배에 해당하는 값, 즉 40초의 데드 주기를 갖는다. 라우터가 40초 내에 헬로 패킷을 수신하지 못하면 네이버 테이블에서 해당 라우터와의 관계를 '다운'으로 변경한다. 그리고 해당 라우터는 그 시점에서 최상의 경로를 사용하기 위해 라우팅 테이블을 업데이트하고 최신의 정보로 수렴한다.

OSPF는 두 네이버가 서로 통신하기 위해 사용하는 많은 일련의 동작들을 정의한다. 처리 과정을 나타내기 위하여 OSPF 라우터는 각 네이버를 OSPF 네이버 상태(neighbor state) 중 하나로 정의한다. OSPF 네이버 상태는 다운(down), 초기(initial), 양방향(two-way), 완전(full) 등의 상태가 있다.

- 다운 상태(Down state): 다운 상태에서 OSPF 프로세스는 어떤 네이버와도 정보를 교환하지 않는다. OSPF는 초기 상태가 될 때까지 기다린다. 인터페이스에 문제가 생겨서 네이버 관계에 있던 라우터와 연결이 끊어진 경우 해당 네이버를 다운 상태로 등록한다. 인터페이스 상태가 다시 정상으로 돌아오면 두 라우터는 헬로 패킷을 서로 전송할 수 있게 되고 네이버 상태는 초기 상태로 바뀌게 된다.

- 초기 상태(linital state): OSPF 라우터는 인접한 라우터와 네이버 관계를 형성하기 위하여 일정한 간격(보통 10초)으로 헬로 패킷을 전송한다. 라우터는 헬로 패킷을 처음 받으면 네이버가 있다는 것을 인식하고 초기 상태가 된다. 초기 상태는 네이버 관계 형성이 시작되었음을 의미한다.

- 양방향 상태(Two-way state): 수신된 헬로 패킷 안에 자신의 RID(Router ID)가 포함되어 있고, 네이버 관계를 형성하기 위한 모든 매개변수 값이 정상으로 판정되면 라우터는 초기 상태에서 양방향 상태로 바뀌게 된다.
- 완전 상태(Full state): 두 라우터가 양방향 상태가 되면 LSA를 교환하기 시작한다. 모든 LSA의 교환 과정을 모두 마치고 나면 두 라우터는 동일한 LSDB를 가지게 되고 이 상태를 완전 상태라고 한다.

(그림 8-3)은 네이버 관계 수립에서 사용되는 다양한 네이버 상태를 나타낸 것이다. 처음 두 단계는 다운(Down) 상태와 초기(Init) 상태로 비교적 간단한 상태이다. 라우터가 이전에 네이버에 대해 알고 있었지만 인터페이스에 문제가 있는 경우에 해당 네이버를 다운 상태로 등록한다. 인터페이스 상태가 다시 정상으로 돌아오면 두 라우터는 헬로 패킷을 서로 전송하게 되고 네이버 상태는 초기 상태로 바뀐다. 초기 상태는 네이버 관계가 처음 시작되었다는 것을 의미한다.

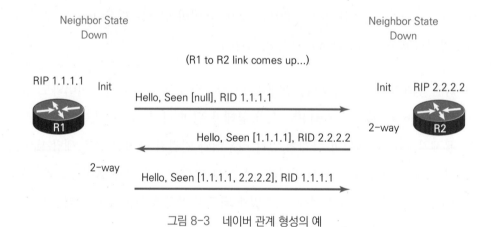

그림 8-3   네이버 관계 형성의 예

수신된 헬로 패킷에 라우터의 RID가 확인되고 네이버 관계를 형성하기 위한 모든 매개변수 값이 일치하면 라우터는 초기 상태에서 양방향 상태로 바뀌게 된다. 네이버와 양방향 상태가 되면 라우터는 네이버와 통신할 준비가 된 것이다. 라우터가 새로운 네이버로부터 헬로 패킷을 받으면 그 라우터의 설정 정보를 자세히 검사한다. 모든 조건을 만족하면 라우터는 다음에 전송하는 헬로 패킷의 '보임(Seen)' 목록에

그 네이버의 RID를 기록하여 보낸다. 두 라우터가 매개변수를 검사하고 '보임' 목록에 RID가 기록된 헬로 패킷을 전송하면 두 라우터는 양방향 상태가 된다.

(그림 8-3)의 예를 보면, R2는 '아무것도 안보임'이 기록된 첫 번째 헬로 패킷을 수신한다. 이것은 R1이 아직 잠재적인 네이버로 등록되지 않았음을 나타낸다. 다음으로 R2가 헬로 패킷을 전송할 때, R2는 R1의 RID를 등록하는데 이것은 R2가 R1의 헬로 패킷을 수신하고 모든 매개변수가 조건에 만족한다는 것을 의미한다. R2의 헬로 패킷을 받은 R1도 매개변수를 확인하고 조건에 막으면 R2의 RID를 등록한 헬로 패킷을 R2에게 보낸다. R2는 자신의 RID가 등록된 헬로 패킷을 받으면 R1과 양방향 상태가 된다. 두 라우터가 모두 양방향 상태가 되면 두 라우터는 토폴로지 정보를 교환할 준비를 한다.

8.1.3 OSPF 토폴로지 데이터베이스 교환

OSPF 라우터가 양방향 상태라는 것은 라우터가 네이버 라우터와 LSDB를 교환할 수 있는 상태라는 것을 의미한다. 다른 말로 하면 라우터가 양방향으로 LSDB를 교환할 준비가 되었다는 것이다. 점대점 링크에서 두 라우터가 양방향 상태가 되면 두 라우터는 즉시 데이터베이스 교환 단계로 들어간다.

두 라우터가 데이터베이스를 교환하기로 결정한 다음, 바로 전체 데이터베이스의 내용을 전송하지는 않는다. 두 라우터는 LSA의 모든 상세 내용을 보내는 것이 아니라, 먼저 자기가 가지고 있는 데이터베이스의 LSA 목록만을 전송한다. 그 다음에 자기가 이미 가지고 있는 LSA인지 아닌지를 검사하여 자기가 가지고 있지 않은 LSA만을 상대 라우터에게 보내달라고 요청한다.

예를 들어 라우터 R1이 R2에게 10개의 LSA 목록을 보냈다고 하면 R2는 그 중 몇 개를 가지고 있는지 자신의 데이터베이스와 비교한다. 예를 들어 10개 중에 6개의 LSA를 이미 가지고 있다면 R2는 그 6개를 제외한 나머지 4개를 보내주도록 R1에게 요청한다.

두 라우터가 양방향 상태가 된 다음 LSDB 교환을 시작하여 그 과정을 모두 끝마

치면 두 라우터는 동일한 LSDB를 가지게 되어 완전 상태(Full state)가 된다. OSPF
는 서브넷 내의 모든 라우터가 모두 동일한 LSDB를 가지게 되면 이 LSDB를 가지고
SPF 알고리즘을 실행하여 각 목적지로 가는 최상의 경로를 선택한 다음 그 경로를
라우팅 테이블에 등록한다.

OSPF는 인터페이스의 유형에 따라 약간 다르게 동작한다. 점대점 링크와는 달리
이더넷 링크인 경우에는 전송되는 트래픽의 양을 줄이기 위하여 서브넷 내의 라우터
중 하나를 DR(Designated Router)로 선정한다. DR이 선정되면 네이버 라우터간의
라우팅 정보 교환은 DR을 통해서 이루어진다. 점대점 네트워크에서는 2개의 라우터
만 존재하므로 DR을 선출하지 않는다. 두 라우터는 서로 완전 상태를 형성한다.

이더넷과 같은 멀티액세스 네트워크에서 모든 라우터가 다른 모든 라우터와 완전
상태를 형성하고 모든 네이버와 LSA를 교환한다면 너무 많은 오버헤드가 발생할 것
이다. 예를 들어 5개의 라우터가 존재한다면 10번의 네이버 관계를 형성하여야 하고
최소 10개의 LSA를 교환하여야 한다. 10개의 라우터는 45개의 네이버 관계 형성과
최소 45개의 LSA 교환이 필요하다. 일반적으로 n개의 라우터는 $n(n-1)/2$개의 네이
버 관계 형성과 LSA교환이 필요하다.

이러한 오버헤드를 해결하는 방법이 DR을 선출하는 것이다. DR은 브로드캐스트
세그먼트에서 모든 다른 라우터와 네이버 관계를 형성한다. 세그먼트의 모든 다른
라우터는 DR로 자신의 LSA를 전송한다. 즉 DR은 세그먼트에서 대리인 역할을 한
다. 5개의 라우터가 있는 네트워크에서 DR을 선출하면 5번의 LSA만 교환하면 된다.
DR은 모든 OSPF 라우터의 멀티캐스트 주소인 224.0.0.5를 사용해서 세그먼트의 다
른 모든 라우터로 LSA를 전송한다. DR을 선출하는 방법이 효율적이지만 DR에 장
애가 발생하는 경우에 문제가 된다. 따라서 DR에 장애가 발생하는 경우를 대비해서
DR의 역할을 대신할 BDR을 선출한다.

(그림 8-4)는 네이버 관계를 형성하는 2가지 대표적인 예를 보인 것이다. 하나
는 시리얼 링크에서 OSPF의 기본 인터페이스 유형인 점대점 링크이고 다른 하나는
LAN에서 기본적으로 사용하는 브로드캐스트 유형이다. 그림에서와 같이 일단 DR
이 선출되면 네이버들끼리의 라우팅 정보 교환은 DR하고만 이루어진다.

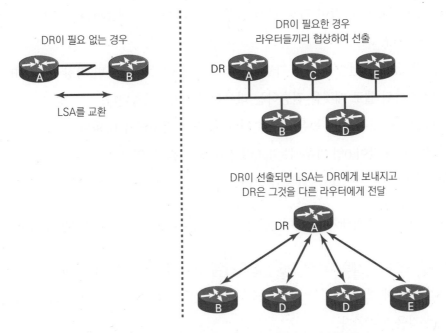

그림 8-4   DR이 필요 없는 점대점 링크와 DR이 필요한 LAN

(그림 8-4)의 왼쪽과 같이 DR 선출이 필요 없는 점대점 링크의 경우 두 라우터가 양방향 상태가 되면 바로 토폴로지 정보를 교환하기 시작한다. 모든 정보를 교환하여 두 라우터의 LSDB가 동일하게 되면 두 라우터는 완전 상태가 된다. (그림 8-4)의 오른쪽과 같은 LAN에서는 DR을 선출한다. 그림에서는 라우터 A가 DR로 선출된 상태이다. DR이 선출되고 나면 토폴로지 정보의 교환은 DR과 나머지 라우터들 사이에서만 이루어진다.

DR을 선출하는 이유는 동일한 서브넷에 연결된 많은 라우터들 사이에 과도한 OSPF 트래픽 송수신이 일어나는 것을 방지하려는 것이다. 예를 들어 10대의 라우터가 동일한 LAN 서브넷에 연결되어 있고, 다른 9대와 개별로 OSPF 업데이트를 교환한다면 토폴로지 업데이트는 서로 다른 45개 쌍의 라우터 사이에서 이루어져야 한다. 그러나 DR을 선출하면 동일한 LAN 상의 라우터들 사이에는 DR하고만 라우팅 업데이트를 교환하면 되므로 OSPF 트래픽을 획기적으로 감소시킬 수 있다.

DR의 선출 과정을 정리하면 다음과 같다.

- OSPF 우선순위 값이 가장 크게 설정된 헬로 패킷을 전송하는 라우터가 DR로 선출된다.
- 가장 높은 우선순위 값을 가진 라우터가 2개 이상 존재하면 가장 높은 RID 값이 기록된 헬로 패킷을 전송하는 라우터가 DR로 선출된다.
- 일반적으로 두 번째 높은 우선순위 값을 갖는 라우터가 BDR이 된다.
- 우선순위 값이 0인 라우터는 DR이나 BDR이 될 수 없다.
- 라우터에서 설정할 수 있는 우선순위 값의 범위는 1~255이다.

OSPF에서 완전 상태가 된 네이버들은 다음과 같은 몇 가지 관리 작업을 수행한다.

- 헬로 간격마다 헬로 패킷을 전송: 헬로 간격마다 헬로 패킷을 계속 전송한다. 데드 간격 안에 헬로 패킷을 받지 못한다는 것은 네이버와의 연결에 문제가 생겼다는 것을 의미한다.
- 토폴로지 변화 감지: 토폴로지가 변경되면 네이버는 새로운 LSA를 다른 네이버에게 전송하고, 이 LSA를 받은 라우터는 자신의 LSDB를 변경한다. 예를 들어 서브넷에 문제가 발생한 경우, 라우터는 해당 서브넷이 다운되었다는 LSA를 업데이트한다. 그 다음에 변경된 LSA를 네이버 라우터에게 전송하고, 이를 수신한 네이버 라우터는 모든 라우터가 동일한 LSDB를 가질 때까지 다른 라우터에게 전달한다. 이 과정이 끝나면 각 라우터는 변경된 LSDB를 가지고 SPF 알고리즘을 사용하여 경로 정보를 업데이트한다.
- 30분마다 LSA를 재플러딩: 각각의 LSA를 생성한 라우터는 아무런 변경사항이 발생하지 않더라도 30분마다 해당 LSA를 다시 플러딩한다. 이 과정은 주기적으로 업데이트를 하는 거리 벡터 개념과는 완전히 다른 것이다. 거리 벡터 프로토콜에서는 짧은 주기마다 알고 있는 모든 경로를 이웃 라우터에게 전송한다. 하지만 OSPF는 각 LSA마다 생성된 시간을 기준으로 서로 다른 타이머를 적용하여 해당 LSA가 30분이 지나면 다시 플러딩한다. 따라서 LSA를 재플러딩하는데 특정 시간에 한꺼번에 많은 메시지가 전송되는 경우는 없다. 대신에 각 LSA는 생성된 시간을 기준으로 30분마다 개별적으로 다시 플러딩된다.

8.1.4 SPF 알고리즘

OSPF는 목적지로의 최적 경로를 결정하기 위하여 SPF(Shortest Path First) 알고리즘을 사용한다. 이 알고리즘에서 최적 경로는 비용이 가장 낮은 경로이다. SPF 알고리즘은 1959년에 네델란드의 컴퓨터 과학자인 다익스트라(Dijkstra)가 개발한 것이다. 이 알고리즘은 점대점 링크로 연결된 노드의 집합을 네트워크라고 간주한다. 각 링크는 비용을 갖고, 각 노드는 이름을 갖는다. 각 노드는 모든 링크의 완전한 데이터베이스를 가지므로 물리적 토폴로지에 대한 완전한 정보를 갖는다. SPF 알고리즘은 노드를 시작점으로 하여 루프가 없는 토폴로지를 계산하여 인접한 노드에 대한 정보를 차례로 조사한다.

SPF 알고리즘은 각 라우터를 트리의 루트에 두고 각 노드에 대한 최단 경로를 계산하며, 이때 목적지에 도달하는 데 필요한 누적 비용(cost)을 사용한다. (그림 8-5)는 최단 경로를 계산하는 SPF 알고리즘의 예이다. 이 예는 라우터 A를 루트에 두고 각 네트워크로 가는 최단 경로를 계산하는 것이다. 왼쪽의 128.213.0.0은 라우터 A

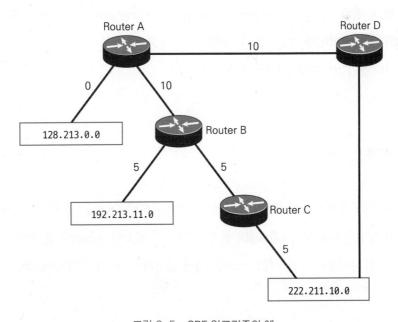

그림 8-5   SPF 알고리즘의 예

에 직접 연결되어 있어서 비용은 0이고, 왼쪽 아래의 192.213.11.0으로 가는 경로는 라우터 B를 통하면 비용이 15가 된다. 오른쪽 아래의 222.211.10.0으로 가는 경로는 라우터 D를 통하면 비용이 20이다. 라우터 B와 라우터 C를 통해도 20이므로 동일 비용의 경로가 된다. 일반적으로 동일 비용의 경로로는 부하 균등(load balancing)을 수행한다.

인터페이스의 비용, 즉 메트릭은 특정 인터페이스를 통과하여 패킷을 전송하는 데 필요한 오버헤드를 나타낸다. OSPF에서의 비용은 대역폭에 반비례하므로, 대역폭이 넓으면 비용은 더 낮아진다. 100Mbps 이더넷 라인을 지나갈 때보다는 1.544Mbps의 T1 시리얼 라인을 지나갈 때가 더 많은 오버헤드, 즉 더 많은 비용이 필요하다.

OSPF의 메트릭을 계산하는 공식은 기본적으로 $10^8/bandwidth$을 사용하며 단위는 bps이다. 즉 100Mbps인 패스트 이더넷의 메트릭을 계산하면 $10^8/10^8$=1이 되고, 10Mbps의 기존 이더넷은 $10^8/10^7$=10이 되며, 1,544Mpbs인 T1 시리얼은 약 64가 된다. 그러나 이 공식은 100Mbps 이상의 대역폭을 가진 인터페이스의 비용을 모두 1로 계산하므로 구별이 되지 않는다. 따라서 기준 값을 변경할 필요가 있다. 기준 값을 변경하기 위한 시스코 IOS 명령어는 auto-cost reference-bandwidth *ref-bw* 라우터 하위 명령어이다. 기준 값을 10^9으로 변경하면, 기가비트 이더넷이 1이 되고 패스트 이더넷이 10, T1은 647이 된다.

8.2 OSPF의 설정과 검증

OSPF는 IPv4 용인 OSPFv2와 IPv6 용으로 업데이트한 OSPFv3가 있다. 여기에서는 OSPFv2의 설정을 다룬다. OSPFv2의 설정은 기존의 방식인 network 명령어를 사용하는 방법과 새로운 방법인 인터페이스 모드에서 설정하는 두 가지 방법이 있다.

8.2.1 network 명령어로 설정하는 방법

OSPF의 설정도 동적 라우팅 프로토콜의 설정과 같이 다음과 같은 2단계로 이루어진다.

- 1단계: 라우팅 프로토콜로 OSPF를 선택한다.

  OSPF를 라우팅 프로토콜로 사용하려면 (그림 8-6)과 같이 라우터의 전역 설정 모드에서 **router ospf** *process-id* 명령어를 입력한다. 이 명령어를 입력하면 IOS는 라우터 설정 모드(router configuration mode)로 들어가며 따라서 프롬프트가 **Router(config-router)**로 바뀐다. 여기에서 프로세스 ID는 해당 라우터에서 동작 중인 라우팅 프로세스를 식별하기 위해 사용하는 임의의 정수이다. 몇몇 경우에서, 단일 라우터임에도 불구하고 다중의 OSPF 프로세스를 구동시킬 수 있는데 이러한 경우에 프로세스 ID를 다르게 설정하여 프로세스들을 구별할 수 있다. 프로세스 ID는 다른 라우터의 프로세스 ID와 일치할 필요는 없다.

```
Router(config)# router ospf proces-id
```

그림 8-6   OSPF 설정 명령어의 형식

- 2단계: OSPF를 실행할 인터페이스를 지정한다.

  두 번째 단계로 (그림 8-7)과 같이, 라우터 설정 모드에서 **network** 명령어를 사용하여 라우팅 프로토콜을 실행할 인터페이스를 지정한다. 여기에서 *ip-address*는 IP 주소이며, *wildcard-mask*는 여러 개의 주소를 하나로 간단하게 표현하기 위하여 사용하는 32비트의 마스크이다. 와일드카드 마스크는 0이면 해당 비트가 일치된다는 뜻이고 1이면 상관없다는 의미이다. 와일드카드 마스크는 12장의 ACL에서 좀 더 자세히 설명한다. *area-id*는 영역의 번호이다.

```
Router(config-router)# network ip-address wildcard-mask area area-id
```

그림 8-7   OSPF 설정 명령어의 형식

예를 들어 (그림 8-8)과 같은 예제 네트워크에서 각 라우터에 OSPF를 설정해보자.

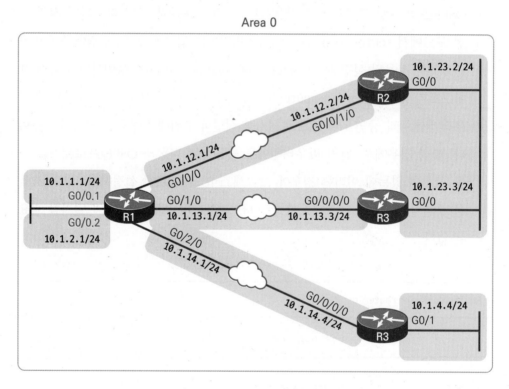

그림 8-8   OSPF 설정 예제 네트워크

예제 네트워크의 라우터 R1에 OSPF를 설정한 예가 (그림 8-9)이다. 예에서는 라우터 R1에서 프로세스 ID를 1로 하여 OSPF를 설정하였고, 라우터 R1의 G0/0.1, G0/0.2, G0/0/0, G0/1/0, G0/2/0 인터페이스에 OSPF를 활성화하였다. 와일드카드 마스크 0.0.0.0은 IP 주소가 모두 일치하여야 함을 의미하는 것으로 단지 하나의 주소만을 표시하는 것이다.

```
R1# configure terminal
R1(config)# router ospf 1
R1(config-router)# network 10.1.1.1 0.0.0.0 area 0
R1(config-router)# network 10.1.2.1 0.0.0.0 area 0
R1(config-router)# network 10.1.12.1 0.0.0.0 area 0
R1(config-router)# network 10.1.13.1 0.0.0.0 area 0
R1(config-router)# network 10.1.14.1 0.0.0.0 area 0
```

그림 8-9   라우터 R1에서 OSPF 설정 예

(그림 8-9)와 같은 설정은 와일드카드 마스크를 이용하면 (그림 8-10)과 같이 좀
더 간단히 정리할 수 있다. 와일드카드 마스크 0.0.255.255는 IP 주소에서 앞의 두
옥텟은 일치하여야 하고 뒤의 두 옥텟은 아무것이나 상관없다는 의미이다. 따라서
10.1.0.0 0.0.255.255는 10.1.0.0부터 10.10.255.255 사이의 모든 주소를 하나로 표현
한 것이다. 그러므로 라우터 R1의 인터페이스 주소를 모두 포함하고 있다.

```
R1# configure terminal
R1(config)# router ospf 1
R1(config-router)# network 10.1.0.0 0.0.255.255 area 0
```

그림 8-10   와일드카드 마스크를 이용한 설정 예

(그림 8-11)은 라우터 R2, R3, R4에서 OSPF 설정 예이다.

```
R2# configure terminal
R2(config)# router ospf 1
R2(config-router)# network 10.0.0.0 0.255.255.255 area 0

R3# config t
R3(config)# router ospf 1
R3(config-router)# network 10.1.13.3 0.0.0.0 area 0
R3(config-router)# network 10.1.23.3 0.0.0.0 area 0

R4# config t
R4(config)# router ospf 1
R4(config-router)# network 10.1.14.0 0.0.0.255 area 0
R4(config-router)# network 10.1.4.0 0.0.0.255 area 0
```

그림 8-11   라우터 R2, R3, R4에서 OSPF 설정 예

OSPF를 설정한 후에 그 설정을 검증하기 위해서는, 먼저 **show ip ospf neighbor** 명령어를 사용하여 인접한 네이버 정보를 확인하는 것이 좋다. 이 명령어는 인터페이스별로 OSPF 네이버 정보를 보여준다. (그림 8-12)는 (그림 8-8)과 같은 예제 네트워크의 라우터 R1에서 **show ip ospf neighbor** 명령어를 실행한 결과이다. 여기에서 보면 각 네이버에 대한 정보를 한 줄로 요약해서 보여주고 있음을 알 수 있다.

```
Rl# show ip ospf neighbor
Neighbor ID  Pri    State      Dead Time   Address     Interface
2.2.2.2       1     FULL/DR    00:00:37    10.1.12.2   GigabitEthernet0/0/0
3.3.3.3       1     FULL/DR    00:00:37    10.1.13.3   GigabitEthernet0/1/0
4.4.4.4       1     FULL/BDR   00:00:34    10.1.14.4   GigabitEthernet0/2/0
```

그림 8-12   show ip ospf neighbor 명령어의 실행 결과

네이버 관계가 성립되면 라우터들은 LSA를 주고받아서 모두 동일한 LSDB를 구축한다. (그림 8-13)은 라우터 R1의 LSDB의 내용을 보여준다. 그러므로 (그림 8-13)

```
R1# show ip ospf database

            OSPF Router with ID (1.1.1.1) (Process ID 1)

            Router Link States (Area 0)

Link ID     ADV Router    Age    Seq#          Checksum   Link count
1.1.1.1     1.1.1.1       431    0×8000008F    OXOODCCA   5
2.2.2.2     2.2.2.2       1167   0×8000007F    OX009DA1   2
3.3.3.3     3.3.3.3       441    0×80000005    0×002FB1   1
4.4.4.4     4.4.4.4       530    0×80000004    0×007F39   2

            Net Link States (Area 0)

Link ID     ADV Router    Age    Seq#          Checksum
10.1.12.2   2.2.2.2       1167   0×8000007C    0×00BBD5
10.1.13.3   3.3.3.3       453    0×80000001    0×00A161
10.1.14.1   1.1.1.1       745    0×8000007B    0×004449
10.1.23.3   3.3.3.3       8      0×80000001    0×00658F
```

그림 8-13   show ip ospf database 명령어의 실행 결과

과 같은 show ip ospf database 명령어의 실행 결과는 나머지 모든 라우터에서 동일하게 출력되어야 한다.

show ip route 명령어는 라우팅 테이블의 내용을 보여준다. 이 명령어는 라우터에게 알려진 경로와 그 경로들을 어떻게 학습하였는가 하는 학습 방법을 보여준다. 이 명령어를 사용하면 로컬 라우터가 네트워크의 다른 장비들과 연결되어 있는 상태를 잘 파악할 수 있다.

(그림 8-14)는 예제 네트워크의 라우터 R4에서 show ip route 명령어를 실행한 결과이다. 실행 결과에서 'O'는 OSPF로 학습한 경로임을 나타내는 것이며, 다음에 오는 IP 주소는 목적지 주소를 나타내고 있다. 괄호 안의 첫 번째 숫자인 110은 관리 거리를 두 번째 숫자인 2는 이 경로의 메트릭을 나타내는 것이다. 'via 10.1.14.1'은 목적지로 가는 다음 홉 라우터의 주소이다. '00:27:24'는 이 경로가 업데이트된 이후의 경과 시간이고, 'GigabitEthernet0/0/0'는 출력 인터페이스이다.

```
R4# show ip route
Codes: L - local, C - connected, S - static, R - RIP, M - mobile, B - BGP
       D - EIGRP, EX - EIGRP external, O - OSPF, IA - OSPF inter area
       N1 - OSPF NSSA external type 1, N2 - OSPF NSSA external type 2
       E1 - OSPF external type 1, E2 - OSPF external type 2
! Additional legend lines omitted for brevity

Gateway of last resort is not set

   10.0.0.0/8 is variably subnetted, " 9" subnets, " 2" masks "
O        10.1.1.0/24 [110/2] via 10.1.14.1, 00:27:24, GigabitEthernet0/0/0
O        10.1.2.0/24 [110/2] via 10.1.14.1, 00:27:24, GigabitEthernet0/0/0
C        10.1.4.0/24 is directly connected, Vlan4
L        10.1.4.4/32 is directly connected, vlan4
O        10.1.12.0/24 [110/2] via 10.1.14.1, 00:27:24, GigabitEthernet0/0/0
O        10.1.13.0/24 [110/2] via 10.1.14.1, 00:25:15, GigabitEthernet0/0/0
C        10.1.14.0/24 is directly connected,GigabitEthernet0/0/0
L        10.1.14.4/32 is directly connected,GigabitEthernet0/0/0@
O        10.1.23.0/24 [110/3] via 10.1.14.1, 00:27:24, GigabitEthernet0/0/0
```

그림 8-14   show ip route 명령어의 실행 결과

show ip protocols 명령어는 OSPF 설정에 대한 상세한 사항을 보여준다. 이 명령어는 라우터 전체에 대한 타이머, 필터, 메트릭, 네트워크에 관한 매개변수 등의 정보를 보여준다. (그림 8-15)는 예제 네트워크의 라우터 R3에서 show ip protocols 명령어를 실행한 결과이다.

```
! First, a reminder of R3's configuration per Example 20-3:
router ospf 1
 network 10.1.13.3 0.0.0.0 area 0
 network 10.1.23.3 0.0.0.0 area 0
!
! The output from router R3 :
R3# show ip protocols
** IP Routing is NSF aware ***

Routing Protocol is ospf 1
  Outgoing update filter list for all interfaces is not set
  Incoming update filter list for all interfaces is not set
  Router ID 3.3.3.3
  Number of areas in this router is 1.1 normal 0 stub 0 nssa
  Maximum path: 4
  Routing for Networks:
    10.1.13.3 0.0.0.0 area 0
    10.1.23.3 0.0.0.0 area 0
  Routing Information Sources:
    Gateway       Distance        Last Update
    1.1.1.1          110          02:05:26
    4.4.4.4          110          02:05:26
    2.2.2.2          110          01:51:16
Distance: (default is 110)
```

그림 8-15   show ip protocols 명령어의 실행 결과

show ip ospf interface brief 명령어를 사용하면 해당 영역에서 OSPF가 설정되어 있는 인터페이스를 확인할 수 있다. 또한 헬로 간격 등과 같은 타이머 간격과 네이버 인접 관계도 볼 수 있다. (그림 8-16)은 예제 네트워크의 라우터 R1에서 show ip ospf interface brief 명령어를 실행한 결과이다.

```
Rl# show ip ospf interface brief
Interface   PID   Area           IP Address/Mask   Cost   State   Nbrs F/C
Gi0/0/0     1     0              10.1.12.1/24      1      BDR     1/1
Gi0/1/0     1     0              10.1.13.1/24      1      BDR     1/1
Gio/2/0     1     0              10.1.14.1/24      1      DR      1/1
Gi0/0.2     1     0              10.1.2.1/24       1      DR      0/0
Gi0/0.1     1     0              10.1.1.1/24       1      DR      0/0
```

그림 8-16   show ip ospf interface brief 명령어의 실행 결과

8.2.2 인터페이스 모드에서 설정하는 방법

지금까지 설명대로 OSPF 설정은 처음에 network 명령어를 사용하는 방법을 사용하였다. 그러나 이 방법은 어느 인터페이스에 OSPF를 활성화시킬지를 결정하는데 network 명령어를 해석해야 하기 때문에 혼란스러울 수 있다. 그래서 시스코는 OSPF를 설정하는 새로운 방법을 도입하였다. 새로운 방법은 ip ospf 인터페이스 하위 명령어를 사용하여, 해당하는 인터페이스 각각에 직접 설정하는 것이다. 따라서 network 명령어를 사용하여 간접적인 방법으로 인터페이스를 연결시키는 기존의 방법보다 더 직관적이다.

새로운 방법의 설정은, 먼저 1단계는 기존 방법과 동일하게 (그림 8-6)과 같이 라우터의 전역 설정 모드에서 router ospf *process-id* 명령어를 입력한다. 그 다음 2단계에서, OSPF를 실행할 각각의 인터페이스 설정 모드로 가서 (그림 8-17)과 같은 형식으로 ip ospf 명령어를 입력하면 된다.

```
Router(config-if)# ip ospf process-id area area-id
```

그림 8-17   OSPF 인터페이스 모드 설정의 형식

(그림 8-18)은 (그림 8-8)과 같은 예제 네트워크의 라우터 R1에 새로운 방법으로 OSPF를 설정한 예이다. 만약 이전에 기존의 network 명령어를 사용하여 설정을 했다

면 **no network** 명령어로 기존의 설정을 지운 다음 새로운 방법으로 설정하면 된다.

```
R1# configure terminal
R1(config)# router ospf 1

R1(config-router)# interface g0/0.1
R1(config-subif)# ip ospf 1 area 0
R1(config-subif)# interface g0/0.2
R1(config-subif)# ip ospf 1 area 0

R1(config-subif)# interface g0/0/0
R1(config-if)# ip ospf 1 area 0

R1(config-if)# interface g0/1/0
R1(config-if)# ip ospf 1 area 0

R1(config-if)# interface g0/2/0
R1(config-if)# ip ospf 1 area 0
```

그림 8-18   인터페이스 모드 설정 방법으로 설정한 예

8.2.3 OSPF 관련 추가 설정 사항

1 OSPF 라우터 ID 설정

OSPF에서 라우터의 ID인 RID(Router ID)는 매우 중요한 역할을 담당한다. RID는 OSPF 라우팅 도메인 내에서 각 라우터를 식별하는 유일한 값으로 사용된다. 라우터에 설정된 IP 주소 중 하나가 RID가 된다. 시스코 라우터는 다음과 같은 우선순위에 따라 RID를 지정한다.

- 1 순위: OSPF 라우터 하위 명령어인 **router-id** *ip-address* 명령을 통해 설정된 IP 주소를 RID로 사용한다.
- 2 순위: 하나 이상의 루프백 인터페이스(loopback interface)가 설정되어 있고 해당 인터페이스의 라인 상태와 프로토콜 상태가 업/업일 경우, 라우터는 업/업 상태의 루프백 인터페이스 중에서 가장 큰 수의 IP 주소를 RID로 사용한다.

- 3순위: 업/업 상태의 물리적 인터페이스 중에서 가장 큰 수의 IP 주소를 RID로 사용한다.

위에서 설명하였듯이 OSPF 라우터 하위 명령어인 **router-id** *ip-address*가 설정되어 있지 않고 루프백 인터페이스들만 설정되어 있는 경우, OSPF는 라우터의 루프백 인터페이스 중에서 가장 큰 수의 IP 주소를 RID로 설정한다. 여기에서 루프백 인터페이스는 가상의 인터페이스이다. 이 루프백 인터페이스는 설정과 동시에 자동으로 구동 상태가 된다. 루프백 인터페이스는 (그림 8-19)와 같이 설정한다.

```
Router(config)# interface lookback number
Router(config-if)# ip address ip-address subnet-mask
```

```
Router(config)# interface lookback 0
Router(config-if)# ip address 10.1.1 1 255.255.255.255
```

그림 8-19   루프백 인터페이스 설정 명령어의 형식과 예제

루프백 인터페이스를 사용하는 가장 큰 이점은 물리적 인터페이스들과는 달리 인터페이스가 불능 상태가 되지 않는다는 것이다. 루프백 인터페이스는 실제 케이블이나 연결된 장비가 없어도 구동 상태가 된다. 그러므로 루프백 인터페이스를 RID로 사용하면 OSPF의 처리 과정에 안정성을 부여할 수 있다.

각 라우터는 OSPF가 초기화될 때 OSPF RID를 선택한다. 초기화 과정은 IOS가 구동될 때 진행된다. 그러나 OSPF가 구동된 후에, 다른 인터페이스가 추가되고 이 인터페이스의 IP 주소가 더 큰 수이더라도 OSPF 프로세스가 다시 시작하기 전까지 OSPF RID는 바뀌지 않는다. OSPF 프로세스는 `clear ip ospf process` 명령어를 사용하여 다시 시작할 수 있다.

2 OSPF 패시브 인터페이스 설정

일단 인터페이스에 OSPF가 활성화되면, 라우터는 이웃하는 OSPF 라우터를 찾고

네이버 관계를 형성하려고 시도한다. 그렇게 하기 위하여, 라우터는 OSPF 헬로 메시지를 헬로 주기(Hello interval)라고 부르는 주기적인 시간 간격으로 보낸다. 라우터는 또한 네이버일 가능성이 있는 이웃으로부터 들어오는 헬로 메시지를 청취한다.

그러나 라우터가 어떤 인터페이스에 연결된 라우터와 네이버 관계를 형성할 필요가 없을 때가 있다. 또는 어떤 인터페이스에는 라우터가 하나도 연결되어 있지 않아서, 그곳으로 계속해서 헬로 메시지를 보낼 필요가 없는 경우도 있다. 이와 같은 인터페이스는 패시브 인터페이스로 설정하여 낭비를 줄일 수 있다. 패시브 인터페이스로 설정하면 라우터는 해당 인터페이스에 다음과 같은 동작을 수행한다.

- 해당 인터페이스와 연결된 서브넷에 대해서는 계속 광고한다.
- 해당 인터페이스로 더 이상 OSPF 헬로 메시지를 보내지 않는다.
- 해당 인터페이스로 받은 헬로 메시지는 무시한다.

OSPF를 활성화한 인터페이스를 패시브로 설정하면, OSPF는 그 인터페이스와 연결된 서브넷 대해서는 여전히 광고를 하지만 그 인터페이스를 통해서는 네이버 관계를 형성하지 않는다.

인터페이스를 패시브로 설정하는 방법에는 두 가지가 있다. 첫 번째 방법은 라우터 설정 모드에서 passive-interface 명령어를 사용하여 각 인터페이스를 패시브로 설정하는 것이고, 두 번째 방법은 passive-interface default 명령어를 사용하여 모든 인터페이스를 패시브로 설정한 다음, 제외할 인터페이스를 no passive-interface 명령어를 사용하여 선택하는 것이다. (그림 8-20)은 패시브 인터페이스 설정 명령어의 형식이다.

```
Router(config-router)# passive-interface type number
```

```
Router(config-router)# passive-interface default
Router(config-router)# no passive-interface type number
```

그림 8-20 패시브 인터페이스 설정 형식

　예를 들어 (그림 8-8)과 같은 예제 네트워크의 라우터 R1은 왼쪽의 G0/0.1과 G0/0.2 인터페이스에는 라우터가 연결되어 있지 않다. 따라서 이 인터페이스들은 패시브로 지정하는 것이 좋다. (그림 8-21)은 이 두 서브 인터페이스를 두 가지 방법으로 패시브로 설정하는 예이다.

```
! First, make each subinterface passive directly
router ospf 1
 passive-interface GigabitEthernet 0/0.1
 passive-interface GigabitEthernet 0/0.2

! Or, change the default to passive, and make the other interfaces not be passive
router ospf 1
 passive-interface default
 no passive-interface GigabitEthernet 0/0/0
 no passive-interface GigabitEthernet 0/1/0
 no passive-interface GigabitEthernet 0/2/0
```

그림 8-21   라우터 R1에서 패시브 인터페이스 설정 예

- OSPF는 클래스리스 링크 상태 라우팅 프로토콜로서 고속 수렴을 위해서 영역으로 분리한 계층을 사용한다.

- OSPF 라우팅 알고리즘은 토폴로지 정보를 가지고 있는 LSDB를 관리하며, 라우터는 이를 이용하여 다른 라우터에 대한 정보를 파악한다.

- OSPF는 라우터들 사이의 네이버 인접관계를 수립하기 위하여 헬로 패킷을 교환한다.

- OSPF 라우터는 처리 과정을 나타내기 위하여 각 네이버를 OSPF 네이버 상태(neighbor state) 중 하나로 정의한다. OSPF 네이버 상태는 다운(down), 초기(initial), 양방향(two-way), 완전(full) 등의 상태가 있다.

- OSPF는 트래픽을 줄이기 위해서, 이더넷과 같은 멀티액세스 네트워크에서는 DR과 BDR을 선출한다.

- SPF 알고리즘은 최상의 경로를 결정하기 위하여 링크의 대역폭에 반비례하는 메트릭을 사용한다.

- `router ospf` *process-id* 명령어를 사용하여 OSPF를 활성화할 수 있다.

- `network` 명령어를 사용하여 라우팅 업데이트 정보의 송신 및 수신에 참여하는 인터페이스를 결정한다.

- `show ip ospf neighbor` 명령어는 인터페이스별로 OSPF 네이버 정보를 보여준다.

- OSPF를 설정하는 새로운 방법으로 `ip ospf` 인터페이스 하위 명령어를 사용하여, 해당하는 인터페이스 각각에 직접 설정할 수 있다.

- 라우터의 ID인 RID(Router ID)는 OSPF 라우팅 도메인 내에서 각 라우터를 식별하는 유일한 값으로, 라우터에 설정된 IP 주소 중 하나가 RID가 된다.

- 라우터가 어떤 인터페이스에 연결된 라우터와 네이버 관계를 형성할 필요가 없을 때, 이를 패시브 인터페이스로 설정하여 낭비를 줄일 수 있다.

8.1 OSPF의 개요

[8-1] What are two characteristics of OSPF? (Choose two.)

A) open standard

B) link-state protocol

C) distance vector protocol

D) classful routing protocol like RIP and IGRP

E) support multiple routed protocols, including IP, Internetwork Packet Exchange (IPX), and AppleTalk

[8-2] Which of the following OSPF neighbor states is expected when the exchange of topology information is complete between two OSPF neighbors?

A) 2-way　　　　　　　　　B) Full

C) Up/up　　　　　　　　　D) Final

[8-3] What is the default formula to calculate link cost in the SPF algorithm?

A) 10^8/bandwidth in bps　　　　B) bandwidth in bps/10^8

C) 10^8/bandwidth in kbps　　　　D) bandwidth in kbps/10^8

[8-4] With shortest path first algorithm, the shortest path to a node is determined by calculating _____.

A) the number of hops

B) the cumulative cost of crossing each link

C) the cumulative cost of network equipment

D) the cumulative cost of traversing each network segment

연습문제

[8-5] What type of OSPF router connects one or more areas to the backbone network?

A) BR   B) IR

C) ASBR   D) ABR

[8-6] When configuring OSPF on your router, you have specified an interface to be part of area 0. What is the area known as?

A) Backbone   B) Branch network

C) Exterior network   D) Internet

[8-7] How frequently are hello messages sent with OSPF?

A) Every 90 seconds   B) Every 60 seconds

C) Every 30 seconds   D) Every 10 seconds

[8-8] What is the purpose of a Designated Router (DR) with OSPF?

A) It acts as a backup if the BDR fails.

B) It assigns IP addresses to clients on the network.

C) It converts private addresses to public addresses.

D) All other routers exchange info with the DR to cut down on bandwidth usage.

[8-9] When the OSPF priorities on all the routers are the same, how is the DR selected?

A) The router with the lowest router ID

B) The router with the highest router ID

C) The router with the priority set to 0

D) One is randomly selected.

[8-10] You wish to ensure that router R1 never becomes the DR. What should you do?

A) Set the priority to 0.
B) Set the priority to 1.
C) Set the priority to 99.
D) Set the priority to 255.

[8-11] What are two reasons why two OSPF routers would not be able to create neighbor relationships? (Choose two.)

A) The router IDs are different.

B) Hello and Dead Interval timers are not configured the same on both routers.

C) The routers are in the same area.

D) The routers are in different areas.

E) There is no loopback interface configured on each router.

[8-12] Hello messages of OSPF are sent to which of the following addresses?

A) 255.255.255.255
B) 224.0.0.5
C) 239.0.0.5
D) 255.0.0.0

[8-13] All of the following must match for two OSPF routers to become neighbors except which?

A) Area ID

B) Router ID

C) Stub area flag

D) Authentication password if using one

연습문제

[8-14] What is the administrative distance of OSPF?

A) 90   B) 100

C) 110   D) 120

[8-15] A(n) _____ is an OSPF data packet containing link-state and routing information that is shared among OSPF routers.

A) LSA   B) TSA

C) Hello   D) SPF

8.2 OSPF의 설정과 검증

[8-16] An engineer migrates from a more traditional OSPFv2 configuration that uses `network` commands in OSPF configuration mode to instead use OSPFv2 interface configuration. Which of the following commands configures the area number assigned to an interface in this new configuration?

A) The `area` command in interface configuration mode

B) The `ip ospf` command in interface configuration mode

C) The `router ospf` command in interface configuration mode

D) The `network` command in interface configuration mode

[8-17] OSPF interface configuration uses the `ip ospf` *process-id* `area` *area-number* configuration command. In which modes do you configure the following settings when using this command? (Choose two.)

A) The router ID is configured explicitly in router mode.

B) The router ID is configured explicitly in interface mode.

C) An interface's area number is configured in router mode.

D) An interface's area number is configured in interface mode.

[8-18] Which of the following would be used as the OSPF router ID if all were configured?

A) Highest IP address assigned to a loopback interface

B) Highest IP address assigned to a physical interface

C) Lowest IP address assigned to a loopback interface

D) Lowest IP address assigned to a physical interface

[8-19] Looking at the commands below, what is the purpose of the "1"?

```
router ospf 1
network 192.168.2.0 0.0.0.255 area 0
```

A) It is the OSPF priority.

B) It is the router ID.

C) It is the process ID for OSPF.

D) It is a bit flag setting OSPF to "on."

연습문제

[8-20] Looking at the figure below, what does the /65 indicate in the third route of the routing table?

```
R1> show ip route
Codes: C - connected, S - static, I - IGRP,
       R - RIP, M - mobile, B - BGP
       D - EIGRP, EX - EIGRP external,
       O - OSPF, IA - OSPF inter area
       N1 - OSPF NSSA external type 1,
       N2 - OSPF NSSA external type 2
       E1 - OSPF external type 1,
       E2 - OSPF external type 2, E - EGP
       i - IS-IS, L1 - IS-IS Tevel-1,
       L2 - IS-IS 7evel-2, ia - IS-IS inter area
       * candidate defau7t,
         U - per-user static route, o - ODR
       P - periodic downloaded static route

Gateway of last resort is not set

C    11.0.0.0/8 is directly connected, FastEthernet0/0
C    12.0.0.0/8 is directly connected, Seria10/3/0
O    13.0.0.0/8 [110/65] via 12.0.0.2, 00:42:33, Seria10/3/0
R1>
```

A) The administrative distance

B) The bandwidth

C) The hop count

D) The cost

[8-21] Looking at the figure below, what would the router-ID of the router be?

```
R2# show ip interface brief
Interface       IP-Address   OK?  Method  Status                  Protocol
FastEthernet0/0 13.0.0.1     YES  manual  up                      up
FastEthernet0/1 unassigned   YES  unset   administratively down   down
Seria10/3/0     12.0.0.2     YES  manual  up                      up
Seria10/3/1     unassigned   YES  unset   administrative7y down   down
Vlan1           unassigned   YES  unset   administratively down   down
```

A) 12.0.0.1   B) R1

C) R2   D) 13.0.0.1

[8-22] What commands would you use to configure OSPF and add network 192.168. 5.0/24 to area 0? (Choose two.)

A) router ospf area 0

B) router ospf 1

C) network 192.168.5.0 0.0.0.255 area 0

D) network 192.168.5.0 255.255.255.0

E) network 192.168.5.0 0.0.0.255

[8-23] You want to change the router ID of a Cisco router running OSPF. What command would you use?

A) R1(config-router)# router-id 105

B) R1(config-router)# router-id 13.0.0.1

C) R1(config)# router-id 13.0.0.1

D) R1# router-id 105

연 습 문 제

[8-24] Your router has the interface configuration shown below. What is the router ID of the router?

```
Loopback0: 12.0.0.1
Loopback1: 14.0.0.1
F0/1: 24.0.0.1
F0/2: 96.0.0.1
```

A) 14.0.0.1   B) 12.0.0.1

C) 24.0.0.1   D) 96.0.0.1

[8-25] Which of the following `network` commands, following the command `router ospf 1`, tells this router to start using OSPF on interfaces whose IP addresses are 10.1.1.1, 10.1.100.1, and 10.1.120.1?

A) `network 10.1.0.0 0.0.255.255 area 0`

B) `network 10.0.0.0 0.255.255.0 area 0`

C) `network 10.1.1.0 0.x.1x.0 area 0`

D) `network 10.1.1.0 255.0.0.0 area 0`

E) `network 10.0.0.0 255.0.0.0 area 0`

[8-26] Which command correctly assigns addresses beginning with 198.172. to OSPF area 0?

A) `Router(config)# network 198.172.0.0 0.0.255.255 area 0`

B) `Router(config)# network 198.172.0.0 255.255.0.0 area 0`

C) `Router(config-router)# network 198.172.0.0 0.0.255.255 area 0`

D) `Router(config-router)# network 198.172.0.0 0.0.255.255 area0`

[8-27] Which command(s) will only allow interface Gi0/2 to send hello packets for OSPF?

A) Router(config-router)# active-interface gigabitethernet 0/2

B) Router(config-router)# passive-interface default
   Router(config-router)# active-interface gigabitethernet 0/2

C) Router(config-router)# passive-interface default
   Router(config-router)# no passive-interface gigabitethernet 0/2

D) Router(config-router)# passive-interface gigabitethernet 0/2

[8-28] Which of the following describe the process identifier that is used to run OSPF on a router? (Choose two.)

A) It is locally significant.

B) It is globally significant.

C) It is needed to identify a unique instance of an OSPF database.

D) It is an optional parameter required only if multiple OSPF processes are running on the router.

E) All routes in the same OSPF area must have the same process ID if they are to exchange routing information.

[8-29] In the diagram, by default what will be the router ID of Lab_B?

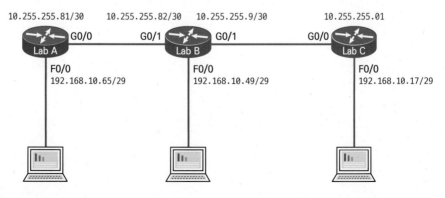

A) 10.255.255.82

B) 10.255.255.9

C) 192.168.10.49

D) 10.255.255.81

연습문제

[8-30] What command generated the following output?

```
172.31.1.4      1   FULL/BDR   00:00:34   10.10.10.2    FastEthernet0/0
192.168.20.1    0   FULL/ -    00:00:31   172.16.10.6   Serialo/1
192.168.10.1    0   FULL/ -    00:00:32   172.16.10.2   Serialo/0
```

A) show ip ospf neighbor   B) show ip ospf database

C) show ip route   D) show ip ospf interface

[8-1] 다음 중 OSPF의 특성은? (2가지 선택)

A) 개방된 표준

B) 링크 상태 프로토콜

C) 거리 벡터 프로토콜

D) RIP나 IGRP와 같은 클래스풀 라우팅 프로토콜

E) IP, IPX(Internetwork Packet Exchange), Apple-Talk와 같은 여러 가지 라우티드 프로토콜을 지원

해설

• OSPF는 가장 널리 사용되고 있는 IP 링크 상태 라우팅 프로토콜이다. OSPF는 개방형(open) 표준이고, 클래스리스 라우팅 프로토콜이다.

• OSPF는 라우티드 프로토콜로 IP만을 지원하며 IPX나 AppleTalk와 같은 프로토콜은 지원하지 않는다.

[8-2] 다음 중 두 OSPF 네이버 사이에 토폴로지 정보를 완전히 교환하고 난 다음의 네이버 상태는?

A) 2-way   B) Full

C) Up/up   D) Final

해설

• OSPF 라우터는 각 네이버를 OSPF 네이버 상태(neighbor state) 중 하나로 정의한다. OSPF 네이버 상태는 다운(down), 초기(initial), 양방향(two-way), 완전(full) 등의 상태가 있다.

• 두 라우터가 양방향 상태가 되면 LSA를 교환하기 시작한다. 모든 LSA의 교환 과정을 모두 마치고 나면 두 라우터는 동일한 LSDB를 가지게 되고 이 상태를 완전 상태라고 한다.

[8-3] SPF 알고리즘에서 링크 비용을 계산하는 기본 공식은?

A) 10^8/bandwidth in bps

B) bandwidth in bps/10^8

C) 10^8/bandwidth in kbps

D) bandwidth in kbps/10^8

해설

• OSPF의 메트릭을 계산하는 공식은 기본적으로 10^8/bandwidth를 사용하며 단위는 bps이다.

[8-4] SPF 알고리즘에서 한 노드로 가는 최단 경로는 _____을 계산하여 결정한다.

A) 홉 수

B) 각각의 링크를 통과하는 비용의 누적

C) 네트워크 장비의 누적 비용

D) 각각의 네트워크 세그먼트를 통과하는 비용의 누적

해설

• SPF 알고리즘은 각 라우터를 트리의 루트에 두고 각 노드에 대한 최단 경로를 계산하며, 이때 목적지에 도달하는데 필요한 누적 비용(cost)을 사용한다.

[8-5] OSPF의 라우터 중에서 하나 이상의 영역을 백본 네트워크와 연결하는 라우터는?

A) BR   B) IR

C) ASBR   D) ABR

해설

• ABR(Area Border Router)은 하나 이상의 영역에 있는 라우터나 네트워크에 연결된 라우터이다. 자신이 속한 영역에 대한 LSDB를 관리하며, 다른 영역과 주고받는 트래픽을 라우팅한다.

[8-6] 라우터에 OSPF를 설정할 때, 하나의 인터페이스를 영역 0에 연결한다. 이 영역을 무엇이라고 하는가?

A) Backbone   B) Branch network

C) Exterior network   D) Internet

해설

• 각 AS에는 AS 내의 모든 영역을 연결하는 백본 영역(backbone area)이 있다. 백본 영역은 영역 0으로 지정되며, 모든 영역은 이 백본 영역을 통하여 통신한다.

[8-7] OSPF에서 헬로 메시지는 얼마나 자주 전송되는가?

A) 매 90초마다   B) 매 60초마다

C) 매 30초마다   D) 매 10초마다

해설

• 헬로 간격은 라우터가 헬로 패킷을 전송하는 간격을 초로 나타낸다. 기본적으로 헬로 간격은 10초이다.

ANSWER   [8-1] A), B)   [8-2] B)   [8-3] A)   [8-4] B)   [8-5] D)   [8-6] A)   [8-7] D)

연습문제

정답 및 해설

[8-8] OSPF에서 DR (Designated Router)의 목적은 무엇인가?

A) DR은 BDR이 고장 나면 그 기능을 대신한다.

B) DR은 네트워크의 클라이언트에 IP 주소를 할당한다.

C) DR은 사설 주소를 공용 주소로 변환한다.

D) 다른 라우터들은 대역폭 사용을 줄이기 위하여 DR과 정보를 교환한다.

> 해설
> • 점대점 링크와는 달리 이더넷 링크인 경우에는 전송되는 트래픽의 양을 줄이기 위하여 서브넷 내의 라우터 중 하나를 DR(Designated Router)로 선정한다. DR이 선정되면 네이버 라우터간의 라우팅 정보 교환은 DR을 통해서 이루어진다.

[8-9] 모든 라우터에서 OSPF 우선순위(priority)가 동일한 경우, 어떤 라우터가 DR이 되는가?

A) 가장 낮은 라우터 ID를 가진 라우터

B) 가장 높은 라우터 ID를 가진 라우터

C) 우선순위가 0으로 설정된 라우터

D) 무작위로 선출된다.

> 해설
> • OSPF 우선순위 값이 가장 크게 설정된 헬로 패킷을 전송하는 라우터가 DR로 선출된다.
> • 가장 높은 우선순위 값을 가진 라우터가 2개 이상 존재하면 가장 높은 RID 값이 기록된 헬로 패킷을 전송하는 라우터가 DR로 선출된다.

[8-10] R1 라우터가 DR이 되지 않게 하려면 어떻게 해야 하는가?

A) 우선순위를 0으로 설정한다.

B) 우선순위를 1로 설정한다.

C) 우선순위를 99로 설정한다.

D) 우선순위를 255로 설정한다.

> 해설
> • 우선순위 값이 0인 라우터는 DR이나 BDR이 될 수 없다.

[8-11] 두 OSPF 라우터가 네이버 관계를 설정하지 못하는 이유는 무엇인가? (2가지 선택)

A) 라우터 ID가 서로 다르다.

B) 헬로 간격과 데드 간격이 서로 다르게 설정되어 있다.

C) 두 라우터가 동일한 영역에 있다.

D) 두 라우터가 서로 다른 영역에 있다.

E) 두 라우터에 루프백 인터페이스가 설정되어 있지 않다.

> 해설
> OSPF에서 동일한 서브넷에 있는 라우터라도 헬로 패킷 내의 여러 가지 항목이 서로 일치되어야만 양방향 상태가 된다. 두 라우터 사이에 네이버 관계가 성립되려면 다음의 값들이 서로 일치되어야 한다.
> • 서브넷 주소와 서브넷 마스크
> • 헬로 주기(Hello interval)
> • 데드 주기(Dead interval)
> • 영역 ID(Area ID)
> • 인증 암호(Authentication password)
> • 스텁 영역 플래그(Stub area flag)

[8-12] OSPF의 헬로 메시지는 다음 중 어떤 주소로 전송되는가?

A) 255.255.255.255   B) 224.0.0.5

C) 239.0.0.5   D) 255.0.0.0

> 해설
> • OSPF를 실행하고 있는 다른 라우터를 발견하기 위해 라우터는 OSPF 헬로 패킷을 주기적으로 전송한다. 헬로 패킷은 멀티캐스트 주소인 224.0.0.5를 통해 전송된다.

[8-13] 다음 중 OSPF 라우터들이 네이버가 되기 위해서 일치해야 하는 항목이 아닌 것은?

A) Area ID

B) Router ID

C) Stub area flag

D) Authentication password

해설

- OSPF에서 두 라우터 사이에 네이버 관계가 성립되려면 서브넷 주소와 서브넷 마스크, 헬로 주기(Hello interval), 데드 주기(Dead interval), 영역 ID(Area ID), 인증 암호(Authentication password), 스텁 영역 플래그(Stub area flag) 등이 서로 일치하여야 한다.

[8-14] OSPF의 관리 거리(administrative distance)는 얼마인가?

A) 90

B) 100

C) 110

D) 120

해설

- OSPF의 관리 거리는 110이다.

[8-15] _____은(는) OSPF 라우터들이 서로 공유하는 라우팅 정보와 링크 상태를 포함하고 있는 OSPF의 데이터 패킷이다.

A) LSA

B) TSA

C) Hello

D) SPF

해설

- OSPF 라우터는 자신의 링크 상태를 광고하는 LSA (Link-state Advertisement) 패킷을 생성한 다음, 이 LSA를 다른 모든 라우터로 플러딩한다.

[8-16] 엔지니어가 OSPF 설정 모드에서 `network` 명령어를 사용하는 전통적인 OSPFv2 설정을 사용하는 대신에 OSPFv2 인터페이스 설정을 사용하는 방법으로 이전하려고 한다. 새로운 설정에서 인터페이스에 영역 번호를 설정하는 명령어는 다음 중 어떤 것인가?

A) 인터페이스 설정 모드에서 area 명령어

B) 인터페이스 설정 모드에서 ip ospf 명령어

C) 인터페이스 설정 모드에서 router ospf 명령어

D) 인터페이스 설정 모드에서 network 명령어

해설

- OSPF를 설정하는 새로운 방법은 `network` 명령어를 사용하는 대신에 해당하는 인터페이스 각각의 인터페이스 설정 모드에서 `ip ospf` *process-id* `area` *area-id* 명령어를 사용하여 직접 설정하는 것이다.

[8-17] OSPF 인터페이스 설정은 `ip ospf` *process-id* `area` *area-number* 설정 명령어를 사용한다. 이와 같은 명령어를 사용할 때, 다음과 같은 설정은 어떤 모드에서 설정하여야 하는가? (2가지 선택)

A) 직접적인 라우터 ID 설정은 라우터 모드에서 설정하여야 한다.

B) 직접적인 라우터 ID 설정은 인터페이스 모드에서 설정하여야 한다.

C) 인터페이스의 영역 번호는 라우터 모드에서 설정하여야 한다.

D) 인터페이스의 영역 번호는 인터페이스 모드에서 설정하여야 한다.

해설

- OSPF의 설정에서 직접적으로 라우터 ID를 설정하려면 라우터 설정 모드에서 `router-id` *ip-address* 명령어를 사용한다. 인터페이스 영역 번호는 인터페이스 설정 모드에서 `ip ospf` *process-id* `area` *area-number* 명령어를 사용한다.

[8-18] 다음 중에서 OSPF 라우터 ID로 사용될 수 있는 것은?

A) 루프백 인터페이스에 설정된 가장 높은 IP 주소

B) 물리적 인터페이스에 설정된 가장 높은 IP 주소

C) 루프백 인터페이스에 설정된 가장 낮은 IP 주소

D) 물리적 인터페이스에 설정된 가장 낮은 IP 주소

해설

- 1 순위: OSPF 라우터 하위 명령어인 `router-id` *ip-address* 명령을 통해 설정된 IP 주소를 RID로 사용한다.

연습문제

정답 및 해설

- 2 순위: 하나 이상의 루프백 인터페이스(loopback interface)가 설정되어 있고 해당 인터페이스의 라인 상태와 프로토콜 상태가 업/업일 경우, 라우터는 업/업 상태의 루프백 인터페이스 중에서 가장 큰 수의 IP 주소를 RID로 사용한다.
- 3 순위: 업/업 상태의 물리적 인터페이스 중에서 가장 큰 수의 IP 주소를 RID로 사용한다.

[8-19] 다음과 같은 명령어에서 "1"은 무엇을 나타내는 것인가?

```
router ospf 1
network 192.168.2.0 0.0.0.255 area 0
```

A) OSPF 우선순위이다.

B) 라우터 ID이다.

C) OSPF의 프로세스 ID이다.

D) OSPF를 "on"으로 설정하라는 플래그 비트이다.

해설

- 라우터에 OSPF를 설정하려면 라우터의 전역 설정 모드에서 **router ospf** *process-id* 명령어를 입력한다. 여기에서 process-id는 해당 라우터에서 동작 중인 라우팅 프로세스를 식별하기 위해 사용하는 임의의 정수이다.

[8-20] 아래의 그림에서 맨 마지막 줄의 /65는 무엇을 나타내는 것인가?

A) 관리 거리   B) 대역폭

C) 홉 카운트   D) 코스트

해설

- 그림은 R1 라우터에서 **show ip route** 명령어를 실행한 결과이다. 실행 결과의 맨 마지막 줄에서 'O'는 OSPF로 학습한 경로임을 나타내는 것이며, 다음에 오는 IP 주소는 목적지 주소를 나타내고 있다. 괄호 안의 첫 번째 숫자인 110은 관리 거리를 두 번째 숫자인 65는 이 경로의 메트릭을 나타내는 것이다. 'via 12.0.0.2'는 목적지로 가는 다음 홉 라우터의 주소이다. '0:42:33'은 이 경로가 업데이트된 이후의 경과 시간이고, 'Serial0/3/0'은 출력 인터페이스이다.

[8-21] 다음 그림과 같은 출력에서 라우터 ID는 무엇인가?

A) 12.0.0.1   B) R1

C) R2   D) 13.0.0.1

해설

- 라우터 ID는 루프백 인터페이스가 설정되어 있지 않은 경우, 업/업 상태의 물리적 인터페이스 중에서 가장 큰 수의 IP 주소가 RID가 된다.

[8-22] OSPF의 설정에서 192.168.5.0/24 네트워크를 영역 0에 추가할 때 사용하는 명령어는? (2가지 선택)

A) `router ospf area 0`

B) `router ospf 1`

C) `network 192.168.5.0 0.0.0.255 area 0`

D) `network 192.168.5.0 255.255.255.0`

E) `network 192.168.5.0 0.0.0.255`

해설

- 라우터에 OSPF를 설정하려면 1단계로 라우터의 전역 설정 모드에서 **router ospf** *process-id* 명령어를 입력하고, 2단계로 라우터 설정 모드에서 **network** *ip-address wildcard-mask* **area** *area-id* 명령어를 사용하여 라우팅 프로토콜을 실행할 인터페이스를 지정한다.

[8-23] OSPF가 동작 중인 시스코 라우터에서 라우터 ID를 변경하려면 어떠한 명령어를 사용하여야 하는가?

A) `R1(config-router)# router-id 105`

B) `R1(config-router)# router-id 13.0.0.1`

C) `R1(config)# router-id 13.0.0.1`

D) `R1# router-id 105`

해설

- 시스코 라우터는 가장 높은 순위로 OSPF 라우터 하위 명령어인 **router-id** *ip-address* 명령을 통해 설정된 IP 주소를 RID로 사용한다.

연습문제

정답 및 해설

[8-24] 라우터의 인터페이스가 다음과 같이 설정되어 있는 경우, 라우터 ID는 무엇인가?

```
Loopback0: 12.0.0.1
Loopback1: 14.0.0.1
F0/1: 24.0.0.1
F0/2: 96.0.0.1
```

A) 14.0.0.1　　　　　B) 12.0.0.1

C) 24.0.0.1　　　　　D) 96.0.0.1

해설
- 라우터 ID는 루프백 인터페이스가 설정되어 있으면, 업/업 상태의 루프백 인터페이스 중에서 가장 큰 수의 IP 주소가 RID가 된다.

[8-25] 다음과 같은 network 명령어 중에서, router ospf 1 명령어를 입력한 다음에 IP 주소가 10.1.1.1, 10.1.100.1, 10.1.120.1인 인터페이스에 OSPF를 실행하도록 설정하는 명령어?

A) `network 10.1.0.0 0.0.255.255 area 0`

B) `network 10.0.0.0 0.255.255.0 area 0`

C) `network 10.1.1.0 0.x.1x.0 area 0`

D) `network 10.1.1.0 255.0.0.0 area 0`

E) `network 10.0.0.0 255.0.0.0 area 0`

해설
- 라우팅 프로토콜을 실행할 인터페이스를 지정하려면 라우터 설정 모드에서 network *ip-address wildcard-mask* area *area-id* 명령어를 사용한다.
- 와일드카드 마스크는 여러 개의 주소를 하나로 간단하게 표현하기 위하여 사용하는 32비트의 마스크이다. 와일드카드 마스크는 0이면 해당 비트가 일치된다는 뜻이고 1이면 상관없다는 의미이다. 10.1.1.1, 10.1.100.1, 10.1.120.1을 와일드카드 마스크로 표현하면 10.1.0.0 0.0.255.255가 된다.

[8-26] 다음 중 198.172.으로 시작하는 주소를 OSPF 영역 0에 할당하는 명령어는?

A) `Router(config)# network 198.172.0.0 0.0.255.255 area 0`

B) `Router(config)# network 198.172.0.0 255.255.0.0 area 0`

C) `Router(config-router)# network 198.172.0.0 0.0.255.255 area 0`

D) `Router(config-router)# network 198.172.0.0 0.0.255.255 area0`

해설
- 198.172.으로 시작하는 모든 주소를 와일드카드 마스크로 표현하면 198.172.0.0 0.0.255.255가 된다.
- 명령어에서 area와 *area-id* 사이에는 공백이 있어야 한다.

[8-27] 다음 중 어떤 명령어가 Gi0/2 인터페이스로만 OSPF의 헬로 패킷을 송신하도록 하는가?

A) `Router(config-router)# active-interface gigabitethernet 0/2`

B) `Router(config-router)# passive-interface default`
   `Router(config-router)# active-interface gigabitethernet 0/2`

C) `Router(config-router)# passive-interface default`
   `Router(config-router)# no passive-interface gigabitethernet 0/2`

D) `Router(config-router)# passive-interface gigabitethernet 0/2`

해설
- OSPF에서 특정 인터페이스만을 활성화시키려면 라우터 설정 모드에서 passive-interface default 명령어를 사용하여 모든 인터페이스를 패시브로 설정한 다음, 제외할 인터페이스를 no passive-interface 명령어를 사용하여 선택하면 된다.

연습문제

정답 및 해설

[8-28] 다음 중 라우터에서 OSPF를 실행하는 데 사용되는 프로세스 ID에 대하여 바르게 설명한 것은? (2가지 선택)

A) 지역적으로 구분되는 값이다.

B) 전역적으로 구분되는 값이다.

C) 하나의 OSPF 데이터베이스에서 유일한 항목으로 구별이 필요하다.

D) 라우터에서 다수의 OSPF 프로세스가 구동될 때만 필요한 선택적인 파라메터이다.

E) 동일한 OSPF 영역에 있는 모든 라우터는 라우팅 정보를 서로 교환하려면 동일한 프로세스 ID를 가지고 있어야 한다.

해설

• 프로세스 ID는 해당 라우터에서 동작 중인 라우팅 프로세스를 식별하기 위해 사용하는 임의의 정수이다. 몇몇 경우에서, 단일 라우터임에도 불구하고 다중의 OSPF 프로세스를 구동시킬 수 있는데 이러한 경우에 프로세스 ID를 다르게 설정하여 프로세스들을 구별할 수 있다. 프로세스 ID는 다른 라우터의 프로세스 ID와 일치할 필요는 없다.

[8-29] 다음과 같은 그림에서 Lab_B의 라우터 ID는 무엇인가?

A) 10.255.255.82   B) 10.255.255.9

C) 192.168.10.49   D) 10.255.255.81

해설

• OSPF 라우터 하위 명령어인 router-id *ip-address*가 설정되어 있지 않고 루프백 인터페이스들만 설정되어 있는 경우, OSPF는 라우터의 루프백 인터페이스 중에서 가장 큰 수의 IP 주소를 RID로 설정한다. 루프백 인터페이스가 설정되어 있지 않으면 업/업 상태의 물리적 인터페이스 중에서 가장 큰 수의 IP 주소를 RID로 사용한다.

• 그림에서 Lab_B의 세 인터페이스 중 가장 큰 수의 IP 주소는 192.168.10.49이다.

[8-30] 다음 중 그림과 같은 결과를 출력하는 명령어는?

A) `show ip ospf neighbor`

B) `show ip ospf database`

C) `show ip route`

D) `show ip ospf interface`

해설

• `show ip ospf neighbor` 명령어는 인터페이스별로 OSPF 네이버 정보를 보여준다.

9 CHAPTER

시스코 스위치의
설정

학습목표

- 충돌 도메인과 마이크로세그멘테이션에 대하여 설명할 수 있다.

- 스위치의 주소 학습, 필터링, 이중화 설계의 문제점에 대하여 설명할 수 있다.

- 루프 방지를 위한 STP/RSTP의 개념과 표준화 현황에 대하여 설명할 수 있다.

- 스위치의 이름, 주소, 기본 게이트웨이 등을 설정할 수 있다.

- 스위치의 포트 속도, 듀플렉스 모드, 활성화 등을 설정할 수 있다.

- 스위치 포트의 보안을 설정할 수 있다.

9.1 스위치의 개요

9.1.1 충돌 도메인과 마이크로세그멘테이션

공유 매체 환경은 여러 호스트가 같은 매체에 연결되어 있는 환경이다. 예를 들어 여러 대의 PC가 같은 물리적인 전선이나 광섬유 또는 같은 대기 공간을 공유하고 있다면, 이들은 모두 동일한 매체 환경을 공유하고 있다. 이 경우 이들은 모두 동일한 충돌(collision) 영역을 공유하고 있는 것이다. 전통적인 버스 기반의 이더넷(동축 케이블 사용)과 허브 기반의 이더넷(UTP 케이블 사용)은 모두 공유 매체 환경이다.

공유 매체 환경에서는 충돌이 발생하기 때문에, 매체를 공유 환경으로 식별한다는 것은 매우 중요하다. 유사한 상황이 고속도로 위에 있는 자동차에서 발생할 수 있다. 한 대의 자동차만 있다면 충돌은 일어나지 않는다. 하지만 두 대 이상의 차가 동시에 도로의 같은 차로를 이용하고자 한다면 충돌이 발생한다. 네트워크에서도 마찬가지이다. 만약 두 대 이상의 컴퓨터가 동시에 동일한 네트워크 세그먼트에 데이터를 전송하고자 한다면 충돌이 발생한다.

이더넷이 동작되는 중에 충돌이 일어나는데, 두 스테이션이 동시에 통신을 시도할 때 충돌이 일어난다. 1계층 이더넷 세그먼트의 모든 장비가 대역폭을 공유하기 때문에 한 번에 한 대의 장비만 프레임을 전송할 수 있다. 장비가 송신할 수 있는 시간을 명시하는 제어 메커니즘이 없기 때문에 충돌이 일어난다.

대역폭을 공유하는 이더넷 네트워크에서 허브를 사용하면 많은 장비가 같은 물리적 세그먼트를 공유하게 된다. 공유 매체 세그먼트에 있는 두 대 이상의 스테이션이 동시에 전송할 경우에 충돌이 일어나며, 충돌이 일어난 프레임은 버려야 한다. 충돌이 일어나면 송신 스테이션은 충돌 이벤트를 인지하게 되고, 미리 정해진 시간 동안 특수한 혼잡 신호를 송신한다. 그러면 공유 세그먼트의 모든 장비는 프레임에 오류가 발생하였고, 충돌이 일어났다는 것을 알게 되고, 세그먼트의 모든 장비가 통신을 중단한다. 송신 스테이션은 임의의 시간 동안 기다린 다음 데이터 재전송을 시도한다.

네트워크가 더 커지고 각 장비가 더 많은 대역폭을 사용하려고 함에 따라 장비가 데이터를 동시에 전송할 가능성이 더 높아지며, 이로 인해 충돌 발생 가능성도 더 많아진다. 충돌이 더 많이 일어날수록 네트워크의 처리 속도도 느려지게 된다.

이더넷 LAN에 허브를 추가하면 세그먼트의 길이 제한을 극복하고 신호 강도가 떨어지기 전에 단일 세그먼트에서 프레임이 지나갈 수 있는 거리 문제를 극복할 수 있다. 그러나 이더넷 허브로 충돌 문제를 개선할 수는 없다.

전통적인 이더넷 세그먼트에 있는 네트워크 장비는 공유 대역폭을 얻기 위해서 서로 경쟁을 하며, 한 번에 한 대의 장비만 데이터를 전송할 수 있다. 동일한 대역폭을 공유하는 네트워크 세그먼트를 충돌 도메인(collision domain)이라고 한다. 왜냐하면 한 세그먼트에 있는 두 대 이상의 장비가 동시에 통신을 시도할 때 충돌이 일어날 수 있기 때문이다.

그러나 OSI 모델의 2계층 이상에서 동작하는 네트워크 장비를 사용하면 네트워크를 여러 세그먼트로 나누고, 대역폭을 경쟁하는 장비의 수를 줄일 수 있다. 새로 만들어지는 세그먼트에서 새로운 충돌 도메인이 생긴다. 이렇게 하면 한 세그먼트의 장비에서 사용할 수 있는 대역폭이 더 많아지고, 한 충돌 도메인에서 일어나는 충돌

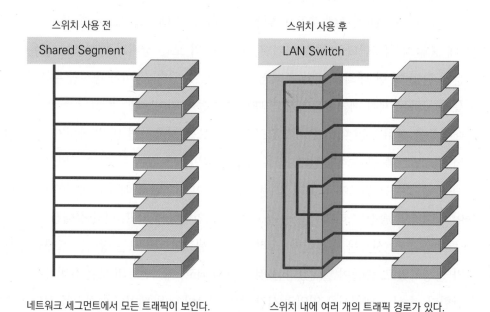

스위치 사용 전   스위치 사용 후

Shared Segment   LAN Switch

네트워크 세그먼트에서 모든 트래픽이 보인다.   스위치 내에 여러 개의 트래픽 경로가 있다.

그림 9-1   마이크로세그멘테이션

이 다른 세그먼트의 작동에 영향을 미치지 않는다.

스위치를 사용하면 마이크로 세그멘테이션(microsegmentation)을 이룰 수 있다. 마이크로 세그멘테이션은 하나의 포트가 하나의 노드만을 갖도록 하는 것이다. 마이크로 세그멘테이션은 네트워크의 각 장비가 전용 세그먼트와 전용 대역폭을 생성할 수 있게 한다. 이렇게 되면 충돌을 없앨 수 있고 전이중 방식을 통해서 데이터 처리 속도를 높일 수 있다. 이는 결국 가용 대역폭을 향상시키는 결과가 된다. (그림 9-1)은 스위치를 사용해서 마이크로 세그멘테이션을 어떻게 이루는지를 보여준다.

9.1.2 스위치의 동작

시스코 스위치는 일반적으로 전원을 켜고 끄는 전원 스위치가 없으며, 단순히 전원 케이블을 콘센트에 꽂아서 스위치에 전원을 공급하고, 적절한 UTP 케이블로 스위치에 호스트를 연결하기만 하면 스위치는 작동한다. 이 외에 다른 어떤 것도 필요하지 않으며, 이더넷 프레임 전달 작업을 시작하라고 지시하지 않아도 된다. 스위치는 기본 설정 값을 사용해서 모든 인터페이스가 제 기능을 수행하게 된다. 물론 스위치에는 적절한 케이블과 장비가 연결되어 있어야 한다. 이렇게 되어 있다면 스위치는 각 인터페이스를 통해서 프레임을 전달할 수 있다.

전원 케이블 플러그를 스위치의 전원 공급 소켓에 꽂으면 스위치가 시작된다. 일반적으로 스위치에는 전원 온/오프 스위치가 없다. 부팅 과정의 진행 확인은 스위치 섀시의 LED(Light Emitting Diode) 상태를 살펴보고, 시스코 IOS 소프트웨어의 실행 결과가 콘솔에 표시되는지 관찰한다.

스위치는 들어오는 프레임의 MAC 주소를 조사하여 각 포트에 연결되어 있는 장비들의 MAC 주소를 학습한다. 이렇게 해서 만들어진 주소 대 포트의 매핑은 MAC 주소 테이블에 저장된다. 스위치는 프레임을 수신하면 목적지 MAC 주소를 MAC 주소 테이블에서 찾는다. 목적지 MAC 주소가 MAC 주소 테이블에 있으면 프레임을 해당하는 포트로 전송한다. 만약 목적지 주소가 MAC 주소 테이블에 없으면 들어온 포트를 제외한 모든 포트로 프레임을 전송한다.

스위치는 이더넷 프레임의 발신지 주소를 이용하여 호스트의 위치를 파악한다. 스위치는 MAC 주소 테이블을 작성하여 스위치에 연결되어 있는 호스트들의 위치를 추적한다. 또한 다른 세그먼트로 어떤 패킷을 전달할 것인가를 결정할 때도 이 테이블을 사용한다.

(그림 9-2)는 초기의 MAC 주소 테이블을 보이고 있다. 초기화 상태에서 스위치는 호스트가 어느 포트에 연결되어 있는지 알지 못한다. 만약 아무런 정보도 없는 MAC 주소 테이블을 가지고 있는 스위치로 프레임이 전송되면, 스위치는 해당 프레임을 모든 포트로 전송한다. 이 때 프레임이 들어온 포트는 제외한다. 이러한 과정을 플러딩(flooding)이라고 하며, 플러딩에서는 프레임을 모든 포트로 전송하기 때문에 스위치의 원래 기능에 반하는 효과를 가져온다. 주소 학습과정은 스위치가 적절하게 동작하는 데 아주 중요한 역할을 한다.

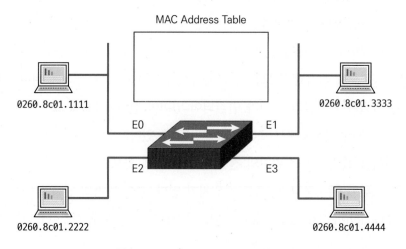

그림 9-2   초기의 MAC 주소 테이블의 예

스위치의 목적은 네트워크를 세그먼트로 나누어서, 특정 충돌 도메인의 호스트로 향하는 패킷이 다른 세그먼트로 전파되지 않고 목적지 호스트가 있는 세그먼트로만 전달되도록 하는 것이다. 이를 위하여 스위치는 호스트가 위치한 곳을 알아야 한다.

(그림 9-2)에서 알 수 있듯이 스위치가 처음에 초기화될 때 스위치의 MAC 주소 테이블은 비어 있다. 빈 MAC 주소 테이블로는 목적지 주소 기반의 필터링이나 전달

결정을 할 수 없다. 따라서 스위치는 프레임이 수신된 포트를 제외한 모든 포트로 프레임을 전송한다(플러딩). 플러딩은 스위치에서의 데이터 전송 방법 중에서 효율성이 가장 낮은 방법이다. 왜냐하면 프레임을 필요로 하지 않는 세그먼트로 프레임을 전송하여 대역폭을 낭비하기 때문이다.

(그림 9-3)에 다른 세그먼트의 두 호스트 사이에서 발생하는 프레임 전송의 예를 보였다. (그림 9-3)에서 MAC 주소가 0260.8c01.1111인 A 호스트가 MAC 주소가 0260.8c01.2222인 C 호스트로 프레임을 보낸다. 스위치는 이 프레임을 수신하여 다음과 같은 몇 가지 동작을 한다.

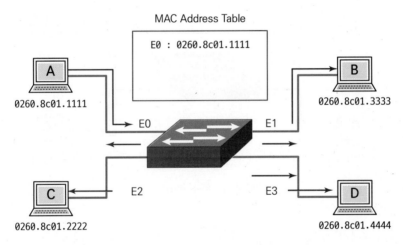

그림 9-3 주소 학습: 플러딩된 패킷

- 물리적 이더넷으로부터 프레임이 처음 수신되고 임시 버퍼 공간에 저장된다.
- 스위치는 어느 포트가 목적지 호스트에 연결되어 있는지를 아직 모르기 때문에 프레임을 모든 포트로 플러딩한다.
- A 호스트에서 온 프레임을 플러딩하는 동안 스위치는 발신지 주소를 학습하고 학습한 발신지 주소와 E0 포트를 연계시켜 이를 MAC 주소 테이블에 추가한다. 스위치는 이제 A 호스트가 어디에 있는지 알게 되었다.
- A 호스트에 대한 MAC 주소 테이블 정보는 캐쉬(cache)에 저장된다. 정해진 시간(대부분의 시스코 스위치에서 300초) 내에 새로운 프레임이 스위치에 전달되

어 갱신되지 않으면 이 항목은 테이블에서 삭제된다.

스위치는 이 학습 과정으로 인해 효율성을 확보한다. (그림 9-4)와 같이 호스트들이 프레임을 서로에게 계속해서 전송할 때 학습 과정이 계속 진행된다. (그림 9-4)에서는 MAC 주소가 0260.8c01.4444인 D 호스트가 MAC 주소가 0260.8c01.2222인 C 호스트로 프레임을 전송한다. 이와 같은 경우 스위치가 어떻게 동작하는지 살펴보자.

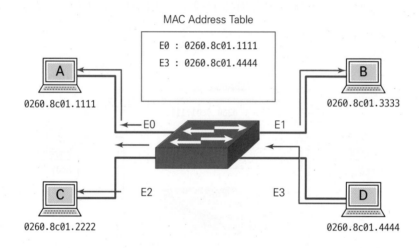

그림 9-4   주소 학습 과정

- 발신지 주소인 0260.8c01.4444를 MAC 주소 테이블에 저장한다.
- 전송된 프레임 내에 있는 목적지 주소인 0260.8c01.2222(C 호스트)를 MAC 주소 테이블의 항목들과 비교한다.
- MAC 주소 테이블에 목적지 주소와 일치하는 항목이 없으면 스위치는 프레임을 플러딩한다.
- C 호스트가 A 호스트로 프레임을 전송할 때 스위치는 C 호스트가 E2 포트에 연결되어 있다는 것을 학습할 수 있다.
- 모든 호스트가 데이터 프레임을 전송하고 MAC 주소 테이블 항목이 유효한 상태를 유지할 경우 완벽한 MAC 주소 테이블이 만들어진다. 스위치는 이 항목을 사용하여 전달 및 필터링 결정 작업을 지능적으로 수행할 수 있다.

이미 알고 있는 목적지 주소를 가진 프레임이 도착하면, 이 프레임은 모든 호스트로 전달되는 것이 아니라 해당 호스트가 연결된 특정 포트로만 전달된다. (그림 9-5)는 A 호스트가 C 호스트로 프레임을 전송하는 예이다. 목적지 MAC 주소가 MAC 주소 테이블에 있으면 스위치는 해당 프레임을 테이블의 목록에서 지시한 포트로만 전송한다. A 호스트가 C 호스트로 프레임을 보내는 과정은 다음과 같다.

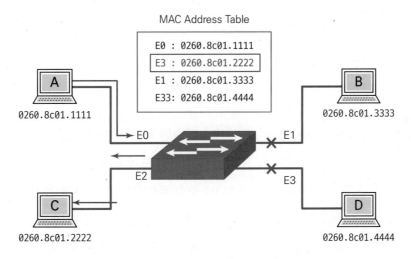

그림 9-5   프레임 필터링의 예

- 전송된 프레임으로부터 얻은 목적지 MAC 주소인 0260.8c01.2222를 MAC 주소 테이블의 항목들과 비교한다.
- 스위치는 목적지 MAC 주소가 포트 E2를 통해 전달될 수 있다고 판단하고 이 포트로만 프레임을 전송한다.
- 스위치는 E1 포트와 E3 포트로는 프레임을 전송하지 않음으로써 대역폭을 절약하고 이 링크들 사이의 충돌을 방지한다. 이러한 동작을 프레임 필터링 (frame filtering)이라고 한다.

MAC 주소 테이블의 내용을 보려면 `show mac-address-table` 특권 명령어를 사용한다. 이 명령어를 입력하면 (그림 9-6)과 같이 MAC 주소 테이블이 표시되며, 이를 통해 각 인터페이스에 어떤 종류의 주소가 사용되었는지 알 수 있다.

```
SwitchX# show mac-address-table
                Mac Address Table
-------------------------------------------------
Vlan    Mac Address       Type      Ports
----    -----------       --------  -----
All     0008.a445.9b40    STATIC    CPU
All     0100.0ccc.cccC    STATIC    CPU
All     0100.0ccc.cccd    STATIC    CPU
All     0100.0cdd.dddd    STATIC    CPU
  1     0008.e3e8.0440    DYNAMIC   Fa0/2
Total Mac Addresses for this criterion: 5
SwitchX#
```

그림 9-6　MAC 주소 테이블의 내용 보기

　동적 주소(dynamic address)는 스위치가 학습한 다음에 수명이 다 되었을 때 버려지는 MAC 주소이다. 스위치는 각 포트에서 수신한 프레임의 발신지 주소를 보고 학습하고, 주소와 연계된 포트 번호를 MAC 주소 테이블에 추가하여 동적 주소를 제공한다. 호스트가 네트워크에 추가되거나 네트워크에서 삭제될 때 스위치는 새로운 항목을 추가하고 현재 사용되지 않는 항목을 제거한다. 정적 주소(static address)는 특정 포트에 영구적으로 MAC 주소를 할당하는 것이다.

　MAC 주소 테이블의 최대 크기는 스위치마다 다르다. 예를 들어 Catalyst 2960 시리즈 스위치는 최대 8192개의 MAC 주소를 저장할 수 있다. MAC 주소 테이블이 다 차면 학습되지 않은 새로운 주소로 가는 프레임은 플러딩된다.

9.1.3 이중화 설계의 문제점

　스위치의 주요 기능으로는 주소 학습 기능, 패킷 전달 및 필터링 기능 그리고 루프 방지 기능 등이 있다. 스위치 네트워크를 설계할 때 이중 링크나 장비를 설치하는 것이 일반적이다. 이는 한 지점에서의 장애로 인해 스위치 네트워크 전체가 동작이 되지 않는 것을 방지하기 위한 것이다. (그림 9-7)은 이중화 토폴로지(redundant topology)의 예이다. 이 예에서는 세그먼트 1과 세그먼트 2를 2대의 스위치를 사용

하여 이중화 연결을 하고 있다. 하나의 경로 또는 장비가 손상된다면, 이중화 경로
나 장비가 대신해서 일을 처리하게 하는 것이다.

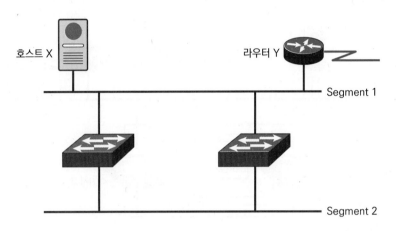

그림 9-7　이중화 토폴로지의 예

이중화 설계를 도입할 경우 한 지점에서의 장애를 극복할 수 있지만 몇 가지 문
제점이 발생한다. 대표적인 3가지 문제점이 브로드캐스트 폭풍, 다중 프레임 전송,
MAC 데이터베이스 불안정성이다.

■ 브로드캐스트 폭풍(Broadcast storms)

스위치는 브로드캐스트 프레임을 수신하면 그 프레임을 플러딩한다. 스위치 네트
워크에서 이중화 설계를 하면 루프(loop)가 발생하게 되고, 이 루프를 통하여 브로
드캐스트 프레임이 무한대로 순환되는 문제점을 일으킨다. 이것을 브로드캐스트 폭
풍이라고 한다. 브로드캐스트 폭풍은 네트워크에 너무 많은 프레임이 계속 순환되
어 발생하는 극심한 정체 상황이다.

(그림 9-8)은 브로드캐스트 폭풍이 어떻게 발생하는지를 보여주는 예이다. 예를
들어 호스트 X가 네트워크로 브로드캐스트 프레임을 전송하면 스위치 A는 아래쪽
이더넷 링크인 세그먼트 2로 플러딩하고, 이를 받은 스위치 B는 다시 세그먼트 1로
플러딩하고, 다시 스위치 A가 세그먼트 2로 플러딩하는 동작을 끝없이 반복하게 된
다. 이것은 스위치 중 하나가 연결이 끊어질 때까지 계속된다. 스위치와 단말기들은

브로드캐스트를 처리하기 위하여 사용자 트래픽이 전달되지 못할 정도로 바빠진다. 따라서 네트워크는 다운되거나 극단적으로 느려진다.

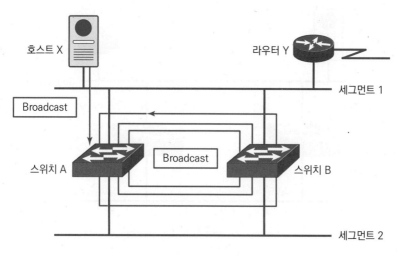

호스트 X

라우터 Y

세그먼트 1

Broadcast

Broadcast

스위치 A

스위치 B

세그먼트 2

그림 9-8   브로드캐스트 폭풍의 예

■ 다중 프레임 전송(Multiple frame transmission)

대부분의 프로토콜은 중복된 전송을 인지하거나 극복하도록 설계되어 있지 않다. 동일한 프레임의 복사본을 여러 번 수신하게 되면 문제가 발생할 수 있다. (그림 9-9)는 스위치 네트워크에서 다중 프레임 전송이 어떻게 발생하는지를 설명한 예이다. 여기에서 호스트 X가 라우터 Y로 유니캐스트 프레임을 전송한다. 세그먼트 1에 연결되어 있는 스위치 A도 이 프레임을 수신한다. 만약 스위치 A의 MAC 주소 테이블에 라우터 Y의 주소가 없으면 스위치 A는 이 프레임을 세그먼트 2쪽으로 플러딩한다. 스위치 B가 이 프레임을 받아서 라우터 Y에게 전송하면 라우터 Y는 동일한 프레임의 복사본을 2번 수신하게 된다.

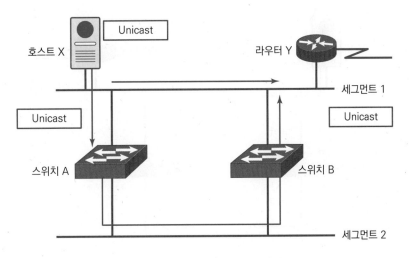

그림 9-9   다중 프레임 전송의 예

■ MAC 데이터베이스 불안정성(MAC database instability)

　MAC 데이터베이스 불안정성은 한 프레임의 복사본들이 스위치의 여러 포트를 통해 수신될 때 발생하는 문제점이다. 스위치는 각 포트로부터 수신한 프레임의 발신지 주소를 MAC 데이터베이스에 저장한다. 그런데 동일한 발신지 주소를 가진 프레임이 서로 다른 포트로 입력되면 해당 주소를 가진 호스트가 어느 쪽 포트에 접속되어 있는지 혼동하게 된다.

　(그림 9-10)은 MAC 데이터베이스 불안정성이 발생하는 예이다. 여기에서 호스트 X가 라우터 Y로 유니캐스트 프레임을 전송한다. 이 프레임은 스위치 A와 스위치 B에 수신되며, 스위치 A와 스위치 B는 세그먼트 1쪽으로부터 프레임을 수신하였으므로 호스트 X가 포트 1에 접속되어 있는 것으로 MAC 데이터베이스에 기록한다. 스위치 A와 스위치 B에 라우터 Y의 주소가 없는 경우 이 프레임은 플러딩되어 각 스위치의 포트 2쪽으로 입력된다. 그러면 각 스위치는 호스트 X가 포트 2쪽에 접속되어 있는 것으로 MAC 데이터베이스를 수정한다. 호스트 X가 또 다른 프레임을 전송하면 이와 같은 상황이 또 다시 발생한다. 이러한 문제점을 MAC 데이터베이스 불안전성이라고 한다.

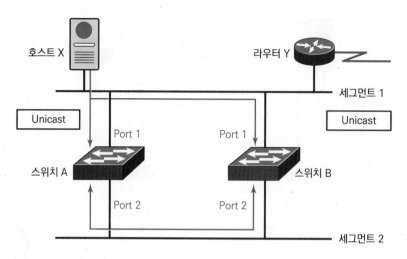

그림 9-10   MAC 데이터베이스 불안정성의 예

9.1.4 STP/RSTP의 개념과 표준화 현황

스위치 네트워크에 이중화 설계를 도입하였을 때 발생하는 이와 같은 문제점들을 해결하기 위한 프로토콜이 STP(Spanning Tree Protocol)이다. STP는 네트워크에서 루프를 방지하기 위하여 루프를 발생시키는 스위치 포트를 소프트웨어적으로 차단한다. 그리고 네트워크의 상태를 감시하고 있다가 연결에 문제가 생기면 차단하고 있던 포트를 즉시 열어서 네트워크가 연결이 끊어지지 않도록 하는 것이다.

(그림 9-11)은 STP의 원리를 설명하는 예이다. 예에서와 같이 일반적으로 네트워크에서 단일 지점에서의 고장이 전체 네트워크의 불통으로 확산되는 것을 방지하기

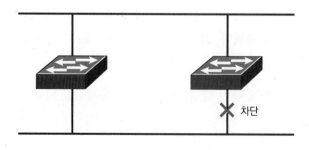

그림 9-11   STP의 동작 원리

위하여 경로를 이중화한다. 그런데 이때 원하지 않는 루프가 발생하게 된다. 이 루프로 인하여 여러 가지 문제점이 발생하게 되며, 이를 방지하기 위한 것이 STP이다. STP는 예에서와 같이 루프를 일으키는 포트를 소프트웨어적으로 일시 차단하여 루프를 방지하는 2계층 링크 관리 프로토콜이다.

STP는 IEEE가 1990년에 IEEE 802.1D 표준의 일부로 표준화한 것이다. 기존의 STP는 그 시대의 네트워크들과 네트워크 장비에 대한 가정을 고려할 때 잘 작동했다. 그러나 모든 컴퓨팅 또는 네트워킹 표준과 마찬가지로 시간이 지남에 따라 하드웨어 및 소프트웨어 기능이 향상되므로 이러한 새로운 기능을 활용하기 위해 새로운 프로토콜이 등장하게 된다. STP의 경우 가장 중요한 개선 사항 중 하나는 IEEE 802.1w 수정안으로 도입된 RSTP(Rapid Spanning Tree Protocol)이다.

802.1w는 실제로 802.1D 표준의 수정안이었다. IEEE는 1990년에 처음으로 802.1D를 발표했고 1998년에 개정안을 발표했다. 802.1D의 1998년 버전 이후 IEEE는 2001년에 802.1D에 대한 802.1w 수정안을 발표했으며, 이것이 최초의 RSTP 표준안이다.

수년에 걸쳐 표준에서 다른 의미 있는 변경 사항도 발생했지만 이러한 변경 사항은 STP 또는 RSTP로 작업할 때 대부분의 네트워크 관리자의 생각에 영향을 미치지 않았다. 그러나 완전성을 기하기 위해 IEEE는 2004년 개정된 802.1D 표준에서 STP를 RSTP로 대체했다. 또 다른 움직임으로 2011년 IEEE는 모든 RSTP 세부 사항을 개정된 802.1Q 표준으로 옮겼다. 오늘날 RSTP는 실제로 802.1Q 표준 문서에서 찾을 수 있다. 많은 경우에 RSTP를 802.1w로 언급하는데 이는 RSTP를 정의한 최초의 IEEE 문서였기 때문이다.

대부분의 최신 네트워크에서는 STP 대신 RSTP를 사용한다. 시스코의 최신 스위치도 기본적으로 STP 대신 RSTP를 사용한다. 그러나 STP와 RSTP는 많은 동일한 메커니즘을 공유하며, RSTP의 개선 사항은 STP와 비교할 때 가장 잘 이해할 수 있다.

네트워크에서 RSTP나 STP 스위치를 나란히 배치해서, RSTP를 지원하는 스위치에서는 RSTP 기능을, STP만 지원하는 스위치에서는 STP 기능만 사용할 수 있다. RSTP와 STP가 이같이 비슷함에도 불구하고 IEEE에서 RSTP를 새로 정의한 가장 큰 이유는 수렴(convergence) 때문이다. STP의 수렴 시간은 기본 설정에서 50초로 매우 길다. 이에 반해 RSTP는 네트워크의 수렴 시간을 대폭 개선했다.

IEEE 802.1D STP는 수렴 중에 루프를 피하기 위해 일정한 시간 동안 대기해야 하는데, RSTP는 이 대기 시간을 없애거나 대폭 줄여서 수렴 시간을 짧게 했다. STP의 경우 이벤트에 반응하기 위해 최대 수명 타이머(기본값 20초)만큼의 대기 시간을 필요로 한다. 반면에 RSTP는 3번의 헬로에 걸리는 시간(기본값 6초)만 대기하면 된다. 또한 RSTP에서는 청취 상태와 학습 상태의 전달 지연 시간(기본값 15초)을 없앴다. 전통적인 STP 수렴에서는 3번의 대기 시간이 필요한데 RSTP에서는 각 대기 시간을 개선했다. 3번의 대기 시간의 기본값이 20초, 15초, 15초로서, 이 대기 시간으로 인해 STP의 수렴이 상대적으로 느렸지만, RSTP에서는 이 대기 시간을 줄이거나 없앰으로써 신속한 수렴을 이루었다. RSTP의 수렴 시간은 대략 10초 미만이다. 어떤 경우에는 1~2초 만에 수렴이 끝난다.

9.2 시스코 스위치의 설정

시스코 스위치는 구입한 후에 상자에서 꺼내어 전원 케이블을 꼽고 전원을 공급한 다음, 적절한 UTP 케이블로 호스트와 연결하면 작동한다. 이 외에 다른 어떤 것도 필요하지 않으며, 별도로 이더넷 프레임 전달 작업을 시작하라는 명령어도 필요 없다. 스위치는 모든 인터페이스가 잘 동작하도록 기본적인 설정 값을 사용한다. 스위치는 적절한 케이블과 장비가 연결되어 있으면 특별한 설정이 없어도 기본적으로 각 인터페이스를 통해서 프레임을 전달하는 기능을 수행한다.

그러나 대부분의 관리자들은 스위치의 상태를 점검하고, 스위치가 무엇을 하고 있는지 그 정보를 파악하고, 스위치의 특정한 기능을 설정할 수 있기를 원한다. 또한 보안 기능을 활성화하여 악의적인 의도를 가진 사람이 스위치로 침입할 수 없도록 하여 스위치를 안전하게 관리하고 싶을 것이다. 이러한 작업을 수행하기 위하여 네트워크 관리자는 스위치의 사용자 인터페이스에 접속할 수 있어야 한다. 이와 같이 스위치의 설정은 관리를 위한 것이며 스위치의 기본 기능인 프레임의 전달은 아무런 설정이 없어도 기본적으로 동작한다.

9.2.1 스위치의 이름, 주소, 기본 게이트웨이 설정

일반적으로 스위치를 설정할 때 처음으로 하는 것이 스위치의 이름을 정하는 것이다. 스위치에 이름을 붙이면 네트워크 안에서 각 스위치를 고유하게 식별함으로써 네트워크를 더 잘 관리할 수 있다. 시스코 스위치 역시 라우터와 마찬가지로 시스코 IOS를 사용한다. 스위치의 이름을 설정하려면 hostname *name* 전역 설정 명령어를 사용한다. (그림 9-12)는 스위치의 이름을 Switch에서 SwitchX로 바꾸는 예이다.

```
Switch> enable
   Enter Password:
Switch# configure terminal
Switch(config)# hostname SwitchX
SwitchX(config)# end
SwitchX#
```

그림 9-12   스위치의 이름을 설정하는 예

시스코 스위치를 원격에서 접속하여 관리하기 위해서는 IP 주소가 할당되어야 한다. 시스코 스위치의 관리 인터페이스는 VLAN(Virtual LAN) 1에 위치한다. 이 관리 인터페이스는 물리적 인터페이스와 같은 기능을 수행하는 가상 인터페이스이며, 스위치의 IP 주소는 이 가상 인터페이스에 할당된다. 따라서 스위치 전체에 대하여 하나의 IP 주소가 할당되며, 이를 VLAN 1 인터페이스라고 한다. 스위치의 IP 주소와 서브넷 마스크를 설정하기 위해서는 VLAN 1 인터페이스 설정 모드로 들어가서 ip address 명령어를 사용한다. (그림 9-13)은 스위치의 IP 주소를 설정하는 예이다. 예에서와 같이 IP 주소를 설정한 다음에는 no shutdown 명령어를 사용하여 인터페이스를 활성화시켜야 한다.

```
SwitchX(config)# interface vlan 1
SwitchX(config-if)# ip address 10.5.5.11 255.255.255.0
SwitchX(config-if)# no shutdown
```

그림 9-13   스위치의 주소 설정 예

해당 스위치가 있는 네트워크가 아닌 다른 IP 네트워크로 트래픽을 전송해야 할 경우 스위치는 트래픽을 기본 게이트웨이로 전송하며, 기본 게이트웨이는 일반적으로 라우터이다. 즉 다른 네트워크나 서브넷과 통신하기 위해서는 기본 게이트웨이가 필요하다. 스위치의 기본 게이트웨이를 설정하기 위해서는 ip default-gateway 전역 설정 명령어를 사용한다. (그림 9-14)는 스위치의 기본 게이트웨이를 설정하는 예이다.

```
SwitchX(config)# ip default-gateway 172.20.137.1
```

그림 9-14   스위치의 기본 게이트웨이 설정 예

스위치에 필요한 설정을 하였으면 그 설정을 NVRAM에 복사하여야 다음에 시작할 때 그 설정이 그대로 적용된다. (그림 9-15)는 현재 실행 중인 설정을 NVRAM에 저장하는 예이다.

```
SwitchX# copy running-config startup-config
  Destination filename [startup-config]?
  Building configurations .....
SwitchX# _
```

그림 9-15   실행 중인 설정을 저장하기

9.2.2 스위치 포트의 설정

기본적으로 스위치의 포트는 속도와 듀플렉스에 대해 상대방 포트와 자동으로 협상(auto negotiation)한다. 포트의 전송 속도를 변경하려면 인터페이스 설정 모드에서 **speed** 명령어를 사용한다. (그림 9-16)은 인터페이스의 속도를 변경하는 예이다.

```
SwitchX(config)# interface fa0/1
SwitchX(config-if)# speed {10│100│1000│auto}
```

그림 9-16   스위치 인터페이스의 속도 설정 예

인터페이스의 듀플렉스 모드를 변경하려면 인터페이스 설정 모드에서 **duplex** 명령어를 사용한다. (그림 9-17)은 인터페이스의 듀플렉스 모드를 설정하는 예이다. 여기에서 **auto**는 통신 상대방과 듀플렉스 모드를 자동으로 협상하는 것이다.

```
SwitchX(config)# interface fa0/1
SwitchX(config-if)# duplex {auto│full│half}
```

그림 9-17   스위치 인터페이스의 듀플렉스 모드 설정 예

스위치의 모든 포트는 라우터와는 달리 기본적으로 모두 활성화되어 있다. 따라서 사용하지 않는 포트를 아무런 설정 없이 그대로 방치하면 보안에 심각한 위협이 될 수 있다. 즉 해커가 미사용 포트로 접속하여 내부 네트워크로 침투할 수 있다. 이러한 문제를 막기 위하여 스위치에서 미사용 인터페이스는 비활성화시켜야 한다. 스위치에서 미사용 포트를 비활성화하기 위해서는 인터페이스 설정 모드에서 **shutdown** 명령어를 사용한다. 비활성화된 인터페이스를 다시 시작하거나 활성화하려면 **no shutdown** 명령어를 사용한다. (그림 9-18)은 스위치의 특정 인터페이스를 비활성화시키는 예이다.

```
SwitchX(config)# interface fa0/1
SwitchX(config-if)# shutdown
```

그림 9-18 스위치 인터페이스의 비활성화

동일한 명령을 여러 개의 인터페이스에 설정할 경우, interface range 명령어를 사용하면 효율적으로 설정할 수 있다. (그림 9-19)는 이 명령어를 사용한 예이다. 이 예에서는 스위치의 Fast Ethernet 0/1 포트부터 0/12 포트까지를 비활성화시키는 것이다.

```
SwitchX(config)# interface range fa0/1 - 12
SwitchX (config-if-range)# shutdown
```

그림 9-19 복수의 인터페이스 비활성화 예

스위치를 설정한 후에 설정이 잘 되었는지를 검사하려면 show interfaces 특권 명령어를 사용한다. 이 명령어는 스위치의 모든 인터페이스의 통계와 상태 정보를 보여준다. 특정한 인터페이스에 대한 정보만 보고 싶을 때에는 (그림 9-20)과 같이 인터페이스 번호를 지정하면 된다.

```
SwitchX# show interfaces fastethernet0/2
FastEthernet0/2 is up, line protocol is up (connected)
    Hardware is Fast Ethernet, address is 0008.a445.9b42 (bia
0008.a445.9b42)
    MTU 1500 bytes, BW 10000 Kbit, DLY 1000 usec,
          reliability 255/255, txload 1/255, rxload 1/255
    Encapsulation ARPA, loopback not set
    Keepalive set (10 sec)
    Half-duplex, 10Mb/s
    input flow-control is unsupported output flow-control is unsupported
    ARP type: ARPA, ARP Timeout 04:00:00
    Last input 00:00:57, output 00:00:01, output hang never
    Last clearing of "show interface" counters never
    Input queue: 0/75/0/0 (size/max/drops/flushes); Total output drops: 0
    Queueing strategy: fifo
    Output queue: 0/40 (size/max)
    5 minute input rate 0 bits/sec, 0 packets/sec
    5 minute output rate 0 bits/sec, 0 packets/sec
        323479 packets input, 44931071 bytes, 0 no buffer
        Received 98960 broadcasts ( 0 malticast)
        1 rants, 0 giants, 0 throttles
        1 input errors, 0 CRC, 0 frame, 0 overrun, 0 ignored
        0 watchdog, 36374 malticast, 0 pause input
        0 input packets with dribble condition detected
        1284934 packets output, 103121707 bytes, 0 underruns
        0 output errors, 2 collisions, 6 interface resets
        0 babbles, 0 late collision, 29 deferred
        0 lost carrier, 0 no carrier, 0 PAUSE output
        0 output buffer failures, 0 output buffers swapped out
```

그림 9-20   스위치 포트의 설정 검증 예

9.2.3 포트 보안 설정

스위치의 특정 포트에 특정 장비만 접속을 허용하고 그 이외의 장비는 접속할 수
없도록 하여 보안을 강화할 수 있다. 이를 포트 보안(port security) 기능이라고 한
다. 포트 보안을 사용하면 특정 포트에 접속할 수 있는 장비의 MAC 주소를 제한할
수 있다. 스위치 포트에 포트 보안을 설정하면 부적절한 장비가 스위치 인터페이스
로 프레임을 전송할 때 스위치가 경고 메시지를 보내거나, 해당 장비의 프레임을 폐

기하거나, 해당 인터페이스를 폐쇄할 수 있다.

스위치에서 포트 보안을 설정하려면 먼저 인터페이스 설정 모드에서 switchport mode access 명령어를 사용하여 해당 인터페이스의 포트 모드를 액세스 모드로 설정하여야 한다. 해당 인터페이스의 포트 모드를 액세스 모드로 설정한 다음, 인터페이스 설정 모드에서 switchport port-security 명령어를 사용하여 포트 보안을 활성화한다. (그림 9-21)은 스위치의 포트 보안을 설정하는 예이다.

```
SwitchX(config)# interface fa0/1
SwitchX(config-if)# switchport mode access
SwitchX(config-if)# switchport port-security
```

그림 9-21   스위치의 포트 보안 설정 예

포트 보안이 설정된 포트에서 접속을 허용할 MAC 주소, 즉 보안 MAC 주소를 지정하는 방법으로는 직접 수동으로 지정하는 방법과 자동으로 지정하는 방법이 있다. 먼저 수동으로 지정하는 방법은 인터페이스 설정 모드에서 switchport port-security mac-address *mac-address* 명령어를 사용한다. (그림 9-22)는 보안 MAC 주소를 수동으로 설정하는 예이다.

```
SwitchX(config)# interface fa0/1
SwitchX(config-if)# switchport port-security mac-address 0008.eeee.eeee
```

그림 9-22   보안 MAC 주소의 수동 설정 예

보안 MAC 주소를 자동으로 설정하기 위해서는 실제 MAC 주소를 입력하는 대신에 "sticky" 매개변수를 사용한다. 즉 인터페이스 설정 모드에서 switchport port-security mac-address sticky 명령어를 사용한다. 이렇게 하면 스위치는 처음 수신된 프레임의 발신지 MAC 주소를 해당 포트의 보안 MAC 주소로 등록한다. 즉 처음 수신된 MAC 주소가 실행 설정 파일에 부착(stick)된다. 따라서 관리자는 인터페이스에 연결된 장비의 MAC 주소를 사전에 알 필요가 없다.

또한 보안 MAC 주소의 개수를 지정할 수도 있다. 포트 당 한 개 이상의 보안 MAC 주소를 지정하려면 인터페이스 설정 모드에서 `switchport port-security maximum` *number* 명령어를 사용한다. 기본 값은 1이지만 한 포트 당 최대 132개의 보안 MAC 주소를 지정할 수 있다. 하나의 스위치에서 사용 가능한 보안 주소의 총 개수는 1024개이다. (그림 9-23)은 보안 MAC 주소를 동적으로 설정한 예이다.

```
SwitchX(config)# interface fa0/5
SwitchX(config-if)# switchport mode access
SwitchX(config-if)# switchport port-security
SwitchX(config-if)# switchport port-security maximum 1
SwitchX(config-if)# switchport port-security mac-address sticky
SwitchX(config-if)# switchport port-security violation shutdown
```

그림 9-23   보안 MAC 주소의 동적 설정 예

포트 보안이 설정된 포트에서 접속이 허용되지 않는 MAC 주소를 가진 호스트가 보안 포트로 접속을 시도하는 경우에 보안 위반(security violation)이 발생한다. 또한 보안 주소의 최대 개수를 초과한 MAC 주소가 입력되는 경우에도 보안 위반이 발생한다. 스위치는 보안 위반이 발생하면 보호(protect), 제한(restrict), 폐쇄(shutdown)의 3가지 동작 중 하나를 수행하도록 설정할 수 있다. 3가지 동작 모두 보안 위반 프레임은 폐기한다. 보호 모드에서는 인가된 프레임은 정상적으로 전송하고 보안 위반 프레임만 폐기시킨다. 제한 모드에서는 보호 모드의 동작은 모두 수행하고 단지 보안 위반 프레임이 발생하면 경고 메시지를 출력한다. 폐쇄 모드에서는 제한 모드의 동작을 모두 수행하고 인터페이스를 비활성화시킨다. 즉 폐쇄 모드는 보안 위반이 발생하면 모든 트래픽을 폐기한다. 〈표 9-1〉은 보안 위반 시의 동작 모드를 정리한 것이다.

표 9-1 포트 보안 위반 시 동작 모드

보안 위반 모드	보호(protect)	제한(restrict)	폐쇄(shutdown)
위반 트래픽 폐기	○	○	○
경고 메시지 전송	×	○	○
인터페이스 비활성화	×	×	○

스위치의 인터페이스에 설정된 포트 보안 설정 내용을 보려면 특권 명령어인 show port-security interface 명령어를 사용한다. 특정 인터페이스의 정보만 보려면 (그림 9-24)와 같이 인터페이스의 이름을 지정하면 된다.

```
SwitchX# show port-security interface fastethernet 0/5
Port Security                : Enabled
Port status                  : Secure-up
Violation Mode               : Shutdown
Aging Time                   : 20 mins
Aging Type                   : Absolute
Secure Static Address Aging  : Disabled
Maximum MAC Addresses        : 1
Total MAC Addresses          : 1
Configured MAC Addresses     : 0
Sticky MAC Addresses         : 0
Last Source Address          : 0000.0000.0000
Security Violation Count     : 0
```

그림 9-24 포트 보안 설정 내용 보기

포트 보안 위반 시 동작 모드가 폐쇄(shutdown) 모드로 설정되어 있는 인터페이스에서 보안 위반이 발생하면 (그림 9-25)와 같이 포트 상태는 Secure-shutdown이 된다. 이 포트를 다시 활성화시키려면 shutdown 명령어를 입력한 다음 다시 no shutdown 명령어를 입력하면 된다.

```
S3# sh port-security int f0/3
Port Security                  : Enabled
Port status                    : Secure-shutdown
Violation Mode                 : Shutdown
Aging Time                     : 0 mins
Aging Type                     : Absolute
SecureStatic Address Aging     : Disabled
Maximum MAC Addresses          : 1
Total MAC Addresses            : 2
Configured MAC Addresses       : 0
Sticky MAC Addresses           : 0
Last Source Address:Vlan       : 0013:0ca69:00bb3:00ba8:1
Security Violation Count       : 1
```

그림 9-25　포트 보안 위반 시 포트의 상태

모든 포트의 보안 MAC 주소를 표시하려면 (그림 9-26)과 같이 show port-security address 특권 명령어를 사용한다. 또한 스위치에 설정된 보안 포트의 목록을 보기 위해서는 (그림 9-27)과 같이 키워드 없이 show port-security 명령어를 사용한다.

```
SwitchX# sh port-security address
          Secure Mac Address Table
---------------------------------------------------------------------
Vlan     Mac Address      Type              Ports      Remaining Age
                                                          (mins)

----     ------------     ----              -----      --------------
1        0008.ddd.eee     secureConfigured  Fa0/5          -
---------------------------------------------------------------------
Total Addresses in system (excluding one mac per port)    : 0
Max Addresses limit in system (excluding one mac per port) : 1024
```

그림 9-26　보안 MAC 주소 보기

```
SwitchX# sh port-security
Secure Port    MaxSecureAddr    CurrentAddr    SecurityViolation    SecurityViolation
                 (Count)          (Count)         (Count)
----------------------------------------------------------------------------------
Fa0/5              1                1               0                  Shutdown
----------------------------------------------------------------------------------
Total Addresses in system (excluding one mac per port)     : 0
Max Addresses limit in system (excluding one mac per port) : 1024
```

그림 9-27   보안 포트의 목록 보기

- 동일한 대역폭을 공유하는 네트워크 세그먼트를 충돌 도메인이라고 한다. 동일한 세그먼트에 있는 두 대 혹은 그 이상의 장비가 동시에 데이터를 전송할 때 공유 세그먼트 안에서 충돌이 일어날 수 있다.

- 스위치 LAN은 마이크로 세그멘테이션을 제공한다. 이것은 네트워크 세그먼트의 각 장비가 스위치 포트에 직접 연결되고 자체 대역폭을 사용한다는 것을 의미한다. 즉 각 장비는 네트워크의 다른 장비와 대역폭을 두고 서로 경쟁을 하지 않아도 된다.

- 2계층 스위치는 MAC 주소 테이블을 기반으로 프레임을 전달한다.

- 2계층 스위치는 MAC 주소 테이블을 구축하기 위하여 스위치를 통해서 프레임을 전송하는 장비의 MAC 주소를 학습하고, 프레임의 발신지 MAC 주소를 읽음으로써 MAC 주소를 학습한다.

- 네트워크 사용성 확보에 필요한 이중화를 스위치로 이룰 수 있지만 이중화는 루프를 일으킬 수 있다.

- 스위칭 루프의 해결책으로는 STP가 있으며, STP를 사용하면 이더넷 LAN에서 경로를 이중화할 수 있고, 스위칭 루프의 발생을 막을 수 있다.

- 포트에 접속할 수 있는 MAC 주소를 제한하기 위하여 포트 보안을 사용할 수 있다.

연습문제

9.1 스위치의 개요

[9-1] What is the result of segmenting a network with a bridge (switch)? (Choose two.)

A) It increases the number of collision domains.

B) It decreases the number of collision domains.

C) It increases the number of broadcast domains.

D) It decreases the number of broadcast domains.

E) It makes smaller collision domains.

F) It makes larger collision domains.

[9-2] Flooding occurs on a switched or bridged network when _____.

A) a frame arrives with a source address that is in the MAC address database

B) a frame arrives with a source address that is not in the MAC address database

C) a frame arrives with a destination address that is in the MAC address database

D) a frame arrives with a destination address that is not in the MAC address database

[9-3] Which two problems are associated with redundant switched designs? (choose two.)

A) multicast floods

B) broadcast storms

C) a single copy of multiple frames delivered to a destination station

D) a single copy of a frame delivered to multiple destination stations

E) multiple copies of a single frame delivered to a destination station

[9-4] Which of the following statements best describe collisions? (Choose three.)

A) Collisions occur when two or more stations on a shared media transmit at the same time.

B) Larger segments are less likely to have collisions.

C) In a collision, the frames are destroyed, and each station in the segment begins a random timer that must be completed before attempting to retransmit the data.

D) Adding a hub to a network can improve collision issues.

E) Collisions are by-products of a shared LAN.

F) More segments on a network mean greater potential for collisions.

[9-5] Instability in the MAC address table content results from _____.

A) different frames being received on a single port of the switch

B) different frames being received on different ports of the switch

C) multiple copies of the same frame being received on the same port of the switch

D) multiple copies of the same frame being received on different port of the switch

[9-6] How does STP provide a loop-free network?

A) By placing all ports in the blocking state

B) By placing all bridges in the blocking state

C) By placing some ports in the blocking state

D) By placing some bridges in the blocking state

[9-7] Which of the following statements about microsegmentation are accurate? (Choose three.)

A) Implementing a bridge creates microsegmentation.

B) Microsegmentation increases bandwidth availability.

C) Each device on a network segment is connected directly to a switch port.

D) Microsegmentation eliminates collisions.

E) Microsegmentation limits the number of segments on a network.

F) Microsegmentation uses half-duplex operation.

[9-8] What is the purpose of Spanning Tree Protocol in a switched LAN?

A) To provide a mechanism for network monitoring in switched environments

B) To prevent routing loops in networks with redundant paths

C) To prevent switching loops in networks with redundant switched paths

D) To manage the VLAN database across multiple switches

E) To create collision domains

[9-9] If a switch receives a frame and the source MAC address is not in the MAC address table but the destination address is, what will the switch do with the frame?

A) Discard it and send an error message back to the originating host

B) Flood the network with the frame

C) Add the source address and port to the MAC address table and forward the frame out the destination port

D) Add the destination to the MAC address table and then forward the frame

[9-10] What does a switch do when a frame is received on an interface and the destination hardware address is unknown or not in the filter table?

A) Forwards the switch to the first available link

B) Drops the frame

C) Floods the network with the frame looking for the device

D) Sends back a message to the originating station asking for a name resolution

[9-11] Which of the following are true regarding RSTP?

A) RSTP speeds the recalculation of the spanning tree when the layer 2 network topology changes.

B) RSTP is extremely proactive and very quick, and therefore it absolutely needs the 802.1 delay timer.

C) RSTP (802.1w) supersedes 802.1d while remaining proprietary.

D) All of the 802.1d terminology and most parameters have been changed

[9-12] Which command was used to produce the following output:

```
Vlan    Mac Address     Type     Ports
----    -----------     ----     -----
All     0100.0cc.cccc   STATIC   CPU
[output cut]
1       000e.83b2.e34b  DYNAMIC  Fa0/1
1       0011.1191.556f  DYNAMIC  Fa0/1
1       0011.3206.25cb  DYNAMIC  Fa0/1
1       001a.2f55.c9e8  DYNAMIC  Fa0/1
1       001a.4d55.2f7e  DYNAMIC  Fa0/1
1       001c.575e.c891  DYNAMIC  Fa/1
1       b414.89d9.1886  DYNAMIC  Fa0/5
1       b414.89d9.1887  DYNAMIC  Fa0/6)
```

A) `show vlan`

B) `show ip route`

C) `show mac address-table`

D) `show mac address-filter`

연습문제

[9-13] Which of the following statements is true?

   A) A switch creates a single collision domain and a single broadcast domain. A router creates a single collision domain.

   B) A switch creates separate collision domains but one broadcast domain. A router provides a separate broadcast domain.

   C) A switch creates a single collision domain and separate broadcast domains. A router provides a separate broadcast domain as well.

   D) A switch creates separate collision domains and separate broadcast domains. A router provides separate collision domains.

[9-14] What type of MAC address is learned automatically by the switch?

   A) static   B) learned

   C) dynamic   D) permanent

[9-15] Which answer lists the name of the IEEE standard that improves the original STP standard and lowers convergence time?

   A) 802.1k   B) 802.1p

   C) 802.1w   D) 802.1y

[9-16] In the diagram shown, what will the switch do if a frame with a destination MAC address of 000a.f467.63b1 is received on Fa0/4? (Choose all that apply.)

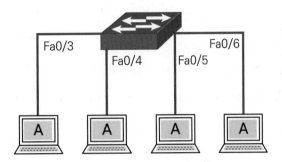

```
Switch# show mac address-table

VLAN     Mac Address      Ports
 1      0005.dccb.d74b    Fa0/4
 1      000a.f467.9e80    Fa0/5
 1      000a.f467.9e8b    Fa0/6
```

A) Drop the frame.

B) Send the frame out of Fa0/3.

C) Send the frame out of Fa0/4.

D) Send the frame out of Fa0/5.

E) Send the frame out of Fa0/6.

연습문제

9.2 시스코 스위치의 설정

[9-17] You need to configure a Catalyst switch so it can be managed remotely. Which of the following would you use to accomplish this task?

A) ```
Switch(config)# int fa0/1
Switch(config-if)# ip address 192.168.10.252 255.255.255.0
Switch(config-if)# no shut
```

B) ```
Switch(config)# int vlan 1
Switch(config-if)# ip address 192.168.10.252 255.255.255.0
Switch(config-if)# ip default-gateway 192.168.10.254 255.255.255.0
```

C) ```
Switch(config)# ip default-gateway 192.168.10.254
Switch(config)# int vlan 1
Switch(config-if)# ip address 192.168.10.252 255.255.255.0
Switch(config-if)# no shut
```

D) ```
Switch(config)# ip default-gateway 192.168.10.254
Switch(config)# int vlan 1
Switch(config-if)# ip address 192.168.10.252 255.255.255.0
Switch(config-if)# no shut
```

[9-18] You need to allow one host to be permitted to attach dynamically to each switch interface. Which two commands must you configure on your catalyst switch to meet this policy? (Choose two.)

A) `Switch(config-if)# ip access-group 10`

B) `Switch(config-if)# switchport port-security maximum 1`

C) `Switch(config)# access-list 10 permit ip host 1`

D) `Switch(config-if)# switchport port-security violation shutdown`

E) `Switch(config)# mac-address-table secure`

[9-19] You would like to configure all 24 ports on the switch for 100 Mbps. Which of the following represents the best way to do this?

A) `Switch(config)# interface range f0/1 - 24`

   `Switch(config-if-range)# speed 100`

B) `Switch(config)# speed 100`

C) `Switch(config)# interface f0/1 - 24`

   `Switch(config-if-range)# speed 100`

D) `Switch(config)# speed 100 interface f01 - 24`

[9-20] What will be the effect of executing the following command on port F0/1?

```
switch(config-if)# switchport port-security mac-address 00C0.35F0.8301
```

A) The command configures an inbound access control list on port F0/1, limiting traffic to the IP address of the host.

B) The command expressly prohibits the MAC address of 00c0.35F0.8301 as an allowed host on the switch port.

C) The command encrypts all traffic on the port from the MAC address of 00c0.35F0. 8301.

D) The command statically defines the MAC address of 00c0.35F0.8301 as an allowed host on the switch port.

[9-21] Which Cisco IOS command is used to verify the port security configuration of a switch port?

A) `show interfaces port-security`

B) `show port-security interface`

C) `show ip interface`

D) `show interfaces switchport`

연습문제

[9-22] What does the command duplex auto do?

    A) sets full-duplex mode

    B) sets half-duplex mode

    C) sets autonegotiation duplex mode

    D) sets full-duplex mode with flow control

[9-23] You wish to view the speed that port number 5 is using. What command would you use?

    A) show speed   B) show speed interface f0/5

    C) show interface f0/5   D) show f0/5

[9-24] You are having trouble connecting to port 8 on the switch. You view the status of the port(shown in the figure below). What command would allow the port to function properly?

```
Faetethernet0/8 is adminietratively down, line protocol is down (disabled)
    Hardware is Lance, address is 0002.1604.3605 (bia 0002.1604.3605)
    Description: File Server Port
    MTU 1500 bytes, EW 100000 Kbit, DLY 1000 usec,
        reliability 255/255, txload 1/255, rxload 1/255
    Encapsulation ARPA, loopback not set
    Keepalive set (10 sec)
    Half-duplex, 100Mb/s
    input flow-control is off, output flow-control is off
    ARP type: ARPA, ARP Timeout 04:00:00

(output has been omitted for briefness)
```

    A) no shutdown   B) shutdown

    C) ip address 12.0.0.10 255.0.0.0   D) no cdp run

[9-25] Why would a network administrator configure Port Security on the switch?

     A) To filter packets by layer-3 addresses

     B) To translate private addresses to public addresses

     C) To prevent loops on the network

     D) To prevent unauthorized access to the network

[9-26] Which of the following violation modes would block traffic not coming from the correct MAC address, but allow traffic from the specified MAC address?

     A) shutdown   B) restrict

     C) disable   D) disconnect

[9-27] What statements are true about the output shown here? (Choose two.)

```
S3# sh port-security int f0/3
Port Security               : Enabled
Port Status                 : Secure-shutdown
Violation Mode              : Shutdown
Aging Time                  : 0 mins
Aging Type                  : Absolute
SecureStatic Address Aging  : Disabled
Maximum MAC Addresses       : 1
Total MAC Addresses         : 2
Configured MAC Addresses    : 0
Sticky MAC Addresses        : 0
Last Source Address:Vlan    : 0013:0ca69:00bb3:00:1
Security Violation Count    : 1
```

     A) The port light for F0/3 will be amber in color.

     B) The F0/3 port is forwarding frames.

C) This problem will resolve itself in a few minutes.

D) This port requires the shutdown command to function.

[9-28] Which two of the following switch port violation modes will alert you via SNMP that a violation has occurred on a port? (Choose two.)

A) restrict

B) protect

C) shutdown

D) err-disable

[9-29] On which default interface have you configured an IP address for a switch?

A) int fa0/0

B) int vty 0 15

C) int vlan 1

D) int s/0/0

[9-30] The conference room has a switch port available for use by the presenter during classes, and each presenter uses the same PC attached to the port. You would like to prevent other PCs from using that port. You have completely removed the former configuration in order to start anew. Which of the following steps is not required to prevent any other PCs from using that port?

A) Enable port security.

B) Assign the MAC address of the PC to the port.

C) Make the port an access port.

D) Make the port a trunk port.

[9-1] 브리지나 스위치로 네트워크를 분할하면 어떻게 되는가? (2가지 선택)

A) 충돌 영역의 수가 증가한다.

B) 충돌 영역의 수가 감소한다.

C) 방송 영역의 수가 증가한다.

D) 방송 영역의 수가 감소한다.

E) 충돌 영역을 더 작게 만든다.

F) 충돌 영역을 더 크게 만든다.

해설

• 브리지나 스위치는 하나의 충돌 영역을 분리하는 기능을 수행한다. 따라서 충돌 영역의 수는 증가하게 되고, 충돌 영역의 크기는 더 작아진다.

[9-2] 플러딩(flooding)은 스위치 또는 브리지 네트워크에서 어떤 경우에 발생하는가?

A) MAC 주소 데이터베이스에 있는 발신지 주소를 가진 프레임이 도착할 때

B) MAC 주소 데이터베이스에 없는 발신지 주소를 가진 프레임이 도착할 때

C) MAC 주소 데이터베이스에 있는 목적지 주소를 가진 프레임이 도착할 때

D) MAC 주소 데이터베이스에 없는 목적지 주소를 가진 프레임이 도착할 때

해설

• 플러딩(flooding)은 스위치나 브리지에서 프레임을 어디로 보내야 할지 모를 때 입력된 포트를 제외한 모든 포트로 전송하는 것을 말한다.

• 스위치나 브리지가 프레임을 수신하였을 때 그 프레임의 목적지 주소가 MAC 주소 테이블에 없으면 해당 프레임을 플러딩한다.

[9-3] 여러 개의 스위치를 이용하여 이중화(redundant) 연결을 하였을 때 발생하는 문제점은? (2가지 선택)

A) 멀티캐스트 플러드(multicast floods)

B) 브로드캐스트 폭풍(broadcast storms)

C) 한 목적지로 전달되는 여러 개의 프레임들의 복사본

D) 여러 개의 목적지로 전달되는 단일 프레임의 복사본

E) 한 목적지로 전달되는 단일 프레임의 여러 개의 복사본

해설

• 이중화 설계를 도입할 경우 한 지점에서의 장애를 극복할 수 있지만 몇 가지 문제점이 발생한다. 대표적인 3가지 문제점이 브로드캐스트 폭풍, 다중 프레임 전송, MAC 데이터베이스 불안정성이다.

[9-4] 다음 중 충돌(collision)을 가장 잘 설명한 것은? (3가지 선택)

A) 충돌은 공유 미디어 상에서 두 개 또는 그 이상의 스테이션이 동시에 전송을 할 때 발생한다.

B) 세그먼트가 크면 그만큼 충돌의 가능성도 낮다.

C) 충돌이 일어나면 프레임은 파괴되며, 세그먼트 내의 각 스테이션은 데이터의 재전송을 시도하기 전에 랜덤한 타이머를 동작시키고 만료 시까지 기다린다.

D) 네트워크에 허브를 추가하면 충돌 문제를 개선할 수 있다.

E) 충돌은 LAN이 미디어를 공유하기 때문에 발생한다.

F) 한 네트워크 내에 세그먼트가 많아지면 충돌 발생 확률이 커진다.

해설

• 충돌은 동일한 세그먼트를 공유하기 때문에 발생하므로 세그먼트가 크면 그만큼 충돌 가능성도 커진다.

• 허브는 세그먼트의 길이를 연장할 수 있지만 충돌 영역을 분리하지는 못한다. 따라서 허브를 추가하면 그만큼 충돌이 더 자주 일어나게 된다.

• 한 네트워크 내에 세그먼트가 많아진다는 의미는 스위치나 브리지를 사용하여 세그먼트를 분리하였다는 뜻이므로 충돌 발생 확률은 작아진다.

연습문제

정답 및 해설

[9-5] MAC 데이터베이스 불안정성은 _____ 발생한다.

A) 하나의 스위치 포트로 서로 다른 프레임이 수신되기 때문에

B) 서로 다른 스위치 포트로 서로 다른 프레임이 수신되기 때문에

C) 동일한 스위치 포트로 한 프레임의 여러 개의 복사본이 수신되기 때문에

D) 서로 다른 스위치 포트로 한 프레임의 여러 개의 복사본이 수신되기 때문에

해설

• MAC 데이터베이스 불안정성은 한 프레임의 복사본들이 스위치의 여러 포트를 통해 수신될 때 발생하는 문제점이다. 스위치는 가 포트로부터 수신한 프레임의 발신지 주소를 MAC 데이터베이스에 저장한다. 그런데 동일한 발신지 주소를 가진 프레임이 서로 다른 포트로 입력되면 해당 주소를 가진 호스트가 어느 쪽 포트에 접속되어 있는지 혼동하게 된다.

[9-6] STP는 어떻게 네트워크의 루프 방지 기능을 제공하는가?

A) 모든 포트를 차단 상태로 만들어서

B) 모든 브리지를 차단 상태로 만들어서

C) 몇 개의 포트를 차단 상태로 만들어서

D) 몇 개의 브리지를 차단 상태로 만들어서

해설

• STP는 예에서와 같이 루프를 일으키는 포트를 소프트웨어적으로 일시 차단하여 루프를 방지하는 2계층 링크 관리 프로토콜이다.

[9-7] 다음 중 마이크로 세그멘테이션(microsegmentation)에 관한 설명으로 옳은 것은? (3가지 선택)

A) 브리지를 사용하면 마이크로 세그멘테이션이 생성된다.

B) 마이크로 세그멘테이션은 사용 대역폭을 증가시킨다.

C) 네트워크 세그먼트 내의 장비들이 각각 하나의 스위치 포트에 직접 연결되어 있다.

D) 마이크로 세그멘테이션은 충돌을 제거한다.

E) 마이크로 세그멘테이션은 네트워크 내의 세그먼트 개수를 제한한다.

F) 마이크로 세그멘테이션은 반이중으로 동작한다.

해설

• 마이크로 세그멘테이션은 하나의 포트가 하나의 노드만을 갖도록 하는 것이다. 마이크로 세그멘테이션은 네트워크의 각 장비가 전용 세그먼트와 전용 대역폭을 생성할 수 있게 한다. 이렇게 되면 충돌을 없앨 수 있고 전이중 방식을 통해서 데이터 처리 속도를 높일 수 있다. 이는 결국 가용 대역폭을 향상시키는 결과가 된다.

[9-8] 스위치를 사용한 LAN에서 STP(Spanning Tree Protocol)의 목적은 무엇인가?

A) 스위치를 사용하는 환경에서 네트워크를 모니터하는 메커니즘을 제공하기 위하여

B) 이중화 경로가 있는 네트워크에서 라우팅 루프를 방지하기 위하여

C) 스위치를 사용하고 이중화 경로가 있는 네트워크에서 스위칭 루프를 방지하기 위하여

D) 여러 개의 스위치에 걸쳐있는 VLAN 데이터베이스를 관리하기 위하여

E) 충돌 도메인을 생성하기 위하여

해설

• STP는 네트워크에서 루프를 방지하기 위하여 루프를 발생시키는 스위치 포트를 소프트웨어적으로 차단한다. 그리고 네트워크의 상태를 감시하고 있다가 연결에 문제가 생기면 차단하고 있던 포트를 즉시 열어서 네트워크가 연결이 끊어지지 않도록 하는 것이다.

[9-9] 스위치의 MAC 주소 테이블에 목적지 주소는 있지만 발신지 주소가 없는 프레임을 수신하면 스위치는 어떻게 하는가?

A) 프레임을 버리고 발신지 호스트로 오류 메시지를 보낸다.

B) 프레임을 네트워크로 플러딩한다.

C) MAC 주소 테이블에 발신지 주소와 입력 포트를 추가하고 그 프레임을 목적지 포트로 전송한다.

ANSWER   [9-5] D)   [9-6] C)   [9-7] B), C), D)   [9-8] C)   [9-9] C)

D) MAC 주소 테이블에 목적지를 추가하고 그 프레임을 전송한다.

해설

- 스위치는 들어오는 프레임의 MAC 주소를 조사하여 각 포트에 연결되어 있는 장비들의 MAC 주소를 학습한다. 이렇게 해서 만들어진 주소 대 포트의 매핑을 MAC 주소 테이블에 저장한다.
- 스위치는 프레임을 수신하면 목적지 MAC 주소를 MAC 주소 테이블에서 찾는다. 목적지 MAC 주소가 MAC 주소 테이블에 있으면 프레임을 해당하는 포트로 전송한다.

[9-10] 스위치가 주소 테이블에 없거나 알려지지 않은 목적지 하드웨어 주소를 가진 프레임을 수신하면 어떻게 하는가?

A) 사용 가능한 링크 중 첫 번째 링크로 전달한다.

B) 프레임을 버린다.

C) 입력된 인터페이스를 제외한 모든 인터페이스로 플러딩한다.

D) 발송된 스테이션으로 메시지를 되돌려 보내서 이름을 찾는다.

해설

- 스위치는 프레임을 수신하면 목적지 MAC 주소를 MAC 주소 테이블에서 찾는다. 만약 목적지 주소가 MAC 주소 테이블에 없으면 들어온 포트를 제외한 모든 포트로 프레임을 전송한다. 이러한 과정을 플러딩(flooding)이라고 한다.

[9-11] RSTP에 관한 다음 설명 중 옳은 것은?

A) RSTP는 2계층 네트워크 토폴로지가 변경될 때 스패닝 트리의 재계산 속도를 높인다.

B) RSTP는 매우 능동적이고 매우 빠르므로 802.1 지연 타이머가 절대적으로 필요하다.

C) RSTP는 802.1d를 대체하는 사설 프로토콜이다.

D) RSTP에서는 모든 802.1d의 용어와 매개변수가 변경되었다.

해설

- IEEE 802.1d STP는 수렴 중에 루프를 피하기 위해 일정한 시간 동안 대기해야 하는데, RSTP는 이 대기 시간을 없애거나 대폭 줄여서 수렴 시간을 짧게 했다.

[9-12] 다음과 같은 내용을 화면으로 출력하는 명령어는?

A) show vlan

B) show ip route

C) show mac-address-table

D) show mac-address-filter

해설

- MAC 주소 테이블의 내용을 보려면 show mac-address-table 특권 명령어를 사용한다. 이 명령어를 입력하면 MAC 주소 테이블이 표시되며, 이를 통해 각 인터페이스에 어떤 종류의 주소가 사용되었는지 알 수 있다.

[9-13] 다음 설명 중 옳은 것은?

A) 스위치는 하나의 충돌 도메인과 하나의 방송 도메인을 생성한다. 라우터는 하나의 충돌 도메인을 생성한다.

B) 스위치는 하나의 방송 도메인이지만 여러 개의 분리된 충돌 도메인을 생성한다. 라우터는 하나의 분리된 방송 도메인을 제공한다.

C) 스위치는 하나의 충돌 도메인과 여러 개의 분리된 방송 도메인을 생성한다. 라우터도 역시 하나의 분리된 방송 도메인을 제공한다.

D) 스위치는 여러 개의 분리된 충돌 도메인과 여러 개의 분리된 방송 도메인을 생성한다. 라우터는 분리된 여러 개의 충돌 도메인을 제공한다.

해설

- 충돌 영역을 분리하는 장비가 스위치이고, 방송 영역을 분리하는 장비가 라우터이다. 스위치로 연결된 네트워크는 하나의 방송 영역이다.

연습문제

정답 및 해설

[9-14] 다음 중 스위치가 자동으로 학습하는 MAC 주소는?

A) 정적(static)   B) 학습(learned)

C) 동적(dynamic)   D) 영구(permanent)

해설

- 동적 주소(dynamic address)는 스위치가 학습한 다음에 수명이 다 되었을 때 버려지는 MAC 주소이다. 스위치는 각 포트에서 수신한 프레임의 발신지 주소를 학습하고, 주소와 연계된 포트 번호를 MAC 주소 테이블에 추가하여 동적 주소를 제공한다.

[9-15] 다음 중 원래의 STP 표준을 개선하여 수렴 시간을 단축한 IEEE 표준은?

A) 802.1k   B) 802.1p

C) 802.1w   D) 802.1y

해설

- 802.1w는 실제로 802.1D 표준의 수정안이었다. IEEE는 1990년에 처음으로 802.1D를 발표했고 1998년에 개정안을 발표했다. 802.1D의 1998년 버전 이후 IEEE는 2001년에 802.1D에 대한 802.1w 수정안을 발표했으며, 이것이 최초의 RSTP 표준안이다.

[9-16] 다음과 같은 그림에서 목적지 MAC 주소가 000a.f467.63b1인 프레임이 스위치의 Fa0/4 인터페이스로 수신되면 스위치는 어떻게 하는가? (모두 선택)

A) 그 프레임을 버린다.

B) Fa0/3 인터페이스로 그 프레임을 전송한다.

C) Fa0/4 인터페이스로 그 프레임을 전송한다.

D) Fa0/5 인터페이스로 그 프레임을 전송한다.

E) Fa0/6 인터페이스로 그 프레임을 전송한다.

해설

- 수신된 프레임의 목적지 MAC 주소가 MAC 주소 테이블에 없으면 스위치는 그 프레임을 플러딩한다. 따라서 입력된 Fa0/4 인터페이스를 제외한 모든 인터페이스로 프레임을 전송한다.

[9-17] 다음 중 시스코 Catalyst 스위치를 원격에서 관리하고자 할 때 설정하여야 할 명령어를 바르게 나열한 것은?

A) Switch(config)# int fa0/1

Switch(config-if)# ip address 192.168.10.252
                      255.255.255.0

Switch(config-if)# no shut

B) Switch(config)# int vlan 1

Switch(config-if)# ip address 192.168.10.252
                      255.255.255.0

Switch(config-if)# ip default-gateway
                      192.168.10.254 255.255.255.0

C) Switch(config)# ip default-gateway
                      192.168.10.254

Switch(config)# int vlan 1

Switch(config-if)# ip address 192.168.10.252
                      255.255.255.0

Switch(config-if)# no shut

D) Switch(config)# ip default-network
                      192.168.10.254

Switch(config)# int vlan 1

Switch(config-if)# ip address 192.168.10.252
                      255.255.255.0

Switch(config-if)# no shut

해설

- 스위치를 원격에서 관리하려면 스위치를 인터넷에 접속하여야 한다. 스위치를 인터넷에 접속하기 위해서는 IP 주소와 기본 게이트웨이를 설정하여야 한다. 스위치의 IP 주소는 VLAN 1 가상 인터페이스에 설정한다.

ANSWER   [9-14] C)   [9-15] C)   [9-16] B), D), E)   [9-17] C)

[9-18] 스위치에서 하나의 인터페이스에 하나의 호스트만 동적으로 연결되도록 하려면 어떤 명령어를 실행하여야 하는가? (2가지 선택)

A) Switch(config-if)# ip access-group 10

B) Switch(config-if)# switchport port-security maximum 1

C) Switch(config)# access-list 10 permit ip host 1

D) Switch(config-if)# switchport port-security violation shutdown

E) Switch(config)# mac-address-table secure

해설
- 보안 포트 당 한 개 이상의 보안 MAC 주소를 지정하려면 인터페이스 설정 모드에서 switchport port-security maximum *number* 명령어를 사용한다.
- 스위치는 보안 위반이 발생하면 보호(protect), 제한(restrict), 폐쇄(shutdown)의 3가지 동작 중 하나를 수행하도록 설정할 수 있다.

[9-19] 스위치의 24포트 모두를 100 Mbps 속도로 설정하려고 한다. 다음 중 가장 좋은 방법은?

A) Switch(config)# interface range f0/1 - 24
   Switch(config-if-range)# speed 100

B) Switch(config)# speed 100

C) Switch(config)# interface f0/1 - 24
   Switch(config-if-range)# speed 100

D) Switch(config)# speed 100 interface f01 - 24

해설
- 동일한 명령을 여러 개의 인터페이스에 설정할 경우 interface range 명령어를 사용하면 효율적으로 설정할 수 있다. 포트의 전송 속도를 변경하려면 인터페이스 설정 모드에서 speed 명령어를 사용한다.

[9-20] 스위치에서 F0/1 포트에 다음과 같은 명령을 실행하면 어떻게 되는가?

```
switch(config-if)# switchport port-security
                   mac-address 00C0.35F0.8301
```

A) F0/1 포트의 입력 쪽에 호스트의 IP 주소로 가는 트래픽을 제한하는 ACL(Access Control List)을 설정한다.

B) F0/1 포트에서 MAC 주소가 00c0.35F0.8301인 호스트의 접속을 금지시킨다.

C) F0/1 포트에서 MAC 주소가 00c0.35F0.8301인 호스트로부터 오는 모든 트래픽을 암호화한다.

D) F0/1 포트에서 MAC 주소가 00c0.35F0.8301인 호스트만 접속할 수 있도록 허용한다.

해설
- 포트 보안이 설정된 포트에서 접속을 허용할 MAC 주소(보안 MAC 주소)를 수동으로 지정하려면 인터페이스 설정 모드에서 switchport port-security mac-address *mac-address* 명령어를 사용한다.

[9-21] 다음 중 스위치 포트의 포트 보안 설정을 확인하는데 사용하는 시스코 IOS 명령어는?

A) show interfaces port-security

B) show port-security interface

C) show ip interface

D) show interfaces switchport

해설
- 스위치의 인터페이스에 설정된 포트 보안 설정 내용을 보려면 특권 명령어인 show port-security interface 명령어를 사용한다.

[9-22] duplex auto 명령어는 무슨 일을 하는가?

A) 전이중(full-duplex) 모드로 설정한다.

B) 반이중(half-duplex) 모드로 설정한다.

C) 자동 협상(autonegotiation) 모드로 설정한다.

D) 흐름제어를 수행하는 전이중 모드로 설정한다.

해설
- duplex auto는 통신 상대방과 듀플렉스 모드를 자동으로 협상하는 것이다.

연습문제

정답 및 해설

[9-23] 스위치에서 5번 포트의 현재 속도를 알려고 한다. 어떤 명령어를 사용하여야 하는가?

A) show speed

B) show speed interface f0/5

C) show interface f0/5

D) show f0/5

해설

• 스위치를 설정한 후에 설정이 잘 되었는지를 검사하려면 show interface 특권 명령어를 사용한다. 이 명령어는 스위치의 모든 인터페이스의 통계와 상태 정보를 보여준다. 특정한 인터페이스에 대한 정보만 보고 싶을 때에는 명령어 뒤에 인터페이스 번호를 지정한다.

[9-24] 스위치의 8번 포트에 문제가 발생하여 그 포트의 상태를 살펴보았더니 아래 그림과 같은 결과가 나왔다. 이 포트의 문제를 해결하려면 어떤 명령어를 사용하여야 하는가?

A) no shutdown

B) shutdown

C) ip address 12.0.0.10 255.0.0.0

D) no cdp run

해설

• 그림은 show interface 명령어의 결과 화면으로, 맨 위 줄을 보면 FastEthernet 0/8 인터페이스가 관리적으로 다운되어 있으므로 no shutdown 명령어로 이 인터페이스를 활성화시켜야 한다.

[9-25] 스위치에서 포트 보안(port security)을 설정하는 이유는 무엇인가?

A) 3계층 주소를 이용하여 패킷을 필터링하기 위해서

B) 사설 주소를 공인 주소로 번역하기 위해서

C) 네트워크의 루프를 방지하기 위해서

D) 네트워크에 인증되지 않은 접속을 막기 위해서

해설

• 스위치의 특정 포트에 특정 장비만 접속을 허용하고 그 이외의 장비는 접속할 수 없도록 하는 기능을 이를 포트 보안(port security)이라고 한다. 포트 보안을 사용하면 특정 포트에 접속할 수 있는 장비의 MAC 주소를 제한할 수 있다.

[9-26] 다음의 보안 위반 모드 중에서 지정된 MAC 주소로부터의 트래픽은 통과시키지만 지정되지 않은 주소로부터 오는 트래픽은 통과시키지 않는 모드는?

A) shutdown   B) restrict

C) disable   D) disconnect

해설

• 스위치는 보안 위반이 발생하면 보호(protect), 제한(restrict), 폐쇄(shutdown)의 3가지 동작 중 하나를 수행하도록 설정할 수 있다. 3가지 동작 모두 보안 위반 프레임은 폐기한다.

• 보호 모드에서는 인가된 프레임은 정상적으로 전송하고 보안 위반 프레임만 폐기시킨다.

• 제한 모드에서는 보호 모드의 동작은 모두 수행하고 단지 보안 위반 프레임이 발생하면 경고 메시지를 출력한다.

• 폐쇄 모드에서는 제한 모드의 동작을 모두 수행하고 인터페이스를 비활성화시킨다. 즉 폐쇄 모드는 보안 위반이 발생하면 모든 트래픽을 폐기한다.

[9-27] 다음 그림과 같은 출력에 대한 설명으로 옳은 것은? (2가지 선택)

A) F0/3 포트의 LED 상태는 황색(amber)이다.

B) F0/3 포트는 프레임을 전송한다.

C) 이와 같은 문제는 몇 분후에 저절로 해결된다.

D) 이 포트가 동작하기 위해서는 shutdown 명령어가 필요하다.

해설

• 그림에서 보면 이 포트는 Secure-shutdown 모드이다. 즉 포트 보안 위반이 발생한 것이다. 따라서 포트 LED는 황색(amber)이 된다. 이 포트를 다시 활성화시키려면 shutdown 명령어를 입력한 다음 다시 no shutdown 명령어를 입력하면 된다.

연습문제

정답 및 해설

[9-28] 다음 중 스위치에서 포트 보안 위반이 발생하였을 때, SNMP를 통하여 관리자에게 경고 메시지를 전송하는 모드는? (2가지 선택)

A) 제한(restrict)

B) 보호(protect)

C) 폐쇄(shutdown)

D) 비활성화(err-disable)

해설

• 스위치의 포트 보안 위반 시 동작 모드 중에서 관리자에게 경고 메시지를 보내는 모드는 제한 모드와 폐쇄 모드이다.

[9-29] 스위치에 IP 주소를 설정하려면 기본적으로 어느 인터페이스에서 설정하여야 하는가?

A) int fa0/0   B) int vty 0 15

C) int vlan 1   D) int s/0/0

해설

• 시스코 스위치의 관리 인터페이스는 VLAN(Virtual LAN) 1에 위치한다. 이 관리 인터페이스는 물리적 인터페이스와 같은 기능을 수행하는 가상 인터페이스이며, 스위치의 IP 주소는 이 가상 인터페이스에 할당된다.

[9-30] 학교의 강당에 수업 중 발표자가 사용할 수 있는 스위치 포트를 설치하였다. 이 포트에는 발표용 PC가 고정적으로 연결되어 있다. 그러므로 다른 PC는 이 포트에 연결하여 사용할 수 없도록 하려고 한다. 다음 중 이전의 설정을 지우고 새로운 설정을 하는데 필요 없는 과정은?

A) 포트 보안을 활성화한다.

B) 포트에 발표용 PC의 MAC 주소를 할당한다.

C) 포트를 액세스 모드로 설정한다.

D) 포트를 트렁크 모드로 설정한다.

해설

• 스위치에서 포트 보안을 설정하려면 먼저 해당 인터페이스의 포트 모드를 액세스 모드로 설정한 다음, 포트 보안을 활성화한다. 그리고 그 포트에 접속을 허용할 MAC 주소를 지정한다.

• 이 예에서는 스위치 포트가 하나의 VLAN에 속하기 때문에 트렁크 모드로 설정할 필요는 없다.

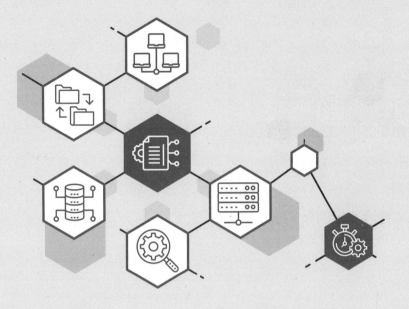

CHAPTER

10

VLAN

학습목표

- VLAN을 사용하는 목적과 그 기능에 대하여 설명할 수 있다.
- 트렁킹을 사용하는 목적과 그 기능을 설명할 수 있다.
- VLAN을 구현하고 구현된 사항을 검증할 수 있다.
- VLAN에 포트들을 할당할 수 있다.
- 802.1Q 트렁킹을 설정하고 그 기능을 검증할 수 있다.
- VTP와 VLAN 간 라우팅을 설명할 수 있다.

10.1 VLAN과 트렁크의 구현

10.1.1 VLAN의 개요

VLAN(Virtual LAN)은 하나의 논리적인 브로드캐스트 영역으로서 여러 개의 물리적 LAN 세그먼트에 걸쳐져 있을 수 있다. VLAN을 이용하면 물리적으로는 다른 곳에 있지만 함께 연결되어 데이터를 주고받을 수 있는 호스트들을 하나의 그룹으로 묶을 수 있다. VLAN은 하나의 물리적인 LAN과 속성이 동일하다. 단 물리적인 LAN과 다른 장점은 호스트들이 동일한 LAN 세그먼트에 있지 않아도 된다는 것이다. 즉 물리적으로 다른 세그먼트에 있는 호스트들도 VLAN을 사용하면 하나의 그룹으로 묶을 수 있다. 또한 VLAN을 사용하면 하나의 스위치에 있는 포트들도 서로 다른 그룹으로 묶을 수 있으며, 이렇게 하면 유니캐스트, 멀티캐스트, 브로드캐스트 트래픽의 플러딩을 제한할 수 있다. 즉 특정 VLAN에서 플러딩된 트래픽은 해당 VLAN에 속한 포트로만 플러딩된다.

VLAN을 이해하려면 브로드캐스트 도메인의 개념을 확실하게 알고 있어야 한다. 하나의 LAN에 연결된 모든 장비는 동일한 브로드캐스트 도메인 내에 있다. 이 말은 LAN의 어떤 장비 하나가 브로드캐스트 프레임을 전송하면 다른 모든 장비가 이 프레임을 수신한다는 것을 의미한다. 따라서 LAN과 브로드캐스트 도메인은 기본적으로 같은 것이라고 할 수 있다.

VLAN을 사용하지 않으면 스위치는 모든 인터페이스가 동일한 브로드캐스트 도메인에 속하는 것으로 간주한다. 즉 스위치에 연결되어 있는 모든 장비가 동일한 LAN에 있는 것이다. 그러나 VLAN을 사용하면 스위치의 일부 인터페이스를 하나의 브로드캐스트 도메인에 두고, 다른 인터페이스들은 또 다른 브로드캐스트 도메인에 둬서, 여러 개의 브로드캐스트 도메인을 만들 수 있다. 스위치에 의해 이렇게 만들어진 브로드캐스트 도메인이 VLAN이다. (그림 10-1)은 VLAN의 한 예로, 하나의 스위치에 연결된 4개의 장비를 2개씩 2개의 VLAN으로 구성한 것이다.

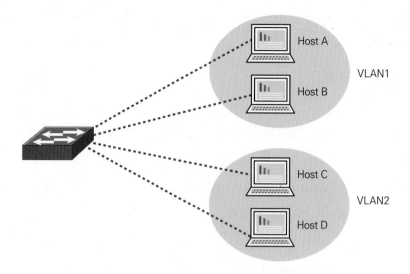

그림 10-1   한 대의 스위치에 두 개의 VLAN이 있는 예

VLAN은 논리적인 브로드캐스트 영역으로서 여러 개의 물리적 LAN 세그먼트에 걸쳐 있을 수 있다. 스위치로 연결된 네트워크에서 VLAN을 사용하면 사용자의 물리적인 위치에 상관없이 기능이나 프로젝트 팀 또는 용도에 따라 스테이션들을 논

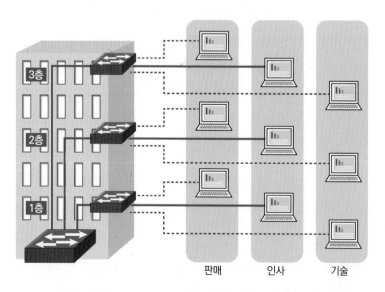

VLAN = Broadcast Domain = Logical Network (Subnet)

그림 10-2   여러 스위치에 걸쳐있는 VLAN

리적인 세그먼트로 그룹화할 수 있다. 즉 같은 부서에 있는 직원, 기능에 의해 교차
해서 구성된 생산 팀, 동일한 네트워크 응용을 공유하는 다양한 사용자들을 그룹으
로 묶을 수 있다. VLAN은 (그림 10-2)와 같이 하나의 스위치에 있을 수도 있고 여러
대의 스위치에 걸쳐있을 수도 있다. 또한 한 건물의 스테이션을 포함하고 있을 수도
있고 여러 건물의 스테이션을 포함하고 있을 수도 있다.

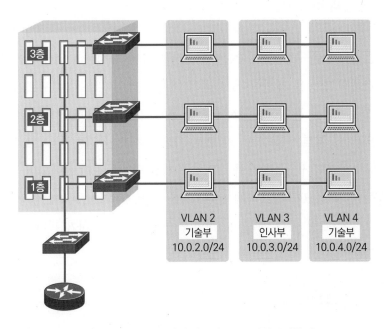

그림 10-3   VLAN마다 별도의 IP 주소를 부여한 예

스위치로 연결된 네트워크에서 각각의 VLAN은 하나의 IP 네트워크에 대응한
다. 따라서 VLAN을 설계할 때에는 계층적 네트워크 어드레싱(hierarchical network
addressing) 체계를 고려해야 한다. 계층적 네트워크 어드레싱은 IP 네트워크 번호
가 네트워크 세그먼트나 VLAN에 순서대로 적용된다는 것을 의미한다. 이때 네트워
크는 하나로 간주되며, 네트워크의 특정 영역에 있는 장비에 연속된 네트워크 주소
블록이 예약되고 설정된다. (그림 10-3)은 하나의 기관에 설치된 VLAN의 예로, 이
기관 내의 여러 부서들 사이에 IP 주소를 할당한 예를 보인 것이다. 각각의 서브넷은
하나의 VLAN에 할당되어 있다.

VLAN을 사용하면 네트워크 사용자를 물리적인 위치 대신에 부서별 또는 기능별
로 묶을 수 있고, 하나의 네트워크를 더 작은 브로드캐스트 도메인으로 분리하여 트
래픽 오버헤드를 감소시킬 수 있다. 또한 LAN이 분리되므로 보안이 더 강화되며 컴
퓨터와 IP 전화기의 트래픽을 분리하는 데에도 VLAN을 사용한다.

10.1.2 트렁킹과 802.1Q

시스코 스위치에서 구현된 VLAN은 출발지 포트와 동일한 VLAN에 속한 목적지
포트로만 트래픽 전송을 제한한다. 따라서 어떤 프레임이 스위치 포트에 도착하면
스위치는 그 프레임을 동일한 VLAN에 속한 포트로만 제전송해야 한다. 일반적으로
하나의 포트는 그 포트가 속한 VLAN으로 가는 트래픽만 전송한다. 그러므로 여러
개의 VLAN이 설정되어 있는 2개의 스위치를 서로 연결하려면 설정되어 있는 VLAN
의 숫자만큼 연결 링크가 필요하게 된다. 예를 들어 3개의 VLAN이 설정된 두 스위
치를 연결하려면 (그림 10-4)와 같이 3개의 연결 링크가 필요하게 된다.

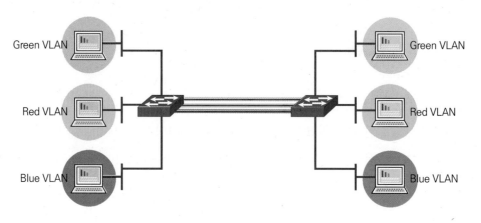

그림 10-4   VLAN의 연결

그러나 VLAN의 수가 증가하게 되면 이러한 방법은 비효율적이 된다. 이와 같은
경우에 사용하는 것이 바로 트렁킹(trunking)이다. 트렁킹은 하나의 링크로 여러 개
의 VLAN을 연결하는 방법이다. 하나의 트렁크로 여러 VLAN으로 가는 트래픽을 전

송할 수 있다. (그림 10-5)는 두 스위치 사이에서 3개의 VLAN으로 가는 트래픽을 전
송하는 트렁크의 예이다.

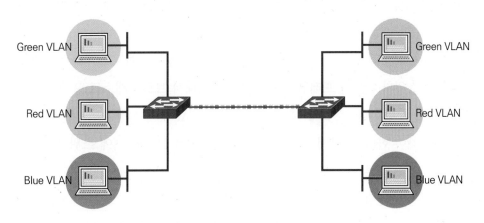

그림 10-5   VLAN 트렁크의 개념

이더넷 트렁크는 하나의 링크로 여러 VLAN의 트래픽을 전송한다. 따라서 이더넷
트렁크를 사용하면 전체 네트워크로 VLAN을 확장할 수 있다. 트렁크에서 각 VLAN
의 데이터가 서로 섞이지 않도록 하기 위하여 각 데이터 프레임에 태그(tag)를 부착

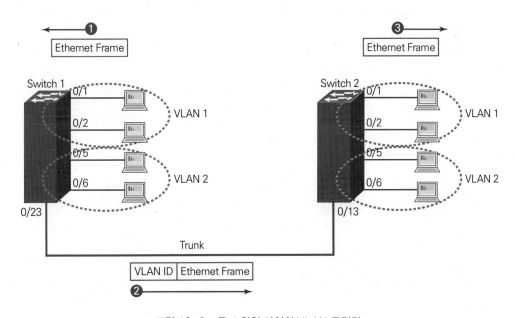

그림 10-6   두 스위치 사이의 VLAN 트렁킹

한다. 이 태그는 마지막 스위치에서 제거된다. (그림 10-6)에 두 스위치 사이에서의
태깅의 예를 보였다. 프레임을 송신하는 스위치는 트렁크로 프레임을 보내기 전에
또 다른 헤더를 프레임에 추가한다. 추가로 들어가는 이 VLAN 헤더에는 VLAN을
구별하기 위한 VLAN ID 필드가 들어간다.

(그림 10-6)의 1단계에서 스위치 1은 Fa0/1 인터페이스로 브로드캐스트 프레임을
수신한다. 스위치 1은 이 프레임을 플러딩하기 위해서 브로드캐스트 프레임을 스위
치 2로 전달해야 한다. 스위치 1은 이 프레임이 VLAN 1에 속한다는 것을 스위치 2
가 알도록 해야 한다. 따라서 2단계에서처럼 프레임을 보내기 전에 스위치 1은 원래
의 프레임에 또 다른 VLAN 헤더를 추가한다. 이 헤더에는 VLAN ID가 포함되어 있
다. 프레임을 수신한 스위치 2는 이 프레임의 VLAN ID가 1이므로 VLAN 1의 장비
에서 왔다는 것을 알고 이 브로드캐스트 프레임을 VLAN 1 인터페이스로만 전달한
다. 3단계에서와 같이 스위치 2는 VLAN 헤더를 제거한 다음에 VLAN 1의 인터페이
스들로 원래의 프레임을 전달한다.

스위치 1의 Fa0/5 인터페이스에 연결되어 있는 장비가 브로드캐스트를 전송하는
경우를 생각해 보자. 스위치 1은 브로드캐스트를 Fa0/6 포트와 Fa0/23 포트로 전
송한다. 스위치 1은 프레임에 트렁킹 헤더를 추가하며, 여기에 있는 VLAN ID는 2가

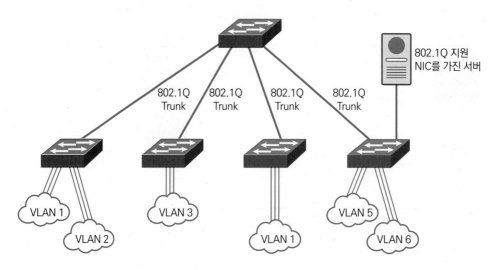

그림 10-7   트렁크의 사용 예

된다. 스위치 2는 프레임이 VLAN 2에 속한다는 것을 알게 되고, 트렁킹 헤더를 벗긴
다음에 Fa0/5와 Fa0/6 포트로만 이 프레임을 전달한다.

트렁크는 (그림 10-7)과 같이 이더넷 스위치나 라우터, 서버 등을 연결하는 점대점
링크이다. 트렁크는 특정한 VLAN에 속하지는 않는다. 트렁크는 스위치와 라우터들
사이의 VLAN을 위한 하나의 운송수단이다. 두 장비 사이에 하나의 링크를 사용하
여 여러 VLAN의 데이터를 운반하기 위하여 트렁킹 프로토콜이라는 특별한 프로토
콜을 사용한다. 대표적인 트렁킹 프로토콜이 IEEE에서 제정한 802.1Q이다.

시스코 스위치는 두 개의 트렁킹 프로토콜을 지원한다. 하나는 ISL(Inter-Switch
Link)이고 다른 하나는 IEEE 802.1Q이다. IEEE에서 VLAN 트렁킹 표준 프로토콜인
802.1Q를 만들기 수년전에 시스코는 독자 프로토콜인 ISL을 만들어서 사용하였다.
ISL은 시스코 전용 프로토콜이므로 ISL을 지원하는 두 시스코 스위치 사이에서만 사
용할 수 있다. 최근 나오는 일부 시스코 스위치는 ISL을 지원하지 않고 802.1Q 표준
만을 지원한다. ISL은 (그림 10-8)과 같이 원래의 이더넷 프레임을 ISL 헤더와 트레일
러로 완전히 캡슐화한다. 그러므로 ISL 헤더와 트레일러 안에 들어 있는 원래의 이더
넷 프레임은 변경되지 않은 채로 그대로 남는다.

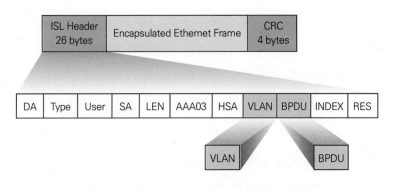

그림 10-8   ISL 프레임의 형식

스위치에서 어떤 인터페이스를 트렁킹으로 설정할 수도 있고 비트렁킹으로 설정
할 수도 있다. 또는 인접한 인터페이스와 협상하도록 설정할 수도 있다. 기본적으로
설정된 모든 VLAN은 하나의 트렁크 인터페이스로 전송된다. 트렁크로 전송되는 프

레임들이 어느 VLAN에 속하는 것인가를 구별하기 위하여 각 프레임에 태그를 부착한다. 이를 태깅(tagging)이라고 한다.

IEEE 802.1Q 프로토콜에서 태깅은 (그림 10-9)와 같이 이더넷 프레임의 발신지 주소 필드와 길이/종류 필드 사이에 4바이트의 태그 필드를 삽입한다. 이 태그 필드 내에는 12비트의 VLAN ID가 포함되어 있다. 802.1Q 태깅은 원래의 이더넷 프레임을 변경하기 때문에 FCS는 다시 계산하여야 한다.

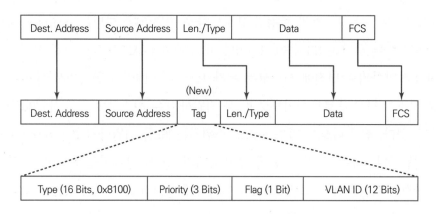

그림 10-9   802.1Q 프레임의 형식

802.1Q는 각각의 트렁크에서 하나의 VLAN을 네이티브 VLAN(Native VLAN)으로 정의한다. 네이티브 VLAN은 주로 트렁킹을 인식하지 못하는 장비와의 연결을 지원하는데 사용한다. 예를 들어 시스코 스위치가 802.1Q 트렁킹을 인식하지 못하는 스위치와 연결될 수 있다. 이때에 시스코 스위치는 프레임을 네이티브 VLAN으로 전송한다. 네이티브 VLAN은 프레임에 트렁킹 헤더를 붙이지 않고 원래의 프레임을 전송한다. 그러면 상대 스위치는 프레임을 인식할 수 있을 것이다.

네이티브 VLAN 개념을 사용하면 스위치는 최소한 하나의 VLAN(네이티브 VLAN)으로 트래픽을 넘길 수 있으므로 스위치로의 텔넷 접속과 같은 기본 기능을 이용할 수 있게 된다. 기본적으로 802.1Q의 네이티브 VLAN은 VLAN 1이다. 트렁크의 다른쪽에 있는 스위치에서 수신한 프레임에 802.1Q 헤더가 없을 경우 스위치는 해당 프레임이 네이티브 VLAN의 일부라고 인식한다. 이러한 특징 때문에 양쪽 스위치에서 네이티브 VLAN은 동일해야 한다.

10.1.3 VLAN과 트렁크의 설정

시스코 스위치를 작동시키는 데는 별도의 설정을 하지 않아도 된다. 시스코 스위치는 케이블링을 해서 장비를 설치하고 전원을 올리면 별다른 설정이 없어도 잘 작동한다. 하지만 VLAN을 사용하려면 약간의 설정을 추가하여야 한다.

시스코 스위치에 VLAN을 설정하려면 **vlan** *vlan-id* 전역 설정 명령어를 사용한다. (그림 10-10)은 VLAN을 설정하는 명령어의 형식과 예제이다. 예제에서와 같이 이 명령어를 입력하면 VALN 설정 모드로 들어간다. 생성한 VLAN을 삭제하려면 이 명령어 앞에 **no**를 붙이면 된다. VLAN 설정 모드에서 **name** *vlan-name* 명령어를 사용하여 VLAN 이름을 설정할 수 있다. 이름을 설정하지 않으면 디폴트로 VLANZZZZ가 이름이 된다. 여기에서 ZZZZ는 4자리의 10진수로 된 VLAN ID이다. 예를 들어 VLAN 3의 디폴트 이름은 VLAN0003이 된다.

```
SwitchX(config)# valn vlan-id
SwitchX(config-vlan)# name vlan-name
```

```
SwitchX(config)# valn 2
SwitchX(config-vlan)# name Sales
```

그림 10-10 VLAN 설정 명령어의 형식과 예제

VLAN 데이터베이스에 하나의 VLAN을 추가하려면 VLAN에 번호를 할당하고 이름을 부여하면 된다. VLAN 1은 공장에서부터 할당된 기본 VLAN이다. 정상 범위의 VLAN은 1~1001 사이의 번호로 구별된다. 1002번부터 1005 사이의 VLAN은 토큰링과 FDDI VLAN 용으로 예약되어 있다. VALN ID 1번과 1002~1005번은 자동으로 생성되며 삭제할 수 없다.

VLAN ID 1~1005에 대한 설정은 valn.dat 파일(VLAN 데이터베이스)에 저장된다.

show vlan 특권 실행 명령어를 사용하면 VLAN 설정 정보를 볼 수 있다. vlan.dat 파일은 플래시 메모리에 저장된다. 개별 VLAN에 관한 정보를 보려면 show vlan id *vlan-number* 명령어나 show vlan name *vlan-name* 명령어를 사용한다. (그림 10-11)은 개별 VLAN 정보를 보기 위한 예이다.

```
SwitchX# show vlan id 2
vlan Name                      status  Ports
---- -------------------------- ------ --------------------
2    sales                      active  Fa0/2, Fa0/12

vlan Type  sAID   MTU  Parent RingNo BridgeNo stp BrdgMode Trans1 Trans2
---- ----  ------ ---- ------ ------- -------- --- -------- ------ ------
2    cnct  100002 1500 -      -       -        -   -        0      0

<output omitted>
```

그림 10-11   VLAN 설정의 검증

VLAN을 생성한 후에 해당 VLAN에 스위치의 포트를 수동으로 할당할 수 있다. 하나의 포트는 하나의 VALN에만 속할 수 있다. 각각의 포트를 VLAN에 할당하려면 switchport access vlan *vlan-number* 인터페이스 하위 명령어를 사용한다. 예를 들어 fa0/3 포트를 VLAN 2에 할당하려면 (그림 10-12)와 같이 설정하면 된다.

```
SwitchX# configure terminal
SwitchX(config)# interface FastEthernet 0/3
SwitchX(config-if)# switchchport access vlan 2
```

그림 10-12   개별 포트를 VLAN에 할당하는 예

모든 스위치 포트에 대한 VLAN 할당 및 멤버십 유형을 보려면 (그림 10-13)과 같이 show vlan brief 특권 실행 명령어를 사용한다. show vlan 명령어는 트렁크 포트로 설정된 포트는 표시하지 않고 액세스 포트로 설정된 포트만 표시한다.

```
SwitchX# show vlan brief
vlan Name Status Ports

1       default  active    Fa0/1
2       Sales    active    Fa0/3
3       vlan3    active
4       vlan4    active
<output omitted " >&&&)
```

그림 10-13   VLAN 포트 할당 정보 보기

특정 인터페이스에 대한 VLAN 정보를 보려면 (그림 10-14)와 같이 show inter-
faces *interface* switchport 특권 실행 명령어를 사용한다.

```
SwitchX# show interface FastEthernet0/3 switchport
Name : Fa0/3
Switchport : Enabled
Administrative Mode : dynamic auto
Operational Mode : static access
Administrative Trunking Encapsulation : dot1q
Operational Trunking Encapsulation : native
Negotiation of Tunking : On
Access Mode VLAAN : 2 (Sales)
<output omitted>
```

그림 10-14   특정 인터페이스에 대한 VLAN 정보 보기

스위치의 특정 포트를 트렁크로 설정하기 위해서는 switchport mode trunk 인
터페이스 하위 명령어를 사용한다. 트렁킹 프로토콜로 802.1q 프로토콜을 사용하려
면 switchport trunk encapsulation dot1q 인터페이스 하위 명령어를 사용한다.
이 encapsulation 명령어는 스위치가 802.1q 캡슐화 방법만을 사용하는 경우에는
실행할 필요는 없다.

예를 들어 (그림 10-15)는 SwitchX의 fa0/11 포트를 트렁크 포트로 설정하는 예제
이다. 또한 이 예제에서는 네이티브 VLAN을 VALN 99로 변경하였다. 이와 같이 디
폴트로 VLAN 1로 설정되어 있는 네이티브 VLAN을 다른 VLAN으로 변경할 수 있

다. 그러나 주의해야 할 점은 한 쪽 스위치에서 네이티브 VLAN을 변경하면 트렁크로 연결된 상대방 스위치에서도 동일하게 바꾸어주어야 한다는 것이다.

```
SwitchX# configure terminal
SwitchX(config)# interface Fastethernet 0/11
SwitchX(config-if)# switchport mode trunk
SwitchX(config-if)# switchport trunk encapsulation dot1q
SwitchX(config-if)# switchport trunk native vlan 99
```

그림 10 15   트렁그 설정의 예

양쪽 스위치에서 802.1Q와 ISL 중에서 어떤 트렁킹 프로토콜을 사용할 것인지에 대해서는 대부분의 시스코 스위치에서 DTP(Dynamic Trunking Protocol)를 사용하여 자동으로 협상한다. DTP는 시스코의 독점 프로토콜이다.

switchport mode 명령어에는 다음과 같은 네 개의 옵션이 있다.

- trunk: 포트를 영구적인 802.1Q 트렁크 모드로 설정하고, 링크를 트렁크 모드로 전환하기 위해서 연결된 장비와 협상한다.
- access: 포트 트렁크 모드를 비활성화하고, 링크를 트렁크가 아닌 모드로 전환하기 위해 연결되어 있는 장비와 협상한다.
- dynamic desirable: 트렁크가 아닌 모드에서 트렁크 모드로 협상하도록 한다. 연결된 장비의 상태가 trunk, desirable, auto이면 포트는 트렁크 포트로 협상한다. 그렇지 않으면 트렁크가 아닌 모드의 포트가 된다.
- dynamic auto: 연결된 장비의 상태가 trunk나 desirable인 경우에만 포트는 트렁크로 활성화된다. 그렇지 않으면 포트는 트렁크가 아닌 모드의 포트가 된다.

양쪽 스위치의 연결된 포트의 모드에 따라 운영 모드가 트렁크나 액세스 중에 무엇이 될 것인지를 〈표 10-1〉에 정리하였다.

표 10-2   트렁크의 운영 모드

모드	access	dynamic auto	trunk	dynamic desirable
access	액세스	액세스	액세스	액세스
dynamic auto	액세스	액세스	트렁크	트렁크
trunk	액세스	트렁크	트렁크	트렁크
dynamic desirable	액세스	트렁크	트렁크	트렁크

시스코 스위치에서 트렁크 설정을 확인하려면 show interfaces *interface* switch-
port 특권 실행 명령어나 show interfaces *interface* trunk 특권 실행 명령어를
사용한다. 이 명령어를 사용하면 (그림 10-16)과 같이 트렁크 매개변수와 포트의
VLAN 정보를 볼 수 있다.

```
Switchx# show interface FastEthernet0/11 switchport
Name : Fa0/11
Switchport : Enabled
Administrative Mode : trunk
Operational Mode : trunk
Administrative Trunking Encapsulation : dot1q
Negotiation of Tunking : on
Access Mode VLAN : 99
Trunking Native Mode VLAN : 99
```

```
Switchx# show interface FastEthernet0/11 trunk
Port   Mode   Encapsulation status     Native vlan
Fa0/11 on     802.1q          trunking   99

 Port    Vlans allowed on trunk
Fa0/11   1-4094
 Port      vlans allowed and active in management domain
Fa0/11   1-13
<output omitted>
```

그림 10-16   트렁크 설정 정보 확인하기

10.2 VTP와 VLAN 간 라우팅

10.2.1   VTP

여러 VLAN을 지원하는 스위치들이 서로 연결된 네트워크에서 VLAN을 만들고 연결하기 위해 각 스위치마다 VLAN을 수동으로 설정해야 한다. 조직이 커지고 스위치들이 네트워크에 추가됨에 따라 각각의 스위치는 수동으로 VLAN 정보를 설정해야 한다. 이와 같은 경우 VLAN 설정이 일치하지 않게 되는 문제가 발생할 수 있다. 이러한 문제점을 해결하기 위하여 시스코는 VTP(VLAN Trunking Protocol)라는 전용 프로토콜을 개발하였다.

예를 들어 10대의 스위치가 연결되어 있고, VLAN 트렁킹도 사용하고 있는 네트워크가 있다고 하자. 또한 각 스위치에서 최소한 한 개의 포트가 VLAN에 할당되어 있고, 이 VLAN의 ID를 3이고, 이름은 Accounting라고 하자. 여기에서 VTP를 사용하지 않는다면 네트워크 관리자는 10대의 스위치 모두에 로그인하여 VLAN을 만들고 이름을 정의하는 두 개의 설정 명령어를 10대의 스위치에서 반복하여 입력하여야 한다. 그러나 VTP를 사용하면 한 대의 스위치에서 VALN 3을 만들면 다른 9대의 스위치는 VTP를 사용하여 VLAN 3과 그 이름을 학습할 수 있다.

VTP는 2계층 메시지 프로토콜로, 네트워크에서의 VLAN 추가, 삭제, 이름 변경 등을 관리함으로써 VLAN 설정 일관성을 유지한다. VTP는 한 스위치에서 설정된 VLAN 정보를 다른 스위치들에게 광고하여 그 VLAN 정보를 네트워크 내의 모든 스위치가 자동으로 학습하도록 한다. VTP를 사용하면 VLAN 이름 중복이나 잘못된 VLAN 종류 규격 같은 설정 오류나 설정의 비일관성을 최소화할 수 있다. (그림 10-17)은 스위치들 사이에서 VLAN을 관리하기 위해 VTP를 사용하는 예를 보이고 있다.

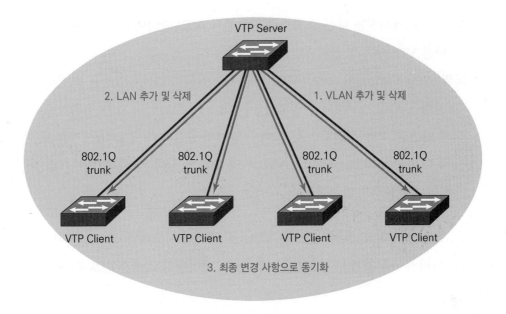

그림 10-17   VTP의 사용 예

1 VTP 모드

VTP는 3가지 모드가 있다. 서버 모드, 클라이언트 모드, 투명 모드 중 하나로 운용된다. VTP는 운영 모드에 따라 처리되는 작업이 달라진다. VTP의 3가지 모드의 특징을 다음과 같이 요약할 수 있다.

- 서버 모드(server mode): 서버 모드는 VTP의 디폴트 모드이다. 관리 도메인 이름이 지정되거나 학습되기 전까지는 VLAN 정보가 네트워크에 전파되지 않는다. VTP 서버에서 VLAN 설정을 생성하거나, 수정하거나 또는 삭제하는 것과 같이 설정을 변경하면, 그 변경 정보는 VTP 도메인의 모든 스위치로 전파된다. VTP 메시지는 연결되어 있는 모든 트렁크로 전송된다. VTP 서버는 VLAN 데이터베이스 파일을 다른 VTP 서버 및 클라이언트와 동기화한다.

- 클라이언트 모드(client mode): VTP 클라이언트 모드에서는 VLAN 설정을 변경할 수 없다. 그러나 VTP 클라이언트는 데이터베이스에 현재 목록으로 들어가 있는 모든 VLAN을 다른 VTP 스위치로 전송할 수 있다. 클라이언트 모드에서도

VTP 광고 메시지는 다른 스위치로 전달된다. VTP 클라이언트는 데이터베이스를 다른 VTP 서버 및 클라이언트와 동기화한다.

- 투명 모드(transparent mode): VTP 투명 모드에서는 VLAN 설정을 변경하면 변경 사항은 로컬 스위치에만 영향을 미치고 VTP 도메인의 다른 스위치로 전파되지 않는다. VTP 투명 모드는 도메인 안에서 받은 VTP 광고 메시지를 도메인 내의 다른 스위치로 전달한다. VTP 투명 모드의 장비는 데이터베이스를 다른 장비와 동기화하지 않는다.

시스코 IOS에서 VTP 클라이언트는 VLAN을 플래시 메모리의 vlan.dat 파일로 저장한다. 따라서 스위치가 다시 로드될 때 VLAN 테이블과 리비전 번호를 계속 유지한다.

2 VTP 운용

VTP 광고 메시지는 관리 도메인 전체로 플러딩된다. VTP 광고 메시지는 5분마다 또는 VLAN 설정이 변경될 때마다 전송된다. VTP 광고 메시지는 멀티캐스트 프레임을 사용해서 디폴트 VLAN(VLAN 1)으로 전송된다. 설정 리비전 번호는 각 VTP 광고 메시지에 포함된다. 설정 리비전 번호가 더 높으면, 광고되고 있는 VLAN 정보가

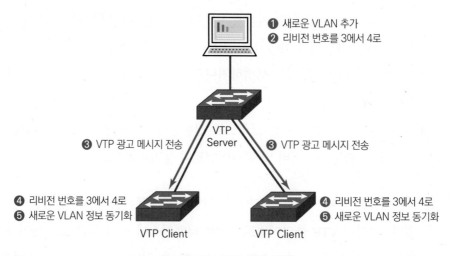

그림 10-18   VTP 동작 과정

저장되어 있는 정보보다 더 최신이라는 뜻이다. VTP의 동작 과정을 (그림 10-18)에 보였다.

VTP 구성 요소 중에서 가장 중요한 것은 설정 리비전 번호이다. VTP 서버가 VLAN 정보를 수정할 때마다 VTP 서버는 설정 리비전 번호를 1씩 증가시킨다. 그런 다음에 서버는 새로운 설정 리비전 번호와 함께 VTP 광고 메시지를 전송한다. 광고되는 설정 리비전 번호가 VTP 도메인의 다른 스위치에 저장된 번호보다 더 높으면, 스위치는 광고되고 있는 새로운 정보로 VLAN 정보를 덮어쓴다. VTP 투명 모드의 설정 리비전 번호는 항상 0이다.

VTP 광고를 수신하는 장비는 수신된 VLAN 정보를 통합하기 전에 여러 매개변수를 점검한다. 먼저 광고 메시지에 있는 관리 도메인의 이름과 암호가 로컬 스위치에 설정된 것과 일치해야 한다. 그 다음에, 메시지가 현재 사용 중인 설정 이후에 생성된 경우, 스위치는 광고된 VLAN 정보를 통합한다.

설정 리비전 번호를 리셋하기 위해서는 VTP 도메인을 다른 이름으로 변경한 다음에 다시 이전 이름으로 되돌려서 변경할 수 있다. 또한 VTP 모드를 투명 모드로 변경한 다음에 클라이언트나 서버 모드로 다시 변경할 수 있다.

3 VTP 가지치기

VTP 가지치기(VTP pruning)는 특정 VLAN에서 오는 프레임이 필요가 없는 경우 스위치의 트렁크 인터페이스에서 이 트래픽을 차단하는 것이다. VTP 가지치기를 사용하면 특정 VLAN에서 오는 프레임을 필요로 하지 않는 스위치가 어느 것인지를 동적으로 판단할 수 있다. (그림 10-19)는 VTP 가지치기의 예이다. 여기에서 점선으로 된 직사각형은 VLAN 10에서 자동으로 가지치기한 트렁크를 나타낸다.

(그림 10-19)에서 스위치 1과 스위치 4의 포트가 VLAN 10에 속해있다. 전체 네트워크에서 VTP 가지치기가 활성화되어 있으면 스위치 2와 스위치 4는 VTP를 자동으로 사용해서 그림의 하단에 있는 스위치의 어떤 포트도 VLAN 10에 할당되어 있지 않다는 것을 학습한다. 결과적으로, 스위치 2와 스위치 4는 일부 트렁크로부터 VLAN 10을 가지치기한다. 가지치기에 의해 스위치 2와 스위치 4는 VLAN 10에 있

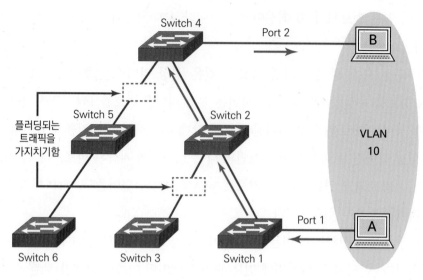

그림 10-19   VTP 가지치기

는 프레임을 이 트렁크들로 보내지 않는다. 예를 들어 호스트 A가 브로드캐스트 프레임을 보내면 스위치들은 화살표를 따라서 브로드캐스트를 플러딩한다.

VTP 가지치기를 활용하면 트래픽 플러딩을 제한함으로써 가용 대역폭을 절약할 수 있다. VTP 가지치기는 VTP를 사용하는 이유 중에 하나이다. 또다른 이유는 VTP를 사용하면 VLAN을 더 쉽고 일관성 있게 설정할 수 있다는 것이다.

10.2.2 VLAN 간 라우팅의 개요

라우팅은 자기 네트워크 밖으로 나가는 패킷, 즉 외부 네트워크 주소를 목적지로 하는 데이터 패킷을 어디로 보낼 것인가를 결정하는 과정이다. 라우터는 데이터 패킷을 수신하고 송신하기 위하여 라우팅 정보를 수집하고 관리한다. 서로 다른 VLAN은 다른 네트워크이다. 따라서 한 VLAN에서 다른 VLAN으로 패킷을 보내려면 3계층 프로세스가 필요하다.

각각의 VLAN은 독립적인 브로드캐스트 도메인이다. 그러므로 기본적으로 서로 다른 VLAN에 속하는 컴퓨터는 연결되지 않는다. 이러한 컴퓨터를 서로 연결하여 데이터를 주고받을 수 있도록 하는 것이 VLAN 간 라우팅(inter-VLAN routing)이다. VLAN 간 통신은 브로드캐스트 도메인을 연결하는 3계층 장비를 통해서 이루어진다.

VLAN은 네트워크를 분리하고 2계층에서 트래픽을 구분한다. 그리고 일반적으로 독립적인 IP 서브넷을 구축한다. 라우터와 같은 3계층 장비가 없으면 VLAN 간 통신은 수행할 수 없다. 하나의 라우터를 사용하여 VLAN 간 라우팅을 수행할 때에는 각각의 라우터 인터페이스에 각각 다른 VLAN을 연결할 수 있다.

VLAN 간 라우팅은 라우터와 같은 3계층 장비를 이용하여 하나의 VLAN에서 다른 VLAN으로 네트워크 트래픽을 전송하는 과정이다. 가장 단순한 방법으로는 (그림 10-20)과 같이, 라우터와 스위치 사이에 여러 개의 물리적인 인터페이스를 사용하는 방법이다. 하지만 이와 같은 방법은 VLAN이 증가함에 따라 많은 인터페이스가 필요하게 되는 문제점이 있다.

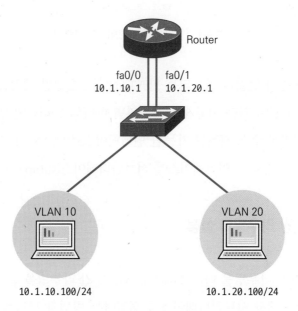

그림 10-20   VLAN을 여러 인터페이스로 연결한 예

일반적으로 사용하는 방법은 라우터와 스위치 사이의 링크를 트렁크 링크로 설정하는 것이다. 이렇게 하면 라우터와 스위치 사이에 하나의 물리적 링크로 여러 개의 VLAN 트래픽을 전송할 수 있다. (그림 10-21)과 같이 라우터와 스위치를 트렁크 링

크로 연결한 것을 라우터 온 어 스틱(router on a stick)이라고 한다.

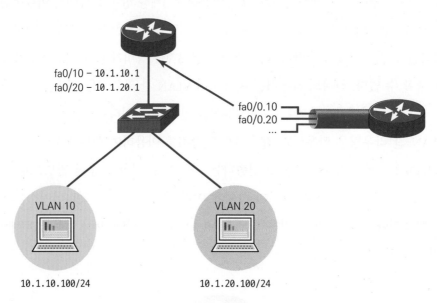

fa0/10 - 10.1.10.1
fa0/20 - 10.1.20.1

fa0/0.10
fa0/0.20
...

VLAN 10

VLAN 20

10.1.10.100/24

10.1.20.100/24

그림 10-21   트렁크 링크로 연결한 라우터

(그림 10-21)과 같이 연결한 라우터는 한 VLAN에서 수신한 패킷을 다른 VLAN으로 전달할 수 있다. 라우터를 이렇게 연결하려면 하나의 물리적인 인터페이스를 여러 개의 논리적이면서 주소 지정이 가능한 인터페이스로(VLAN 당 한 개) 나눠야 한다. 이렇게 만들어진 논리적 인터페이스를 서브인터페이스(subinterface)라고 한다.

10.2.3 VLAN 간 라우팅의 설정

VLAN들 사이에서 라우팅을 하기 위해서는 VLAN 간 라우팅을 설정해야 한다. (그림 10-22)에 라우터에서 서브인터페이스를 설정하는 방법과 트렁킹을 설정하는 예를 보였다.

예제에서 보면 라우터에 연결된 스위치에 VLAN 10과 VALN 20이 설정되어 있으므로, `interface` 전역 설정 명령어를 사용하여 라우터의 기가비트이더넷 인터페이스 Gi0/0를 서브인터페이스 Gi0/0.10과 Gi0/0.20으로 나눈다. 그 다음에 802.1Q

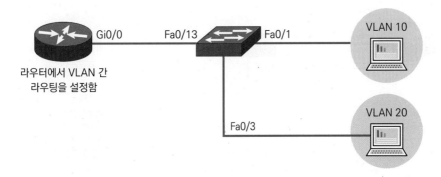

```
Router(config)# interface GigabitEthernet 0/0.10
Router(config-subif)# encapsulation dot1Q 10
Router(config-subif)# ip address 10.1.10.1 255.255.255.0
Router(config-subif)# interface GigabitEthernet 0/0.20
Router(config-subif)# encapsulation dot1Q 20
Router(config-subif)# ip address 10.1.20.1 255.255.255.0
```

그림 10-22   라우터에서 VLAN 간 라우팅 설정의 예

캡슐화 트렁킹을 활성화하기 위해 각 서브인터페이스에서 encapsulation dot1Q
vlan-id 명령어를 사용한다. 여기에서 서브인터페이스 번호와 VLAN 번호가 일치할
필요는 없지만 일반적으로 일치시키는 것이 관리에 더 좋다.

802.1Q는 네이티브 VLAN 프레임에 태그를 붙이지 않는다. 네이티브 VLAN 서브
인터페이스는 encapsulation dot1Q *vlan-id* native 명령어를 사용하여 설정한다.
네이티브 VLAN 서브인터페이스에 할당된 VLAN과 연결되어 있는 스위치의 네이티
브 VLAN은 일치하여야 한다. 각각의 서브인터페이스는 연결된 VLAN과 동일한 네
트워크의 IP 주소를 가져야 한다. 이 서브인터페이스 주소는 해당 VALN에 있는 호
스트들의 게이트웨이 주소로 사용된다.

다음으로 스위치에서 라우터와 연결된 인터페이스를 트렁크로 설정하여야 하고,
각각의 VLAN으로 해당 인터페이스를 할당하여야 한다. 이와 같은 설정 예를 (그
림 10-23)에 보였다. 예제에서는 스위치의 Fa0/13 인터페이스를 switchport mode
trunk 인터페이스 하위 명령어를 사용하여 트렁크로 설정하였다. 또한 switchport
access 인터페이스 하위 명령어를 사용하여 Fa0/1 인터페이스를 VALN 10에, Fa0/3

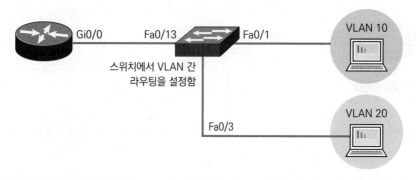

```
Switch(config)# interface FastEthernet 0/13
Switch(config-if)# switchport mode trunk
Switch(config-if)# interface FastEthernet 0/1
Switch(config-if)# switchport access vlan 10
Switch(config-if)# interface FastEthernet 0/3
Switch(config-if)# switchport access vlan 20
```

그림 10-23   스위치에서 VLAN 간 라우팅 설정의 예

인터페이스를 VLAN 20에 할당하였다.

라우터에서 VLAN 간 라우팅 설정을 검증하기 위해서는 **show vlans** 특권 실행 명령어를 사용한다. 이 명령어를 사용하면 〈그림 10-24〉와 같이 VLAN 서브인터페이스 정보를 볼 수 있다.

```
Router# show vlans
<output omitted>
Virtual LAN ID: 10 (IEEE 802.1Q Encapsulation)
  vLAN Trunk Interface: GigabitEhternet0/0.10
  Protocols  Configured:    Address:        Received:  Transmitted:
          IP             10.1.10.1            11          18
<output omitted>
Virtual LAN ID: 20 (IEEE 802.1Q Encapsulation)
  vLAN Trunk Interface: GigabitEhternet0/0.20
  Protocols  Configured:    Address:        Received:  Transmitted:
          IP             10.1.20.1            11           8
<output omitted>
```

그림 10-24   VLAN 서브인터페이스 정보 보기

또 (그림 10-25)와 같이 show ip route 특권 실행 명령어를 사용하여 라우팅 테이블의 현재 상태를 점검함으로써 VLAN 서브인터페이스 정보를 볼 수도 있다. 예제에서 보면 GigabitEthernet0/0.10과 GigabitEthernet0/0.20 VLAN 서브인터페이스가 라우터에 직접 연결되어 있음을 알 수 있다.

```
Router# show ip route
Codes: I - local, C - connected, S - static, R - RIP, M - mobile, B - BGP
       D - EIGRP, EX - EIGRP external, O - OSPF, IA - OSPF inter area
       N1 - OSPF NSSA external type 1, N2 - OSPF NSSA external type 2
       E1 - OSPF external type 1, E2 - OSPF external type 2
       i - IS-IS, su - IS-IS summary, L1 - IS-IS level-1, I2 - IS-IS level-2
       ia - IS-IS inter area, * - candidate default, U - per-user static route
       o - ODR, P - periodic downloaded static route, H - NHRP, 1 - LISP
       + - replicated route, 8 - next hop override
Gateway of last resort is not set
       10.0.0.0/8 is variably subnetted,  4 subnets,  2 masks
C         10.1.10.0/24 is directly connected, GigabitEhernet0/0.10
L         10.1.10.0/32 is directly connected, GigabitEhernet0/0.10
C         10.1.20.0/24 is directly connected, GigabitEhernet0/0.20
L         10.1.20.0/32 is directly connected, GigabitEhernet0/0.20
```

그림 10-25 라우팅 테이블에서 VLAN 서브인터페이스 확인하기

10.2.4 다계층 스위치

네트워크에서 기본적으로 라우팅을 수행하는 장비는 라우터이지만 스위치 중 일부는 3계층 기능을 수행할 수 있어서 라우터를 대신할 수 있다. 즉 3계층 스위치는 (그림 10-26)과 같이 VLAN 간 라우팅 기능을 수행할 수 있다.

전통적으로 스위치는 2계층 헤더를 보고 전송 결정을 수행하며, 라우터는 3계층 헤더 정보를 바탕으로 전송 결정을 판단한다. 3계층 스위치는 스위치와 라우터의 기능을 하나의 장비로 통합한 것이다. 3계층 스위치는 발신지와 목적지가 동일한 VLAN 내에 위치하는 경우에도 트래픽을 스위칭하며, 발신지와 목적지가 다른

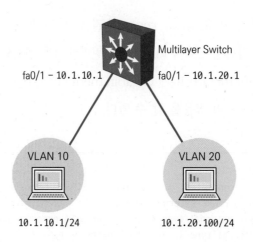

fa0/1 - 10.1.10.1

Multilayer Switch

fa0/1 - 10.1.20.1

VLAN 10

VLAN 20

10.1.10.1/24

10.1.20.100/24

그림 10-26   3계층 스위치

VLAN에 위치하는 경우(즉 IP 서브넷이 다른 경우)에도 트래픽을 라우팅한다. 3계층 스위치가 라우팅 기능을 수행할 수 있으려면 스위치의 VLAN 인터페이스가 적절하게 설정되어야 한다. 또한 각각의 VLAN과 연관된 IP 주소를 올바르게 지정하여야 한다.

3계층 스위치는 하나의 트렁크 링크를 가진 라우터보다 확장성이 더 좋다. 왜냐하면 하나의 트렁크를 가진 라우터는 그 트렁크 라인으로 너무 많은 트래픽이 집중되기 때문이다. 일반적으로 3계층 스위치는 라우팅 기능이 추가된 2계층 장비로 간주된다. 하지만 라우터는 스위칭 기능을 수행할 수 있는 3계층 장비이다.

- VLAN을 이용하면 물리적으로 다른 세그먼트에 있는 호스트들도 하나의 그룹으로 묶을 수 있다.

- 이더넷 트렁크는 하나의 링크 상에서 여러 VLAN의 트래픽을 운반한다. 그리고 이더넷 트렁크를 활용하면 VLAN을 여러 스위치에 걸쳐서 확장할 수 있다.

- 하나의 링크 상으로 여러 VLAN의 트래픽을 전송하기 위해서 IEEE 802.1Q 트렁킹 프로토콜을 사용한다.

- VLAN과 트렁크를 구현하려면 VLAN을 생성하고, 트렁크 링크를 설정하고, 스위치 포트를 선택한 VLAN에 할당하면 된다.

- VTP는 2계층 메시지 프로토콜로서 VLAN 설정의 연속성을 유지하는 데 사용된다.

- VLAN 사이의 통신은 라우터나 3계층 스위치와 같은 3계층 장비가 없으면 이루어질 수 없다.

- VLAN 간에 트래픽을 전송하기 위해서는 라우팅 기능이 필요하다.

- 하나의 트렁크 링크를 가진 라우터는 각 VLAN을 위하여 서브 인터페이스를 설정한다.

- 3계층 스위치는 스위치와 라우터의 기능을 하나의 장비로 통합한 것이다.

연습문제

10.1 VLAN과 트렁크의 구현

[10-1] Which feature is required for multiple VLANs to span multiple switches?

A) A trunk to connect the switches

B) A router to connect the switches

C) A bridge to connect the switches

D) A VLAN configured between the switches

[10-2] Which of the following are reasons for using 802.1Q? (Choose two.)

A) To allow switches to share a trunk link with nontrunking clients

B) To allow clients to see the 802.1Q header

C) To provide inter-VLAN communications over a bridge

D) To load-balance traffic between parallel links using STP

E) To provide trunking between Cisco switches and other vendor switches

[10-3] Which information does the show vlan command display?

A) VTP domain parameters

B) VMPS server configuration parameters

C) Ports that are configured as trunks

D) Names of the VLANs and the ports that are assigned to the VLANs

[10-4] What happens to a switch port when you delete the VLAN to which it belongs?

A) The port becomes a member of the default VLAN 1.

B) The port becomes a member of the default VLAN 1 and becomes inactive.

C) The port remains in the deleted VLAN and becomes inactive.

D) A VLAN cannot be deleted when ports are assigned to it.

[10-5] You are troubleshooting communication problems and suspect that a port is in the wrong VLAN. What command can you use to verify the VLANs that exist and what ports exist in each VLAN?

A) show vlan

B) display all vlan

C) show all vlan

D) display vlans

[10-6] You would like to create a VLAN called MKT on your switch. Which command(s) would you use?

A) vlan 10

    name MKT

B) vlan MKT

C) vlan name MKT

D) vlan name MKT num 10

[10-7] You notice in the output of the show vlan brief command on a factory default Cisco switch that some of the ports are missing from the default VLAN 1. Why is this?

A) The ports are assigned to an inactive VLAN.

B) The ports are disabled.

C) The ports are nonfunctional.

D) The ports are trunk ports.

[10-8] Which of the following switch features would you use to create multiple broadcast domains?

A) STP

B) VTP

C) CDP

D) VLANs

연습문제

[10-9] What command would you use on a port to specify that it is allowed to carry all VLAN traffic across the port?

A) `switchport mode trunk`   B) `switchport mode vlan`

C) `switchport mode access`   D) `switchport mode vlanaccess`

[10-10] Which of the following protocols are used to carry VLAN traffic between switches? (Choose two.)

A) VTP   B) STP

C) 802.1q   D) ISL

E) IGRP

[10-11] You have typed the following command on switch SW1. Using the figure below, what effect will the commands have on the network?

```
interface f0/24
switchport mode access
```

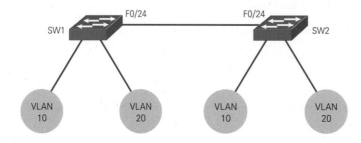

A) All systems in VLAN 10 can communicate with one another.

B) Systems will not be able to communicate between the two switches.

C) All systems in VLAN 20 can communicate with one another.

D) Systems can communicate between the two switches.

[10-12] Which of the following statements are true about VLANs? (Choose two.)

    A) The native VLAN is always tagged as VLAN 1.

    B) VLANs are IP subnets.

    C) A VLAN defines a collision domain.

    D) A route processor is needed to communicate between VLANs.

[10-13] What statement is true about the native VLAN in 802.1Q?

    A) The native VLAN must be 1.

    B) The native VLAN is the single VLAN that is not tagged.

    C) The native VLAN does not need to match on each end of the link.

    D) The native VLAN traffic does not span switches on trunk links.

[10-14] Two switches are connected together by a crossover cable. The ports connecting the two switches have been configured for access mode. You have systems on each switch that are part of VLAN 20 and VLAN 30. What is your assessment of this configuration?

    A) Systems will not be able to communicate between the two switches.

    B) Systems in VLAN 20 can communicate across the switches.

    C) Systems in VLAN 30 can communicate across the switch.

    D) Change the cable from a crossover cable to a straight-through in order to allow systems to communicate between the two switches.

[10-15] Which of the following statements is true of the native VLAN?

    A) Both sides of the trunk link should use the same native VLAN.

    B) Both sides of the trunk link should use different native VLANs.

    C) Native VLAN is only used when the frame is tagged VLAN 1.

    D) Native VLANs are only used to tag voice traffic.

[10-16] You have created VLAN 10 and would like to place Fast Ethernet port 0/8 in VLAN 10. Which command(s) would you use?

A) sw(config)# switchport access vlan 10

B) sw(config)# interface f0/8

   sw(config-if)# access vlan 10

C) sw(config)# interface f0/8

   sw(config-if)# switchport access vlan 10

D) sw(config)# interface f0/8

   sw(config-if)# switchport vlan 10

[10-17] Which of the following commands configures a port on the Cisco switch for trunking using 802.1q protocol?

A) sw(config-if)# switchport mode trunk

   sw(config-if)# encapsulation dot1q

B) sw(config-if)# switchport mode trunk

   sw(config-if)# encapsulation isl

C) sw(config-if)# switchport mode trunk

   sw(config-if)# switchport trunk encapsulation isl

D) sw(config-if)# switchport mode trunk

   sw(config-if)# switchport trunk encapsulation dot1q

[10-18] Which of the following statements is true with regard to ISL and 802.1q?

A) 802.1q encapsulates the frame with control information; ISL inserts an ISL field along with tag control information.

B) 802.1q is Cisco proprietary.

C) ISL encapsulates the frame with control information; 802.1q inserts an 802.1q field along with tag control information.

D) ISL is a standard.

[10-19] What is true of the output shown here?

```
S1#sh vlan

VLAN  Name                    Status    Ports
----  --------------------    --------  --------------------------------------
1     default                 active    Fa0/1, Fa0/2, Fa0/3, Fa0/4
                                        Fa0/5, Fa0/6, Fa0/7, Fa0/8
                                        Fa0/9, Fa0/10, Fa0/11, Fa0/12
                                        Fa0/13, Fa0/14, Fa0/19, Fa0/20
                                        Fa0/22, Fa0/23, Gi0/1, Gi0/2
2     Sales                   active
3     Marketing               active    Fa0/21
4     Accounting              active
[output cut]
```

A) Interface F0/15 is a trunk port.

B) Interface F0/17 is an access port.

C) Interface F0/21 is a trunk port.

D) VLAN 1 was populated manually.

10.2 VTP와 VLAN 간 라우팅

[10-20] Which VTP mode does not allow the creating of VLANs?

A) Client mode

B) Server mode

C) Transparent mode

D) Parent mode

[10-21] You wish to prevent the sending of VLAN traffic to other switches if the destination switch does not have any ports in a specific VLAN. What VTP feature would you enable?

A) VTP domain

B) VTP pruning

C) VTP password

D) VTP passphrase

[10-22] Which protocol is used to facilitate the management of VLANs?

A) STP

B) 802.1q

C) ISL

D) VTP

[10-23] Which VTP mode allows the creation of VLANs but does not accept changes from other VTP systems and does forward VTP messages on to other devices?

A) Server mode

B) Client mode

C) Transparent mode

D) Parent mode

[10-24] Which of the following statements are true of VLANs and their usage? (Choose two.)

A) Communication between VLAN requires a router.

B) You cannot use VLANs across switches.

C) A VLAN that spans across switches requires a router.

D) Each VLAN requires its own IP subnet.

E) Multiple VLANs can use the same IP subnet if sub-interfaces are used on the router.

[10-25] Which command correctly assigns a subinterface to VLAN 50 using 802.1Q trunking?

A) Router(config)# encapsulation 50 dot1Q

B) Router(config)# encapsulation 802.1Q 50

C) Router(config-subif)# encapsulation dot1Q 50

D) Router(config-subif)# encapsulation 50 802.1Q

[10-26] Using the figure below, which of the following statements are true of router R1?

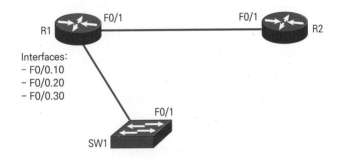

A) There are too many sub-interfaces on F0/0.

B) Interface F0/0 should be configured as an access port.

C) Interface F0/0 should be configured as a trunk port.

D) Interface F0/1 should be configured as a trunk port.

[10-27] Looking at the figure below, which of the following statements are true about the interVLAN routing? (Choose two.)

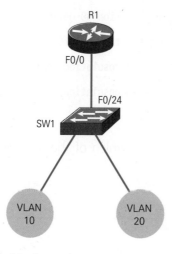

A) VTP must be enabled on R1

B) F0/0 must be configured with sub-interfaces

C) RIP must be enabled on SW1

D) F0/0 on R1 and F0/24 on the switch must use the same encapsulation protocol

E) F0/24 on the switch must be configured with sub-interfaces

[10-28] What concept is depicted in the diagram?

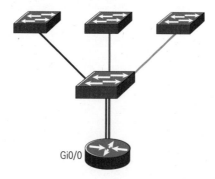

A) Multiprotocol routing   B) Passive interface

C) Gateway redundancy   D) Router on a stick

[10-29] In the configuration and diagram shown, what command is missing to enable inter-VLAN routing between VLAN 2 and VLAN 3?

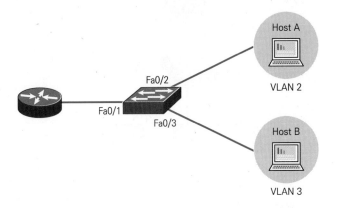

```
Router#config t
Router(config)#int fa0/0
Router(config-if)#ip address 192.168.10.1 255.255.255.240
Router(config-if)#no shutdown
Router(config-if)#int f0/0.2
Router(config-subif)#ip address 192.168.10.129 255.255.255.240
Router(config-subif)#int fa0/0.3
Router(config-subif)#encapsulation dot1q 3
Router(config-subif)#ip address 192.168.10.46 255.255.255.240
```

A) encapsulation dot1q 3 under int f0/0.2

B) encapsulation dot1q 2 under int f0/0.2

C) no shutdown under int f0/0.2

D) no shutdown under int f0/0.3

[10-30] In the diagram, what should be the default gateway address of Host B?

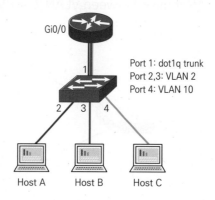

Gi0/0

Port 1: dot1q trunk
Port 2,3: VLAN 2
Port 4: VLAN 10

Host A   Host B   Host C

```
interface fastethernet 0/1
ip address 192.168.10.1 255.255.255.240
interface fastethernet 0/1.2
encapsulation dot1q 2
ip address 192.168.1.65 255.255.255.192
interface fastethernet 0/1.10
encapsulation dot1q 10
ip address 192.168.1.129 255.255.255.224
```

A) 192.168.10.1   B) 192.168.1.65

C) 192.168.1.129   D) 192.168.1.2

연습문제

정답 및 해설

[10-1] 여러 개의 VLAN이 여러 개의 스위치에 걸쳐 있으려면 어떠한 기능이 필요한가?

A) 스위치들을 연결하기 위한 트렁크

B) 스위치들을 연결하기 위한 라우터

C) 스위치들을 연결하기 위한 브리지

D) 스위치들 사이에 설정된 VLAN

> **해설**
> • 이더넷 트렁크는 하나의 링크로 여러 VLAN의 트래픽을 전송한다. 따라서 이더넷 트렁크를 사용하면 전체 네트워크로 VLAN을 확장할 수 있다.

[10-2] 다음 중 802.1Q를 사용하는 이유는? (2가지 선택)

A) 스위치가 트렁킹이 되지 않은 클라이언트와 트렁크 링크를 공유하도록 하기 위하여

B) 클라이언트가 802.1Q 헤더를 볼 수 있도록 하기 위하여

C) 하나의 브리지 상에서 VLAN 간 통신을 제공하기 위하여

D) STP를 사용하여 병렬 링크 간에 트래픽의 부하 균등을 실행하기 위하여

E) 시스코 스위치와 다른 회사의 스위치 사이에 트렁킹을 제공하기 위하여

> **해설**
> • 두 장비 사이에 하나의 링크를 사용하여 여러 VLAN의 데이터를 운반하기 위하여 사용하는 트렁킹 프로토콜이 IEEE에서 제정한 802.1Q이다.
> • ISL은 시스코 전용 프로토콜이므로 ISL을 지원하는 두 시스코 스위치 사이에서만 사용할 수 있다.

[10-3] show vlan 명령어는 어떤 정보를 화면에 출력하는가?

A) VTP 도메인 파라메터

B) VMPS 서버 설정 파라메터

C) 트렁크로 설정된 포트 목록

D) VLAN의 이름과 그 VLAN에 할당된 포트 목록

> **해설**
> • show vlan 특권 실행 명령어를 사용하면 VLAN의 이름과 그 VLAN에 할당된 포트 목록 등과 같은 VLAN 설정 정보를 볼 수 있다.

[10-4] 스위치 포트가 속한 VLAN을 삭제하면 그 포트는 어떻게 되는가?

A) 그 포트는 디폴트인 VLAN 1의 멤버가 된다.

B) 그 포트는 디폴트인 VLAN 1의 멤버가 되면서 비활성화된다.

C) 그 포트는 삭제된 VLAN에 남게 되고 비활성화된다.

D) 포트가 할당되어 있는 VLAN은 삭제할 수 없다.

> **해설**
> • VLAN에서 네이티브 VLAN은 프레임에 트렁킹 헤더를 붙이지 않고 원래의 프레임을 전송한다. 따라서 태그가 없는 프레임은 네이티브 VLAN으로 전송한다. 네이티브 VLAN은 디폴트로 VLAN 1이다.

[10-5] 하나의 포트가 잘못된 VLAN에 할당되어 통신 장애가 발생한 것으로 추정된다. 어떤 VLAN이 존재하는지 또 각각의 VLAN에 어떤 포트가 할당되어 있는지를 검사하려면 어떤 명령어를 사용하여야 하는가?

A) show vlan   B) display all vlan

C) show all vlan   D) display vlans

> **해설**
> • show vlan 특권 실행 명령어를 사용하면 VLAN 설정 정보를 볼 수 있다.

[10-6] 스위치에 MKT라는 이름의 VLAN을 생성하려고 한다. 다음 중 어떤 명령어를 사용하여야 하는가?

A) vlan 10
   name MKT   B) vlan MKT

C) vlan name MKT   D) vlan name MKT num 10

> **해설**
> • VLAN을 설정하려면 vlan *vlan-id* 전역 설정 명령어를 사용한다. 이 명령어를 입력하면 VALN 설정 모드로 들어간다. VLAN 설정 모드에서 name *vlan-name* 명령어를 사용하여 VLAN 이름을 설정할 수 있다.

ANSWER   [10-1] A)   [10-2] C), E)   [10-3] D)   [10-4] A)   [10-5] A)   [10-6] A)

연습문제

정답 및 해설

[10-7] 공장에서 막 출하된 시스코 스위치에서 show vlan brief 명령어를 실행하였더니 몇몇 포트가 디폴트 VLAN 1에 할당되어 있지 않았다. 그 이유는 무엇인가?

A) 그 포트들은 비활성화 VLAN에 할당되어 있다.

B) 그 포트들은 비활성화되어 있다.

C) 그 포트들은 고장이 나서 기능을 하지 않는다.

D) 그 포트들은 트렁크 포트들이다.

해설

- show vlan brief 특권 실행 명령어를 실행하면 모든 스위치 포트에 대한 VLAN 할당 및 멤버십 유형을 볼 수 있다.
- 트렁크 포트는 VLAN 1에 할당되지 않는다.

[10-8] 다음 중 여러 개의 방송 도메인을 생성하기 위해서 사용할 수 있는 스위치의 기능은?

A) STP   B) VTP

C) CDP   D) VLANs

해설

- VLAN을 사용하면 스위치의 일부 인터페이스를 하나의 브로드캐스트 도메인에 두고, 다른 인터페이스들은 또 다른 브로드캐스트 도메인에 둬서, 여러 개의 브로드캐스트 도메인을 만들 수 있다. 스위치에 의해 이렇게 만들어진 브로드캐스트 도메인이 VLAN이다.

[10-9] 특정한 포트가 모든 VLAN 트래픽을 운반할 수 있도록 설정하려면 다음 중 어떤 명령어를 사용하여야 하는가?

A) switchport mode trunk

B) switchport mode vlan

C) switchport mode access

D) switchport mode vlanaccess

해설

- 스위치의 특정 포트를 트렁크로 설정하기 위해서는 switchport mode trunk 인터페이스 하위 명령어를 사용한다.

[10-10] 스위치들 사이에서 VLAN 트래픽을 운반하려면 다음 중 어떤 프로토콜을 사용하여야 하는가? (2가지 선택)

A) VTP   B) STP

C) 802.1Q   D) ISL

E) IGRP

해설

- 스위치들 사이에 하나의 링크를 사용하여 여러 VLAN의 데이터를 운반하기 위한 트렁킹 프로토콜로는 시스코의 독자 프로토콜인 ISL(Inter-Switch Link)과 국제 표준인 IEEE 802.1Q가 있다.

[10-11] 다음 그림과 같은 네트워크에서 SW1 스위치에 다음과 같은 명령어를 입력하였다. 다음 중 옳은 설명은?

A) VLAN 10에 속한 모든 시스템들은 서로 통신할 수 있다.

B) 시스템들은 두 스위치를 통하여 서로 통신할 수 없다.

C) VLAN 20에 속한 모든 시스템들은 서로 통신할 수 있다.

D) 시스템들은 두 스위치를 통하여 서로 통신할 수 있다.

해설

- 스위치 사이에서 서로 다른 VLAN의 데이터를 운반하기 위해서는 트렁크가 설정되어야 한다. SW1 스위치의 F0/24 포트가 액세스 포트로 설정되어 있기 때문에 두 스위치에 연결된 시스템들은 서로 통신할 수가 없다.

[10-12] VLAN에 관한 다음 설명 중 옳은 것은? (2가지 선택)

A) 네이티브 VLAN은 항상 VLAN 1로 태그되어 있다.

B) VLAN은 IP 서브넷이다.

C) 하나의 VALN은 하나의 충돌 도메인을 정의한다.

D) VLAN 간의 통신을 위해서는 라우팅 장비가 필요하다.

연습문제

정답 및 해설

해설

- VLAN은 브로드캐스트 도메인을 분리한다. 따라서 VLAN은 서로 다른 하나의 IP 서브넷이며, VLAN간의 통신을 위해서는 3계층 장비인 라우터가 필요하다.
- 네이티브 VLAN은 디폴트로 VLAN 1로 설정되어 있지만 다른 VLAN으로 변경하여 설정할 수도 있다.

[10-13] 802.1Q에서 네이티브 VLAN에 대한 설명으로 옳은 것은?

A) 네이티브 VLAN은 항상 1이어야만 한다.

B) 네이티브 VLAN은 태그가 되지 않은 유일한 VLAN이다.

C) 네이티브 VLAN은 링크의 양 끝단에서 일치할 필요가 없다.

D) 네이티브 VLAN의 트래픽은 트렁크 링크로 전송되지 않는다.

해설

- 네이티브 VLAN은 프레임에 트렁킹 헤더를 붙이지 않고 원래의 프레임을 전송한다.
- 기본적으로 802.1Q의 네이티브 VLAN은 VLAN 1이지만 변경할 수도 있다.
- 양쪽 스위치에서 네이티브 VLAN은 동일하게 설정되어야 한다.
- 트렁크 링크는 모든 VLAN의 데이터를 전송한다.

[10-14] 두 개의 스위치가 크로스오버 케이블로 연결되어 있다. 두 스위치를 연결하는 포트는 액세스 모드로 설정되어 있다. 각각의 스위치에는 VLAN 20과 VLAN 30이 설정되어 있다. 다음 설명 중 맞는 것은?

A) 두 스위치를 통하여 연결된 시스템들은 서로 통신할 수 없다.

B) VLAN 20에 속한 시스템들은 스위치들을 통해서 통신할 수 있다.

C) VLAN 30에 속한 시스템들은 스위치들을 통해서 통신할 수 있다.

D) 두 스위치에 연결된 시스템들이 서로 통신을 할 수 있으려면 크로스오버 케이블을 표준(straight-through) 케이블로 바꿔야 한다.

해설

- 서로 다른 VLAN 데이터가 스위치 사이에서 전송될 수 있으려면 스위치 간에 연결된 링크가 트렁크 모드로 설정되어야 한다.

[10-15] 네이티브 VLAN에 대한 다음 설명 중 옳은 것은?

A) 트렁크 링크의 양쪽에서 동일한 네이티브 VLAN을 사용하여야 한다.

B) 트렁크 링크의 양쪽에서 서로 다른 네이티브 VLAN을 사용하여야 한다.

C) 네이티브 VLAN은 프레임이 VLAN 1로 태그되어 있을 때에만 사용된다.

D) 네이티브 VLAN은 음성 트래픽을 태그하는 경우에만 사용된다.

해설

- 트렁크의 다른 쪽에 있는 스위치에서 수신한 프레임에 802.1Q 헤더가 없을 경우 스위치는 해당 프레임이 네이티브 VLAN의 일부라고 인식한다. 이러한 특징 때문에 양쪽 스위치에서 네이티브 VLAN은 동일해야 한다.

[10-16] VLAN 10을 생성하여 패스트 이더넷 포트 0/8을 VLAN 10에 할당하려고 한다. 다음 중 어떤 명령어를 사용하여야 하는가?

A) sw(config)# switchport access vlan 10

B) sw(config)# interface f0/8

   sw(config-if)# access vlan 10

C) sw(config)# interface f0/8

   sw(config-if)# switchport access vlan 10

D) sw(config)# interface f0/8

   sw(config-if)# switchport vlan 10

해설

- VLAN을 생성한 후에 해당 VLAN에 스위치의 포트를 수동으로 할당하려면 해당 인터페이스 설정 모드로 가서 **switchport access vlan** *vlan-number* 인터페이스 하위 명령어를 사용한다.

[10-17] 시스코 스위치에서 802.1q 프로토콜을 사용하여 특정 포트를 트렁크 포트로 설정하려면 어떤 명령어를 사용하여야 하는가?

A) sw(config-if)# switchport mode trunk

   sw(config-if)# encapsulation dot1q

B) sw(config-if)# switchport mode trunk

   sw(config-if)# encapsulation isl

C) sw(config-if)# switchport mode trunk

   sw(config-if)# switchport trunk encapsulation isl

D) sw(config-if)# switchport mode trunk

   sw(config-if)# switchport trunk encapsulation dot1q

해설
- 스위치의 특정 포트를 트렁크로 설정하기 위해서는 switchport mode trunk 인터페이스 하위 명령어를 사용한다.
- 802.1q 트렁킹 프로토콜을 활성화하기 위해서는 switchport trunk encapsulation dot1q 인터페이스 하위 명령어를 사용한다.

[10-18] 다음 중 ISL과 802.1q에 대한 설명으로 옳은 것은?

A) 802.1q는 프레임을 제어 정보로 둘러쌓운다. ISL은 태그 제어 정보를 ISL 영역에 삽입한다.

B) 802.1q는 시스코의 독점 프로토콜이다.

C) ISL은 프레임을 제어 정보로 둘러쌓운다. 802.1q는 태그 제어 정보를 802.1q 영역에 삽입한다.

D) ISL은 개방된 표준이다.

해설
- 스위치들 사이에 하나의 링크를 사용하여 여러 VLAN의 데이터를 운반하기 위한 트렁킹 프로토콜로는 시스코의 독자 프로토콜인 ISL(Inter-Switch Link)과 국제 표준인 IEEE 802.1q가 있다.
- ISL은 원래의 프레임을 ISL 헤더와 트레일러로 캡슐화한다. 802.1q는 발신지 주소 필드와 길이/주소 필드 사이에 4바이트의 태그 필드를 삽입한다.

[10-19] 다음과 같은 출력 화면에 대한 설명으로 옳은 것은?

A) F0/15 인터페이스는 트렁크 포트이다.

B) F0/17 인터페이스는 액세스 포트이다.

C) F0/21 인터페이스는 트렁크 포트이다.

D) VLAN 1은 수동으로 생성되었다.

해설
- 그림과 같은 출력 화면에서 보면 Fa0/15부터 Fa0/18까지의 인터페이스는 어느 VLAN에도 속해 있지 않다. 따라서 이들 인터페이스는 트렁크 포트이다.

[10-20] VLAN을 생성할 수 없는 VTP 모드는 어느 모드인가?

A) 클라이언트 모드   B) 서버 모드

C) 투명 모드   D) 부모 모드

해설
- VTP는 서버 모드, 클라이언트 모드, 투명 모드와 같은 3가지 운용 모드가 있다. 그 중에서 클라이언트 모드에서는 VLAN 설정을 변경할 수 없다.

[10-21] 특정한 VLAN에 속한 포트가 하나도 없는 스위치로 해당 VLAN 트래픽이 전송되지 않도록 하기 위해서는 어떤 기능을 사용하여야 하는가?

A) VTP domain   B) VTP pruning

C) VTP password   D) VTP passphrase

해설
- VTP 가지치기(VTP pruning)는 특정 VLAN에서 오는 프레임이 필요가 없는 경우 스위치의 트렁크 인터페이스에서 이 트래픽을 차단하는 것이다.

[10-22] VLAN을 효율적으로 관리하기 위하여 사용하는 프로토콜은?

A) STP   B) 802.1Q

C) ISL   D) VTP

해설
- VTP는 2계층 메시지 프로토콜로, 네트워크에서의 VLAN 추가, 삭제, 이름 변경 등을 관리함으로써 VLAN 설정 일관성을 유지한다.

ANSWER   [10-17] D)   [10-18] C)   [10-19] A)   [10-20] A)   [10-21] B)   [10-22] D)

- VTP를 사용하면 VLAN 이름 중복이나 잘못된 VLAN 종류 규격 같은 설정 오류나 설정의 비일관성을 최소화할 수 있다.

[10-23] VLAN을 생성할 수는 있고, 다른 VTP 시스템으로부터 변경 사항은 받아들이지 않지만, VTP 메시지는 다른 장비로 전달하는 VTP 모드는?

A) 서버 모드   B) 클라이언트 모드
C) 투명 모드   D) 부모 모드

해설

- VTP 투명 모드에서는 VLAN 설정을 변경하면 변경 사항은 로컬 스위치에만 영향을 미치고 VTP 도메인의 다른 스위치로 전파되지 않는다.
- VTP 투명 모드는 도메인 안에서 받은 VTP 광고 메시지를 도메인 내의 다른 스위치로 전달한다.
- VTP 투명 모드의 장비는 데이터베이스를 다른 장비와 동기화하지 않는다.

[10-24] VLAN과 그 용도에 대한 다음 설명 중 옳은 것은? (2가지 선택)

A) VLAN 간 통신에는 라우터가 필요하다.
B) VLAN은 여러 스위치에 걸쳐서 사용할 수 없다.
C) VLAN을 여러 스위치에 걸쳐서 사용하려면 라우터가 필요하다
D) 각 VLAN은 자신만의 IP 서브넷이 필요하다.
E) 라우터에 서브 인터페이스를 설정하면 여러 개의 VLAN에 동일한 IP 서브넷을 사용할 수 있다.

해설

- 각각의 VLAN은 독립적인 브로드캐스트 도메인이다. 그러므로 기본적으로 서로 다른 VLAN에 속하는 컴퓨터는 연결되지 않는다. 서로 다른 VLAN 간의 통신은 브로드캐스트 도메인을 연결하는 3계층 장비를 통해서 이루어진다.

[10-25] 라우터에서 802.1Q 트렁킹을 사용하여 특정 서브인터페이스를 VLAN 50으로 할당하는 명령어는?

A) Router(config)# encapsulation 50 dot1Q
B) Router(config)# encapsulation 802.1Q 50
C) Router(config-subif)# encapsulation dot1Q 50
D) Router(config-subif)# encapsulation 50 802.1Q

해설

- 라우터의 각 서브인터페이스에서 802.1Q 캡슐화 트렁킹을 활성화하기 위해서는 encapsulation dot1Q *vlan-id* 인터페이스 하위 명령어를 사용한다.

[10-26] 다음과 같은 그림에서 R1 라우터에 관한 설명으로 옳은 것은?

A) F0/0 인터페이스에 너무 많은 서브인터페이스가 설정되어 있다.
B) F0/0 인터페이스는 액세스 포트로 설정되어야 한다.
C) F0/0 인터페이스는 트렁크 포트로 설정되어야 한다.
D) F0/1 인터페이스는 트렁크 포트로 설정되어야 한다.

해설

- 라우터와 스위치를 트렁크 링크로 연결한 것을 라우터 온 어 스틱(router on a stick)이라고 한다. 라우터를 이렇게 연결하려면 하나의 물리적인 인터페이스를 여러 개의 서브인터페이스(subinterface)로 나누어 설정하여야 한다.

연습문제
정답 및 해설

[10-27] 다음 그림과 같은 네트워크에서 VLAN 간 라우팅에 관한 다음 설명 중 옳은 것은? (2가지 선택)

A) R1에 VTP가 활성화되어 있어야 한다.

B) F0/0 인터페이스는 서브인터페이스로 설정되어야 한다.

C) SW1에 RIP가 활성화되어 있어야 한다.

D) R1의 F0/0와 스위치의 F0/24 인터페이스는 동일한 캡슐화 프로토콜을 사용하여야 한다.

E) 스위치의 F0/24 인터페이스는 서브인터페이스로 설정되어야 한다.

> **해설**
> - R1 라우터와 SW1 스위치는 트렁크 링크로 연결되어야 하며 동일한 캡슐화 프로토콜을 사용하여야 한다.
> - R1 라우터의 F0/0는 서브인터페이스로 설정되어야 한다.

[10-28] 다음 그림은 무엇의 개념을 나타내는 것인가?

A) Multiprotocol routing

B) Passive interface

C) Gateway redundancy

D) Router on a stick

> **해설**
> - 라우터와 스위치 사이의 링크를 트렁크 링크로 설정하면 라우터와 스위치 사이에 하나의 물리적 링크로 여러 개의 VLAN 트래픽을 전송할 수 있다. 이와 같이 라우터와 스위치를 트렁크 링크로 연결한 것을 라우터 온 어 스틱 (router on a stick)이라고 한다.

[10-29] 다음과 같은 그림에서, VLAN 2와 VLAN 3 사이에 VLAN 간 라우팅을 활성화하려고 한다. 설정에서 누락된 명령어는?

A) int f0/0.2 명령어 다음에 encapsulation dot1q 3 명령어

B) int f0/0.2 명령어 다음에 encapsulation dot1q 2 명령어

C) int f0/0.2 명령어 다음에 no shutdown 명령어

D) int f0/0.3 명령어 다음에 no shutdown 명령어

> **해설**
> - 그림에서 보면 VLAN 간 라우팅을 설정하기 위하여 라우터의 fa0/0 인터페이스를 서브인터페이스 fa0/0.2와 fa0/0.3으로 나누었다.
> - 그 다음으로는 802.1Q 캡슐화 트렁킹을 활성화하기 위해 각 서브인터페이스에서 encapsulation dot1Q *vlan-id* 명령어를 사용하여야 한다. int fa0/0.3 다음에는 encapsulation dot1Q 3 명령어가 설정되어 있는데 int fa0/0.2 다음에는 encapsulation dot1Q 2 명령어가 누락되어 있다.

[10-30] 다음과 같은 그림에서, 호스트 B의 디폴트 게이트웨이 주소는 무엇인가?

A) 192.168.10.1   B) 192.168.1.65

C) 192.168.1.129   D) 192.168.1.2

> **해설**
> - 그림과 같은 VLAN 간 라우팅의 설정에서 호스트의 디폴트 게이트웨이는 그 호스트가 속한 VLAN의 서브인터페이스 주소가 된다. 호스트 B는 VLAN 2에 속하기 때문에 서브인터페이스 fastethernet 0/1.2의 주소인 192.168.1.65가 된다.

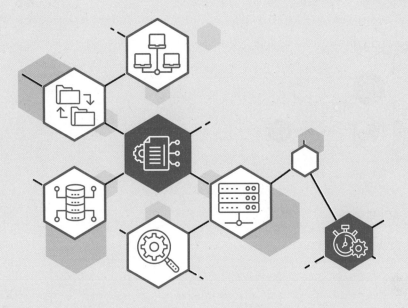

ACL

학습목표

- ACL의 응용, ACL의 구성 및 동작 과정에 대하여 설명할 수 있다.
- ACL의 종류와 와일드 카드 마스크의 개념 및 표현 방법에 대하여 설명할 수 있다.
- 표준 및 확장 번호 ACL의 설정과 표준 및 확장 이름 ACL의 설정 방법에 대하여 설명할 수 있다.
- ACL에 주석을 다는 방법과 ACL의 설정을 확인하는 방법에 대하여 설명할 수 있다.

11.1 ACL의 개요

네트워크는 한 지점에서 다른 지점으로 데이터를 이동시키기 위한 것이라고 말할 수 있다. 자동차를 한 지점에서 다른 지점으로 이동시키기 위한 도로와 유사하다. 도로나 네트워크에서 여러 가지 목적에 의해 트래픽 흐름을 제어하는 것이 필요할 때가 있다. 고속도로에서 교통 흐름을 여러 가지 방법으로 제어하듯이 네트워크에서도 네트워크로 오고가는 트래픽을 검사하고 필터링하는 방법이 필요하다. 데이터 네트워크에서는 라우터가 트래픽 연결점(junction point) 역할을 수행한다. 따라서 라우터에서 ACL(Access Control List)을 사용하여 트래픽 식별, 필터링, 분류, 변환 작업을 수행할 수 있으며, 이렇게 하여 네트워크의 관리 및 통제의 효율성을 향상시킬 수 있다.

11.1.1 ACL의 이해

네트워크 관리자는 자신의 네트워크로 적절한 접속은 허용하면서 원치 않는 연결은 거부할 수 있는 방법을 필요로 한다. 라우터에 설정하는 ACL이 이러한 기능을 제공한다. ACL은 라우터 인터페이스에서 나가고 들어오는 패킷을 필터링하는 기능을 제공한다. 이러한 제어를 통하여 네트워크 트래픽을 제한하고, 특정 사용자나 특정 장비의 네트워크 사용을 제한할 수 있다.

ACL의 주요 기능은 패킷의 필터링과 패킷의 분류(classification)이다. 패킷의 필터링은 라우터를 통과하는 패킷의 허용 또는 거부를 결정하는 것이다. 패킷의 필터링 기능이 없을 경우 모든 패킷이 인터네트워크의 모든 부분으로 전송될 수 있다. 패킷 필터링을 활용하면 네트워크에서의 패킷 이동을 제어할 수 있다.

ACL을 이용하면 라우터의 지정된 인터페이스에서 패킷의 통과를 허용하거나 거부할 수 있다. IP ACL은 허용 조건(permit condition)이나 거부 조건(deny condition)을 순차적으로 나열한 것으로, 이들 조건을 IP 주소나 상위 계층의 IP 프로토콜에 적용할 수 있다. ACL은 라우터를 통과하여 지나가는 트래픽을 필터링하지만 라우터에서 출발하는 트래픽은 필터링하지 않는다.

라우터가 라우터에서 출발하는 패킷을 차단할 수 없기 때문에 라우터로부터 시작하는 텔넷 접속을 차단할 수는 없다. 이러한 특징 때문에 ACL을 라우터의 vty(virtual terminal line) 포트에 적용하여 라우터의 vty 포트로 들어오거나 vty 포트에서 나가는 텔넷 트래픽을 허용하거나 거부할 수 있다. (그림 11-1)에 ACL을 이용한 패킷 필터링 기능을 그림으로 나타내었다.

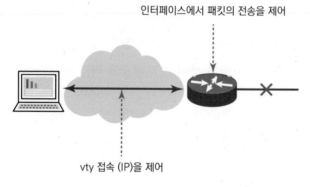

그림 11-1   ACL을 이용한 패킷의 필터링

ACL을 패킷 필터링의 용도로 사용하는 것이 가장 일반적이지만 패킷을 분류하여 특정한 트래픽을 식별하기 위해서도 사용할 수 있다. 즉 ACL을 이용하여 특정한 트래픽을 구별하여 분류한 다음에 그 트래픽의 처리 방법을 규정할 수 있다. (그림 11-2)는 어떤 트래픽이 VPN(Virtual Private Network)을 경유할 때 암호화되어야 하는지, 어떤 경로들이 OSPF와 EIGRP 사이에서 재분배되어야 하는지, 그리고 어떤 주소들이 NAT(Network Address Translation)에 적용되어야 하는지 등과 같이 트래픽을 분류하기 위하여 ACL이 사용된 몇 가지 예를 보이고 있다.

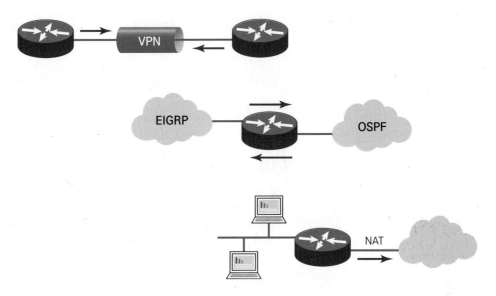

그림 11-2   ACL을 이용한 트래픽의 분류

11.1.2 ACL의 동작

ACL은 라우터의 인터페이스로 수신되는 패킷과 인터페이스로 출력되는 패킷들에 대한 허용(통과) 또는 거부(불통) 동작을 수행한다. 예를 들면 성문이나 검문소의 입구와 출구에서 출입을 통제하는 것과 유사하다. 즉 ACL은 성문이나 검문소의 입구 또는 출구에서 사용하는 통과자 명단 또는 통과시키면 안되는 명단과 같은 것이다.

ACL의 허용 또는 거부 동작은 입력 ACL(inbound ACL)과 출력 ACL(outbound ACL)의 2가지 방식으로 이루어진다. 입력 ACL은 입력되는 패킷들이 라우팅되기 전에 처리한다. 입력 ACL은 매우 효율적인데 그 이유는 필터링 조건에 의해 패킷이 라우팅되기 전에 패킷의 거부가 결정되기 때문에 라우팅을 위한 오버헤드를 줄일 수 있기 때문이다. 만약 패킷이 허용되면 그 다음에 라우팅 과정을 거친다.

패킷이 인터페이스로 입력되면 라우터는 입력 인터페이스에 입력 ACL이 설정되어 있는지를 검사한다. 입력되는 인터페이스에 입력 ACL이 설정되어 있지 않으면 라우터는 라우팅 테이블을 참조하여 라우팅이 가능한지를 살펴본다. 라우팅이 불가능할 경우, 라우터는 패킷을 폐기한다. 입력 ACL에서 허용한다는 것은 패킷을 입력 인터페이스에서 수신한 후 정상적으로 처리된다는 것을 의미하며, 거부한다는 것은 패킷을 폐기시킨다는 의미이다.

출력 ACL은 입력된 패킷이 출력 인터페이스로 라우팅된 후에 패킷의 허용 또는 거부를 결정한다. (그림 11-3)은 출력 ACL의 예를 보인 것이다. 패킷이 인터페이스로 입력되면, 라우터는 라우팅 테이블을 참조하여 패킷이 라우팅될 수 있는지를 결정한다. 라우팅 테이블에 해당 목적지로 가는 경로가 명시되어 있지 않으면 그 패킷은 라우팅될 수 없는 것으로 판단되어 폐기된다. 그 다음에 라우터는 패킷이 전달되는 출력 인터페이스에 ACL이 적용되어 있는지를 검사한다. 출력 인터페이스에 ACL이 없는 경우, 해당 패킷은 출력 버퍼에 저장된다.

(그림 11-3)에서와 같이 출력 인터페이스 S0에 출력 ACL이 적용되어 있지 않으면, 패킷은 S0 인터페이스로 직접 전송된다. 하지만 출력 인터페이스가 S1이고 여기에 출력 ACL이 적용되어 있는 경우에는 패킷은 ACL 구문에 의해 검사될 때까지 S1 인터페이스로 전송되지 않는다. ACL의 검사 결과에 따라 패킷은 허용되거나 거부된다. 출력 ACL에서 허용(permit)은 패킷을 출력 버퍼로 전달한다는 것을 의미하며, 거부(deny)는 패킷을 폐기시킨다는 것을 의미한다.

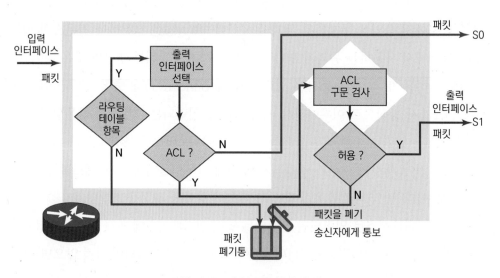

그림 11-3 출력 ACL의 동작 예

ACL은 여러 인터페이스에 적용시킬 수 있다. 즉 동일한 ACL을 한 인터페이스의 입력에 적용하고 또 다른 인터페이스의 출력에 적용시킬 수도 있다. 그러나 한 인터페이스의 입력 또는 출력에는 하나의 ACL만 적용이 가능하다. ACL을 프로토콜마다 적용할 수도 있는데 이 경우에도 하나의 프로토콜에는 하나의 ACL만 적용이 가능하다.

ACL 구문은 (그림 11-4)와 같이 순서대로 검사된다. 위에서부터 아래로 각각의 구문을 빠짐없이 패킷에 적용하여 검사한다. 패킷과 ACL의 구문이 일치하면, 나머지 구문은 검사하지 않으며, 패킷은 일치되는 구문의 조건에 따라 허용되거나 거부된다. 패킷과 ACL 구문이 일치하지 않으면 다음 구문으로 넘어간다. 이러한 검사 과정은 마지막 구문까지 계속된다. 마지막까지도 조건이 일치하지 않으면 패킷은 폐기된다. 즉 마지막까지 검사하였는데도 일치하는 구문이 없는 경우에는 라우터는 그 패킷을 버린다. 이런 이유로 종종 마지막 구문은 "묵시적 거부(implicit deny all)"로

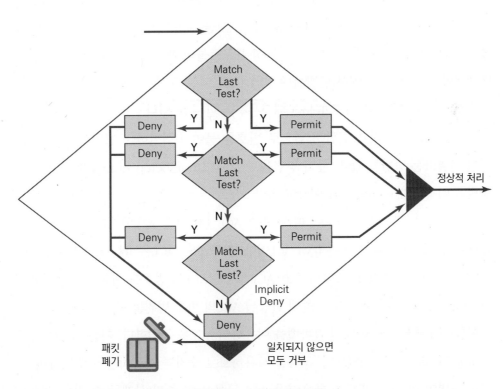

그림 11-4   ACL의 검사 과정

해석된다. 따라서 ACL은 적어도 하나 이상의 허용 구문을 포함하고 있어야 하며, 그렇지 않으면 모든 트래픽이 차단된다.

11.1.3 ACL의 종류

ACL의 종류로는 표준 ACL(standard ACL)과 확장 ACL(extended ACL)이 있다. 표준 ACL은 패킷의 발신지 IP 주소를 검사하여 패킷을 필터링한다. 예를 들면 10.1.1.1로부터 출발한 모든 패킷은 허용하고 10.1.1.2로부터 출발한 모든 패킷은 거부하는 것이다. 즉 패킷의 발신지 주소에 따라 프로토콜 전체를 허용 또는 거부를 결정하는 것이다.

확장 ACL은 패킷의 발신지와 목적지를 모두 검사한다. 예를 들어 10.1.1.1에서 출발하여 10.1.1.2로 가는 패킷은 허용하고 10.1.1.1에서 출발하여 10.1.1.3으로 가는 패킷은 거부하는 것이 가능해진다. 또한 확장 ACL은 특정 프로토콜, 포트 번호, 다른 매개 변수들도 검사할 수 있다. 즉 모든 패킷을 허용하거나 거부하는 것이 아니고 특정 프로토콜의 패킷은 허용하고 특정 프로토콜의 패킷은 거부할 수 있다. 앞의 예에서와 같이 10.1.1.1에서 출발하여 10.1.1.2로 가는 모든 패킷을 허용할 수도 있지만 HTTP 패킷은 허용하고 Telnet 패킷은 거부할 수도 있다.

또한 ACL을 구분하기 위한 방법으로 번호를 붙여서 식별하는 방법과 이름을 붙여서 식별하는 방법이 있다. 앞의 방법을 번호 ACL(numbered ACL)이라 하고 뒤의 방법을 이름 ACL(named ACL)이라고 한다.

번호 ACL은 그 ACL의 번호에 따라 표준 ACL인지 확장 ACL인지가 정해져 있다. 1~99 또는 1300~1999가 표준 IPv4 ACL이다. 확장 IPv4 ACL은 100~199 또는 2000~2699으로 규정되어 있다. 따라서 번호 ACL에서는 ACL의 번호를 신중하게 결정하여야 한다. 〈표 11-1〉은 각 프로토콜에 할당된 ACL의 번호 범위를 나열한 것이다.

이름 ACL에서는 숫자 대신 알파벳을 이용하여 ACL을 구별한다. 이름 ACL은 시스코 IOS 11.2부터 도입되었으며, 문자를 사용하므로 숫자를 사용하는 번호 ACL에 비하여 구별이 더 쉽다. 또한 이름 ACL은 ACL 구문을 한 줄씩 삭제할 수 있는 장점이 있다. 시스코 IOS 12.3 이전 버전에서, 번호 ACL은 ACL의 구문을 수정하려면 전체를 지우고 다시 작성하여야 했다. 즉 번호 ACL은 줄 단위로 삭제할 수 없었다.

표 11-1 각 프로토콜에 할당된 ACL 번호

Protocol	Range
IP	1-99
Extended IP	100-199
Ethernet type code	200-299
Ethernet address	700-799
Transparent bridging (protocol type)	200-299
Transparent bridging (vendor code)	700-799
Extended transparent bridging	1100-1199
DECnet and extended DECnet	300-399
XNS (Xerox Network Services)	400-499
Extended XNS	500-599
AppleTalk	600-699
Source-route bridging (protocol type)	200-299
Source-route bridging (vendor code)	700-799
IPX (Internetwork Packet Exchange)	800-899
Extended IPX	900-999
IPX SAP (Service Advertisement Protocol)	1000-1099
Standard Banyan VINES (Virtual Integrated Network Service)	1-100
Extended Banyan VINES	101-200
Simple Banyan VINES	201-300
Standard IP (expanded)	1300-1999
Extended IP (expanded)	2000-2699

이러한 ACL의 구문의 추가, 제거, 재조정 등과 같은 편집 작업의 불편함을 해소하기 위하여 시스코 IOS 12.3에서 순서 번호(sequence number)를 도입하였다. 순서 번호는 각 리스트에 일련번호를 붙여서 줄 단위의 삭제 및 중간 삽입도 가능하게 한 것이다. 순서 번호가 도입되기 이전에는 이름 ACL에서도 추가되는 모든 구문은 맨 마지막에 삽입되었다.

11.1.4 와일드카드 마스크

와일드카드 마스크(wildcard mask)는 여러 개의 IP 주소를 하나로 표현하기 위한 방법이다. 와일드카드 마스크는 각각 8비트씩으로 된 4개의 옥텟으로 이루어진 32 비트의 수이다. 와일드카드 마스크 비트 0은 "대응하는 비트 값을 검사하라"는 의미이고, 와일드카드 마스크 비트 1은 "대응하는 비트 값을 무시하라"는 의미이다. 즉 와일드카드 마스크 비트 0은 IP 주소의 대응하는 비트와 일치하여야 하며, 비트 1은 무시한다(don't care)는 것이다. (그림 11-5)는 와일드카드 마스크의 한 옥텟을 예로 보인 것이다.

와일드카드 마스크는 서브넷 마스크와 유사하게 IP 주소와 쌍을 이루고 있으며 둘 다 32비트이다. 하지만 서로 다르게 동작한다. 서브넷 마스크에서 0과 1은 대응

128	64	32	16	8	4	2	1		예제
0	0	0	0	0	0	0	0	=	모든 주소 비트를 검사 (모두 일치)
0	0	1	1	1	1	1	1	=	주소 비트 중 마지막 6비트 무시
0	0	0	0	1	1	1	1	=	주소 비트 중 마지막 4비트 무시
1	1	1	1	1	1	0	0	=	주소 비트 중 마지막 2비트 일치
1	1	1	1	1	1	1	1	=	옥텟의 모든 주소 비트 무시

그림 11-5 와일드카드 마스크의 예

하는 IP 주소의 호스트 부분과 네트워크 부분을 결정한다. 와일드카드 마스크에서 0과 1은 대응하는 IP 주소가 일치하여야 하는지 무시해도 되는지를 결정한다.

예를 들어 192.168.1.0부터 192.168.1.1, 192.168.1.2, 192.168.1.3까지의 4개의 주소를 와일드카드 마스크를 사용하여 하나로 표기해보자. 앞의 세 옥텟은 모두 동일하므로 와일드카드 마스크 0을 사용하면 된다. 마지막 옥텟은 앞의 6비트는 0으로 동일하고 뒤의 2비트만 서로 다르므로 앞의 6비트는 0이고 뒤의 2비트만 1이 된다. 따라서 10진수로 바꾸면 3이 된다. 결론적으로 192.168.1.0부터 192.168.1.1, 192.168.1.2, 192.168.1.3까지의 4개의 IP 주소는 와일드카드 마스크를 사용하면 192.168.1.0 0.0.0.3으로 표현할 수 있다. 같은 방법으로 예를 들어 172.30.16.0부터 172.30.16.255까지의 256개의 IP 주소를 와일드카드 마스크로 표현하면 172.30.16.0 0.0.0.255가 된다.

또 다른 예로 172.30.16.0/24부터 172.30.31.0/24까지의 서브넷을 와일드카드 마스크로 표현하는 방법을 살펴보자. 172.30까지의 2개의 옥텟은 와일드카드 마스크 0을 사용하여 일치시킨다. 각 호스트를 지정하는 것과는 상관이 없으므로 IP 주소의 마지막 옥텟은 와일드카드 마스크 1을 사용하여 무시하도록 한다. 따라서 와일드카드 마스크의 마지막 옥텟은 2진수로 모두 1이므로 10진수로는 255가 된다. 세 번째

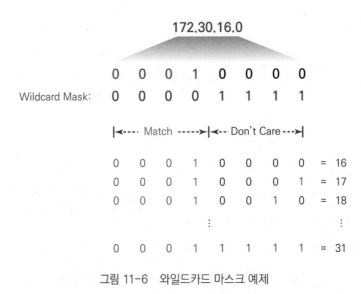

그림 11-6   와일드카드 마스크 예제

옥텟은 (그림 11-6)과 같이 10진수 16부터 31까지를 2진수로 바꾸면 앞의 4비트는 동일하고 뒤의 4비트만 서로 다르다. 따라서 와일드카드 마스크는 00001111이 되고 10진수로는 15가 된다. 그러므로 172.30.16.0/24부터 172.30.31.0/24까지의 서브넷을 와일드카드 마스크로 표현하면 172.30.16.0 0.0.15.255가 된다.

이와 같이 와일드카드 마스크를 자세히 살펴보면 IP 주소를 2개, 4개, 8개 ……, 256개, 즉 2^n개씩을 묶을 수 있음을 알 수 있다. 여기에서 n은 와일드카드 마스크에서 값이 1인 비트의 수이다. 즉 와일드카드 마스크의 비트 값이 00000001이면 2개의 IP 주소를 나타내는 것이며, 00000011이면 2^2=4개의 IP 주소를, 00000111이면 2^3=8개의 IP 주소를, ……, 11111111이면 2^8=256개의 IP 주소를 나타내는 것이다. 10진수로 바꾸어 말하면 1이면 2개, 3이면 4개, 7이면 8개, ……, 255이면 256개의 IP 주소를 나타내는 것이 된다. (그림 11-6)의 예에서 보면 세 번째 옥텟에서 16부터 31까지 16개의 주소를 나타내기 위하여 와일드카드 마스크 값을 15를 사용하였고, 네 번째 옥텟에서는 0부터 255까지 256개의 주소를 나타내기 위하여 와일드카드 마스크 값을 255를 사용하였다.

2의 멱승이 아닌 개수의 IP 주소는 하나의 와일드카드 마스크로 표현할 수 없다. 예를 들어 10.1.4.0/24부터 10.1.8.0/24까지의 서브넷을 와일드카드 마스크로 표현하는 경우를 생각해 보자. 세 번째 옥텟 값인 4부터 8까지를 2진수로 바꾸면 (그림 11-7)과 같이 된다. 여기에서 4부터 7까지는 와일드카드 마스크 00000011로 하나로 표현할 수 있지만 8은 따로 표현할 수밖에 없다. 즉 5개의 IP 주소는 하나로 표현할 수 없으며 2개의 와일드카드 마스크로 표현하여야 한다. 따라서 10.1.4.0/24

```
4 → 0 0 0 0 0 0 1 0 0
5 → 0 0 0 0 0 0 1 0 1
6 → 0 0 0 0 0 0 1 1 0            와일드카드 마스크
7 → 0 0 0 0 0 0 1 1 1            00000011 = 3
8 → 0 0 0 0 1 0 0 0
```

그림 11-7 2개의 와일드카드 마스크로 표현하는 경우

부터 10.1.8.0/24까지의 5개의 서브넷을 와일드카드 마스크로 표현하면 10.1.4.0
0.0.3.255와 10.1.8.0 0.0.0.255의 2개로 표현할 수 있다.

특별한 와일드카드 마스크를 나타내는 약어가 있다. 첫 번째로 host라는 약어이
다. host는 전체 IP 주소의 모든 비트가 일치하는 것을 원할 때 사용한다. 예를 들어
IP 주소가 172.23.16.29인 호스트 하나만을 와일드카드 마스크로 표현하려고 하면
172.23.16.29 0.0.0.0이 되며, 이것은 간편하게 host 172.23.16.29로 쓸 수도 있다. 또
한 모든 호스트를 나타내는 0.0.0.0 255.255.255.255는 any라는 키워드로 대체할 수
있다.

11.2 ACL의 설정

11.2.1 표준 번호 ACL의 설정

표준 IPv4 ACL은 (그림 11-8)과 같이 IP 헤더에 있는 출발지 IP 주소를 기반으로
패킷을 필터링하며, TCP/IP 프로토콜 전체를 허용하거나 거부한다. 표준 번호 ACL
(numbered standard ACL)은 1~99와 1300~1999의 번호를 사용한다.

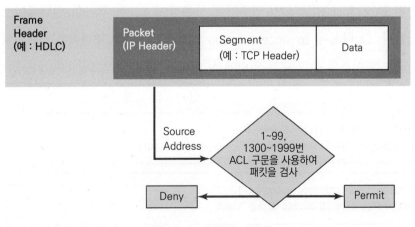

그림 11-8   표준 IPv4 ACL

시스코 라우터에서 표준 번호 ACL을 설정하려면 먼저 ACL 구문을 작성하고 그 ACL을 적용할 인터페이스에서 ACL을 활성화하여야 한다. 표준 번호 ACL을 설정하고 적용하는 과정을 단계별로 살펴보면 다음과 같다.

- 1 단계: ACL 구문을 작성한다.

  전역 설정 명령어인 **access-list**를 사용하여 표준 번호 ACL의 구문을 생성한다. (그림 11-9)는 ACL을 설정하는 명령어의 형식과 예제이다. 예제는 1번 ACL 구문을 설정하는 것으로 172.16으로 시작하는 모든 IP 주소에서 출발하는 모든 패킷을 허용하라는 문장이다. remark 옵션은 ACL에 설명을 추가하기 위한 것이다.

```
RouterX(config)# access-list acl-mumber {permit|deny|remark}
                 source [wildcardmask]
```

```
RouterX(config)# access-list 1 permit 172.16.0.0 0.0.255.255
```

그림 11-9   표준 번호 ACL 구문 생성 명령어의 형식과 예제

- 2 단계: ACL을 적용할 인터페이스에 ACL을 활성화한다.

  먼저 **interface** 전역 설정 명령어를 사용하여 ACL을 적용할 인터페이스를 선택한다. 그 다음에 **ip access-group** 인터페이스 설정 명령어를 사용하여 선택한 인터페이스의 출력 또는 입력에 ACL을 활성화한다. (그림 11-10)은 명령어의

```
RouterX(config)# interface type number
RouterX(config-if)# ip access-group acl-number {in|out}
```

```
RouterX(config)# interface ethernet 1
RouterX(config-if)# ip access-group 1 out
```

그림 11-10   선택한 인터페이스에서 ACL을 활성화

형식과 RouterX의 이더넷 1 인터페이스의 출력에 1번 ACL을 활성화한 예이다.

예를 들어 특정 네트워크에 속하는 트래픽만 내부 네트워크로 전달하고 나머지는 모두 막는 ACL을 생성한다고 가정하여 보자. (그림 11-11)은 예제 네트워크에서 특정 네트워크 (172.16.0.0/16)에 속하지 않는 트래픽이 라우터의 이더넷 인터페이스로 나가는 것을 막는 ACL의 예를 보인 것이다.

먼저 라우터의 전역 설정 모드에서 1번 ACL을 설정한다. 예에서는 172.16으로 시작하는 모든 주소에서 출발하는 모든 패킷을 허용하라는 구문이다. 더 이상의 구문이 없으면 화면에 출력되듯이 묵시적인 모두 거부가 적용되어 나머지 모든 패킷은 거부하라는 것이 된다. 예제에서는 이 1번 ACL을 라우터의 E0와 E1의 출력에 활성화하였다. 따라서 (그림 11-11)과 같은 ACL은 출발지 네트워크인 172.16.0.0/16에서 온 트래픽만 라우터의 E0와 E1으로 출력하고 나머지는 모두 거부하는 것이다.

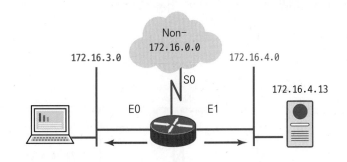

```
RouterX(config)# access-list 1 permit 12.16.0.0 0.0.255.255
(implicit deny all - not visible in the list)
(access-list 1 deny 0.0.0.0 255.255.255.255)

RouterX(config)# interface ethernet 0
RouterX(config-if)# ip access-group 1 out
RouterX(config)# interface ethernet 1
RouterX(config-if)# ip access-group 1 out
```

그림 11-11   특정 네트워크만 허용하는 표준 번호 ACL의 예

또한 특정 호스트에서 오는 패킷만을 거부하고 싶을 때도 있을 것이다. (그림 11-12)는 특정 호스트(172.16.4.3)에서 온 트래픽이 라우터의 이더넷 인터페이스인 E0로 나가는 것을 막는 ACL이다. 즉 오른쪽 호스트(172.16.4.13)에서 출발하는 패킷이 왼쪽 서브넷(172.16.3.0)으로 가는 것을 차단하려고 하는 경우이다.

예에서 첫 번째 줄은 출발지 IP 주소와 와일드카드 마스크가 172.16.4.13 0.0.0.0 이므로 해당 호스트 하나만을 지시하는 것으로 host 172.16.4.13으로 쓸 수도 있다. 이것은 그 호스트만을 거부하라는 것이다. 다음 줄은 0.0.0.0 255.255.255.255이므로 모든 호스트를 나타내며 any라는 키워드로 대체할 수도 있다. 즉 모든 호스트로부터 오는 모든 패킷을 허용하라는 구문이다.

이 예에서도 볼 수 있듯이 ACL 구문은 순서가 중요하다. 위의 두 구문이 순서가 바뀌면 전혀 다른 결과가 될 수 있다. 또한 이와 같은 ACL을 적용할 인터페이스로는 E0의 출구 쪽을 선택한다. 즉 표준 ACL은 가급적 목적지에 가까운 곳에 ACL을 적용하는 것이 좋다. 이 경우 E1의 입구 쪽에 적용하면 출발지 호스트 (172.16.4.13)에서 다른 곳으로 가는 패킷도 차단되어 버린다.

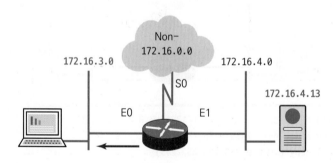

```
RouterX(config)# access-list 2 deny 172.16.4.13  0.0.0.0
RouterX(config)# access-list 2 permit 0.0.0.0  255.255.255.255
  (implicit deny all)
  (access-list 2 deny 0.0.0.0  255.255.255.255)

RouterX(config)# interface ethernet 0
RouterX(config-if)# ip access-group 2 out
```

그림 11-12 특정 호스트만 거부하는 표준 번호 ACL의 예

또 다른 예로 특정 서브넷 전체를 거부하는 경우를 생각해 보자. (그림 11-13)은 특정 서브넷(172.16.4.0/24)에서 온 트래픽이 라우터의 이더넷 인터페이스인 E0를 지나가지 못하도록 막는 ACL의 예이다. 즉 오른쪽 서브넷(172.16.4.0/24)에서 출발하는 패킷이 왼쪽 서브넷(172.16.3.0)으로 가는 것을 차단하려고 하는 경우이다.

예에서 172.16.4.0/24 서브넷을 표현하기 위하여 172.16.24.0 0.0.0.255와 같은 와일드카드 마스크를 사용하였다.

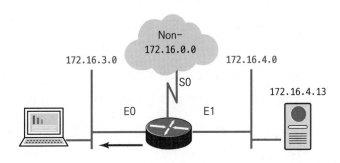

```
RouterX(config)# access-list 3 deny 172.16.4.0  0.0.0.255
RouterX(config)# access-list 3 permit any
  (implicit deny all)
  (access-list 3 deny 0.0.0.0  255.255.255.255)

RouterX(config)# interface ethernet 0
RouterX(config-if)# ip access-group 3 out
```

그림 11-13 특정 서브넷을 거부하는 표준 번호 ACL의 예

라우터의 가상 포트(vty)에 표준 번호 ACL을 적용할 수 있다. 이렇게 하면 호스트에서 라우터에 텔넷 또는 SSH로 접속하거나, 라우터 사용자가 호스트에 텔넷 또는 SSH로 접속하는 것을 ACL을 사용하여 제한할 수 있다. vty 라인에 ACL을 적용하는 것은 라우터를 통과하는 트래픽이 아니라 라우터로 들어오고 나가는 트래픽을 제어하고자 할 때 사용한다.

예를 들어 RouterX에서 텔넷 또는 SSH 접속을 제어하려면 (그림 11-14)와 같이 라인 설정 모드에서 **access-class** 명령어를 사용한다. 여기에서 **in** 키워드는 외부에서 해당 라우터로 텔넷 또는 SSH로 접속하는 것을 의미한다. **in**으로 설정하면 들어오는 텔넷 또는 SSH의 출발지 주소를 점검한다. out 키워드는 자주 사용되는 것은 아니지만, 이미 라우터에 텔넷 또는 SSH로 접속되어 있는 사용자가 다른 장비로 새로운 텔넷 연결을 시도하는 것을 ACL을 사용하여 제한하고자 할 때 사용한다. 이 경우 점검하는 주소는 출발지 주소가 아니라 목적지 주소가 된다.

```
RouterX(config-line)# access-class acl-mumber { in¦out }
```

그림 11-14   텔넷 또는 SSH 접속을 제어하는 ACL

예를 들어 특정 서브넷에 속하는 호스트만 라우터로의 텔넷 또는 SSH를 허용하고자 하면 (그림 11-15)와 같이 설정하면 된다. 이 예에서는 192.168.1.0/24 서브넷에 있는 호스트만이 RouterX의 vty로 텔넷 또는 SSH를 연결할 수 있고 다른 텔넷 또는 SSH 연결은 모두 거부된다.

```
RouterX(config)# access-list 12 permit 192.168.1.0 0.0.0.255
(implicit deny any)
!
RouterX(config)# line vty 0 4
RouterX(config-line)# access-class 12 in
```

그림 11-15   특정 서브넷만 텔넷 또는 SSH를 허용하는 ACL의 예

11.2.2 확장 번호 ACL의 설정

확장 ACL(extented ACL)은 표준 ACL에 비해 더 넓은 범위의 제어와 유연성을 가지고 있다. 표준 ACL이 출발지 주소를 기반으로 전체 프로토콜에 대해서만 허용하거나 거부할 수 있는 것에 비해, 확장 ACL은 발신지와 목적지 IP 주소를 모두 검사하고 프로토콜과 TCP나 UDP 포트 번호를 검사할 수 있다. 확장 ACL은 패킷의 출발지, 목적지, 프로토콜 유형, 포트 주소, 응용 등을 기반으로 접속을 허용하거나 거

부할 수 있다. 예를 들어 HTTP는 허용하고 FTP는 거부할 수 있다. 확장 번호 ACL은 100~199와 2000~2699 번호를 사용한다. 확장 ACL에서 검사할 수 있는 IP 헤더의 필드를 (그림 11-16)에 나타내었다.

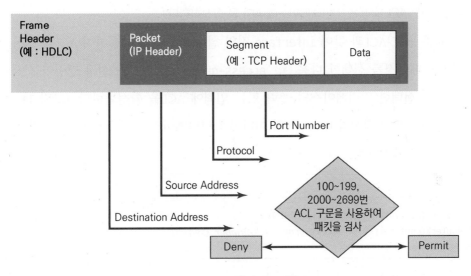

그림 11-16   확장 IPv4 ACL

확장 번호 ACL을 설정하고 적용하는 과정을 단계별로 살펴보면 다음과 같다.

• 1 단계: ACL 구문을 작성한다.

전역 설정 명령어인 **access-list**를 사용하여 확장 번호 ACL의 구문을 생성한다. (그림 11-17)은 확장 번호 ACL을 설정하는 명령어의 형식과 예제이

```
RouterX(config)# access-list acl-number {permit¦deny} protocol
                 source source-wildcard [operator port]
                 destination destination-wildcard [operator port]
```

```
RouterX(config)# access-list 101 deny tcp 172.16.4.0 0.0.0.255
                 172.16.3.0 0.0.0.255 eq 21
```

그림 11-17   확장 번호 ACL 구문 설정 명령어의 형식과 예제

다. 예제는 101번 ACL 구문을 설정하는 것으로 172.16.4.0/24에서 출발하여 172.16.3.0/24로 가는 TCP의 21번 포트를 사용하는 응용, 즉 FTP-control 패킷을 차단하라는 명령이다.

- 2 단계: ACL을 적용할 인터페이스에 ACL을 활성화한다.

  표준 번호 ACL과 같이 **interface** 전역 설정 명령어를 사용하여 ACL을 적용할 인터페이스를 선택한 다음, **ip access-group** 인터페이스 설정 명령어를 사용하여 선택한 인터페이스의 출력 또는 입력에 ACL을 활성화한다. (그림 11-18)은 명령어의 형식과 RouterX의 이더넷 1 인터페이스의 입력에 ACL 101번을 활성화한 예이다.

```
RouterX(config)# interface type number
RouterX(config-if)# ip access-group acl-number {in|out}
```

```
RouterX(config)# interface ethernet 1
RouterX(config-if)# ip access-group 101 in
```

그림 11-18   선택한 인터페이스에서 ACL을 활성화

확장 번호 ACL의 예제로 특정 서브넷으로부터 오는 FTP 트래픽을 차단하는 예를 들어보자 (그림 11-19)는 오른쪽 서브넷(172.16.4.0/24)에서 왼쪽의 서브넷(172.16.3.0/24)으로 가는 FTP 트래픽을 차단하려고 하는 경우이다. 예에서 먼저 확장 번호 ACL의 구문을 설정하기 위하여 101번 ACL 구문을 작성한다. 첫 번째 줄은 출발지가 172.16.4.0/24 서브넷이고 목적지는 172.16.3.0/24 서브넷인 TCP 21번 포트를 사용하는 프로토콜, 즉 FTP-control 트래픽을 차단하라는 명령어이다. 두 번째 줄은 같은 조건에서 TCP 20번 포트를 차단하라는 명령이다. 즉 FTP-data 트래픽을 차단하라는 것이다. 세 번째 줄은 나머지 모든 트래픽은 허용하라는 명령어이다.

이와 같이 101번 확장 번호 ACL 구문을 생성한 다음에 이것을 라우터의 적절한 인터페이스에 적용시켜야 한다. 예제에서는 라우터의 E1 인터페이스의 입구 쪽에 활

성화하였다. 이와 같이 확장 ACL은 가급적 출발지 근처에 적용하는 것이 효율적이다. 다른 곳에서 활성화하면 해당 트래픽이 차단되기 전에 필요 없이 네트워크를 돌아다닌 것이 되기 때문이다.

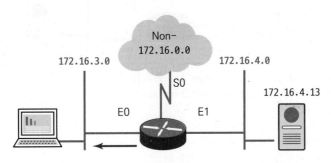

```
RouterX(config)# access-list 101 deny tcp 172.16.4.0  0.0.0.255
                172.16.3.0 0.0.0.255 eq 21
RouterX(config)# access-list 101 deny tcp 172.16.4.0  0.0.0.255
                172.16.3.0 0.0.0.255 eq 20
RouterX(config)# access-list 101 permit ip any any
  (implicit deny all)
  (access-list 101 deny ip 0.0.0.0 255.255.255.255  0.0.0.0  255.255.255.255)


RouterX(config)# interface ethernet 1
RouterX(config-if)# ip access-group 101 in
```

그림 11-19   특정 서브넷으로부터 오는 FTP 트래픽을 차단하는 예

또 하나의 예로 한 네트워크에서 외부로 나가는 텔넷을 금지하고자 하는 경우를 생각해 보자. (그림 11-20)은 오른쪽 서브넷(172.16.4.0/24)에서 외부로 나가는 Telnet 트래픽을 차단하려고 하는 경우의 예이다. 예에서 첫 번째 줄은 출발지 주소가 172.16.4.0/24 서브넷이고 목적지 주소가 **any**이므로, 172.16.4.0/24 서브넷에서 출발하여 모든 목적지로 가는 TCP 23번 포트를 사용하는 프로토콜, 즉 텔넷 트래픽을 차단하라는 것이다. 두 번째 줄은 나머지 모든 트래픽은 허용하라는 명령어이다. 그리고 이 ACL을 출발지에 가장 가까운 E1 인터페이스의 입구에 적용하였다.

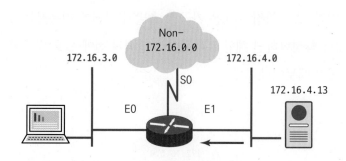

```
RouterX(config)# access-list 102 deny tcp 172.16.4.0  0.0.0.255 any eq 23
RouterX(config)# access-list 102 permit ip any any
(implicit deny all)

RouterX(config)# interface ethernet 1
RouterX(config-if)# ip access-group 102 in
```

그림 11-20   외부로 나가는 텔넷을 차단하는 ACL의 예

11.2.3 표준 이름 ACL의 설정

이름 ACL(named ACL)은 시스코 IOS 11.2부터 도입되었으며, 기존의 번호 ACL에서 사용한 번호 대신에 알파벳 문자를 사용하여 ACL을 식별할 수 있다. 문자를 사용하면 ACL의 구별이 훨씬 쉬워진다. 번호 ACL은 액세스 리스트를 수정하려면 먼저 ACL 전체를 삭제하고 그 다음에 수정된 ACL을 다시 입력해야 했다. 즉 번호 ACL은 액세스 리스트의 개별 문장을 삭제할 수 없었다.

이름 ACL을 사용하면 특정 액세스 리스트에서 개별 문장을 삭제할 수 있다. 따라서 액세스 리스트 전체를 삭제하지 않고 리스트를 수정할 수 있다. 그러나 문장의 삽입은 리스트의 중간에 할 수는 없고 리스트의 맨 마지막에만 가능하였다. 따라서 문장의 순서를 바꾼다거나 리스트의 중간에 문장을 삽입하려면 역시 기존의 ACL 전체를 지우고 다시 작성할 수밖에 없었다.

이러한 불편을 해소하기 위해 시스코 IOS 12.3에서 순서 번호(sequence number)를 도입하였다. 순서 번호는 번호 ACL과 이름 ACL 모두에서 사용이 가능하다. 순서 번호를 사용하면 기존의 액세스 리스트 전체를 삭제하지 않고도 액세스 리스트의 수정이 가능하다.

표준 이름 ACL의 설정은 다음과 같이 3단계로 정리할 수 있다.

- 1 단계: ACL의 이름을 설정한다.

  전역 설정 모드에서 ACL의 이름을 생성하고 이름 ACL 설정모드로 들어간다.
  (그림 11-21)은 명령어의 형식과 예제이다. 예제는 troublemaker라는 표준 이
  름 ACL을 생성하는 것이다.

```
RouterX(config)# ip access-list standard name
```

```
RouterX(config)# ip access-list standard troublemaker
```

그림 11-21   이름 ACL 설정 명령어의 형식과 예제

- 2 단계: ACL 구문을 작성한다.

  표준 이름 ACL 설정 모드에서 ACL의 개별 구문을 입력한다. (그림 11-22)는
  명령어의 형식과 예제이다. 표준 이름 ACL 설정 모드의 프롬프트는 RouterX
  (config-std-nacl)#이다. 순서 번호는 지정하지 않으면 시스템에서 입력하는
  차례대로 자동으로 부여한다. 예제는 10.5.5.0/24 서브넷에서 출발하는 모든 패
  킷을 허용하라는 문장이다.

```
RouterX(config-std-nacl)# [sequence-number] {deny ¦ permit}
                          {source [source-wildcard] ¦ any}
```

```
RouterX(config-std-nacl)# 15 permit 10.5.5.0 0.0.0.255
```

그림 11-22   표준 이름 ACL 구문 작성 명령어의 형식과 예제

- 3 단계: ACL을 적용할 인터페이스에 ACL을 활성화한다.

  번호 ACL과 같이 **interface** 전역 설정 명령어를 사용하여 ACL을 적용할 인터페이스를 선택한 다음, **ip access-group** 인터페이스 설정 명령어를 사용하여 선택한 인터페이스의 출력 또는 입력에 ACL을 활성화한다. (그림 11-23)은 명령어의 형식과 RouterX의 이더넷 0 인터페이스의 출력에 troublemaker라는 표준 이름 ACL을 적용한 예이다.

```
RouterX(config)# interface type number
RouterX(config-if)# ip access-group acl-name {in ¦ out}
```

```
RouterX(config)# interface ethernet 0
RouterX(config-if)# ip access-group troublemaker out
```

그림 11-23   선택한 인터페이스에 ACL을 적용하는 명령어

예로써 특정 호스트로부터 오는 트래픽을 차단하는 표준 이름 ACL을 작성하여 보자. (그림 11-24)에 예제 네트워크와 명령어를 정리하였다. 예제의 첫 번째 줄

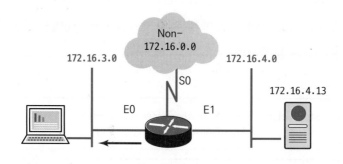

```
RouterX(config)# ip access-list standard troublemaker
RouterX(config-std-nacl)# deny host 172.16.4.13
RouterX(config-std-nacl)# permit 172.16.4.0  0.0.0.255
RouterX(config-std-nacl)# interface e0
RouterX(config-if)# ip access-group troublemaker out
```

그림 11-24 표준 이름 ACL의 예

은 troublemaker라는 표준 이름 ACL을 만드는 것이며, 두 번째 줄은 특정 호스트 (172.16.4.3)로부터 오는 트래픽을 거부하는 것이다. 세 번째 줄은 172.16.4.0/24 서브넷에서 출발하는 모든 트래픽을 허용하라는 명령이다. 네 번째 줄은 ACL을 적용할 인터페이스로 E0를 선택한 것이다. 여기에서 보듯이 이름 ACL 설정 모드를 빠져나오지 않고 **interface** 명령어를 사용할 수도 있다. 마지막 줄은 이 ACL을 E0 인터페이스의 출구에 적용하라는 명령어이다.

11.2.4 확장 이름 ACL의 설정

확장 이름 ACL의 설정도 표준 이름 ACL의 설정과 유사하게 다음과 같이 3단계로 정리할 수 있다.

- 1 단계: ACL의 이름을 설정한다.

  전역 설정 모드에서 ACL의 이름을 생성하고 이름 ACL 설정모드로 들어간다. (그림 11-25)는 명령어의 형식과 예제이다. 예제에서는 badgroup이라는 확장 이름 ACL을 생성하였다.

```
RouterX(config)# ip access-list extended name
```

```
RouterX(config)# ip access-list extended badgroup
```

그림 11-25   확장 이름 ACL의 설정 명령어 형식과 예제

- 2 단계: ACL 구문을 작성한다.

  확장 이름 ACL 설정 모드에서 ACL의 개별 구문을 입력한다. (그림 11-26)은 명령어의 형식과 예제이다. 확장 이름 ACL 설정 모드의 프롬프트는 RouterX (config-ext-nacl)#이다. 예제는 172.16.4.0/24 서브넷에서 출발하여 모든 목적지로 가는 TCP의 23번 포트를 사용하는 프로토콜, 즉 텔넷 트래픽을 거부하라는 문장이다.

```
RouterX(config-ext-nacl)# [sequence-mumber] {deny | permit } protocol
                          source source-wildcard destination destination-wildcard [option]
```

```
RouterX(config-ext-nacl)# deny tcp 172.16.4.0 0.0.0.255 any eq 23
```

그림 11-26   확장 이름 ACL 구문 작성 명령어 형식과 예제

- 3 단계: ACL을 적용할 인터페이스에 ACL을 활성화한다.

  번호 ACL과 같이 **interface** 전역 설정 명령어를 사용하여 ACL을 적용할 인터페이스를 선택한 다음, **ip access-group** 인터페이스 설정 명령어를 사용하여 선택한 인터페이스의 출력 또는 입력에 ACL을 활성화한다. (그림 11-27)은 명령어의 형식과 RouterX의 이더넷 0 인터페이스의 출력에 badgroup이라는 확장 ACL을 적용한 예이다.

```
RouterX(config)# interface type number
RouterX(config-if)# ip access-group acl-name {in | out}
```

```
RouterX(config)# interface ethernet 0
RouterX(config-if)# ip access-group badgroup out
```

그림 11-27   선택한 인터페이스에 ACL을 적용하는 명령어

예로써 특정 서브넷에서 외부로 나가는 특정 프로토콜의 트래픽을 차단하는 확장 이름 ACL을 작성하여 보자. (그림 11-28)에 예제 네트워크와 명령어를 정리하였다. 예제의 첫 번째 줄은 badgroup이라는 확장 이름 ACL을 생성하는 문장이며, 두 번째 줄은 특정 서브넷 (172.16.4.0/24)에서 출발하여 모든 목적지로 가는 텔넷 트래픽을 거부하라는 것이다. 세 번째 줄은 모든 트래픽을 허용하라는 명령이다. 네 번째 줄은 ACL을 적용할 인터페이스로 E1을 선택한 것이다. 여기에서 보듯이 이름 ACL 설정 모드를 빠져나오지 않고 interface 명령어를 사용할 수도 있다. 마지막 줄은 이 ACL을 E1 인터페이스의 입구에 적용하라는 명령어이다.

(그림 11-24)와 같은 표준 ACL과 (그림 11-28)의 확장 ACL을 비교하면 두 ACL 모두 라우터의 왼쪽에 위치한 서브넷의 관점에서 특정 호스트 또는 특정 서브넷으로부터 오는 트래픽을 차단하기 위한 것으로 볼 수 있다. 하지만 표준 ACL은 (그림 11-24)와 같이 목적지에 가까운 E0 인터페이스의 출구 쪽에 적용하고, 확장 ACL은 (그림 11-28)과 같이 출발지에 가까운 E1 인터페이스의 입구 쪽에 적용하는 것이 보다 효율적이다.

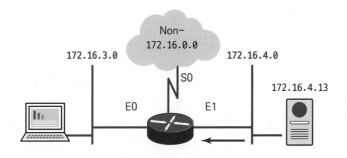

```
RouterX(config)# ip access-list extended badgroup
RouterX(config-ext-nacl)# deny tcp 172.16.4.0  0.0.0.255 any eq 23
RouterX(config-ext-nacl)# permit ip any any
RouterX(config-ext-nacl)# interface e1
RouterX(config-if)# ip access-group badgroup in
```

그림 11-28   확장 이름 ACL의 예

11.2.5 ACL에 주석 달기

주석(remark)은 ACL 구문이지만 실제로 처리되지는 않는다. 이것은 간단한 설명이 들어 있는 문장으로 ACL을 더 잘 이해하고 장애처리 등을 위하여 사용된다. 각 주석 라인은 100글자로 제한된다. permit 문이나 deny 문 앞이나 뒤에 주석이 들어갈 수 있다. 주석의 위치는 통일시키는 것이 좋다. 예를 들어 어떤 때는 주석을 관련 permit 문이나 deny 문 앞에 두고, 또 다른 때는 뒤에 두면 혼동이 될 수 있다.

번호 ACL에 주석을 추가하는 명령어 형식과 예제는 (그림 11-29)와 같다. 예제는 101번 ACL이 John 호스트가 서버로 텔넷을 허용하도록 하는 ACL이라는 설명을 붙인 것이다.

```
RouterX(config)# access-list number remark remark
```

```
RouterX(config)# access-list 101 remark Permitting_John to
                Telnet to Server
RouterX(config)# access-list 101 permit tcp host 10.1.1.2
                host 172.16.1.1 eq telnet
```

그림 11-29   번호 ACL에 주석을 붙이는 명령어와 예제

이름 ACL에 주석을 추가하는 예제는 (그림 11-30)과 같다. 예제는 Prevention이라는 표준 이름 ACL이 Johns 서브넷으로부터 오는 트래픽을 거부하는 ACL이라는 설명을 붙인 것이다.

```
RouterX(config)# ip access-list standard PREVENTION
RouterX(config-std-nacl)# remark Do not allow Jones subnet through
RouterX(config-std-nacl)# deny 171.69.0.0 0.0.255.255
```

그림 11-30   이름 ACL에 주석을 붙이는 예

11.2.6 ACL 설정 확인

ACL의 설정이 끝나면 show 명령어를 사용해서 설정을 검증하여야 한다. 모든 ACL의 내용을 보려면 show access-lists 명령어를 실행한다. (그림 11-31)은 이 명령어의 형식과 예제를 보이고 있다. 이 명령어에서 ACL의 이름이나 번호를 옵션으로 입력하면 특정 ACL에 대한 정보만을 볼 수도 있다.

```
RouterX# show access-lists {acl-number | name}
```

```
RouterX# show access-lists
Standard IP access list SALES
    10 deny    10.1.1.0, wildcard bits 0.0.0.255
    20 permit 10.3.3.1
    30 permit 10.4.4.1
    40 permit 10.5.5.1
Extended IP access list ENG
    10 permit tcp host 10.22.22.1 any eq telnet (25 matches)
    20 permit tap host 10.33.33.1 any eq ftp
    30 permit tap host 10.44.44.1 any eq ftp-data
```

그림 11-31   ACL 설정의 검증

show ip interfaces 명령어는 IP 인터페이스 정보를 표시하고 인터페이스에 어떤 IP ACL이 지정되어 있는지를 보여준다. (그림 11-32)와 같은 예를 보면 RouterX

```
RouterX# show ip interfaces e0
Ethernet0 is up, line protocol is up
    Internet address is 10.1.1.11/24
    Broadcast address is 255.255.255.255
    Address determined by setup command
    MTU is 1500 bytes
    Helper address is not set
    Directed broadcast forwarding is disabled
    Outgoing access list is not set
    Inbound access list is 1
    Proxy ARP is enabled
    Security level is default
    Split horizon is enabled
    IcMP redirects are always sent
    ICMP unreachables are always sent
    IcMP mask replies are never sent
    IP fast switching is enabled
    IP fast switching on the same interface is disabled
    IP Feature Fast switching turbo vector
    IP multicast fast switching is enabled
    IP multicast distributed fast switching is disabled
    <text ommitted>
```

그림 11-32   특정 인터페이스에서 ACL 설정의 검증

에서 E0 인터페이스의 출구 쪽에는 ACL이 설정되어 있지 않으며, 입구 쪽에는 ACL 1번이 설정되어 있음을 알 수 있다.

순서 번호를 사용하여 기존의 리스트에 ACL 구문을 추가하는 예를 살펴보자. (그림 11-33)은 Marketing이라는 기존의 이름 ACL에 15번 문장을 중간에 삽입하는 예이다. show ip access-lists 명령어는 IP ACL만을 보여준다.

```
RouterX# show ip access-list
Standard IP access list MARKETING
2 permit 10.4.0.0, wildcard bits 0.0.255.255
5 permit10.0.1.0, wildcard bits 0.0.0.255
10 permit 10.0.2.0, wildcard bits 0.0.0.255
20 permit 10.0.3.0, wildcardbits 0.0.0.255

RouterX(config)# ip access-listst andard MARKETING
RouterX(config-std-nacl)# 15 permit 10.5.5.0 0.0.0.255
RouterX(config-std-nacl)# end

RouterX# show ip access-list
Standard IP access list MARKETING
2 permit 10.4.0.0, wildcard bits 0.0.255.255
5 permit 10.0.1.0, wildcard bits 0.0.0.255
10 permit 10.0.2.0, wildcard bits 0.0.0.255
15 permit 10.5.5.0, wildcard bits 0.0.0.255
20 permit 10.0.3.0, wildcard bits 0.0.0.255
```

그림 11-33   순서 번호를 사용한 ACL 구문 추가의 예제

번호 ACL에서 액세스 리스트의 번호를 ACL의 이름으로 사용하여 액세스 리스트의 특정 위치에 구문을 삽입할 수 있다. (그림 11-34)는 번호 ACL에서 구문을 삽입하는 예이다.

```
RouterX# show ip access-list
Standard IP access list 1
2 permit 10.4.0.0, wildcard bits 0.0.255.255
5 permit 10.0.1.0, wildcard bits 0.0.0.255
10 permit 10.0.2.0, wildcard bits 0.0.0.255
20 permit 10.0.3.0, wildcard bits 0.0.0.255

RouterX(config) # ip access-list standard 1
RouterX(config-std-nacl) # 15 permit 10.5.5.0 0.0.0.255
RouterX(config-std-nacl) # end

RouterX# show ip access-list
Standard IP access list 1
2 permit 10.4.0.0, wildcard bits 0.0.255.255
5 permit 10.0.1.0, wildcard bits 0.0.0.255
10 permit 10.0.2.0, wildcard bits 0.0.0.255
15 permit 10.5.5.0, wildcard bits 0.0.0.255
20 permit 10.0.3.0, wildcard bits 0.0.0.255
```

그림 11-34   순서 번호를 사용한 ACL 구문 추가의 예제

ACL을 설정하는 데 있어서 지켜야할 기본 지침(guideline)을 정리하면 다음과 같다.

- 무엇을 필터링 할 것인가에 따라 표준 ACL을 사용할 것인지, 확장 ACL을 사용 할 것인지를 결정한다.
- ACL은 인터페이스, 프로토콜, 방향마다 단 하나만 사용할 수 있다.
- ACL은 문장의 순서대로 검사하기 때문에 가장 구체적인 문장이 목록의 맨 위 에 있어야 한다.
- ACL 검사의 마지막에는 항상 묵시적 거부 문장이 있다. 따라서 모든 목록에는 최소한 하나의 허가 문장이 있어야 한다.
- ACL을 먼저 생성한 다음에 그 ACL을 적용할 인터페이스를 선택하고, 해당 인 터페이스의 입구 또는 출구 쪽에 적용한다.
- ACL은 어떻게 적용하느냐에 따라, 라우터를 통과하는 트래픽이나, vty 연결처 럼 라우터로 유입되거나 유출되는 트래픽을 필터링할 수 있다.
- 확장 ACL은 발신지 근처에 설정하여야 하고, 표준 ACL은 목적지 근처에 설정 하여야 한다.

SUMMARY

- ACL은 IP 패킷 필터링 또는 특별한 목적을 위한 트래픽 식별에 사용될 수 있다.

- ACL은 위에서부터 아래로 차례로 처리되며, 라우터로 들어오거나 나가는 트래픽에 대하여 설정할 수 있다.

- ACL은 이름 ACL이나 번호 ACL로 생성할 수 있으며, 표준 ACL과 확장 ACL로 설정할 수 있다.

- 표준 ACL은 출발지 IP 주소를 기반으로 트래픽을 필터링하며, 확장 ACL은 출발지 IP 주소, 목적지 IP 주소, 프로토콜, 포트 번호를 기반으로 필터링할 수 있다.

- 와일드카드 마스크에서 0은 대응되는 주소 비트가 모두 일치하는 것을 의미하며, 1은 대응되는 주소 비트가 무시된다는 것을 의미한다.

- 이름 ACL을 사용하면 ACL에서 개별 문장을 삭제할 수 있다.

- ACL이 잘못 설정되어 있으면 합법적인 트래픽이 라우터를 지나가지 못하거나, 인가되지 않은 트래픽이 라우터를 통과할 수도 있다.

- 라우터에서 ACL이 제대로 설정되어 있는지를 검증하려면 show access-list 명령어를 사용한다.

- ACL이 어느 인터페이스에 적용되어 있으며, 어떤 방향에서 적용되어 있는지를 파악하려면 show ip interfaces 명령어를 사용한다.

11.1 ACL의 개요

[11-1] Which two statements best describe the functionality provided by an access list on a Cisco router? (Choose two.)

A) An access list filters traffic going through the router.

B) An access list filters traffic originating from the router.

C) An access list contains only a single permit or deny condition.

D) An access list is a sequential list of permit and deny conditions.

E) An access list filters all traffic going through the router and originating from the router.

[11-2] What are the two basic types of access lists? (Choose two.)

A) global access lists

B) standard access lists

C) extended access lists

D) privileged access lists

E) controlled access lists

[11-3] An administrator on a Cisco router wants to use access list statement to permit a range of IP subnets. The IP subnets are 10.0.4.0/24 through 10.0.7.0/24. Which address and wildcard mask should the administrator use?

A) 10.0.4.0 0.0.3.255

B) 10.0.4.0 0.0.4.255

C) 10.0.7.0 0.0.255.255

D) 10.0.7.0 0.0.31.255

[11-4] Which two ranges of numbers can you use to identify IPv4 extended ACLs on a Cisco router? (Choose two.)

A) 1 to 99

B) 51 to 151

C) 100 to 199

D) 200 to 299

E) 1300 to 1999

F) 2000 to 2699

[11-5] A packet is entering a Cisco router and is being checked by an access list. What does the router do if the packet does not match any statement in the access list?

A) The router drops the packet.

B) The router routes the packet normally.

C) The router creates an alarm and routes the packet normally.

D) The router creates a log entry and routes the packet normally.

[11-6] Because of the implicit deny any, and access list must have _____ in it. Otherwise, the access list will block all traffic.

A) one allow all   B) one implicitly permit any

C) at least one deny statement   D) at least one permit statement

[11-7] What does it mean when an access list wildcard mask bit is set to zero on a Cisco router?

A) The address is a network or subnet address.

B) The router checks the corresponding bit in the address.

C) The router ignores the corresponding bit in the address.

D) The corresponding bit in the address is in the host field.

[11-8] Which statement describes the drawback of using standard IP access lists?

A) IP standard access lists permit or deny the entire TCP/IP protocol suite only.

B) IP standard access lists check for source address and destination address only.

C) IP standard access lists allow you to check only for specific TCP or UDP ports.

D) IP standard access lists provide precise traffic-filtering control, but are difficult to configure.

[11-9] Which statement about access lists is true?

A) Access lists end with an implicit "allow all" statement.

B) All access lists end with an implicit "allow all" statement.

C) The order of access list statements is crucial to proper filtering.

D) Standard access lists allow removal and reordering of individual statement.

[11-10] How are access lists processed?

A) from the top down

B) from the bottom up

C) beginning at the first deny statement

D) beginning at the first permit statement

[11-11] What type of access control list only allows you to filter traffic by the source IP address?

A) Extended   B) Standard

C) Basic   D) Advanced

[11-12] What type of access control list allows you to filter by source and destination IP address, source and destination port, and protocol?

A) Advanced   B) Basic

C) Extended   D) Standard

[11-13] Which of the following statements is false when a packet is being compared to an access list?

A) It's always compared with each line of the access list in sequential order.

B) Once the packet matches the condition on a line of the access list, the packet is acted upon and no further comparisons take place.

C) There is an implicit "deny" at the end of each access list.

D) Until all lines have been analyzed, the comparison is not over.

11.2 ACL의 설정

[11-14] A system administrator wants to configure an IP standard access list statement on a Cisco router to deny only packets from host 10.1.1.7 on the subnet 10.1.1.0/24. Which configuration accomplishes this goal?

A) access-list 1 deny 10.1.1.7

B) access-list 1 deny 10.1.1.7 host

C) access-list 27 deny 0.0.0.0 10.1.1.7

D) access-list 99 deny 10.1.1.7 255.255.255.0

[11-15] What is the complete command to enable an access list on a router interface with the following parameters?

> • IP access list number is 1
> • List will check outbound packets

A) ip access-list 1 out   B) ip access-group 1 in

C) ip access-group 1 out   D) ip-access list 1 deny out

[11-16] The following is an access list entered on a Cisco router.

```
access-list 130 permit ip 172.16.16.0 0.0.15.255 172.16.32.0 0.0.15.255
```

If this access list is used to control incoming packets on Ethernet 0, which four statement are true? (Choose four.)

A) Address 172.16.1.1 will be denied access to address 172.16.37.5.

B) Address 172.16.1.1 will be permitted access to address 172.16.32.1.

C) Address 172.16.16.1 will be permitted access to address 172.16.32.1.

D) Address 172.16.31.1 will be permitted access to address 172.16.45.1.

E) Address 172.16.16.1 will be permitted access to address 172.16.50.1.

F) Address 172.16.30.12 will be permitted access to address 172.16.32.12.

[11-17] Which statement best describes named access lists on a Cisco router?

A) Named access lists allow you to insert individual lines into an access list.

B) Named access lists allow you to delete individual lines from an access list.

C) Named access lists allow you to identify access lists using any keyboard character.

D) Named access lists allow you to create up to 200 standard access list, other than the 99 standard access lists.

[11-18] Which command is used on a Cisco router to determine if IP access lists are applied to any interface?

A) show access-groups   B) show access lists

C) show ip interface   D) show ip access-lists

[11-19] Which command is used to find out if access list 100 has been configured on a Cisco router?

A) `show interfaces`   B) `show ip interface`

C) `show access-lists`   D) `show access-groups`

[11-20] Your manager has asked you to block traffic from the system with the IP address of 192.168.5.100. You have configured an access list using the commands shown in the figure below, but now no traffic from any system can pass through the interface. Why?

```
config term
access-list 1 deny host 192.168.5.100
interface s0/0
ip access-group 1 in
```

A) Access lists have an implied deny all at the bottom.

B) You need a subnet mask in the access list command.

C) You should have used `ip access-class` instead of `ip access-group`.

D) You should have used a `permit` instead of `deny`.

[11-21] You would like to ensure that only systems on the 216.83.11.64/26 subnet can telnet into your router. What commands would you use?

A) `access-list 20 permit 216.83.11.64 0.0.0.63`

   `line vty 0 4`

   `access-class 20 in`

B) `access-list 20 permit 216.83.11.64 255.255.255.192`

   `line vty 0 4`

   `access-class 20 in`

C) `access-list 20 permit 216.83.11.64 0.0.0.63`

   `line vty 0 4`

   `access-group 20 in`

D) access-list 20 permit 216.83.11.64 255.255.255.192

   line vty 0 4

   access-group 20 in

[11-22] You need to create an access list that will prevent hosts in the network range of 192.168.160.0 to 192.168.191.0. Which of the following lists will you use?

A) access-list 10 deny 192.168.160.0 255.255.224.0

B) access-list 10 deny 192.168.160.0 0.0.191.255

C) access-list 10 deny 192.168.160.0 0.0.31.255

D) access-list 10 deny 192.168.0.0 0.0.31.255

[11-23] What is the result of the access list in the figure below?

```
access-list 100 deny ip host 192.168.10.50 192.168.2.0 0.0.0.255
access-list 100 deny tcp host 192.168.10.50 host 3.3.3.3 80
access-list 100 permit ip any any
```

A) It denies the 192.168.10.50 system from accessing the 192.168.2.0 network, denies the system of 192.168.10.50 from accessing the website on 3.3.3.3, and permits all others.

B) It denies the 192.168.2.0 network from accessing the 192.168.10.50 system, denies the system of 192.168.10.50 from accessing the website on 3.3.3.3, and permits all others.

C) It denies the 192.168.10.50 system from accessing the 192.168.2.0 network, all systems from accessing the website on 3.3.3.3, and permits all others.

D) It denies the 192.168.10.50 system from accessing the 192.168.2.0 network, all systems from accessing the website on 3.3.3.3, and denies all others.

연습문제

[11-24] Which of the following access lists will allow only HTTP traffic into network 196.15.7.0?

A) `access-list 100 permit tcp any 196.15.7.0 0.0.0.255 eq www`

B) `access-list 10 deny tcp any 196.15.7.0 eq www`

C) `access-list 100 permit 196.15.7.0 0.0.0.255 eq www`

D) `access-list 110 permit ip any 196.15.7.0 0.0.0.255`

E) `access-list 110 permit www 196.15.7.0 0.0.0.255`

[11-25] If you wanted to deny FTP access from network 200.200.10.0 to network 200.199.11.0 but allow everything else, which of the following command strings is valid?

A) `access-list 110 deny 200.200.10.0 to network 200.199.11.0 eq ftp`

   `access-list 111 permit ip any 0.0.0.0 255.255.255.255`

B) `access-list 1 deny ftp 200.200.10.0 200.199.11.0 any any`

C) `access-list 100 deny tcp 200.200.10.0`

   `0.0.0.255 200.199.11.0 0.0.0.255 eq ftp`

D) `access-list 198 deny tcp 200.200.10.0 0.0.0.255 200.199.11.0 0.0.0.255 eq ftp`

   `access-list 198 permit ip any 0.0.0.0 255.255.255.255`

[11-26] You configure the following access list. What will the result of this access list be?

```
access-list 110 deny tcp 10.1.1.128 0.0.0.63 any eq smtp
access-list 110 deny tcp any any eq 23
int ethernet 0
ip access-group 110 out
```

A) Email and Telnet will be allowed out E0.

B) Email and Telnet will be allowed in E0.

C) Everything but email and Telnet will be allowed out E0.

D) No IP traffic will be allowed out E0.

[11-27] You have created a named access list called BlockSales. Which of the following is a valid command for applying this to packets trying to enter interface Fa0/0 of your router?

A) RouterX(config)# ip access-group 110 in

B) RouterX(config-if)# ip access-group 110 in

C) RouterX(config-if)# ip access-group Blocksales in

D) RouterX(config-if)# BlockSales ip access-list in

[11-28] If you wanted to deny all Telnet connections to only network 192.168.10.0, which command could you use?

A) access-list 100 deny tcp 192.168.10.0 255.255.255.0 eq telnet

B) access-list 100 deny tcp 192.168.10.0 0.255.255.255 eq telnet

C) access-list 100 deny tcp any 192.168.10.0 0.0.0.255 eq 23

D) access-list 100 deny 192.168.10.0 0.0.0.255 any eq 23

[11-29] You want to create an extended access list that denies the subnet of the following host: 172.16.198.94/19. Which of the following would you start your list with?

A) access-list 110 deny ip 172.16.192.0 0.0.31.255 any

B) access-list 110 deny ip 172.16.0.0 0.0.255.255 any

C) access-list 10 deny ip 172.16.172.0 0.0.31.255 any

D) access-list 110 deny ip 172.16.188.0 0.0.15.255 any

연습문제

[11-30] The following access list has been applied to an interface on a router:

```
access-list 101 deny tcp 199.111.16.32 0.0.0.31 host 199.168.5.60
```

Which of the following IP addresses will be blocked because of this single rule in the list? (Choose all that apply.)

A) 199.111.16.67   B) 199.111.16.38

C) 199.111.16.65   D) 199.111.16.54

연습문제

정답 및 해설

[11-1] 다음 중 시스코 라우터에서 ACL이 제공하는 기능을 가장 잘 설명한 것은? (2가지 선택)

A) ACL은 라우터를 통과하는 트래픽을 필터링한다.

B) ACL은 라우터에서 시작하는 트래픽을 필터링한다.

C) ACL에는 단지 하나의 허용 조건이 있거나 단지 하나의 거부 조건이 있다.

D) ACL은 허용 조건과 거부 조건이 순서에 따라 기록되어 있는 목록이다.

E) ACL은 라우터를 통과하거나 라우터에서 시작하는 모든 트래픽을 필터링한다.

해설

- ACL은 라우터를 통과하여 지나가는 트래픽을 필터링하지만 라우터에서 출발하는 트래픽은 필터링하지 않는다.
- ACL은 허용 조건(permit condition)이나 거부 조건(deny condition)을 순차적으로 나열한 것이다.

[11-2] 다음 중 ACL의 두 가지 형식은? (2가지 선택)

A) 전역 ACL
B) 표준 ACL
C) 확장 ACL
D) 특권 ACL
E) 제어 ACL

해설

- ACL의 종류로는 표준 ACL(standard ACL)과 확장 ACL(extended ACL)이 있다

[11-3] 시스코 라우터에서 관리자가 한 영역의 IP 서브넷을 허용하는 ACL을 사용하려고 한다. IP 서브넷의 영역은 10.0.4.0/24부터 10.0.7.0/24까지 이다. 관리자가 사용하여야 할 IP 주소와 와일드카드 마스크는 얼마인가?

A) 10.0.4.0 0.0.3.255

B) 10.0.4.0 0.0.4.255

C) 10.0.7.0 0.0.255.255

D) 10.0.7.0 0.0.31.255

해설

- 3번째 옥텟만을 2진수로 바꾸면 다음과 같이 된다.

10진수	2진수	
4	000001	00
5	000001	01
6	000001	10
7	000001	11

- 6번째 비트까지는 동일하고 나머지 2비트만 다르므로 와일드카드 마스크는 000000011이 된다. 10진수로는 3이다. 따라서 와일드카드 마스크는 0.0.3.255가 된다.

[11-4] 시스코 라우터에서 IPv4 확장 ACL을 구별하기 위하여 사용되는 번호의 범위는? (2가지 선택)

A) 1~99
B) 51~151
C) 100~199
D) 200~299
E) 1300~1999
F) 2000~2699

해설

- 표준 번호 ACL은 1~99와 1300~1999의 번호를 사용하고, 확장 번호 ACL은 100~199와 2000~2699 번호를 사용한다.

[11-5] 시스코 라우터에서 수신되는 패킷을 ACL로 검사하고 있다. 라우터는 패킷이 ACL의 어떤 문장과도 일치하지 않으면 어떻게 하는가?

A) 라우터는 그 패킷을 버린다.

B) 라우터는 그 패킷을 정상적으로 라우팅한다.

C) 라우터는 그 패킷을 정상적으로 라우팅하고, 경보를 발생한다.

D) 라우터는 그 패킷을 정상적으로 라우팅하고, 로그 항목을 생성한다.

해설

- ACL에서 마지막까지 검사하였는데도 일치하는 구문이 없는 경우에는 라우터는 그 패킷을 버린다. 이런 이유로 종종 마지막 구문은 "묵시적 거부(implicit deny all)"로 해석된다.

연습문제

정답 및 해설

[11-6] 묵시적인 모두 거부 때문에 ACL은 _____을 가지고 있어야 한다. 그렇지 않으면 ACL은 모든 트래픽을 차단한다.

A) 하나의 모두 허용 문장

B) 하나의 묵시적인 모두 허용 문장

C) 최소한 하나의 거부 문장

D) 최소한 하나의 허용 문장

해설

• ACL은 적어도 하나 이상의 허용 구문을 포함하고 있어야 하며, 그렇지 않으면 모든 트래픽이 차단된다.

[11-7] 시스코 라우터에서 ACL의 와일드카드 마스크 비트가 0으로 설정되어 있으면 무엇을 의미하는 것인가?

A) 그 주소는 네트워크 또는 서브넷 주소이다.

B) 라우터는 주소에서 해당 비트를 검사한다.

C) 라우터는 주소에서 해당 비트를 무시한다.

D) 주소에서 해당 비트는 호스트 영역이다.

해설

• 와일드카드 마스크 비트 0은 "대응하는 비트 값을 검사하라"는 의미이고, 와일드카드 마스크 비트 1은 "대응하는 비트 값을 무시하라"는 의미이다.

[11-8] 다음 중 표준 IP ACL의 약점을 설명하고 있는 것은?

A) 표준 IP ACL은 TCP/IP 프로토콜 집합 전체를 허용하거나 거부한다.

B) 표준 IP ACL은 발신지 주소와 목적지 주소만을 검사한다.

C) 표준 IP ACL은 특정한 TCP 포트 또는 UDP 포트만을 검사할 수 있다.

D) 표준 IP ACL은 정교한 트래픽 필터링 제어를 제공하지만 설정이 어렵다.

해설

• 표준 ACL은 패킷의 발신지 IP 주소를 검사하여 패킷을 필터링한다. 즉 패킷의 발신지 주소에 따라 프로토콜 전체를 허용 또는 거부를 결정하는 것이다.

[11-9] 다음 중 ACL에 대한 설명으로 옳은 것은?

A) ACL은 묵시적인 "모두 허용" 문장으로 끝난다.

B) 모든 ACL은 묵시적인 "모두 허용" 문장으로 끝난다.

C) ACL에서 적절한 필터링을 위해서는 문장의 순서가 중요하다.

D) 표준 ACL은 문장 단위로 삭제하고 순서를 바꿀 수 있다.

해설

• ACL은 문장의 순서대로 검사하기 때문에 가장 구체적인 문장이 목록의 맨 위에 있어야 한다. 순서가 바뀌면 전혀 다른 결과가 나온다.

[11-10] ACL은 어떻게 처리되는가?

A) 위에서 아래로   B) 밑에서 위로

C) 첫 거부 문장부터   D) 첫 허용 문장부터

해설

• ACL 구문은 위에서부터 아래로 순서대로 검사된다.

[11-11] 발신지 IP 주소만으로 트래픽을 필터링하는 ACL은?

A) 확장(extended) ACL

B) 표준(standard) ACL

C) 기본(basic) ACL

D) 고급(advanced) ACL

해설

• 표준 ACL은 출발지 IP 주소를 기반으로 트래픽을 필터링하며, 확장 ACL은 출발지 IP 주소, 목적지 IP 주소, 프로토콜, 포트 번호를 기반으로 필터링할 수 있다.

[11-12] 어떤 종류의 ACL이 발신지 IP 주소와 목적지 IP 주소, 발신지 포트와 목적지 포트, 프로토콜에 의해 트래픽을 필터링하는가?

A) 고급(advanced) ACL   B) 기본(basic) ACL

C) 확장(extended) ACL   D) 표준(standard) ACL

ANSWER   [11-6] D)   [11-7] B)   [11-8] A)   [11-9] C)   [11-10] A)   [11-11] B)   [11-12] C)

해설
- 표준 ACL은 출발지 IP 주소를 기반으로 트래픽을 필터링하며, 확장 ACL은 출발지 IP 주소, 목적지 IP 주소, 프로토콜, 포트 번호를 기반으로 필터링할 수 있다.

[11-13] 다음 중 패킷을 ACL의 구문과 검사하는 과정에 대한 설명으로 틀린 것은?

A) 검사는 항상 ACL의 각 행마다 순서대로 수행한다.

B) 일단 패킷이 ACL의 한 행과 조건이 일치하면, 그 패킷은 구문대로 처리되고 더 이상 검사하지 않는다.

C) ACL의 마지막 행에는 묵시적으로 "거부" 구문이 있다.

D) 모든 행이 검사될 때까지 계속 비교하여야 한다.

해설
- 패킷은 ACL의 구문과 순서대로 검사를 수행하며, 일단 조건이 일치하는 행을 찾으면 그 조건대로 패킷을 처리하고 검사를 중지한다. 즉, 나머지 구문은 검사하지 않는다.

[11-14] 시스코 라우터에서 10.1.1.0/24 서브넷에 있는 10.1.1.7 호스트로부터 온 패킷만 거부하는 표준 IP ACL을 설정하려고 한다. 다음 중 이러한 목적을 달성할 수 있는 명령어는?

A) access-list 1 deny 10.1.1.7

B) access-list 1 deny 10.1.1.7 host

C) access-list 27 deny 0.0.0.0 10.1.1.7

D) access-list 99 deny 10.1.1.7 255.255.255.0

해설
- 표준 IP ACL은 1~99와 1300~1999의 번호를 사용하여야 한다.
- 하나의 호스트만을 지정하기 위해서는 와일드카드 마스크를 사용하지 않고 호스트의 IP 주소만을 설정하거나, IP 주소 다음에 0.0.0.0 와일드카드 마스크를 사용하면 된다. 또는 host 다음에 IP 주소를 지정한다.

[11-15] 라우터 인터페이스에서 다음과 같은 매개 변수를 갖는 ACL을 활성화시키는 명령어는 무엇인가?

- IP ACL의 번호는 1이다.
- ACL은 출력 패킷을 검사한다.

A) ip access-list 1 out

B) ip access-group 1 in

C) ip access-group 1 out

D) ip-access list 1 deny out

해설
- ACL을 활성화하기 위해서는 인터페이스 설정 모드에서 ip access-group *acl-number* {in|out} 명령어를 사용한다.

[11-16] 시스코 라우터에서 다음과 같은 ACL을 입력하고, 이더넷 0 인터페이스의 입력 쪽에 활성화시킨 경우, 다음 중 옳은 것은? (4가지 선택)

```
access-list 130 permit ip 172.16.16.0 0.0.15.255
    172.16.32.0 0.0.15.255
```

A) 172.16.1.1 호스트가 172.16.37.5 호스트로 접속하는 것은 거부된다.

B) 172.16.1.1 호스트가 172.16.32.1 호스트로 접속하는 것은 허용된다.

C) 172.16.16.1 호스트가 172.16.32.1 호스트로 접속하는 것은 허용된다.

D) 172.16.31.1 호스트가 172.16.45.1 호스트로 접속하는 것은 허용된다.

E) 172.16.16.1 호스트가 172.16.50.1 호스트로 접속하는 것은 허용된다.

F) 172.16.30.12 호스트가 172.16.32.12 호스트로 접속하는 것은 허용된다.

해설
- access-list 130 permit ip 172.16.16.0 0.0.15.255 172.16.32.0 0.0.15.255 명령어는 확장 번호 ACL이고 IP 전체를 허용하라는 의미이다.

연습문제
정답 및 해설

- 출발지 주소는 172.16.16.0이고 와일드카드 마스크가 0.0.15.255이므로 IP 주소의 3번째 옥텟이 16부터 16개, 즉 16, 17, 18, ……, 31(=16+15)까지를 나타낸다. 즉 172.16.16.0 ~ 172.16.31.255가 출발지 주소이다.
- 목적지 주소는 172.16.32.0이고 와일드카드 마스크가 0.0.15.255이므로 IP 주소의 3번째 옥텟이 32부터 16개, 즉 32, 33, 34, ……, 47(=32+15)까지를 나타낸다. 즉 172.16.32.0 ~ 172.16.47.255가 목적지 주소이다.
- A)와 B)에서 172.16.1.1은 출발지 주소의 범위에 포함되지 않으므로 거부된다.
- E)에서 172.16.50.1은 목적지 주소의 범위에 포함되지 않으므로 거부된다.

[11-17] 다음 중 시스코 라우터의 이름 ACL(named ACL)에 대하여 가장 잘 설명한 것은?

A) 이름 ACL은 한 줄 단위로 삽입이 가능하다.

B) 이름 ACL은 한 줄 단위의 삭제가 가능하다.

C) 이름 ACL은 키보드에 있는 모든 문자를 이름으로 사용할 수 있다.

D) 이름 ACL은 표준 ACL을 99개까지가 아니라 200개까지 생성할 수 있다.

해설

- 이름 ACL을 사용하면 특정 액세스 리스트에서 개별 문장을 삭제할 수 있다. 따라서 액세스 리스트 전체를 삭제하지 않고 리스트를 수정할 수 있다. 그러나 문장의 삽입은 리스트의 중간에 할 수는 없고 리스트의 맨 마지막에만 가능하였다. 순서 번호를 사용하면 문장의 순서를 바꾼다거나 리스트의 중간에 문장을 삽입할 수 있다.

[11-18] 다음 중 시스코 라우터에서 IP ACL이 어느 인터페이스에 적용되고 있는지 확인하기 위하여 사용하는 명령어는?

A) show access-groups

B) show access lists

C) show ip interface

D) show ip access-lists

해설

- show ip interfaces 명령어는 IP 인터페이스 정보를 표시하고 인터페이스에 어떤 IP ACL이 지정되어 있는지를 보여준다.

[11-19] 다음 중 시스코 라우터에서 ACL 100이 설정되어 있는지를 확인하기 위하여 사용하는 명령어는?

A) show interfaces   B) show ip interface

C) show access-lists   D) show access-groups

해설

- 모든 ACL의 내용을 보려면 show access-lists 명령어를 실행한다. 이 명령어에서 ACL의 이름이나 번호를 옵션으로 입력하면 특정 ACL에 대한 정보만을 볼 수도 있다.

[11-20] IP 주소가 192.168.5.100인 시스템으로부터 오는 트래픽을 차단하기 위하여 다음과 같은 명령어를 사용하여 ACL을 설정하였다.

```
config term
access-list 1 deny host 192.168.5.100
interface s0/0
ip access-group 1 in
```

그런데 모든 시스템으로부터 오는 트래픽이 모두 차단되었다. 그 이유는 무엇인가?

A) ACL은 맨 마지막에 묵시적인 거부 문장을 가지고 있다.

B) ACL 명령어에는 서브넷 마스크가 필요하다.

C) ip access-group 명령어 대신에 ip access-class 명령어를 사용하여야 한다.

D) deny 명령어 대신에 permit 명령어를 사용하여야 한다.

해설

- ACL 검사의 마지막에는 항상 묵시적 거부 문장이 있다. 따라서 모든 목록에는 최소한 하나의 허가 문장이 있어야 한다. 그렇지 않으면 모든 트래픽이 차단된다.

[11-21] 216.83.11.64/26 서브넷에 속한 시스템들만 라우터로 텔넷 접속이 가능하도록 하려면 어떤 명령어를 사용하여야 하는가?

A) access-list 20 permit 216.83.11.64 0.0.0.63
   line vty 0 4
   access-class 20 in

B) access-list 20 permit 216.83.11.64
   255.255.255.192
   line vty 0 4
   access-class 20 in

C) access-list 20 permit 216.83.11.64 0.0.0.63
   line vty 0 4
   access-group 20 in

D) access-list 20 permit 216.83.11.64
   255.255.255.192
   line vty 0 4
   access-group 20 in

해설

- 텔넷 트래픽을 제한하려면 먼저 표준 ACL을 작성해야 한다. 216.83.11.64/26 서브넷에 속한 시스템만 허용하는 표준 ACL은 다음과 같다.
  access-list 20 permit 216.83.11.64 0.0.0.63
- 라우터에서 텔넷 또는 SSH 접속을 제어하려면 line vty 0 4 명령어를 사용하여 라인 설정 모드로 가서 access-class *acl-number* in 명령를 사용한다. 여기에서 in 키워드는 외부에서 해당 라우터로 텔넷 또는 SSH로 접속하는 것을 의미한다.

[11-22] 192.168.160.0부터 192.168.191.0 네트워크에 있는 호스트들을 거부하는 ACL을 생성하려고 한다. 다음 명령어 중 어떤 것을 사용하여야 하는가?

A) access-list 10 deny 192.168.160.0
   255.255.224.0

B) access-list 10 deny 192.168.160.0 0.0.191.255

C) access-list 10 deny 192.168.160.0 0.0.31.255

D) access-list 10 deny 192.168.0.0 0.0.31.255

해설

- 192.168.160.0부터 192.168.191.0 네트워크를 와일드카드 마스크를 사용하여 표현하면 192.168.160.0 0.0.31.255가 된다.

[11-23] 다음과 같은 ACL의 결과는 무엇인가?

```
access-list 100 deny ip host 192.168.10.50 192.168.2.0
0.0.0.255
access-list 100 deny tcp host 192.168.10.50 host 3.3.3.3
80
access-list 100 permit ip any any
```

A) 192.168.10.50 시스템이 192.168.2.0 네트워크에 접속하는 것을 거부하고, 192.168.10.50 시스템이 3.3.3.3에 있는 웹사이트에 접속하는 것을 거부하고, 그 외에는 모두 허용한다.

B) 192.168.2.0 네트워크가 192.168.10.50 시스템에 접속하는 것을 거부하고, 192.168.10.50 시스템이 3.3.3.3에 있는 웹사이트에 접속하는 것을 거부하고, 그 외에는 모두 허용한다.

C) 192.168.10.50 시스템이 192.168.2.0 네트워크에 접속하는 것을 거부하고, 모든 시스템이 3.3.3.3에 있는 웹사이트에 접속하는 것을 거부하고, 그 외에는 모두 허용한다.

D) 192.168.10.50 시스템이 192.168.2.0 네트워크에 접속하는 것을 거부하고, 모든 시스템이 3.3.3.3에 있는 웹사이트에 접속하는 것을 거부하고, 그 외에는 모두 거부한다.

해설

- access-list 100 deny ip host 192.168.10.50 192.168.2.0 0.0.0.255는 192.168.10.50 호스트에서 192.168.2.0/24 서브넷으로 가는 모든 IP 트래픽을 거부하라는 명령어이다.
- access-list 100 deny tcp host 192.168.10.50 host 3.3.3.3 80은 192.168.10.50 호스트에서 3.3.3.3 호스트로 가는 TCP 80포트, 즉 HTTP 트래픽을 거부하라는 명령어이다.
- access-list 100 permit ip any any는 모든 IP 트래픽을 허용하라는 명령어이다.

연습문제

정답 및 해설

[11-24] 다음 ACL 중에서 196.15.7.0 네트워크로 들어오는 HTTP 트래픽만 허용하는 것은?

A) access-list 100 permit tcp any 196.15.7.0 0.0.0.255 eq www

B) access-list 10 deny tcp any 196.15.7.0 eq www

C) access-list 100 permit 196.15.7.0 0.0.0.255 eq www

D) access-list 110 permit ip any 196.15.7.0 0.0.0.255

E) access-list 110 permit www 196.15.7.0 0.0.0.255

해설

- 특정 네트워크로 들어오는 트래픽은 발신지 주소는 any로 설정하고 목적지 주소만 명기하면 된다.
- HTTP 트래픽은 TCP 80포트 또는 eq www로 표시한다.

[11-25] 200.200.10.0 네트워크에서 200.199. 11.0 네트워크로 가는 FTP 접속만 거부하고 나머지는 모두 허용하려면 어떤 명령어를 사용하여야 하는가?

A) access-list 110 deny 200.200.10.0 to network 200.199.11.0 eq ftp

access-list 111 permit ip any 0.0.0.0 255.255.255.255

B) access-list 1 deny ftp 200.200.10.0 200.199.11.0 any any

C) access-list 100 deny tcp 200.200.10.0 0.0.0.255 200.199.11.0 0.0.0.255 eq ftp

D) access-list 198 deny tcp 200.200.10.0 0.0.0.255 200.199.11.0 0.0.0.255 eq ftp

access-list 198 permit ip any 0.0.0.0 255.255.255.255

해설

- 특정 트래픽만 거부하고 나머지 모든 트래픽을 허용하려면 ACL의 맨 마지막에 permit ip any any 명령어를 사용하면 된다. 0.0.0.0 255.255.255.255는 any로 쓸 수 있다.

[11-26] 다음과 같은 ACL을 설정하였을 때 그 결과는 어떻게 되는가?

```
access-list 110 deny tcp 10.1.1.128 0.0.0.63 any eq smtp
access-list 110 deny tcp any any eq 23
int ethernet 0
ip access-group 110 out
```

A) 이메일과 텔넷이 E0의 출력에서 허용될 것이다.

B) 이메일과 텔넷이 E0의 입력에서 허용될 것이다.

C) 이메일과 텔넷만 제외하고 나머지 모든 것이 E0의 출력에서 허용될 것이다.

D) 모든 IP 트래픽이 E0의 출력에서 거부될 것이다.

해설

- ACL의 마지막에는 항상 묵시적 거부 문장이 있다. 따라서 모든 목록에는 최소한 하나의 허가 문장이 있어야 한다. 그렇지 않으면 모든 트래픽이 차단된다.

[11-27] Blocksales라는 이름의 이름 ACL을 작성하였다. 다음 중 이 ACL을 RouterX의 Fa0/0 인터페이스의 입력에 적용하기 위한 명령어로 옳은 것은?

A) RouterX(config)# ip access-group 110 in

B) RouterX(config-if)# ip access-group 110 in

C) RouterX(config-if)# ip access-group Blocksales in

D) RouterX(config-if)# Blocksales ip access-list in

해설

- 인터페이스에 이름 ACL을 적용하기 위해서는 해당 인터페이스 설정 모드에서 ip access-group *name* {in|out} 명령어를 사용한다.

[11-28] 다음 중 192.168.10.0 네트워크로 입력되는 모든 텔넷 연결을 거부하려고 할 때 사용하는 명령어로 옳은 것은?

A) `access-list 100 deny tcp 192.168.10.0 255.255.255.0 eq telnet`

B) `access-list 100 deny tcp 192.168.10.0 0.255.255.255 eq telnet`

C) `access-list 100 deny tcp any 192.168.10.0 0.0.0.255 eq 23`

D) `access-list 100 deny 192.168.10.0 0.0.0.255 any eq 23`

해설

• 특정 프로토콜만 거부하여야 하므로 확장 ACL을 사용하여야 한다. 그러므로 ACL 번호는 100~199 또는 2000~2699를 사용하여야 한다.
• 텔넷은 TCP의 23번포트 사용하므로 deny tcp와 eq 23을 사용하여야 한다.
• 발신지 주소는 any이고, 목적지 주소는 192.168.10.0이 C 클래스 주소이므로 C 클래스의 네트워크를 와일드카드 마스크로 표현하면 **192.168.10.0 0.0.0.255**가 된다.

[11-29] IP 주소가 172.16.198.94/19인 호스트가 속한 서브넷으로부터 오는 모든 패킷을 거부하는 확장 ACL을 작성하려고 한다. 다음 중 어떤 명령어를 사용하여야 하는가?

A) `access-list 110 deny ip 172.16.192.0 0.0.31.255 any`

B) `access-list 110 deny ip 172.16.0.0 0.0.255.255 any`

C) `access-list 10 deny ip 172.16.172.0 0.0.31.255 any`

D) `access-list 110 deny ip 172.16.188.0 0.0.15.255 any`

해설

• 발신지 호스트의 IP 주소인 172.16.198.94/19에서 네트워크 주소는, IP 주소와 서브넷 마스크를 AND 연산하면 172.16.192.0이 된다. 또 브로드캐스트 주소는, 호스트 부분을 모두 1로 놓으면 172.16.203.255가 된다. 그러므로 이 서브넷 전체를 와일드카드 마스크로 나타내면 172.16.192.0 0.0.31.255가 된다.

[11-30] 다음과 같은 ACL를 라우터의 인터페이스에 적용하였다.

```
access-list 101 deny tcp 199.111.16.32 0.0.0.31 host
199.168.5.60
```

다음 중 이 ACL로 인하여 차단되는 IP 주소는 어느 것인가? (모두 선택)

A) 199.111.16.67   B) 199.111.16.38

C) 199.111.16.65   D) 199.111.6.54

해설

• 발신지 주소 199.111.16.32와 와일드카드 마스크 0.0.0.31로 표현된 IP 주소의 범위는 199.111.16.32부터 199.111.16.63 (=32+31)이다. 그러므로 199.111.16.67과 199.111.16.65는 통과하지만 199.111.16.38과 199.111.16.54는 차단된다.

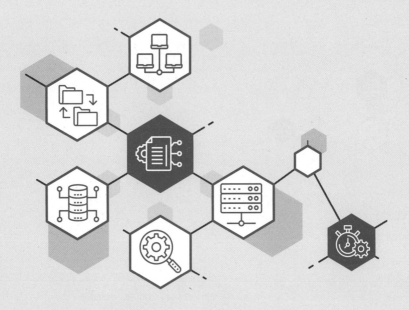

VLSM과 NAT

학습목표

- VLSM의 개념과 이점, VLSM의 적용 방법에 대하여 설명할 수 있다.

- VLSM을 이용한 경로 요약 방법에 대하여 설명할 수 있다.

- NAT의 필요성, NAT의 종류, NAT의 동작 원리에 대하여 설명할 수 있다.

- 정적 NAT과 동적 NAT의 설정 방법, NAT 설정을 확인하는 방법에 대하여 설명할 수 있다.

- PAT의 설정 방법과 PAT 설정을 확인하는 방법에 대하여 설명할 수 있다.

12.1 VLSM

12.1.1 VLSM의 개요

VLSM(Variable Length Subnet Mask)은 하나의 클래스풀(classful) 네트워크 내에서 두 개 이상의 서브넷 마스크를 사용할 수 있도록 하는 것이다. VLSM을 사용하면 IP 주소의 낭비를 줄일 수 있고, 더 많은 서브넷을 확보할 수 있다. VLSM은 주로 IP 주소 공간을 어떻게 할당하고 사용하는지와 관련하여 실제 네트워크에 많은 이점을 제공한다. 마스크는 서브넷의 크기 즉 서브넷에서 호스트 주소의 수를 결정하기 때문에 VLSM을 사용하면 네트워크 관리자가 필요한 주소와 서브넷의 크기를 더 효율적으로 일치시킬 수 있다. 예를 들어 적은 주소를 필요로 하는 서브넷의 경우 네트워크 관리자는 더 적은 호스트 비트를 갖는 마스크를 사용하여 서브넷팅할 수 있다. 이러한 유연성 때문에 각 서브넷에서 낭비되는 IP 주소를 줄일 수 있다.

주의해야 할 점은 여러 개의 클래스풀 네트워크에 여러 개의 서브넷 마스크를 사용하는 것과 VLSM을 혼동하지 말아야 한다는 것이다. 예를 들어 한 네트워크에서 10.0.0.0 주소와 11.0.0.0 주소를 사용하고 있고, 10.0.0.0 네트워크에서는 255.255.240.0 마스크를 사용하고 11.0.0.0 네트워크에서는 255.255.255.0 마스크를 사용한다면 이것은 VLSM을 사용하는 것이 아니다. 이와 같이 두 개의 클래스풀 네트워크에 각각 하나의 마스크를 사용한 것과 VLSM을 혼동하면 안된다. VLSM은 하나의 클래스풀 네트워크에서, 즉 예를 들어 10.0.0.0 네트워크에서 2개 이상의 서브넷 마스크를 사용하는 경우를 말하는 것이다. VLSM을 사용하지 않으면 A, B, C 클래스와 같은 클래스풀 네트워크에서 오직 하나의 서브넷 마스크를 사용하여야 한다.

VLSM은 라우팅 프로토콜이 지원해 줄 때만 사용이 가능하다. OSPF, EIGRP, RIPv2와 같은 라우팅 프로토콜이 VLSM을 지원한다. RIPv1은 VLSM을 지원하지 않는다. VLSM을 사용하면 네트워크에 한 개 이상의 서브넷 마스크를 포함할 수 있으며, 이미 서브넷으로 나누어진 네트워크 주소를 더 작은 서브넷으로 나눌 수 있다.

(그림 12-1)은 B 클래스인 172.16.0.0/16 주소를 먼저 /24 마스킹을 사용하여 서

브넷으로 나누고, 그 중에서   172.16.14.0/24 범위에 있는 서브네트워크 중 하나를
다시 /27 마스킹을 사용하여 더 작은 서브넷으로 나누는 VLSM의 예를 보인 것이다.

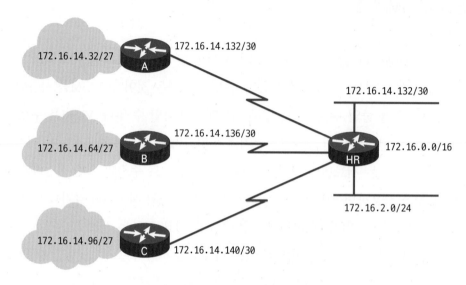

그림 12-1   VLSM의 예

(그림 12-1)과 같이 /24 주소를 /27로 서브네팅 하면 호스트 주소에서 3비트를 서
브넷 비트로 빌려왔으므로 2^3=8개의 서브넷이 생성된다. 172.16.14.0/24 서브넷을
/27로 다시 서브네팅하면 호스트 비트가 5비트가 되므로 (그림 12-2)와 같이 2^5=32
개의 주소를 갖는 8개의 서브넷으로 나눌 수 있다.

각 서브넷은 32개의 주소를 가지고 있으므로 네트워크 주소는 32씩 증가한
다. 즉 첫 번째 서브넷은 172.16.14.0/27이고, 두 번째 서브넷은 여기에 32를 더한
172.16.14.32/27이며, 세 번째 서브넷은 다시 32를 더한 172.16.14.64/27이고, 네 번
째 서브넷은 다시 32를 더한 172.16.14.96/27이다. 같은 방식으로 32씩 더해나가면
마지막 8번째 서브넷은 172.16.14.224/27이 된다.

(그림 12-1)의 예에서는 (그림 12-2)와 같이 나눈 서브넷 중에서 서브넷 1부터 서
브넷 3까지, 즉 172.16.14.32/27, 172.16.14.64/27, 172.16.14.96/27을 라우터 A, B,
C의 왼쪽 네트워크에 할당하고, 서브넷 4인 172.16.14.128/27을 /30으로 다시 서브
네팅하였다. /27을 /30으로 서브네팅 하면 호스트 주소에서 3비트를 서브넷 비트로

	Network			Subnet	Host	
Subnet 0	172.	16.	14	. 000	00000	= 172.16.14.0/27
Subnet 1	172.	16.	14	. 001	00000	= 172.16.14.32/27
Subnet 2	172.	16.	14	. 010	00000	= 172.16.14.64/27
Subnet 3	172.	16.	14	. 011	00000	= 172.16.14.96/27
Subnet 4	172.	16.	14	. 100	00000	= 172.16.14.128/27
Subnet 5	172.	16.	14	. 101	00000	= 172.16.14.160/27
Subnet 6	172.	16.	14	. 110	00000	= 172.16.14.192/27
Subnet 7	172.	16.	14	. 111	00000	= 172.16.14.224/27

그림 12-2   /24 서브넷을 /27로 서브네팅 한 예

빌려왔으므로 2^3=8개의 서브넷이 생성된다. 따라서 172.16.14.128/27 서브넷을 /30
으로 다시 서브네팅하면 호스트 비트가 2비트가 되므로 (그림 12-3)과 같이 2^2=4개
의 주소를 갖는 8개의 서브넷으로 나눌 수 있다.

각 서브넷은 4개의 주소를 가지고 있으므로 네트워크 주소는 4씩 증가한다.
즉 첫 번째 서브넷은 172.16.14.128/30이고, 두 번째 서브넷은 여기에 4를 더한
172.16.14.132/30이며, 세 번째 서브넷은 다시 4를 더한 172.16.14.136/27이고, 네
번째 서브넷은 다시 4를 더한 172.16.14.140/27이다. 같은 방식으로 4씩 더해나가면
마지막 8번째 서브넷은 172.16.14.156/30이 된다.

	Network			Subnet	Host	
Subnet 0	172.	16.	14	.100	000	00	= 172.16.14.128/30
Subnet 1	172.	16.	14	.100	001	00	= 172.16.14.132/30
Subnet 2	172.	16.	14	.100	010	00	= 172.16.14.136/30
Subnet 3	172.	16.	14	.100	011	00	= 172.16.14.140/30
Subnet 4	172.	16.	14	.100	100	00	= 172.16.14.144/30
Subnet 5	172.	16.	14	.100	101	00	= 172.16.14.148/30
Subnet 6	172.	16.	14	.100	110	00	= 172.16.14.152/30
Subnet 7	172.	16.	14	.100	111	00	= 172.16.14.156/30

그림 12-3   /27 서브넷을 /30으로 서브네팅 한 예

(그림 12-1)의 예에서는 (그림 12-3)과 같이 나눈 서브넷 중에서 서브넷 1~3, 즉
172.16.14.132/30, 172.16.14.136/30, 172.16.14.140/30을 라우터 A, B, C와 HQ

라우터 사이의 WAN 링크에 할당한 것이다. 라우터와 라우터를 연결하는 점대점 (point-to-point) 시리얼 라인의 경우 두 개의 호스트 주소만 필요하기 때문에 /30 서브넷을 이용하면 주소를 절약할 수 있다.

이와 같이 VLSM을 사용하면 이미 나누어진 서브넷 중 하나를 해당하는 서브넷의 크기에 맞게 다시 서브네팅할 수 있으므로 IP 주소를 보다 효율적으로 활용할 수 있는 장점이 있다. VLSM의 또 한 가지 이점은 경로 요약화(route summarization)가 가능하다는 것이다. (그림 12-1)의 예에서 보면 HQ 라우터의 왼쪽에 있는 서브넷은 모두 172.16.14.0/24로 요약할 수 있다. 이와 같이 경로 요약화를 하면 라우팅 테이블의 크기를 대폭 줄일 수 있다.

또 다른 예를 들어 VLSM을 사용하여 서브네팅을 수행하는 과정을 좀 더 알아보기로 하자. (그림 12-4)와 같이 172.16.32.0/20 서브넷을 50개 호스트를 가진 서브넷으로 분할하는 과정을 차례대로 살펴보기로 하자.

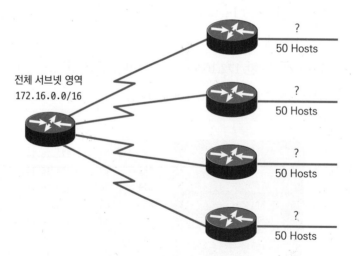

그림 12-4   VLSM을 사용하여 서브네팅을 수행하는 예

50개의 호스트를 접속하려면 호스트 비트가 6비트(2^6=64)가 되어야 한다. 따라서 서브넷 비트는 32-6=26, 즉 /26으로 서브네팅을 하는 것이 주소를 가장 절약할 수 있다. 이미 전체 서브넷 영역이 /20으로 서브네팅 되어 있으므로 /26으로 다시 서브네팅을 하면 2^6=64개의 서브넷이 생성된다. (그림 12-5)는 첫 번째부터 다섯 번째까

지의 서브넷을 계산한 것이다.

각 서브넷은 64개의 주소를 가지고 있으므로 네트워크 주소는 64씩 증가한다. 즉 첫 번째 서브넷은 172.16.32.0/26이고, 두 번째 서브넷은 여기에 64를 더한 172.16.32.64/26이며, 세 번째 서브넷은 다시 64를 더한 172.16.32.128/26이고, 네 번째 서브넷은 다시 64를 더한 172.16.32.192/26이고, 다섯 번째 서브넷은 다시 64를 더한 172.16.33.0/26이 된다.

	Network		Subnet	VLSM Subnet	Host	
Subnet 0	172 . 16		. 0010	0000.00	000000	= 172.16.32.0/26
Subnet 1	172 . 16		. 0010	0000.01	000000	= 172.16.32.64/26
Subnet 2	172 . 16		. 0010	0000.10	000000	= 172.16.32.128/26
Subnet 3	172 . 16		. 0010	0000.11	000000	= 172.16.32.192/26
Subnet 4	172 . 16		. 0010	0001.00	000000	= 172.16.33.0/26

그림 12-5 서브넷 계산의 예

서브넷 0부터 서브넷 3까지를 네트워크에 할당하면 (그림 12-6)과 같이 된다. 여기에서 라우터와 라우터를 연결하는 점대점 시리얼 라인의 경우 2개의 호스트 주소

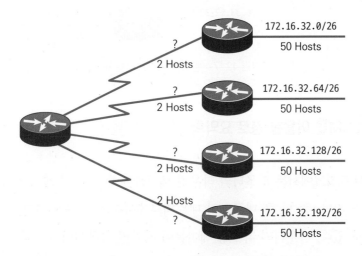

172.16.32.0/26
50 Hosts

? 2 Hosts

172.16.32.64/26
50 Hosts

? 2 Hosts

172.16.32.128/26
50 Hosts

? 2 Hosts

2 Hosts
?

172.16.32.192/26
50 Hosts

그림 12-6 점대점 시리얼 라인에 IP 주소를 할당하는 예

만 필요하기 때문에 /30 서브넷을 이용하면 IP 주소의 낭비를 줄일 수 있다.

점대점 시리얼 라인에 사용되는 서브넷 주소를 계산하기 위해서는 /26 서브넷 중에서 사용하지 않은 하나를 선택하여 다시 서브네팅을 하여야 한다. 이 예제에서는 5번째 서브넷인 172.16.33.0/26을 /30으로 다시 서브네팅하였다. /26 서브넷을 /30으로 다시 서브네팅하면 4개의 서브넷 비트가 확보되므로 총 16개의 서브넷이 생성된다. 또한 /30 서브넷은 호스트 비트가 2비트이므로, 서브넷 주소는 $2^2=4$의 배수로 증가한다. (그림 12-7)은 이 중에서 처음 4개의 서브넷을 점대점 시리얼 라인에 할당한 것이다.

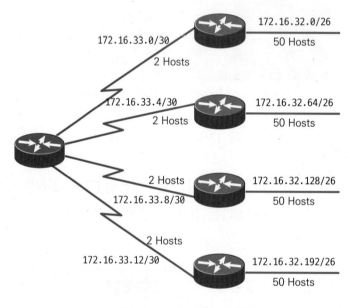

172.16.33.0/30
2 Hosts

172.16.32.0/26
50 Hosts

172.16.33.4/30
2 Hosts

172.16.32.64/26
50 Hosts

2 Hosts
172.16.33.8/30

172.16.32.128/26
50 Hosts

2 Hosts
172.16.33.12/30

172.16.32.192/26
50 Hosts

그림 12-7   완성된 VLSM의 예제

12.1.2 VLSM을 이용한 경로 요약화

소규모 네트워크에서는 라우터의 라우팅 테이블에 단지 수십 개의 경로가 존재하는 경우도 있지만, 좀 더 큰 대규모의 네트워크에서는 수천 또는 수만 개의 경로가 존재할 수도 있다. 라우터의 라우팅 테이블이 커지면 라우터의 메모리가 더 많아야 하는 문제가 발생한다. 라우터는 경로를 찾기 위하여 라우팅 테이블을 검색한다. 그러므로 라우팅 테이블이 크면 더 많은 검색 시간이 필요하며 CPU도 더 많은 작업을 수행하여야 한다.

경로 요약화(route summarization)는 라우터가 여러 개의 네트워크를 대표하는 하나의 요약 주소로 관리하는 것이다. 즉 네트워크의 모든 목적지에 대한 경로를 유지하면서 라우팅 테이블의 크기를 작게 만드는 것이다. 따라서 라우팅의 성능을 개선할 수 있으며 요약된 내부 네트워크에 존재하는 라우터는 메모리를 절약할 수 있다. 경로 요약화는 경로 통합화(route aggregation)라고도 부르며 또한 경로를 작게 분할하는 서브네팅과 반대로 경로를 하나로 합친다는 의미로 수퍼네팅(supernetting)이라고도 한다.

(그림 12-8)은 경로 요약화의 한 예를 보인 것이다. 그림에서 보면 라우터 A의 왼쪽에는 172.16.25.0/24, 172.16.26.0/24, 172.16.27.0/24와 같은 3개의 네트워크가 존재한다. 경로 요약화를 이용하면 라우터 A는 라우터 B로 이 3개의 네트워크를 요약한 172.16.0.0/16으로 광고할 수 있다. 즉 라우터 B의 라우팅 테이블에서는 172.16.0.0/16으로 관리할 수 있다.

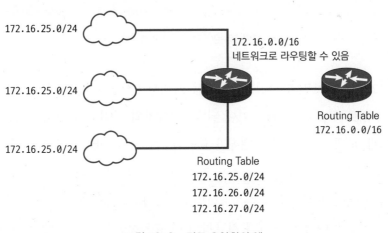

그림 12-8   경로 요약화의 예

경로 요약화의 또 다른 이점은 다른 라우터로부터 토폴로지의 변화를 격리시킬 수 있다는 것이다. (그림 12-8)의 예제에서 라우터 B는 라우터 A쪽에 있는 네트워크의 내부 변화를 알 필요가 없다. 예를 들어 만약 172.16.27.0/24 도메인 내의 특정 링크가 플래핑(flapping)되고 있어도, 즉 빠르게 업 다운 상태가 반복되고 있어도 요약 경로는 변하지 않는다. 그러므로 이러한 플래핑 때문에 외부 라우터가 자신의 라우팅 테이블을 수정할 필요가 없게 된다.

경로 요약화는 네트워크 주소가 2의 멱승 단위로 연속적인 블록을 이루고 있을 때 가장 효율적으로 수행된다. 예를 들어 172.16.168.0/24부터 172.16.175.0/24까지를 요약하는 경우를 생각해 보자. 요약 경로를 결정하기 위해서는 라우터가 모든 주소에서 일치하는 최상위 비트의 수를 알아내야 한다. (그림 12-9)와 같이 먼저 IP 주소를 2진수로 변환하여 공통되는 비트를 찾는다.

172.16.168.0/24	=	10101100	.	00010000	.	10101	000	.	00000000
172.16.169.0/24	=	172	.	16	.	10101	001	.	0
172.16.170.0/24	=	172	.	16	.	10101	010	.	0
172.16.171.0/24	=	172	.	16	.	10101	011	.	0
172.16.172.0/24	=	172	.	16	.	10101	100	.	0
172.16.173.0/24	=	172	.	16	.	10101	101	.	0
172.16.174.0/24	=	172	.	16	.	10101	110	.	0
172.16.175.0/24	=	172	.	16	.	10101	111	.	0

그림 12-9   경로 요약화의 예

(그림 12-9)에서 보면 IP 주소들 중 처음 21비트까지는 모두 같다. 그러므로 가장 좋은 요약 경로는 172.16.168.0/21이 된다. 이 예제와 같이 주소의 수가 2의 멱승개, 즉 4개, 8개, 16개 … 등과 같을 때에만 요약이 가능하다. 만약 주소의 수가 2의 멱수가 아니면, 주소들을 그룹으로 나누어 그룹별로 요약해야 한다.

VLSM을 사용하여 네트워크를 설계하면 IP 주소를 최대한으로 사용할 수 있을 뿐만 아니라 계층적 IP 주소 체계를 사용하면 더 효율적인 라우팅 업데이트 통신을 할 수 있다. 예를 들어 (그림 12-10)과 같이 2단계로 경로 요약화를 수행할 수 있다. 예제에서 라우터 C는 172.16.32.64/26 네트워크와 172.16.32.128/26 네트워크로부터 받은 2개의 라우팅 업데이트를 한 개의 업데이트인 172.16.32.0/24로 요약한다. 또한 라우터 A는 3개의 업데이트를 받지만, 오른쪽의 회사 네트워크로 전달하기 전에 먼저 하나의 라우팅 업데이트인 172.16.0.0/16으로 요약한다.

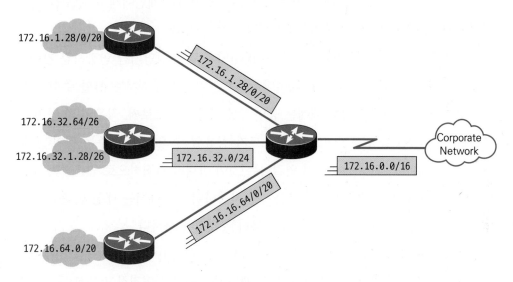

그림 12-10   2단계 경로 요약화의 예

12.2 NAT과 PAT

12.2.1 NAT과 PAT의 개요

32비트를 사용하는 IPv4 주소는, 인터넷이 예상을 뛰어넘어 급격히 확장됨에 따라 주소 공간의 부족이라는 문제를 발생시켰다. 이 문제의 해결책으로 고안된 것이 클래스리스 주소 지정(classless addressing)이다. 이것은 IPv4 주소 체계에서 클래스 구분을 없애서 낭비되는 주소를 상당 부분 절약할 수는 있었다. 하지만 기껏해야 주소 공간 고갈 속도를 느리게 하는 정도의 역할밖에 수행하지 못했다.

주소 고갈 문제를 근본적으로 해결하기 위해서는 IP 주소 공간을 확장하여야 한다. IPv6는 이와 같은 이유 때문에 개발되었다. 버전 5는 표준화를 시작하는 단계에서 폐기되었기 때문에 IPv4에서 바로 IPv6로 넘어가게 되었다. IPv4는 32비트 주소

를 사용하지만 IPv6는 128비트 주소를 사용한다. IPv6가 제공할 수 있는 주소의 수
는 2^{128}개, 즉 10진수로는 약 340간개가 된다. 여기에서 간(澗)이라는 단위는 10^{36}을
나타내는 것이다. 따라서 IPv6는 지구상의 모든 조직이나 개인에게 IP 주소를 할당
할 수 있는 충분한 주소 공간을 가지고 있다고 볼 수 있다.

새로운 IPv6가 개발되고 적용되기까지 IPv4의 수명을 상당기간 연장시킨 기술이
NAT(Network Address Translation)이다. NAT은 기관 내부에서는 사설 주소를 사
용하고 외부 인터넷에 접속할 때에는 공인 주소로 변환함으로써, 적은 수의 공인 IP
주소를 사설 주소를 이용하여 여러 호스트가 공유할 수 있도록 해주는 것이다. 즉
회사의 네트워크를 인터넷에 직접 연결하는 것이 아니라 간접적으로 연결하는 것이
다. 이것은 전화 시스템에서 구내 교환기를 사용하여 내부에서는 내선 번호를 사용
하고 외부로 나갈 때에만 외부 회선을 사용하는 것과 유사하다.

NAT을 사용하면 공인되지 않은 주소를 사용하는 사설 IPv4 네트워크를 인터넷으
로 연결할 수 있다. 일반적으로 NAT은 두 개의 네트워크를 연결하고 내부 네트워크

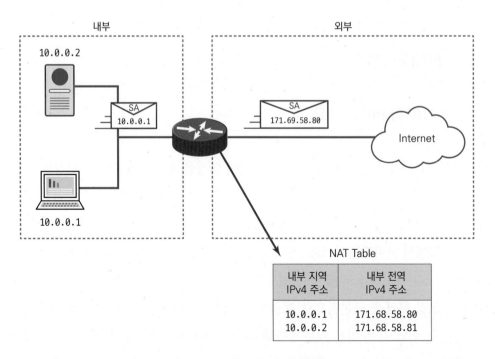

그림 12-11   NAT의 주소 변환 예

의 사설 주소를 공인 주소로 변환하여 패킷을 다른 네트워크로 전달한다. 전체 네트워크에 대해서 하나의 주소만 외부로 광고하도록 NAT을 설정할 수 있다. 따라서 내부의 주소를 광고하지 않으므로 네트워크 보안을 확보할 수 있다. (그림 12-11)은 사설 네트워크와 공인 네트워크 사이에서 주소를 변환하는 예를 보이고 있다.

NAT 환경에서 IP 데이터그램에 표시되는 서로 다른 유형의 주소를 구별하기 위하여 몇 가지 용어가 사용된다. 먼저 주소가 참조하는 장비가 네트워크의 어디에 위치하는가에 따라 다음과 같이 구분된다.

- 내부 주소(inside address): 사설 네트워크 내의 장비를 가리키는 모든 주소를 내부 주소라고 한다.
- 외부 주소(outside address): 공중 인터넷, 즉 사설 네트워크 외부에 있는 장비를 가리키는 모든 주소를 외부 주소라고 한다.

NAT에서 내부(inside)와 외부(outside)라는 용어는 장비의 위치를 식별하는 데 쓰인다. 내부 주소는 기관의 사설 네트워크 내에 있는 장비의 주소를 가리킨다. 외부 주소는 공중 인터넷 장비의 주소를 가리킨다. 내부 장비는 항상 내부 주소를 가지고 있고, 외부 장비는 항상 외부 주소를 가지고 있다. 하지만 내부 또는 외부 장비의 주소는 데이터그램이 나타나는 네트워크의 위치에 따라 다음과 같이 두 가지 서로 다른 방법으로 참조될 수 있다.

- 지역 주소(local address): 내부 또는 외부 주소를 가리키는가에 상관없이 내부 네트워크의 데이터그램에서 사용하는 주소를 의미한다.
- 전역 주소(global address): 내부 또는 외부 주소를 가리키는가에 상관없이 외부 네트워크의 데이터그램에서 사용하는 주소를 의미한다.

NAT에서 지역과 전역은 특정 주소가 어떤 네트워크에서 표시되는가를 가리키는 데 쓰인다. 지역 주소는 기관의 사설 네트워크 내에서 사용된다(내부 장비를 가리키든 외부 장비를 가리키든 상관없다). 전역 주소는 공중 인터넷에서 사용된다(내부 장비를 가리키든 외부 장비를 가리키든 상관없다). 따라서 NAT에서는 다음과 같이 네 가지의 서로 다른 주소 유형을 사용하고 있다.

- 내부 지역 주소(inside local address): 내부 네트워크의 호스트에 할당된 주소로 사설 IP 주소이다.
- 내부 전역 주소(inside global address): 내부 네트워크의 호스트를 외부 네트워크로 표현하기 위한 공인 IP 주소이다. 패킷이 내부 네트워크에서 외부 네트워크로 나갈 때 NAT 라우터는 내부 호스트에서 전송한 패킷의 출발지 IP 주소를 내부 지역 주소에서 내부 전역 주소로 변환한다.
- 외부 전역 주소(outside global address): 외부 네트워크의 호스트에 할당된 주소로 공인 IP 주소이다.
- 외부 지역 주소(outside local address): 내부 네트워크에서 참조하는 외부 네트워크의 호스트에 할당된 주소로 공인 IP 주소일 필요는 없다. 이것은 외부 장비를 내부 네트워크에 표현하기 위하여 변환된 주소이다. 일반적으로 외부 지역 주소는 외부 전역 주소와 동일하다.

NAT은 사설 주소와 공인 주소를 매핑하는 방법에 따라 정적 NAT과 동적 NAT, 그리고 포트 번호를 사용하는 PAT으로 구분할 수 있다. 각각의 특징은 다음과 같다.

- 정적 NAT(static NAT): 네트워크 관리자가 수동으로, 사설 주소와 공인 주소를 일대일로 매핑한다. 이것은 내부 네트워크의 장비가 외부 네트워크에 항상 동일한 공인 주소로 표현되어야 할 필요가 있는 경우에 특히 유용하다. 하지만 수동으로 매핑 정보를 입력하고 관리하여야 하며, 내부 네트워크에서 IP 주소를 공유할 수 없다는 단점이 있다.
- 동적 NAT(dynamic NAT): 사설 주소를 풀(pool)에 있는 공인 주소로 자동으로 변환한다. 이것은 NAT 라우터에서 필요할 때마다 즉시 생성되며 세션이 완료되면 변환 정보는 버려지고 사용된 내부 전역 주소는 다시 풀로 반환된다.

- PAT(Port Address Translation): PAT은 IP 주소뿐만 아니라 포트 번호를 달리하여 내부 호스트를 구분한다. 따라서 하나의 공인 주소에 여러 개의 사설 주소를 매핑할 수 있다. 이것은 하나의 공인 주소를 다수의 사설 주소가 공유하는 기술이므로 과부하 NAT, 즉 NAT 오버로딩(NAT overloading)이라고도 한다. (그림 12-12)는 PAT의 예이다.

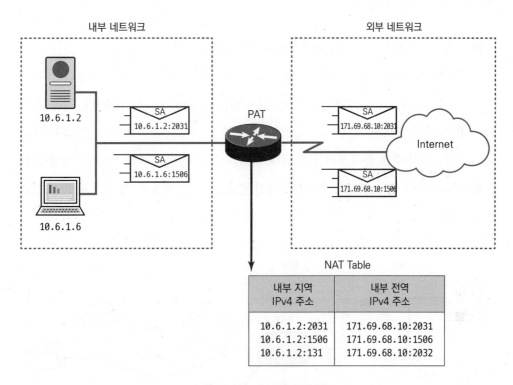

그림 12-12   PAT의 동작 예

PAT은 내부 전역 주소의 출발지 포트 번호를 사용하여 패킷을 구별한다. 포트 번호 필드는 16비트이므로 이론적으로 하나의 공인 주소에 65,536개의 사설 주소를 매핑할 수 있다. PAT은 원래의 출발지 포트 번호를 유지한다. 출발지 포트 번호가 이미 할당되어 있으면 PAT은 사용가능한 최초의 포트 번호를 찾아서 사용한다.

12.2.2 정적 NAT과 동적 NAT의 설정

　　NAT을 수행하는 라우터는 패킷이 내부 네트워크를 떠날 때 패킷의 출발지 IP 주소를 내부 전역 주소로 변환한다. 또한 외부 네트워크로부터 도착한 패킷의 목적지 IP 주소를 다시 내부 지역 주소로 변환한다. (그림 12-13)은 이러한 주소 변환 과정을 그림으로 보인 것이다.

❶ 1.1.1.1 호스트가 호스트 B에 패킷을 보낸다.

❷ 1.1.1.1 호스트에서 수신된 첫 번째 패킷에 따라 라우터는 NAT 테이블을 검사한다. 정적 변환 엔트리가 설정되어 있는 경우, 라우터는 3단계로 간다. 정적 변환 엔트리가 없으면, 라우터는 출발지 주소인 1.1.1.1을 동적으로 변환한다. 라우터는 동적 주소 풀로부터 공인 주소를 선택하고 변환 주소(2.2.2.2)를 생성한다.

❸ 라우터는 1.1.1.1 호스트의 내부 사설 주소를 공인 주소로 바꾸어 패킷을 전달한다.

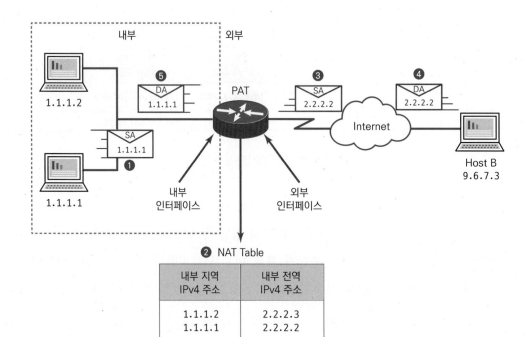

❷ NAT Table

내부 지역 IPv4 주소	내부 전역 IPv4 주소
1.1.1.2	2.2.2.3
1.1.1.1	2.2.2.2

그림 12-13   주소 변환 과정

❹ 호스트 B는 패킷을 수신하고 1.1.1.1 호스트에 응답하며 목적지 주소로 2.2.2.2
를 사용한다.

❺ 라우터는 2.2.2.2를 1.1.1.1로 변환하여 호스트에 전달한다.

라우터에서 정적 NAT을 설정하는 과정을 단계별로 정리하면 다음과 같다.

- 1 단계: 정적 NAT을 활성화한다.

  내부 지역 주소와 내부 전역 주소 사이에서 정적 변환을 수행한다. (그림 12-14)
  는 명령어의 형식과 예이다.

```
RouterX(config)# ip nat inside source static local-ip global-ip
RouterX(config)# ip nat inside source static 10.1.1.2 192.168.1.2
```

그림 12-14   정적 NAT의 활성화

- 2 단계: 내부 인터페이스를 설정한다.

  인터페이스 설정 모드에서 (그림 12-15)와 같이 내부 인터페이스를 설정한다.

```
RouterX(config-if)# ip nat inside
```

그림 12-15   내부 인터페이스 설정

- 3 단계: 외부 인터페이스를 설정한다.

  인터페이스 설정 모드에서 (그림 12-16)과 같이 외부 인터페이스를 설정한다.

```
RouterX(config-if)# ip nat outside
```

그림 12-16   외부 인터페이스 설정

정적 NAT을 설정하는 전 과정의 예를 (그림 12-17)에 보였다. 예에서는 라우터의 S0 인터페이스를 외부 인터페이스로, E0 인터페이스를 내부 인터페이스로 설정하였으며 내부 지역 주소인 10.1.1.2를 내부 전역 주소인 192.168.1.2로 정적 변환을 수행하고 있다.

정적 NAT을 설정한 다음에는 설정이 잘 이루어졌는지 검증을 하여야 한다. (그림 12-17)과 같이 특권 모드에서 show ip nat translations 명령어를 입력하면 현재의 변환 정보가 표시된다.

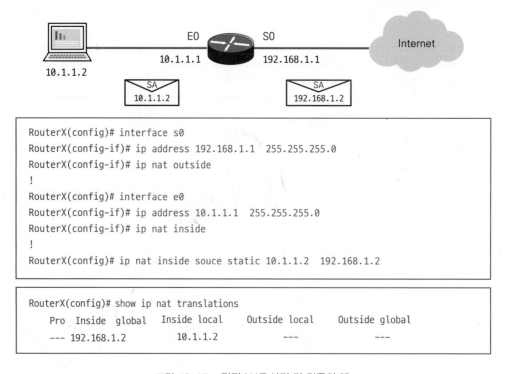

그림 12-17   정적 NAT 설정 및 검증의 예

동적 NAT을 설정하는 과정을 단계별로 정리하면 다음과 같다.

• 1 단계: 공인 주소의 풀을 설정한다.

할당된 공인 주소의 풀을 정의한다. 명령어의 형식과 예는 (그림 12-18)과 같다.

```
RouterX(config)# ip nat pool name start-ip end-ip
                 {netmask netmask ¦ prefix-length prefx-length}
```

```
RouterX(config)#  ip nat pool net-208 171.69.233.209 171.69.233.222
                  netmask 255.255.255.240
```

그림 12-18   공인 주소의 풀 설정

- 2 단계: 변환될 주소의 범위를 설정한다.

  표준 ACL을 사용하여 변환하여야 할 주소의 범위를 지정한다. 명령어의 형식과 예는 (그림 12-19)와 같다.

```
RouterX(config)# access-list access-list-number permit source [source-wildcard]
```

```
RouterX(config)# access-list 1 permit 192.168.1.0 0.0.0.255
```

그림 12-19   변환될 주소의 범위 설정

- 3 단계: 동적 NAT을 활성화한다.

  동적 NAT을 활성화한다. 명령어의 형식과 예는 (그림 12-20)과 같다.

```
RouterX(config)# ip nat inside source list acl-mamber pool name
```

```
RouterX(config)# ip nat inside source list 1 pool net-208
```

그림 12-20   동적 NAT 활성화

- 4 단계: 내부 인터페이스를 설정한다.

  인터페이스 설정 모드에서 (그림 12-21)과 같이 내부 인터페이스를 설정한다.

```
RouterX(config-if)# ip nat inside
```

그림 12-21   내부 인터페이스 설정

- 5 단계: 외부 인터페이스를 설정한다.

  인터페이스 설정 모드에서 (그림 12-22)와 같이 외부 인터페이스를 설정한다.

```
RouterX(config-if)# ip nat outside
```

그림 12-22   외부 인터페이스 설정

동적 NAT을 설정하는 전 과정의 예를 (그림 12-23)에 보였다. 이 예는 171.69.
233.209부터 171.69.233.222까지의 공인 IP 주소를 net-208이라는 이름의 풀로 정

```
ip nat pool net-208 171.69.233.209 171.69.233.222 netmask 255.255.255.240
ip nat inside source list 1 pool net-208
!
interface serial 0
    ip address 171.69.232.182 255.255.255.240
    ip nat outside
!
interface ethernet 0
    ip address 192.168.1.94  255.255.255.0
    ip nat inside
!
access-list 1 permit 192.168.1.0 0.0.0.255
```

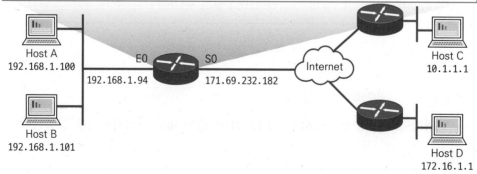

그림 12-23   동적 NAT 설정의 예

의하고, ACL 1을 사용하여 192.168.1.으로 시작하는 모든 주소를 net-208 풀에 있는
주소 중 하나로 변환을 수행하는 것이다.

동적 NAT의 설정 검증도 정적 NAT의 설정 검증과 마찬가지로 **show ip nat tran-slations** 특권 설정 명령어를 사용한다. (그림 12-24)는 동적 NAT 설정 검증의 예이다.

```
RouterX# show ip nat translations
  Pro Inside global    Inside local    Outside local    Outside global
  --- 171.69.233.209    192.168.1.100      ---              ---
  --- 171.69.233.210    192.168.1.101      ---              ---
```

그림 12-24   동적 NAT 설정 검증의 예

12.2.3 PAT 설정

동적 NAT은 정적 NAT에 비해 많이 개선되었다. 그러나 풀의 크기에 있어서 여전
히 제한이 있다. 만약 풀에 100개의 주소가 있다고 하면 한 번에 100개의 장비만이
동시에 인터넷에 접속할 수 있다. 이러한 한계를 극복할 수 있는 것이 NAT 오버로
드, 즉 PAT이다.

PAT은 포트 번호를 사용하여 내부 전역 주소를 적절한 내부 지역 주소로 변환한
다. 여러 개의 내부 지역 주소가 1개의 내부 전역 주소로 매핑될 때 각 내부 호스트
의 TCP나 UDP의 포트 번호들이 지역 주소들 간을 구별한다. (그림 12-25)는 1개의
내부 전역 주소가 여러 개의 내부 지역 주소를 표현할 때 PAT이 어떻게 동작되는지
를 보여주는 예이다.

❶ 1.1.1.1 호스트가 호스트 B에 패킷을 보낸다.

❷ 1.1.1.1 호스트에서 수신된 첫 번째 패킷에 따라 라우터는 NAT 테이블을 검사
   한다. 변환 엔트리가 없을 경우에 라우터는 1.1.1.1 주소가 변환되어야 한다는
   결정을 내리고, 내부 지역 주소인 1.1.1.1을 합법적인 내부 전역 주소로 변환한
   다. 오버로딩이 진행되고 다른 변환이 활성화된 경우에 라우터는 변환에 사용

된 내부 전역 주소를 재사용해서 변환에 필요한 정보를 절약한다.

❸ 라우터는 내부 지역 주소인 1.1.1.1을 선택된 내부 전역 주소로 바꾸고 패킷을 전달한다.

❹ 호스트 B는 패킷을 수신하고 1.1.1.1 호스트에 응답한다. 이때 내부 전역 주소 인 2.2.2.2를 사용한다.

❺ 라우터는 2.2.2.2를 1.1.1.1로 변환하여 호스트에 전달한다.

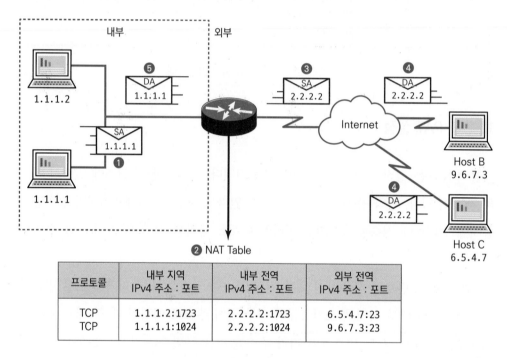

그림 12-25   PAT의 동작 예

시스코 IOS는 두 가지 방식의 PAT 설정을 지원한다. PAT이 내부 전역 주소 풀을 사용할 경우의 설정은 3단계를 제외하고는 동적 NAT과 같다. PAT 설정은 동적 NAT 설정의 3단계에서 `ip nat inside source list` 전역 설정 명령어 끝에 `overload` 키워드를 추가하면 된다. 나머지는 동적 NAT 설정과 동일하다.

하나의 내부 전역 주소만을 사용할 경우에 라우터의 인터페이스 IP 주소를 사용하여 변환할 수 있다. 이 경우의 명령어 형식과 예를 (그림 12-26)에 보였다. 이와 같이 설정하면 ACL에서 허용하는 내부 지역 주소들이 지정한 인터페이스의 IP 주소 하나만으로 변환된다.

```
Routerx(config)# ip nat inside source list acl-number interface interface overload
```

```
RouterX(config)# ip nat inside source list 1 interface serial0 overload
```

그림 12-26 PAT 설정 명령어 형식과 예

(그림 12-27)은 PAT 설정의 예이다. 이 예는 ACL 1에서 허용하는 주소인 192.168.
3.으로 시작하는 모든 주소와 192.168.4.으로 시작하는 모든 주소를 라우터의 Serial

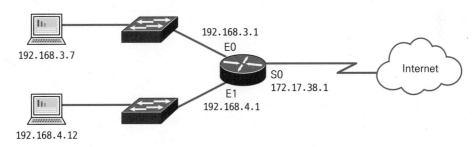

```
!
  interface Ethernet0
  ip address 192.168.3.1 255.255.255.0
  ip nat inside
!
interface Ethernet1
  ip address 192.168.4.1 255.255.255.0
  ip nat inside
!
interface Serial0
  description To ISP
  ip address 172.17.38.1 255.255.255.0
  ip nat outside
!
ip nat inside source 1 ist 1 interface Serial0 overload
ip route 0.0.0.0  0.0.0.0 Seria10
!
access-list 1 permit 192.168.3.0 0.0.0.255
access-list 1 permit 192.168.4.0 0.0.0.255
```

그림 12-27 PAT 설정의 예

0 인터페이스의 주소로 PAT을 사용하여 변환하는 것이다.

```
RouterX# show ip nat translations

Pro    Inside global      Inside local      Outside local    Outside global
TCP   172.17.38.1:1050   192.168.3.7:1050    10.1.1.1:23      10.1.1.1:23
TCP   172.17.38.1:1776   192.168.4.12:1776   10.2.2.2:25      10.2.2.2:25
```

그림 12-28   PAT 설정 검증의 예

PAT 설정의 검증도 동적 NAT이나 정적 NAT의 설정 검증과 마찬가지로 **show ip nat translations** 특권 설정 명령어를 사용한다. (그림 12-28)은 PAT 설정 검증의 예이다.

- 서브네팅을 사용하면 하나의 큰 브로드캐스트 도메인을 여러 개의 브로드캐스트 도메인으로 나눌 수 있기 때문에 주소를 효율적으로 할당할 수 있다.

- VLSM은 여러 계층의 주소를 추가하므로 IP 주소를 좀 더 효율적으로 할당할 수 있다.

- 경로 요약의 주요 이점은 라우팅 테이블의 규모를 줄일 수 있다는 것과 토폴로지 변경 정보를 분리할 수 있다는 것이다.

- NAT의 종류로는 정적 NAT, 동적 NAT, PAT(NAT Overloading)이 있다.

- 정적 NAT은 일대일 주소 매핑이고, 동적 NAT은 주소를 풀에서 선택한다.

- PAT을 이용하면, 여러 개의 내부 주소를 하나의 외부 주소로 매핑할 수 있다.

- NAT 변환 테이블을 표시하고 변환 발생 여부를 검증하려면 `show ip nat translations` 명령어를 사용한다.

12.1 VLSM

[12-1] Which two addresses are valid subnet address when 172.17.15.0/24 is subnetted an additional four bits? (Choose two.)

A) 172.17.15.0   B) 172.17.15.8

C) 172.17.15.40   D) 172.17.15.96

E) 172.17.15.248

[12-2] Which two terms are alternatives for route summarization?(Choose two.)

A) CIDR   B) VLSM

C) subnetting   D) aggregation

E) supernetting

[12-3] What is the best summary route for the addresses 172.17.192.0/24 through 172.17. 207.0/24?

A) 172.17.0.0/16   B) 172.17.192.0/20

C) 172.17.192.0/24   D) 172.17.207.0/24

[12-4] R1 has configured interface Fa0/0 with the `ip address 10.5.48.1 255.255.240.0` command. Which of the following subnets, when configured on another interface on R1, would not be considered to be an overlapping VLSM subnet?

A) 10.5.0.0 255.255.240.0   B) 10.4.0.0 255.254.0.0

C) 10.5.32.0 255.255.224.0   D) 10.5.0.0 255.255.128.0

[12-5] Which of the following summarized subnets is the smallest (smallest range of addresses) summary route that includes subnets 10.3.95.0, 10.3.96.0, and 10.3.97.0, mask 255.255.255.0?

A) 10.0.0.0 255.0.0.0   B) 10.3.0.0 255.255.0.0

C) 10.3.64.0 255.255.192.0   D) 10.3.64.0 255.255.224.0

[12-6] What is the most efficient subnet mask to use on point-to-point WAN links?

A) 255.255.255.0   B) 255.255.255.224

C) 255.255.255.252   D) 255.255.255.255

[12-7] Which subnet mask would be appropriate for a Class C address used for 9 LANs, each with 12 hosts?

A) 255.255.255.0   B) 255.255.255.224

C) 255.255.255.240   D) 255.255.255.252

[12-8] How can you most effectively summarize the IP range of addresses from 10.1.32.0 to 10.1.35.255?

A) 10.1.32.0/23   B) 10.1.32.0/22

C) 10.1.32.0/21   D) 10.1.32.0/20

[12-9] How can you most effectively summarize the IP range of addresses from 172. 168.12.0/24 to 172.168.13.0/24?

A) 172.168.12.0/23   B) 172.168.12.0/22

C) 172.168.12.0/21   D) 172.168.12.0/20

[12-10] Which of the following summarized subnets is not a valid summary that includes subnets 10.1.55.0, 10.1.56.0, and 10.1.57.0, mask 255.255.255.0?

A) 10.0.0.0 255.0.0.0

B) 10.1.0.0 255.255.0.0

C) 10.1.55.0 255.255.255.0

D) 10.1.48.0 255.255.248.0

E) 10.1.32.0 255.255.224.0

[12-11] Which of the following network addresses correctly summarizes the three networks shown below efficiently?   10.0.0.0 /16, 10.1.0.0/16, 10.2.0.0/16

A) 10.0.0.0/15

B) 10.1.0.0/8

C) 10.0.0.0/14

D) 10.0.0.8/16

[12-12] Which of the following is the best summarization of the following networks: 192.168.128.0 through 192.168.159.0

A) 192.168.0.0/24

B) 192.168.128.0/16

C) 192.168.128.0/19

D) 192.168.128.0/20

[12-13] To use VLSM, what capability must the routing protocols in use possess?

A) Support for multicast

B) Multiprotocol support

C) Transmission of subnet mask information

D) Support for unequal load balancing

연습문제

[12-14] What summary address would cover all the networks shown and advertise a single, efficient route to Router B that won't advertise more networks than needed?

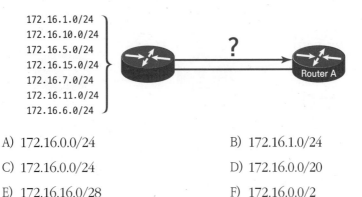

```
172.16.1.0/24
172.16.10.0/24
172.16.5.0/24
172.16.15.0/24
172.16.7.0/24
172.16.11.0/24
172.16.6.0/24
```

A) 172.16.0.0/24   B) 172.16.1.0/24

C) 172.16.0.0/24   D) 172.16.0.0/20

E) 172.16.16.0/28   F) 172.16.0.0/2

[12-15] In the following diagram, what is the most likely reason the station cannot ping outside of its network?

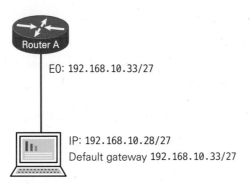

E0: 192.168.10.33/27

IP: 192.168.10.28/27
Default gateway 192.168.10.33/27

A) The IP address is incorrect on interface E0 of the router.

B) The default gateway address is incorrect on the station.

C) The IP address on the station is incorrect.

D) The router is malfunctioning.

[12-16] Refer to the exhibit. What is the most efficient summarization that R1 can use to advertise its networks to R2?

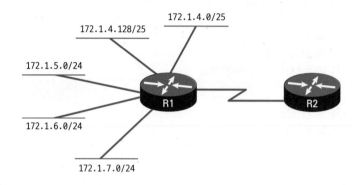

A) 172.1.0.0/22

B) 172.1.0.0/21

C) 172.1.4.0/22

D) 172.1.4.0/24, 172.1.5.0/24, 172.1.6.0/24, 172.1.7.0/24

E) 172.1.4.0/25, 172.1.4.128/25, 172.1.5.0/24, 172.1.6.0/24, 172.1.7.0/24

12.2 NAT과 PAT

[12-17] Which two benefits describe NAT? (choose two.)

A) protects network security

B) increases readdressing resources

C) reduces the number of ports required for Internet connectivity

D) conserves addresses through application port-level multiplexing

[12-18] What is the complete command to create a pool of NAT addresses with the following parameters?

> • pool name is Sample
> • range of pool addresses is 192.166.25.17 to 192.166.25.30
> • net mask is 255.255.255.240

A) ip nat pool Sample 192.166.25.17 192.166.25.30

B) ip nat pool 192.166.25.17 192.166.125.30 255.255.255.240 Sample

C) ip nat pool Sample 192.166.25.17 192.166.25.30 netmask 255.255.255.240

D) ip nat pool Sample netmask 255. 255.255.240 192.166.25.17 192.166.25.30

[12-19] PAT uses unique _____ on the inside global IP address to distinguish between translations.

A) address pools　　　　　　　　B) protocol numbers

C) source port numbers　　　　　D) destination IP addresses

[12-20] Which Cisco IOS Command would you use to establish static translation between an inside local address and an inside global address?

A) ip nat pool　　　　　　　　　B) ip nat inside

C) ip nat outside　　　　　　　　D) ip nat inside source static

[12-21] What does the `ip nat outside` command configure?

A) marks the interface as connected to the outside

B) creates a pool of global addresses to be allocated as needed

C) establishes static translation between a local address and a global address

D) establishes dynamic translation between an outside local address and an outside global address

[12-22] Which command will show you all the translations active on your router?

A) show ip nat translations

B) show ip nat statistics

C) debug ip nat

D) clear ip nat translations *

[12-23] Which of the following needs to be added to the configuration to enable PAT?

```
ip nat pool Sample 198.18.41.129 198.18.41.134 netmask 255.255.255.248
access-list 1 permit 192.168.76.64 0.0.0.31
```

A) ip nat pool inside overload

B) ip nat inside source list 1 pool Sample overload

C) ip nat pool outside overload

D) ip nat pool Sample 198.41.129 net 255.255.255.0 overload

[12-24] Port Address Translation is also called what?

A) NAT Fast   B) NAT Static

C) NAT Overload   D) Overloading Static

[12-25] Which command will create a dynamic pool named Sample that will provide you with 30 global addresses?

A) ip nat pool Sample 171.16.10.65 171.16.10.94 netmask 255.255.255.240

B) ip nat pool Sample 171.16.10.65 171.16.10.94 netmask 255.255.255.224

C) ip nat pool sample 171.16.10.65 171.16.10.94 netmask 255.255.255.224

D) ip nat pool Sample 171.16.10.1 171.16.10.254 netmask 255.255.255.0

[12-26] By looking at the following output, which of the following commands would allow dynamic translations?

```
RouterX# show ip nat translations
Pro Inside global Inside local Outside local Outside global
--- 1.1.128.1     10.1.1.1    ---            ---
--- 1.1.130.178   10.1.1.2    ---            ---
--- 1.1.129.174   10.1.1.10   ---            ---
--- 1.1.130.101   10.1.1.89   ---            ---
--- 1.1.134.169   10.1.1.100& ---            ---
```

A) ip nat inside source pool Sample 1.1. 128.1 1.1.135.254 prefix-length 19

B) ip nat pool Sample 1.1.128.1 1.1.135.254 prefix-length 19

C) ip nat pool Sample 1.1.128.1 1.1.135.254 prefix-length 18

D) ip nat pool Sample 1.1.128.1 1.1.135.254 prefix-length 21

[12-27] When creating a pool of global addresses, which of the following can be used instead of the netmask command?

A) / (slash notation)　　　　　　B) prefix-length

C) no mask　　　　　　　　　　　D) block-size

연습문제

[12-28] Looking at the figure below, which of the following would be used to configure NAT on the router? Assume the IP addresses are already assigned to the interfaces.

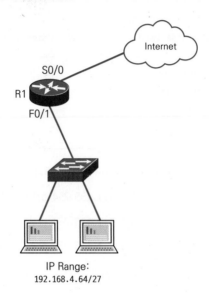

IP Range:
192.168.4.64/27

A) R1(config)# access-list 1 permit 192.168.4.64 255.255.255.224

R1(config)#ip nat inside source list 1 interface serial 0/0 overload

R1(config)# interface Serial0/0

R1(config-if)# ip nat outside

R1(config-if)# interface FastEthernet0/1

R1(config-if)# ip nat inside

B) R1(config)#access-list 1 permit 192.168.4.64 0.0.0.31

R1(config)#ip nat inside source list 1 interface serial 0/0 overload

R1(config)# interface Serial0/0

R1(config-if)# ip nat inside

R1(config-if)# interface FastEthernet0/1

R1(config-if)# ip nat outside

C) R1(config)# access-list 1 permit 192.168.4.64 0.0.0.31

R1(config)#ip nat inside source list 1 interface FastEthernet 0/1 overload

R1(config)# interface Serial0/0

R1(config-if)# ip nat outside

R1(config-if)# interface FastEthernet0/1

R1(config-if)# ip nat inside

D) R1(config)# access-list 1 permit 192.168.4.64 0.0.0.31

R1(config)#ip nat inside source list 1 interface serial 0/0 overload

R1(config)# interface Serial0/0

R1(config-if)# ip nat outside

R1(config-if)# interface FastEthernet0/1

R1(config-if)# ip nat inside

[12-29] Which of the following is considered to be the inside host's address after translation?

A) Inside local   B) Outside local

C) Inside global   D) Outside global

[12-30] Examine the following configuration commands. If the configuration is intended to enable source NAT overload, which of the following commands could be useful to complete the configuration? (Choose two answers.)

```
interface Ethernet 0/0
  ip address 10.1.1.1 255.255.255.0
  ip nat inside
interface serial0/0
  ip address 200.1.1.249 255.255.255.252
ip nat inside source list 1 interface Serial0/0
access-list 1 permit 10.1.1.0 0.0.0.255
```

A) The ip nat outside command

B) The ip nat pat command

C) The overload keyword

D) The ip nat pool command

[12-1] 다음 중 172.17.15.0/24 서브넷을 추가로 4비트를 서브넷 비트로 할당하여 다시 서브네팅하였을 때 유효한 서브넷 주소는? (2가지 선택)

A) 172.17.15.0　　　　　B) 172.17.15.8

C) 172.17.15.40　　　　D) 172.17.15.96

E) 172.17.15.248

> **해설**
>
> • 172.17.15.0/24를 /28로 다시 서브네팅을 하면 호스트 비트 수는 32-28=4비트가 되고, 주소의 수는 2^4=16개가 나온다. 4개의 비트를 서브넷 비트로 하였으므로 16개의 서브넷이 생성되며 다음과 같이 16의 배수로 증가한다. 따라서 A)는 1번 서브넷이며, D)는 7번 서브넷이다.

순서	서브넷 주소	순서	서브넷 주소
1	172.17.15.0/28	9	172.17.15.128/28
2	172.17.15.16/28	10	172.17.15.144/28
3	172.17.15.32/28	11	172.17.15.160/28
4	172.17.15.48/28	12	172.17.15.176/28
5	172.17.15.64/28	13	172.17.15.192/28
6	172.17.15.80/28	14	172.17.15.208/28
7	172.17.15.96/28	15	172.17.15.224/28
8	172.17.15.112/28	16	172.17.15.240/28

[12-2] 다음 중 경로 요약화(route summarization)를 의미하는 다른 용어는? (2가지 선택)

A) CIDR　　　　　　　B) VLSM

C) subnetting　　　　D) aggregation

E) supernetting

> **해설**
>
> • 경로 요약화(route summarization)는 경로 통합화(aggregation) 또는 수퍼네팅(supernrtting)이라고도 한다.

[12-3] 다음 중 172.17.192.0/24부터 172.17.207.0/24까지의 주소를 가장 잘 요약한 경로는?

A) 172.17.0.0/16　　　　B) 172.17.192.0/20

C) 172.17.192.0/24　　　D) 172.17.207.0/24

> **해설**
>
> • 172.17.192.0/24부터 172.17.207.0/24까지의 주소를 요약하기 위해서는 먼저 3번째 옥텟인 192부터 207을 다음과 같이 2진수로 변환한다. 192부터 207까지 16개의 2진수를 살펴보면 앞에서 4자리까지 일치하므로 이를 요약하면 172.17.192.0/20이 된다.

10진수	2진수	
192	1100	0000
193	1100	0001
⋮	⋮	
207	1100	1111

[12-4] R1 라우터의 Fa0/0 인터페이스를 ip address 10.5.48.1 255.255.240.0 명령어로 설정하였다. 다음 중 중복되지 않는 VLSM 서브넷으로 R1 라우터의 다른 인터페이스에 설정할 수 있는 것은?

A) 10.5.0.0 255.255.240.0

B) 10.4.0.0 255.254.0.0

C) 10.5.32.0 255.255.224.0

D) 10.5.0.0 255.255.128.0

> **해설**
>
> • IP 주소가 10.5.48.1이고 서브넷 마스크가 255.255.240.0일 때 이 둘을 AND 연산을 하면 네트워크 주소가 나온다. 1, 2, 4번째 옥텟은 10진수로 바로 계산할 수 있으므로 3번째 옥텟만 2진수로 바꾸면 $(48)_{10}$=$(00110000)_2$이고 $(240)_{10}$=$(11110000)_2$이므로 AND 연산을 하면 $(00110000)_2$=$(48)_{10}$이 된다. 따라서 네트워크 주소는 10.5.48.0/20이 되고, 3번째 옥텟에서 호스트 ID를 모두 1로 설정하면 $(00111111)_2$=$(63)_{10}$이 되므로 브로드캐스트 주소는 10.5.63.255/20이 된다. 즉 해당 서브넷의 범위는 10.5.48.0~10.5.63.255이다.
>
> • A)의 10.5.0.0 255.255.240.0의 주소 범위는 $(240)_{10}$=$(11110000)_2$이므로 네트워크 주소는 10.5.0.0/20이고, 브로드캐스트 주소는 3번째 옥텟에서 호스트 ID를 모두 1로 설정하면 $(00001111)_2$=$(15)_{10}$가 되므로 10.5.15.255/20이 된다. 이것은 할당한 주소와 겹치지 않는다.

연습문제
정답 및 해설

- B)의 10.4.0.0 255.254.0.0의 주소범위는 $(4)_{10}=$ $(00000100)_2$이고 $(254)_{10}=(11111110)_2$이므로 마스킹을 하면 네트워크 주소는 10.4.0.0/15이고, 브로드캐스트 주소는 2번째 옥텟에서 맨 마지막 비트가 호스트 부분이므로 이것을 1로 설정하면 $(00000101)_2=(5)_{10}$가 되므로 10.5.255.255/15가 된다. 이것은 할당한 주소 범위와 겹친다.

- C)의 10.5.32.0 255.255.224.0은 3번째 옥텟만 계산하면 되고, $(32)_{10}=(00100000)_2$이고 $(224)_{10}=$ $(11100000)_2$이므로 마스킹을 하면 네트워크 주소는 10.5.32.0/19이고, 브로드캐스트 주소는 $(00111111)_2=(63)_{10}$이 되므로 10.5.63.255/19가 된다. 이것은 할당한 주소 범위와 겹친다.

- D)의 10.5.0.0 255.255.128.0은 3번째 옥텟만 계산하면 되고, $(128)_{10}=(10000000)_2$이므로 마스킹을 하면 네트워크 주소는 10.5.0.0/17이고, 브로드캐스트 주소는 $(01111111)_2=(127)_{10}$이 되므로 10.5.127.255/17이 된다. 이것은 할당한 주소 범위와 겹친다.

구분	네트워크 주소	브로드캐스트 주소
할당한 주소 범위	10.5.48.0	10.5.63.255
A)의 주소 범위	10.5.0.0	10.5.15.255
B)의 주소 범위	10.4.0.0	10.5.255.255
C)의 주소 범위	10.5.32.0	10.5.63.255
D)의 주소 범위	10.5.0.0	10.5.127.255

[12-5] 다음 중 10.3.95.0, 10.3.96.0, 10.3.97.0 서브넷을 포함하고 마스크가 255.255. 255.0인 가장 작은(주소 범위가 가장 작은) 요약 경로는?

A) 10.0.0.0 255.0.0.0

B) 10.3.0.0 255.255.0.0

C) 10.3.64.0 255.255.192.0

D) 10.3.64.0 255.255.224.0

해설

- A)의 10.0.0.0 255.0.0.0은 10.0.0.0/8로 주소 범위는 10.0.0.0~10.255.255.255가 되며, 주소의 개수는 2^{24}개가 된다.

- B)의 10.3.0.0 255.255.0.0은 10.3.0.0/16으로 주소 범위는 10.3.0.0~10.3.255.255가 되며, 주소의 개수는 2^{16}개가 된다.

- C)의 10.3.64.0 255.255.192.0의 주소 범위는, 3번째 옥텟을 계산하면 $(64)_{10}=(01000000)_2$이고 $(192)_{10}=(11000000)_2$이므로 마스킹을 하면 네트워크 주소는 10.3.64.0/18이고, 브로드캐스트 주소는 3번째 옥텟에서 호스트 부분을 1로 설정하면 $(01111111)_2=(127)_{10}$이 되므로 10.3.127.255/18이 된다. 주소의 개수는 2^{14}개가 된다. 즉 주소 범위는 10.3.64.0~10.3.127.255이다.

- D)의 10.3.64.0 255.255.224.0의 주소 범위는, 3번째 옥텟을 계산하면 $(64)_{10}=(01000000)_2$이고 $(224)_{10}=(11100000)_2$이므로 마스킹을 하면 네트워크 주소는 10.3.64.0/19이고, 브로드캐스트 주소는 3번째 옥텟에서 호스트 부분을 1로 설정하면 $(01011111)_2=(95)_{10}$가 되므로 10.3.95.255/19가 된다. 즉 주소 범위는 10.3.64.0~10.3.95.255이다. 따라서 이것은 10.3.96.0/24과 10.3.97.0/24 주소를 포함하지 않는다.

[12-6] 다음 중에서 점대점(point-to-point) WAN 링크에 가장 효율적인 서브넷 마스크는 어느 것인가?

A) 255.255.255.0   B) 255.255.255.224

C) 255.255.255.252   D) 255.255.255.255

해설

- 점대점 링크는 2개의 IP 주소만 있으면 되므로 /30 네트워크가 적합하다. 따라서 서브넷 마스크는 255.255.255.252가 가장 효율적이다.

[12-7] 다음 중 9개의 LAN을 사용하고 각각 12개의 호스트를 가지고 있는 C 클래스 주소에 적합한 서브넷 마스크는?

A) 255.255.255.0   B) 255.255.255.224

C) 255.255.255.240   D) 255.255.255.252

해설

- 9개의 서브넷을 생성하려면 서브넷 비트가 최소 4비트가 필요하고, C클래스이므로 호스트 비트는 8-4=4비트가 된다. 따라서 마지막 옥텟에서 4비트를 서브넷 비트로 빌려주면 되고, 서브넷 마스크는 255.255.255.240이 된다. 이 서브넷 마스크를 사용하면 16개의 서브넷이 생성되고 각 서브넷에는 $2^4-2=14$개의 호스트를 연결할 수 있다.

연습문제

정답 및 해설

[12-8] 다음 중에서 10.1.32.0부터 10.1.35.255 까지의 IP 주소를 가장 효과적으로 요약한 것은?

A) 10.1.32.0/23   B) 10.1.32.0/22

C) 10.1.32.0/21   D) 10.1.32.0/20

해설

• 3번째 옥텟만을 2진수로 바꾸면 다음과 같이 된다.

10진수	2진수	
32	001000	00
33	001000	01
34	001000	10
35	001000	11

• 따라서 /22 프리픽스를 사용하면 된다. 그러므로 10.1.32.0부터 10.1.35.255까지의 IP 주소는 10.1.32.0/22로 요약할 수 있다.

[12-9] 다음 중에서 172.168.12.0/24부터 172. 168.13.0/24까지의 IP 주소를 가장 효과적으로 요약한 것은?

A) 172.168.12.0/23   B) 172.168.12.0/22

C) 172.168.12.0/21   D) 172.168.12.0/20

해설

• 3번째 옥텟인 12와 13을 2진수로 바꾸면 다음과 같이 된다.

10진수	2진수	
12	0000110	0
13	0000110	1

• 따라서 /23 프리픽스를 사용하면 된다. 그러므로 172.168.12.0/24부터 172.168.13.0/24까지의 IP 주소는 172.168.12.0/23으로 요약할 수 있다.

[12-10] 다음 중에서 마스크가 255.255.255.0인 10.1.55.0, 10.1.56.0, 10.1.57.0 서브넷을 포함하고 있지 않은 요약 서브넷은?

A) 10.0.0.0 255.0.0.0

B) 10.1.0.0 255.255.0.0

C) 10.1.55.0 255.255.255.0

D) 10.1.48.0 255.255.248.0

E) 10.1.32.0 255.255.224.0

해설

• A) 10.0.0.0 255.0.0.0의 주소 범위는 10.0.0.0~ 10.255.255.2550다.

• B) 10.1.0.0 255.255.0.0의 주소 범위는 10.1.0.0~ 10.1.255.2550다.

• C) 10.1.55.0 255.255.255.0의 주소 범위는 10.1.55.0~10.1.55.2550다. 즉 이 주소는 10.1.56.0/ 24와 10.1.57.0/24 서브넷을 포함하지 않는다.

• D) 10.1.48.0 255.255.248.0 주소는, 3번째 옥텟을 2진수로 변환하면 $(48)_{10}=(00110000)_2$이고 $(248)_{10}=$ $(11111000)_2$이므로 마스킹을 하면 네트워크 주소는 10.1.48.0/21이고, 브로드캐스트 주소는 3번째 옥텟에서 호스트 부분을 1로 설정하면 $(00110111)_2=(55)_{10}$ 가 되므로 10.1.55.255/21이 된다. 즉 주소 범위는 10.1.48.0~10.1.55.255이다. 따라서 이것은 10.1.56.0/24와 10.1.57.0/24 서브넷을 포함하지 않는다.

• E) 10.1.32.0 255.255.224.0 주소는, 3번째 옥텟을 2진수로 변환하면 $(32)_{10}=(00100000)_2$이고 $(224)_{10}=$ $(11100000)_2$이므로 마스킹을 하면 네트워크 주소는 10.1.32.0/19이고, 브로드캐스트 주소는 3번째 옥텟에서 호스트 부분을 1로 설정하면 $(00111111)_2=(63)_{10}$ 이 되므로 10.1.63.255/19가 된다. 즉 주소 범위는 10.1.32.0~10.1.63.2550다. 따라서 이것은 3개의 서브넷을 모두 포함한다.

연습문제

정답 및 해설

[12-11] 다음 중에서 10.0.0.0/16, 10.1.0.0/16, 10.2.0.0/16 네트워크 주소를 가장 효과적으로 요약한 것은?

A) 10.0.0.0/15   B) 10.1.0.0/8

C) 10.0.0.0/14   D) 10.0.0.8/16

해설

• 2번째 옥텟만을 2진수로 바꾸면 다음과 같이 된다.

10진수	2진수	
0	000000	00
1	000000	01
2	000000	10

• 따라서 /14 프리픽스를 사용하면 된다. 그러므로 10.0.0.0/16부터 10.2.0.0/16까지의 IP 주소는 10.0.0.0/14로 요약할 수 있다.

[12-12] 다음 중에서 192.168.128.0 네트워크에서 192.168.159.0 네트워크까지를 가장 잘 요약한 것은?

A) 192.168.0.0/24   B) 192.168.128.0/16

C) 192.168.128.0/19   D) 192.168.128.0/20

해설

• 3번째 옥텟만을 2진수로 바꾸면 다음과 같이 된다.

10진수	2진수	
128	100	00000
129	100	00001
...	...	...
159	100	11111

• 따라서 /19 프리픽스를 사용하면 된다. 그러므로 192.168.128.0/19로 요약할 수 있다.

[12-13] VLSM을 사용하기 위해서는 라우팅 프로토콜이 어떤 기능을 가지고 있어야 하는가?

A) 멀티캐스트 지원

B) 멀티 프로토콜 지원

C) 서브넷 마스크 정보의 전송

D) 비동등 로드 밸런싱 지원

해설

• VLSM을 사용하려면 라우팅 프로토콜이 IP 주소를 보낼 때 서브넷 마스크 정보도 꼭 함께 보내주어야 한다.

[12-14] 다음과 같은 그림에서의 모든 네트워크를 라우터 B로 광고하는 하나의 요약 주소는 어느 것인가?

A) 172.16.0.0/24   B) 172.16.1.0/24

C) 172.16.0.0/24   D) 172.16.0.0/20

E) 172.16.16.0/28   F) 172.16.0.0/2

해설

• 3번째 옥텟만을 2진수로 바꾸면 다음과 같이 된다.

10진수	2진수	
1	0000	0001
10	0000	1010
5	0000	0101
15	0000	1111
7	0000	0111
11	0000	1011
6	0000	0110

• 따라서 /20 프리픽스를 사용하면 된다. 그러므로 172.16.0.0/20으로 요약할 수 있다.

[12-15] 다음과 같은 그림에서, 호스트가 네트워크 외부로 ping을 할 수 없는 이유로 가장 적절한 것은?

A) 라우터의 E0 인터페이스의 IP 주소가 잘못 설정되었다.

B) 호스트의 디폴트 게이트웨이 주소가 잘못 설정되었다.

C) 호스트의 IP 주소가 잘못 설정되었다.

D) 라우터가 고장이 났다.

해설

• 라우터 A의 E0 인터페이스의 주소가 192.168.10.33/27로 설정되어 있고 호스트의 디폴트 게이트웨이도 같은 주소로 설정되어 있다. 이 서브넷의 네트워크 주소를 구해보자. $(33)_{10} = (00100001)_2$와 /27과 마스킹을 하면 32가 되므로 네트워크 주소는 192.168.10.32/27이고, 브로드캐스트 주소는 192.168.10.63/27이 된다.

ANSWER   [12-11] C)   [12-12] C)   [12-13] C)   [12-14] D)   [12-15] C)

- 호스트의 IP 주소인 192.168.10.28/27은 라우터와 서로 다른 서브넷에 속하는 주소이다.

[12-16] 다음과 같은 그림에서, R1이 R2에게 자신의 네트워크를 광고하는 데 사용할 수 있는 가장 효율적인 요약은 무엇인가?

A) 172.1.0.0/22

B) 172.1.0.0/21

C) 172.1.4.0/22

D) 172.1.4.0/24, 172.1.5.0/24, 172.1.6.0/24, 172.1.7.0/24

E) 172.1.4.0/25, 172.1.4.128/25, 172.1.5.0/24, 172.1.6.0/24, 172.1.7.0/24

해설

- R1의 주소 중 172.1.4.0/25와 172.1.4.128/25는 172.1.4.0/24로 요약할 수 있으므로 172.1.4.0/24, 172.1.5.0/24, 172.1.6.0/24, 172.1.7.0/24를 요약하면 다음과 같이 172.1.4.0/22가 된다.

10진수	2진수	
4	000001	00
5	000001	01
6	000001	10
7	000001	11

[12-17] 다음 중 NAT의 장점을 설명하는 것은? (2가지 선택)

A) 네트워크 보안을 확보한다.

B) 주소 재지정 자원이 증가한다.

C) 인터넷 연결에 필요한 포트의 수가 감소한다.

D) 포트 단위 다중화 응용을 통하여 주소를 절약한다.

해설

- NAT를 사용하면 내부의 주소를 광고하지 않으므로 네트워크 보안을 확보할 수 있다. PAT을 사용하면 하나의 IP 주소로 포트 번호를 다르게 하여 인터넷에 접속할 수 있으므로 IP 주소를 대폭 절약할 수 있다.

[12-18] 다음과 같은 매개 변수를 갖는 NAT 주소의 풀을 생성하기 위한 명령어는?

- 풀의 이름은 Sample이다.
- 풀의 주소 범위는 192.166.25.17부터 192.166.25.30까지이다.
- 네트워크 마스크는 255.255.255.240이다.

A) `ip nat pool Sample 192.166.25.17`
`192.166.25.30`

B) `ip nat pool 192.166.25.17 192.166.125.30`
`255.255.255.240 Sample`

C) `ip nat pool Sample 192.166.25.17`
`192.166.25.30 netmask 255.255.255.240`

D) `ip nat pool Sample netmask 255.255.255.240`
`192.166.25.17 192.166.25.30`

해설

- 동적 NAT의 설정에서 할당된 공인 주소의 풀을 정의하기 위해서는 전역 설정 모드에서 `ip nat pool` *pool-name start-ip end-ip* `netmask` *netmask* 명령어를 사용한다.

[12-19] PAT은 변환들을 구별하기 위하여 내부 전역 주소에 유일한 _____을 사용한다.

A) 주소 풀(address pools)

B) 프로토콜 번호

C) 발신지 포트 번호

D) 목적지 IP 주소

해설

- PAT은 포트 번호를 사용하여 내부 전역 주소를 적절한 내부 지역 주소로 변환한다. 여러 개의 내부 지역 주소가 1개의 내부 전역 주소로 매핑될 때 각 내부 호스트의 TCP나 UDP의 포트 번호들이 지역 주소들 간을 구별한다.

연습문제

정답 및 해설

[12-20] 다음 중 내부 지역 주소와 내부 전역 주소 사이의 정적 변환을 설정하는 데 사용하는 시스코 IOS 명령어는?

A) `ip nat pool`

B) `ip nat inside`

C) `ip nat outside`

D) `ip nat inside source static`

해설

- 정적 NAT을 설정하려면 전역 설정 모드에서 `ip nat inside source static` *local-ip global-ip* 명령어를 사용한다.

[12-21] `ip nat outside` 명령어는 무엇을 설정하는가?

A) 해당 인터페이스가 외부로 연결되어 있음을 표시한다.

B) 필요한 만큼 할당된 전역 주소의 풀을 생성한다.

C) 지역 주소와 전역 주소 사이의 정적 변환을 설정한다.

D) 외부 지역 주소와 외부 전역 주소 사이의 동적 변환을 설정한다.

해설

- 외부 인터페이스를 설정하려면 인터페이스 설정 모드에서 `ip nat outside` 명령어를 사용한다.

[12-22] 다음 중 라우터에서 활성화 되어 있는 NAT 변환을 보여주는 명령어는?

A) `show ip nat translations`

B) `show ip nat statistics`

C) `debug ip nat`

D) `clear ip nat translations *`

해설

- NAT의 설정 검증은 `show ip nat translations` 특권 설정 명령어를 사용한다.

[12-23] 다음과 같은 설정에서 PAT을 활성화하기 위하여 추가로 필요한 명령어는?

- `ip nat pool Sample 198.18.41.129 198.18.41.134`
  `netmask 255.255.255.248`
- `access-list 1 permit 192.168.76.64 0.0.0.31`

A) `ip nat pool inside overload`

B) `ip nat inside source list 1 pool Sample overload`

C) `ip nat pool outside overload`

D) `ip nat pool Sample 198.41.129 net`
   `255.255.255.0 overload`

해설

- PAT이 내부 전역 주소 풀을 사용할 경우의 설정은 동적 NAT 설정의 3단계에서 마지막에 `overload` 키워드를 추가하면 된다. 즉 `ip nat inside source list` *acl-number* `pool` *pool-name* `overload` 명령어를 사용한다. 나머지는 동적 NAT 설정과 동일하다.

[12-24] 다음 중 PAT(Port Address Translation)을 부르는 다른 말은?

A) NAT Fast   B) NAT Static

C) NAT Overload   D) Overloading Static

해설

- PAT은 하나의 공인 주소를 다수의 사설 주소가 공유하는 기술이므로 과부하 NAT, 즉 NAT 오버로딩(NAT overloading)이라고도 한다.

[12-25] 30개의 공인 주소를 가지고 있는 Sample 이라는 이름의 동적 풀을 생성하려면 어떤 명령어를 사용하여야 하는가?

A) `ip nat pool Sample 171.16.10.65 171.16.10.94`
   `netmask 255.255.255.240`

B) `ip nat pool Sample 171.16.10.65 171.16.10.94`
   `netmask 255.255.255.224`

C) `ip nat pool sample 171.16.10.65 171.16.10.94`
   `netmask 255.255.255.224`

D) `ip nat pool Sample 171.16.10.1 171.16.10.254`
   `netmask 255.255.255.0`

ANSWER   [12-20] D)   [12-21] A)   [12-22] A)   [12-23] B)   [12-24] C)   [12-25] B)

> **해설**

- 동적 NAT의 설정에서 할당된 공인 주소의 풀을 정의하기 위해서는 전역 설정 모드에서 ip nat pool *pool-name start-ip end-ip* netmask *netmask* 명령어를 사용한다.
- A)의 네트워크 마스크 255.255.255.240은 주소의 수가 16개로 30개가 되지 않는다.
- C)는 풀의 이름이 소문자로 되어 있다. 풀의 이름은 대소문자를 구별한다.
- D)는 주소의 수가 255개이다.

[12-26] 다음 중 어떤 명령어를 사용하여야 다음과 같이 출력되는가?

A) ip nat inside source pool Sample 1.1.128.1 1.1.135.254 prefix-length 19

B) ip nat pool Sample 1.1.128.1 1.1.135.254 prefix-length 19

C) ip nat pool Sample 1.1.128.1 1.1.135.254 prefix-length 18

D) ip nat pool Sample 1.1.128.1 1.1.135.254 prefix-length 21

> **해설**

- 동적 NAT의 설정에서 할당된 공인 주소의 풀을 정의하기 위해서는 전역 설정 모드에서 ip nat pool *pool-name start-ip end-ip* prefix-length *length* 명령어를 사용한다.
- 내부 전역 주소가 1.1.128.1부터 1.1.135.174까지 있으므로 3번째 옥텟을 2진수로 변환하면 다음과 같이 된다. 앞의 5비트까지가 일치하므로 서브넷 마스크는 /21이 된다.

10진수	2진수	
128	10000	000
129	10000	001
⋮	⋮	
135	10000	111

[12-27] 공인 주소의 풀을 생성할 때, netmask 명령어 대신에 사용할 수 있는 명령어는?

A) / (슬래시 표시)   B) prefix-length
C) no mask   D) block-size

> **해설**

- 동적 NAT의 설정에서 할당된 공인 주소의 풀을 정의하기 위해서는 전역 설정 모드에서 ip nat pool *pool-name start-ip end-ip* netmask *netmask* 명령어를 사용한다. 또는 ip nat pool *pool-name start-ip end-ip* prefix-length *length*를 사용할 수도 있다.

[12-28] 다음과 같은 그림의 라우터에서 NAT을 설정하려면 어떤 명령어를 사용하여야 하는가? IP 주소는 이미 설정되어 있는 것으로 가정한다.

A) R1(config)#access-list 1 permit 192.168.4.64 255.255.255.224
R1(config)#ip nat inside source list 1 interface serial 0/0 overload
R1(config)#interface Serial0/0
R1(config-if)#ip nat outside
R1(config-if)#interface FastEthernet0/1
R1(config-if)#ip nat inside

B) R1(config)#access-list 1 permit 192.168.4.64 0.0.0.31
R1(config)#ip nat inside source list 1 interface serial 0/0 overload
R1(config)#interface Serial0/0
R1(config-if)#ip nat inside
R1(config-if)#interface FastEthernet0/1
R1(config-if)#ip nat outside

C) R1(config)#access-list 1 permit 192.168.4.64 0.0.0.31
R1(config)#ip nat inside source list 1 interface Fast Ethernet 0/1 overload
R1(config)#interface Serial0/0
R1(config-if)#ip nat outside
R1(config-if)#interface FastEthernet0/1
R1(config-if)#ip nat inside

연습문제

정답 및 해설

D) R1(config)#access-list 1 permit 192.168.4.64
   0.0.0.31
   R1(config)#ip nat inside source list 1
   interface serial 0/0 overload
   R1(config)#interface Serial0/0
   R1(config-if)#ip nat outside
   R1(config-if)#interface FastEthernet0/1
   R1(config-if)#ip nat inside

해설

- 그림에서 보면 라우터의 직렬 인터페이스가 인터넷에 연결되어 있으므로 외부 인터페이스로 설정되어야 한다. 그리고 패스트 이더넷 인터페이스가 내부 인터페이스로 설정되어야 한다.
- 내부 사설 주소가 192.168.4.64/27이므로 ACL의 와일드카드 마스크는 0.0.0.31이 된다. (와일드카드 마스크를 계산하는 빠른 방법으로는 255.255.255.255에서 서브넷 마스크를 빼는 것이다. /27은 255.255.255.224이므로 255.255.255.255에서 빼면 0.0.0.31이 된다.)

[12-29] 다음 중 NAT 변환 후에 내부 호스트의 주소라고 간주되는 것은?

A) Inside local   B) Outside local

C) Inside global   D) Outside global

해설

- 패킷이 내부 네트워크에서 외부 네트워크로 나갈 때 NAT 라우터는 내부 호스트에서 전송한 패킷의 출발지 IP 주소를 내부 지역 주소에서 내부 전역 주소로 변환한다.

[12-30] 다음 그림과 같은 설정에서, NAT 오버로드가 활성화되려면 다음 중 어떤 명령어를 추가하여야 하는가? (2가지 선택)

A) ip nat outside 명령어

B) ip nat pat 명령어

C) overload 키워드

D) ip nat pool 명령어

해설

- Serial0/0 인터페이스 설정에서 ip nat outside 명령어가 빠졌다.
- PAT을 설정하기 위해서는 ip nat inside source list *acl-number* interface *interface* overload 명령어를 사용하여야 한다. 맨 마지막에 overload 키워드가 빠졌다.

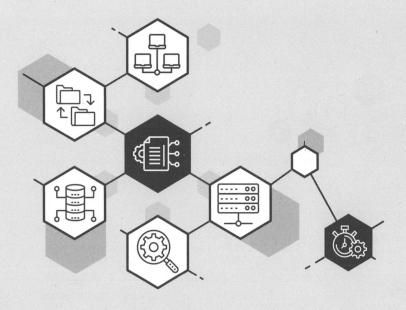

CHAPTER

13

IPv6

학습목표

- IPv6 주소지정 방법 및 주소를 표현하기 위해 사용된 표기법들에 대하여 설명할 수 있다.
- IPv6 헤더의 구조와 기능에 대하여 설명할 수 있다.
- IPv6에서 사용되는 주소의 3가지 종류, 즉 유니캐스트, 애니캐스트, 멀티캐스트 주소에 대하여 설명할 수 있다.
- IPv6의 주소 공간 및 글로벌 유니캐스트 주소 블록의 계층적 구조와 예약된 블록들에 대하여 설명할 수 있다.
- IPv6 주소의 EUI-64 형식과 수동 설정, 스테이트리스 자동설정, DHCPv6, NDP에 대하여 설명할 수 있다.
- IPv6의 정적 라우팅 설정과 OSPFv3의 설정 및 검증 방법에 대하여 설명할 수 있다.

13.1 IPv6의 구조와 특징

13.1.1 IPv6의 개요

1980년대 말부터 인터넷 주소의 부족과 다양한 고속 응용 서비스의 등장에 따라 네트워크 기능 추가에 대한 필요성이 제기되기 시작하였다. 이에 따라 1990년대 초부터 IETF에서 IPv4의 개정 버전에 대한 표준화 작업을 시작하여 1995년에 첫 버전을 공표하였다.

IPv4는 잘 설계되었지만, 데이터 통신은 1970년 IPv4가 사용된 이래 계속 발전하고 있다. IPv4는 빠른 속도로 성장해가고 있는 인터넷에 맞지 않는 몇 가지 문제점을 가지고 있다. 첫째로 IPv4는 네트워크 주소(netid)와 호스트 주소(hostid)와 같은 두 계층의 주소체계를 가지고 5개의 클래스(A, B, C, D, E)로 나뉘어 있다. 이러한 주소 공간의 사용은 비효율적이다. 둘째로 인터넷은 실시간 오디오와 비디오 정보를 수용해야 한다. 이런 형태의 전송은 IPv4 설계에서 고려되어 있지 않은 최소 지연 방안과 자원 예약을 필요로 한다. 또한 인터넷은 일부 응용의 데이터에 대한 암호화와 인증을 제공하여야 한다. IPv4는 암호화와 인증을 제공하지 않았다.

이러한 결점을 보완하기 위하여 IPv6가 제안되었다. IPv6에서는 인터넷의 빠른 성장을 수용하기 위하여 많은 부분이 변경되었다. IP 주소의 길이와 형식, 그리고 패킷 형식이 변경되었다. IPv4에 대하여 IPv6가 가지고 있는 장점을 요약하면 다음과 같다.

- 더 큰 주소 공간: IPv6의 주소는 128비트를 사용한다. 이것은 32비트를 사용하는 IPv4에 비해 주소 공간이 엄청나게 증가한 것이다. IPv4는 32비트 주소를 사용하므로 주소 공간(address space)은 2^{32}개(약 43억 개)이고, IPv6는 128비트를 사용하므로 2^{128}개(약 340간 개)이다. 여기에서 간(澗)이라는 단위는 10^{36}이다.
- 더 나은 헤더 형식: IPv6는 주소의 선택사항 부분을 기본 헤더에서 분리하여 필요할 때 기본 헤더와 상위 계층 데이터 사이에 따로 삽입하여 사용하는 새로운 형식을 사용한다. 이렇게 하면 라우터가 선택사항을 검사하지 않아도 되기 때문에 라우팅 처리가 간단해지고 속도가 향상된다.

- 새로운 선택사항들: IPv6는 추가적인 기능을 위해 새로운 선택사항을 가지고 있다.
- 확장을 위한 승인: IPv6는 새로운 기술이나 응용에서 필요하면 프로토콜의 확장이 가능하도록 설계되었다.
- 자원 할당의 지원: IPv6에서는 서비스 유형(type of service) 필드가 없어지고, 발신지가 패킷의 특별한 처리를 요구할 수 있도록 흐름표지(flow label)라고 부르는 방법이 추가되었다. 이 방법은 실시간 오디오나 비디오와 같은 트래픽을 지원하는 데 사용될 수 있다.
- 강화된 보안의 지원: IPv6에서 암호화와 인증은 패킷의 기밀성(confidentiality)과 무결성(integrity)을 제공한다.

IPv6의 적용은 느리게 진행되고 있다. 그 이유는 클래스리스(classless) 주소지정과 내부에서는 사설주소를 사용하고 외부로 나갈 때에는 이 사설주소를 공인주소로 바꾸어 주는 NAT와 같은 방안들로 인하여 IPv6 개발의 원래의 동기이었던 IPv4 주소의 부족이 어느 정도 해결되고 있기 때문이다. 하지만 궁극적으로는 IPv6로의 완전한 천이는 불가피해 보인다.

13.1.2 IPv6 주소의 표기법과 구조

IPv6 주소는 (그림 13-1)과 같이 16바이트(128비트)의 길이를 갖는다. IPv6 주소를 사람이 보다 읽기 쉽게 하기 위하여 16진수 콜론 표기를 정의한다. 이러한 표기 방식에서는 128비트를 2바이트 길이씩 8부분으로 나눈다. 16진수 표기에서 2바이트는

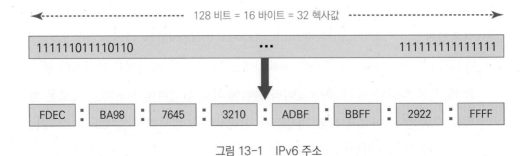

그림 13-1   IPv6 주소

4개의 16진수로 표기된다. 따라서 주소체계는 32개의 16진수로 구성되는데 이는 4개의 16진수마다 콜론으로 분리된다.

16진수 형식으로 표현된 IPv6 주소는 매우 길기는 하지만, 많은 수의 0을 포함하고 있다. 이런 경우 주소를 간단하게 하기 위하여 0을 생략할 수 있다. 섹션(두 개의 콜론 사이에 있는 4개의 숫자)의 앞에 있는 0들은 생략할 수 있다. 그러나 섹션의 뒤에 붙는 0들은 생략할 수 없다. (그림 13-2)에 이러한 생략의 예를 나타내었다. (그림 13-2)에서 보듯이 0074는 74로 표기할 수 있으며, 000F는 F로, 0000은 0으로 표현할 수 있다. 그러나 3210은 321로 축약할 수 없다는 것에 유의하여야 한다.

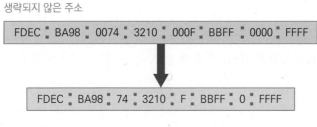

그림 13-2   IPv6 주소의 생략

연속되는 섹션이 0으로만 구성되어 있다면 더욱 많은 생략이 가능하다. 0을 모두 생략하고 두 개의 콜론으로 대체할 수 있다. (그림 13-3)에 이러한 생략의 예를 보였다. 단 이러한 생략은 주소 당 한 번만 가능하다. (그림 13-3)에서와 같이 0을 포함하고 있는 섹션들이 두 부분 존재하는 경우에는 그들 중에서 단지 한 부분만 생략이 가능하다.

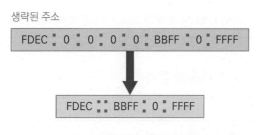

그림 13-3   연속적인 0을 가진 IPv6 주소의 생략

IPv6 주소도 IPv4 주소와 마찬가지로 네트워크 ID 부분과 호스트 ID 부분으로 구성되어 있다. IPv4 주소에서는 서브넷 마스크를 사용하여 네트워크 ID와 호스트 ID의 경계를 표시하였다. IPv6에서는 (그림 13-4)와 같이 네트워크 ID 부분을 프리픽스(prefix)라고 하며, 호스트 ID 부분은 인터페이스 ID라고 한다. 프리픽스와 인터페이스 ID의 경계는 /(슬래시) 다음에 숫자로 표시한다.

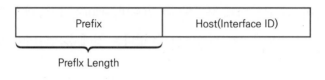

그림 13-4   IPv6 주소의 구조

예를 들어 다음과 같은 IPv6 주소가 LAN에 연결되어 있는 호스트에 할당됐다고 가정해보자.

```
2000:1234:5678:9ABC:1234:5678:9ABC:1111/64
```

이 값은 128비트의 IP 주소를 모두 표현한 것이다. 더 이상 요약할 수 있는 부분은 없다. 이 표현에서 /64는 이 주소 안의 프리픽스 길이를 나타낸다. 즉 앞에서 64비트까지가 네트워크 ID를 나타내는 것이다. 프리픽스는 프리픽스 길이 이후의 부분은 모두 2진수 0이 된다. 위의 예와 같은 IPv6 주소의 프리픽스는 다음과 같이 표현된다.

```
2000:1234:5678:9ABC:0000:0000:0000:0000/64
```

이를 요약해서 표현하면 다음과 같다.

```
2000:1234:5678:9ABC::/64
```

프리픽스 길이가 16진수의 배수가 아니면 프리픽스와 인터페이스 ID 사이의 경계는 쿼텟 안에 위치하게 된다. 이와 같은 경우 프리픽스의 표기는 프리픽스의 마지막 옥텟까지 모두 표기하여야 한다. 예를 들어 주소가 /64 프리픽스를 갖는 대신에 /56 프리픽스를 갖는다면 프리픽스는 네 번째 쿼텟까지 표기하여야 하며 마지막 8비트는 0으로 채워진다. 예를 들면 다음과 같이 표기한다.

```
2000:1234:5678:9A00::/56
```

⟨표 13-1⟩에 IPv6 프리픽스 표기법을 예제를 사용하여 요약하였다.

표 13-1   IPv6 프리픽스 표기법

프리픽스	설명	잘못된 표현
2000::/3	모든 주소는 앞에서 3비트까지 일치하여야 한다. (2진수로 001로 시작하는 모든 주소)	2000/3 (::를 표기하지 않음) 2::/3 (뒤에 오는 0은 생략할 수 없음)
2340:1140::/26	모든 주소는 앞에서 26비트까지 일치하여야 한다.	2340:114::/26 (두 번째 쿼텟에서 나머지 수를 무시함)
2340:1111::/32	모든 주소는 앞에서 32비트까지 일치하여야 한다.	2340:1111/32 (::를 표기하지 않음)

IPv6 주소에서 프리픽스를 찾는 방법은 프리픽스 길이가 지정하는 부분까지의 비트를 그대로 표기하고 나머지 부분을 모두 0으로 채운 다음 IPv6 주소의 표현방법대로 표기하는 것이다. 프리픽스의 길이가 쿼텟의 경계와 일치하지 않은 경우, 프리픽스는 완전한 형태의 쿼텟으로 표기한다.

13.1.3 IPv6 데이터그램의 형식

IPv6의 데이터그램은 ⟨그림 13-5⟩와 같이 필수적인 기본 헤더(base header)와 페이로드(payload)로 구성된다. 페이로드는 선택적인 확장 헤더와 상위 계층의 데이터의 두 부분으로 구성되어 있다. 기본 헤더는 40바이트를 차지하며 확장 헤더(extension header)와 상위 계층 데이터는 최대 65,535바이트까지 포함할 수 있다.

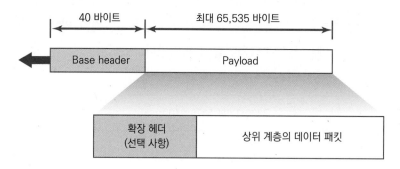

그림 13-5　IPv6 데이터그램의 구조

기본 헤더는 (그림 13-6)과 같이 8개의 필드로 구성되어 있다.

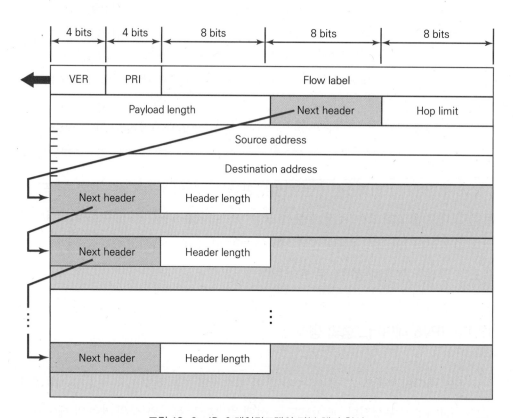

그림 13-6　IPv6 데이터그램의 기본 헤더 형식

- VER(Version): 버전 필드는 4비트이며, IP의 버전 번호를 나타낸다. IPv6에서 이 필드의 값은 2진수로 0110이다.

- PRI(Priority): 우선순위 필드는 4비트이며, 트래픽 혼잡에 대한 패킷의 우선순위를 정의한다.

- Flow label: 흐름표지 필드는 3바이트(24비트)이며, 데이터의 특정한 흐름을 위한 특별한 처리를 제공하기 위하여 설계되었다.

- Payload length: 페이로드 길이 필드는 2바이트(16비트)이며, 기본 헤더를 제외한 IP 데이터그램의 길이를 나타낸다.

- Next header: 다음 헤더 필드는 1바이트(8비트)이며, 기본 헤더를 뒤따르는 헤더를 정의한다. 다음 헤더는 IP가 사용하는 선택사항 확장 헤더의 하나이거나, UDP나 TCP와 같은 캡슐화된 패킷의 헤더이다. 각 확장 헤더도 이 필드를 포함한다. IPv4에서는 이 필드를 프로토콜 필드라고 불렀다.

- Hop limit: 홉 제한 필드는 1바이트(8비트)이며, IPv4의 TTL 필드와 같은 목적으로 사용된다.

- Source address: 발신지 주소 필드는 16바이트(128비트)이며, 데이터그램의 최초 발신지를 나타내는 인터넷 주소이다.

- Destination address: 목적지 주소 필드는 16바이트(128비트)이며, 데이터그램의 최종 목적지를 나타내는 인터넷 주소이다.

기본 헤더의 길이는 40바이트로 고정되어 있다. 그러나 IP 데이터그램에 보다 많은 기능을 제공하기 위하여 기본 헤더 뒤에 6개까지의 확장 헤더를 둘 수 있다. IPv4와 IPv6의 헤더를 비교하면 다음과 같다.

- IPv6는 헤더의 길이가 고정되어 있기 때문에, IPv6에서는 헤더 길이(header length) 필드가 삭제되었다.

- IPv6에서는 서비스 유형(service type) 필드가 삭제되었다. 우선순위(priority)와 흐름표지(flow label) 필드가 서비스 유형 필드의 기능을 대신하고 있다.

- IPv6에서는 전체 길이(total length) 필드가 삭제되고, 페이로드 길이(payload length) 필드로 대체되었다.
- IPv6의 기본 헤더에서는 식별자(identification), 플래그(flag), 오프셋(offset) 필드가 삭제되고, 이들은 확장 헤더(extension header)에 포함되었다.
- IPv6에서는 TTL 필드를 홉 제한(hop limit) 필드로 부른다.
- IPv6에서는 프로토콜 필드가 다음 헤더(next header) 필드로 대체되었다.
- IPv6에서는 헤더 검사합(header checksum) 필드가 삭제되었다. 검사합은 상위 계층 프로토콜에서 계산한다.
- IPv6에서는 선택사항(option) 필드를 확장 헤더(extension header)로 구현한다.

〈표 13-2〉에 IPv6 헤더와 IPv4 헤더의 변경 사항을 정리하였다.

표 13-2 IPv4 헤더와 IPv6 헤더의 비교

IPv4 헤더	IPv6 헤더
Header Length	삭 제
Service Type	Priority, Flow Label
Total Length	Payload Length
Identification, Flags, Fragmentation offset	Extension Header
TTL (Time To Live)	Hop Limit
Protocol	Next Header
Header Checksum	삭 제
Option	Extension Header

13.1.4 IPv6 주소의 종류

IPv6는 유니캐스트, 애니캐스트, 멀티캐스트의 3가지 유형의 주소를 정의한다.

- Unicast Address: 유니캐스트 주소는 하나의 목적지 컴퓨터를 지정한다. 유니캐스트로 전송된 패킷은 특정한 컴퓨터에게만 전달된다.
- Anycast Address: 애니캐스트 주소는 같은 프리픽스(prefix)를 가지고 있는 한 그룹의 컴퓨터를 지정한다. 예를 들어 물리적 네트워크에 연결된 모든 컴퓨터는 같은 접두 주소를 공유한다. 애니캐스트 주소로 전송된 패킷은 가장 가깝거나 가장 쉽게 접속할 수 있는 그룹의 멤버들 중 하나에게 전송된다. 전화에서 사용되는 대표번호와 유사한 개념이다.
- Multicast Address: 멀티캐스트 주소는 같은 접두사를 공유할 수도 있고 아닐 수도 있으며, 같은 물리적 네트워크로 연결되어 있을 수도 있고 아닐 수도 있는 컴퓨터들의 그룹이다. 멀티캐스트 주소로 전송된 패킷은 그 그룹의 각 소속원들에게 모두 전달된다.

IPv6는 글로벌 유니캐스트(global unicast) 주소, 유니크 로컬 유니캐스트(unique local unicast) 주소, 링크 로컬 유니캐스트(link local unicast) 주소와 같은 3가지 주요한 유니캐스트 주소를 지원한다.

1 글로벌 유니캐스트 주소

인터넷의 두 호스트 사이에 일대일 통신에 사용되는 주소가 글로벌 유니캐스트 주소이다. 글로벌 유니캐스트 주소는 공인 주소나 고유한 IPv6 주소로 할당되며 호스트는 이 주소를 사용하여 인터넷에 연결된다. 글로벌 유티캐스트 주소의 프리픽스는 2000::/3으로 2진수 001로 시작하는 모든 주소가 이에 해당한다. 16진수로는 2와 3으로 시작하는 모든 주소가 글로벌 유니캐스트 주소이다.

글로벌 유니캐스트 주소는 (그림 13-7)과 같이 글로벌 라우팅 프리픽스, 서브넷 ID, 인터페이스 ID의 3부분으로 구성된다. 글로벌 라우팅 프리픽스는 ISP(Internet

Service Provider)에 의해 해당 기관에 할당되며 이 프리픽스는 단일 기관 내의 모든 IPv6 주소에 동일하게 부여된다. 해당 기관의 네트워크 관리자는 서브넷 ID를 사용하여 서브네팅을 한다. 인터페이스 ID는 서스넷 안에서 호스트를 식별하는 데 이용된다.

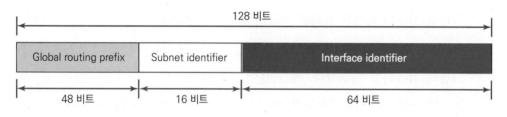

그림 13-7　글로벌 유니캐스트 주소의 구조

② 유니크 로컬 유니캐스트 주소

유니크 로컬 유니캐스트 주소는 IPv4의 사설 주소와 동일한 기능을 갖는다. 유니크 로컬 주소의 프리픽스는 FC00::/7이며, 16진수로 FC와 FD로 시작하는 모든 주소가 여기에 해당한다. 이 주소를 사용하기 위해서 기관의 네트워크 관리자는 무작위로 40비트의 글로벌 ID를 선택한다. 유니크 로컬 주소는 (그림 13-8)과 같은 형식으로 이루어져 있다.

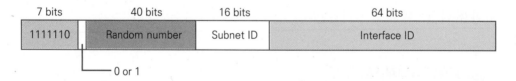

그림 13-8　유니크 로컬 주소의 형식

③ 링크 로컬 유니캐스트 주소

링크 로컬 유니캐스트 주소는 IPv6에서 로컬 서브넷으로 패킷을 전송할 때 사용하는 주소로 라우터는 이 주소로 향하는 패킷을 절대로 다른 서브넷으로 전송하지 않는다. 링크 로컬 주소는 서브넷을 벗어날 필요가 없는 경우 매우 유용하다. 특히 호스트가 별다른 과정 없이 자신의 링크 로컬 주소를 자동으로 획득할 수 있기 때문에 매우 편리하다.

링크 로컬 주소의 프리픽스는 FE80::/10으로, 이것은 FE80, FE90, FEA0, FEB0으로 시작하는 모든 주소가 여기에 해당한다. IPv6 호스트는 네트워크에 연결되면 링크 로컬 주소를 자동으로 생성한다. IPv6 호스트는 (그림 13-9)와 같이, 처음 10비트를 16진수 FE80(2진수로 1111 1110 10)으로 설정하고, 다음 54비트를 0으로 채우고, 마지막 64비트는 자신의 MAC 주소를 EUI-64(Extended Unique Identifier) 형식에 의해 약간 변경하여 링크 로컬 주소를 만든다.

10 bits	54 bits	64 bits
FE80/10 1111111010	All 0s	Interface ID

그림 13-9   링크 로컬 주소의 형식

호스트와 마찬가지로 라우터도 IPv6를 지원하는 활성화된 인터페이스에서 자동으로 계산한 링크 로컬 주소를 사용한다. 라우터는 네이버 관계를 형성한 라우터의 글로벌 유니캐스트 주소나 유니크 로컬 주소를 사용하는 것 보다는, 디폴트로 링크 로컬 주소를 IPv6 경로에 위치한 다음 홉 주소로 사용한다.

4 멀티캐스트 주소

멀티캐스트 주소는 하나의 호스트 대신에 동적으로 구성된 호스트 그룹을 정의하기 위하여 사용되는 주소이다. 송신자는 하나의 패킷만을 전송하지만 네트워크에서는 필요에 따라 해당 패킷을 복제하여 그룹에 포함된 모든 호스트가 멀티캐스트 주소로 전송된 패킷을 수신할 수 있다.

멀티캐스트 주소의 프리픽스는 FF00::/8로 FF로 시작하는 모든 주소가 여기에 해당된다. 멀티캐스트 주소의 형식은 (그림 13-10)과 같다. 플래그 필드는 그룹 주소가 영구적인지 일시적인지를 정의하는 필드이다. 영구적인 그룹 주소는 인터넷 관리기관에서 정의하며 항상 접속이 가능한 주소이다. 반면 일시적인 그룹 주소는 임시로만 사용된다. 예를 들어, 원격회의를 하려는 시스템은 일시적인 그룹 주소를 사용할 수 있다. 세 번째 필드는 그룹 주소의 범위(scope)를 정의한다. 그림에서와 같이 여러 가지 종류의 범위가 정의되어 있다.

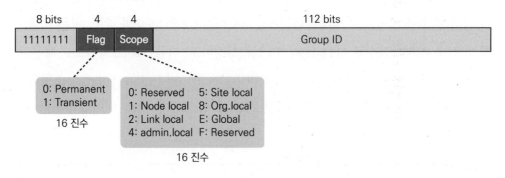

그림 13-10   멀티캐스트 주소이 형식

5 루프백 주소와 미지정 주소

호스트의 소프트웨어를 점검할 때 사용하는 루프백 주소로 IPv6에서는 ::1을 사용한다. 이 주소는 IPv4에서의 127.0.0.1과 같다. 호스트에 의해 이 주소로 전송된 패킷은 프로토콜 스택을 아래로 내려갔다가 네트워크 카드 밖으로 전송되지 않고, 다시 되돌아온다. 이것은 호스트에서 소프트웨어를 점검하는 것으로 새로운 응용 프로그램을 점검할 때 주로 사용된다.

또 다른 특별 주소로는 128비트 모두 0인 주소, 즉 ::가 있다. 이 주소는 미지정 주소(unspecified address)로 호스트가 자신의 주소를 모를 때 자신의 주소를 찾기 위하여 사용하는 주소이다. 호스트가 자신에게 할당된 IP 주소를 찾으려고 보내는 패킷의 출발지 주소로 미지정 주소를 사용한다.

13.2 IPv6의 주소와 라우팅 프로토콜 설정

IPv4 호스트는 웹페이지를 보기 위해 웹 브라우저를 여는 것과 같은 간단한 작업을 시작하기 전에 여러 가지 기본적인 사항을 알아야 한다. 웹페이지의 실제 IPv4 주소를 알거나 IPv4 주소에 대응되는 도메인 이름을 요청하기 위하여 DNS 서버의 주소를 알아야 한다. 다른 서브넷에 패킷을 전송하기 위해서는 디폴트 게이트웨이로 사용할 라우터의 IP 주소도 알아야 한다. 물론 호스트 자신의 IPv4 주소와 서브넷 마스크도 알아야 한다.

IPv6 호스트 역시 DNS 서버의 IP 주소, 디폴트 라우터의 IP 주소, 그리고 자신의 IP 주소와 프리픽스 길이를 알고 있어야 한다. IPv6 호스트도 호스트 이름을 사용하기 때문에 IPv6 주소로 변환해야 할 필요가 있다. 그리고 동일한 서브넷에 연결된 호스트에게는 패킷을 바로 전송할 수 있지만 다른 서브넷으로 패킷을 전송하려면 디폴트 라우터에 대한 정보도 필요하다. 이와 같이 IPv6 호스트 역시 IPv4와 동일한 정보가 필요하긴 하지만, 이러한 정보를 학습하는 과정에 있어서는 약간 다른 방법을 사용한다.

13.2.1 IPv6 인터페이스 ID와 EUI-64 형식

앞의 (그림 13-7)에서 IPv6 글로벌 유니캐스트 주소의 형식을 보였듯이 주소의 절반은 인터페이스 ID라고 한다. 글로벌 유니캐스트 주소 중 인터페이스 ID 부분의 값은 동일한 서브넷에서 다른 호스트가 동일한 값을 사용하기 전에는 모든 값을 사용할 수 있다(IPv6는 주소를 사용하기 전에 서브넷에 다른 호스트가 동일한 주소를 사용해 중복이 발생했는지를 찾을 수 있는 동적 기능을 호스트에 제공한다). 그러나 일반적으로는 네트워크 카드의 MAC 주소를 IPv6 주소 영역 중 인터페이스 ID 부분에 삽입하여 주소가 자동으로 설정될 수 있도록 한다.

MAC 주소의 길이는 6바이트(48비트)이기 때문에, 호스트가 8바이트(64비트)의 인터페이스 ID 값을 자동으로 결정하는 데 있어 단순하게 MAC 주소만을 복사해서 사용할 수는 없다. 64비트 크기의 인터페이스 ID를 만들기 위해서는 2바이트를 무엇인가로 채워야 한다. 이를 위해 IEEE에서는 (그림 13-11)과 같은, EUI-64(Extended Unique Identifier)라고 하는 표준을 제정하였다. EUI-64 형식은 MAC 주소를 3바이트씩 두 개로 나누고 그 가운데에 16진수 FFFE를 삽입하고, 특정한 비트 하나를 반전시켜서 인터페이스 ID 부분을 완성한다.

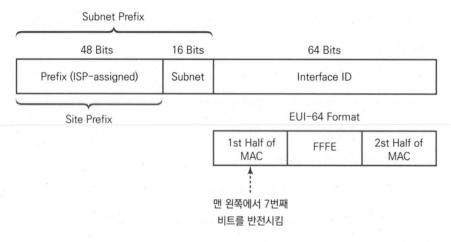

그림 13-11   EUI-64 형식을 이용한 IPv6 주소

　　EUI-64 형식을 이용하여 IPv6 주소를 생성하는 방법을 좀 더 구체적인 예를 들어 알아보자. 예를 들어 MAC 주소가 00-90-27-17-FC-0F이라고 한다면 (그림 13-12)와 같이, 먼저 MAC 주소를 절반으로 나누고 그 사이에 FFFE를 삽입한다. 그 다음에 첫 번째 바이트 값에서 7번째 비트를 1로 반전시킨다.

　　이더넷 MAC 주소는 주소의 왼쪽 부분에 낮은 자리 비트가, 오른쪽에는 높은 자리 비트가 위치한다. 따라서 바이트의 여덟 번째 비트는 주소 안에서 최상위 비트가 되고, 일곱 번째 비트는 두 번째로 높은 자리 비트가 된다. MAC 주소의 첫 번째 바이트에서 왼쪽에서 오른쪽 방향에 위치한 일곱 번째 비트를 유니버설/로컬(U/L) 비트라고 한다. 이 비트가 0으로 설정되어 있는 것은 MAC 주소가 글로벌하게 이식되었다는 것을 의미한다. 이 비트가 1일 경우, MAC 주소는 로컬에서 설정되었다는 것을 의미한다. 그러므로 일반적인 MAC 주소는 이 비트가 0으로 설정되어 있다.

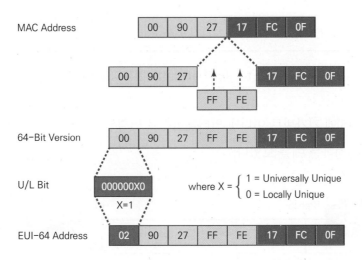

MAC Address

00 90 27 17 FC 0F

00 90 27 FF FE 17 FC 0F

64-Bit Version

00 90 27 FF FE 17 FC 0F

U/L Bit

000000X0   where X = { 1 = Universally Unique
                        0 = Locally Unique

X=1

EUI-64 Address

02 90 27 FF FE 17 FC 0F

그림 13-12   EUI-64를 이용한 IPv6 주소의 예

13.2.2 IPv6 주소의 정적 설정

IPv6 주소의 정적 설정 방법은 전체 주소 모두를 수동으로 설정하는 방법과 /64 길이의 프리픽스는 정적으로 설정하고 인터페이스 ID 부분은 EUI-64 형식을 이용하여 자동으로 설정하는 두 가지 방법이 있다. 일단 라우터에서 IPv6를 사용하려면 (그림 13-13)과 같이 전역 설정 모드에서 **ipv6 unicast-routing** 명령어를 사용한다.

```
RouterX(config)# ipv6 unicast-routing
```

그림 13-13   IPv6의 활성화 명령어

인터페이스에 IPv6 주소를 설정하려면 (그림 13-14)와 같이, 해당 인터페이스의 설정 모드로 들어가서 **ipv6 address** *address/prefix-length* **[eui-64]** 명령어를 사용한다. 주의할 점은 /의 앞뒤로 공백(space)이 있으면 안된다는 것이다. **eui-64** 키워드가 포함되지 않으면 해당 주소는 반드시 128비트 모두를 수동으로 지정하여야 한다. **eui-64** 키워드가 포함되면 해당 주소는 64비트의 프리픽스를 갖게 되고, 라우터는 EUI-64 형식을 이용하여 인터페이스 ID를 생성한다.

```
RouterX(config-if)# ipv6 address address/prefix-length [eui-64]
```

그림 13-14   IPv6 주소의 정적 설정 명령어 형식

(그림 13-15)에 기가비트 이더넷 인터페이스로 연결된 두 개의 라우터에서 IPv6 정적 주소를 설정하는 예를 보였다.

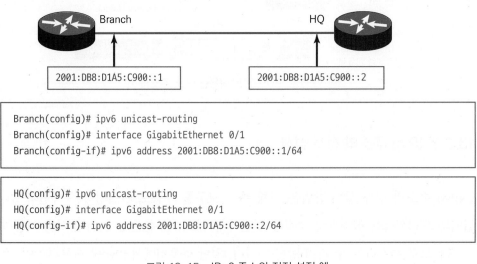

```
Branch(config)# ipv6 unicast-routing
Branch(config)# interface GigabitEthernet 0/1
Branch(config-if)# ipv6 address 2001:DB8:D1A5:C900::1/64
```

```
HQ(config)# ipv6 unicast-routing
HQ(config)# interface GigabitEthernet 0/1
HQ(config-if)# ipv6 address 2001:DB8:D1A5:C900::2/64
```

그림 13-15   IPv6 주소의 정적 설정 예

IPv6 주소의 정적 설정이 올바르게 되었는지를 검사하려면 (그림 13-16)과 같이 show ipv6 interface 특권 명령어를 사용한다.

```
Branch# show ipv6 interface GigabitEthernet 0/1
GigabitEthernet0/1 is up, line protocol is up
  IPv6 is enabled, link-local address is FE80::FE99:47FF:FEE5:2599
  No Virtual link-local address(es):
  Description: Link to HQ
  Global unicast address (es):
    2001:DB8:D1A5:C900::1, subnet is 2001:DB8:D1A5:C900::/64
  < output omitted >
```

그림 13-16   IPv6 주소의 정적 설정의 검증 예

13.2.3 IPv6 주소의 자동 설정

IPv6는 동적인 주소 설정에 대해 두 가지 방법을 지원한다. 하나는 스테이트풀자동 설정(stateful autoconfiguration) 방법이고 다른 하나는 스테이트리스 자동 설정(stateless autoconfiguration) 방법이다. 스테이트풀 자동 설정은 DHCPv6 서버를 이용하는 방법이고, 스테이트리스 자동 설정은 NDP(Neighbor Discovery Protocol)와 라우터 광고(router advertisement)를 이용하는 방법이다. 두 방법의 차이는 어떤 주소가 어떤 호스트에 할당되었는지를 나타내는 상태(state) 정보를 유지하느냐 유지하지 않느냐 하는 점이다.

1 스테이트풀 자동 설정

IPv6 호스트는 DHCP를 이용하여 IP 주소와 이에 대응되는 프리픽스 길이, 디폴트 라우터 주소, DNS 서버 주소 등에 대한 정보를 획득한다. 기본적으로 IPv6 DHCP는 IPv4와 같다. 호스트는 DHCP 서버를 찾는 IPv6 패킷을 멀티캐스트한다. 서버가 이에 응답하면 DHCP 클라이언트는 메시지를 보내 IP 주소를 임대하겠다는 요청을 하고, 서버는 IPv6 주소, 프리픽스 길이, 디폴트 라우터 주소, DNS 서버 주소에 대한 정보를 알려준다. IPv4에서 사용되던 DHCP 메시지의 명칭과 형식이 IPv6에서 많이 바뀌었기 때문에, DHCPv4와 DHCPv6는 서로 다르지만 기본 과정은 별반 다르지 않다.

DHCPv4 서버는 임대된 IP 주소가 어느 클라이언트에 할당되었고 임대 유효 시간은 얼마나 되는지와 같은 정보를 클라이언트별로 저장한다. 이러한 유형의 정보를 상태 정보(state information)라고 하는데 이를 바탕으로 각 클라이언트의 상태를 추적할 수 있다. DHCPv6 서버에는 스테이트풀과 스테이스리스의 두 가지 운용 모드가 있다. 스테이트풀은 상태 정보를 추적할 수 있는 반면에 스테이스리스의 경우는 상태 정보를 추적할 수 없다.

DHCPv4와 DHCPv6의 차이점 중 하나는 IPv4 호스트가 브로드캐스트 패킷을 전송하여 DHCP 서버를 찾는 반면에, IPv6 호스트는 멀티캐스트 패킷을 사용한다는 점이다. IPv6 호스트가 알려지지 않은 DHCP 서버로 패킷을 전송하기 위하여 예약된 멀티캐스트 주소는 FF02::1:2(FF02:0000:0000:0000:0000:0000:0001:0002)이다. 라우터는 이 패킷을 적절한 DHCP 서버로 전달한다.

2 스테이트리스 자동 설정

스테이트리스 자동 설정을 이용하면 호스트는 서브넷에서 사용할 /64 프리픽스를 자동으로 학습하며 자신의 MAC 주소를 이용하여 EUI-64 형식의 인터페이스 ID를 생성한다.

스테이트리스 자동 설정 과정에는 IPv6 NDP(Neighbor Discovery Protocol)를 이용하여 서브넷에서 사용될 프리픽스를 찾는 것이 포함된다. NDP는 IPv6를 위해 많은 기능을 수행하는데, 동일한 서브넷에 연결된 두 호스트 사이에서 발생할 수 있는 모든 일과 관련이 있다. 예를 들어 NDP는 IPv4의 ARP(Address Resolution Protocol)를 대체한다. IPv4 ARP는 동일한 서브넷에 연결된 장비가 네이버 장비의 MAC 주소를 학습할 수 있게 해주는 역할을 담당한다. 이러한 유형의 많은 일이 동일한 링크에 연결된 네이버 사이에 발생하기 때문에, IPv6는 이 모든 기본 기능을 모아서 NDP라는 프로토콜로 통합하였다.

스테이트리스 자동 설정은 두 종류의 NDP 메시지를 이용하는데, 하나는 RS(Router Solicitation)이고 다른 하나는 RA(Router Advertisement)이다. 이 두 메시지를 이용하여 서브넷에서 사용하는 IPv6 프리픽스 값을 찾아낸다. 호스트는 IPv6 멀티캐스트 메시지를 이용하여 RS 메시지를 전송하며, 이를 통해 모든 라우터는 "어떤 IPv6 프리픽스가 이 서브넷에서 사용되고 있는가?"와 "어떤 IPv6 주소가 이 서브넷에서 디폴트 라우터 주소가 되는가?"에 답을 하게 된다.

RA 메시지는 라우터의 설정된 모든 인터페이스로 주기적으로 전송되며 해당 주기의 중간에라도 요청이 있으면 바로 전송된다. RA 메시지는 링크 상의 모든 노드를 가리키는 멀티캐스트 주소인 FF02::1로 전송된다. 여기에는 그 링크에서 사용되는 하나 이상의 프리픽스 정보가 포함된다. 이 정보는 호스트의 스테이트리스 자동 설정에 이용된다.

RS 메시지는 호스트가 부팅될 때, 즉시 RA 메시지를 요구하기 위하여 사용된다. RS 메시지는 그 서브넷의 모든 라우터를 가리키는 멀티캐스트 주소인 FF02::2로 전송된다. 이때 발신지 주소는 미지정 주소(unspecified address)인 ::를 사용한다.

NDP는 RS와 RA 메시지와 유사한 NS(Neighbor Solicitation)와 NA(Neighbor Advertisement) 메시지도 사용한다. 이것은 IPv4의 ARP(Address Resolution Protocol)와 동일한 기능을 수행한다. IPv6에서는 ARP는 삭제되었고 이 기능은 ICMPv6로 통합되었다. NS 메시지는 ARP 요청 메시지와 동일한 기능을 한다. 이 메시지는 호스트가 이웃에게 전송할 메시지를 가지고 있을 때 요청된다. 송신기는 수신기의 IP 주소는 알고 있지만 데이터링크 주소를 모를 때 NS 메시지를 멀티캐스트한다. 데이터링크 주소는 IP 패킷을 프레임으로 캡슐화할 때 필요하다. NA 메시지는 NS 메시지의 응답으로 전송된다.

특정 인터페이스에서 스테이트리스 자동 설정 방법으로 IPv6 주소를 설정하려면 (그림 13-17)과 같이 인터페이스 설정 모드에서 `ipv6 address autoconfig [default]` 명령어를 사용한다. `default` 키워드를 사용하면 RA 메시지를 근거로 하여 기본 경로(default route)를 추가한다.

```
Branch(config-if)# ipv6 address autoconfig [default]
```

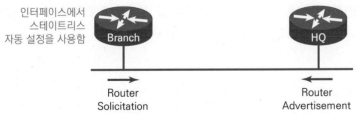

그림 13-17 스테이트리스 자동 설정 명령어

13.2.4 IPv6 라우팅 프로토콜의 설정

IPv4에서와 같이 대부분의 IPv6 라우팅 프로토콜은 IGP이며, EGP로는 BGP가 유일하다. 기존의 IGP와 BGP는 모두 IPv6를 지원하기 위하여 업데이트되었다. IPv6를 위하여 업데이트된 라우팅 프로토콜로는 RIPng(RIP Next Generation), OSPFv3, MP-BGP4(Multiprotocol BGP4), IPv6용 EIGRP(EIGRP for IPv6)가 있다.

IPv6의 정적 경로의 설정과 기본 경로(default route) 설정은 (그림 13-18)과 같이 전역 설정 모드에서 `ipv6 route` 명령어를 사용한다. 여기에서 *outgoing-interface*와 *next-hop address* 둘 중 하나는 생략할 수도 있다. 그러나 다음 홉 주소를 글로벌 유니캐스트 주소가 아닌 링크 로컬 주소를 사용할 때에는 출력 인터페이스를 명시하여야 한다.

```
Routerx(config)# ipv6 route address/prefix-length outgoing-interface next-hop
```

```
Routerx(config)# ipv6 route ::/0 outgoing-interface next-hop
```

그림 13-18   IPv6 정적 경로와 기본 경로 설정 명령어 형식

IPv6 정적 경로와 기본 경로 설정의 예를 (그림 13-19)에 보였다. HQ 라우터에서 Branch 라우터의 왼쪽 서브넷으로 가는 정적 경로를 설정하고 Branch 라우터에서는 기본 경로를 설정하였다.

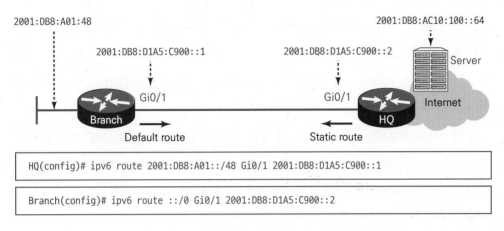

HQ(config)# ipv6 route 2001:DB8:A01::/48 Gi0/1 2001:DB8:D1A5:C900::1

Branch(config)# ipv6 route ::/0 Gi0/1 2001:DB8:D1A5:C900::2

그림 13-19   IPv6 정적 경로와 기본 경로 설정의 예

(그림 13-19)와 같은 예에서 HQ 라우터와 Branch 라우터에서 정적 경로와 기본
경로가 제대로 설정되었는지를 검증하려면 (그림 13-20)과 같이 **show ipv6 route**

```
HQ# show ipv6 route static
IPv6 Routing Table - default - 4 entries
Codes: C - Connected, I - Local, S - Static, U - Per-user static router
       B - BGP, R - RIP, I1 - ISIS I1, I2 - ISIS L2
       IA - ISIS interarea, IS - ISIS summary, D - EIGRP, EX - EIGRP external
       ND - Neighbor Discovery, I - LIST
       O - OSPF Intra, OI - OSPF Inter, OE1 - OSPF ext 1, OE2 - OSPF ext 2
       ON1 - OSPF NSSA ext 1, ON2 - OSPF NSSA ext 2
S   2001:DB8:A01::/48 [1/0]
     via 2001:DB8:D1A5:C900::1, GigabitEthernet0/1
```

```
Branch# show ipv6 route static
IPv6 Routing Table - default - 4 entries
Codes: C - Connected, I - Local, S - Static, U - Per-user static router
       B - BGP, R - RIP, I1 - ISIS I1, I2 - ISIS L2
       IA - ISIS interarea, IS - ISIS summary, D - EIGRP, EX - EIGRP external
       ND - Neighbor Discovery, 1 - LIST
       O - OSPF Intra, OI - OSPF Inter, OE1 - OSPF ext 1, OE2 - OSPF ext 2
       ON1 - OSPF NSSA ext 1, ON2 - OSPF NSSA ext 2
S   ::/0 [1/0]
     via 2001:DB8:D1A5:C900::2, GigabitEthernet0/1
```

그림 13-20   IPv6 정적 경로와 기본 경로 설정의 검증 예

static 특권 명령어를 사용한다.

OSPFv3는 IPv4 용인 OSPFv2를 IPv6 용으로 업데이트한 것이다. OSPFv2에서는 일반적으로 활성화된 인터페이스의 IP 주소 중에서 가장 높은 IP 주소를 기본 RID 로 사용한다. OSPFv3은 RID로 IP 주소를 사용하지 않는다. 대신 IPv4 주소와 비슷한 32비트의 숫자를 RID로 설정한다.

또한 OSPFv3에서는 네이버 인접 관계를 설정하기 위하여 링크 로컬 주소를 사용한다. OSPFv2는 라우터 설정 모드에서 network 명령어를 사용하여 라우팅 프로토콜을 실행할 인터페이스를 지정하지만, OSPFv3에서는 각각의 인터페이스 설정 모드에서 링크별로 활성화할 인터페이스를 지정한다.

라우터에서 OSPFv3를 활성화하려면 먼저 (그림 13-21)과 같이 전역 설정 모드에서 ipv6 router ospf *process-id* 명령어를 사용한다. 이 명령어를 실행하면 라우터 설정 모드로 들어가는데, 여기에서 (그림 13-22)와 같이 router-id *router-id* 명령어를 사용하여 라우터 ID를 설정할 수 있다.

```
RouterX(config)# ipv6 router ospf process-id
```

그림 13-21   OSPFv3 설정 명령어의 형식

```
RouterX(config-router)# router-id router-id
```

그림 13-22   OSPFv3 라우터 ID 설정 명령어 형식

다음으로 (그림 13-23)과 같이 해당 인터페이스의 설정 모드로 가서 ipv6 ospf *process-id* area *area-id* 명령어를 사용하여 OSPFv3를 실행할 인터페이스를 지정한다.

```
RouterX(config-if)# ipv6 ospf process-id area area-id
```

그림 13-23   OSPFv3 인터페이스 지정 명령어의 형식

(그림 13-24)는 예제 네트워크에서 OSPFv3를 설정한 예이다. 예에서는 HQ 라우터의 RID는 0.0.0.1로 설정하였고, Branch 라우터의 RID는 0.0.0.2로 설정하였다. 그리고 각각의 인터페이스에서 OSPFv3를 실행하도록 설정하였다.

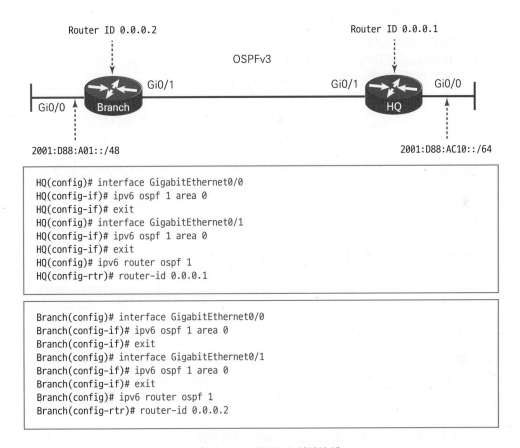

```
HQ(config)# interface GigabitEthernet0/0
HQ(config-if)# ipv6 ospf 1 area 0
HQ(config-if)# exit
HQ(config)# interface GigabitEthernet0/1
HQ(config-if)# ipv6 ospf 1 area 0
HQ(config-if)# exit
HQ(config)# ipv6 router ospf 1
HQ(config-rtr)# router-id 0.0.0.1
```

```
Branch(config)# interface GigabitEthernet0/0
Branch(config-if)# ipv6 ospf 1 area 0
Branch(config-if)# exit
Branch(config)# interface GigabitEthernet0/1
Branch(config-if)# ipv6 ospf 1 area 0
Branch(config-if)# exit
Branch(config)# ipv6 router ospf 1
Branch(config-rtr)# router-id 0.0.0.2
```

그림 13-24   OSPFv3 설정의 예

show 명령어를 사용하면 OSPFv3의 설정 관련 정보를 볼 수 있다. (그림 13-25)는 (그림 13-24)의 Branch 라우터에서 show ipv6 route ospf 명령어를 실행한 결과이다.

```
Branch# show ipv6 route ospf
IPv6 Routing Table - default - 6 entries
Codes: C - Connected, I - Local, S - Static, U - Per-user Static router
       B - BGP, R - RIP, I1 - ISIS I1, I2 - ISIS L2
       IA - ISIS interarea, IS - ISIS summary, D - EIGRP, EX - EIGRP external
       ND - Neighbor Discovery, 1 - LIST
       O - OSPF Intra, OI - OSPF Inter, OE1 - OSPF ext 1, OE2 - OSPF ext 2
       ON1 - OSPF NSSA ext 1, ON2 - OSPF NSSA ext 2
O    2001:DB8:" AC10:100::64/128 [110/1]
       via FE80::FE99:47FF:FEE5:2551, GigabitEthernet0/1
```

그림 13-25   show ipv6 route ospf 명령어의 실행 결과

show ipv6 ospf neighbor 명령어는 인터페이스별로 OSPF 네이버 정보를 보여
준다. (그림 13-26)은 show ipv6 ospf neighbor 명령어의 실행 예이다.

```
Branch# show ipv6 ospf neighbor
Neighbor ID     pri    State        Dead Time      Interface ID      Interface
0.0.0.1          1    FULL/BDR      00:00:38            4         GigabitEthernet0/1
```

그림 13-26   show ipv6 ospf neighbor 명령어의 실행 결과

show ipv6 ospf 명령어를 사용하면 OSPF 라우터의 라우터 ID를 확인할 수 있다.
또한 OSPF 타이머 설정 값과 SPF 알고리즘이 실행된 시간과 같은 기타 통계정보도
볼 수 있다. (그림 13-27)은 show ipv6 ospf 명령어를 실행한 예이다.

```
Branch# show ipv6 ospf
Routing Process "ospfv3 1 " with ID 0.0.0.2
Event-log enabled, Maximum number of events: 1000, Mode: cyclic
Initial SPF schedule delay 5000 msecs
Minimum hold time between two consecutive SPFs 10000 msecs
Minimum hold time between two consecutive SPFs 10000 msecs
Minimum LSA interval 5 secs
Minimum LSA arrival 1000m secs
LSA group pacing timer 240 secs
Interface flood pacing timer 33 msecs
Retransmission pacing timer 66 msecs
Number of external LSA 0. Checksum sum 0×000000
Number of areas in this router is 1.1 normal 0 stub 0 nssa
Graceful restart helper support enabled
Reference bandwidth unit is 100 mbps
< output omitted >
```

그림 13-27   show ipv6 ospf 명령어의 실행 결과

- IPv6의 주요 특징은 더 넓은 주소 공간, 더 간단한 헤더 형식, 보안, 이동성 그리고 다양한 천이 방법 등이다.

- IPv6의 주소는 16진수로 된 8개의 필드로 표기되며, 각 필드는 16비트이고 콜론으로 구분된다.

- IPv6의 유니캐스트 주소에는 글로벌, 유니크 로컬, 링크 로컬, 루프백, 미지정 주소 등이 있다.

- IPv6의 주소는 전체를 수동으로 설정하거나 EUI-64 형식을 이용하여 수동으로 지정할 수 있다. 또한 스테이트리스 또는 스테이트풀 자동 설정을 이용하여 자동으로 설정할 수도 있다.

- 라우터에서 IPv6를 활성화하려면 `ipv6 unicast-routing` 전역 설정 명령어를 사용한다.

- IPv6의 헤더는 몇 개의 필요 없는 필드를 삭제하여 더 간단하게 만들었다.

- NDP는 이웃한 장비의 IPv6 주소를 알고 있을 때 링크 계층 주소를 찾을 수 있게 해주는 중요한 프로토콜이다.

- IPv6 주소의 자동 설정 기능은 라우터가 제공하는 정보를 기반으로 하여 자신의 주소를 자동으로 설정할 수 있는 "플러그 앤 플레이" 기능을 제공한다.

- IPv6를 지원하는 주요 라우팅 프로토콜로는 RIPng, OSPFv3, EIGRP 등이 있다.

- IPv6의 정적 경로와 디폴트 경로를 설정하려면 `ipv6 route` 전역 설정 명령어를 사용한다.

- OSPFv3는 네트워크별로 활성화하는 대신 링크별로 활성화한다. OSPFv3는 링크 로컬 주소를 사용하여 인접한 네이버와 통신한다.

연습문제

13.1 IPv6의 구조와 특징

[13-1] Which addresses are valid IPv6 addresses? (Choose two.)

    A) 0C:55:00:30:00:01:02:10:F0:10:07:08:00:50:00:DF

    B) 0C55::1541:CDF8:0708:0050::00DF

    C) 0C55::F010:0708:0050:00DF

    D) 0C55:0030:0001:F010:0708:0050::00DF

[13-2] Which of the following are valid IPv6 addresses? (Choose three.)

    A) FC55::3030:2340::0010

    B) BA02::1

    C) 182.80.10.1

    D) CD01:245F:0000:15CE:0000:589A:FABC:0001

    E) CA12::75BA:0:0:62DC:CA01

[13-3] Which address types are used in IPv6? (Choose three.)

    A) Multicast   B) Anycast

    C) Broadcast   D) Unicast

    E) Localcast

[13-4] Which packet delivery method uses a one-to-one-of-many approach?

    A) Multicast   B) Anycast

    C) Unicast   D) Broadcast

[13-5] Which of the following is the unabbreviated version of IPv6 address 2001:DB8:: 200:28?

A) 2001:0DB8:0000:0000:0000:0000:0200:0028

B) 2001:0DB8::0200:0028

C) 2001:0DB8:0:0:0:0:0200:0028

D) 2001:0DB8:0000:0000:0000:0000:200:0028

[13-6] Which of the following is the shortest valid abbreviation for 2000:0300:0 040:0005:6000:0700:0080:0009?

A) 2:3:4:5:6:7:8:9   B) 2000:300:40:5:6000:700:80:9

C) 2000:300:4:5:6000:700:8:9   D) 2000:3:4:5:6:7:8:9

[13-7] Which three IPv4 header fields were present in the IPv4 header but not in the IPv6 header? (Choose three.)

A) header length   B) type of service

C) header checksum   D) flags

E) flow label

[13-8] Which one of the following statements is not true about IPv6 header fields?

A) IPv6 Next Header field is similar to the Protocol field in the IPv4 header.

B) IPv6 Traffic Class field is similar to the Type of Service field in the IPv4 header.

C) IPv6 Hop Limit field makes the computing of checksum very efficient.

D) The value in the Next Header field determines the type of information following the basic IPv6 header.

[13-9] Which of the following is the prefix for address 2000:0000:0000:0005:6
000:0700:0080:0009, assuming a mask of /64?

A) 2000::5::/64

B) 2000::5:0:0:0:0/64

C) 2000:0:0:5::/64

D) 2000:0:0:5:0:0:0:0/64

[13-10] Which of the following IPv6 addresses appears to be a unique local
unicast address, based on its first few hex digits?

A) 3123:1:3:5::1

B) FE80::1234:56FF:FE78:9ABC

C) FDAD::1

D) FF00::5

[13-11] Which of the following IPv6 addresses appears to be a global unicast
address, based on its first few hex digits?

A) 3123:1:3:5::1

B) FE80::1234:56FF:FE78:9ABC

C) FDAD::1

D) FF00::5

[13-12] For the IPv6 address FD00:1234:5678:9ABC:DEF1:2345:6789:ABCD,
which part of the address is considered the global ID of the unique local
address?

A) None; this address has no global ID.

B) 00:1234:5678:9ABC

C) DEF1:2345:6789:ABCD

D) 00:1234:5678

E) FD00

연습문제

[13-13] Which three statements about IPv6 prefixes are true? (Choose three.)

    A) FF00::/8 is used for IPv6 multicast.

    B) FE80::/10 is used for link-local unicast.

    C) FC00::/7 is used in private networks.

    D) 2001::1/127 is used for loopback addresses.

    E) FE80::/8 is used for link-local unicast.

    F) FEC0::/10 is used for IPv6 broadcast.

[13-14] Which two statements describe characteristics of IPv6 unicast addressing? (Choose two.)

    A) Global addresses start with 2000::/3.

    B) Link-local addresses start with FE00::/12.

    C) Link-local addresses start with FF00::/10.

    D) There is only one loopback address and it is ::1.

    E) If a global address is assigned to an interface, then that is the only allowable address for the interface.

[13-15] Which three ways are an IPv6 header simpler than an IPv4 header? (Choose three.)

    A) Unlike IPv4 headers, IPv6 headers have a fixed length.

    B) IPv6 uses an extension header instead of the IPv4 Fragmentation field.

    C) IPv6 headers eliminate the IPv4 Checksum field.

    D) IPv6 headers use the Fragment Offset field in place of the IPv4 Fragmentation field.

    E) IPv6 headers use a smaller Option field size than IPv4 headers.

    F) IPv6 headers use a 4-bit TTL field, and IPv4 headers use an 8-bit TTL field.

연습문제

13.2 IPv6의 주소와 라우팅 프로토콜 설정

[13-16] Neighbor discovery is used for which two of these functions? (Choose two.)

A) discover Layer 2 addresses of on-link IPv6 peers

B) discover the global unicast address of the other host on the subnet

C) discover the Layer 2 address of the other host on the subnet

D) discover the link-local IPv6 addresses of on-link neighbors

[13-17] Router R1 currently supports IPv4, routing packets in and out all its interfaces. R1's configuration needs to be migrated to support dual-stack operation, routing both IPv4 and IPv6. Which of the following tasks must be performed before the router can also support routing IPv6 packets? (Choose two answers.)

A) Enable IPv6 on each interface using an `ipv6 address` interface subcommand.

B) Enable support for both versions with the `ip versions 4 6` global command.

C) Additionally enable IPv6 routing using the `ipv6 unicast-routing` global command.

D) Migrate to dual-stack routing using the `ip routing dual-stack` global command.

[13-18] Which interface command causes the IPv6 interface address to be obtained using stateless autoconfiguration?

A) `autoconfig ipv6 address`

B) `ipv6 address autoconfig`

C) `autoconfig ip address`

D) `ipv6 address stateless autoconfig`

[13-19] Which command is used to configure the static IPv6 default route?

A) `ipv6 route ::/0` *interface next_hop*

B) `ipv6 route default` *interface next_hop*

C) `ipv6 route 0.0.0.0/0` *interface next_hop*

D) `ip route 0.0.0.0/0` *interface next_hop*

[13-20] Router R1 has an interface named Gigabit Ethernet 0/1, whose MAC address has been set to 5055.4444.3333. This interface has been configured with the `ipv6 address 2000:1:1:1::/64 eui-64` subcommand. What unicast address will this interface use?

A) 2000:1:1:1:52FF:FE55:4444:3333   B) 2000:1:1:1:5255:44FF:FE44:3333

C) 2000:1:1:1:5255:4444:33FF:FE33   D) 2000:1:1:1:200:FF:FE00:0

[13-21] Router R1 has an interface named Gigabit Ethernet 0/1, whose MAC address has been set to 0200.0001.000A. The interface is then configured with the `ipv6 address 2001:1:1:1:200:FF:FE01:B/64` interface subcommand; no other `ipv6 address` commands are configured on the interface. Which of the following answers lists the link-local address used on the interface?

A) FE80::FF:FE01:A   B) FE80::FF:FE01:B

C) FE80::200:FF:FE01:A   D) FE80::200:FF:FE01:B

[13-22] Which of the following multicast addresses is defined as the address for sending packets to only the IPv6 routers on the local link?

A) FF02::1   B) FF02::2

C) FF02::5   D) FF02::A

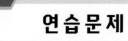

[13-23] Which of the following commands list the interfaces on which OSPFv3 has been enabled? (Choose two.)

A) `show ipv6 ospf database`　　　　　B) `show ipv6 ospf interface brief`

C) `show ipv6 ospf`　　　　　D) `show ipv6 protocols`

[13-24] PC1, PC2, and Router R1 all connect to the same VLAN and IPv6 subnet. PC1 wants to send its first IPv6 packet to PC2. What protocol or message will PC1 use to discover the MAC address to which PC1 should send the Ethernet frame that encapsulates this IPv6 packet?

A) ARP　　　　　B) NDP NS

C) NDP RS　　　　　D) SLAAC

[13-25] Which of the following pieces of information does a router supply in an NDP Router Advertisement (RA) message? (Choose two.)

A) Router IPv6 address　　　　　B) Host name of the router

C) IPv6 prefix(es) on the link　　　　　D) IPv6 address of DHCP server

[13-26] Host PC1 dynamically learns its IPv6 settings using Stateless Address Autoconfiguration (SLAAC). Which one of PC1's settings is most likely to be learned from the stateless DHCPv6 server?

A) Host address　　　　　B) Prefix length

C) Default router address　　　　　D) DNS server address(es)

연 습 문 제

[13-27] An engineer needs to add a static IPv6 route for prefix 2000:1:2:3::/64 to Router R5, in the figure below. Which of the following answers shows a valid static IPv6 route for that subnet, on Router R5?

A) `ipv6 route 2000:1:2:3::/64 S0/1/1`

B) `ipv6 route 2000:1:2:3::/64 S0/1/0`

C) `ip route 2000:1:2:3::/64 S0/1/1`

D) `ip route 2000:1:2:3::/64 S0/1/0`

[13-28] Which two statements about IPv6 and routing protocols are true? (Choose two.)

A) Link-local addresses are used to form routing adjacencies.

B) OSPFv3 was developed to support IPv6 routing.

C) EIGRP, OSPF, and BGP are the only routing protocols that support IPv6.

D) Loopback addresses are used to form routing adjacencies.

E) EIGRPv3 was developed to support IPv6 routing.

[13-29] An engineer needs to add IPv6 support to an existing router, R1. R1 already has IPv4 and OSPFv2 implemented on all interfaces. The new project requires the addition of IPv6 addresses and OSPFv3 on all interfaces. Which of the following answers list a command that must be part of the completed configuration to support IPv6 and OSPFv3? (Choose two.)

A) The `ipv6 router ospf` *process-id* global command

B) The `router-id` command in OSPFv3 configuration mode

C) The network *prefix/length* command in OSPFv3 configuration mode

D) The ipv6 ospf *process-id* area *area-id* command on each IPv6-enabled interface

[13-30] The command output shows two routes from the longer output of the show ipv6 route command. Which answers are true about the output? (Choose two answers.)

```
R1# show 1pv6 route static
! Legend omitted for brevity
S    2001:DB8:2:2::/64 [1/0]
     via 2001:DB8:4:4::4
S    ::/0 [1/0]
     via serial0/0/1, directly connected
```

A) The route to ::/0 is added because of an ipv6 route global command.

B) The administrative distance of the route to 2001:DB8:2:2::/64 is 1.

C) The route to ::/0 is added because of an ipv6 address interface subcommand.

D) The route to 2001:DB8:2:2::/64 is added because of an IPv6 routing protocol.

연습문제

정답 및 해설

[13-1] 다음 중 유효한 IPv6 주소는? (2가지 선택)

A) 0C:55:00:30:00:01:02:10:F0:10:07:08:00:50:00:DF

B) 0C55::1541:CDF8:0708:0050::00DF

C) 0C55::F010:0708:0050:00DF

D) 0C55:0030:0001:F010:0708:0050::00DF

해설

- IPv6 주소는 128비트이므로 16진수 32개로 표시되며 4개마다 콜론을 붙인다. 따라서 A)는 유효한 주소가 아니다.
- IPv6 주소는 연속되는 섹션이 0이면 ::으로 생략할 수 있다. 그러나 주소 당 한 번만 생략할 수 있으며 B)와 같이 두 번 이상 생략할 수 없다.

[13-2] 다음 중 유효한 IPv6 주소는? (3가지 선택)

A) FC55::3030:2340::0010

B) BA02::1

C) 182.80.10.1

D) CD01:245F:0000:15CE:0000:589A:FABC:0001

E) CA12::75BA:0:0:62DC:CA01

해설

- IPv6 주소는 연속되는 섹션이 0이면 ::으로 생략할 수 있다. 그러나 주소 당 한 번만 생략할 수 있으며 A)와 같이 두 번 이상 생략할 수 없다.
- C)와 같은 주소는 IPv4 주소를 표기한 것이다.

[13-3] IPv6에서 사용하는 주소의 형태는? (3가지 선택)

A) Multicast   B) Anycast

C) Broadcast   D) Unicast

E) Localcast

해설

- IPv6에서는 유니캐스트, 애니캐스트, 멀티캐스트의 3가지 주소를 정의하고 있다. IPv4에서 사용하던 브로드캐스트 주소는 IPv6에서는 사용하지 않는다.
- Localcast라는 용어는 사용하지 않는다.

[13-4] 다음 패킷 전달 방법 중 일-대-다수 중 하나의 접근 방법 (one-to-one-of-many approach)을 사용하는 것은?

A) Multicast   B) Anycast

C) Unicast   D) Broadcast

해설

- 애니캐스트 주소는 가장 가깝거나 가장 쉽게 접속할 수 있는 그룹의 멤버들 중 하나에게 패킷을 전송할 때 사용한다. 즉 일 대 다수 중 하나의 접속 방식이다.

[13-5] 다음 중 IPv6 주소 2001:DB8::200:28를 생략하지 않고 표기한 것은?

A) 2001:0DB8:0000:0000:0000:0000:0200:0028

B) 2001:0DB8::0200:0028

C) 2001:0DB8:0:0:0:0:0200:0028

D) 2001:0DB8:0000:0000:0000:0000:200:0028

해설

- IPv6 주소에서 0이 연속되는 섹션은 ::으로 한 번 생략할 수 있다. IPv6 주소는 모두 8개의 섹션으로 구성되므로 2001:DB8::200:28에서 ::은 4개의 연속된 0이 생략된 것이다.

[13-6] 다음 중에서 IPv6 주소 2000:0300:0040:0005:6000:0700:0080:0009를 가장 짧게 생략한 것은?

A) 2:3:4:5:6:7:8:9

B) 2000:300:40:5:6000:700:80:9

C) 2000:300:4:5:6000:700:8:9

D) 2000:3:4:5:6:7:8:9

해설

- IPv6 주소의 각 섹션(두 개의 콜론 사이에 있는 4개의 숫자)에서 앞에 있는 0들은 생략할 수 있다. 그러나 섹션의 뒤에 붙는 0들은 생략할 수 없다.

연습문제
정답 및 해설

[13-7] 다음 중 IPv4 헤더에는 있지만 IPv6 헤더에는 없는 필드는? (3가지 선택)

A) 헤더 길이(header length)

B) 서비스 유형(type of service)

C) 헤더 검사합(header checksum)

D) 플래그(flags)

E) 흐름 표지(flow label)

해설

- IPv6의 기본 헤더는 40바이트로 고정되어 있으며, Version, Priority(type of service), Flow label, Payload length, Next header, Hop limit, Source address, Destination address의 8개 필드 구성되어 있다.
- 헤더 길이, 헤더 검사합, 플래그 필드는 IPv6 헤더에서 삭제되었다.

[13-8] 다음 중 IPv6 헤더 필드에 대한 설명으로 옳지 않은 것은?

A) IPv6 다음 헤더(Next Header) 필드는 IPv4 헤더의 프로토콜 필드와 유사하다.

B) IPv6 우선순위(Priority) 필드는 IPv4 헤더의 서비스 유형(Type of Service) 필드와 유사하다.

C) IPv6 홉 제한(Hop Limit) 필드는 검사합을 매우 효율적으로 계산할 수 있게 한다.

D) 다음 헤더 필드의 값은 IPv6 기본 헤더 다음에 오는 정보의 종류를 결정한다.

해설

- 홉 제한 필드는 IPv4 헤더의 TTL(Time to Live) 필드와 유사한 필드로, 라우터를 거칠 때마다 1씩 감소시켜서 이 값이 0이 되면 패킷을 폐기하여 네트워크가 혼잡해지는 것을 방지하는 데 사용된다.

[13-9] IPv6 주소 2000:0000:0000:0005:6000:0700:0080:0009의 마스크가 /64일 때 이 주소의 프리픽스는 다음 중 어느 것인가?

A) 2000::5::/64

B) 2000:5:0:0:0:0/64

C) 2000:0:0:5::/64

D) 2000:0:0:5:0:0:0:0/64

해설

- 프리픽스는 프리픽스 길이 이후의 부분은 모두 2진수 0으로 표기한다. 따라서 2000:0000:0000:0005:6000:0700:0080:0009/64의 프리픽스는 2000:0:0:5::/64가 된다.

[13-10] 다음 IPv6 주소 중에서 유니크 로컬 유니캐스트 주소는 어느 것인가?

A) 3123:1:3:5::1

B) FE80::1234:56FF:FE78:9ABC

C) FDAD::1

D) FF00::5

해설

- 유니크 로컬 주소의 프리픽스는 FC00::/7이며, 16진수로 FC와 FD로 시작하는 모든 주소가 유니크 로컬 주소이다.

[13-11] 다음 IPv6 주소 중 글로벌 유니캐스트 주소는 어느 것인가?

A) 3123:1:3:5::1

B) FE80::1234:56FF:FE78:9ABC

C) FDAD::1

D) FF00::5

해설

- 글로벌 유니캐스트 주소의 프리픽스는 2000::/3으로 2진수 001로 시작하는 모든 주소가 이에 해당한다. 16진수로는 2와 3으로 시작하는 모든 주소가 글로벌 유니캐스트 주소이다.
- B)는 링크 로컬 주소이고, C)는 유니크 로컬 주소이며, D)는 멀티캐스트 주소이다.

연습문제

정답 및 해설

[13-12] IPv6 유니크 로컬 주소 FD00:1234:5678:9ABC:DEF1:2345:6789:ABCD에서 글로벌 ID는 어느 부분인가?

A) 없음; 이 주소는 글로벌 ID를 가지고 있지 않다.

B) 00:1234:5678:9ABC

C) DEF1:2345:6789:ABCD

D) 00:1234:5678

E) FD00

해설

* IPv6의 유니크 로컬 주소는 처음 8비트 다음에 오는 40비트가 글로벌 ID이다. 글로벌 ID는 그 기관의 네트워크 관리자가 무작위로 선택한다.

[13-13] 다음 중 IPv6 프리픽스에 관한 설명으로 옳은 것은? (3가지 선택)

A) FF00::/8은 IPv6의 멀티캐스트 주소의 프리픽스로 사용된다.

B) FE80::/10은 링크 로컬 유니캐스트 주소의 프리픽스로 사용된다.

C) FC00::/7은 사설 네트워크에서 사용되는 주소의 프리픽스이다.

D) 2001::1/127은 루프백 주소로 사용된다.

E) FE80::/8은 링크 로컬 유니캐스트 주소의 프리픽스로 사용된다.

F) FEC0::/10은 IPv6 브로드캐스트 주소의 프리픽스로 사용된다.

해설

* 멀티캐스트 주소의 프리픽스는 FF00::/8이다.
* 링크 로컬 유니캐스트 주소의 프리픽스는 FE80::/10이다.
* 사설 주소인 유니크 로컬 유니캐스트 주소의 프리픽스는 FC00::/7이며, 16진수로 FC와 FD로 시작하는 모든 주소가 유니크 로컬 주소이다.
* 루프백 주소는 ::1이다.

[13-14] 다음 중 IPv6 유니캐스트 주소의 특징을 바르게 설명한 것은? (2가지 선택)

A) 글로벌 주소는 2000::/3으로 시작한다.

B) 링크 로컬 주소는 FE00::/12로 시작한다.

C) 링크 로컬 주소는 FF00::/10로 시작한다.

D) 루프백 주소는 ::1 하나뿐이다.

E) 어떤 인터페이스에 하나의 글로벌 주소가 할당되어 있으면, 그 인터페이스에 허용되는 주소는 그 주소뿐이다.

해설

* 글로벌 유니캐스트 주소의 프리픽스는 2000::/3이고, 루프백 주소는 ::1 하나밖에 없다.
* 링크 로컬 유니캐스트 주소의 프리픽스는 FE80::/10이다. 하나의 인터페이스에 글로벌 유니캐스트 주소뿐만 아니라 링크 로컬 유니캐스트 주소, 멀티캐스트 주소 등과 같이 여러 개의 주소가 할당될 수 있다.

[13-15] 다음 중 IPv6의 헤더가 IPv4 헤더보다 더 간단한 이유로 옳은 것은? (3가지 선택)

A) IPv4 헤더와는 달리 IPv6 헤더는 고정 길이를 갖는다.

B) IPv6는 IPv4의 단편화(Fragmentation) 필드 대신에 확장 헤더(extension header)를 사용한다.

C) IPv6 헤더는 IPv4의 검사합(Checksum) 필드를 삭제하였다.

D) IPv6는 IPv4의 단편화(Fragmentation) 필드 대신에 단편화 오프셋(Fragment Offset) 필드를 사용한다.

E) IPv6 헤더는 IPv4 헤더보다 더 작은 크기의 옵션 필드를 사용한다.

F) IPv6 헤더는 4비트의 TTL 필드를 사용하지만, IPv4 헤더는 8비트의 TTL 필드를 사용한다.

해설

* IPv6 헤더는 40바이트로 고정되어 있다.
* IPv6의 기본 헤더에서는 식별자(identification), 플래그(flag), 오프셋(offset) 필드가 삭제되고, 이들은 확장 헤더(extension header)에 포함되었다.

- IPv6에서는 헤더 검사합(header checksum) 필드가 삭제되었다. 검사합은 상위 계층 프로토콜에서 계산한다.
- IPv6에서는 선택사항(option) 필드를 확장 헤더(extension header)로 구현한다.
- IPv6에서는 TTL 필드를 홉 제한(hop limit) 필드로 부른다. 둘 다 8비트이다.

[13-16] 다음 중에서 NDP(Neighbor Discovery Protocol)의 두 가지 기능은? (2가지 선택)

A) 동일한 링크에 있는 IPv6 장비의 2계층 주소를 알아낸다.

B) 동일한 서브넷에 있는 다른 호스트의 글로벌 유니캐스트 주소를 알아낸다.

C) 동일한 서브넷에 있는 다른 호스트의 2계층 주소를 알아낸다.

D) 동일한 링크에 있는 이웃 장비의 IPv6 링크 로컬 주소를 알아낸다.

해설

- NDP는 IPv4의 ARP(Address Resolution Protocol)를 대체한다. NDP는 동일한 서브넷에 연결된 장비가 네이버 장비의 MAC 주소를 학습할 수 있게 해주는 역할을 담당한다.

[13-17] R1 라우터는 모든 인터페이스에서 IPv4를 지원하고 있다. R1의 설정을 IPv4와 IPv6 모두를 지원하는 듀얼 스택으로 변경하려고 한다. 라우터가 IPv6 패킷의 라우팅을 지원하기 위해서 다음 사항 중 어떤 것을 수행하여야 하는가? (2가지 선택)

A) ipv6 address 인터페이스 하위 명령어를 사용하여 각각의 인터페이스에서 IPv6를 활성화시킨다.

B) ip versions 4 6 전역 설정 명령어를 사용하여 두 버전 모두를 지원하도록 활성화시킨다.

C) ipv6 unicast-routing 전역 설정 명령어를 사용하여 IPv6 라우팅을 추가로 활성화시킨다.

D) ip routing dual-stack 전역 설정 명령어를 사용하여 듀얼 스택 라우팅으로 전환한다.

해설

- 라우터에서 IPv6를 사용하려면 전역 설정 모드에서 ipv6 unicast-routing 명령어를 사용한다.
- 인터페이스에 IPv6 주소를 설정하려면 해당 인터페이스의 설정 모드로 들어가서 ipv6 address *address/prefix-length* [eui-64] 명령어를 사용한다.

[13-18] 다음 인터페이스 명령어 중 스테이트리스 자동 설정을 이용하여 IPv6 인터페이스 주소를 설정하는 명령어는 어느 것인가?

A) autoconfig ipv6 address

B) ipv6 address autoconfig

C) autoconfig ip address

D) ipv6 address stateless autoconfig

해설

- 스테이트리스 자동 설정 방법으로 IPv6 주소를 설정하려면 인터페이스 설정 모드에서 ipv6 address autoconfig [default] 명령어를 사용한다.
- default 키워드를 사용하면 RA 메시지를 근거로 하여 기본 경로 (default route)를 추가한다.

[13-19] 다음 중 IPv6의 기본 경로(default route)를 설정하는 명령어는?

A) ipv6 route ::/0 *interface next-hop*

B) ipv6 route default *interface next-hop*

C) ipv6 route 0.0.0.0/0 *interface next-hop*

D) ip route 0.0.0.0/0 *interface next-hop*

해설

- IPv6의 정적 경로의 설정과 기본 경로(default route) 설정은 전역 설정 모드에서 ipv6 route 명령어를 사용한다. 기본 경로 설정은 ipv6 route ::/0 *outgoing-interface next-hop* 명령어를 사용한다.

연습문제

정답 및 해설

[13-20] 라우터 R1의 기가비트 이더넷 인터페이스 GE0/1의 MAC 주소가 5055.4444.3333이다. 이 인터페이스는 ipv6 address 2000:1:1:1::/64 eui-64 명령어로 설정되었다. 이 인터페이스는 어떤 유니캐스트 주소를 사용하게 되는가?

A) 2000:1:1:1:52FF:FE55:4444:3333

B) 2000:1:1:1:5255:44FF:FE44:3333

C) 2000:1:1:1:5255:4444:33FF:FE33

D) 2000:1:1:1:200:FF:FE00:0

해설

- EUI-64 형식은 MAC 주소를 3바이트씩 두 개로 나누고 그 가운데에 16진수 FFFE를 삽입하고, 첫 번째 바이트 값에서 7번째 비트를 반전시켜서 인터페이스 ID 부분을 완성한다.

[13-21] MAC 주소가 0200.0001.000A인 R1 라우터의 기가비트 이더넷 인터페이스 G0/1이 ipv6 address 2001:1:1:1:200:FF:FE01:B/64 인터페이스 하위명령어로 설정되었다. 그 외의 ipv6 address 명령어는 설정되지 않았다. 이 인터페이스의 링크 로컬 주소는 무엇인가?

A) FE80::FF:FE01:A

B) FE80::FF:FE01:B

C) FE80::200:FF:FE01:A

D) FE80::200:FF:FE01:B

해설

- 링크 로컬 주소는 처음 10비트를 16진수 FE80(2진수로 1111 1110 10)으로 설정하고, 다음 54비트를 0으로 채우고, 마지막 64비트는 자신의 MAC 주소를 EUI-64(Extended Unique Identifier) 형식으로 바꾸어 자동으로 생성한다.
- MAC 주소가 0200.0001.000A일 때 EUI-64 형식은, 먼저 MAC 주소를 3바이트씩 두 개로 나누고 그 가운데에 16진수 FFFE를 삽입하면 0200:00FF:FE01:000A가 되고, 첫 번째 바이트 값에서 7번째 비트를 반전시키면 0000:00FF:FE01:000A가 된다.
- 그러므로 링크 로컬 주소는 FE80::FF:FE01:A가 된다.

[13-22] 다음 중 로컬 링크에 있는 IPv6 라우터에게만 패킷을 전송하기 위한 멀티캐스트 주소는 어느 것인가?

A) FF02::1   B) FF02::2

C) FF02::5   D) FF02::A

해설

- 링크 상의 모든 노드를 가리키는 멀티캐스트 주소는 FF02::1이고, 그 서브넷의 모든 라우터를 가리키는 멀티캐스트 주소는 FF02::2이다.
- 멀티캐스트 주소 FF02::5와 FF02::6은 OSPF 메시지를 전송하는 주소이고, FF02::A는 EIGRP 메시지를 전송하는 주소이다.

[13-23] 다음 중 어떤 명령어가 OSPFv3가 활성화된 인터페이스의 목록을 열거하는가? (2가지 선택)

A) show ipv6 ospf database

B) show ipv6 ospf interface brief

C) show ipv6 ospf

D) show ipv6 protocols

해설

- show ipv6 ospf interface brief 명령어는 OSPFv3가 활성화된 인터페이스를 각각 한 줄씩으로 열거한다.
- show ipv6 protocols 명령어는 IPv6 라우팅 정보의 모든 소스를 열거한다. OSPFv3에 관한 메시지는 그것이 활성화된 인터페이스의 목록을 열거한다.

[13-24] 라우터 R1과 PC1, PC2가 동일한 VLAN과 IPv6 서브넷에 연결되어 있다. PC1이 처음으로 PC2에게 IPv6 패킷을 전송하려고 한다. PC1이 이 IPv6 패킷을 이더넷 프레임으로 캡슐화하는데 사용되는 MAC 주소를 찾기 위한 프로토콜과 메시지는 무엇인가?

A) ARP   B) NDP NS

C) NDP RS   D) SLAAC

해설

- NDP(Neighbor Discovery Protocol)의 NS(Neighbor Solicitation) 메시지는 IPv4의 ARP 요청 메시지와 동일한 기능을 한다. 이 메시지는 호스트가 이웃에게 전송할 메시지를 가지고 있을 때 요청된다. 송신기는 수신기의 IP 주소는 알고 있지만 데이터링크 주소를 모를 때 NS 메시지를 멀티캐스트한다. 데이터링크 주소는 IP 패킷을 프레임으로 캡슐화할 때 필요하다. NA(Neighbor Advertisement) 메시지는 NS 메시지의 응답으로 전송된다.

[13-25] 다음 중에서 라우터가 NDP의 RA(Router Advertisement) 메시지로 제공하는 정보는 무엇인가? (2가지 선택)

A) 라우터의 IPv6 주소
B) 라우터의 호스트 이름
C) 그 링크의 IPv6 프리픽스
D) DHCP 서버의 IPv6 주소

해설

- RA 메시지는 라우터의 IPv6 주소와 해당 링크의 프리픽스를 알려준다.

[13-26] PC1이 SLAAC(Stateless Address Auto-configuration)를 사용하여 자신의 IPv6 설정을 자동으로 학습할 때, 다음 중 스테이트리스 DHCPv6 서버로부터 학습해야 하는 것은?

A) 호스트 주소
B) 프리픽스 길이
C) 디폴트 라우터의 주소
D) DNS 서버의 주소

해설

- IPv6 주소의 스테이트리스 자동 설정 방법을 이용하면, NDP를 이용하여 프리픽스와 디폴트 라우터의 주소를 찾은 다음 EUI-64 형식으로 자신의 IPv6 주소를 자동으로 설정할 수 있다. 하지만 DNS 주소는 스테이트리스 DHCP를 사용하여 학습하여야 한다.

[13-27] 다음과 같은 그림의 R5 라우터에서 2000:1:2:3::/64 서브넷으로 가는 IPv6 정적 경로를 설정하려고 한다. 어떤 명령어를 사용하여야 하는가?

A) `ipv6 route 2000:1:2:3::/64 S0/1/1`
B) `ipv6 route 2000:1:2:3::/64 S0/1/0`
C) `ip route 2000:1:2:3::/64 S0/1/1`
D) `ip route 2000:1:2:3::/64 S0/1/0`

해설

- IPv6의 정적 경로 설정은 ipv6 route *address/prefix-length outgoing-interface* 전역 설정 명령어를 사용한다. 출력 인터페이스 대신에 다음 홉 주소를 사용할 수도 있다.

[13-28] 다음 중 IPv6 라우팅 프로토콜에 대한 설명으로 옳은 것은? (2가지 선택)

A) 라우팅 인접성(routing adjacency)을 형성하기 위하여 링크 로컬 주소를 사용한다.
B) OSPFv3는 IPv6 라우팅을 지원하기 위하여 개발되었다.
C) EIGRP, OSPF, BGP만 IPv6 라우팅을 지원한다.
D) 라우팅 인접성을 형성하기 위하여 루프백 주소를 사용한다.
E) EIGRPv3는 IPv6 라우팅을 지원하기 위하여 개발되었다.

해설

- IPv6에서는 인접한 라우터들 간에 네이버 관계를 형성하기 위하여 패킷을 주고받을 때 자동으로 생성되는 링크 로컬 주소를 사용한다.
- IPv6를 위하여 업데이트된 라우팅 프로토콜로는 RIPng(RIP Next Generation), OSPFv3, MP-BGP4(Multiprotocol BGP4), IPv6용 EIGRP(EIGRP for IPv6)가 있다.

연습 문제

정답 및 해설

[13-29] IPv4가 활성화되어 있으며 모든 인터페이스에 OSPFv2가 설정되어 있는 R1 라우터에서 모든 인터페이스에 IPv6 주소를 설정하고 OSPFv3 라우팅 프로토콜을 설정하려고 한다. 다음 중 어떤 명령어를 사용하여야 하는가? (2가지 선택)

A) ipv6 router ospf *process-id* 전역 설정 명령어

B) OSPFv3 설정 모드에서 router-id 명령어

C) OSPFv3 설정 모드에서 network *prefix*/*length* 명령어

D) IPv6가 활성화된 인터페이스에서 ipv6 ospf *process-id* area *area-id* 명령어

해설

- OSPFv3를 활성화하려면 전역 설정 모드에서 ipv6 router ospf *process-id* 명령어를 사용한다. 다음으로 해당 인터페이스의 설정 모드로 가서 ipv6 ospf *process-id* area *area-id* 명령어를 사용하여 OSPFv3를 실행할 인터페이스를 지정한다.
- OSPFv2가 이미 설정되어 있었으므로 라우터 ID를 다시 설정할 필요는 없다.

[13-30] 다음 그림은 show ipv6 route ststic 명령어의 출력의 일부분이다. 다음 설명 중 옳은 것은? (2가지 선택)

A) ::/0으로 가는 경로는 ipv6 route 전역 설정 명령어 때문에 추가되었다.

B) 2001:DB8:2:2::/64로 가는 경로의 관리 거리는 1이다.

C) ::/0으로 가는 경로는 ipv6 address 인터페이스 하위 명령어 때문에 추가되었다.

D) 2001:DB8:2:2::/64로 가는 경로는 IPv6 라우팅 프로토콜 때문에 추가되었다.

해설

- 그림에서 보면 2개의 경로 앞에 "S" 코드가 붙어 있으므로 이 경로들은 모두 정적 경로임을 알 수 있다. IPv6에서 정적 경로를 설정하려면 ipv6 route 전역 설정 명령어를 사용하여야 한다.
- 두 경로 모두 [1/0] 으로 표시되어 있다. 앞의 숫자는 관리 거리이고 뒤의 숫자는 메트릭을 나타내는 것이다. 따라서 관리 거리는 모두 1이다.

참고문헌

[1] Anthony Sequeira, Interconnecting Cisco Network Devices, Part 1 (ICND1) Foundation Learning Guide, 4th Edition, Cisco Press, 2013.

[2] Behrouz A. Forouzan, Data Communications and Networking with TCP/IP Protocol Suite 6th Edition, McGraw Hill, 2021.

[3] Behrouz A. Forouzan, TCP/IP Protocol Suite 4th Edition, McGraw Hill, 2010.

[4] Bernard Sklar, Digital Communications Fundamentals and Applications, Prentice Hall 2002.

[5] Cisco Systems, Cisco Networking Academy Program CCNA 1 and 2 Companion Guide Third Edition, Cisco Press, 2003.

[6] Cisco Systems, Cisco Networking Academy Program CCNA 3 and 4 Companion Guide Third Edition, Cisco Press, 2003.

[7] Glen E. Clarke, CCENT Certification All-In-One For Dummies, Wiley Publishing, Inc., 2011.

[8] Glen E. Clarke, 1,001 CCNA Routing and Switching Practice Questions For Dummies, John Wiley & Sons, Inc., 2014.

[9] James F. Kurose, Keith W. Ross, Computer Networking: A Top-Down Approach 7th Edition, Pearson, 2016.

[10] Jochen Schiller, Mobile Communications 2nd Edition, Addison-Wesley, 2008.

[11] John Tiso, Interconnecting Cisco Network Devices, Part 2 (ICND2) Foundation Learning Guide, 4th Edition, Cisco Press, 2013.

[12] Matthew Walker and Angie Walker, CCENT Cisco Certified Entry Networking Technician Study Guide (Exam 640-822), McGraw-Hill, 2008.

[13] Silviu Angelescu, CCNA Certification All-in-One For Dummies, Wiley

Publishing, Inc, 2010.

[14] Steve McQuerry, Authorized Self-Study Guide Interconnecting Cisco Network Devices, Part 2 (ICND2), Third Edition, Cisco Press, 2008.

[15] Steve McQuerry, Interconnecting Cisco Network Devices, Part 1 (ICND1) Second Edition, Cisco Press, 2008.

[16] Todd Lammle, CCENT Study Guide ICND1 EXAM 100-101, John Wiley & Sons, 2013.

[17] Todd Lammle, CCENT: Cisco Certified Entry Networking Technician Study Guide Second Edition, John Wiley & Sons, 2013.

[18] Todd Lammle, CCNA ICND2 Study Guide EXAM 200-101, John Wiley & Sons, 2013.

[19] Todd Lammle, CCNA: Cisco Certified Associate Study Guide, Seventh Edition, John Wiley & Sons, 2011.

[20] Todd Lammle, CCNA Routing and Switching Complete Study Guide: Exam 100-105, Exam 200-105, Exam 200-125 2nd Edition, John Wiley & Sons, 2016.

[21] Todd Lammle, Understanding Cisco Networking Technologies, Volume 1, Exam 200-301, Sybex, 2019.

[22] Todd Lammle, CCNA Certification Study Guide, Volume 2, Exam 200-301, Sybex, 2020.

[23] Wendell Odom, CCENT/CCNA ICND1 640-822 Official Cert Guide, Third Edition, Cisco Press, 2012.

[24] Wendell Odom, CCNA ICND2 640-816 Official Cert Guide Third Edition, Cisco Press, 2012.

[25] Wendell Odom, Cisco CCENT/CCNA ICND1 100-101 Official Cert Guide, Cisco Press, 2013.

[26] Wendell Odom, Cisco CCNA Routing and Switching ICND2 200-101 Official Cert Guide, Cisco Press, 2013.

[27] Wendell Odom, CCENT/CCNA ICND1 100-105 Official Cert Guide, Cisco Press, 2016.

[28] Wendell Odom, CCNA Routing and Switching ICND2 200-105 Official Cert Guide, Cisco Press, 2016.

[29]   Wendell Odom, CCNA 200-301 Official Cert Guide, Volume 1, Cisco Press, 2019.

[30]   Wendell Odom, CCNA 200-301 Official Cert Guide, Volume 2, Cisco Press, 2019.

[31]   강문식, 초연결 사회의 데이터통신과 네트워킹, 한빛아카데미, 2020.

[32]   고응남, 4차 산업혁명 시대의 정보통신 개론, 한빛아카데미, 2020.

[33]   김영춘, 민경일, 신용달, 조용석, 유비쿼터스 사회의 정보통신 개론, 홍릉과학출판사, 2015.

[34]   박기현, 쉽게 배우는 데이터 통신과 컴퓨터 네트워크 3판, 한빛아카데미, 2022.

[35]   박용완, 홍인기, 최정희, 이동통신공학 개정5판, 생능출판사, 2021.

[36]   서두원, 대학에서 배우는 시스코 라우팅, 복두출판사, 2013.

[37]   이중호, 쉽게 배우는 시스코 랜 스위칭, 성안당, 2016.

[38]   이중호 역, 시스코 네트워크 CCNA 자격증 공인 학습 가이드 CCENT/CCNA ICND1 100-105, 성안당, 2017.

[39]   정진욱, 한정수, 데이터통신(개정3판), 생능출판사, 2017.

[40]   정진욱, 안성진, 김현철, 조강홍, 유수현, 컴퓨터 네트워크(개정3판), 생능출판사, 2017.

[41]   조용석, 임동균, 정보통신과 데이터통신 개론, 한티미디어, 2020.

[42]   진강훈, 후니의 쉽게 쓴 시스코 네트워킹, 4판, 성안당, 2020.

[43]   진강훈 외 역, CCNA 라우팅 & 스위칭 ICND2 200-105 공인 학습 가이드, 성안당, 2017.

[44]   차동완, 백천현, 정용주, U(유비쿼터스)-네트워크 기술 : 모바일과 광통신, 홍릉과학출판사, 2011.

[45]   최윤철, 한탁돈, 임순범, 컴퓨터와 IT 기술의 이해(개정판), 생능출판사, 2016.

[46]   위키피디아, www.wikipedia.org

[47]   전자신문, www.etnews.com

[48]   정보통신기획평가원 주간기술동향, www.itfind.or.kr

[49]   한국전자통신연구원 전자통신동향분석, www.etri.re.kr

[50]   한국정보통신기술협회 TTA 저널, www.tta.or.kr

INDEX